| 제10판 |

소방학 개론

정경문 지음

도서출판 동화기술

머리말

21세기의 급속한 산업발전은 인류의 물질적 풍요와 도시의 밀집화, 대형화, 고층화로 더욱 발전하고 있다. 이러한 변화는 인간생활의 편리성, 경계성의 측면에서는 유용하지만 그 이면에 엄청난 재난의 가능성을 내포하고 있음을 잊어서는 안 된다. 오늘날의 많은 재난들의 원인은 대부분 부실시공과 관리 소홀에 의한 총체적인 인재였음을 생각할 때보다 많은 관심과 안전의식에 대한 새로운 인식전환이 필요하다.

특히, 복잡해져 가는 산업구조와 도시의 집중화에 의한 에너지의 다변화로 인해 우리의 생활은 화재 및 각종 재해에 그 어느 때보다 많이 노출되어 있다. 따라서 이러한 다변화 및 첨예화 되어가는 21세기의 재해에 대한 경각심과 소방안전에 대한 체계적인 교육의 필요성이 절실히 요구되고 있다.

모쪼록 이 책이 소방공무원 공채를 준비하는 수험생과 여러 다른 독자들의 학습에 도움이 되기를 소원하며, 소방 환경에 적합한 새로운 이론과 기본도시가 되도록 계속하여 수정, 보완하겠으니 본의 아닌 오류나 미비점이 있으면 지도해 주시기를 부탁드린다. 끝으로 본서가 출간되기까지 애써주신 도서출판 동화기술 정우용 회장님 이하 임직원 여러분의 노고에 깊은 감사를 드린다.

저 자

Contents

Part 1 소방행정이론

Part 2 연소 및 화재이론

Part 3 소화이론

Part

1

소방행정이론

CHAPTER

1 소방의 의의 및 역사

1.1 소방의 의의

1. 소방의 개념

고려시대에는 소방을 소재(消災)라 하였으며, 조선시대에는 소방을 금화(禁火)라 부르다가 갑오경장 이후 경무청 처리세칙에서 '수화소방(水火消防)은 난파선 및 출화, 홍수 등에 대한 구호에 관한 사항'이라고 정하고 여기에서 '소방'이라는 용어를 최초로 쓰게 되었으며, 이것을 시작으로 소방의 개념이 만들어졌다고 할 수 있다. 이러한 '소방'은 실질적 의미의 소방과 형식적 의미의 소방으로 나누어 생각할 수 있다.

실질적 의미의 소방	• 화재를 예방·경계 또는 진압하여 국민의 생명·신체 및 재산을 보호함으로써 공공의 안녕·질서의 유지와 사회의 복리증진에 기여함을 목적으로 한다. • 화재의 예방·경계 및 진압을 위한 일체의 활동과정이라 할 수 있다. • 공공 및 민간의 소방활동을 포함한다. • 사회공공의 안녕·질서유지와 사회의 복리증진에 기여하기 위해 국가의 일반통치권에 의하여 국민에게 명령 및 강제하는 것을 목적으로 하고 있다. • 소방목적을 위하여 국민에게 명령 및 강제와 같은 수단을 이용하여 국민의 자연적 자유를 제한, 회복하는 작용이다.
형식적 의미의 소방	• 소방행정 목적을 달성하기 위하여 구성되는 조직, 즉 소방기관을 의미한다. • 소방기본법에 나누어져 있는 임무를 이루기 위한 활동이다. • 소방기관의 담당권한이다. • 소방기관의 권한에 해당하는 대부분의 작용이다.

소방의 정의

1. **협의의 소방** : 협의의 소방이란 소방관서에서 일상적으로 하는 업무로 화재를 예방·경계하거나 진압하고 그 밖의 소방활동, 즉 재난·재해 그 밖의 위급한 상황에서의 구조·구급활동 등을 통하여 국민의 생명·신체 및 재산을 보호하는 등의 소방활동을 말한다.

2. **광의의 소방** : 광의의 소방이란 사회의 기본조직 및 정상기능을 와해시키고, 지역사회가 외부의 도움 없이는 극복할 수 없고, 정상적인 능력으로는 처리할 수 없는 생명과 재산, 사회간접시설, 생활수단의 피해를 일으키는 단일 또는 일련의 사건을 해결하는 기능까지도 포함한다고 볼 수 있을 것이다.

2. 소방의 이념

(1) 물질과 상징성

① 불이 지니고 있는 특성 중 소방이념으로 승화시키고 실천해야 할 사항

정의성	불이 물질을 태우는 것과 같이 인간의 마음속에 도사리고 있는 죄성·독성·악성과 시기·질투·미움 등 온갖 더러운 것들을 완전히 태워버려 선량하고 신성한 사회를 이룩하는 데 앞장서야 한다.
광명성	불이 물질을 녹이고 어둠을 비추는 것과 같이 차고 강박한 마음을 부드럽게 녹여서 어둡고 그늘진 곳에서 소외받으며 신음하는 사람들을 위하여 빛과 온정을 제공해 주어야 한다.
창의성	불이 열과 빛과 또 다른 물질을 만들어내는 것과 같이 신지식과 정보를 수시로 생성해내고 혼탁한 사회분위기를 정화시키며 서로의 지혜와 잠재력을 통합하여 바른 길로의 추진력을 키워나가야 한다.
화합성	불이 제련을 통하여 도구를 만드는 것과 같이 위의 이념을 제대로 추구하고 실천하려면 먼저 자신의 언행심사가 용광로 속의 쇠붙이처럼 강력한 연단과정을 슬기롭게 통과해야 한다.

② 물이 지니고 있는 특성 중 소방이념으로 승화시키고 실천해야 할 사항

필수성	물이 동물과 식물 그리고 모든 물체를 구성·유지시키는 필수요소인 것과 같이 인간관계와 공동체 상호간에 없어서는 아니 될 귀중한 존재가 되어야 한다.
유연성	물이 물리적 삼태현상을 보이듯이 어떠한 어려움과 고통이 따르더라도 신축적이고 온유한 자세로 대응하여야 한다.
포용성	물이 광활한 지면을 덮고 물질을 쉽게 받아들여 용해시키고 물질의 반응을 촉진시키는 것과 같이 상대방의 허물과 잘못을 관대히 덮어주고 용서해 주는 생활의 활력소 역할을 하여 서로 화평하게 해야 한다.
윤리성	물이 높은 곳에서 낮은 곳으로 흐르듯이 윗사람을 공경하는 등 자연과 사회현상 속의 순리에 순응해야 한다.

③ 태극이 지니고 있는 특성 중 소방이념으로 승화시키고 실천해야 할 사항

주인성	태극기의 중심부를 차지한 태극이 국민을 의미하고, 국민은 국가구성요소 중 가장 핵심적인 요소이듯이 뚜렷한 국가관과 자랑스러운 국민성을 갖고 국민을 위한 진정한 봉사자가 되어야 한다.

자주성	태극을 국민에 비교한 깊은 이유에서 찾을 수 있듯이 능동적이고 자발적이며, 국가형성의 모체가 되고 자율적인 권력과 의타심이 없이 자주적인 국민이 되어야 한다.

④ 월계잎이 지니고 있는 특성 중 소방이념으로 승화시키고 실천해야 할 사항

경쟁성	월계잎이 승리를 의미하듯이 제반 경쟁에서 이길 수 있는 강력한 힘(경쟁력)을 부단히 길러 나가야 한다.
모범성	월계잎이 심록색이고 잎을 자르면 맑은 향기를 풍기듯이 근면, 성실하게 살아 생활 속에 싱그러움과 아름다운 향기를 유지하면서 살아야 한다.

■ 각 물질에 대한 상징성

불	정의성(정화성), 광명성(조명성), 창의성(생성성), 화합성(단결성)
물	필수성, 유연성, 포용성, 윤리성
태 극	주인성(국민성), 자주성(능동성)
월계수	경쟁성(성취성), 모범성(방향성)
새 매	경계, 예방, 용맹

(2) 소방부착물과 상징성

소방장 이하의 계급장	• 무궁화 : 우리나라를 의미하며 소방환경 개선을 의미하는 오구소화전도 고려, 단순 형태 • 호스 : 횃불을 받치는 안정감 있는 소방의 힘 표시
소방위부터 소방정까지의 계급장	• 육각수 : 소방활동으로 나라를 깨끗하고 좋아지게 함. • 6개의 육각수 : 전체적으로도 육각수
소방준감 이상의 계급장	전체적으로 별모양으로 한 것은 소방인에게 희망을 주고 국민들을 안전하게 해주는 이정표
모자 표장	• 전체 의미 : 주위를 경계·예방하다가 사고가 발생하면 장비를 들고 쏜살같이 달려가 국민을 구하여 국민들을 밝게 해주고, 나라를 깨끗하며 좋아지게 하는 소방으로써 서로 단결·화합하여 발전해나가는 조직임을 표현 • 새매 : 주위를 경계·예방하다가 사고가 발생하면 쏜살같이 달려가 국민을 구함. • 무궁화 : 우리나라를 의미하며 소방환경 개선을 의미하는 오구소화전도 고려, 단순 형태 • 전면 중앙횃불 : 우리나라의 중심에 서서 소방활동하여 국민들을 밝게 해줌(소방장 이하의 소방공무원). • 뒷바탕 육각수 : 소방활동을 통해 나라를 깨끗하고 좋아지게 함. • 관창 : 소방활동을 하기 위한 대표적인 장비로서 소방의 힘 표시

기동복 등의 표장	• 주위를 경계·예방하다가 사태가 발생하면 장비를 들고 쏜살같이 달려가 구하는 119 표시 • 방수모 : 안전한 소방활동 • 월계수 : 자신감을 갖고 용감하게 재난을 제압 • 무궁화 : 우리나라를 의미하며, 소방환경 개선을 의미하는 오구소화전도 고려, 단순 형태 • 리본 : 소방공무원 상호간에 서로 단합된 마음으로 연결
119안전센터장 지휘관 표장	• 횃불 : 현장 전면에서 활동하는 소방장 이하의 소방공무원 표시 • 육각수 및 부채모양 : 부채모양처럼 다각도에서 전체적으로 지휘하는 119안전센터장을 의미
소방서장 지휘관 표장	• 가운데 육각수 : 현장활동 중심 • 퍼져나가는 모양 : 육각수가 방수되는 것과 동시에 사방팔방으로 현장을 장악하여 지휘함을 의미
소방감 이상의 지휘관 표장	• 가운데 육각수 및 퍼져나가는 모양 : 재난현장에서 중심이 되어 사방팔방으로 현장을 장악하여 지휘함을 의미 • 무궁화잎 : 우리나라와 국민의 안녕 도모

3. 소방의 목적 및 임무

(1) 소방의 목적(소방의 소극적 목적)

① 인위적 또는 자연적 현상에 의해 발생하는 화재의 예방·경계 및 진압을 한다.

② 사회공공의 안녕·질서를 유지한다.

③ 적극적으로 사회의 복리 증진에 기여한다.

④ 사회 공동생활의 평온과 건전한 상태를 보장하는 데 있다.

소방의 목적

소방의 목적은 '공공의 안녕·질서의 유지'와 '복리증진'을 실현한다는 것이다. '공공의 안녕'이란 국민이 평온하게 생활할 수 있는 상태를 의미하며, '공공의 질서'란 공동체 구성원이 일반적인 법적 감정에 의하여 유지되는 최소한의 질서를 의미한다.

1. **소방의 소극적 목적** : 소방은 이러한 공공의 안녕·질서를 저해하는 인위적(고의·과실) 또는 자연적 현상에 의하여 발생하는 화재를 예방·경계 및 진압하여 사회공동생활의 평온과 건전한 상태를 보장하고 있는 것을 말한다.
2. **소방의 적극적 목적** : '공공의 복리증진'에 기여한다는 것은 봉사적인 직접 서비스기능으로 사회의 행복과 이익을 증진함을 목적으로 하는 사회형성적 기능을 말한다.

(2) 소방의 임무(범위)

① 소방의 업무

㉠ 화재예방

㉡ 소화활동

㉢ 구조 및 구급

㉣ 화재조사

② 소방업무의 범위는 항상 똑같은 것이 아니라 시대 및 국가, 문화의 많은 영향을 받는다.

시대별 소방업무의 범위

1. 1950년대 이전(일제시대 이후~정부수립) : 화재의 진압과 경계활동과 같은 소극적인 소방활동에 전념한 시기이다.
2. 1950년대 후반~1960년대 초반 : 소방법이 제정되면서 화재와 풍수해·설해의 예방, 경계와 진압 및 방어로서 예방활동에도 중점을 두었던 시기이다. 그리고 복리소방행정으로 소방업무가 확대되었고, 봉사기능과 같은 소방활동이 강화되었던 시기이다.
3. 1960년대 후반~1980년대 초반 : '풍수해와 설해의 방어'를 삭제하고 화재의 예방·경계·진압에 의한 소방활동에만 전념한 시기이다.
4. 1983년 초반~현재 : 기존의 소방업무에 구조·구급업무를 포함한 시기이다.

③ 소방업무의 범위는 도시의 대형화에 따라 소방의 수요가 증가하므로 계속적으로 세분화되어가고 있다.

■ 소방의 임무

기본적 임무	• 기본적으로 소방의 목적을 지키기 위한 것이다. • 현대 정부기능 중에서 질서기능에 속하며, 그 가운데에서도 보안기능을 담당한다. • 국민의 생명과 재산을 보호한다. • 사회 공공의 안녕·질서의 유지로 안전한 국민생활을 보호한다.
파생적 임무	• 소방의 기본적인 임무 이외에 또 다른 임무를 말한다. • 정부기능 중에서 봉사기능에 속하며, 이 가운데에서도 권력이 없는 직접 서비스기능을 말한다. • 구조대 및 구급대의 운영이 해당된다.

(3) 소방행정의 업무범위 구분

과거의 소방행정 (소극적 의미의 소방행정)	• 소방목적을 저해하는 원인에 의해 발생하는 화재를 예방·경계·진압하는 데 있었다. • 일반주민 및 소방관련 종사자 등에 대한 홍보·교육·훈련과 같은 활동기능이다. • 소방관련 민원업무 처리 및 인·허가업무 처리와 같은 기능이다. • 화재발생의 우려 및 취약지역에 내한 방화순찰과 같은 소방경계활동기능이다.

현대의 소방행정 (적극적 의미의 소방행정)	• 화재의 예방·경계·진압의 소방행정에서 사회복지 차원의 적극적 소방행정으로 확대된 기능이다. • 화재 및 재난, 재해사고시 요구조자를 구조하고 응급환자를 응급조치하여 의료기관으로 이송하는 등의 구조 및 구급활동기능이다. • 화재 및 각종의 재난, 재해시 소방공무원이 출동하여 소화 및 인명구조 등을 수행하는 방재업무를 지원한다. • 방역지원, 인명구조, 각종 시설 등의 수리봉사반 운영, 생활보호대상자 등에 대한 봉사활동 등의 지원을 말한다.

4. 소방행정수단

소방이 임무를 이루기 위하여 사용하는 방법인 소방행정수단에는 계몽·지도, 봉사, 명령·강제가 있다. 이러한 소방행정수단의 직접적인 근거는 소방관계법규에 두고 있다.

(1) 계몽·지도

① 행정상의 계몽과 지도를 통하여 소방법규의 변경 등에 의해 발생되는 혼란과 오해로 인한 위법행위를 방지해야 한다.
② 행정상의 계몽지도는 반드시 사회공공의 질서유지를 고려해야 한다.
③ 법의 집행을 위한 행정상 계몽지도는 상황에 따라서 한계가 있다.

(2) 봉사활동

소방행정수단 중 봉사활동에는 상대적 봉사와 포괄적 봉사가 있다.

상대적 봉사	• 소방행정정책으로 인한 직접적인 혜택을 받는 사람들을 중심으로 하는 봉사활동을 말한다. • 구조·구급과 같은 소방의 직접적인 서비스기능에 해당한다. • 소방구급대를 통하여 응급환자의 응급조치 및 이송하는 활동을 말한다. • 소방구조대를 통하여 요구조자를 직접 구조하는 활동을 말한다. • 강물의 범람, 홍수 등에 의해 발생되는 지역의 수재민을 구소·구급하는 활동을 말한다.
포괄적 봉사	• 소방의 목적상 소극적인 기능에 해당한다. • 소방의 혜택을 받는 사람이 사회의 불특정 다수인이 되는 활동을 말한다. • 인접한 소방대상물의 연소방지 및 인명, 재산피해를 최소화하기 위한 소화활동을 말한다.

(3) 명령과 강제

소방법상 강제적인 방법으로 올바른 상태를 만들고 유지하기 위한 소방행정상의 조치를 말한다.

① 소방법상 명령의 조건

㉠ 실행기간 및 지켜야 할 의무내용을 구체적으로 기록하여야 한다.

㉡ 주체는 소방청장, 시·도지사, 소방본부장 또는 소방서장이 된다.

㉢ 서면에 의하여 명령을 하는 것이 원칙이다.

㉣ 특정한 소방대상자에 한해서 명령을 하여야 한다.

② 소방법상 명령 및 강제수단의 예

㉠ 화재예방조치명령

㉡ 소방대상물의 개수명령

㉢ 소방검사를 위한 보고 및 자료제출명령

㉣ 위험물제조소 등의 감독명령

㉤ 무허가위험물시설의 조치명령

㉥ 위험물제조소 등의 예방규정 변경명령

㉦ 소방시설 및 방염에 관한 명령

㉧ 화재경계지구에 대한 명령

㉨ 소화종사명령

㉩ 피난명령

㉪ 화재조사를 위한 보고 및 자료제출명령

1.2 소방의 역사

1. 삼국시대

(1) 병란 등으로 주민들이 인가에 인접하여 도성이나 읍성을 짓게 되어 화재가 사회적 재앙으로 등장하게 된 시기이다.

(2) 왕이 직접 화재현장의 이재민을 위문, 구제함으로써 화재가 사회적 재앙으로 인식되었고 국가적으로 관심사였다.

삼국시대의 소방활동 및 기록

1. 소방활동

① 도성 : 성민들과 군사들이 협동하여 화재를 진압하였다.

② 지방 : 부족적 성격에 의해 부락단위로 화재를 진압하였다.

2. 삼국사기의 기록
신라시대(서기 262년) 미추 이사금 원년에 금성 서문에 화재가 발생하여 민가 100여 동이 소실되었다는 기록이 있고, 서기 596년 진평왕 18년에 영흥사에 불이나 왕이 친히 이재민을 위문, 구제하였다는 기록이 있다.

2. 통일신라시대

(1) 백성이 지붕을 풀로 덮지 아니하고 기와로 덮었으며, 밥을 지을 때 나무를 사용하지 않고 숯을 사용했다 함은 당시 주민들이 화재예방의식이 높았음을 알 수 있다.
(2) 통일신라시대까지는 별도의 소방조직이 없었으므로 백성 및 군대가 화재를 진화했다.

통일신라시대의 소방조직 및 제도

1. 삼국시대와 마찬가지로 백성들과 군부가 소방활동을 하였다.
2. 지방에까지 군대가 배치된 것으로 보아 지방에서는 군대에 의하여 소방활동을 했을 것으로 보인다.

3. 고려시대

고려시대에는 삼국시대와 통일신라시대보다 화재가 많이 발생하였는데 이는 인구가 증가되고 대형건물이 들어선 데다가 병란이 잦은 데에 그 원인이 있는 것으로 보인다.
더욱이 도읍지였던 개경은 지역이 협소하여 건물들이 밀집하였고, 초옥이 대부분이어서 한 번 화재가 발생하면 민가·상가로 연소확산되어 수백 동씩 연소되는 경우가 많았는데, 특히 이 시대에는 병화와 왜구의 방화·약탈이 심하여 각 궁전과 창고의 대형화재가 많았던 것을 볼 수가 있다.

(1) 별도의 소방조직(금화조직)은 없었으나, 금화제도는 시행되었다.
(2) 각 관아에서는 화재예방을 위하여 대창(大倉 : 근 창고)에 금회를 담당하는 관리를 배치하고, 기와집을 짓도록 하였다.
(3) 모든 창고에는 금화를 담당하는 관리를 배치하되 이시대로 하여금 수시로 점검하도록 하여 관리가 자리를 비운 때에는 관품의 고하를 막론하고 옥에 가두었다. 또한, 삼사에 화재가 발생해 왕이 직접 관리들을 처벌하기도 했다.

고려시대의 금화제도

건축 및 시설개선제도	• 주택의 초가지붕을 기와지붕으로 개선하도록 하였으며, 연소확대 방지를 위하여 길을 따라 와옥을 짓도록 하였다. • 화재를 대비하여 창고시설을 지하창고로 하였으며, 대창인 경우는 20만 석 이상도 저장할 수 있었다. • 화약제조 및 사용량이 증가함에 따라 화통도감을 신설하여 특별관리하였다.
실화 및 방화자에 대한 처벌제도	• 실화 및 방화자가 관리인 경우에는 현임박탈을 하였다. • 인가 및 재물을 연소한 경우에는 장 80대의 형을 주었다. • 관부, 묘지 및 사가, 사택의 재물에 방화한 자는 소실 정도에 무관하게 징역 3년형을 주었다.
금화관리자 배치제도	• 각 관아의 당직자 또는 그 장이 금화책임자이다. • 문종 20년 운여창 화재 이후로 창름(쌀창고), 부고(창고)에 금화관리자를 배치하고, 어사대가 수시로 점검하여 당직자가 자리를 비거나 빠지는 일이 있을 때에는 먼저 가둔 후 보고하였다.

4. 조선시대

조선시대에는 한성부를 비롯한 평양부·함흥부 등 도시들이 밀집·복잡해지고 수공업의 급속한 성장과 상업도시로 발달함에 따라서 전국 각지에서 대형화재가 발생하였으며, 병란 및 민란 등으로 궁궐화재도 극심하였다.

따라서 이 시대부터 소방의 고유조직이 탄생되었는데, 특히 세종대왕 때에는 금화도감을 설치하고 금화군을 편성하여 화재를 방비하는 등 새로운 소방제도가 가장 많이 마련되었다. 그런데 연산군 이후부터 철종조에 이르기까지 크고 작은 화재가 많이 발생하였음에도 계속되는 당쟁과 침략전쟁에 시달렸기 때문인지 소방제도에 관한 기록은 찾아 볼 수가 없다.

(1) 금화법령이 제정되었고, 금화조직이 설치되었다.

■ 금화법령

금화법령은 경국대전의 편찬으로 그 골격을 갖추었는데 권지 1, 4, 5에서 행순, 금화, 방화관계법령과 실화·방화에 관한 형률이 기록되어 있다.	
행순 (순찰근무)	도성 내에서 통행금지시간(오후 10시~다음날 오전 4시)을 정하고 병조에서 당직자 6명을 배정하여 순찰을 하였으며, 궁궐 내부는 수시로, 도성 밖은 밤 10시부터 성을 지키는 군사로 하여금 순찰하게 했다.

실화 및 방화자에 대한 처벌	• 실수로 자신의 집을 태운 사람은 장 40대의 형을 주었다. • 실화 및 방화에 의해 사람에게 상해를 입힌 자는 장 100대의 형을 주었다. • 일부러 자기집에 불을 질러 태운 사람은 장 100대의 형을 주었다. • 관청이나 다른 사람의 집에 불을 질러 태운 사람은 장 100대에 2년간 추방형을 주었다. • 실화자가 노약자, 병자, 임산부일 때에는 벌금형을 주었다. • 관리가 순행할 때 실화한 사람을 만나면 바로 체포하고 화재를 진압한 후에 조사한다.
포상 및 사면제도	• 범인을 체포한 자에게는 범인의 가산으로 상을 주었다. • 불 지르는 자를 잡아 고발한 사람 중에서 양인은 관직을 주었으며, 천민은 양민으로 신분을 상승시켜 주고 모두 면포 200필을 포상하였다. • 실화 및 방화자 중에서 자수한 자는 사정에 따라 죄를 사하여 주기도 하였다. • 체포한 화적은 반란에 준하여 극형에 처하였다.
상황보고기준 및 계통	• 화재가 났을 때 와가 3간, 초가 5간 이상의 건물이 소실되거나 화재로 인하여 인명이 상해되었을 때에는 왕에게 서면으로 보고하였다. • 정조시대에는 실화건물이 10호 이상이거나 사상자 5～6인 이상이면 승정원을 통하여 왕에게 보고하도록 하였다.
생계 및 장례비 지원	• 실화자에 대하여는 처벌하는 데만 그치지 않고 양곡과 의복을 지급하였으며, 부상자는 의원으로 하여금 치료하게 하고 공물 및 신역을 감하여 주었다. • 사망자는 물품을 주어 매장하거나 한성부로 하여금 장사를 지내주도록 하였다.
피해복구 지원	• 집을 지을 재목으로 소나무를 베어주고, 기와를 우선 공급하였다. • 화재를 당한 집에서 군대에 보충된 자가 당직을 중지하려 하면 허가하고, 그대로 머물러 있는 자는 2개월간의 휴가를 주었다. • 관원과 각 관아의 아속들에게는 7개월간의 휴가를 주었고, 꼭 필요한 장인에게는 처자의 급료까지 지급하면서 복구에 전력하였다.

(2) 금화법령은 경국대전의 편찬으로 골격을 갖추었고, 금화조직인 금화도감은 1426년 세종 8년 2월 병조에 설치하였다.

■ 금화조건제도

1. 금화도감이 설치되기 전인 세종 5년에 병조에서 궁중화재에 대비하여 금화조건(禁火條件)을 만들어 시행하였다.
2. 공조에서는 구화사다리, 저수기, 급수기와 같은 구화기구를 만들어 궐내 각처에 비치하고, 형조에서 급수하는 일을 맡았다.
3. 궐내에서 화재가 발생하면 불을 끌 때까지 종을 치게 하고 미리 편성된 군사로 하여금 불을 끄게 하였다.
4. 화재가 심할 경우에는 내신이 아패(牙牌)를 가지고 외인을 인솔하여 불을 끄고, 각 관은 지정된 장소에 모여서 명령을 기다리도록 하였다.
5. 경복궁, 창덕궁 등 중요한 지역의 화재진압은 미리 정하여 놓은 바에 따르도록 하였다.

(3) 금화도감은 상비소방수제도로서의 관서는 아니지만 화재예방을 위한 독자적 기구를 갖추었다는 데에서 우리나라 최초의 소방관서라 할 수 있다.

1426년 세종 8년 2월에 한성부 내에서 두 번의 대화재로, 백성의 생명과 재산보호의 목적으로 병조에 금화도감을 설치하게 되었다. 이것이 최초의 소방책임수행기관으로 오늘날 상비소방제도의 기능이라 할 수 있다. 소방관서는 아니지만 화재를 방비하는 문제로 독자적 기구를 갖추었다는 점에서 우리나라 최초의 소방관서라 할 수 있다.

■ 금화도감의 구성과 시행한 화재진압대책

1. 금화도감의 구성 : 제조 7명, 사 5명, 부사 6명, 판관 6명
2. 금화도감에서 시행한 화재진압대책
   ① 통금시간이 지나 불을 끄러 가는 사람에게 증명이 되는 구화패를 발급하여 화재를 신속히 진압한다.
   ② 화재를 진압할 때 각 처의 군인은 병조에서, 각 관아의 노비는 한성부에서 감독하도록 한다.
   ③ 화재발생시 의금부가 종루를 맡아 종을 쳐 담당관원이나 군인에게 화재를 알린다.

(4) 1426년 6월에 성을 지키는 성문도감과 금화도감을 병합하여 수성금화도감을 설치하였다.

금화도감기구가 다른 직을 겸하고 있는 자들로만 구성됨으로써 업무의 계속성을 유지하지 못하고 실제적 방화대책을 강구할 수 없기 때문에 금화도감 설치 4개월만에 성문도감과 금화도감을 병합하여 수성금화도감을 설치하고 금화사(禁火事)를 전직(專職)으로 하는 관리를 배치하게 되었다.

■ 수성금화도감의 기능

1. 성을 수리한다.
2. 화재를 금한다.
3. 삼거(三渠 : 도랑)를 정비한다.
4. 길과 다리를 수리하는 일을 한다.

(5) 궁중뿐만 아니라 관가, 민가를 구화(救火)하기 위한 금화군, 멸화군, 지방의용조직을 만들어 활동했으며, 대형화재가 인근 민가로 확대되는 것을 방지하기 위해 계획도시의 개념이 도입·시행되었다.

금화군, 멸화군

금화군은 금화도감의 지휘하에 사전에 편성된 조직인데 금화도감이 없어진 후에는 멸화군으로 이어졌다.

1. 금화군
   ① 편성 : 의정부, 육조, 한성부, 금화도감제조 등이 논의하여 금화군을 편성하였다.
   ② 구화작업
      ㉠ 화재위치를 알리고자 기를 세우고 북을 울린다.

ㄴ 각 사에서는 관원들이 금화군을 거느리고 와서 도감의 지휘에 따라 행동한다.
ㄷ 바람이 어지럽게 부는 날에 불이 크게 일어나 종을 치면 관원들이 계문하지 않고 보충군 등을 거느리고 와서 지원한다.
ㄹ 표가 없으나 불을 끄기 위하여 출입하는 자는 금하지 않고, 난잡하게 날뛰는 자는 금지시켰다.
ㅁ 불을 끈 뒤에 공로가 있는 자에게는 포상하고, 늦게 출동한 관원에게는 벌을 주었다.

2. 멸화군
① 편성 : 50인으로 일정하게 편성하고 도끼 20, 철구 15, 열마견 5, 망루 1개를 의무적으로 비치하였다.
② 감독 : 도총부와 승정원에서 멸화기구와 숙직, 순행상황을 수시 확인하였다.
③ 방화장 : 문서와 양곡을 보존하는 도사에서는 방화장(방화담)을 쌓도록 하였다.
④ 한성부 : 각방 대호에는 도끼 3, 철구 2, 사다리 1개, 중호에서는 도끼 2, 철구 1, 사다리 1개, 소호에서는 각각 1, 3호가 합하여 사다리 1개를 구비하도록 하였으며, 한성부 부관과 직원이 수시 확인하였다.
⑤ 화재감시인 배치 : 망루에는 의금부 나장과 사복사 및 군기사에서 각 1명을 화재감시인으로 배치하여 관망하게 하되, 관아나 관부에서 불이 났을 때 종을 치도록 하였다.

■ 화재방비를 위한 도시계획

1. 궁궐화재시 예방을 위하여 건물의 지붕이나 옥상의 방비목적으로 사다리를 비치하고 사방 100m 이내에는 건축을 금하고, 창고는 30m 이상을 떨어져 짓도록 하였다.
2. 방화용 용수로 개인집에는 한 개를, 관가에는 두 개의 우물을 파서 사용할 수 있도록 하였다.
3. 건물들이 너무 근접하여 한 번 화재가 발생하면 피해가 많으므로 건물과 건물 사이에 방화장(방화담)을 만들도록 하였으며, 나무로 하는 것은 금하였다.

(6) 각 고을마다 5가구를 하나로 묶어 화재발생 예방을 위한 5가작통법제도를 시행하였으며, 지방에서는 도둑과 화재를 방비하기 위하여 자발적으로 의용조직을 만들어 활동하였다.

1. 5가작통법과 금화

세종 8년 대화재를 전후하여 화적들이 횡행하므로 각 방과 각 동, 각 호의 5명이 교대로 피수를 보도록 한 것에서 비롯되어 매 5가를 1통으로 만들고 모두 물통을 준비하였다가 화재시 그 집을 구하도록 하였으며, 세종 13년에는 각 통에 소방종사자 증표인 금화패 1개씩을 발급하여 주었음이 경국대전 병조 금화조에 기록되어 있다.

2. 지방의 의용소방조직

세종 19년에 전국 각지에서 흉년으로 인해 도적과 화적이 심하자, 각 고을에서 자체적으로 지혜 있고 근검한 사람을 뽑아서 두목으로 정하고, 동리 청장년으로 무리를 지어 순경(巡警)을 돌게 하다 도적과 화재가 있으면 구제하고 가까운 동리까지 지원활동을 하였는데, 이러한 경방조직은 현재의 의용소방대와 흡사한 것으로 생각된다.

(7) 사다리, 도끼, 저수용기, 물양동이, 흡수구 등 화재진화도구를 만들어 사용했다.

구화기구 및 흡수구

조선왕조 전기의 소화기구로는 도끼, 쇠갈구리, 불채, 저수기, 물양동이, 방화용사가, 불덮개, 거적 등이었으며, 중기에 들어서도 경종 3년(1723년)에 중국으로부터 수총기를 도입한 것 이외에는 새로운 것이 없었는데 구한말 일본인들이 이 땅에 들어온 후부터 새로운 소방기구가 도입되기 시작하였다.

소방의 유래

인류가 불을 사용하면서부터 소방활동이 시작되었다고 볼 수 있다.

1. B.C 300년경 로마시대에 화재진화와 야경을 위해 노예로 구성된 소방조직이 있었지만, 역사상 최초의 공식적인 소방조직은 로마제국 시저 황제가. B.C 23년경에 설치한 600명 규모의 소방대로 '공익봉사자'라는 의미를 가진 'The Familia publica'라는 일종의 자위소방이다.
2. 중국에서도 이와 유사한 소방조직활동이 있었는데 13세기경 중국의 항주에서도 1000～2000명 규모로 조직하여 주로 경제와 화재진압활동을 하였다.
3. 영국에서는 1643년 내란시에 Notting-ham시에서 50명의 부녀소방대가 조직되어 자위소방활동을 하였다.
4. 미국에서는 1678년 보스턴에 최초의 직업소방관제도가 생겨났고, 그 이전에는 의용소방대가 화재를 진압하였다.
5. 한국에서도 1426년(세종 8년) 우리나라 최초의 공공소방기관인 금화도감을 설치하였고, 1437년 오늘날의 의용소방대외 비슷한 청장년들로 구성되어 자력으로 방재활동을 수행한 지방의용 금화조직이 공인된 바 있다.
6. 역사상 최초로 구성된 공공소방기관은 로마의 아우구스투스의 통치기간(B.C 27～A.D 14) 중에 'corps of vigilies'라는 소방경방조직이다. 이는 오늘날 소방조직의 체제와 유사하였는데 로마 시내를 7개 지역으로 나누어 각 지역에 100～1000명 정도의 인원으로 구성하여 분업적인 구조로 소방활동을 하였다.

5. 갑오경장 전후

(1) 경무청 처리세칙에서 '수화소방(水火消防)은 난파선 및 출화(出火), 홍수(洪水) 등에 관계하는 구호에 관한 사항'이라고 정하고, 여기에서 소방이란 용어를 최초로 사용하게 되었다.

(2) 새로운 소방제도의 도입

① 문호의 개방으로 외래문물이 들어오면서 새로운 소방제도가 들어왔는데 이때부터 소방장비를 갖추고 훈련을 실시하게 되었다.
② 수도의 개설로 소화전이 설치되었다.
③ 공설소화전 외에 사설소화전을 설치할 수 있도록 하였으며, 사설소화전을 공용에 사용하고자 할 경우에는 이를 거절하지 못하도록 하였다.
④ 우리나라 최초로 화재보험회사를 설립하였다.

1. 갑오경장 전후의 소방조직

① 이전까지 금화시는 포도청에서 일시 담당한 것으로 보여지는데 1894년 갑오경장을 계기로 일본은 포도청을 없애고 한성 5부의 경찰사무를 합쳐 경무청을 설치하게 되었다.
② 1895년 관제를 개혁하면서 내부에 경찰관계 내국을 신설하였으며, 경찰과 소방은 내무지방국에서 관장하도록 하였다.
③ 지방은 23개 관찰부로 나누고, 각 관찰부에 경찰관을 배치하였다.
④ 1894년에 설치된 경무청은 그대로 두고 한성부 내의 경찰사무를 담당하도록 하였는데, 소방사무는 경무청 직제에 의거 총무국으로 분류하였다.

2. 일본인 거류지 내의 소화활동

① 구한말 문호가 개방되면서 각 개항지에는 일본인 거류자의 수가 늘어나고 내왕이 잦아지자 통감부를 설치하고, 보안과에서 거류민단구역 내에서의 소방문제를 다루었다.
② 그러나 거류민들도 자신의 재산을 보호하고자 의용소방조를 설치하기 시작하였으며, 1900년 초에는 관민으로부터 각출금을 거두어 수압펌프를 구입하고, 소방조원에게는 출동수당을 지급하였다.
③ 1909년에는 이사청령으로 소방조규칙을 제정·시행하였는데 공설된 소방소 외에 사빌직인 조직까지 생겨났으며, 한국인 사회에서도 소방소를 조직하기에 이르렀다.

6. 일제강점기시대

(1) 소방조 소속 상비소방수(1900년대 무렵) 및 도 경무부 소속의 상비소방수(1910년 직후)제도를 시행하였다.

(2) 이전의 소방조직과는 달리 전문적인 소방력을 상비하여 화재예방활동과 진압활동을 하는 기구인 소방관서를 주요 도시에 설치하기 시작하였다.

(3) 경성소방서(1925년), 부산 및 평양소방서(1939년)를 설치하고 그 후 청진(1941년), 인천·함흥·용산(1944·1945년)소방서가 설치되었다.

(4) 화재진압장비가 도입·설치되었으며, 파괴소방차·쇠갈고리·도끼 등과 같은 파괴장구, 구조대·구조막과 같은 구조장구를 비치하였다.

(5) 고층건물의 화재진압을 위하여 사다리소방차를 도입했으며, 119전화, 화재발생경보, 망루, 차고 등이 설치되었다.

(6) 불조심 행사, 매년 2회 이상 소방점검과 연습을 행하고 기구의 정비상황과 기율을 감독, 방화일(12월 1일)을 정하여 예방활동과 같은 행사를 하였다.

7. 미군정시대(1946~1948년) : 과도기

중앙에는 중앙소방위원회(소방청)를 두고, 지방에는 도소방위원회(지방소방청)를 두었으며, 시·읍·면에도 소방부를 두어 전국적인 소방조직체제를 갖춤으로써 독립된 자치소방제도를 최초로 시행하였다.

8. 정부수립 이후(1948~1970년) : 초창기

(1) 1948년 정부수립과 동시에 국가소방체제로 전환하였다.

(2) 1958년 소방법이 제정되면서 중앙에는 내무부 치안국에 소방과를 예속시켜 두고, 지방에는 경찰국 소방과와 일선에 소방서를 설치하여 소방업무를 수행했다.

(3) 소방공무원 신분도 경찰공무원법의 적용을 받아 경찰의 신분을 가졌다.

9. 소방행정제도의 발전시기(1970~1992년) : 성장기

(1) 1972년 정부조직법이 개정됨으로써 소방이 경찰로부터 독립성을 확보하였으며, 서울과 부산은 지방자치소방체제로 전환하고, 기타 시·도는 국가소방체제를 유지하는 이원적 소방행정체제를 시행하였다.

(2) 1975년 내무부에 민방위본부가 신설·운영되면서 여러 면에서 소방의 획기적 발전을 가져왔다.

(3) 소방공무원이 증가함에 따라 1978년 소방공무원법이 제정됨으로써 소방공무원의 신분을 보장받게 되었다.

(4) 1978년 7월에는 소방학교직제가 제정·공포되면서 소방교육의 체계화를 이루게 되었다.

(5) 국민의 생활 속에 소방안전문화가 정착되기 시작하였다.

10. 소방행정제도의 성숙기(1992년~현재) : 성숙기

(1) 1992년 전국 시·도에 소방본부를 설치·운영하고 시·도의 소방책임을 특별시·광역시·도의 지방자치단체장에게 부여하는 광역자치소방체제로 전환되었다.

(2) 대부분의 소방공무원은 지방공무원의 신분을 가지게 되었으나, 2020년 4월 1일부터 모든 소방공무원 신분을 국가직으로 일원화하였다.

(3) 시·도에는 소방본부, 시·군에는 소방서가 있으며, 소방서의 하부조직으로 119안전센터 및 구조·구급대가 편성·운영되어 있다.

(4) 2004년 6월 1일에는 정부조직법 개정으로 중앙에는 소방방재청을 신설하여 소방업무뿐만 아니라 민방위, 재난, 재해업무 등을 관할하는 재난통합관리체제를 만들었다.

(5) 2014년 11월 19일에는 정부조직법 개정으로 국민안전처처 신설되며 체계적인 재난안전관리시스템 구축을 통하여 안전하고 예방과 재난 시 종합적이고 신속한 대응 및 수습체계를 마련하기 위하여 설치되었다.

(6) 2017년 7월 26일에는 정부조직법 개정으로 국민안전처가 해체되면서 중앙소방본부의 관련 업무를 승계하며 소방청으로 재창설되었다. 특히 소방관련 업무를 전담하며, 소방 및 방재, 방화, 대국민 신변안전관리 및 감독, 재난대비 및 복구관리, 사후관리대책 등을 수행한다.

11. 소방행정책임 수행기관의 변천과정

(1) 금화도감(우리나라 최초의 소방책임수행기관)은 병조가 소방책임기관이 되었다.

(2) 수성금화사는 공조가 소방책임기관이 되었다.

(3) 갑오경장 이후부터 일제시대에 이르기까지는 경무청 또는 경무총감부가 소방책임기관이 되었다.

(4) 광복과 미군정시대에는 지방자치단체가 소방책임을 수행하였다.

(5) 정부수립 이후에는 내무부장관이 소방행정업무를 관장하게 되었다.

(6) 소방행정제도의 발전시기(1970~1992년)에는 시·군이 소방책임기관이 되었다.

(7) 1993년 이후부터는 시·도지사가 소방책임을 수행하기로 되어 있다.

1.3 소방의 책임

1. 소방대상물에 대한 책임

(1) 소방책임자

① 자기시설물을 화재로부터 안전하게 유지·관리할 책임을 지는 사람을 말한다.

② 소방법에서는 '관계인'이라고 정의한다.

③ 관계인은 소유자, 점유자, 관리자를 말한다.

소유자	소방대상물의 소유권을 가진 사람을 말한다.
관리자	소유자를 대신하여 관리하는 사람을 말한다.
점유자	소유자·관리자가 아닌 사람으로 소방대상물을 직접적으로 관리 및 운영하는 사람, 즉 대상물의 세입자와 같은 사람을 의미한다.

(2) 소방대상물에 대한 책임자는 원칙적으로 소방대상물의 소유권을 가진 사람, 즉 소유자이지만 소유자가 관리자에게 관리의 권원을 위임할 경우에는 관리자가 소방책임자로 된다.

(3) 점유자는 보통 계약에 의하여 소방대상물을 직접적으로 관리 및 운영하는 사람이므로 주로 계약에 의해 소방책임자의 위치를 갖게 된다.

(4) 소방대상물의 소방책임자는 소방행정객체의 지위에서 소방행정주체로부터 소방의 목적상 필요한 조치명령을 받게 된다.

2. 소방업무에 대한 책임

(1) 각 소방대상물은 그 대상물의 관계인이 책임을 가지고 관리 및 운영을 한다.

(2) 각 지역에 대한 소방행정의 책임은 특별시장 및 광역시장과 도지사(시·도지사)가 가진다.

Chapter 1 연습문제

1.1 소방의 의의

01 다음 중 소방에 대한 설명으로 옳지 못한 것은?

① 소방이라는 용어를 처음 사용한 시기는 갑오경장 이후이다.
② 화재를 예방, 경계, 진압하여 생명 및 재산을 보호하는 것이 소방의 목적이다.
③ 소방의 목적이 실질적 의미의 소방개념을 나타낸다.
④ 소방력의 종합관리는 형식적 의미의 소방개념에 해당된다.

02 다음은 불이 지니고 있는 상징성 중 소방이념으로 승화시키고 실천해야 할 사항이다. 불의 어떤 상징성을 의미하는가?

> 불이 열과 빛과 또 다른 물질을 만들어내는 것과 같이 신지식과 정보를 수시로 생성해내고 혼탁한 사회분위기를 정화시키며 서로의 지혜와 잠재력을 통합하여 바른 길로의 추진력을 키워나가야 한다.

① 정의성　　② 광명성
③ 창의성　　④ 화합성

03 소방을 상징하는 물질 중 주인성 및 자주성이라는 특성을 가지고 있는 것은?

① 물　　② 태극
③ 월계수　　④ 새매

04 다음은 소방의 업무 및 임무에 관한 것이다. 설명이 틀린 것은?

① 소방업무의 범위는 시대, 국가, 문화 등에 의해 다르다.
② 오늘날의 소방업무는 화재의 예방, 경계, 진압 외에 구조 및 구급업무도 포함된다.
③ 소방의 기본적 임무에는 보안 및 봉사기능을 포함하고 있다.
④ 비권력적 서비스기능을 파생적인 임무라 한다.

05 실질적 의미의 소방에 대한 정의로 틀린 것은?

① 화재를 살펴 조심하고 발생화재를 진압하여 막아낸다.
② 화재의 예방, 경계 및 진압에 관한 제반활동을 말한다.
③ 공공소방과 민간소방의 모든 활동을 포함한다.
④ 소방행정목적을 달성하기 위하여 형성되는 소방조직(기관)을 말한다.

06 다음은 소방기본법 제12조 화재의 예방조치 등이다. 소방임무를 수행하기 위해 필요한 소방행정수단 중 소방기본법 제12조 화재의 예방조치 등은 어떠한 소방행정수단에 해당하는가?

> 소방본부장이나 소방서장은 화재의 예방상 위험하다고 인정되는 행위를 하는 사람이나 소화활동에 지장이 있다고 인정되는 물건의 소유자·관리자 또는 점유자에 대하여 다음 각 호의 명령을 할 수 있다.
> 1. 불장난, 모닥불, 흡연, 화기(火氣) 취급 그 밖에 화재예방상 위험하다고 인정되는 행위의 금지 또는 제한
> 2. 타고 남은 불 또는 화기(火氣)의 우려가 있는 재의 처리
> 3. 함부로 버려두거나 그냥 둔 위험물 그 밖에 불에 탈 수 있는 물건을 옮기거나 치우게 하는 등의 조치

① 계몽 및 지도
② 봉사활동
③ 직접강제
④ 명령 및 강제

07 소방의 기본적 임무에 관한 내용으로 타당하지 않은 것은?

① 구급대의 응급의료지원 서비스로 국민의 건강과 안전생활을 영위
② 화재의 예방과 경계를 통하여 국민의 복리증진과 안전생활을 보장
③ 화재의 진압으로 국민의 생명과 신체 및 재산의 손실 방지
④ 정부기능 가운데 질서기능에 속하며, 그중에서도 보안기능을 담당

08 계몽·지도와 같은 소방행정수단은 무엇을 근거로 하는가?

① 시·도의 조례
② 소방관계법규
③ 행정법
④ 건축법

09 현행 소방법상 명령의 요건으로서 틀린 것은?

① 명령의 주체는 소방청장이다.
② 명령은 특정 소방대상자에 한하여야 한다.
③ 명령은 서면에 의하여야 한다.
④ 기간과 의무내용을 구체적으로 명시하여야 한다.

1.2 소방의 역사

10 다음은 어느 시대의 소방행정 특징인가?

㉠ 인가가 인접한 도성 내에 대화재가 발생하기 시작하였다.
㉡ 화재를 사회적 재앙으로 인식하여 국가에서 구휼한 것으로 보인다.
㉢ 성민과 군사들이 협동하여 화재를 진압하였다.

① 삼국시대
② 통일신라시대
③ 고려시대
④ 조선시대

11 다음 중 고려시대의 소방행정제도에 대한 설명은?

㉠ 금화조직이 있었다.
㉡ 금화제도가 시행되었다.
㉢ 군조직이 소방을 담당하였다.
㉣ 화재예방의식이 싹트기 시작했다.
㉤ 화약류의 특별관리를 위해 화통도감이라는 직제를 신설했다.
㉥ 도시방재계획의 개념이 도입되었다.
㉦ 금화관리자를 대창에 배치하였다.

① ㉠, ㉡, ㉢, ㉣
② ㉠, ㉢, ㉣, ㉤
③ ㉡, ㉢, ㉤, ㉥
④ ㉡, ㉢, ㉤, ㉦

12 다음은 조선시대의 소방행정제도에 대한 설명이다. 옳지 못한 것은?

① 우리나라 최초의 소방관서인 금화도감이 설치되었다.
② 현재의 의용소방대와 유사한 경방조직을 만들어 활동했다.
③ 5가작통법을 시행하였다.
④ 화재가 재앙이라는 인식을 가지기 시작했다.

13 다음의 제도가 시행된 시기는?

㉠ 상비소방수제도가 생겼나.
㉡ 소방기본조직은 소방조 조직이었다.
㉢ 대도시 지역에 상비소방요원이 배치되고 소방관서가 설치되었다.
㉣ 서울 종로에 경성소방서가 설치되었다.
㉤ 예방활동행사를 실시하였다.
㉥ 사다리소방차가 도입되었다.

① 갑오경장 전후
② 일제침탈기
③ 광복시기
④ 정부수립 이후

14 다음에 설명된 소방행정제도가 만들어졌던 시기는?

㉠ 소방이 경찰로부터 독립성을 확보하였다.	㉡ 이원적 소방행정체제를 시행하였다.
㉢ 민방위본부가 신설되었다.	㉣ 소방공무원법이 제정되었다.
㉤ 소방학교가 만들어졌다.	㉥ 국민생활 속에 소방안전문화가 정착되었다.

① 소방행정제도의 과도기
② 소방행정제도의 초창기
③ 소방행정제도의 성장기
④ 소방행정제도의 성숙기

15 다음은 소방행정의 성숙기 때의 제도에 대한 내용이다. 다른 하나는?

① 기초자치소방체제가 시행되었다.
② 소방공무원은 지방공무원의 신분을 가지게 되었다.
③ 각 시·도에 소방본부를 설치하였다.
④ 소방방재청이 신설되었다.

16 다음 중 오늘날의 의용소방대와 유사한 것으로 생각되는 지방의 의용소방(금화)조직의 시행 시기는 언제부터인가?

① 삼국시대
② 고려시대
③ 조선시대
④ 일제시대

17 근대(현대)의 소방제도에 관한 설명으로서 틀린 것은?

① 미군정시대(1946～1948년)에는 자치소방제도가 최초로 시행되었다.
② 정부수립 이후(1948～1970년)에는 국가소방체제로 전환하였으며, 1958년에 처음으로 소방법을 제정했다.
③ 1970년에는 모든 시·도가 지방자치소방체제로 전환하고, 소방공무원이 증가함에 따라 1978년에는 소방공무원법이 제정되었다.
④ 1992년에는 모든 시·도의 소방책임을 특별시, 광역시, 도의 지방자치단체장에게 부여하는 광역소방체제로 전환되었다.

18 정부수립 이후(1948～1970년)의 소방제도에 관한 설명으로 틀린 것은?

① 국가소방체제로 전환하였다.
② 처음으로 소방법이 제정되었다.
③ 중앙에는 내무부 치안국에 소방과를 두고, 지방에는 경찰국 소방과와 일선에 소방서를 설치하여 소방업무를 수행했다.
④ 소방공무원 신분이 경찰공무원법에 적용이 되었으나 경찰의 신분은 지니지 못했다.

1.3 소방의 책임

19 서울특별시 동작구 노량진에서 화재가 발생하여 많은 피해가 발생했다. 이 경우 이 지역에 대한 소방행정 책임자는 누구인가?

① 소방청장 ② 서울특별시장
③ 서울소방방재본부장 ④ 동작구소방서장

20 소방대상물의 화재에 대한 1차적 책임자는 누구인가?

① 관계인 ② 소방서장
③ 소방본부장 ④ 시장

CHAPTER

2 소방조직의 기능 및 업무

2.1 소방행정작용

1. 소방행정작용의 특성

소방관계법규는 행정법에서도 권력적인 작용이 많기 때문에 소방법을 기본으로 하는 소방행정작용의 특성을 이해하는 것이 소방관계법규를 해석하거나 적용하는 데 기초적인 지침이 될 수 있고 법을 이해하는 데 도움이 된다.

(1) 우월성(지배·복종의 법률관계)

① 소방행정기관의 일방적인 결정에 의한 행정조치로 당사자의 허락을 받지 아니하는 경우이다.

② 「소방기본법」 제25조 '강제처분 등'이 소방관계법규에 기초하여 소방행정기관의 일방적인 결정에 의한 행정행위의 예이다.

(2) 획일성 및 원칙성

① 소방대상물의 사용용도가 동일할 때에는 어떠한 경우라도 동일한 소방시설을 설치해야 한다는 것이다.

② 아무리 소방시설에 관하여 전문지식을 가지고 있거나 위험물에 관하여 박식하여도 소방관계법규에 정해진 일정한 자격, 즉 소방설비기사 및 산업기사, 위험물기능사, 방화관리업무에 관한 강습과정을 수료한 후 자격을 인정받은 자만이 그 해당 업무를 할 수 있다.

③ 소방법령은 획일적이고 원칙적으로 적용되지만, 특별한 사안인 경우에는 적용특례규정을 두어 특례를 인정하는 경우도 있다.

(3) 기술성

소방관계법은 공공의 안녕·질서의 유지와 복리증진이라는 소방의 궁극적인 목표 때문에 국민에 대하여 많은 의무와 부담을 주고 있다.

2. 소방행정행위

(1) 소방행정행위의 개념

소방행정행위란 소방청장, 시·도지사, 소방본부장 또는 소방서장 등의 행정기관이 실행하는 구체적 사실에 관한 법집행으로서의 공권력 행사 또는 그 거부와 그 밖에 이에 준하는 행정작용을 말한다.

① 행정행위의 개념은 일반적으로 협의의 개념, 즉 행정청(행정주체)이 법 아래에서 구체적 사실에 대한 법집행으로써 행하는 권력적 단독행위인 공법행위를 의미한다.

② 협의의 행정행위는 법령에서 정하는 행정처분과 동일한 의미를 가진다.

③ 행정행위(행정처분)는 법률효과의 발생원인과 성질 및 내용에 따라 법률행위적 행정행위와 준법률행위적 행정행위로 나눌 수 있다.

1. 소방행정청의 행정행위 및 법적 행위

① 행정행위는 행정주체인 행정청의 행위를 말한다. 소방행정청이란 소방청, 시·도, 소방본부, 소방서 등과 같이 국가나 지방자치단체의 의사를 결정하고 이것을 외부에 의사를 표시할 수 있는 권한 있는 행정기관을 말한다.

② 행정행위는 행정청의 법적 행위이다. 여기서 법적 행위는 외부에 대하여 직접 법적 효과를 발생하는 행위를 말한다. 그러므로 단순한 사실행위나 행정기관 상호간의 내부적 행위는 행정행위가 아니다.

2. 행정청의 공법행위(공권력 행사)

행정행위는 행정청의 공권력 행사로서의 성질을 가지는 행정행위이다. 즉, 우월적인 입장에서 일반적으로 국민에 대하여 그 자유를 제한하거나 권리를 부여하거나 의무를 부과하는 행정행위를 의미한다.

소방행정주체

1. 소방행정의 주체

행정주체는 그 행정기관을 통하여 행정사무를 집행한다. 한편 소방행정의 주체라 함은 소방행정 객체에 대하여 소방행정력을 행사할 수 있는 행정기관으로서 국가와 시·도를 포함하는데 이론의 여지가 없으나, 소방행정이 자치업무라는 기본적인 특성과 현실을 고려할 때 중추적인 소방행정의 주체는 무엇보다도 시·도이다.

소방행정의 주체를 대신하여 소방행정의 객체에 대하여 소방행정사무를 수행하는 기관을 소방기관이라 하고, 그 소방기관 내부에서 실제 소방행정사무를 수행하면서 소방행정의 주체와의 사이에서 일정한 신분관계(근무관계 혹은 권리·의무의 관계)에 있는 자를 소방공무원이라 한다.

2. 소방행정의 객체

소방행정의 객체라 함은 소방행정의 주체인 국가와 시·도의 행정권 혹은 지배에 복종하는 자를 말한다. 즉, 대한민국과 국제법상의 외교특권을 갖지 않는 외국인으로서 자연인과 법인을 불문한다. 나아가 공공단체도 소방관련법규의 적용을 받아 그 지배를 받을 경우 행정객체가 된다. 소방행정이란 '소방관계 법령에 기초하여 특정한 소방사안을 구체적으로 형성하는 국가활동'이라고 할 수 있다.

(2) 소방행정행위(행정처분)의 종류

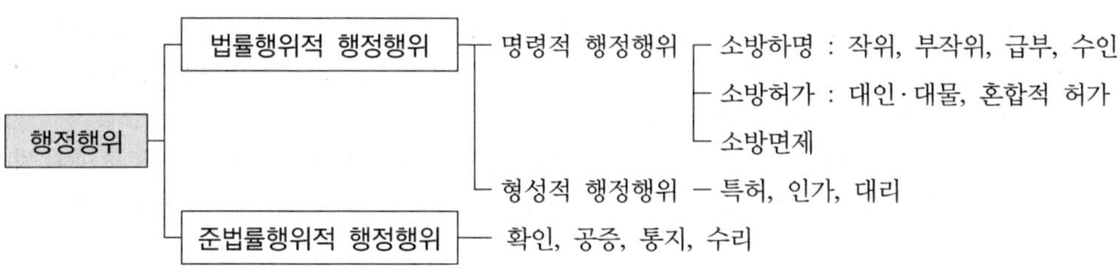

① 법률행위적 행정행위

법률효과면에서 보면 명령적 행정행위와 형성적 행정행위가 있다. 명령적 행정행위는 국민에게 해야 할 의무를 명령하거나 그 의무를 면제하는 행위로 소방하명, 소방허가 및 소방면제가 이에 해당한다. 형성적 행정행위는 국민에게 특별한 권리능력, 법률상의 권리능력을 발생·변경·소멸시키는 행정행위로 특허, 인가 및 대리가 있다.

소방관계법규에는 명령적 행정행위가 대부분이며, 형성적 행정행위는 거의 없다.

㉠ 명령적 행정행위

ⓐ 소방하명 : 하명은 행정주체가 행정객체에 대하여 작위, 부작위, 급부, 수인을 명하는 행정행위를 말한다. 즉, 소방하명이라 함은 소방이라는 목적을 달성하기 위하여 국민에게 작위,

부작위, 급부, 수인의 의무를 명령하는 행정행위이다.

작위하명	특정한 행위를 적극적으로 해야 할 의무를 명하는 행정행위이다.
부작위하명	특정한 행위를 금지하도록 하는 의무를 명하는 행정행위이다.
급부하명	소방의 목적으로 금전, 물품, 노력 등을 제공할 의무를 명하는 행정행위이다.
수인하명	행정주체(행정청)의 권한행사에 대하여 저항하지 아니할 의무를 명하는 행정행위이다.

ⓑ 소방허가 : 소방허가는 특정한 경우 소방상 목적 때문에 일반적인 금지사항을 해제하여 합법적인 행위를 할 수 있도록 하는 행정처분이다. 이러한 허가에는 대인허가와 대물허가, 이 둘을 혼합한 혼합적 허가가 있다.

소방대인허가	특정인의 자격 등이 고려되어 허가되는 행정행위로서 소방기술사, 소방설비기사 및 산업기사, 소방시설관리사, 위험물취급기능사 등이 있다.
소방대물허가	대상물의 객관적인 사항이 감안되어 허가되는 행정행위로서 지정수량 이상의 위험물을 저장 및 취급하는 제조소 등의 허가 등이 있다.
소방혼합허가	소방대인허가와 대물허가를 합한 행정행위로서 소방시설공사업 등록, 소방시설관리유지업 등록, 소방시설설계업 및 감리업 등록 등이 있다. 이러한 등록의 요건으로 특정인의 자격과 시설 및 장비가 갖추어져야 하므로 혼합적 허가에 해당된다.

ⓒ 소방면제 : 소방법령에 의해 일반적으로 정해진 소방작위, 소방급부, 소방수인의 의무를 특별한 경우에 소멸시키는 행정행위를 말한다. 다만, 소방부작위의 의무를 소멸시키는 행정행위는 소방허가와 같은 맥락이다.

ⓛ 형성적 행정행위

형성적 행정행위란 상대방(국민)에 대하여 특정한 권리, 능력 또는 포괄적 법률관계 기타 법률상의 힘을 발생(설정)·변경·소멸시키는 행정행위를 말한다. 이러한 행위에는 직접 상대방의 권리를 발생(설정)·박탈·변경하는 행위, 제3자의 법률적 행위를 보충하여 그 효력을 완성시키는 행위(인가행위), 제3자를 대신하는 행위(대리행위)로 나누어진다.

특허	• 특정인에게 새로운 법률상 권리능력의 포괄적 법률관계의 힘을 부여하는 행위를 말한다. 즉, 독점적 권리를 설정해 주는 행위이다. • 효과는 제3자에게 대항할 수 있는 새로운 법률상의 힘을 부여하는 것이다. • 원칙적으로는 행정청의 자유재량행위에 속하지만, 법령이 일정한 사유가 발생하여 특허를 하도록 규정하고 있는 경우에는 기속행위의 성격도 가지게 된다. • 한국소방안전협회 및 한국소방산업기술원의 설립 등이 여기에 해당되는 행위이다.
인가	• 제3자의 법률적 행위를 보충하여 그 법률상의 효과를 완성시키는 보충행위를 말한다. • 한국소방안전협회 정관의 변경에 대한 소방청장의 인가행위가 여기에 해당된다. • 인가를 받아야 하는 행위를 인가 없이 한 행위는 무효일 뿐이며, 강제집행이나 처벌의 대상은 되지 않는 것이 허가와 다른 점이다.

대리	• 제3자가 해야 할 일을 행정주체가 행함으로써 제3자가 행한 것과 같은 효과를 일으키는 행위이다. • 당사자의 의사에 기인하는 것이 아니라 법률규정에 의한 공권력의 발동으로써 행해지는 것이므로 법정대리라 할 수 있다.

② 준법률행위적 행정행위

의사표시 이외의 정신작용인 판단, 인식, 관념 등을 표시함으로써 법령이 정하는 일종의 법적 효과를 발생하게 하는 행위를 말한다.

확인행위 (판단표시행위)	• 특정한 사실이나 법률관계의 존부 또는 정부에 관하여 의문이나 다툼이 있는 경우에 행정청이 이를 공권적으로 판단·확정하는 행위를 말한다. • 확인은 판단작용이므로 일정한 사실 또는 법률관계가 존재하거나 정당한 경우에는 반드시 확인하여야 하는 기속행위이다. • 확인은 일정한 방식을 갖추어야 하는 요식행위로 이루어진다. • 확인은 특정한 사실 또는 법률관계의 존재나 정당성을 공적으로 확정하는 효과를 발생하므로 확인을 할 경우 준사법적 행위로서의 성격을 가지므로 불가변력이 발생한다.
공증행위 (인식표시행위)	• 특정한 사실 또는 법률관계의 존재를 공적으로 증명하는 행위를 말한다. • 원칙적으로 기속행위이고 요식행위의 성격을 갖는다. • 특정한 사실이나 법률관계에 대하여 의문이나 다툼이 없는 것을 전제로 하는 점에서, 의문이나 다툼을 전제로 하는 확인과 구별된다.
통지행위	특정인 또는 불특정 다수인에게 특정사실을 알리는 행위를 말한다.
수리행위	• 행정청이 타인의 행위를 유효한 행위로서 수령하는 행정행위를 말한다. • 타인의 행위를 유효하다는 판단 아래 받아들이는 인식표시행위에 해당된다. • 법이 정하는 특별한 사정이 없는 한, 법정의 요건을 갖춘 신고는 수리되어야 하므로 기속행위의 성질을 가진다.

준법률행위적 행정행위

기속행위라고 하며, 행정객체의 의사를 고려하지 않고 법률에 정하는 바에 따라 효력이 발생하는 행정행위로 확인, 공증, 통지, 수리가 이에 해당된다.

확인	소방관련 자격 합격자 결정, 소방안전관리자 자격 인정 등이 해당된다.
공증	소방안전관리자 자격수첩 교부, 허가 및 자격증의 교부, 소방시설의 완비증명, 화재증명원 발급 등이 해당된다.
통지	소방검사 전의 소방검사계획 통지 등이 해당된다.
수리	각종 허가신청과 신고의 수리 등이 해당된다.

3. 소방행정의 실효성 확보수단

법규에 따른 행정처분상에서 생기는 의무의 이행을 강제적으로 실천하기 위한 수단을 말한다. 소방행정의 실효성 확보수단에는 소방강제집행과 소방즉시강제, 소방행정벌이 있다.

- 소방행정의 실효성 확보수단
  - 직접적 강제수단
    - 소방강제집행 : 대집행, 집행벌, 직접강제, 강제징수
    - 소방즉시강제 : 대인강제, 대물강제, 대가택강제
  - 간접적 강제수단
    - 소방행정벌 : 행정형벌, 행정질서벌

(1) 소방강제집행

법에 의한 의무를 제대로 이행하지 못했을 경우 행정기관(행정주체)이 힘으로 그 의무의 이행을 실현시키는 것을 말한다. 소방강제집행에는 대집행, 집행벌, 직접강제, 강제징수 등이 있다.

① 대집행

㉠ 법률에 의하여 직접 명령되었거나 또는 법률에 의거한 행정청의 명령에 의한 행위로서 대체적 작위의무를 의무자가 이행하지 아니하는 경우 다른 수단으로써 그 이행을 확보하기 곤란하고 또한 그 불이행을 방치함이 심히 공익을 해할 것으로 인정될 때 당해 행정청이 스스로 의무자가 하여야 할 행위를 하거나 또는 제3자로 하여금 이를 하게 하여 그 비용을 의무자로부터 징수하는 것을 말한다.

㉡ 대집행은 계고, 통지, 실행, 비용징수의 절차를 거친다.

② 집행벌

㉠ 일정한 행위를 하지 않아야 할 의무(부작위의 의무) 또는 비대체적 작위의무의 불이행시 그 이행을 간접적으로 강제하기 위하여 부과하는 벌을 말한다.

㉡ 피난, 방화 및 소화시설 등을 파손하지 않는 행위, 물건을 방치하지 않는 행위, 소화활동에 지장을 주지 않는 행위 등의 의무를 위반했을 경우에 징역이나 벌금에 처하는 것이 해당된다

③ 직접강제

㉠ 행정객체(의무자)가 의무(작위·부작위·수인의무) 준수사항의 불이행시에 직접 행정객체의 신체 또는 재산상에 힘을 가하여 행정상 필요한 상태로 만드는 행정행위를 말한다.

㉡ 즉시강제와 유사하나 의무불이행을 전제로 하는 점에서 즉시강제와 구별된다.

④ 강제징수

㉠ 금전납부의무의 불이행시, 행정주체가 강제적으로 이행한 것과 같은 상태를 실현하는 것을

말한다.

㉡ 소방법상 과태료 납부의무의 불이행시에 따른 강제징수를 말한다.

(2) 소방즉시강제

① 즉시강제는 행정상 급박한 장애를 제거해야 할 필요성이 있는 경우에 미리 의무를 명할 시간적 여유가 없거나 그 성질상 의무를 명하여서는 목적달성이 곤란할 때에 직접 국민의 신체 또는 재산에 실력을 가하여 행정상 필요한 상태를 실현하는 것을 말한다.

② 즉시강제의 수단에는 대인적·대물적·대가택 강제수단이 있다.

(3) 소방행정벌

행정상 의무사항을 위반하였을 경우 관련법에 의해 제재함으로써 부과하는 벌을 의미하는데, 행정형벌과 행정질서벌로 구분된다.

행정형벌	형법에 의한 형을 과하는 벌로서 사형, 징역, 금고, 벌금, 자격정지, 구류, 자격상실 등이 있다. 소방법에서는 징역, 금고, 벌금 등 3종류가 있다.
행정질서벌	행정상 질서유지를 위하여 과태료 등과 같은 벌을 부과하는 것을 의미하며, 소방법에서도 질서유지를 위해서 과태료를 정하고 있다.

4. 소방행정구제

행정구제란 행정주체의 행정작용에 의해 행정객체의 권익이 침해당한 경우에 행정주체에 대하여 원상회복, 손해배상 또는 당해 행정작용의 시정을 요구하는 절차를 말한다.

소방행정구제에는 사전 행정구제와 사후 행정구제로 나눌 수 있다.

- 사전 행정구제 : 행정절차법, 청원법, 옴부즈맨(Ombudsman)제도
- 사후 행정구제 : 행정심판과 행정소송, 손해배상 및 손실보상

(1) 사전 행정구제

행정절차법	행정의 공정성, 투명성, 신뢰성을 확보하고 국민의 권익을 보호하기 위한 제도이다.
청원법	국민의 기본권리 중 하나로 국가에 대한 불만의 제기 및 시정을 요구하거나 희망을 개진할 수 있다.
옴부즈맨제도 (Ombudsman)	행정기능의 확대강화로 행정에 대한 통제가 어렵게 되자 국회에 의해 임명된 재판관 및 행정관이 공무원의 권력남용, 직무집행 등을 조사·감시하는 제도이다. 이와 유사한 기능을 가지는 우리나라의 기관으로는 국민권익위원회, 감사원 등이 있다.
소방법상 사전 행정구제	소방법상 위험물제조소 등에 대한 허가취소 등의 행정처분, 위험물 안전성능 시험자 및 위험물 안전관리업무 대행기관, 소방시설공사업, 소방시설관리유지업, 소방시설 설계 및 감리업, 소방시설관리자에 대한 행정처분은 행정절차법의 절차에 따라야 한다.

(2) 사후 행정구제

손해배상 및 손실보상 (행정상 손해전보)	• 손해배상 : 국가 및 공무원의 위법행위로 인하여 손해가 발생하였을 때 국가 또는 지방자치단체에 행정상 손해배상을 청구할 수 있다. • 손실보상 : 적법하게 행사된 공권력에 의해 발생한 손실에 대하여 행정상 손실보상을 하는 것이다.
행정심판과 행정소송 (행정상 쟁송)	• 행정심판 : 행정심판법에 따라 행정주체의 위법·부당한 행정처분, 기타의 공권력 행사 등으로 권리 또는 이익을 침해받은 자가 행정주체에 대하여 시정을 요구하는 절차이다. • 행정소송 : 행정법규의 적용에 관하여 분쟁이 있을 때 법원이 재판절차에 따라 판결하는 것을 말한다.

5. 소방행정권의 한계

(1) 의의

소방행정기관은 국민의 생명·신체 및 재산과 공공의 안녕·질서유지를 위하여 장애가 되는 것들을 제거하기 위하여 공권력을 사용하는 권한을 가지고 있다. 또한 국민이 법 규정의 미비로 인하여 자신의 권리에 손상을 받는 경우에 소방기관은 이를 방지해야 할 의무와 권한을 가지고 있다. 즉, 소방은 국민의 권리를 보호하고 권리의 손실을 방지해야 할 의무를 가지고 있다. 그러나 이 경우에도 어느 정도 그 한계를 정하여야 하며, 그 한계를 위하여 적용하여야 할 적당한 원칙이 필요하다. 이러한 일정한 한계의 원칙을 소방행정권의 한계라 한다.

(2) 소방행정권의 한계

소방소극목적의 원칙, 소방공공의 원칙, 소방비례의 원칙 등이 있다.

소방소극목적의 원칙	화재의 예방과 사회공공의 안전 등을 위하여 소방행정권을 발동시키지만, 그렇지 않을 경우에는 발동시킬 수가 없다. 이와 같이 우리 사회의 안녕·질서유지에 방해가 되는 위험요소가 있는 경우에 이를 제거한다는 소극적인 목적의 원칙을 말한다.
소방공공의 원칙	소방의 목적을 달성하는 데 있어서 직접적인 영향을 주지 않는 사생활에는 관여하지 않는다는 원칙을 말한다. • 사생활의 불가침원칙 • 사주거의 불가침원칙 • 민사법률의 불간섭원칙 • 소방책임의 원칙 • 개인의 행동에 대한 책임원칙 • 물건상태에 대한 책임원칙
소방비례의 원칙	사회의 공공안전 등을 위하여 일정한 의무를 국민에게 과하는 행정행위는 모든 사람에게 균형 있게 적용되어야 한다는 원칙을 말한다.

소방행정의 특수성

1. 법제적 특성

현장중심의 재난관리라는 특수분야의 업무를 담당하는 특정직 공무원으로서의 소방공무원에 대하여는 국가공무원법의 특별법이 우선적으로 적용되어 일반행정직 공무원들과 그 임용절차, 자격, 계급구분, 징계방법, 보수체계, 신분보장 등을 달리하며 일반행정직 공무원들과의 신분교류 없이 소방행정조직 내에서만 순환되는 독특한 시스템을 유지하고 있다.

2. 조직적 특성

소방은 경찰, 검찰, 군 등의 조직과 마찬가지로 국가위기관리조직의 일부로서 위급한 국가재난관리상황에 있어 그 대응을 중심으로 한 생명과 신체에 대한 위험을 무릅쓰고 임무를 수행하여야만 하는 특수분야의 업무를 독립적으로 수행하고 있고, 이를 원활히 수행하기 위하여 군, 경찰 등과 같은 계급체계를 기초로 한 강력한 위계질서와 상명하복의 지휘·명령체계를 가지고 있으며, 이로 인하여 일반행정조직과는 다른 독특한 조직문화를 이루고 있다.

3. 업무적 특성

① 현장성 : 소방행정은 직접 사고현장에 긴급출동하여 자신의 생명을 담보로 한 위험대상물과 맞서 싸워야 하는 '현장기능중심'의 행정이다. 따라서 소방행정은 재난관리에 관한 이론과 실무를 바탕으로 한 현장 활동이 중심이 된다. 재난관리업무가 '관리적'이라면, 소방·긴급구조업무는 '현장지향적' 특성을 갖는다.

② 대기성 : 언제 발생할지 모르는 재난에 대비하여 소방업무는 재난발생 후 5분 내 즉시 현장에의 대응태세를 상시적으로 갖추어야만 하는 특성이 있다.

③ 신속·정확성 : 소방업무는 무엇보다도 업무수행에 있어 신속·정확성이 절실히 요구된다.

④ 전문성 : 소방업무는 기계·전기·건축·화공 등을 필요로 하는 전문기술업무로서 종합과학성이 요구된다.

⑤ 일체성 : 소방업무는 일반 행정사무와는 달리 재난이라는 위급한 상황에 있어 신속한 재난현장 수습을 위해서는 그 특성상 강력한 지휘·명령권과 기동성이 확립된 일사불란한 지휘체계를 가져야 한다.
⑥ 가외성 : 가외성이란 외관상 당장은 무용하고 불필요하거나 낭비적인 것으로 보일지 몰라도 특정한 체제가 장래 불확실성에 노출될 때 발생할지도 모를 적용의 실패를 방지하여 특정체제의 환경에 대한 동태성을 높일 수 있도록 하는 중복현상이나 중첩장치를 말한다. 소방조직이 여유자원을 많이 가지고 있을 때 이를 가리켜 가외성이 높다고 한다. 가외성의 논리에 따라 재난에 대응 가능한 충분한 소방인력과 장비가 항상 갖추어져 있어야 하며, 재난사고가 없어 설령 대기상태에 있다고 하더라도 남아도는 자원으로 간주되지 않는다. 따라서 환경이 불확실한 상황에서 소방행정의 안정성, 정확성, 신뢰성, 적응성 등의 확보를 위해서는 여분의 것이 필요하다.
⑦ 위험성 : 소방행정은 각종사고·사건접수, 사고현장으로의 출동, 사건·사고 마무리단계까지 항상 예측할 수 없는 위험성이 내재되어 있다.
⑧ 결과성 : 일반행정은 과정이나 절차를 중요시하지만, 소방행정조직은 과정이나 절차의 준수보다는 결과를 상대적으로 중요시하는 측면이 강하다. 소방행정은 대형재난으로 인명과 재산피해가 발생했을 때 그 책임을 면하기 어렵다는 사정에서 기인하는 특성일 수 있다.

2.2 소방행정관리

1. 소방력 관리(소방물적 자원관리 : 소방력 관리 기준 및 소방장비 관리 규칙)

(1) 소방력 기준에 관한 용어

소방기관	소방장비·인력 등을 동원하여 소방업무를 수행하는 소방서·119안전센터·119구조대·119구급대·119구조구급센터·항공구조구급대·소방정대·119지역대를 말한다.
소방장비	소방업무의 수행에 필요한 소방자동차·소방항공기·소방정 및 소방전산시설·통신시설 등을 말한다.

(2) 소방서의 설치기준

소방서 설치의 기본단위	소방서는 시·군·자치구 단위로 설치하되, 소방업무의 효율적인 수행을 도모하기 위하여 특히 필요한 경우에는 인근 시·군 또는 자치구를 포함한 지역을 단위로 설치할 수 있다.

소방서의 증설기준	시·군·자치구에 설치된 소방서에 119안전센터의 수가 5개를 초과하는 경우에는 5개 센터 이하마다 1개서를 추가로 설치할 수 있다.
소방서 설치의 예외기준	석유화학단지·공업단지·주택단지 또는 문화관광단지의 개발 등에 따라 대형화재의 위험이 있거나 소방수요가 급증하여 특별한 소방대책이 필요한 경우에는 해당지역마다 소방서를 설치할 수 있다.

(3) 119안전센터·구조대 및 소방정대의 설치기준

① 특별시 : 인구 5만명 이상 또는 면적 $2km^2$ 이상

② 광역시, 인구 50만명 이상의 시 : 인구 3만명 이상 또는 면적 $5km^2$ 이상

③ 인구 10만명 이상 50만명 미만의 시·군 : 인구 2만명 이상 또는 면적 $10km^2$ 이상

④ 인구 5만명 이상 10만명 미만의 시·군 : 인구 1만5천명 이상 또는 면적 $15km^2$ 이상

⑤ 인구 5만명 미만의 지역 : 인구 1만명 이상 또는 면적 $20km^2$ 이상

⑥ 석유화학단지·공업단지·주택단지 또는 문화관광단지의 개발 등에 따라 대형화재의 위험이 있거나 소방수요가 급증하여 특별한 소방대책이 필요한 경우에는 해당지역마다 119안전센터를 설치할 수 있다.

⑦ 소방서에는 구조대를 설치할 수 있으며, 화학단지·내수면·산악·고속도로 등에서 발생하는 소방업무에 대처하기 위하여 지역여건에 맞는 특수구조대를 설치할 수 있다.

⑧ 항만을 관할하는 소방서에는 소방정대를 설치할 수 있으며, 항만의 이동인구 및 물류가 급격히 증가하여 대형화재의 위험이 있거나 특별한 소방대책이 필요한 경우에는 해당지역에 소방정대를 설치할 수 있다.

(4) 119지역대의 설치기준

① 119안전센터가 설치되지 아니한 읍·면 지역으로 관할면적이 $30km^2$ 이상이거나 인구 3천명 이상 되는 지역에 설치할 수 있다.

② 농공단지·주택단지·문화관광단지 등 개발지역으로 인접 소방서 또는 119안전센터와 10km 이상 떨어진 지역에 설치할 수 있다.

③ 도서·산악지역 등 119안전센터의 신속한 출동이 곤란한 지역에 설치할 수 있다.

(5) 소방자동차 등의 배치

① 소방본부장 또는 소방서장은 소방기관에 소방자동차를 배치하되, 관할구역 내의 재난위험요인, 인구, 면적, 소방대상물 등의 특성을 고려하여 소방기관별로 소방자동차를 달리 배치할 수 있다.

② 소방자동차를 배치할 경우, 소방본부장 또는 소방서장은 소방기관별 소방자동차 배치계획을 수립하여야 한다. 이를 변경하는 경우에도 또한 같다.

■ 소방기관에 두는 소방자동차 등 배치기준

1. 소방서에 두는 소방자동차 배치기준

① 사다리소방차

㉠ 관할구역 안에 층수가 11층 이상인 아파트가 20동 이상 있거나 11층 이상 건축물이 20개소 이상 있는 경우에는 고가사다리차를 1대 이상 배치한다.

㉡ 관할구역 안에 층수가 5층 이상인 아파트가 50동 이상 있거나 백화점, 복합영상관 등 대형화재의 우려가 있는 5층 이상 건물이 있는 경우에는 굴절사다리차를 1대 이상 배치한다.

㉢ 고가 또는 굴절사다리소방차가 배치되어 있는 119안전센터와의 거리가 20km 이내인 경우에는 배치하지 아니할 수 있다.

② 화학소방차(내폭화학차 또는 고성능화학차)

㉠ 제4류 위험물을 지정수량의 40배 이상 저장·취급하는 제조소·옥내저장소·옥외탱크저장소·옥외저장소·암반탱크저장소 및 일반취급소(이하 '제조소 등'이라 한다)의 수 및 규모에 따라 ⓐ 및 ⓑ에서 정한 화학소방차 대수의 합에 해당하는 대수를 설치한다.

ⓐ 제조소 등이 50개소 이상 500개소 미만인 경우는 1대를 배치하고, 500개소 이상 1,000개소 미만인 경우는 2대를 배치하며, 1,000개소 이상인 경우는 다음 산식에 따라 산출(소수점 이하 첫째자리에서 올림)된 수만큼 추가배치할 수 있다.

$$\text{화학소방차 대수} = (\text{제조소 등의 수} - 1{,}000) / 1{,}000$$

ⓑ 제조소 등에서 저장·취급하는 위험물의 규모가 위험물 지정수량의 6만배 이상 240만배 미만인 경우는 1대를 배치하고, 240만배 이상 480만배 미만인 경우는 2대를 배치하며, 480만배 이상인 경우에는 1대를 추가배치할 수 있다.

㉡ 화학구조대가 별도로 설치되어 있는 경우에는 119안전센터에 배치되는 차량을 화학구조대에 배치할 수 있다.

③ 지휘차 및 순찰차 : 각각 1대 이상 배치한다.

④ 그 밖의 차량 : 원활한 소방활동의 추진을 위하여 소방서장이 필요하다고 판단하는 경우 배연차, 조명차, 화재감식차, 중장비, 견인차, 진단차, 행정업무용차량, 오토바이 등을 추가로 배치할 수 있다.

2. 119안전센터 등에 두는 소방자동차 배치기준

① 소방펌프자동차

㉠ 119안전센터에 2대를 기본으로 배치하고, 관할인구 10만명과 소방대상물 1,000개소를 기준으로 하여 관할인구 5만명 또는 소방대상물 500개소 증가시마다 1대를 추가로 배치할 수 있다.

㉡ 인접한 119안전센터와의 거리가 10km 이내인 경우에는 1대를 감하여 배치할 수 있다.

㉢ 119안전센터에 1.의 ②에 따른 화학소방차가 배치되어 있는 경우, 화학소방차를 소방펌프자동차로 간주하여 화학소방차가 배치된 수만큼 감하여 배치할 수 있다.

㉣ 119지역대에는 1대를 기본으로 배치하고, 관할면적이 $50km^2$ 이상이고 관할인구가 5천명 이상일 경우 1대를 추가배치할 수 있다.

㉤ 지역별 소방수요 및 소방도로 등의 환경을 고려하여 중·대형을 소형으로, 소형을 중·대형으로 대체하여 배치할 수 있다.

② 물탱크차

㉠ 119안전센터마다 1대를 배치한다. 다만, 관할지역별로 공설소화전이 충분히 실치된 경우에는 소

화전의 설치상황을 고려하여 특별시, 광역시 및 인구 50만 이상의 시(이하 '대도시'라 한다)는 2~5개의 119안전센터, 인구 10만 이상 50만 미만의 시·군 지역(이하 '중도시'라 한다)은 2~3개의 119안전센터마다 공동으로 1대를 배치할 수 있다.

㉡ 인구 5만 이상 10만 미만의 시·군·읍 지역(이하 '소도시'라 한다) 및 5만 미만의 읍·면 지역 및 농공단지·문화관광단지의 개발 등으로 특별한 소방대책이 필요하다고 인정되는 지역(이하 '소도읍'이라 한다)에 설치된 119안전센터에는 각각 1대를 기본으로 배치하되, 관할구역에 공설소화전이 30개 이상 있는 경우 2개의 119안전센터를 공동으로 하여 1대를 배치할 수 있다.

㉢ 119지역대에는 공설소화전이 부족하여 소방용수를 원활히 공급할 수 없거나 소방활동을 위하여 특히 필요한 경우 1대를 배치할 수 있다.

3. 119구조대의 소방자동차 등 배치기준

① 일반구조대

구분	배치기준
구조공작차 및 장비운반차	구조공작차 1대를 기본으로 배치하고, 구조활동의 원활한 추진을 위하여 필요한 경우 지역실정에 맞게 장비운반차 1대를 배치할 수 있다.
사다리소방차	1대를 배치하되, 구조대와의 거리가 20km 이내에 있는 119안전센터에 배치되어 있는 경우에는 배치하지 아니할 수 있다.
구조정 및 수상오토바이	수상구조대가 일시 운영되거나 별도의 수난구조대를 운영하는 경우에 각각 1대씩 배치한다.

② 특별시·광역시 및 도(이하 '시·도'라 한다) 소방본부 직할특수구조대 : 구조공작차 1대, 구급차 1대, 장비운반차 1대, 지휘차 1대를 기본으로 배치하고, 지역실정 및 소방수요특성에 따라 화학분석제독차 등 그 밖의 장비를 추가배치할 수 있다.

③ 소방서에 두는 특수구조대

구분	배치기준
화학구조대	화학분석제독차 1대를 기본으로 배치하고, 구조활동의 원활한 추진을 위하여 필요한 경우 지역실정에 맞게 장비운반차, 화학차, 구급차 등 그 밖의 소방차량을 추가배치할 수 있다.
수난구조대	구조정 1대 및 수상오토바이 1대 이상을 기본으로 배치하고, 구조활동의 원활한 추진을 위하여 필요한 경우 지역실정에 맞게 구급차 및 그 밖의 소방차량을 추가배치할 수 있다.
고속국도구조대	구조공작차 1대를 기본으로 배치하고, 구조활동의 원활한 추진을 위하여 필요한 경우 지역실정에 맞게 구급차 및 소방펌프차 등 소방차량을 추가배치할 수 있다.
산악구조대	산악구조장비운반차 1대를 기본으로 배치하고, 구조활동의 원활한 추진을 위하여 필요한 경우 지역실정에 맞게 구급차 및 인원수송차량 등 소방차량을 추가배치할 수 있다.
지하철구조대	개인당 공기호흡기, 화학보호복의 장비를 비치하고, 구조활동의 원활한 추진을 위하여 필요한 경우 지역실정에 맞게 특수소방장비를 추가배치할 수 있다.

4. 119구급대의 소방자동차 등 배치기준

① 특수구급차

㉠ 소방서에 소속된 119안전센터의 수에 1대를 추가한 수의 특수구급차를 기본으로 배치한다.

㉡ 119안전센터 관할에서 관할인구 3만명을 기준으로 하여 관할인구 5만명 또는 구급활동건수가 연 500건 이상 증가할 때마다 특수구급차 1대를 추가로 배치할 수 있다.

㉢ 119지역대에는 구급건수가 연 200건 이상이거나 관할면적이 50km^2 이상이고 관할인구가 5천명 이상일 경우 특수구급차 1대를 배치한다. 다만, 섬, 산악지역 등 소방수요 및 지역특성 등을 고려

하여 특히 필요하다고 인정하는 경우
② 구급오토바이 : 구급활동의 원활한 추진을 위하여 필요한 경우 구급대 별로 1대 이상의 구급오토바이를 배치할 수 있다.

5. 항공구조구급대의 항공기 및 소방자동차 배치기준
① 항공구조구급대항공기(항공기) : 시·도에 항공구조구급대를 설치하는 경우, 항공기 1대를 기본으로 배치하고, 고층건물의 수나 산림면적 등의 소방수요 및 지역특성을 고려하여 소방활동상 특히 필요하다고 인정하는 경우에 1대 이상을 추가배치할 수 있다.
② 유조차 : 1대를 배치하되, 군부대 등에서 상시 주유를 할 수 있는 경우에는 배치하지 아니할 수 있다.

6. 소방정대의 소방정 등 배치기준
① 소방정 및 소형보트 : 소방정 및 소형보트는 1대를 기본으로 배치한다.
② 수상오토바이 : 소방활동 및 소방수요를 고려하여 수상오토바이를 배치할 수 있다.

(6) 소방장비의 관리

① 소방장비관리의 목적 및 적용범위

소방장비관리의 목적	대형화재시 많은 사상사와 재산상의 피해가 발생되고 있는 상황에서 소방력 중의 하나인 소방장비를 효과적으로 운영하고 관리하는 데 있다.
소방장비관리의 적용범위	소방업무를 효과적으로 실행하기 위하여 소방장비를 가지고 있는 소방관서에 적용되며, 적용범위로는 일반적으로 차량의 도장 및 표지, 정비, 운영 등이 속한다.

② 소방장비의 종류와 사용

㉠ 소방장비의 종류

기동장비	행정차량, 소방차량, 소방선박, 소방펌프, 흡수 및 방수기구
소화장비	파괴기구, 작업기구, 기타 소방용 기기 및 기구
안전장비	호흡기구, 방화피복, 구조기구
통신장비	유선기기, 무선기기
진단 및 감식장비	진단기기, 감식기기
공구장비	차량휴대공구, 차량정비공구, 기타 특수공구

㉡ 소방장비의 사용 : 소방장비는 각 장비별 용도에 따른 업무목적 이외에는 사용할 수 없다.

1. 소방자동차 등의 운용절차

① 소방자동차·소방항공기 및 소방정을 운용하고자 하는 자는 미리 소속 소방기관의 장에게 보고하여야 한다. 다만, 다음에 해당하는 경우에는 그러하지 아니하다.
   ㉠ 소방활동
   ㉡ 소방지원활동
   ㉢ 비상근무

② 소방기관의 장은 ①의 보고를 받은 때에는 운행증을 교부하여야 한다.

③ 그 밖의 소방장비의 운용절차에 관한 세부사항은 소방청장이 정한다.

2. 소방장비의 예방점검

① 소방기관의 장은 다음의 구분에 따라 소방장비에 대한 예방점검을 실시하고 그 기록을 유지하여야 한다.

② 소방장비의 점검방법 등 : 소방기관의 장은 다음의 구분에 따라 소방장비에 대한 점검을 하고 그 기록을 유지하여야 한다.
   ㉠ 소방자동차
      ⓐ 예방점검

일일점검	장비운용자가 하루에 한 번 이상(교대제 근무의 경우는 교대시마다) 일일점검부에 따라 점검한다.
주간점검	장비운용자가 일주일에 한 번 이상 주간점검부에 따라 점검한다. 다만, 일일점검과 주간점검을 같은 날에 하는 경우에는 일일점검 항목과 주간점검 항목은 하나만 선택하여 점검할 수 있다.
특별점검	소방자동차의 특수한 결함이나 고장 등으로 성능이 저하되거나 안전사고 발생의 위험이 크다고 인정되는 경우에 장비관리공무원이 전문 인력과 점검 장비를 갖춘 기관·단체 등에 의뢰하여 점검한다.

      ⓑ 정밀점검 : 장비관리공무원이 소방펌프차, 소방화학차, 소방사다리(고가 및 굴절사다리차) 중에서 소방청장이 정하는 특수장치 부분에 대하여 해당 소방자동차의 취득일(차령기산일을 말한다)부터 5년이 지난 시점부터 다음의 기준에 따라 점검한다.

소방펌프차 및 소방화학차	2년마다 1회 이상. 다만, 내용연수가 끝나는 연도에는 1회 이상 점검하여야 한다.
소방사다리차 (고가 및 굴절사다리차)	매년 1회 이상

   ㉡ 그 밖의 소방장비 : 장비운용자가 제조업체가 정한 기준에 따라 점검하며, 이동용 소방품프 사용. 점검일지에 따라, 그 밖의 소방장비는 소방장비 일일점검 정비일지에 기록하여야 한다.

③ 소방기관의 장은 예방점검을 실시한 경우에는 소속 소방공무원으로 하여금 예방점검의 결과를 확인하고, 확인결과 불량사항이 발견되는 경우에는 수리 등 필요한 조치를 하도록 하여야 한다.

3. 소방장비의 확인점검

① 시·도지사 및 소방서장은 다음의 구분에 따라 시·도의 소방기관 또는 소속 소방기관의 소방장비의 관리상태에 대하여 확인점검을 하여야 한다.
　㉠ 시·도지사 : 연 1회
　㉡ 소방서장 : 연 2회
② 소방장비의 확인점검을 하는 경우에는 다음의 사항을 중점적으로 확인하여야 한다.
　㉠ 적정한 소방장비 및 부품의 관리계획의 수립 및 이행실태
　㉡ 소방장비의 효율적인 관리상태
　㉢ 예방점검의 이행상태
　㉣ 소방장비의 관리운용상황의 기록·유지상태
　㉤ 장비담당자의 교육훈련상태
　㉥ 그 밖에 장비관리 및 운용에 관한 사항
③ 시·도지사 및 소방서장은 소방장비의 확인점검결과를 다음 연도 소방장비관리운용계획에 반영하여야 한다.

용어 정의(소방장비관리규칙)

1. 소방업무 : 화재예방·경계·진압 및 조사와 화재, 재난·재해 그 밖의 위급한 상황에서의 구조·구급 등의 업무를 말한다.
2. 소방기관 : 소방본부·소방서·중앙 및 지방소방학교·119안전센터·119구조대·119구급대·119구조구급센터·항공구조구급대 등 소방업무를 수행하는 기관을 말한다.
3. 소방장비라 함은 다음에 해당하는 것을 말한다.
　① 소방자동차 : 소방업무를 수행하는 자동차
　② 소방항공기 : 소방업무를 수행하는 소방항공대 소속의 회전익 또는 고정익 항공기
　③ 소방정 : 바다·강·호수 등에서 소방업무를 수행하는 진화정·구조정·지휘정 및 운반정
　④ 소방전산시설·통신시설 : 종합상황실 및 재난현장에서 신속한 소방업무 수행을 위하여 사용하는 유무선 통신시설과 전산시설
　⑤ 그 밖에 소방업무 수행에 사용되는 기계·기구 및 장비
4. 운용 : 소방자동차의 운행, 소방항공기·소방정의 운항 등 소방장비를 그 기능 및 목적에 맞게 사용하는 것을 말한다.
5. 관리 : 소방장비가 언제든지 본래의 성능을 발휘할 수 있도록 점검·보수 등을 하는 것을 말한다.

③ 소방장비 등에 대한 국고보조의 대상 및 기준

㉠ 국고보조의 대상

ⓐ 소방활동장비 및 설비

- 소방자동차
- 소방헬리콥터 및 소방정
- 소방전용 통신설비 및 전산설비
- 그 밖의 방화복 등 소방활동에 필요한 소방장비

ⓑ 소방관서용 청사

㉡ 국고보조산정을 위한 기준가격

국내조달품	정부고시가격
수입물품	조달청에서 조사한 해외시장의 시가
정부고시가격 또는 조달청에서 조사한 해외시장의 시가가 없는 물품	2 이상의 공신력 있는 물가조사기관에서 조사한 가격의 평균가격

㉢ 국고의 보조는 소방활동장비 및 설비의 경우에는 기준가격에 의하여 산정된 금액의 1/3 이상으로 하고, 소방관서용 청사의 경우는 소요비용의 1/3 이상으로 한다.

국고보조

지방자치단체가 지출하는 특정경비에 대하여 국가가 지급하는 일체의 지출금으로서 교부금, 부담금, 협의의 보조금이 있다.

(7) 소방용수(수리)시설의 설치 및 관리

공통기준	소방용수시설은 주거지역·상업지역 및 공업지역에 설치하는 경우에는 소방대상물과의 수평거리를 100m 이하가 되도록 하고, 그 이외에 설치하는 경우에는 소방대상물과의 수평거리를 140m 이하가 되도록 하여야 한다.
소화전의 설치기준	상수도와 연결하여 지하식 또는 지상식의 구조로 하고, 소방용 호스와 연결하는 소화전의 연결금속구의 구경은 65mm로 하여야 한다.
급수탑의 설치기준	급수배관의 구경은 100mm 이상으로 하고, 개폐밸브는 지상에서 1.5m 이상 1.7m 이하의 위치에 설치하도록 하여야 한다.
저수조의 설치기준	• 지면으로부터의 낙차가 4.5m 이하일 것 • 흡수부분의 수심이 0.5m 이상일 것 • 소방펌프자동차가 쉽게 접근할 수 있도록 할 것 • 흡수에 지장이 없도록 토사 및 쓰레기 등을 제거할 수 있는 설비를 갖출 것 • 흡수관의 투입구가 사각형의 경우에는 한 변의 길이가 60cm 이상, 원형의 경우에는 지름이 60cm 이상일 것 • 저수조에 물을 공급하는 방법은 상수도에 연결하여 자동으로 급수되는 구조일 것

2. 소방공무원 인사관리(소방인적 자원관리 : 소방공무원법 및 소방공무원임용령)

소방공무원법은 소방공무원의 책임 및 직무의 중요성과 신분 및 근무조건의 특수성에 비추어 그 임용, 교육훈련, 복무, 신분보장 등에 관하여 국가공무원법에 대한 특례를 규정함을 목적으로 한다.

(1) 용어 정의

용어	정의
직위	1인의 공무원에게 부여할 수 있는 직무와 책임을 말한다.
직급	직무의 종류·곤란성과 책임도가 상당히 유사한 직위의 군을 말한다.
정급	직위를 직급에 배정시키는 것을 말한다.
강임	동종의 직무 내에서 하위의 직위에 임명하는 것을 말한다.
전직	직렬을 달리하는 임명을 말한다.
전보	소방공무원의 동일 직위 및 자격 내에서의 근무기관이나 부서를 달리하는 임용을 말한다.
직군	직무의 성질이 유사한 직렬의 군을 말한다.
직렬	직무의 종류가 유사하고 그 책임과 곤란성의 정도가 상이한 직급의 군을 말한다.
직류	동일한 직렬 내에서 담당분야가 동일한 직무의 군을 말한다.
임용	신규채용·승진·전보·파견·강임·휴직·직위해제·정직·강등·복직·면직·해임 및 파면을 말한다.
복직	휴직·직위해제 또는 정직(강등에 따른 정직을 포함한다) 중에 있는 공무원을 직위에 복귀시키는 것을 말한다.
소방기관	소방청·특별시·광역시·특별자치시·도·특별자치도(이하 '시·도'라 한다), 중앙소방학교·서울종합방재센터·중앙119구조본부·국립소방연구원·지방소방학교·소방서·119특수대응단 및 소방체험관을 말한다.

용어	내용
임용	공무원의 신분관계의 발생·변경·소멸에 대한 행정적 처분이다. • 소방공무원 관계의 발생－신규채용 • 소방공무원 관계의 변경－승진, 전보, 파견, 강임, 휴직, 직위해제, 정직, 강등, 복직 • 소방공무원 관계의 소멸－면직, 해임, 파면
임면	임용 중에서 대통령이 실제 행사하는 것을 말한다.
전직, 겸임	공무원임용령 및 지방공무원임용령에서 규정하고 있는 임용 중 소방공무원임용령에서 제외된 임용관계이다.
추서	• 사망한 자를 사망 당시의 직급보다 상위의 직급으로 임용하는 것을 말한다. • 공무원임용령과 지방공무원임용령 및 소방공무원임용령에서도 임용의 범위에 포함시키지 않고 있다.

■ 소방공무원의 임용원칙

평등의 원칙	공개경쟁에 의한 채용시험은 동일한 자격을 가진 모든 국민에게 평등하게 공개해야 한다는 원칙이다.
실적주의의 원칙	공무원의 임용은 혈연, 지연 등에 의하지 아니하고 시험성적, 근무성적, 자격 기타 능력의 실증에 의하여 행한다는 원칙이다.
적격자 임용의 원칙	조직의 운용 및 능력향상을 위해 보직은 적성, 근무경력, 전공분야 및 교육훈련 등을 고려하여야 한다는 원칙이다.

(2) 공무원의 구분

① 경력직 공무원 : 실적과 자격에 따라 임용되고 그 신분이 보장되며 평생동안 공무원으로 근무할 것이 예정되는 공무원을 말하며, 종류는 다음과 같다.

일반직 공무원	기술·연구 또는 행정일반에 대한 업무를 담당하며 직군, 직렬별로 분류되는 공무원
특정직 공무원	법관·검사·외무공무원·경찰공무원·소방공무원·교육공무원·군인·군무원 및 국가정보원의 직원과 특수분야의 업무를 담당하는 공무원으로서 다른 법률에서 특정직 공무원으로 지정하는 공무원

② 특수경력직 공무원(경력직 외의 공무원)

정무직 공무원	• 선거로 취임하거나 임명할 때 국회의 동의가 필요한 공무원 • 고도의 정책결정업무를 담당하거나 이러한 업무를 보조하는 공무원으로서 법률이나 대통령령(대통령실의 조직에 관한 대통령령만 해당한다)에서 정무직으로 지정하는 공무원
별정직 공무원	비서관, 비서 등 보좌 업무를 수행하거나 특정한 업무 수행을 위하여 법령에서 별정직으로 지정하는 공무원

(3) 소방공무원의 계급 구분

소방총감, 소방정감, 소방감, 소방준감, 소방정, 소방령, 소방경, 소방위, 소방장, 소방교, 소방사

(4) 신규채용시험의 구분

공개경쟁채용시험	소방령, 소방사의 채용
경력경쟁채용시험	전 계급의 채용
공개경쟁선발시험	소방간부후보생의 선발(소정의 교육훈련을 마친 후 소방위로 채용)

(5) 시험실시기관

소방청장	소방공무원의 신규채용시험 및 승진시험, 소방간부후보생 선발시험

소방공무원임용령 제34조【시험실시권】

① 소방청장은 소방에 관한 전문기술교육을 받은 자를 소방경 또는 지방소방경 이하로 특별채용하는 경우의 특별채용시험의 실시권과 소방간부후보생 선발시험의 실시권을 중앙소방학교장에게 위임한다.

② 소방청장 또는 시·도지사는 의무소방원으로 임용되어 소정의 복무를 마친 자를 소방사 또는 지방소방사로 특별채용하는 경우의 특별채용시험의 실시권을 중앙소방학교장에게 위임 또는 위탁할 수 있다.

(6) 임용권자

대통령	• 소방령 이상의 소방공무원 임용(소방청장의 제청과 국무총리를 경유) • 소방총감의 임명
소방청장	• 소방령 이상 소방준감 이하의 소방공무원에 대한 전보, 휴직, 직위해제, 강등, 정지 및 복직 • 소방경 이하의 소방공무원의 임용

① 임용결격사유

일반적 결격사유	• 피성년후견인 또는 피한정후견인 • 파산선고를 받은 자로서 복권되지 아니한 자 • 금고 이상의 형을 받고 그 집행이 종료되거나 집행을 받지 아니하기로 확정된 후 5년을 경과하지 아니한 자 • 금고 이상의 형을 받고 그 집행유예의 기간이 끝난 날로부터 2년을 경과하지 아니한 자 • 금고 이상의 형의 선고유예를 받은 경우에 그 선고유예기간 중에 있는 자 • 법원의 판결 또는 다른 법률에 의하여 자격이 상실 또는 정지된 자 • 징계에 의하여 파면의 처분을 받은 때로부터 5년을 경과하지 아니한 자 • 징계에 의하여 해임의 처분을 받은 때로부터 3년을 경과하지 아니한 자 • 공무원으로 재직기간 중 직무와 관련하여 횡령, 배임 및 업무상 횡령과 배임의 죄를 범한 자로서 300만원 이상의 벌금형을 선고받고 그 형이 확정된 후 2년이 지나지 아니한 자
경력경쟁채용요건상 결격사유	• 종전의 재직기관에서 감봉 이상의 징계처분을 받은 자. 다만, 징계처분의 기록이 말소된 사람은 그러하지 아니하다.

피성년후견인	질병, 장애, 노령 그 밖의 사유로 인한 정신적 제약으로 사무를 처리할 능력이 지속적으로 결여된 사람으로서 가정법원으로부터 성년후견 개시의 심판을 받은 자를 말한다.
피한정후견인	상동
파산자	기업 또는 개인이 재산을 잃어 채권자에게 지불능력이 없을 경우에 법원으로부터 파산선고를 받은 자를 말한다.
금고	형법이 규정하는 형벌의 일종으로 자유형에 해당된다. 교도소에 감금할 뿐 노동을 시키지 않는다는 점에서 징역과 구분된다.

소방공무원 신규채용

소방공무원의 신규채용은 공개경쟁시험에 의한다. 다만, 소방위의 신규채용은 대통령령이 정하는 자격을 갖추고 공개경쟁시험에 의하여 선발된 자(소방간부후보생)로서 소정의 교육훈련을 마친 자 중에서 행한다.

(7) 신규채용방법

채용후보자명부의 등재순위에 의하여 임용하여야 한다. 다만, 다음에 해당하는 경우에는 채용후보자명부의 등재순위에 불구하고 임용할 수 있다.

① 임용예정기관에 근무하고 있는 소방공무원 외의 공무원을 소방공무원으로 임용하는 경우
② 6월 이상 소방공무원으로 근무한 경력이 있거나 임용예정 직위에 관련된 특별한 자격이 있는 자를 임용하는 경우
③ 도서·벽지, 군사분계선 인접지역 등 특수지역 근무희망자를 그 지역에 배치하기 위하여 임용하는 경우
④ 채용후보자의 피부양가족이 거주하고 있는 지역에 근무할 채용후보자를 임용하는 경우

(8) 임용의 유예

유예대상	• 학업을 계속하고자 하는 경우 • 6월 이상의 장기요양을 요하는 질병이 있는 경우 • 「병역법」에 따른 병역의무복무를 위하여 징집 또는 소집되는 경우 • 임신하거나 출산한 경우 • 그 밖에 임용 또는 임용제정의 유예가 부득이하다고 인정되는 경우

유예신청	임용 또는 임용제청의 유예를 받고자 하는 자는 그 사유를 증명할 수 있는 자료를 첨부하여 임용권자 또는 임용제청권자가 정하는 기간 내에 유예를 원하는 기간을 명시하여 신청하여야 한다.
유예조치	임용권자 또는 임용제청권자는 채용후보자명부의 유효기간 범위 안에서 기간을 정하여 임용 또는 임용제청을 유예할 수 있다. 다만, 유예기간 중이라도 그 사유가 소멸하는 경우에는 임용 또는 임용제청을 하여야 한다.

임용일자

소방공무원은 임용장 또는 임용통지서에 기재된 일자에 임용된 것으로 본다. 다만, 사망으로 인한 면직은 사망한 다음날에 면직된 것으로 본다. 또한 임용일자는 그 임용장 또는 임용통지서가 피임용자에게 송달되는 기간 및 사무인계에 필요한 기간을 참작하여 정하여야 한다.

(9) 시보임용

시보임용제도는 소방공무원을 신규채용함에 있어서 일정한 기간 동안 신규채용자에 대해 소방공무원으로서의 자질·석성 등 적격성을 검증하는 과정으로 시보임용기간 중에 있는 소방공무원의 근무성적 또는 교육훈련성적이 불량한 때에는 임용권자의 재량으로 면직시킬 수 있는 제도를 말한다. 따라서 이 기간 중에는 신분보장을 받지 못한다.
계급별로 다음 기간 동안 시보로 임용한다.

소방장 이하	6월
소방위 이상	1년

1. 시보임용

① 소방공무원을 신규채용하는 경우에는 소방장·지방소방장 이하는 6월, 소방위 이상은 1년의 기간 동안 시보로 임용하고, 그 기간이 만료된 다음날에 정규소방공무원으로 임용한다.
② 휴지기간·직위해제기간 및 징계에 의한 정직 또는 감봉처분을 받은 기간은 시보임용기간에 산입하지 아니한다.
③ 소방공무원으로 임용되기 전에 그 임용과 관련하여 소방공무원교육훈련기관에서 교육훈련을 받은 기간은 시보임용기간에 산입한다.
④ 시보임용기간 중에 있는 소방공무원이 근무성적 또는 교육훈련성적이 불량한 때에는 면직시키거나 면직을 제청할 수 있다.

2. 시보임용소방공무원

① 임용권자 또는 임용제청권자는 시보임용기간 중의 소방공무원(시보임용소방공무원)에 대하여 근무상황을 항상 지도·감독하여야 한다.

② 임용권자 또는 임용제청권자는 시보임용소방공무원이 다음에 해당하여 정규소방공무원으로 임용함이 부적당하다고 인정되는 경우에는 면직시키거나 면직을 제청할 수 있다.

㉠ 징계사유에 해당할 때

㉡ 교육훈련성적이 만점의 6할 미만일 때

㉢ 근무성적평정점이 만점의 5할 미만일 때

⑽ 보직관리 일반원칙

1인 1직위 부여	소방공무원에 대하여는 하나의 직위를 부여하여야 한다.
전공, 경력, 적성 등을 고려한 보직부여	당해 소방공무원의 전공분야, 교육훈련, 근무경력 및 적성을 고려하여 능력을 발전시킬 수 있도록 보직을 부여하여야 한다.
상위계급에 하위계급자를 보직부여제한	상위계급의 직위에 하위계급자를 보직하는 경우에는 당해 기관에 상위계급의 결원이 있고 승진임용후보자가 없는 경우에 한한다.
특수자격증 소지자의 관련직위에 보직부여	특수한 자격증 소지자는 특별한 사정이 없는 한 그 자격증과 관련된 직위에 보직하여야 한다.
초임 소방공무원의 보직제한	초임 소방공무원은 다음에 의하여 보직하여야 한다. • 소방간부후보생을 소방위로 임용할 때에는 최하급 소방기관에 보직하여야 한다. • 신규채용에 의하여 소방사로 임용된 자는 최하급 소방기관에 보직하여야 한다. 참고 최하급 소방기관 : 소방청, 중앙소방학교, 중앙119구조본부, 국립소방연구원, 특별시·광역시·도의 소방본부·지방소방학교 및 서울종합방재센터를 제외한 소방기관을 말한다.
연고지를 고려하여 보직 부여	소방공무원을 보직하는 경우에는 특별한 사정이 없으면 배우자 또는 직계존속이 거주하는 지역을 고려하여 보직해야 한다.

⑾ 신분보장

공무원은 형의 선고 또는 국가 및 지방공무원법이 정하는 사유에 의하지 아니하고는 그 의사에 반하여 휴직·강임 또는 면직당하지 아니한다.

① 당연퇴직사유 : 공무원이 다음에 해당할 때에는 당연히 퇴직한다.

㉠ 피성년 후견인 또는 피한정후견인

㉡ 파산선고를 받은 자로서 복권되지 아니한 자

㉢ 금고 이상의 형을 받고 그 집행이 종료되거나 집행을 받지 아니하기로 확정된 후 5년을 경과하지 아니한 자

㉣ 금고 이상의 형을 받고 그 집행유예의 기간이 완료된 날로부터 2년을 경과하지 아니한 자
㉤ 법원의 판결 또는 다른 법률에 의하여 자격이 상실 또는 정지된 자
㉥ 징계에 의하여 파면의 처분을 받은 때로부터 5년을 경과하지 아니한 자
㉦ 징계에 의하여 해임의 처분을 받은 때로부터 3년을 경과하지 아니한 자
㉧ 금고 이상의 형의 선고 유예를 받은 경우에 그 선고유예기간 중에 있는 자
㉨ 공무원으로 재직기간 중 직무와 관련하여 횡령, 배임 및 업무상 횡령과 배임의 죄를 범한 자로서 300만원 이사의 벌금형을 선고 받고 그 형이 확정된 후 2년이 지나지 아니한 자

② 직권면직사유 : 공무원이 다음에 해당할 때에는 임용권자는 직권에 의하여 면직시킬 수 있다.
㉠ 지방자치단체의 폐치·분합 및 직제와 정원의 개폐 또는 예산의 감소 등에 의하여 폐직 또는 과원이 되었을 때
㉡ 휴직기간의 만료 또는 휴직사유가 소멸된 후에도 직무에 복귀하지 아니하거나 직무를 감당할 수 없을 때
㉢ 직위해제처분으로 대기명령을 받은 자가 그 기간 중 능력 또는 근무성적의 향상을 기대하기 어렵다고 인정된 때
㉣ 전직시험에 3회 이상 불합격한 자로서 직무수행능력이 부족하다고 인정된 때
㉤ 징병검사·입영 또는 소집의 명령을 받고 정당한 이유 없이 이를 기피하거나 군복무를 위하여 휴직 중에 있는 자가 재영 중 군무를 이탈하였을 때
㉥ 당해 직급에서 직무를 수행하는 데 필요한 자격증의 효력이 상실되거나 면허가 취소되어 담당직무를 수행할 수 없게 된 때

③ 휴직의 사유 및 기간

직권휴직	공무원이 다음에 해당할 때에는 본인의 의사에 불구하고 휴직을 명하여야 한다. • 신체·정신상의 장애로 장기요양을 요할 때 : 1년(공무원 질병 또는 부상 : 3년) 이내 • 병역법에 의한 병역의무를 필하기 위하여 징집 또는 소집되었을 때 : 당해 복무기간이 만료될 때까지 • 천재지변 또는 전시·사변이나 기타의 사유로 생사 또는 소재가 불명하게 되었을 때 : 3월 이내 • 기타 법률규정에 의한 의무수행을 위하여 직무를 이탈하게 되었을 때 : 당해 복무기간이 만료될 때까지 • 노동조합 전임자로 종사하게 되었을 때 : 전임기간
청원휴직	공무원이 다음에 해당하는 사유로 휴직을 원하는 경우에 임용권자는 기간을 정하여 휴직을 명할 수 있다. • 국제기구·외국기관·국내외의 대학 또는 국내외 연구기관, 다른 국가기관 또는 민간기업 그 밖의 기관에 임시로 채용될 때 : 채용기간 • 해외유학을 하게 된 때 : 3년 이내(부득이 한 경우 2년의 범위 내에서 연장 가능) • 교육부 장관 또는 소방청장이 지정하는 연구기관이나 교육기관 등에서 연수하게 된 때 : 2년 이내

청원휴직	• 만8세 이하(취학 중인 경우에는 초등학교 2학년 이하를 말한다.)의 자녀를 양육하기 위해 필요하거나 여자공무원이 임신 또는 출산하게 된 때 : 1년 이내 • 사고 또는 질병 등으로 장기간의 요양을 요하는 부모, 배우자, 자녀 또는 배우자의 부모 간호를 위해 필요한 때 : 1년 이내(재직기간 중 총 3년 초과금지) • 외국에서 근무·유학 또는 연수하게 되는 배우자를 동반하게 된 때 : 3년 이내(부득이 한 경우 2년 범위 내에서 연장 가능)

㉠ 휴직 중의 공무원의 신분 : 공무원의 신분은 보유하나, 직무에 종사하지 못한다.

㉡ 복귀신고 및 복직

ⓐ 휴직기간 중 그 사유가 소멸되거나 휴직기간이 만료된 공무원은 30일 이내에 임용권자에게 신고하여야 한다.

ⓑ 휴직기간 중 그 사유가 소멸되어 복귀신고를 받은 임용권자는 지체 없이 복귀를 명하여야 한다.

ⓒ 휴직기간이 만료된 공무원이 30일 이내에 복귀신고를 한 때에는 당연복직된다.

④ 직위해제사유

공무원이 다음에 해당될 때에는 직위를 부여하지 아니할 수 있다. 다만, 형사사건으로 기소된 자에 대하여는 직위를 부여해서는 안 된다.

㉠ 직무수행능력이 부족하거나 근무성적이 극히 불량한 자

㉡ 파면·해임·정직에 해당하는 징계의결이 요구 중인 자

㉢ 형사사건으로 기소된 자(약식명령이 청구된 자는 제외)

⑤ 강임의 사유 및 범위

강임의 사유	임용권자는 직제 또는 정원의 변경이나 예산의 감소 등으로 인하여 직위가 폐직되거나 강등되어 과원이 된 경우 또는 본인이 동의한 경우에는 소속공무원을 강임할 수 있다.
강임의 범위	소방공무원을 강임할 때에는 바로 하위계급에 임용하여야 한다.

⑥ 소방공무원의 정년 구분

연령정년	60세
계급정년	• 소방감 : 4년 • 소방준감 : 6년 • 소방정 : 11년 • 소방령 : 14년

참고 소방총감, 소방정감은 계급정년이 없다.

1. 소방공무원의 정년

① 소방청장 또는 시·도지사는 전시·사변 기타 이에 준하는 비상사태 하에서는 2년의 범위 안에서 계급정년을 연장할 수 있다. 이 경우 소방령 이상의 소방공무원에 대하여는 소방청장의 제청으로 중앙인사위원회와의 협의를 거쳐 국무총리를 경유하여 대통령의 승인을 얻어야 한다.

② 소방공무원은 그 정년에 달한 날이 1월에서 6월 사이에 있는 경우에는 6월 30일에, 7월에서 12월 사이에 있는 경우에는 12월 31일에 각각 당연퇴직된다.

2. 소방공무원인사위원회

① 소방공무원인사위원회의 설치 : 소방공무원의 인사에 관한 중요사항에 관하여 소방청장의 자문에 응하기 위하여 소방청에 소방공무원인사위원회를 둔다.

② 소방공무원인사위원회의 구성

㉠ 소방공무원인사위원회는 위원장을 포함한 5인 이상 7인 이하의 위원으로 구성한다.

㉡ 위원장은 소방청에 있어서는 소방청차장이, 시·도에 있어서는 소방본부장이 되고, 위원은 인사위원회가 설치된 기관의 장이 소속 소방정 이상의 소방공무원 중에서 임명한다.

③ 인사위원회의 기능 : 인사위원회는 다음의 사항을 심의한다.

㉠ 소방공무원의 인사행정에 관한 방침과 기준 및 기본계획

㉡ 소방공무원의 인사에 관한 법령의 제정 또는 개폐에 관한 사항

㉢ 기타 소방청장과 시·도지사가 당해 인사위원회에 부의하는 사항

⑦ 징계의 사유

공무원이 다음에 해당하는 경우에는 징계의결요구를 하여야 하고, 동 징계의결의 결과에 따라 징계처분을 하여야 한다.

㉠ 소방공무원법 및 국가공무원법에 의한 명령에 위반한 때

㉡ 직무상의 의무(다른 법령에서 공무원의 신분으로 인하여 부과된 의무를 포함한다)에 위반하거나 직무를 태만히 한 때

㉢ 직무 내외를 불문하고 그 체면 또는 위신을 손상하는 행위를 한 때

1 징계의 종류

징계의 종류에는 파면, 해임, 강등, 정직, 감봉, 견책의 6종이 있다. 공무원신분의 배제여부에 따라 배제징계(파면, 해임)와 교정징계(강등, 정직, 감봉, 견책)로 구분하고, 징계양정의 경중에 따라 다음과 같이 중징계와 경징계로 구분한다.

① 중징계

파면	공무원의 신분을 배제하는 징계로서 처분일로부터 5년간 공무원으로의 임용자격이 제한된다.

해임	공무원의 신분을 배제하는 징계로서 처분일로부터 3년간 공무원으로의 임용자격이 제한된다.
강등	1계급 아래로 직급을 내리고 공무원신분은 보유하나 3개월간 직무에 종사하지 못하며, 그 기간 중 보수의 전액을 감한다.
정직	1월 이상 3월 이하의 기간 중 공무원의 신분은 보유하나 직무에 종사하지 못하게 하며 그 기간 중 보수의 전액을 감하는 징계로서 일정기간 승진임용 및 승급이 제한된다.

② 경징계

감봉	1월 이상 3월 이하의 기간 중 보수의 1/3을 감하는 징계로서 일정기간 승진임용 및 승급이 제한된다.
견책	전과에 대하여 훈계하고 회개하게 하는 징계로서 일정기간 승진임용 및 승급이 제한된다. 훈계, 경고, 계고, 엄중주의, 권고 등은 문책의 성격을 가진 교정수단인 점에서 견책과 유사하나 징계의 종류는 아니다.

2. 징계의 효력

① 배제징계

파면	• 공무원관계로부터 배제 • 퇴직급여액의 1/2 감액(재직기간이 5년 미만인 자는 1/4 감액) • 5년간 공무원임용결격사유
해임	• 공무원관계로부터 배제 • 3년간 공무원임용결격사유

② 교정징계

강등	• 1계급 아래로 직급을 내림. • 공무원신분은 보유하나 3개월간 직무에 종사하지 못함. • 그 기간 중 보수의 전액을 감한다.
정직 (3, 2, 1월)	• 공무원 신분은 보유하나 직무에 종사하지 못함. • 보수액의 전액 감액 • 각종 수당의 지급제한(정직 1월에 대하여 정근수당의 1/9 감액, 장기근속수당·가족수당·자녀학비보조수당의 2/3 감액, 모범공무원수당 지급중지) • 처분기간 및 처분집행의 종료일로부터 18개월간 승진 및 승급제한, 처분기간은 경력평정기간에서 제외
감봉 (3, 2, 1월)	• 보수액의 1/3 감액 • 각종 수당의 지급제한(정직 1월에 대하여 정근수당의 1/18 감액, 장기근속수당·가족수당·자녀학비보조수당의 1/3 감액, 모범공무원수당 지급중지) • 처분기간 및 처분집행의 종료일로부터 12개월간 승진 및 승급제한, 처분기간은 경력평정기간에서 제외
견책	• 전과에 대하여 훈계하고 회개하여야 함. • 모범공무원수당지급 중지 • 처분집행의 종료일로부터 6개월간 승진 및 승급제한

⑧ 공무원의 일반적 의무

㉠ 성실의 의무

㉡ 복종의 의무 : 소화작업에 동원된 소방공무원이 복종의 의무를 위반한 때에는 5년 이하의 징역 또는 금고에 처한다.

㉢ 비밀엄수의 의무 : 공무원은 재직 중은 물론 퇴직 후에도 직무상 지득한 비밀을 엄수하여야 한다.

㉣ 청렴의 의무

㉤ 품위유지의 의무

㉥ 제복착용의 의무 : 소방공무원은 제복을 착용하여야 한다.

㉦ 친절·공정의 의무

⑨ 공무원의 금지사항

㉠ 허위보고 등의 금지 : 소화업무에 동원된 소방공무원이 허위보고 등의 금지를 위반한 때에는 5년 이하의 징역 또는 금고에 처한다.

㉡ 직장이탈금지

ⓐ 공무원은 소속상관의 허가 또는 정당한 이유 없이 직장을 이탈하지 못한다.

ⓑ 수사기관이 공무원을 구속하고자 할 때에는 사전에 그 소속기관의 장에게 통보하여야 한다. 다만, 현행범인은 그러하지 아니하다.

ⓒ 소화업무에 동원된 소방공무원이 지휘관의 승낙 없이 근무지를 이탈하여 직장이탈금지를 위반한 때에는 5년 이하의 징역 또는 금고에 처한다.

㉢ 지휘권 남용의 금지 : 소방공무원이 지휘권 남용 등의 금지를 위반한 때에는 10년 이하의 징역 또는 금고에 처한다.

㉣ 영리업무의 겸직금지 : 공무원은 공무 이외의 영리를 목적으로 하는 업무에 종사하지 못하며, 소속기관의 장의 허가 없이 다른 직무를 할 수 없다.

㉤ 정치운동의 금지

ⓐ 공무원은 정당 기타 정치단체의 결성에 관여하거나 이에 가입할 수 없다.

ⓑ 공무원이 정치운동의 금지사항을 위반한 경우에는 1년 이하의 징역 또는 300만원 이하의 벌금에 처한다.

㉥ 집단행위의 금지

ⓐ 공무원은 노동운동 기타 공무 외의 일을 위한 집단행위를 하여서는 아니 된다. 다만, 사실상 노무에 종사하는 공무원은 그러하지 아니하다.

ⓑ '사실상 노무에 종사하는 공무원'이라 함은 정보통신부 및 철도청 소속의 현업기관과 국립의료원의 작업현장에서 노무에 종사하는 기능직 공무원 및 고용직 공무원으로서 다음에 해당하지 아니하는 자에 한한다.

- 서무, 인사 및 기밀업무에 종사하는 자
- 경리 및 물품출납사무에 종사하는 자

• 노무자의 감독사무에 종사하는 자
• 보안업무규정에 의한 보안목표시설의 경비업무에 종사하는 자
• 승용자동차 및 구급차의 운전에 종사하는 자

ⓒ 사실상 노무에 종사하는 공무원으로서 노동조합에 가입된 자가 조합업무에 전임하고자 하는 경우에는 소속 지방자치단체의 장의 허가를 얻어야 한다. 공무원이 집단행위의 금지사항을 위반하였을 때에는 1년 이하의 징역 또는 300만원 이하의 벌금에 처하도록 규정하고 있다.

1. 국가공무원법상 의무

일반적 의무	선서의 의무, 성실의 의무
직무상 의무	복종의 의무, 친절·공정의 의무, 법령준수의 의무, 직장이탈금지의 의무, 영리업무의 겸직금지의무
신분상 의무	비밀엄수의 의무, 청렴의 의무, 품위유지의 의무, 영예 등의 제한, 정치운동의 금지, 집단행위의 금지

2. 소방공무원법에서 직접강제하는 의무 및 금지사항

① 복종의 의무
② 직장이탈금지
③ 허위보고 등의 금지
④ 지휘권남용 등의 금지

⑿ 근무규정

① 외근근무

㉠ 외근근무는 소방서에서 실시하는 소방검사업무와 119안전센터에서 실시하는 제반근무로 구분한다.

㉡ 외근 소방공무원은 화재예방·진압 및 구급·구조·경방조사활동에 직접 종사하여 관할구역 내의 소방업무를 효율적으로 수행할 임무가 있다.

㉢ 소방관서의 장은 외근근무를 수행함에 있어 지역적 특수성이나 여건을 감안하여 소방서와 119안전센터 간에 외근근무 일부를 조정하여 시행할 수 있다.

㉣ 외근근무의 종류 : 외근근무는 크게 나누어 기본근무 및 특수상황근무로 나눈다.

기본근무	검사요원의 기본근무, 119안전센터 직원의 기본근무
특수상황근무	화재발생시의 출동근무, 화재현장조사, 구급·구조 출동근무, 특별경계근무, 경호경비근무, 특수장소 소방훈련근무, 소방홍보, 소방정보수집

기본근무

1. 검사요원의 기본근무

① 화재예방검사
② 무허가위험물 단속
③ 무검정 소방용 기계·기구 단속

2. 119안전센터 직원의 기본근무

① 소내 근무(소내 근무자는 소내 근무완장 착용)
  ㉠ 문서수발
  ㉡ 소내에서 사건처리 및 보고
  ㉢ 민원안내 근무자의 근무교대 고지
  ㉣ 소내 청소, 정돈·정비
  ㉤ 청사 내의 화기 및 보안단속 처리 및 점검
  ㉥ 교양·지시 기타 소내에서 행하는 제 업무의 기록
② 대기근무 : 출동에 대비하기 위하여 소내 근무자 이외의 자로서 대기하는 근무를 말하며, 일과표에 의한 업무를 수행하되 언제든지 출동할 수 있도록 대기
③ 민원안내근무
④ 장비관리 및 정비근무
⑤ 통신근무 : 각급 통신시설을 1일 2회 이상 점검하여 이상이 있을 때에는 즉시 수리하여 통신활용에 만전을 기하여야 한다.
⑥ 기동순찰근무
  ㉠ 책임관 : 소방서장 또는 직할 119안전센터장
  ㉡ 지역 : 소방서 관할구역 단위
  ㉢ 방법 : 순찰노선에 따라 화재취약거점에 순찰함을 설치하여 소방차량에 의한 전역순찰 실시
    ⓐ 화재기(9.1～4.30) : 1일 '2'회 이상
    ⓑ 비화재기(5.1～8.31) : 1일 '1'회 이상
  ㉣ 순찰장비 : 순찰차, 무전기, 구급약, 소화기, 기타
  ㉤ 기동순찰 근무자의 단속 및 유의사항
    ⓐ 옥외분화, 화기방치행위 단속
    ⓑ 화재원인이 될 수 있는 불씨 등의 처리
    ⓒ 어린이 불장난 등 제 행위의 단속
    ⓓ 위험물·특수가연물질의 노상, 옥외방치·취급행위
    ⓔ 소방용수시설의 불법사용, 시설고장, 파손행위
    ⓕ 화재예방 및 소방홍보
    ⓖ 소방차량 소통을 위한 소방통로확보활동 및 소방정보수집
    ⓗ 기타 주민의 편의제공 및 환자이송·구조활동 등 소방업무상 필요한 제반조치
⑦ 지리조사

> ⑧ 소방용수조사에 필요한 사항의 조사
> ㉠ 위치의 파악 및 수리표지판의 설치여부
> ㉡ 구조 및 용량
> ㉢ 수압, 수심 및 수량의 감수여부
> ㉣ 지반과 수면과의 거리
> ㉤ 토사매몰 또는 고장여부
> ㉥ 소방차량의 진입 가부
> ⑨ 본서출장

② 당직근무

㉠ 당직근무의 구분

일직	공휴일에 두며, 그 근무기간은 토요일이 아닌 정상근무의 근무시간에 준한다.
숙직	숙직근무시간은 정상근무시간 또는 일직근무시간이 종료된 때로부터 다음날 정상근무 또는 일직근무가 개시될 때까지로 한다.

㉡ 소방본부 및 소방서의 당직책임자는 담당급 이상(소방서의 경우 직할 119안전센터장을 포함)으로 하고, 당직근무자는 2명 이상으로 편성·운영한다.

③ 비상근무

소방비상근무는 대형화재 및 긴급재해시 소방공무원 및 의용소방대원의 비상근무를 실시함으로써 업무수행의 효율화를 기하고 사태로 인한 피해를 최소한으로 경감하기 위함이다.

발령권자 (해제권자)	㉠ 전국 또는 2개 이상의 시·도(특별시·광역시 포함) 관할구역 - 소방청장 ㉡ 당해 시·도 전역 또는 2개 이상의 소방서 관할구역 - 소방본부장 ㉢ 소방서 관할구역 - 소방서장 ㉣ 소방서 미설치지역 - 시장 또는 군수
비상근무발령의 등급 및 기준	㉠ 소방비상 '갑호' • 대형화재가 발생한 때 • 화재위험경보(건조경보)가 발표된 때 • 한해, 풍·수·설해 등 긴급재해가 발생하여 소방관서의 장이 필요하다고 인정될 때 ㉡ 소방비상 '을'호 : 기상특보에 의한 화재위험주의보(건조주의보)가 발표되어 경계근무가 필요한 때에 발령한다.

3. 소방조직

소방조직은 화재예방업무, 화재진압과 인명구조, 행정업무에 관한 사항 등을 말한다. 이러한 것들은 소방의 기능 또는 소방목표를 이루기 위한 수단이며, 궁극적인 목표는 국민의 생명·신체 및 재산의 보호와 공공의 안녕·질서의 유지와 복리증진에 있다.

(1) 소방조직의 기본원리

분업의 원리	소방조직에서 가장 중요시되는 원리로서 전문화의 원리 또는 기능의 원리라고도 한다. 한 사람이나 한 부서가 한 가지의 주된 업무를 맡는다는 원리이다.
명령계 통일의 원리	하나의 조직체가 한 사람의 상급자에게 명령을 받고 보고하는 원리로 지휘·명령의 혼선을 막는 데 목적이 있다.
계층제의 원리	경찰, 군대, 소방 등과 같은 조직에서 권한 및 책임에 따른 상하의 계층제를 형성하는 원리이다.
계선의 원리	특징사안에 대한 결정에 있어서 의사결정과정에서는 개인의 의견이 참여되지만, 결정을 내리는 것은 개인이 아닌 소속기관의 기관장이다.
업무조정의 원리	조직의 공동목표 달성을 위해 분업 및 전문화되어 있는 개인이나 조직을 통합하고 행동을 통일시키는 것을 말한다.

(2) 소방조직의 구조

① 기능중심 조직

㉠ 소방관서의 조직형태로 인력이나 자원 및 기술을 수행하는 목적에 따라서 배분하는 방식이다.

㉡ 업무형태에 따라서 전문화된 작은 규모의 조직이 대응하는 방식이다.

㉢ 소방의 조직을 진압대, 구조대, 구급대, 화재예방 등으로 편성하는 것이다.

㉣ 장단점

장점	• 개인에 따른 확실한 임무를 부여할 수 있다. • 기술적인 효율성을 보장한다. • 개인적으로 최대한의 능력을 발휘할 수 있다. • 어떤 경우에도 업무의 혼란을 예방할 수 있다. • 개인적으로 업무능률을 증대시키는 기회가 된다.
단점	• 전문화로 인하여 다양한 능력을 지닌 사람을 채용하거나 만들기가 어렵다. • 변화에 대한 저항이 강하고 조직의 목적과 맡은 바 임무를 잊어버리기 쉽다. • 다른 부서조직과의 협조를 어렵게 한다. • 부서 간의 업무강도의 형평성이 맞지 않는 경우가 있다. • 개인적인 업무가 중심이 되므로 조직의 목표와 관련성을 갖기가 힘든 경향이 있다.

② 분입중심 조직

㉠ 조직의 규모가 커지거나 소방수요 및 소방서와 같은 하위조직이 증가하는 경우에 사용하는 방식이다

㉡ 소방조직의 서비스와 이를 이용하는 수요자중심의 조직으로 구성된다.

㉢ 기능중심 조직보다 더욱 세분화된 업무를 수요자중심으로 구성한다.

㉣ 장단점

장점	• 불안정하게 변하는 주변환경에 잘 적응한다. • 중간관리자를 육성할 수 있다. • 부서 간 업무조정이 간단하며, 업무책임을 분명히 할 수 있다. • 고객이 요구하는 것을 쉽게 충족시킬 수 있다.
단점	• 조직의 통제 및 조정이 어렵다. • 조직의 전문성 및 훈련의 수준이 낮다. • 자원의 이용이 비효율적이다.

③ 애드호크라시(Adhocracy)

㉠ 임시적·역동적·유기적인 조직으로 전문가 집단이다.

㉡ 매트릭스조직이 대표적인 형태이다.

㉢ 일반적인 업무는 자기가 속한 기존의 기능부서에서 지휘 및 감독을 받고, 특별한 프로젝트와 같은 업무는 프로젝트 관리자의 지휘 및 감독을 받는다. 이와 같이 이중적 지휘체계를 갖는 것이 매트릭스조직의 가장 큰 특징이다.

(3) 소방행정조직

현재 우리나라의 소방행정체제는 광역소방행정체제로 소방청을 중심으로 한 중앙조직과 서울특별시 및 6개 광역시에 7개 소방본부 그리고 광역자치단체인 9개 도의 소방본부를 중심으로 구성되어 있으며, 중앙소방학교와 중앙119구조본부, 8개의 지방소방학교가 있다.

소방행정조직
- 중앙소방행정조직 : 소방청, 중앙소방학교, 중앙119구조본부, 국립소방연구원
- 지방소방행정조직 : 각 시·도 소방본부, 소방서, 119안전센터, 119지역대, 119구조대, 119구급대, 119구조구급센터, 소방정대, 지방소방학교, 서울종합방재센터

국가소방행정조직

1. **직접적 국가소방행정조직** : 소방행정사무를 독립적·전문적으로 수행하기 위하여 소방청과 그 소속하에 설치된 중앙소방학교 및 중앙119구조본부, 국립소방원구원 등도 직접적 국가소방행정조직에 속한다.
2. **간접적 국가소방행정조직** : 간접적 소방행조직은 사단법인·재단법인·영조물 등의 형태로 존재하며, 현행 소방기본법상 간접적 국가소방행정조직으로는 한국소방안전원과 한국소방산업기술원이 있다.

① 중앙소방행정조직

㉠ 소방청

- 재난관련 업무체제의 일원화를 통한 정책심의 및 총괄조정기능 강화
- 재난예방에 대한 인식제고 및 예방투자 강화
- 구조·구급 및 현장수습 등 현장대응체제 강화
- 자치단체의 재난관리기능 및 민관협조체제 강화
- 안전의식 제고를 위한 대국민 홍보 등 예방활동체제 확립

㉡ 중앙소방학교 : 소방공무원 및 소방공무원 임용예정자에게 소방직무에 관한 학술과 기술 및 응용능력을 습득시키고, 소방행정의 발전을 위한 조사·연구 및 구조·구급훈련에 관한 사무를 관장한다.

㉢ 중앙119구조본부 : 긴급구조대의 편성 및 재난현장에서 구조·구난활동의 전개, 첨단장비를 이용한 인명탐색지원, 재난유형별 구조·구난기술의 보급, 구조·구급훈련의 지도, 지원업무를 수행하고 있다.

② 지방소방행정조직

지방소방행정조직이란 특정한 중앙소방행정조직에 소속되지 아니하고 그 관할구역 내에서 시행되는 모든 국가의 소방행정사무를 일반직으로 관장하는 행정기관을 말한다. 시·도지사가 국가사무를 위임받아 행하고, 지방소방행정기구로는 시·도 소방본부, 지방소방학교, 소방서 등이 있다.

1. 교육기능분담

① 중앙소방학교 : 간부기본교육, 전문교육	② 지방소방학교 : 비간부기본교육

2. 권역별 교육기관의 설치 및 교육대상

① 서울소방학교 : 서울	② 경기소방학교 : 경기
③ 충청소방학교 : 대전, 충남, 충북	④ 경북소방학교 : 경북, 대구
⑤ 광주소방학교 : 광주, 전남, 전북, 제주	⑥ 부산소방학교 : 부산, 경남, 울산
⑦ 강원소방학교 : 강원	⑧ 인천소방안전학교 : 인천

(4) 민간소방조직

의용 소방대	의용소방대의 근원은 소방조직에서 비롯되어 경방단으로 이어져 내려오다 일제의 통치가 종결되자 경방단이 해체되고 소방대가 조직되었으나, 1952년 8월 경방단 설치를 계기로 여기에 흡수되었다. 그러나 의용소방대의 필요성이 재인식되어 1954년 1월 전국적으로 의용소방대를 조직하기에 이르렀으며, 1958년 소방법 제정시 의용소방대설치규정을 마련함으로써 많은 발전을 하였다. 1975년 민방위 발족 후에는 시·군 조례로 의용소방대를 소식하여 운영해오다 1992년 1월 1일 광역시자치체제로 전환되면서 설치규정이 시·도 조례로 바뀌었다.

자위 소방체제	화재예방은 화재발생요인을 근원적으로 제거하고 소방시설의 유지관리에 만전을 기하여 즉각 대처할 수 있는 체제를 갖추어야만 가능할 것이나, 소방관서의 인력만으로는 예방조치가 완벽하게 실현된다고 기대할 수 없다. 따라서 화재예방 및 초기진화활동을 자체적으로 수행할 수 있도록 자율적인 소방체제 확립을 적극적으로 추진하여 왔다. 여기에는 소방대상물에 대한 소방안전관리제도, 직장 내의 자위소방조직운영 등이 있다.
청원 소방원 제도	1983년 1월 1일 서울지역의 공장, 시장, 호텔 등 중요소방대상물에 청원소방원제를 최초로 시범운영하기 시작하여 1983년에는 서울, 부산, 대구, 인천 등 4대 도시로 확대실시하다가 1983년 12월 30일 법제화함으로써 전국적으로 실시하는 대형소방대상물의 자체소방능력을 높였다.
자체 소방대	대량위험물을 저장 또는 취급하는 제조소 등의 설치자로 하여금 자체소방대를 두도록 법제화하였는데 화학소방차 및 조작인원을 확보하고 정기적인 소방훈련을 실시하게 함으로써 초기소화능력을 향상시켰다.

(5) 소방행정 관련단체

한국 소방 안전원	1980년 1월 이전에는 내무부산하 소방단체로서 대한소방협회, 한국위험물안전기술협회, 한국주유소협회, 한국방재협회, 한국소방공사협회 등이 있었으나 1980년 10월 7일 이들 유사단체를 통폐합하여 사단법인 한국소방안전협회를 설립하였다. 협회의 기능으로는 소방기술과 안전관리에 관한 조사·연구 및 교육과 행정기관이 위탁하는 사업 등을 수행하고 있다.
한국 소방산업 기술원	내무부 고유업무의 대행을 목적으로 1977년 6월 1일 재단법인 한국소방검정협회로 발족하여 1979년 7월 1일 재단법인 한국소방검정공사로 개칭하여 현재에 이르고 있다. 이 공사의 설립경위는 1977년 7월 31일까지 국립과학수사연구소에서 소방용 기계·기구 등에 관한 업무를 관장하여 왔으나 1977년 7월 28일 한국소방검정협회가 설립되면서 검정업무대행을 지정받고 1977년 8월 8일 국립과학수사연구소로부터 업무를 승계 받아 소방용 기계·기구 등에 대한 검정업무를 개시하였다.
대한소방 공제회	소방공무원의 후생복지 증진과 소방행정 발전을 위하여 1984년 8월 29일 내무부장관의 허가를 득하고 사단법인 대한소방공제회가 설치되었다.

(6) 광역자치소방행정체제

① 광역소방으로서의 제도

㉠ 제도의 변화

ⓐ 국가·지방으로 이원화된 조직체계에서 광역자치소방체계로 통일

ⓑ 각 도의 소방조직이 소방과에서 소방본부로 확대설치

ⓒ 소방서 담당 관할구역이 조정되었으며, 소방서 미설치(미관할)지역은 군에서 위임처리 방식 채택

ⓓ 소방공무원(지방직) 임용권한이 시·도지사로 조정

ⓔ 소방공동시설세가 시·군세에서 시·도세로 조정

ⓕ 보통교부세가 시·군에서 시·도로 조정

ⓖ 의용소방대 설치운영권과 화재예방조례 제정권이 시·군에서 시·도로 조정

㉡ 광역자치소방행정체제와 기초자치소방행정체제의 비교

광역자치소방행정체제	장점	① 도 단위의 소방력을 총괄적으로 운영하여 대형화 추세로 가고 있는 소방업무를 효율적으로 대처 가능 ② 인사에 대한 탄력적 운영으로 사기진작에 기여 ③ 지역주민의 소방수요에 대한 수혜(소방서 설치요구) ④ 재정의 자립도가 취약한 시·군의 소방업무를 인근소방서에서 담당하므로 시·군의 재정부담의 경감 ⑤ 소방응원체제와 소방서 간 업무조정 및 관할구역 조정을 통해 지역 간 소방의 균형적 발전에 기여
	단점	① 도와 시·군 사이의 권한과 책임한계가 불분명 ② 지역성격에 맞는 소방행정조직의 육성 및 발전을 저해할 우려가 있다. ③ 시·군은 자주소방력을 갖추지 않고 광역자치단체의 의지대로 행정을 수행함으로써 불균형적 소방서비스를 받게 될 염려가 있다. ④ 시장·군수는 소방업무를 도(소방기관 자체)의 업무로만 인식함으로써 소방행정에 대한 지원협조를 등한시할 우려가 있다. ⑤ 시·도의 재정부담을 가중
기초자치소방행정체제	장점	① 책임과 권한의 한계가 명확하다. ② 1시·1군의 1소방서 설치로 소방조직의 확대발전을 기할 수 있다. ③ 자치이념에 입각한 명백한 이론적 근거가 있고 일반행정과의 협조체제가 용이하다. ④ 민주성 요청에 충실(행정의 이념)
	단점	① 시·군의 재정부담 증가, 즉 재정자립도가 낮은 시·군에서는 소방력 확보가 어려워 영세성 극복에 문제 ② 인사의 침체·적체로 소방공무원의 고령화·사기저하를 야기 ③ 소방서 간 협조체제가 미흡하여 특수장비 등 활용에 문제

② 광역소방행정의 당위성(파급효과)

소방행정의 능률성, 효과성 향상	각 지역의 소방여건 변화에 효율적·탄력적으로 대처가 가능하여 소방업무수행상 능률성과 효과성이 향상되고, 과거와는 달리 지역주민에게 균등한 소방수혜를 줄 수가 있다.
소방재정의 효율성 관리	소방공동시설세를 도에서 통합관리함으로써 시·군 간의 재정 불균형을 평준화시키고 소방력이 부족한 지역에 대하여 집중투자함으로써 규모의 경제를 실현할 수 있다.
통합적 지휘체계 및 응원출동체제 확립	동시다발적인 대형화재시 신속한 통합지휘체제를 확립하며 소방서 간 응원협조체제로 효과적 진압태세를 유지할 수 있다.
합리적 인사관리	인사교류가 가능하므로 사기를 진작시킬 수 있으며, 통합적 인사관리로 우수인력 확보가 가능하고 전문인력의 양성과 신기술의 즉시 전파가 이루어질 수 있다.

소방예산제도

예산은 세입·세출예산, 즉 일반회계만을 지칭하는 경우가 많은데, 일반적으로 ① 예산총칙, ② 세입·세출예산, ③ 계속비, ④ 채무부담행위, ⑤ 명시이월비를 총칭한다.

1. 예산총칙

예산에 대한 총괄적인 규정으로서 세입·세출예산, 계속비, 채무부담행위 및 명시이월비에 관한 총괄적 규정을 두고 있으며 , 지방채 및 일시차입금의 한도액 기타 예산집행에 관하여 필요한 사항을 규정하고 있다.

2. 세입·세출예산

① 세입예산 : 세입예산은 1회계연도 내에 소방기관에서 지출하여야 할 경비에 충당하기 위하여 취득하는 화폐적 수입으로서 1회계연도 내에 수입 가능한 재원의 총계이다.

② 세출예산 : 세출예산 편성은 각 지방자치단체의 장이 예산에 관한 제 원칙을 준수하면서 행정안전부장관이 정한 예산편성 기본지침에 따라 법령·조례가 정하는 범위 안에서 국가시책을 구현하고 지역주민의 복지증진을 최대한 도모할 수 있도록 편성하여야 한다.

3. 계속비

계속비는 지방자치단체가 경비로 지급할 요건으로서 그 이행에 수년도를 요하는 것에 관하여는 예산이 정하는 바에 따라 그 경비의 총액과 연도별 금액을 정하여 수년도에 걸쳐 지출할 수 있는 제도이다.

계속비는 공사나 제조 기타의 사업으로서 그 완성에 수년을 요하고 1개년도 단위의 공사로서는 그 효율을 발휘할 수 없는 경우 사업을 계획적으로 하기 위하여 완성에 요하는 경비총액과 연도별 금액을 미리 의회의 의결을 받아놓는 방식이며, 계속비를 지출할 수 있는 연한은 당해 회계연도부터 5년 이내로 한다.

4. 채무부담행위

① 실질적 의미의 채무부담행위는 법령 또는 조례에 의한 것과 세출예산, 명시이월 또는 계속비의 총액 범위 안의 것을 제외하고 금전의 급부를 내용으로 하는 행위이다.

② 형식적 의미는 예산총칙·세입세출예산 및 계속비와 같이 예산의 한 구성요소로서 특정사항에 관한 단체의 채무부담행위에 대하여 의회의 의결을 얻는 것이므로 채무부담행위는 당해 연도와 다음연도에 걸쳐 지출하여야 할 지출원인행위를 할 수 있다.

5. 명시이월비

소방기관에서의 명시이월예산은 회계연도 독립의 원칙을 준용하도록 되어 있으나, 경비의 성질상 당해 연도 내에 그 지출을 끝내지 못할 것이 예상될 경우 회계연도 독립의 원칙의 예외로서 다음연도에 이월하여 경비지출이 가능하도록 한 제도이다.

4. 소방활동

(1) 소방교육·훈련의 사항 및 종류

① 소방청장·소방본부장 또는 소방서장은 소방업무를 전문적이고 효과적으로 수행하기 위하여 소방대원에게 필요한 교육·훈련을 실시하여야 한다.

② 소방청장·소방본부장 또는 소방서장은 화재를 예방하고 화재발생시 인명과 재산피해를 최소화하기 위하여 다음에 해당하는 사람을 대상으로 소방안전에 관한 교육과 훈련을 실시할 수 있다. 이 경우 소방청장·소방본부장 또는 소방서장은 해당 어린이집·유치원·학교의 장과 교육일정 등에 관하여 협의하여야 한다.

㉠ 영유아보육법 제2조의 규정에 따른 어린이집의 영유아
㉡ 유아교육법 제2조의 규정에 따른 유치원의 유아
㉢ 「초·중등교육법」 제2조의 규정에 따른 학교의 학생

③ 교육·훈련의 종류 및 대상자 그 밖에 교육·훈련의 실시에 관하여 필요한 사항은 행정안전부령으로 정한다.

④ 소방교육·훈련의 종류와 종류별 소방교육·훈련의 대상자

화재진압훈련	화재진압업무를 담당하는 소방공무원과 화재 등 현장활동의 보조임무를 수행하는 의무소방원 및 의용소방대원
인명구조훈련	구조업무를 담당하는 소방공무원과 화재 등 현장활동의 보조임무를 수행하는 의무소방원 및 의용소방대원
응급처치훈련	구급업무를 담당하는 소방공무원과 의무소방원 및 의용소방대원
인명대피훈련	소방공무원과 의무소방대설치법에 의한 의무소방원 및 의용소방대원
현장지휘훈련	지방소방위·지방소방경·지방소방령 및 지방소방정

⑤ 소방교육·훈련은 2년마다 1회 이상 실시하되, 교육·훈련기간은 2주 이상으로 한다.

⑥ 소방교육·훈련의 실시에 관하여 필요한 사항은 소방청장이 정한다.

(2) 소방신호의 종류 및 방법

화재예방·소방활동 또는 소방훈련을 위하여 사용되는 신호를 소방신호라 한다.

① 소방신호의 종류

경계신호	화재예방상 필요하다고 인정되거나 화재위험경보시 발령
발화신호	화재가 발생한 때 발령
해제신호	소화활동이 필요 없다고 인정되는 때 발령
훈련신호	훈련상 필요하다고 인정되는 때 발령

② 소방신호의 종류별 소방신호의 방법

종별 \ 신호방법	타종신호	사이렌신호	그 밖의 신호
경계신호	1타와 연 2타를 반복	5초 간격을 두고 30초씩 3회	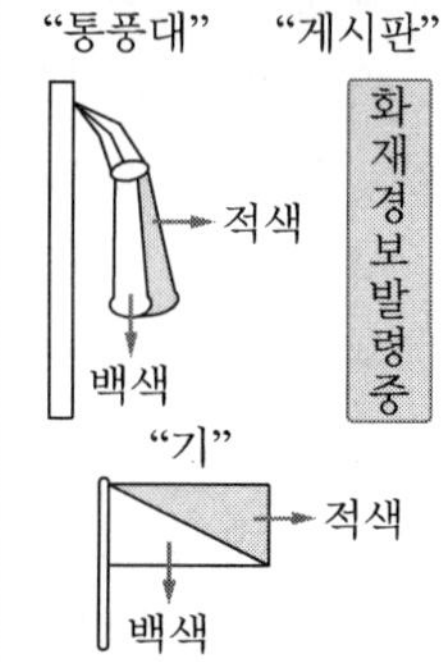
발화신호	난타	5초 간격을 두고 5초씩 3회	
해제신호	상당한 간격을 두고 1타씩 반복	1분간 1회	
훈련신호	연 3타 반복	10초 간격을 두고 1분씩 3회	

[비고]
1. 소방신호의 방법은 그 전부 또는 일부를 함께 사용할 수 있다.
2. 게시판을 철거하거나 통풍대 또는 기를 내리는 것으로 소방활동이 해제되었음을 알린다.
3. 소방대의 비상소집을 하는 경우에는 훈련신호를 사용할 수 있다.

(3) 화재의 통지

① 화재현장 또는 구조·구급이 필요한 사고현장을 발견한 사람은 그 현장의 상황을 소방본부·소방서 또는 관계행정기관에 지체 없이 알려야 한다.

② 다음의 어느 하나에 해당하는 지역 또는 장소에서 화재로 오인할 만한 우려가 있는 불을 피우거나 연막소독을 실시하고자 하는 자는 관할 소방본부장 또는 소방서장에게 신고하여야 한다.

㉠ 시장지역
㉡ 공장·창고가 밀집한 지역
㉢ 목조건물이 밀집한 지역
㉣ 위험물의 저장 및 처리시설이 밀집한 지역
㉤ 석유화학제품을 생산하는 공장이 있는 지역
㉥ 그 밖에 시·도의 조례가 정하는 지역 또는 장소

■ 과태료

- 화재 또는 구조·구급이 필요한 상황을 허위로 알린 자는 200만원 이하의 과태료에 처한다.
- 화재로 오인할 만한 우려가 있는 불을 피우거나 연막소독신고를 하지 아니하여 소방자동차를 출동하게 한 자는 20만원 이하의 과태료에 처한다.

(4) 관계인의 소방활동

관계인은 소방대상물에 화재, 재난·재해 그 밖의 위급한 상황이 발생한 경우에는 소방대가 현장에 도착할 때까지 경보를 울리거나 대피를 유도하는 등의 방법으로 사람을 구출하는 조치 또는 불을 끄거나 불이 번지지 아니하도록 필요한 조치를 하여야 한다.

■ 벌칙

> 정당한 사유 없이 소방대가 현장에 도착할 때까지 사람을 구출하는 조치 또는 불을 끄거나 불이 번지지 아니하도록 하는 조치를 하지 아니한 자는 100만원 이하의 벌금에 처한다.

(5) 소방자동차의 우선통행

① 모든 차와 사람은 소방자동차(지휘를 위한 자동차 및 구조·구급차를 포함한다)가 화재진압 및 구조·구급활동을 위하여 출동을 하는 때에는 이를 방해하여서는 아니 된다.
② 소방자동차의 우선통행에 관하여는 도로교통법이 정하는 바에 따른다.
③ 소방자동차가 화재진압 및 구조·구급활동을 위하여 출동하거나 훈련을 위하여 필요한 때에는 사이렌을 사용할 수 있다.

■ 벌칙

> 소방자동차의 출동을 방해한 자는 5년 이하의 징역 또는 5,000만원 이하의 벌금에 처한다.

(6) 소방대의 긴급통행

소방대는 화재, 재난·재해 그 밖의 위급한 상황이 발생한 현장에 신속하게 출동하기 위하여 긴급한 때에는 일반적인 통행에 쓰이지 아니하는 도로·빈터 또는 물 위로 통행할 수 있다.

(7) 소방활동구역의 설정 및 출입자

① 소방대장은 화재, 재난·재해 그 밖의 위급한 상황이 발생한 현장에 소방활동구역을 정하여 소방활동에 필요한 사람으로서 그 구역에의 출입을 제한할 수 있다.
② 경찰공무원은 소방대가 소방활동구역에 있지 아니하거나 소방대장의 요청이 있는 때에는 위 ①에 따른 조치를 할 수 있다.
③ 소방활동구역의 출입자
㉠ 소방활동구역 안에 있는 소방대상물의 소유자·관리자 또는 점유자
㉡ 전기·가스·수도·통신·교통의 업무에 종사하는 자로서 원활한 소방활동을 위하여 필요한 자

㉢ 의사·간호사 그 밖의 구조·구급업무에 종사하는 자
㉣ 취재인력 등 보도업무에 종사하는 자
㉤ 수사업무에 종사하는 자
㉥ 그 밖에 소방대장이 소방활동을 위하여 출입을 허가한 자

■ 과태료

소방활동구역의 출입을 제한할 수 있는 자가 소방활동구역에 출입한 경우는 200만원 이하의 과태료에 처한다.

(8) 소방활동 종사명령

① 소방본부장·소방서장 또는 소방대장은 화재, 재난·재해 그 밖의 위급한 상황이 발생한 현장에서 소방활동을 위하여 필요한 때에는 그 관할구역 안에 사는 자 또는 그 현장에 있는 자로 하여금 사람을 구출하는 일 또는 불을 끄거나 불이 번지지 아니하도록 하는 일을 하게 할 수 있다. 이 경우 소방본부장·소방서장 또는 소방대장은 소방활동에 필요한 보호장구를 지급하는 등 안전을 위한 조치를 하여야 한다.
② 소방청장 또는 시·도지사는 소방활동에 종사한 자가 이로 인하여 사망하거나 부상을 입은 경우에는 이를 보상하여야 한다.
③ 소방활동에 종사한 자는 시·도지사로부터 소방활동의 비용을 지급받을 수 있다. 다만, 다음에 해당하는 자의 경우에는 그러하지 아니하다.
㉠ 소방대상물에 화재, 재난·재해 그 밖의 위급한 상황이 발생한 경우 그 관계인
㉡ 고의 또는 과실로 인하여 화재 또는 구조·구급활동이 필요한 상황을 발생시킨 사람
㉢ 화재 또는 구조·구급현장에서 물건을 가져간 사람

■ 벌칙

사람을 구출하는 일 또는 불을 끄거나 불이 번지지 아니하도록 하는 일을 방해한 자는 5년 이하의 징역 또는 5,000만원 이하의 벌금에 처한다.

(9) 강제처분

① 소방본부장·소방서장 또는 소방대장은 사람을 구출하거나 불이 번지는 것을 막기 위하여 필요한 때에는 화재가 발생하거나 불이 번질 우려가 있는 소방대상물 및 토지를 일시적으로 사용하거나 그 사용의 제한 또는 소방활동에 필요한 처분을 할 수 있다.

■ 벌칙

> 화재가 발생하거나 불이 번질 우려가 있는 소방대상물 및 토지를 일시적으로 사용하거나 그 사용의 제한 또는 소방활동에 필요한 처분을 방해한 자 또는 정당한 사유 없이 그 처분에 따르지 아니한 자는 3년 이하의 징역 또는 3,000만원 이하의 벌금에 처한다.

② 소방본부장·소방서장 또는 소방대장은 사람을 구출하거나 불이 번지는 것을 막기 위하여 긴급하다고 인정하는 때에는 소방대상물 또는 토지 외의 소방대상물과 토지에 대하여 처분을 할 수 있다.

③ 소방본부장·소방서장 또는 소방대장은 소방활동을 위하여 긴급하게 출동하는 때에는 소방자동차의 통행과 소방활동에 방해가 되는 주차 또는 정차된 차량 및 물건 등을 제거 또는 이동시킬 수 있다.

■ 벌칙

> 소방자동차의 통행과 소방활동에 방해가 되는 주차 또는 정차된 차량 및 물건 등을 제거 또는 이동시키는 처분을 방해한 자 또는 정당한 사유 없이 그 처분에 따르지 아니한 자는 300만원 이하의 벌금에 처한다.

④ 소방청장 또는 시·도지사는 강제처분으로 인하여 손실을 입은 자가 있는 경우에는 그 손실을 보상하여야 한다. 법령을 위반하여 소방자동차의 통행과 소방활동에 방해가 된 경우에는 그러하지 아니하다.

⑽ 피난명령

① 소방본부장·소방서장 또는 소방대장은 화재, 재난·재해 그 밖의 위급한 상황이 발생하여 사람의 생명을 위험하게 할 것으로 인정하는 때에는 일정한 구역을 지정하여 그 구역 안에 있는 사람에 대하여 그 구역 밖으로 피난할 것을 명할 수 있다.

② 소방본부장·소방서장 또는 소방대장이 피난명령을 할 때 필요하면 관할경찰서장 또는 자치경찰단장에게 협조를 요청할 수 있다.

■ 벌칙

> 피난명령을 위반한 자는 100만원 이하의 벌금에 처한다.

⑾ 위험시설 등에 대한 긴급조치

① 소방본부장·소방서장 또는 소방대장은 화재진압 등 소방활동을 위하여 필요한 때에는 소

방용수 외에 댐·저수지 또는 수영장 등의 물을 사용하거나 수도(水道)의 개폐장치 등을 조작할 수 있다.

■ 벌칙

> 정당한 사유 없이 물의 사용이나 수도의 개폐장치의 사용 또는 조작을 하지 못하게 하거나 방해한 자는 100만원 이하의 벌금에 처한다.

② 소방본부장·소방서장 또는 소방대장은 화재의 발생을 막거나 폭발 등으로 인하여 화재가 확대되는 것을 막기 위하여 가스·전기 또는 유류 등의 시설에 대하여 위험물질의 공급을 차단하는 등 필요한 조치를 할 수 있다.

■ 벌칙

> 화재의 발생을 막거나 폭발 등으로 인하여 화재가 확대되는 것을 막기 위하여 가스·전기 또는 유류 등의 시설에 대하여 위험물질의 공급을 차단하는 등 필요한 조치를 정당한 사유 없이 방해한 자는 100만원 이하의 벌금에 처한다.

③ 소방청장 또는 시·도지사는 위험시설 등에 대한 긴급조치로 인하여 손실을 받은 자가 있는 경우에는 그 손실을 보상하여야 한다.

⑿ 소방용수시설의 사용금지

누구든지 다음에 해당하는 행위를 하여서는 아니 된다.

① 정당한 사유 없이 소방용수시설을 사용하는 행위

② 정당한 사유 없이 손상·파괴, 철거 또는 그 밖의 방법으로 소방용수시설의 효용을 해치는 행위

③ 소방용수시설의 정당한 사용을 방해하는 행위

■ 벌칙

> 정당한 사유 없이 소방용수시설을 사용하거나 소방용수시설의 효용을 해하거나 그 정당한 사용을 방해한 자는 5년 이하의 징역 또는 5,000만원 이하의 벌금에 처한다.

5. 화재조사

(1) 화재조사의 기준

① 화재의 원인 및 피해조사

㉠ 소방청장, 소방본부장 또는 소방서장은 화재가 발생한 때에는 화재의 원인 및 피해 등에 대한 조사(화재조사)를 하여야 한다.

㉡ 화재조사는 장비를 활용하여 소화활동과 동시에 실시되어야 한다.

② 출입 및 화재조사 등

㉠ 소방청장, 소방본부장 또는 소방서장은 화재조사를 하기 위하여 필요하면 관계인에게 보고 또는 자료제출을 명하거나 관계공무원으로 하여금 관계장소에 출입하여 화재의 원인과 피해의 상황을 조사하거나 관계인에게 질문하게 할 수 있다.

㉡ 화재조사를 하는 관계공무원은 그 권한을 표시하는 증표를 지니고 이를 관계인에게 내보여야 한다.

㉢ 화재조사를 하는 관계공무원은 관계인의 정당한 업무를 방해하거나 화재조사를 수행하면서 알게 된 비밀을 다른 사람에게 누설하여서는 안 된다.

③ 수사기관에 체포된 사람에 대한 조사

㉠ 소방청장, 소방본부장 또는 소방서장은 수사기관이 방화 또는 실화의 혐의가 있어서 이미 피의자를 체포하였거나 증거물을 압수한 때에 화재조사를 위하여 필요한 경우에는 수사에 지장을 주지 아니하는 범위 안에서 그 피의자 또는 압수된 증거물에 대한 조사를 할 수 있다.

㉡ 수사기관은 소방본부장 또는 소방서장의 신속한 화재조사를 위하여 특별한 사유가 없는 한 조사에 협조하여야 한다.

④ 소방공무원과 국가경찰공무원의 협력

㉠ 소방공무원과 국가경찰공무원은 화재조사에 있어서 서로 협력하여야 한다.

㉡ 소방본부장 또는 소방서장은 화재조사 결과 방화 또는 실화의 혐의가 있다고 인정하는 때에는 지체 없이 관할 경찰서장에게 그 사실을 알리고, 필요한 증거를 수집·보존하여 그 범죄수사에 협력하여야 한다.

⑤ 소방기관과 관계보험회사와의 협력

소방본부·소방서 등 소방기관과 관계보험회사는 화재가 발생한 경우 그 원인 및 피해상황의 조사에 있어서 필요한 사항에 대하여 서로 협력하여야 한다.

(2) 화재조사의 종류 및 범위

화재조사는 화재원인조사와 화재피해조사로 구분하고, 그 범위는 다음과 같다.

① 화재원인조사

종 류	범 위
발화원인조사	화재발생과정, 화재가 발생한 지점 및 불이 붙기 시작한 물질
발견, 통보 및 초기 소화상황조사	화재의 발견, 통보 및 초기소화 등 일련의 과정
연소상황조사	화재의 연소경로 및 확대원인 등의 상황
피난상황조사	피난경로, 피난상의 장애요인 등의 상황
소방시설 등의 조사	소방시설의 사용 또는 작동 등의 상황

② 화재피해조사

종 류	범 위
인명피해조사	• 소방활동 중 발생한 사망자 및 부상자 • 화재로 인한 사망자 및 부상자
재산피해조사	• 열에 의한 탄화, 용융, 파손 등의 피해 • 소화활동 중 사용된 물로 인한 피해 • 연기, 물품반출, 화재로 인한 폭발 등에 의한 피해

(3) 화재의 소실정도 및 즉소화재

① 화재의 소실정도는 3종류로 구분하며, 그 내용은 다음에 의한다.

전 소	건물의 70% 이상(입체면적에 대한 비율을 말함)이 소실되었거나 또는 그 미만이라도 잔존부분이 보수를 하여도 재사용이 불가능한 것
반 소	건물의 30% 이상 70% 미만이 소실된 것
부분소	전소·반소화재에 해당되지 아니하는 것

② 즉소화재는 화재발생 즉시 소화된 화재로 인명피해가 없고 피해액이 경미한(동산·부동산을 포함하여 50만원 미만) 화재로 화재건수에 이를 포함한다.

(4) 화재조사의 목적 및 특징

화재조사의 목적	• 화재의 예방·경계 및 진압을 위한 자료를 축적한다. • 화재피해를 조사한다. • 화재의 원인 및 연소의 과정을 조사한다. • 화재에 대한 책임규명을 위해 조사한다.

화재조사의 특징	• 주요정보의 현장성 • 조사를 위한 강제성 • 화재조사의 과학성 • 화재조사의 신속성 • 증거물 보존 및 화재조사자의 안전

(5) 화재조사 용어 정의

용 어	정 의
화 재	사람의 의도에 반하거나 고의에 의해 발생하는 연소현상으로서 소화시설 등을 사용하여 소화할 필요가 있거나 또는 화학적인 폭발현상을 말한다.
조 사	화재원인을 규명하고 화재로 인한 피해를 산정하기 위하여 자료의 수집, 관계자 등에 대한 질문, 현장확인, 감식, 감정 및 실험 등을 하는 일련의 행동을 말한다.
감 식	화재원인의 판정을 위하여 전문적인 지식, 기술 및 경험을 활용하여 주로 시각에 의한 종합적인 판단으로 구체적인 사실관계를 명확하게 규명하는 것을 말한다.
감 정	화재와 관계되는 물건의 형상, 구조, 재질, 성분, 성질 등 이와 관련된 모든 현상에 대하여 과학적 방법에 의한 필요한 실험을 행하고, 그 결과를 근거로 화재원인을 밝히는 자료를 얻는 것을 말한다.
조사관	화재조사업무를 총괄하는 간부급 소방공무원을 말한다.
조사자	화재조사업무를 수행하는 소방공무원을 말한다.
관계자 등	관계인과 화재의 발견자, 통보자, 초기소화자 및 기타 조사참고인을 말한다.
발 화	열원에 의하여 가연물질에 지속적으로 불이 붙는 현상을 말한다.
발화열원	발화의 최초원인이 된 불꽃 또는 열을 말한다.
발화지점	화재가 발생한 부위를 말한다.
발화장소	화재가 발생한 장소를 말한다.
최초착화물	발화열원에 의해 불이 붙고, 이 물질을 통해 제어하기 힘든 화세로 발전한 가연물을 말한다.
발화요인	발화열원에 의하여 발화로 이어진 연소현상에 영향을 준 인적·물적·자연적인 요인을 말한다.
발화관련기기	발화에 관련된 불꽃 또는 열을 발생시킨 기기 또는 장치나 제품을 말한다
동력원	발화관련기기나 제품을 작동 또는 연소시킬 때 사용되어진 연료 또는 에너지를 말한다.
연소확대물	연소가 확대되는 데 있어 결정적 영향을 미친 가연물을 말한다.
재구입비	화재 당시의 피해물과 같거나 비슷한 것을 재건축(설계감리비를 포함한다) 또는 재취득하는 데 필요한 금액을 말한다.
내용연수	고정자산을 경제적으로 사용할 수 있는 연수를 말한다.
손해율	피해물의 종류, 손상상태 및 정도에 따라 피해액을 적정화시키는 일정한 비율을 말한다.
잔가율	화재 당시에 피해물의 재구입비에 대한 현재가의 비율을 말한다.

최종잔가율	피해물의 경제적 내용연수가 다한 경우 잔존하는 가치의 재구입비에 대한 비율을 말한다.
화재현장	화재가 발생하여 소방대 및 관계자 등에 의해 소화활동이 행하여지고 있는 장소를 말한다.
상황실	소방관서 또는 소방기관에서 화재·구조·구급 등 각종 소방상황을 접수·전파처리 등의 업무를 행하는 곳을 말한다.
소방·방화시설	소방시설 및 방화시설을 말한다.

(6) 화재조사업무의 체계

① 조사책임

㉠ 소방(방재·안전·재난)본부장 또는 소방서장은 관할구역 내의 화재에 대하여 조사를 하여야 한다.

㉡ 운행 중인 차량, 선박 및 항공기에서 발생한 화재는 소화활동을 행한 장소를 관할하는 소방본부장 또는 소방서장이 조사하여야 한다.

② 조사전담부서 설치

화재조사의 원인감식과 피해조사의 전문화 및 업무의 연구발전을 위하여 소방(방재·안전·재난)본부와 소방서에 화재조사 전담부서를 설치·운영한다.

③ 조사본부의 설치·운영

㉠ 소방본부장 또는 소방서장은 대형화재·중요화재 및 특수화재 등이 발생하여 조사를 위하여 필요할 경우 조사본부를 설치·운영할 수 있다. 이 경우 소방본부 조사요원은 소방서 조사업무를 지원하여야 한다.

㉡ 조사본부는 소방관서 또는 조사업무 수행에 편리한 곳에 설치하여야 한다.

㉢ 조사본부에는 조사본부장과 조사관 및 조사자 등을 둔다. 또한 조사상 필요한 경우에는 감식 및 감정에 관한 전문기관 또는 전문인을 포함하여 둘 수 있다.

㉣ 조사본부장은 화재조사업무를 관장하는 과장으로 한다. 다만, 부득이한 경우에는 별도로 지정할 수 있다.

㉤ 조사본부장의 책임

ⓐ 조사요원 등의 지휘·감독과 화재조사 집행

ⓑ 현장보존, 정보관리 및 관계기관에서의 협조

ⓒ 기타 조사본부 운영 및 총괄에 관한 사항처리

㉥ 조사관은 소방본부 및 소방서의 화재조사업무를 관장하는 간부로 한다.

㉦ 조사관의 책임

ⓐ 조사자의 지휘·감독과 화재조사 집행

ⓑ 조사기록·서류 등의 검토·분석 및 관리

ⓞ 본부요원은 조사의 집행에 필요한 제반업무를 담당하여 원활한 조사가 이루어지도록 노력한다.

ⓩ 소방본부장 및 소방서장은 조사에 필요한 인적·물적 지원을 하여야 한다.

(7) 화재조사업무처리의 기본사항

① 질문

㉠ 질문을 할 때에는 시기, 장소 등을 고려하여 피질문자의 임의진술을 얻도록 하여야 한다.

㉡ 질문을 할 때에는 기대나 희망하는 진술내용을 얻기 위하여 상대방에게 암시하는 등의 방법으로 유도하여서는 아니 된다.

㉢ 소문 등에 의한 사항은 그 사실을 직접 경험한 사람의 진술을 얻도록 하여야 한다.

㉣ 관계자 등에 대한 질문사항은 질문기록서에 작성하여 그 증거를 확보한다.

② 화재건수의 결정

1건의 화재란 1개의 발화점으로부터 확대된 것으로 발화부터 진화까지를 말한다. 다만, 다음의 경우에는 당해 각 호에 의한다.

㉠ 동일범이 아닌 각기 다른 사람에 의한 방화, 불장난은 동일 대상물에서 발화했더라도 각각 별건의 화재로 한다.

㉡ 동일 소방대상물의 발화점이 2개소 이상 있는 다음의 화재는 1건의 화재로 한다.

ⓐ 누전점이 동일한 누전에 의한 화재

ⓑ 지진, 낙뢰 등 자연현상에 의한 다발화재

③ 관할구역이 2개소 이상에 걸친 화재

화재범위가 2 이상의 관할구역에 걸친 화재에 대해서는 발화 소방대상물의 소재지를 관할하는 소방서에서 1건의 화재로 한다.

④ 화재의 유형

㉠ 화재는 다음과 같이 구분한다.

건축·구조물 화재	건축물, 구조물 또는 그 수용물이 소손된 것
자동차·철도차량 화재	자동차, 철도차량 및 피견인차량 또는 그 적재물이 소손된 것
위험물·가스제조소 등 화재	위험물제조소 등, 가스제조·저장·취급시설 등이 소손된 것
선박·항공기 화재	선박, 항공기 또는 그 적재물이 소손된 것
임야화재	산림, 야산, 들판의 수목, 잡초, 경작물 등이 소손된 것
기타 화재	위에 해당되지 않는 화재

㉡ 화재가 복합되어 발생한 경우에는 화재의 구분을 화재피해액이 많은 것으로 한다.

㉢ 화재피해액이 같은 경우나 화재피해액이 큰 것으로 구분하는 것이 사회관념상 적당하지 않을 경우에는 발화장소로 화재를 구분한다.

⑤ 발화일시의 결정

발화일시의 결정은 관계자의 화재발견상황 통보(각지)시간 및 화재발생 건물의 구조, 재질상태와 화기취급 등의 상황을 종합적으로 검토하여 결정한다. 다만, 각지시간은 소방관서에 최초로 신고된 시점을 말하며, 자체진화 등의 사후각지 화재로 그 결정이 곤란한 경우에는 발생시간을 추정할 수 있다.

⑥ 화재의 소실정도

㉠ 건축·구조물화재의 소실정도는 3종류로 구분하며, 그 내용은 다음에 의한다.

전 소	건물의 70% 이상(입체면적에 대한 비율을 말한다)이 소실되었거나 또는 그 미만이라도 잔존부분을 보수하여도 재사용이 불가능한 것
반 소	건물의 30% 이상 70% 미만이 소실된 것
부분소	전소, 반소화재에 해당되지 아니하는 것

㉡ 자동차·철도차량, 선박 및 항공기 등의 소실정도는 ㉠의 규정을 준용한다.

⑦ 건물동수의 산정

㉠ 주요구조부가 하나로 연결되어 있는 것은 1동으로 한다. 다만, 건널복도 등으로 2 이상의 동에 연결되어 있는 것은 그 부분을 절반으로 분리하여 각 동으로 본다.

㉡ 건물의 외벽을 이용하여 실을 만들어 헛간, 목욕탕, 작업실, 사무실 및 기타 건물용도로 사용하고 있는 것은 주건물과 1동으로 본다.

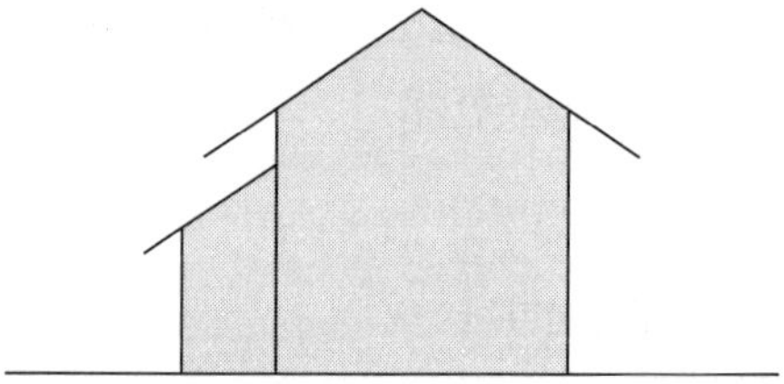

㉢ 구조에 관계없이 지붕 및 실이 하나로 연결되어 있는 것은 동일 동으로 본다.

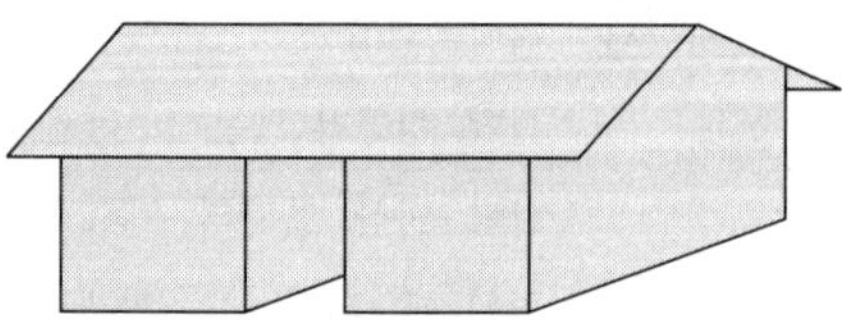

㉣ 목조 또는 내화조건물의 경우 격벽으로 방화구획이 되어 있는 경우도 동일 동으로 한다.

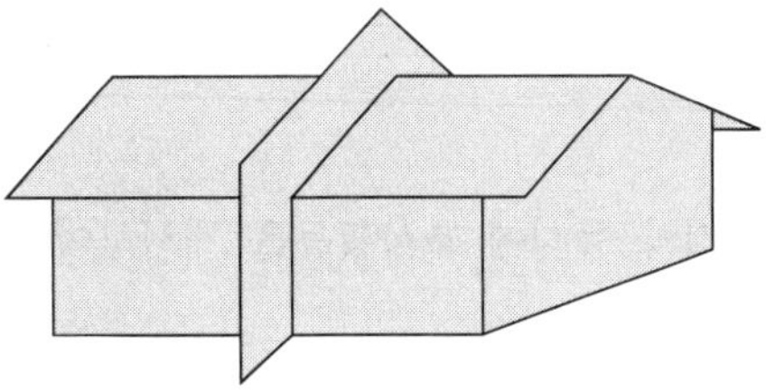

㉤ 독립된 건물과 건물 사이에 차광막, 비막이 등의 덮개를 설치하고 그 밑을 통로 등으로 사용하는 경우는 별동으로 한다.

참고 작업장과 작업장 사이에 조명유리 등으로 비막이를 설치하여 지붕과 지붕이 연결되어 있는 경우

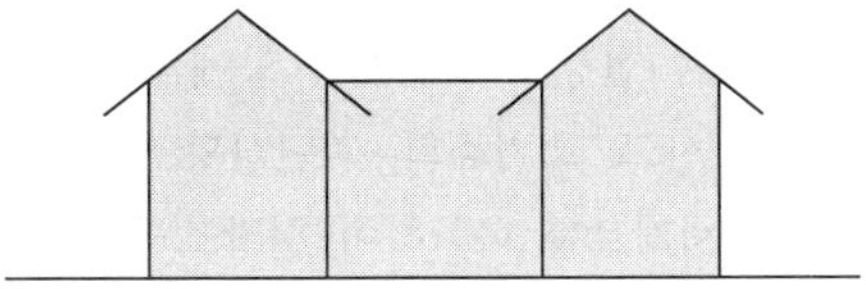

㉥ 내화조건물의 옥상에 목조 또는 방화구조건물이 별도 설치되어 있는 경우는 별동으로 한다. 다만, 이들 건물의 기능상 하나인 경우(옥내계단이 있는 경우)는 동일 동으로 한다.

㉦ 내화조건물의 외벽을 이용하여 목조 또는 방화구조건물이 별도 설치되어 있고 건물 내부와 구획되어 있는 경우 별동으로 한다. 다만, 주된 건물에 부착된 건물이 옥내로 출입구가 연결되어 있는 경우와 기계설비 등이 쌍방에 연결되어 있는 경우 등 건물기능상 하나인 경우는 동일 동으로 한다.

⑧ 세대수의 산정

세대수의 산정은 거주와 생계를 함께 하고 있는 사람들의 집단 또는 하나의 가구를 구성하여 살고 있는 독신자로서 자신의 주거에 사용되는 건물에 대하여 재산권을 행사할 수 있는 사람을 1세대로 한다.

⑨ 소실면적의 산정

㉠ 건물의 소실면적 산정은 소실 바닥면적으로 산정한다. 다만, 화재피해 범위가 건물의 6면 중 2면 이하인 경우에는 6면 중의 피해면적의 합에 1/5을 곱한 값을 소실면적으로 한다.

㉡ 수손 및 기타 파손의 경우는 ㉠의 규정에 준한다.

⑩ 인명피해구분

㉠ 사상자는 화재현장에서 사망 또는 부상당한 사람을 말한다. 단, 화재현장에서 부상을 당한 후 72시간 이내에 사망한 경우에는 당해 화재로 인한 사망으로 본다.

㉡ 부상의 정도는 의사의 진단을 기초로 하여 다음과 같이 분류한다.

중 상	3주 이상의 입원치료를 필요로 하는 부상을 말한다.
경 상	중상 이외의(입원치료를 필요로 하지 않는 것도 포함한다) 부상을 말한다.

(8) 화재조사업무의 집행

① 화재조사의 개시

조사자는 화재의 각지와 동시에 조사활동을 개시하여야 한다.

② 화재출동시의 상황파악

㉠ 화재현장에 출동하는 직원은 출동 중에도 조사에 도움이 되는 사항을 확인하여야 하며, 화재현장에서도 소방활동을 통한 상황파악을 하여 조사업무에 협조하여야 하고, 119안전센터 등의 선임자는 화재시 지체 없이 화재현장 출동보고서를 작성하여 조사관에게 제출하여야 한다.

㉡ 조사자는 출동 도중이나 현장에서 관계자 등에게 질문을 하거나 현장의 상황으로부터 화기관리, 화재의 발견, 신고, 초기소화, 피난상황, 인명피해상황, 재산피해상황, 소방시설의 사용, 작동상황 등 화재개요를 파악하여 현장조사의 원활한 진행에 노력하여야 한다.

㉢ 현장에서 관계자 등의 질문은 신속·정확히 하여야 하며, 진실한 진술을 얻을 수 있도록 노력하여야 한다.

③ 소방활동구역의 설정 및 현장보존

㉠ 소방본부장 또는 소방서장은 현장조사를 위하여 필요하다고 인정될 때에는 소방활동구역을 설정할 수 있다.

㉡ 소방활동구역의 설정은 필요한 최소의 범위로 한다.

㉢ 소방활동구역의 관리는 수사기관과 상호 협조하여야 한다.

㉣ 소방활동구역의 표시는 로프 등으로 범위를 한정하고 경고판을 부착하며, 출입을 통제하는 등 현장보존에 최대한 노력하여야 한다.

㉤ 소방본부장 또는 소방서장은 소화활동시 현장물건 등의 이동 또는 파괴를 최소화하여 원활한 화재조사활동이 이루어질 수 있도록 현장보존에 노력하여야 한다.

④ 화재현장의 주간조사

감식 등 화재현장조사는 주간에 실시하는 것을 원칙으로 한다. 다만, 화재 당시 화재대상물에 대한 기본현황조사, 관계자에 대한 질문조사 또는 소방본부장이나 소방서장이 긴급하게 조사할 필요가 있다고 판단한 사항에 대하여는 그러하지 아니하다.

⑤ 화재원인 등 조사 및 분류

㉠ 조사자는 화재 발생원인, 연소상황, 피난상황 및 소방시설의 상황 등의 화재원인을 조사하여야 한다.

㉡ 화재원인조사는 화재출동시 확인사항 등 각종 상황과 현장상황을 고찰하여 과학적인 검토와 확인에 의하도록 하여야 한다.

㉢ 화재원인은 발화열원, 발화요인, 최초착화물 등을 종합적으로 검토하여 소방청장이 정하는

국가화재분류체계에 의한 화재원인 등 분류표에 의하여 분류한다.

㉣ 화재발생장소, 발화지점, 소방방화시설 등에 대하여는 소방청장이 정하는 국가화재분류체계에 의한 화재장소 등 분류표에 의하여 분류한다.

⑥ 화재피해조사

㉠ 조사자는 화재발생 건물의 인명피해와 재산피해 발생상황을 조사하여야 하며, 필요한 경우나 또는 피해당사자가 소방기관의 피해조사내용에 이의를 제기할 경우에는 피해신고서를 받아야 한다.

㉡ 신고서를 접수한 관할 소방서장은 이를 검토하여야 하고, 필요시 피해액을 재산정한다.

⑦ 긴급상황보고

㉠ 조사활동 중 소방본부장 또는 소방서장이 소방청장에게 긴급상황을 보고하여야 할 화재는 다음과 같다.

대형화재	㉠ 인명피해 : 사망 5명 이상이거나 사상자 10명 이상 발생화재 ㉡ 재산피해 : 50억원 이상 추정되는 화재
중요화재	㉠ 관공서, 학교, 정부미 도정공장, 문화재, 지하철, 지하구 등 공공건물 및 시설의 화재 ㉡ 관광호텔, 고층건물, 지하상가, 시장, 백화점, 대량위험물을 제조·저장·취급하는 장소, 대형화재취약대상 및 화재경계지구 ㉢ 이재민 100명 이상 발생화재
특수화재	㉠ 철도, 항구에 매어둔 외항선, 항공기, 발전소 및 변전소의 화재 ㉡ 특수사고, 방화 등 화재원인이 특이하다고 인정되는 화재 ㉢ 외국공관 및 그 사택 ㉣ 기타 대상이 특수하여 사회적 이목이 집중될 것으로 예상되는 화재

㉡ 화재상황보고는 최초보고, 중간보고, 최종보고로 구분하여 작성하고, 다음과 같은 요령으로 보고한다.

최초보고	선착대가 화재현장 도착 즉시 현장지휘관의 책임하에 화재의 규모, 인명피해 발생여부, 건물구조의 개요 등을 보고한다.
중간보고	최초보고 후 화재상황의 진전에 따라 연소확대여부, 인명구조활동상황, 진화활동상황, 재산피해내역 및 화재원인 등을 수시로 보고하여야 한다. 단, 규명되지 아니한 화재원인 및 피해내역은 추정보고할 수 있다.
최종보고	화재종료 직후 최초보고 및 중간보고를 취합하여 보고하여야 한다.

⑧ 상황보고체제와 절차

㉠ 소방본부장 또는 소방서장은 화재현장 지휘본부를 설치한 경우 속보체제를 다음과 같이 한다.

ⓐ 현장보고책임자는 계장 또는 담당급 이상으로 한다.

ⓑ 상황실보고책임자는 과장급 이상으로 한다.

㉡ 소방본부의 보고책임자는 계장·팀장 또는 담당급 이상으로 한다.

㉢ 상황보고는 필요한 자료를 다음과 같이 보고하되, 긴급을 요하는 상황은 소방방재청 종합상황실에 즉보할 수 있다.

ⓐ 화재현장의 지휘관은 현장지휘와 동시에 화재상황을 지휘소의 보고책임자에게 지시하여 상황실에 보고하도록 한다.

ⓑ 지휘소의 보고책임자는 현장지휘관으로부터 지시받은 사항을 상황실에 보고하여야 한다.

ⓒ 상황실 보고책임자는 현장으로부터 보고된 사항을 정리하여 상황보고 계통에 의하여 상급기관에 지체 없이 속보하여야 한다.

ⓓ 소방본부의 상황실 보고책임자는 산하 소방기관으로부터 보고받은 화재상황을 즉시 상급기관에 속보하여야 한다.

⑨ 조사결과 보고

소방서장은 화재조사의 진행상황을 수시보고하여야 하며, 조사결과는 다음의 규정에 의하여 소방본부장에게 보고하고 기록유지하여야 한다.

긴급상황보고에 해당하는 화재	해당 서식을 작성, 화재 각지로부터 30일 이내. 다만, 화재의 정확한 조사를 위하여 조사기간이 필요한 때에는 총 50일 이내
긴급상황보고에 해당하지 않는 일반화재	해당 서식을 작성, 화재 각지로부터 15일 이내

⑩ 화재방어검토회의

㉠ 정의

소방본부장 또는 소방서장이 화재의 진압활동을 종료한 후 관계관의 소집 하에 당해 진압활동상황을 분석검토하여 화재예방 및 진압활동의 자료로 활용하고자 하는 회의를 말한다.

㉡ 검토회의 개최한계 : 검토회의는 다음에 해당하는 경우에 개최한다.

ⓐ '화재조사 및 보고규정'에 의한 대형·중요·특수화재 중 소방관서의 장이 필요하다고 인정한 경우

ⓑ 상급기관의 지시가 있는 경우

ⓒ 기타 화재진압상 현저한 문제점이 발견되어 소방관서의 장이 필요하다고 인정하는 경우

㉢ 검토회의의 개최일시 및 장소

ⓐ 검토회의는 화재발생일로부터 10일 이내에 개최한다.

ⓑ 검토회의는 화재지를 관할하는 소방본부 또는 소방서에서 개최한다.

㉣ 검토회의의 구성

통제관	• 대형화재 발생시의 통제관은 소방본부장이 된다. • 중요화재, 특수화재의 경우 통제관은 관할 소방서장으로 하되, 필요한 경우 소방본부장이 할 수 있다.
참석자	• 화재방어활동에 참여한 직원 • 예방관계 사무담당직원 • 기타 화재규모, 방어활동 등을 참작하여 통제관이 필요하다고 지정하는 사람

⑪ 화재증명원 발급

㉠ 소방관서장은 민원인이 화재증명원의 발급을 신청하면 화재증명원발급대장에 기록을 한 후 화재증명원을 발급하여야 하며, 관공서, 공공기관·단체, 보험사에서 공문으로 발급요청 시 공용발급할 수 있다.

㉡ 소방관서장은 화재피해자로부터 소방대가 출동하지 아니한 화재장소의 화재증명원 발급요청이 있는 경우 조사관 또는 조사자로 하여금 사후조사를 실시하게 할 수 있다. 이 경우 민원인이 제출한 화재사후 조사의뢰서의 내용에 따라 발화장소 및 발화지점의 현장이 보존되어 있는 경우에만 조사를 하며, 화재현장출동보고서의 작성은 생략할 수 있다.

㉢ 소방관서장은 조사결과 화재로 인정될 경우 화재증명원을 발급하여야 한다.

㉣ 화재증명원의 발급시 재산피해 및 인명피해에 대하여 기재(조사 중인 경우는 '조사 중'으로 기재한다)한다. 다만, 재산피해내역은 금액을 기재하지 아니하며, 피해물건만 종류별로 구분하여 기재한다.

㉤ 민원인으로부터 화재증명원 교부신청을 받은 소방관서장은 화재발생장소 관할지역에 관계없이 화재발생장소 관할소방서로부터 화재사실을 확인받아 화재증명원을 교부할 수 있다.

6. 구조 및 구급

(1) 인명구조

① 구조활동의 개요

㉠ 인명구조활동의 개념

ⓐ 구조란 죽음의 위협 또는 순간적인 파괴, 박력 있는 행위로부터의 자유로움을 의미한다.

ⓑ 구조는 위험에 빠지거나 고립되어 자기 스스로 탈출할 수 없는 사람을 발견하여 신속·안전하게 안전한 장소로 옮기는 것이다.

ⓒ 구조는 각종 재난과 사고 등으로 인해 인명 및 인체에 위협이 있거나 고립되어 스스로 피난 및 탈출을 할 수 없는 사람을 발견하고, 안전한 장소로 옮기는 일체의 활동을 말한다.

ⓓ 구조활동은 소방 및 군, 경찰, 시·도 등 여러 기관에서 화재 및 재해발생시 인명구조 중심으로 실시해왔다.

ⓔ 과거의 인명구조활동은 화재와 관련되어 있었지만, 최근의 인명구조는 도시화의 진전, 사람들의 생활양식 변화, 경제적인 발전 등으로 재난사고의 형태가 복잡·다양하여 활동영역이 매일 증가하고 있다.

㉡ 인명구조의 순서

ⓐ 피난을 유도하여야 한다.

ⓑ 인명을 검색하여야 한다.
ⓒ 인명을 구출한다.
ⓓ 환자를 응급처치한다.
ⓔ 환자를 의료기관으로 이송한다.

㉢ 인명구조활동시의 숙지사항
ⓐ 각 지시에 맞는 초동(사전)판단을 한다.
ⓑ 출동할 때에 사고방지에 유념해야 한다.
ⓒ 현장에 도착하였을 시 정보수집과 현장상황판단을 한다.
ⓓ 인명구조활동방침을 결정한다.
ⓔ 인명구조방법을 확실히 한다.
ⓕ 인명구조행동을 안전, 정확, 신속하게 한다.
ⓖ 인명구조활동시에 사고방지에 유념한다.

1. 농연 내에서의 활동요령

화재의 연기는 풍향, 건물의 개구부의 관계로 볼 때 연기의 출구가 되는 쪽과 공기가 건물 내로 공급되는 쪽이 있다. 연기의 출구가 되는 쪽은 연기가 짙게 되며 진입은 일반적으로 어렵게 된다. 특히 내화조건물이나 터널 등 연기가 충만하기 쉬운 건물화재에서는 급기측으로부터의 진입이 철칙이다. 또 열기가 있는 연기는 상승하기 쉬운 성질이 있기 때문에 농연이 충만해 있는 실내에서도 바닥에 가까운 위치에서는 연기가 적은 경우가 많으므로 진입을 하기 전에 내부를 밑에서부터 관찰하는 것이 중요하다. 연기의 위험성은 시계장해는 물론 산소결핍이나 유독가스 등이 있으며, 농연 내에서 활동하는 경우에는 호흡보호장구의 장착이 필수이다.

2. 인명검색

① 검색장소는 발화층 상부를 우선하고 창문, 막다른 통로, 승강기, 계단실, 출입구, 화장실, 방구석 등에 초점을 두고 검색을 한다.
② 요구조자가 많을 때에는 스스로 대피가 곤란한 사람을 우선 대피시키고, 대피가능한 사람은 피난방향, 피난장소 등을 알려주어 대피하도록 한다.
③ 인명에 대한 정보는 불확실한 것이라도 반드시 확인한다.
④ 검색범위를 분담하여 중복이나 사각지대가 없도록 한다.
⑤ 요구조자가 혼란에 빠졌을 때에는 확성기 등을 사용하여 안정시키고 침착하게 행동하도록 한다.

3. 현장 및 인명 검색순서

화점층 → 직상층 → 직하층

4. 구조방법

① 자기 스스로 피난이 가능한 자 : 피난설비를 최대한 활용한다.
② 자기 스스로 피난이 불가능한 자 : 연기와 열기가 없는 곳으로 이동하여 응급처치 및 구조와 같은 수단을 강구한다.
③ 필요한 경우 예비요원을 확보한다.

② 구조이론 일반

㉠ 구조대의 기준

구조대원은 여러 가지 재해 및 사고의 위험성에 관한 내용을 빠르고 냉철하게 판단하고, 최대한의 장비를 이용하여 요구조자를 빠르고 안전하게 구조하여야 하는 임무를 가지고 있으므로 체력과 정신력을 단련함은 물론이고, 재해에 대한 과학적 지식과 재해에 대응할 수 있는 전문적인 지식 및 기술을 익혀야 한다.

구조대의 신체적 자격기준	① 폐활량 : 3,500cc 이상 ② 혈압 • 수축기 혈압 : 100mmHg 이상 140mmHg 이하 • 이완기 혈압 : 60mmHg 이상 90mmHg 이하 ③ 맥박 : 100m를 20초 이내에 달린 후 평상맥박으로 5분 이내에 회복 ④ 악력(쥐는 힘) : 좌우 40kg 이상 ⑤ 나안시력 : 좌우 0.7 이상
구조대원의 연령기준	① 구조대의 대장의 연령은 50세 이하로 한다. ② 구조대의 대원의 연령은 48세 이하로 한다.

㉡ 구조대원의 역할

구조대원은 반드시 다음과 같이 이행해야 할 역할과 책임이 있다.

ⓐ 구조대원은 자신의 지역사회에서 존경을 받을 수 있어야 한다.
ⓑ 구조대원은 도덕과 윤리의식을 갖추어야 한다.
ⓒ 구조대원은 직무를 수행함에 있어 자신감과 침착함을 가지고 있어야 한다.
ⓓ 구조대원은 자기 자신의 훈련으로 감정을 조절할 수 있어야 한다.
ⓔ 구조대원은 책임 있는 행동을 하여야 한다.

㉢ 구조대원의 자세

ⓐ 과거에 발생한 재해의 사례를 연구하고, 발생가능한 재해의 형태를 예측하는 자세를 가져야 한다.
ⓑ 구조기술의 숙달에 부단한 노력을 하여야 한다.
ⓒ 구조대원들 간의 긴밀한 연계하에 협동하는 자세를 길러야 한다.

ⓓ 구조대원은 평상시 강인한 체력과 정신력을 연마하여 높은 사기를 유지하려는 노력이 있어야 한다.

㉣ 구조활동의 우선순위

ⓐ 요구조자의 생명을 구한다(구명).
ⓑ 요구조자의 신체를 구출한다(신체구출).
ⓒ 요구조자의 육체적·정신적 고통을 경감시켜준다(고통경감).
ⓓ 요구조자의 재산을 보호한다(재산보호).

㉤ 구조작업의 실시순서

우선 구조대원의 안전이 확보된 상태에서 구조작업이 이루어져야 한다.

ⓐ 진입시에 장애가 되는 요인들을 제거한다.
ⓑ 2차적 재해 및 사고의 발생을 배제한다.
ⓒ 요구조자의 생명을 구하기 위한 응급처치를 실시한다.
ⓓ 요구조자의 부상당한 상처의 증상이 악화되지 않도록 조치를 한다.
ⓔ 안전구역으로 요구조자들을 구출할 수 있도록 활동을 전개한다.

1. 요구조자가 다수인 경우의 구조

① 큰소리로 아픔을 호소하는 자보다 의식이 없는 자 쪽의 정도가 중하다고 판단한다.
② 생명위기의 정도가 같은 경우 구출이 용이한 자부터 구출한다.
③ 생명위기의 정도가 같은 경우 약자(어린이, 노인, 신체장애자, 여성 등)를 우선한다.
④ 생명위기의 정도가 같은 경우 고통을 호소하는 사람부터 구출한다.

2. 인명구조 우선순위

① 긴급환자(적색)
② 응급환자(황색)
③ 비응급환자(녹색)
④ 지연(사망)환자(흑색)

3. 구조활동 전개 우선순위

① 가장 심각하게 위협을 받는 곳
② 가장 많은 인원수가 있는 곳

4. 구조활동원칙

① 안전성
② 신속성
③ 확실성

㉥ 구조활동시의 유의사항

ⓐ 구조활동의 우선순위를 지켜야 한다(구명 - 신체구출 - 고통경감 - 재산보호).

ⓑ 단독적인 행동은 자제하고 조직적인 행동을 해야 한다.

ⓒ 구조활동에 필요한 경계구역 범위를 정한다.

ⓓ 구조현장에서 수급이 가능한 장비를 활용한다.

ⓔ 구조활동공간은 충분히 확보한다.

ⓕ 여러 가지 장해요인을 제거하면서 구조활동을 한다.

ⓖ 인명 및 대상물에 대한 피해를 감소시키는 것에 노력한다.

㉦ 구조활동의 일반적인 8대 원칙과 순서

ⓐ 빠르고 정확하게 사고 및 재해의 상황을 평가한다.

ⓑ 구조활동시 구조대원 및 요구조자의 안전을 확보하여야 한다.

ⓒ 재해 및 사고현장에서의 안전을 확보한다.

ⓓ 요구조자의 심리적 안정감과 부상부위와 정도를 판단하기 위하여 요구조자에게 접근한다.

ⓔ 요구조자의 본격적인 구조활동에 앞서 응급처치를 실시한다.

ⓕ 요구조자를 구조한다.

ⓖ 요구조자의 이송준비를 한다.

ⓗ 응급의료기관으로 요구조자를 이송한다.

인명구조 활동시의 안전행동지침

1. 인명검색시의 안전행동지침

① 화재가 상당히 진전되었거나 발화건물의 상태가 너무 열악하여 구조대원의 생명이 매우 위험한 경우 절대 진입해서는 안 된다. 그러한 상황하에서 요구조자가 살아 있다는 것은 거의 불가능하기 때문이다.

② 역화의 가능성이 있는 경우 배연이 이루어지고 난 후에 진입을 시도하여야 한다. 배연이 이루어지기 전에 진입을 시도할 경우 역화현상으로 인하여 심각한 부상을 초래할 수 있다.

③ 항상 공기호흡기를 포함하여 안전한 보호복을 착용하여야 한다.

④ 항상 팀을 이루어서 활동하여야 하며, 대원 간에 지속적인 연락을 취해야 한다. 동료대원의 안전에 대한 책임은 모든 대원에게 있음을 명심한다.

⑤ 계획성 있는 행동이어야 하며, 맹목적으로 행동하지 않는다. 왜냐하면 계획적으로 활동하는 것이 방향감각을 잃어버릴 가능성을 줄여주기 때문이다.

⑥ 검색에 투입된 모든 대원을 위한 2차 대피수단이 준비되어 있어야 한다.

⑦ 발화층 상층부에서 활동할 때에는 언제든지 방수할 수 있는 소방호스를 가지고 있어야 한다. 호스는 화재진압에 사용할 수도 있고, 엄호용으로도 활용할 수 있기 때문이다.

⑧ 실내로 들어가는 입구에 표시를 하고, 방안으로 들어갈 때 회전한 방향을 기억해야 한다. 빠져 나오기 위해서는 반대방향으로 회전해야 한다.
⑨ 문을 개방하기 전에 손등으로 문을 만져보아 열기가 있는지 확인해야 한다.
⑩ 낮은 자세를 유지하고 조심스럽게 이동해야 한다.
⑪ 모든 감각을 동원하여 경계를 늦추지 말아야 한다.
⑫ 뜨거운 부분과 약해진 부분은 조심해야 한다.
⑬ 항상 벽을 따라서 움직여야 한다.
⑭ 화재가 확대될 가능성이 없다고 판단되는 경우 창문을 개방하여 열과 연기를 배출시켜야 한다.
⑮ 검색이 완료되면 소속 지휘자에게 신속하게 이상유무를 보고한다.

2. 방향상실시의 안전행동

인명검색 활동 중 방향을 잃었다면 최대한 침착성을 유지한 상태에서 벽을 따라 처음에 들어왔던 출입문 방향으로 이동하여야 한다. 왜냐하면 거의 대부분의 경우에 있어 벽을 따라 이동할 경우 진입하였던 출입문을 발견할 수 있기 때문이다.

3. 소방호스를 활용한 안전확보

구조대원이 호스를 가지고 들어왔다면 그것을 따라 나가면 된다. 호스는 구조대원이 밖으로 나갈 수 있게 해주는 가장 확실한 방법이므로 호스를 절대 버려서는 안 된다.

4. 손전등을 활용한 안전확보

항상 휴대용 손전등을 휴대하여야 한다. 왜냐하면 요구조자를 발견하는 데 사용할 수도 있지만, 위급한 경우 자신의 위치를 알리는 데 사용할 수도 있기 때문이다. 다시 말하면 구조대원이 스스로 위험한 상황에 처해 있다고 느낄 경우 손전등을 바닥에 놓아 빛이 천장을 비추도록 하여 자신이 위험한 상황에 처해 있다는 것을 알리는 데 활용할 수 있다는 것이다. 그러나 이러한 신호체계는 동료들 간에 상호 충분히 숙지하고 있어야만 그 효과를 발휘할 수 있다.

5. 출입문 개방시의 안전확보

① 출입문은 조심스럽게 천천히 개방하여야 하며, 열기를 확인하기 위하여 문을 먼저 만져보아야 한다.
② 문의 정면에 위치해서는 안 되며, 한쪽으로 비켜선 낮은 자세를 유지하며 천천히 문을 열어야 한다. 이렇게 함으로써 문 뒷편에 있는 화염과 연소생성물이 머리 위로 지나갈 수 있게 할 수 있다.
③ 출입문을 안쪽으로 열기가 힘들다고 해서 문을 발로 차지 말아야 한다. 왜냐하면 요구조자가 대피하기 위해 문 근처에 있는 경우 더 큰 부상을 당할 수도 있기 때문이다.
④ 건물을 통하여 이동할 때에는 약화되었거나 위험한 상황이 연출될 수 있는 조건들을 지속적으로 관찰하여야 한다. 특히 진행방향 앞부분의 바닥이 안전한지를 손이나 도구를 이용해서 지속적으로 확인하여야 한다.

◎ 구조활동의 기본요건

구조자 (구조활동을 하는 자)	각종 재해의 특이성, 위험성에 관한 사고의 내용을 침착하고 신속하게 판단하고, 장비를 최대한 활용하여 요구조자를 안전·신속하게 구출할 수 있는 자로 한다.
구조자의 안전	사고현장에는 항상 위험성이 산재하고 있다. 따라서 인명구조의 활동은 위험에 직면한 상태에서 이루어질 때가 많아 안전을 고려하지 않은 구조는 더 큰 화를 불러 올 수 있으므로 구조자의 안전은 어떤 구조상황하에서든지 가장 우선적으로 고려되어야 한다.
요구조자의 안전	사고현장에는 항상 위험성에 따른 급박성이 동반하고 있어 무리한 구조작업으로 요구자를 더 악화시키는 우를 범하는 사례가 발생하기도 한다. 안전은 물론 현장상황을 주의깊게 관찰하여 2차적 재해예방에 주력하여야 한다.
구조활동의 원칙	구조활동은 구조자의 능력에 따라 현장상황을 세밀히 관찰, 사전계획을 세워 요구조자의 구명을 주목적으로 안전, 확실, 신속하게 이루어져야 한다.
구조활동시 유의사항	구조활동은 '구명'을 최우선으로 하고 다음에 신체구출, 정신적·육체적 고통경감, 재산보전의 순으로 하되, 무리한 행동은 하지 않으며 건물, 공작물 등의 내부로 진입하는 경우에는 반드시 긴급탈출방법을 생각해두어야 한다. 구조활동시에는 요구조자의 심리상태를 고려하여 상대방에게 신뢰감을 줄 수 있는 대화를 하여야 한다.

ⓧ 요구조자와의 상호관계

여러 형태의 재해 및 사고현장에서 적절한 구조활동을 위해 무엇보다 중요한 것은 요구조자와의 신뢰성 회복이다. 요구조자를 심적으로 흥분 또는 동요 없이 효과적으로 안정을 시키고, 상호간의 의사를 전달해야 한다.

ⓐ 효과적인 의사전달의 원칙

(가) 요구조자와 항상 눈을 마주친다.
(나) 요구조자에게 진실을 말하여야 한다.
(다) 요구조자가 이해할 수 있는 수준에서 의사를 전달해야 한다.
(라) 항상 명확하고 똑똑하게 이야기를 한다.
(마) 요구조자의 이름을 사용한다.
(바) 요구조자의 자세는 편안한 상태가 될 수 있도록 해야 한다.
(사) 요구조자에게 충분히 질문 또는 대답을 할 수 있는 시간을 주어야 한다.
(아) 요구조자가 청각장애인일 경우에는 정확하게 말을 해야 하며, 구조대원의 입 모양을 읽을 수 있도록 해야 한다.

ⓑ 특별한 경우의 의사전달문제

고령(노인)의 요구조자	천천히 신중하게 접근하여 구조대원의 질문에 대답할 수 있는 시간을 충분히 주어야 한다.
소아(어린이)의 요구조자	구조대원의 복장이나 장비 등에 의해 놀랄 것이라는 가정하에 접근을 해야 하며, 구조대원은 항상 정직해야 한다.

청각장애인의 요구조자	선입견을 버리고 접근해야 하며, 입 모양을 크고 정확하게 해서 의사전달을 해야 한다.
시각장애인의 요구조자	아주 예민한 청각과 촉각을 가지고 있어 구조대원들은 정상인과 같다는 시각을 가져야 한다. 요구조자와 가볍게 신체접촉을 하며, 목청을 낮추어 대화를 해야 하고 사고상황에 대해 설명해 주는 것이 좋다.

㉥ 구조대원 현장활동의 안전관리

ⓐ 구조대원의 자기관리 철저

㈎ 안전관리의 기본은 대원 각자의 자기관리에 달려 있다는 것을 인식하고, 평소 체력·정신력·담력·기술연마에 노력한다.

㈏ 현장상황에 올바르게 대응할 수 있는 판단력과 행동력을 양성한다.

㈐ 각종 구조기자재의 사용법을 숙지 및 습득하도록 한다.

ⓑ 일반구조

㈎ 교통사고현장에서는 흘러나온 유류 등으로 인한 미끄럼방지를 위해 모래 등을 뿌리고 작업을 개시한다.

㈏ 차량의 위나 밑으로 들어갈 때에는 차량 받침목 등으로 고정시킨 후 작업을 실시한다.

㈐ 사고차량의 상태(기울어짐, 적재, 경사지)를 판단하여 불안전한 요소는 제거하거나 최대한 안정화·고정화시킨다.

㈑ 후속차량의 2차 충돌사고를 방지하기 위해 통제요원(경찰, 도로공사)을 후면에 배치한다.

㈒ 차량의 절단, 파괴 등으로 날카로워진 부분은 보호조치하여 대원의 부상을 방지하고, 차량 잔해물은 안전한 곳으로 제거한다.

㈓ 사고상황에 따른 대원들의 비상식량을 확보한다.

㈔ 로프 등 설치시 확보물의 강도확인 및 2개 이상의 지지점을 설치한다.

㈕ 슬레이트지붕, 플라스틱지붕을 올라갈 경우 발디딤에 주의하여 추락을 방지한다.

㈖ 창문 등으로 진입시 창가 베란다에 있는 화분 등이 떨어지지 않도록 주의한다.

㈗ 좁은 공간에서 대원 상호간 접촉, 장해물과의 접촉 또는 전도 등에 의해 보호구(공기호흡기 등)가 이탈되지 않도록 주의한다.

㈘ 고층아파트 진입시에는 안전로프 및 안전매트를 사용하여 안전조치를 한다.

㈙ 헬기 등을 이용한 인명구조시에는 주변의 상황을 적절히 판단하여 비산될 수 있는 것들을 제거한다.

㈚ 화재 등 사고현장의 내부진입 또는 야간에는 조명을 충분히 밝히고 활동하여야 한다.

ⓒ 맨홀, 지하탱크, 정화조 사고에서의 인명구조

㈎ 밀폐된 공간에는 반드시 유독가스, 산소부족, 가연성 가스 등이 체류하고 있다고 가

정하고 활동한다.

㈏ 탈출구와 활동공간이 협소하므로 공기호흡기 사용한계시간을 준수한다.

㈐ 방독면을 착용하고 진입해서는 안 된다. 방독면은 몇 가지 적응가스에만 유효하기 때문이다.

㈑ 도장작업 중이거나 위험물 탱크는 폭발의 위험이 매우 크므로 공기호흡기 예비용기 등으로 신선한 공기를 불어넣은 후 작업을 개시한다.

㈒ 맨홀, 탱크에는 물, 유류 등 내용물이 남아 있는 경우가 대부분이므로 익사할 가능성에 유의한다.

㈓ 녹슬거나 삭은 계단 및 손잡이, 미끄러운 벽면에 유의한다.

㈔ 충분한 조명을 확보하되, 반드시 방폭조명기구를 사용해야 한다.

㈕ 충분한 공기호흡기 예비용기를 공급해야 한다.

ⓓ 엘리베이터 사고에서의 인명구조

㈎ 엘리베이터가 갑자기 작동하는 경우가 있으므로 함부로 스위치를 조작하지 않는다.

㈏ 엘리베이터 구조활동은 항상 추락, 낙하물, 감전의 위험이 있다.

㈐ 엘리베이터와 건물에 한 다리씩 걸치고 서 있지 않는다.

㈑ 화재건물에서 엘리베이터를 이용할 때에는 화재층 위로 올라가지 않도록 특히 유의하고, 해당 층을 누르기 전에 2~3층을 눌러 제대로 작동하는지를 확인한다.

ⓔ 수중 인명구조, 선박침몰·화재, 차량추락사고에서의 인명구조

㈎ 사고현장의 조류(파고, 유속, 와류, 탁류 등), 수온, 기상, 수심, 수중 사정을 반드시 확인한다.

㈏ 유류의 유출, 화재에 따른 2차 재해에 주의한다.

㈐ 수상·수중구조에서 개인적인 판단과 행동은 치명적이다.

㈑ 수중 수색 및 구조는 반드시 다음과 같이 조를 편성하여 활동해야 한다.

- 2인 1조의 수색 및 구조를 실시
- 안전줄 1명 및 입출수 보조 1명 확보
- 완벽한 장비를 착용한 구조잠수사 2명 대기, 유사시 구조대원 구조준비 대기

㈒ 반드시 수중 조류 및 파도에 견딜 수 있는 하강줄을 설치한 뒤 작업한다.

㈓ 수중 조류의 이동으로 요구조자 및 구조대원의 이동에 주의한다.

㈔ 침몰선박 내 객실의 수색은 퇴출이 쉽도록 반드시 안전로프를 결착한다.

㈕ 추락한 차량 내부로의 진입은 위험하다.

㈖ 벼랑, 절벽, 경사지로부터의 추락물에 주의한다.

㈗ 입·출수시 모터보트, 선박, 제트스키 등의 스크류에 유의한다.

㈘ 수초, 로프, 그물 등이 몸에 감기지 않도록 주의하고 구명칼을 휴대한다.

㈐ 수심이 깊은 경우 급격한 감압이 되지 않도록 잠수시간을 배분한다.

㈙ 급격한 체력소모를 방지한다.

㈛ 구조대원 자신의 구조
- 모든 행동을 중지하고 사태를 파악한다.
- 불필요한 장비를 버린다.
- 신체의 에너지를 비축한다.
- 침착하게 문제를 해결한다.

ⓕ 수상 인명구조
㈎ 잠수활동시 장해물에 신체 또는 장비가 상하지 않도록 수중 장애물과 수심을 확인하고 잠수
㈏ 동력선에 의한 구조활동을 할 경우 스크류에 의한 부상으로부터 요구조자 및 대원의 안전확보조치
㈐ 수영인명구조는 최후에 사용하는 방법이다. 요구조자에게 휘감기지 않도록 주의한다.
㈑ 급격한 체력소모에 주의한다.
㈒ 파도나 조류와 싸우지 말고 흐름을 탄다.
㈓ 조류의 역방향으로 요구조자에게 접근한다.

ⓖ 빙상사고에서의 인명구조
㈎ 공기호흡기 마스크, 연결부위가 얼어 파열되거나 막힘에 주의한다.
㈏ 얼음의 두께, 수심, 유속, 탁도 등을 확인한다.
㈐ 두꺼운 얼음이라도 한 곳에 너무 많은 인원과 장비가 모이지 않도록 한다.
㈑ 반드시 2인 1조로 잠수하고 안전로프를 결착해야 한다.
㈒ 얼음 아래의 잠수는 반드시 입수한 곳으로 출수해야 하므로 공기호흡기의 사용기간이 짧다는 것을 명심해야 한다.
㈓ 혈관이 얼기 쉬운 얼굴, 손, 목 등의 보온과 체온의 급격한 저하에 유의한다.
㈔ 출구를 잃지 않도록 유의한다.

ⓗ 산악·암벽·빙벽에서의 인명구조
㈎ 산악사고시에는 무리한 등반은 대원의 체력을 급속히 소모시키므로 체력상황에 맞추어 등반한다.
㈏ 숲이 우거진 지역에서는 뱀, 독충 등에 의한 부상방지조치를 한다.
㈐ 낙석, 붕괴, 추락에 유의한다.
㈑ 반드시 2개 이상의 지지점을 확보하고, 강도를 확인한다.
㈒ 낙뢰의 징후에 유의한다.
㈓ 독사, 곤충에 물리지 않도록 신체의 노출부위를 없앤다.
㈔ 손에 땀이 나서 장비를 놓치거나 추락하는 것에 유의한다.
㈕ 경사면, 절벽에서 구조대원이 서로 부딪히거나 밀치지 않도록 주의한다.
㈖ 길을 잃기 쉬우므로 나침반과 지도를 휴대한다.
㈗ 겨울철에는 눈사태, 얼음의 추락에 유의해야 한다.

㈎ 빙벽은 지지물이 녹아 파괴되기 쉽다.

ⓘ 광산·터널붕괴·산사태에서의 인명구조

㈎ 대부분 공사 중 발생하므로 폭발물의 존재에 유의한다.

㈏ 매몰은 연약한 지반, 토사에 의한 것이 대부분이므로 2차 붕괴에 유의한다.

㈐ 물이 흘러나오는 토사는 반드시 붕괴의 위험이 있다.

㈑ 굴삭기 등 중장비를 활용해야 하므로 작업반경 내 진입시 주의한다.

③ 구조장비 일반

㉠ 일반구조용 구조장비

대부분 육상에서 발생하는 여러 형태의 재난 및 사고에 사용되나, 때에 따라서는 해상과 공중에서의 재난, 사고현장에도 사용할 수 있다.

ⓐ 거는 사다리 : 상대적으로 저층에서 사고가 발생할 경우 또는 신속하게 아래층·위층을 진입할 경우에 사용되는 사다리로서 1명이 운반가능하다.

ⓑ 복식사다리 : 소방 및 구조차 등에 적재하여 재난 및 사고현장에서 여러 용도로 사용하고 있으며, 조작시에는 반드시 2인 이상이 하여야 한다.

ⓒ 도르래 : 요구조자나 기자재의 인양을 보다 원활하고 신속하게 하기 위한 장비이다.

ⓓ 로프 : 각종 구조작업에 있어서 대원의 진입, 탈출, 구조 등에 사용되며, 구조장비 중에서 가장 기본적이며 사용도가 높다.

ⓔ 카라비너 : 로프를 이용하여 하강할 경우 로프를 지지함과 동시에 제동의 역할을 한다. 자기 안전의 확보 또는 도르래 대신 사용, 요구조자의 신체묶기 등 여러 용도로 사용된다.

ⓕ 구명고리 : 요구조자를 운반하거나 매달아 내릴 때 사용되는 구조장비로 탈·착용이 간단하다.

ⓖ 로프발사총 : 직접 접근하기가 어려운 하천이나 계곡에 고립된 요구조자를 구조하기 위하여 그 지역까지 로프를 발사하는 데 사용되는 구조장비이다.

ⓗ 기타 : 마취총, 등반기, 들것, 경추 및 척추보호대, 엘리베이터 마스터키 세트, U볼트, 무선송수신기 등

㉡ 측정용 장비

ⓐ 유독가스검지기

ⓑ 가스측정기

ⓒ 방사선측정기

ⓓ 잔류전류검지기

ⓔ 발화점측정기(열상 카메라, 열화상 투시장치)

ⓕ 풍향·풍속계

ⓖ 나침반

㉢ 호흡 및 신체보호용 장비

ⓐ 호흡기류 : 공기호흡기, 산소호흡기, 방진마스크, 호흡용 산소호스, 방독면 등

ⓑ 신체보호용 장비 : 방호복, 방열복, 방사선 보호복, 내전복 세트 등

㉣ 중량물 작업용 장비

인력으로 구조작업이 불가능한 경우, 중량의 물건을 올리거나 벌리는 작업을 할 때 주로 사용되며 교통사고, 건물 붕괴사고 등에 많이 활용되고 있다.

ⓐ 유압스프레더(유압전개기) : 유압을 이용하여 장애물을 개방하거나 당길 경우에 이용되는 장비로, 보통 교통사고시 요구조자의 구출 및 대원의 작업공간 확보를 위해 차량의 문을 개방하거나 벌리는 데 사용된다.

ⓑ 유압엔진펌프 : 유압을 이용하여 작동을 하는 장비에 동력원을 전달하는 펌프이다.

ⓒ 유압램(유압실린더램) : 장애물을 개방하거나 들어올리는 데 사용되는 장비이다.

ⓓ 가반식 윈치 : 재난 및 사고현장에서 중량의 장애물을 와이어로프를 이용하여 견인·제거하는 데 사용되는 장비이다. 평상시 와이어로프의 단선 등이 없도록 점검을 철저히 하여야 한다.

ⓔ 기타 : 에어백, 유압체크, 맨홀구조기구, 유압핸드펌프, 호스릴, 공압지지대세트, 체인블록 등

㉤ 절단용 장비

ⓐ 유압절단기 : 교통사고시 차량의 문이나 핸들 등과 건물 붕괴시 철근·철골을 절단할 때 사용하는 장비이다.

ⓑ 동력절단기 : 교통사고 및 붕괴사고 현장에서 문이나 철제장애물을 절단하여 요구조자를 구조하는 데 사용되는 장비이다.

ⓒ 체인톱 : 소형엔진과 띠 모양의 절단칼로 구성되며, 목재 등을 절단하는 데 사용되는 장비이다.

ⓓ 가스절단기

ⓔ 콘크리트절단기

ⓕ 페달카타기

ⓖ 케이블절단기

㉥ 파괴용 장비

ⓐ 만능도끼 : 휴대용 개인장비로 출입문 및 간단한 장애물을 파괴할 때 사용하는 장비이다.

ⓑ 착암기 : 공기압축기를 구동하여 드릴을 상·하 및 회전하여 콘크리트, 바위 등의 장애물을 파괴하는 장비이다.

ⓒ 도어 오프너(Door Opener) : 아파트 철문과 같이 틈이 좁은 것을 지렛대를 이용하여 파괴·전개하는 장비이다.

ⓓ 해머 및 해머드릴

ⓔ 현관문파괴기, 에어건, 자동차유리파괴기

㉦ 화학구조용 장비

ⓐ 호흡보호장구류(호흡기) : 호스마스크, 에어라인마스크, 공기호흡기, 산소호흡기

ⓑ 신체보호복

ⓒ 누출방지장비 : 누출방지백, 누출방지테이프, 누출방지창, 누출방지슬리프, 누설방지본드

ⓓ 중화제 살포기

㉧ 산악구조용 장비

ⓐ 분리형 들것 : 척추나 심한 골절상을 입은 요구조자의 운반에 이용되는 장비이다.

ⓑ 산악용 들것

ⓒ 암벽등반장비, 빙벽등반장비

㉨ 수난구조용 장비

ⓐ 스킨다이빙 장비 : 수경, 오리발, 스노클, 잠수복, 웨이트벨트, 부력조절기

ⓑ 스쿠버다이빙 장비 : 공기통, 호흡기, 비상용 호흡기, 수중잔압계, 수심계, 나침반, 잠수용 칼

재해별 적응구조장비

1. 교통사고

장비	용도
동력절단기	사고현장에서 장애물이나 폐쇄된 문 등을 절단할 때 사용된다.
유압스프레더	사고현장에서 여러 장애물들을 당기고 굽히고 들어올릴 때 사용되며, 교통사고시 많이 사용된다.
유압절단기	교통사고 때 차량 장애물의 제거에 많이 이용되는 장비이다.
유압실린더램	유압엔진펌프로부터 발생하는 동력을 이용해 보다 신속하고 강력한 동력을 발생시킬 수 있는 장비이다.
콤비식 유압구조기구	절단 및 전개작업을 동시에 할 수 있어 작업속도를 빠르게 할 수 있으며, 차량의 접근이 어려운 곳에 유용하게 사용된다.
가반식 윈치	사고현장에서 무거운 장애물을 견인·제거하며, 로프 등을 연장하여 요구조자를 구조하는 데 사용된다.
에어백(소·중형)	차량 및 건물 붕괴시 무거운 장애물을 들어올리는 데 사용된다.

2. 추락(산악)사고

로 프	가장 기본적인 구조용구로서 대원의 진입·탈출, 요구조자의 구조, 구조대원의 안전확보, 요구조자의 운반을 위한 것으로 사용된다.
카라비너	로프를 지지함과 동시에 제동을 하는 역할을 한다.
도르래	주로 낮은 곳에서의 요구조자나 중량물을 옮기거나 당길 때 사용된다.
구명로프 발사총	높은 곳 또는 수난 등으로 구조대원이 직접 접근할 수 없는 지역과 같은 고립된 장소에 로프를 발사하여 인명구조 등의 작업을 하는 경우에 사용된다.
크레인	중량물의 인양에 사용되는 장비이다.
구조용 구급장비	경부고정기, 두부고정기, 구출장비, 경성부목, 접는식 들것, 구조용 들것, 구조의자 등이 있다.

3. 붕괴사고

에어백, 크레인, 가반식 윈치, 지렛대, 유압식 구조기구, 매몰자 탐지기(음향탐지기), 탐지견 등이 사용된다.

4. 가스사고

공기호흡기	화재현장 및 산소결핍장소에서의 구조활동시 많이 사용되며, 특히 질식된 요구조자에게 유용되고 있다.
맨홀구조기구	지하 개구부로 추락·전락한 상태의 요구조자를 인력이 아닌 기구의 힘을 이용해 인양하는 데 사용된다.
가스검지기	맨홀, 지하통로, 탱크, 지하공사장 등에서의 산소농도, 가연성·유독성 가스의 존재유무를 검지·경보하는 데 사용된다.

5. 수난사고

구명보트(고무보트), 스크류모터, 잠수기구세트, 공기통 및 레귤레타, 구명부환, 수중스쿠터, 수중통화기, 잠수장비, 수중조명등, 잠수복 등

6. 산업재해

① 공작기계에 의해 신체 일부가 절단되거나 말려들어가 끼어 있는 경우 : 유압스프레더, 유압절단기, 동력절단기 등

② 지상에서 낮은 곳, 높은 곳에서의 추락 등의 건설현장 : 로프, 산악용 들것, 응급기자재, 크레인, 가반식 윈치 등

③ 석유화학 콤비나트 등에서의 재해현장 : 측정기구, 검지기구, 보호장구 등

(2) 구급 및 응급

① 구급대원의 자격기준

㉠ 의료인

㉡ 1급 응급구조사 자격을 취득한 사람
㉢ 2급 응급구조사 자격을 취득한 사람
㉣ 소방청장이 실시하는 구급업무에 관한 교육을 받은 사람

1. 응급구조사의 준수사항

응급환자의 안전을 위한 응급구조사의 준수사항은 다음과 같다.

① 구급차 내의 장비는 항상 사용할 수 있도록 점검하여야 하며, 장비에 이상이 있을 때에는 지체 없이 정비하거나 교체하여야 한다.
② 환자의 응급처치에 사용한 의료용 소품은 소속기관으로 귀환하는 즉시 보충하여야 하며, 유효기간이 지난 의약품 등이 보관되지 아니하도록 하여야 한다.
③ 구급차의 무선장비는 매일 점검하여 통화가 가능한 상태로 유지하여야 하며, 출동할 때부터 귀환할 때까지 무선을 개방하여야 한다.
④ 응급환자를 구급차에 탑승시킨 이후에는 가급적 경보기를 울리지 아니하고 이동하여야 한다.
⑤ 응급구조사는 구급차 탑승시 응급구조사의 신분을 알 수 있도록 소속, 성명, 해당자격 등을 기재한 표식을 상의 가슴에 부착하여야 한다(응급구조사 문구, 사진, 성명, 자격, 자격번호, 소속기관명이 표시되어야 함 - 가로 7cm 이상, 세로 3cm 이상).

2. 응급구조사의 자격

응급구조사의 업무는 범위에 따라 1급 응급구조사와 2급 응급구조사로 구분하며, 보건복지부장관이 실시하는 시험에 합격한 후 자격인정을 받아야 한다.

1급 응급구조사의 자격범위	• 대학 또는 전문대학에서 응급구조학을 전공하고 졸업한 자 • 보건복지부장관이 인정하는 외국의 응급구조사 자격인정을 받은 자 • 2급 응급구조사로서 응급구조사의 업무에 3년 이상 종사한 자
2급 응급구조사의 자격범위	• 보건복지부장관이 지정하는 응급구조사 양성기관에서 대통령령이 정하는 양성과정을 이수한 자 • 보건복지부장관이 인정하는 외국의 응급구조사 자격인정을 받은 자

3. 응급구조사 결격사유

① 정신질환자
② 마약·대마 또는 향정신성의약품의 중독자
③ 금치산자, 한정치산자
④ 금고 이상의 실형의 선고를 받고 그 집행이 종료되지 아니하거나 면제되지 아니한 자

4. 응급구조사의 업무범위

1급 응급 구조사의 업무범위	• 심폐소생술 시행을 위한 기도유지[(기도기(Airway)의 삽입, 기도삽관(Intubation), 후드마스크삽관 등을 포함한다] • 정맥로의 확보 • 인공호흡기를 이용한 호흡의 유지 • 약물투여 : 저혈당성 혼수시 포도당의 주입, 흉통시 나이트로글리세린의 혀 아래(설하) 투여, 쇼크시 일정량의 수액투여, 천식발작시 기관지확장제 흡입
2급 응급 구조사의 업무범위	• 구강 내 이물질의 제거 • 기도기(Airway)를 이용한 기도유지 • 기본 심폐소생술 • 산소 투여 • 부목·척추고정기·공기 등을 이용한 사지 및 척추 등의 고정 • 외부출혈의 지혈 및 창상의 응급처치 • 심박·체온 및 혈압 등의 측정 • 쇼크방지용 하의 등을 이용한 혈압의 유지 • 자동제세동기를 이용한 규칙적 심박동의 유도 • 흉통시 나이트로글리세린의 혀 아래(설하) 투여 및 천식발작시 기관지확장제 흡입(환자가 해당 약물을 휴대하고 있는 경우에 한함)

5. 경미한 응급처치

응급구조사가 의사의 지시를 받지 아니하고 행할 수 있는 경미한 응급처치의 범위는 2급 응급구조사의 업무범위와 같으며, 보건복지부령이 정하는 응급처치를 행하는 경우와 급박한 상황 하에서 통신의 불능 등으로 의사의 지시를 받을 수 없는 경우이어야 한다.

② 구급차의 배치기준

구급대에는 다음의 기준에 따라 구급차를 둔다. 다만, 소방관서장은 구급수요 및 지역특성을 고려하여 필요하다고 인정하는 경우에는 추가로 배치할 수 있다.

㉠ 소방서 직할의 119안전센터는 2대

㉡ 위의 119안전센터 외의 119안전센터, 119구조대 및 119지역대 등은 1대

㉢ 고속도로구급대는 1대

구급차 현장활동 안전관리

1. 정차를 할 때에는 안전한 곳에 안정되게 정차를 하여 2차사고를 없앤다.
2. 환자의 무기소지 여부도 잘 살펴 돌발사고에 대비한다(유사시 경찰과 동승한다).
3. 응급환자 조치시 대원의 체력이 한계에 도달하지 않도록 한다.
4. 환자 이송시, 구급차에서 하차시 안전사고에 유의한다.

③ 구급대의 운영

㉠ 구급대가 의료기관에 이송하는 위급한 환자

ⓐ 화재·붕괴·폭발·교통사고 등의 재난현장과 일상생활에서 발생한 응급환자

ⓑ 응급입원대상에 해당하는 정신질환자로 추정되는 자

㉡ 이송대상자가 법정 전염병을 앓고 있는 위급한 환자라고 판단되는 경우에는 시·군·구 보건소의 관계공무원에게 필요한 협조를 요청할 수 있다.

㉢ 환자 이송시 필요하다고 인정하는 경우에는 환자의 보호자 또는 관계기관의 공무원을 동승시킬 수 있다. 이 경우 구급대원으로부터 동승요청을 받은 관계기관의 공무원은 특별한 사유가 없는 한 이에 응하여야 한다.

④ 구급환자 이송 전 안전준비사항

㉠ 전염병환자를 이송 후에는 반드시 신체를 깨끗이 씻고, 손은 소독용 세제로 소독한다.

㉡ 구급대원의 전염병 감염여부 수시확인 및 보균자 발견시에는 교체한다.

㉢ 구급차에는 상시 전염병환자를 대비한 1회용품을 적재한다.

㉣ 환자 응급처치시에는 반드시 1회용 장갑을 착용한다.

㉤ 귀서시에는 긴급자동차가 아니므로 일반자동차의 교통법규를 준수한다.

㉥ 대원의 전염병 감염여부 수시확인 및 보균자 발견시 교체운영규정에 따라 철저한 점검을 실시한다.

㉦ 차량세척 등 청결 및 소독 실시

㉧ 출동 및 현장활동시의 문제점을 분석하여 재발방지에 힘쓴다.

⑤ 구급요청의 거절

구급대원은 환자의 병력·증상 및 주변상황을 종합적으로 평가하여 응급환자가 아닌 다음의 어느 하나에 해당하는 환자에 대하여 의료지도 의사의 의견을 들은 후 이송요청을 거절할 수 있다. 다만, 민간구급차 또는 다른 교통수단에 의한 이송이 곤란한 경우에는 그러하지 아니하다.

㉠ 단순 치통환자

㉡ 단순 감기환자. 다만, 섭씨 38도 이상의 고열이 있거나 호흡곤란이 동반되는 경우를 제외한다

㉢ 혈압 등 생체징후가 안정된 타박상 환자

㉣ 술에 취한 자. 다만, 강한 자극에도 의식의 회복이 없거나 외상이 있는 경우를 제외한다.

㉤ 만성질환자로서 검진 또는 입원목적의 이송요청자

㉥ 단순 열상 또는 찰과상으로 지속적인 출혈이 없는 외상환자

㉦ 병원 간 이송 또는 자택으로의 이송요청자. 다만, 의사가 동승한 응급환자의 병원 간 이송을 제외한다.

㉧ 구급대원에게 폭력행사를 시도하는 환자. 다만, 폭력행사를 저지할 수 있는 보호자 또는 관계공무원이 동승한 경우를 제외한다.

㉧ 그 밖에 응급환자가 아닌 자

⑥ 지역구급대책협의회

시·도지사는 구급대가 각종 사고 및 재난 등으로 발생한 응급환자에 대하여 적절한 응급처치 및 응급환자 이송체계를 갖출 수 있도록 하기 위하여 지역구급대책협의회를 설치·운영하되, 지역구급대책협의회의 위원은 다음에 해당하는 자 중에서 위촉한다.

㉠ 종합병원의 응급실장 또는 응급의학에 관한 지식과 경험이 있는 의사
㉡ 응급의학 또는 응급구조학 관련 교수
㉢ 의사회의 지부장
㉣ 시·군·구 보건소장 및 시·도의 구급업무를 담당하는 공무원
㉤ 판사·검사 또는 변호사의 자격을 가진 자
㉥ 응급의료 관련 시민단체의 대표

⑦ 국민의 권리와 의무

응급의료를 받을 권리	모든 국민은 성별, 연령, 민족, 종교, 사회적 신분 또는 경제적 사정 등을 이유로 차별받지 아니하고 응급의료를 받을 권리를 가진다.
응급의료에 관한 알 권리	• 모든 국민은 응급상황에서의 응급처치요령, 응급의료기관 등의 안내 등 기본적인 대응 방법을 알 권리가 있다. • 국가 및 지방자치단체는 이를 위한 교육·홍보 등 필요한 조치를 강구하여야 한다. • 모든 국민은 응급의료에 대한 국가나 지방자치단체의 시책에 대하여 알 권리를 가진다.
응급환자에 대한 신고 및 협조의무	• 누구든지 응급환자를 발견한 때에는 즉시 이를 응급의료기관 등에 신고하여야 한다. • 응급의료종사자가 응급의료를 위하여 필요한 협조를 요청하는 경우에는 이에 적극 협조하여야 한다.

⑧ 응급의료종사자의 권리와 의무

㉠ 응급의료의 거부금지

ⓐ 응급의료기관 등에서 근무하는 응급의료종사자는 응급환자를 상시 진료할 수 있도록 응급의료업무에 성실히 종사하여야 한다.

ⓑ 응급의료종사자는 업무 중에 응급의료를 요청받거나 응급환자를 발견한 때에는 즉시 응급의료를 행하여야 하며, 정당한 사유 없이 이를 거부하거나 기피하지 못한다.

㉡ 응급환자가 아닌 자에 대한 조치 : 의료인은 응급환자가 아닌 자에 대하여 응급실이 아닌 의료시설에 진료를 의뢰하거나 다른 의료기관에 이송할 수 있다.

㉢ 응급환자에 대한 우선응급의료

ⓐ 응급의료종사자는 응급환자에 대하여는 다른 환자에 우선하여 상담·구조 및 응급처치를 실시하고 진료를 위하여 필요한 최선의 조치를 하여야 한다.

ⓑ 응급의료종사자는 응급환자가 2인 이상인 경우에는 의학적 판단에 기초한 위급의 정도에 따라 응급의료를 실시하여야 한다.

㉣ 응급의료에 대한 설명 및 동의

ⓐ 응급의료종사자는 다음에 해당하는 경우를 제외하고는 응급환자에게 응급의료에 관하여 설명하고 그 동의를 얻어야 한다.

㈎ 응급환자가 의사결정능력이 없는 경우

㈏ 설명 및 동의절차로 인하여 응급의료가 지체되어 환자의 생명에 위험 또는 심신상의 중대한 장애를 초래하는 경우

ⓑ 응급의료종사자는 응급환자가 의사결정능력이 없는 경우 법정대리인이 동행한 때에는 그 법정대리인에게 응급의료에 관하여 설명하고 그 동의를 얻어야만 한다.

ⓒ 법정대리인이 동행하지 아니한 경우에는 동행한 자에게 설명한 후 응급처치를 하고, 의사의 의학적 판단에 따라 응급진료를 행할 수 있다.

응급의료에 관하여 설명하고 동의를 얻어야 할 내용

1. 환자에게 발생하거나 발생가능한 진단명
2. 응급검사의 내용
3. 응급처치의 내용
4. 응급의료를 받지 아니하는 경우의 예상결과 또는 예후
5. 기타 응급환자가 설명을 요구하는 사항

㉤ 응급의료 중단의 금지 : 응급의료종사자는 정당한 사유가 없는 한 응급환자에 대한 응급의료를 중단하여서는 아니 된다.

㉥ 응급환자의 이송

ⓐ 의료인은 응급환자에 대하여 당해 의료기관의 능력으로는 그 환자에 대하여 적정한 응급의료를 행할 수 없다고 판단한 때에는 지체 없이 그 환자를 적정한 응급의료가 가능한 다른 의료기관으로 이송하여야 한다.

ⓑ 의료기관의 장은 ⓐ의 규정에 의하여 응급환자를 이송하는 경우에는 응급환자의 안전한 이송에 필요한 의료기구 및 인력을 제공하여야 하며, 응급환자를 이송받는 의료기관에 진료에 필요한 의무기록을 제공하여야 한다.

ⓒ 의료기관의 장은 이송에 소요된 비용을 환자에게 청구할 수 있다.

㉦ 응급의료 등의 방해금지 : 누구든지 응급의료종사자의 응급환자에 대한 구조·이송·응급처치 또는 진료를 방해하거나 의료기관 등의 응급의료를 위한 의료용 시설·기재·의약품 기타의 기물을 파괴·손상하거나 점거하여서는 아니 된다.

⑨ 국가 및 지방자치단체의 책임

㉠ 응급의료를 제공하기 위한 시책의 강구·시행

㉡ 응급의료계획의 수립·시행

㉢ 응급의료위원회의 구성
㉣ 구조 및 응급처치에 관한 교육
㉤ 응급의료 통신망의 구축
㉥ 재정지원
㉦ 응급의료기관 등에 대한 평가
㉧ 다수의 환자발생에 따른 조치

⑩ 응급환자의 이송 등

㉠ 구급차 등의 운용자
ⓐ 국가 또는 지방자치단체
ⓑ 의료기관
ⓒ 다른 법령에 의하여 구급차 등을 둘 수 있는 자
ⓓ 응급환자이송업의 허가를 받은 자
ⓔ 응급환자의 이송을 목적사업으로 하여 보건복지부장관의 설립허가를 받은 비영리 법인

㉡ 구급차의 용도
ⓐ 응급환자 이송
ⓑ 응급의료를 위한 혈액, 진단용 검체 및 진료용 장비 등의 운반
ⓒ 응급의료를 위한 응급의료종사자의 운송
ⓓ 사고 등에 의하여 현장에서 사망하거나 진료를 받다가 사망한 자의 의료기관 등으로의 이송
ⓔ 기타 보건복지부령이 정하는 용도

㉢ 구급차 등의 장비
구급차 등에는 응급환자에 대하여 응급처치를 할 수 있도록 의료장비 및 구급의약품 등을 갖추어야 하며, 구급차 등이 속한 기관, 의료기관 및 정보센터와 통화할 수 있는 통신장비를 갖추어야 한다.
ⓐ 특수구급차 : 위급의 정도가 중한 응급환자의 이송에 적합하도록 제작된 구급차

의료장비	후두경 등 기도삽관장치, 외상처치에 필요한 기본장치, 휴대용 간이인공호흡기, 산소호흡기 및 흡입기, 쇼크방지용 하의(MAST), 부목 및 기타 고정장치[철부목(Wire-Splint), 경부·척추보호대(Cervical, Splint-Protector)], 자동제세동기, 휴대용 산소포화농도측정기
구급의약품	수액제제(인공혈액제제 등)로서 비닐팩에 포장된 것, 리도카인, 아트로핀, 주사용 비마약성 진통제, 주사용 항히스타민제, 소독제(과산화수소, 알코올 및 포비돈액), 나이트로글리세린(설하용), 흡입용 기관지확장제
통신장비	구급차에 장착된 무전기로서 응급의료전용 주파수를 사용할 수 있는 무전기. 다만, 소방서구급차에 장착된 무전기는 소방용 전파지정기준에 의한 전파를 사용할 수 있는 통신장비를 갖춘 경우에는 이를 구급차무전기에 갈음할 수 있다.

ⓑ 일반구급차 : 위급의 정도가 중하지 아니한 응급환자의 이송에 주로 사용되는 구급차

의료장비	산소호흡기 및 흡입기, 외상처치에 필요한 기본장비, 기도확보장치
구급의약품	수액제제(인공혈액제제 등)로서 비닐팩에 포장된 것, 아트로핀

1. 구급차의 형태

① 구급자동차(이하 '구급차'라 한다)는 자동차관리법 제3조의 규정에 의한 승합자동차 또는 화물자동차로서 지붕구조의 덮개가 있어야 한다.
② 구급차는 간이침대 보조들것에 누운 상태의 환자를 용이하게 실을 수 있는 충분한 크기의 문이 있어야 한다.

2. 구급차의 표시

① 구급차는 바탕색이 백색이어야 하며, 전·후·좌·우면 중 2면 이상에 각각 녹십자 표시를 하여야 한다.
② 구급차는 전·후·좌·우면의 중앙부위에는 너비 5cm 내지 10cm의 띠를 가로로 표시하여야 하되, 띠의 색깔은 특수구급차는 적색으로, 일반구급차는 녹색으로 하여야 한다.
③ 특수구급차는 전·후·좌·우면 중 2면 이상에 적색으로 '응급출동'이라는 표시를 하여야 한다.
④ 일반구급차는 적색 또는 녹색으로 '환자이송' 또는 '환자후송'이라는 표시를 할 수 있으며, '응급출동'이라는 표시를 하여서는 아니 된다.
⑤ 구급차의 좌·우면 중 1면 이상에 구급차를 운영하는 기관의 명칭 및 전화번호를 표시하여야 한다.

3. 구급차 환자실의 길이·너비·높이

① 구급차 환자실의 길이는 운전석과의 구획칸막이에서 뒷문의 안쪽면까지 250cm 이상이어야 하고, 간이침대 매트리스의 끝에서 뒷문의 안쪽면 사이에는 25cm 이상의 공간이 마련될 수 있어야 한다.
② 구급차 환자실의 너비는 간이침대를 바닥에 고정시켰을 때 적어도 한쪽 면과의 통로가 25cm 이상이 되어야 한다.
③ 구급차 환자실의 바닥에서 천장 안쪽면까지의 높이는 특수구급차의 경우에는 150cm 이상, 일반구급차의 경우에는 120cm 이상이어야 한다.

4. 구급차 내부표면

① 구급차의 환자실 내부에 설치된 장치는 표면에 견고하게 부착되어야 하며, 날카로운 부분이 없도록 처리되어야 한다.
② 구급차의 환자실 내부에 노출된 구조물의 가장자리는 5/16cm 이상의 반경지름으로 깎아내고, 노출된 모서리는 12/10cm에서 25/10cm의 반지름으로 둥글게 하여야 한다.
③ 구급차의 환자실 표면은 다음의 사항에 적합하도록 처리되어야 한다.
㉠ 비누나 물이 스며들지 아니할 것
㉡ 살균할 수 있을 것

> ㉢ 곰팡이에 저항성이 있을 것
> ㉣ 열에 강할 것
> ㉤ 청소하기가 용이할 것

⑪ 응급처치의 중요성(목적)

㉠ 환자의 생명을 구하고 유지한다.
㉡ 질병 등 병세의 악화를 방지한다.
㉢ 환자의 고통을 경감시킨다.
㉣ 환자의 치료 및 입원기간을 단축시킨다.
㉤ 불필요한 의료비의 지출 등을 절감시킬 수 있다.

⑫ 응급처치의 일반적인 원칙

㉠ 긴급한 상황이라도 구조자 자신의 안전에 주의를 기울인다.
㉡ 신속, 침착하고 질서 있게 대처한다.
㉢ 긴급을 요하는 환자부터 우선하여 처치하고, 부상상태에 따라 의료기관에 연락한다.
㉣ 쇼크를 예방하는 처치를 한다.
㉤ 손상여부를 재차 확인한다.
㉥ 부상자를 옮길 때에는 적절한 운반법을 활용한다.

⑬ 응급처치활동의 일반적인 순서

㉠ 구급대원 자신 및 요구조자의 안전을 우선적으로 확보하여야 한다.
㉡ 요구조자의 생명 및 안전을 위협하는 요소를 제거한다.
㉢ 기본 인명구조술(기도확보, 호흡유지, 순환유지)을 시행한다.
㉣ 응급처치가 끝나면 의료기관으로 이송한다.

⑭ 구급대원이 갖추어야 할 기본요소

㉠ 유효적절한 교육과 훈련 등을 해야 한다.
㉡ 장비이용능력과 응급처치 시행능력을 가지고 있어야 한다.
㉢ 요구조자에게 유효한 도움을 줄 수 있는 응급차량과 장비를 다룰 수 있어야 한다.
㉣ 응급의료진의 지시를 수행할 수 있는 능력을 가지고 있어야 한다.

⑮ 응급의료체계의 단계

현장단계	사고현장에서 환자를 응급처치하는 단계를 말한다.
이송단계	응급환자를 사고현장으로부터 의료기관까지 이송하는 단계를 말한다.
병원단계	응급환자가 의료기관에 도착하여 전문적인 응급처치를 받는 단계를 말한다.

⑯ 응급처치시 법적인 문제

㉠ 동의의 법칙

ⓐ 고시된 동의

ⓑ 묵시적 동의

ⓒ 미성년자 치료에 있어서의 동의

ⓓ 정신질환자의 동의

ⓔ 치료거부권

㉡ 유기

㉢ 과실

㉣ 의무불이행

㉤ 선한 사마리안법(Good Samaritan Law)

응급구조사의 법적 책임

1. **동의의 법칙**

① 고시된 동의(Informed Consent) : 응급구조사가 제공하는 환자치료에 대해 그 내용을 알고, 이해하며, 동의한다는 환자의 표현을 말한다. 즉, 고시된 동의는 그 환자가 합리적인 결정을 하도록 필요한 모든 사실을 설명한 후에 환자로부터 얻는 동의이다.

※ 고시되어야 할 중요한 내용

㉠ 환자에게 발생하거나 발생가능한 진단명

㉡ 응급검사 및 응급처치의 내용

㉢ 응급의료를 받지 아니하는 경우의 예상결과 또는 예후

㉣ 기타 응급환자가 설명을 요구하는 사항

② 묵시적 동의(Implied Consent) : 즉시 응급처치가 절실하게 필요한 사람이 그들이 할 수 있다면, 응급처치에 동의했을 것이라고 추정한다. 법률적으로 사망이나 영구적인 불구를 방지하기 위하여 긴급한 응급처치를 필요로 하는 환자는 그에 대한 치료와 이송에 동의해야 한다는 입장이다. 그러나 이러한 묵시적 동의는 긴급한 상황에만 국한된다. 무의식환자와 쇼크, 뇌의 손상, 알코올이나 약물중독 등의 피해자들이 그 실례이다. 일반적으로 묵시적 동이는 환자가 의식불명이거나 망상에 빠져 있거나, 신체적으로 동의할 수 없는 경우에 적용된다.

③ 미성년자 치료에 있어서의 동의 : 법률은 미성년자가 응급처치에 대해시 유효한 동의를 할 만한 판단력을 갖추지 못했다고 인정한다. 그 예로 민법은 행위무능력자의 범주에 미성년자를 포함하고 있으며, 미성년자에 대한 동의권은 부모나 후견인에게 주어진다. 이러한 규정에도 불구하고 미성년자가 하는 동의는 개개인의 나이와 성숙도에 따라서 일부는 유효하기도 하다. 긴급한 응급상황이 존재한다면 미성년자를 치료하는 것에 대한 동의는 묵시적일 수 있으나, 가능하면 친권자나 후견인의 동의를 구해야 한다.

④ 정신질환자의 동의 : 정신적으로 무능한 사람은 치료를 받는 데 있어서, 응급처치의 필요성에 대한 어떠한 정보가 제공되었다 하더라도 동의할 수 없다. 그러나 한 개인이 법에 의해서 심신상실로 법원에 의해 금치산자로 선고되지 않았다면 그의 능력에는 의문의 여지가 많다. 금치산자로 결정이 내려진 경우에는 친권자나 후견인 같은 사람이 환자를 대신하여 동의권을 갖는 경우가 대부분이다. 많은 상황에서 응급구조사는 착란상태에 빠져 있거나 정신적 결함이 있는 환자를 만나게 된다. 이러한 증상은 환자가 실제적으로 동의를 할 수 있는지의 여부를 결정하는 데 반드시 고려되어야 한다. 긴급한 응급상황이라면 묵시적 동의가 적용되어야 한다.

⑤ 치료거부권 : 환자는 응급의료인의 치료행위에 대해 치료거부권을 갖는다. 환자가 치료나 이송을 거부하는 경우에 응급구조사는 매우 난처한 상황에 처하게 된다. 한 개인이 치료를 거부할 때, 응급구조사는 그의 정신상태가 온전한가의 여부를 판단하려고 시도해야 한다. 의심스러운 경우에는 정신적 결함이 있다고 간주하여 치료를 시행하는 것이 최선의 방법이다. 환자를 유기함으로써 상태가 악화되도록 하는 결정을 내리는 것보다는 처치를 시행하는 것이 법적 관점에서 더 유리하다. 환자가 치료받기를 거부하는 모든 경우에, 응급구조사는 인내와 차분한 설득을 통하여 상황을 해결할 수 있어야 한다. 그러나 완고하게 거부하는 경우, 거부하는 사람(부모, 후견인, 보호자 등)에게 거부를 자인한다는 내용의 공식문서에 서명을 하도록 하는 것이 필요하다. 이러한 서약서는 일반적인 보고서와 응급구조사가 기재하는 보고서와 함께 보관되어야 한다.

2. **유기(Abandonment)** : 환자를 돌보기 시작하면, 응급구조사는 시종일관 필요하고 적합한 모든 치료기준을 따라야 한다. 응급구조사는 응급의료진에게 환자를 인계하거나, 환자가 의료기관으로 이송될 때까지 계속 환자를 돌보아야 한다. 환자에게 적절한 치료를 계속하지 아니한 것을 '유기'라고 한다. 유기는 응급구조사가 법적으로나 도덕적으로 범하지 말아야 할 가장 중대한 행위이다.

3. **과실** : 과실은 법적 책임의 기본이다. 한 개인이 응급처치를 할 의무가 있어서 해당되는 응급처치를 시행했을 때, 처치기준을 따르지 않아서 상해가 빚어지면 법적 과실이 인정된다. 응급구조사의 부주의한 행동에 대하여 법적 문제가 제기된 경우, 그 사실이 진술되고 조사되기 전에는 일방적으로 한 개인에게 책임이 있다고 판결내릴 수는 없다. 응급구조사의 행위는 적절한 치료기준과 비교된 후 판단되어야 한다.

4. **선한 사마리안법(면책의 양식)** : 과실에 대한 법의 입장은 부주의한 행동이나 다른 행위의 결과로 상해를 받은 사람에게 보상하는 책임으로부터 면책을 해주는 제한된 상황이 있다. 면책양식의 대부분은 면책이 적용되는 개인의 특수상황에 근거한다.
선한 사마리아인의 법은 일상적이고 합리적이며 분별력 있는 사람이 취할 수 있는 행동을 행한 경우에 한하며, 또한 제공된 응급처치에 대해 무보수인 경우에만 적용된다. 선한 사마리아인의 법은 근무태만이나 업무상 과실로 인한 환자의 피해에 대해서는 그 책임을 면해 주지 않는다.

우리나라 「응급의료에 관한 법률」에서도 이와 유사한 면책을 구체적으로 언급하고 있다. 「응급의료에 관한 법률」 제6조에서 "응급의료종사자가 응급환자에게 발생된 생명의 위험, 심신상의 중대한 위해 또는 증상의 현저한 악화를 방지하기 위하여 긴급히 제공되는 응급의료로 인하여 응급환자가 사상에 이른 경우 응급의료행위가 불가피하고 응급의료행위자에게 중대한 과실이 없는 때에는 그 정상을 참작하여 형법 제268조의 형을 감경하거나 면제할 수 있다."고 정하고 있다.

Chapter 2 연습문제

2.1 소방행정작용

01 소방행정작용에서 상대방의 사정에 의한 소방법 적용의 차이가 없이 원칙적으로 적용되는 특성을 무엇이라 하는가?

① 기술성　② 획일성
③ 강행성　④ 우월성

02 국민에게 특정한 권리능력, 포괄적 법률관계 기타 법률상의 권리능력을 발생·변경·소멸시키는 형성적 행정행위로서 틀린 것은?

① 특허　② 대리
③ 인가　④ 허가

03 소방행정행위 중에서 작위하명의 성격을 가진 것으로서 틀린 것은?

① 화재예방조치명령　② 소방특별조사 결과에 따른 조치명령
③ 소방대상물의 사용금지명령　④ 소화종사명령

04 소방작위하명에 대한 설명으로 틀린 것은?

① 화재경계지구에 대하여 소방서장이 소방특별조사를 실시하고 소방상 필요한 설비의 설치를 명할 수 있다.
② 소방서장은 화재예방상 필요한 때에는 관계인에게 그 소방대상물의 개수, 이전 등의 필요한 조치를 명할 수 있다.
③ 시·도지사는 화재예방을 위하여 필요한 때에는 예방규정의 변경을 명할 수 있다.
④ 화재예방상 위험하다고 인정되는 행위의 금지 또는 제한하는 명령을 할 수 있다.

05 소방허가에 대한 설명으로 틀린 것은?

① 소방목적상 일반적인 금지사항을 해제하고 합법적인 행위를 할 수 있도록 하는 행정처분이다.
② 소방허가는 대인허가와 대물허가로 구분된다.
③ 대인허가는 특정인의 자격 등 주관적인 사정이 고려되어 허가되는 행정행위이다.
④ 대물허가는 대상물의 객관적인 사항이 고려되어 허가되는 행정행위이다.

06 소방강제집행의 수단에서 직접강제에 대한 정의로 맞는 것은?

① 부작위의 의무불이행시, 그 이행을 간접적으로 강제하기 위하여 처하는 벌을 말한다.
② 의무자가 의무준수사항의 불이행시에 의무자의 신체 또는 재산상에 힘을 가하여 행정상 필요한 상태로 만드는 행정행위를 말한다.
③ 작위의 의무불이행시, 행정기관이 의무자에게 스스로 또는 제3자에게 의무를 행하게 하고, 그에 대한 비용은 의무자가 징수하는 것을 말한다.
④ 금전급부의무의 불이행시, 행정청이 강제적으로 이행한 것과 동일한 상태를 실현하는 것을 말한다.

07 소방용수시설의 사용을 금지할 수 있는 사항의 성격은 소방행정상 어디에 해당되는 행위인가?

① 소방하명　　② 소방허가
③ 소방면제　　④ 소방강제

08 준법률행위적 행정행위로서 화재증명원의 발급은 어떤 행위에 해당되는가?

① 확인　　② 공증
③ 통지　　④ 수리

09 다음과 같은 성격을 가진 행정행위와 관계가 있는 것은?

㉠ 특정한 행위를 적극적으로 해야 할 의무를 명하는 행정행위이다.
㉡ 소방본부장·소방서장 또는 소방대장은 화재, 재난·재해 그 밖의 위급한 상황이 발생한 현장에서 소방활동을 위하여 필요한 때에는 그 관할구역 안에 사는 자 또는 그 현장에 있는 자로 하여금 사람을 구출하는 일 또는 불을 끄거나 불이 번지지 아니하도록 하는 일을 하게 할 수 있다.
㉢ 소방본부장 또는 소방서장은 화재조사를 하기 위하여 필요한 때에는 관계인에 대하여 필요한 보고 또는 자료제출을 명하거나 관계공무원으로 하여금 관계장소에 출입하여 화재의 원인과 피해의 상황을 조사하거나 관계인에게 질문하게 할 수 있다.

① 수인하명　　② 확인
③ 작위하명　　④ 통지

10 소방행정행위를 내용에 따라 분류하면 법률행위적 행정행위와 준법률행위적 행정행위로 구분할 수 있다. 다음 중 준법률행위적 행정행위에 대한 설명으로 옳지 못한 것은?

① 의사표시를 구성요소로 하는 행정행위를 말한다.
② 판단, 인식, 관념 등을 구성요소로 하는 행정행위를 의미한다.
③ 확인, 공증, 통지, 수리 등의 행위가 여기에 해당되는 행위이다.
④ 법률이 정하는 바에 따라 효력이 발생하는 행정행위로 기속행위라 한다.

11 다음과 관련이 있는 소방행정행위는?

> 소방본부장·소방서장 또는 소방대장은 화재, 재난·재해 그 밖의 위급한 상황이 발생한 현장에서 소방활동을 위하여 필요한 때에는 그 관할구역 안에 사는 자 또는 그 현장에 있는 자로 하여금 사람을 구출하는 일 또는 불을 끄거나 불이 번지지 아니하도록 하는 일을 하게 할 수 있다. 이 경우 소방본부장·소방서장 또는 소방대장은 소방활동에 필요한 보호장구를 지급하는 등 안전을 위한 조치를 하여야 한다.

① 작위하명 - 수인하명
② 확인 - 부작위하명
③ 인가 - 수리
④ 작위하명 - 급부하명

12 국민에 대하여 특정한 권리, 권리능력, 행위능력을 발생·변경·소멸시키는 행정행위와 관계가 먼 것은?

① 특허
② 대리
③ 인가
④ 허가

13 특정한 사실 또는 법률관계의 존부 또는 정부에 관하여 의문이나 다툼이 있는 경우에 행정청이 이를 공권적으로 판단·확정하는 행위를 무엇이라 하는가?

① 확인
② 특허
③ 통지
④ 공증

14 다음과 같은 행정강제를 무엇이라 하는가?

> ㉠ 대체적 작위의무의 불이행시 행정청이 의무자에게 행할 강제수단이다.
> ㉡ 의무는 타인이 대신하여 할 수 있는 특정적 또는 구체적인 의무, 대체적 행정의무에 한한다.
> ㉢ 소방법에서 무허가장소의 위험물에 대한 조치명령, 소방대상물에 대한 개수명령 등의 의무를 이행하지 못했을 경우 가해지는 강제수단이다.

① 집행벌
② 강제징수
③ 직접강제
④ 대집행

15 다음과 같은 강제수단을 무엇이라 하는가?

> ㉠ 부작위의 의무 또는 비대체적 작위의무를 제대로 이행하지 못했을 경우 그 이행을 간접적으로 강제하기 위한 행위이다.
> ㉡ 의무는 의무자 자신에 의하지 않으면 이행될 수 없으므로 의무자를 심리적으로 압박하여 자발적으로 이행하게 하는 것이다.

① 대집행　② 집행벌　③ 직접강제　④ 즉시강제

16 다음과 관계가 있는 소방행정상 강제수단을 무엇이라 하는가?

> 소방본부장이나 소방서장은 함부로 버려두거나 그냥 둔 위험물 그 밖에 불에 탈 수 있는 위험물 또는 물건의 소유자·관리자 또는 점유자의 주소와 성명을 알 수 없어서 필요한 명령을 할 수 없는 때에는 소속공무원으로 하여금 그 위험물 또는 물건을 옮기거나 치우게 할 수 있다.

① 대집행 ② 직접강제
③ 강제징수 ④ 즉시강제

17 소방행정구제는 사전 행정구제와 사후 행정구제로 구분된다. 사후 행정구제와 관계 있는 것은?

① 행정절차 ② 행정소송
③ 청원법 ④ 옴부즈맨제도

18 소방행정벌은 의무사항을 위반하였을 경우 관련법에 의하여 제재함으로써 처하는 벌이다. 소방행정벌과 거리가 먼 것은?

① 징역 ② 벌금
③ 과태료 ④ 구류

19 소방행정권은 무한으로 사용할 수 없다. 즉, 소방행정권에는 어느 정도 한계를 정하여야 하며, 그 한계를 위하여 적용하여야 할 적당한 원칙이 필요하다. 이러한 일정한 한계의 원칙과 관계가 먼 것은?

① 우선의 원칙 ② 공공의 원칙
③ 비례의 원칙 ④ 소극목적의 원칙

2.2 소방행정관리

20 소방력 확충계획의 수립 및 시행은 누가 하는가?

① 소방본부장 또는 소방서장 ② 소방대장
③ 소방청장 ④ 시·도지사

21 소방공무원법상에서 사용되는 용어의 정의로 틀린 것은?

① 강임 : 동종의 직무 내에서 하위의 직위에 임명하는 것을 말한다.
② 전직 : 직렬을 달리하는 임명을 말한다.
③ 전보 : 다른 직급 내에서의 보직변경을 말한다.

④ 소방기관 : 소방청, 특별시·광역시·도, 중앙소방학교, 중앙119구조본부, 서울종합방재센터, 지방소방학교 및 소방서를 말한다.

22 소방간부후보생 선발시험의 실시기관은 어디인가?

① 소방청장
② 시·도지사
③ 중앙소방학교장
④ 대통령

23 소방공무원의 신규채용시험의 실시기관은 어디인가?

① 소방청장
② 시·도지사
③ 중앙소방학교장
④ 대통령

24 소방령 이상의 소방공무원의 임용권자는 누구인가?

① 대통령
② 소방청장
③ 시·도지사
④ 중앙소방학교장

25 실적과 자격에 의하여 임용되고 그 신분이 보장되며 평생토록 공무원으로 근무할 것이 예정되는 공무원을 경력직 공무원이라 한다. 이러한 경력직 공무원에 해당되지 않는 것은?

① 일반직 공무원
② 정무직 공무원
③ 특정직 공무원
④ 기능직 공무원

26 소방공무원을 임용할 경우, 일반적인 결격사유에 해당하지 않는 것은?

① 피성년후견인 또는 피한정후견인
② 금고 이상의 형을 받고 그 집행유예의 기간이 완료된 날로부터 2년을 경과하지 아니한 자
③ 징계에 의하여 파면의 처분을 받은 때로부터 3년을 경과하지 아니한 자
④ 징계에 의하여 해임의 처분을 받은 때로부터 3년을 경과하지 아니한 자

27 공개경쟁채용(선발)시험에 의하여 소방공무원으로 신규채용할 수 있는 대상이 아닌 것은?

① 소방령
② 소방경
③ 소방간부후보생
④ 소방사

28 다음 중 소방공무원의 계급정년에 대한 설명으로 틀린 것은?

① 소방령은 12년이다.
② 소방정은 11년이다.
③ 소방감은 4년이다.
④ 소방총감의 계급정년은 없다.

29 다음 중 소방공무원의 직위해제사유에 해당하지 않는 것은?

① 직무수행능력이 부족하거나 근무성적이 극히 불량한 자
② 전직시험에 3회 이상 불합격한 자로 직무수행능력이 부족하다고 인정된 자
③ 파면·해임·정직에 해당하는 징계의결이 요구 중인 자
④ 형사사건으로 기소된 자

30 다음 중 소방공무원의 징계사유에 해당하지 않는 것은?

① 직무 내외를 불문하고 그 체면 또는 위신을 손상하는 행위를 한 때
② 소방공무원법 및 국가·지방공무원법에 의한 명령에 위반한 때
③ 직무수행능력이 부족하거나 근무성적이 극히 불량한 때
④ 직무상의 의무에 위반하거나 직무를 태만히 한 때

31 다음 국가공무원법상의 의무 중 직무상 의무에 해당하지 않는 것은?

① 복종의 의무　② 직장이탈금지의 의무
③ 청렴의 의무　④ 친절·공정의 의무

32 소방공무원법에서 직접강제하는 의무 및 금지사항에 해당하지 않는 것은?

① 집단행위의 금지　② 복종의 의무
③ 허위보고 등의 금지　④ 지휘권남용 등의 금지

33 다음 중에서 중앙소방행정조직에 해당하지 않는 것은?

① 소방청　② 중앙소방학교
③ 소방본부　④ 중앙119구조본부

34 다음 중에서 지방소방행정조직에 해당하지 않는 것은?

① 서울특별시 소방방재본부　② 광역시 소방본부
③ 지방소방학교　④ 중앙119구조본부

35 다음과 같은 효력을 가지는 징계의 종류는 무엇인가?

> ㉠ 공무원의 관계 배제　㉡ 퇴직급여액의 1/2 감액(재직기간이 5년 미만인 자는 1/4 감액)
> ㉢ 5년간 공무원 임용결격사유

① 파면　② 해임
③ 면직　④ 감봉

36 다음 중 감봉의 징계효력에 해당하지 않는 것은?

① 보수의 2/3 감액
② 처분집행의 종료일로부터 12개월간 승진제한
③ 처분기간은 경력평정기간에서 제외
④ 각종 수당의 지급제한

37 다음의 특징에 해당되는 소방조직의 유형은?

㉠ 해결해야 할 문제를 중심으로 구성된 전문가집단으로 임시적·역동적·유기적인 조직을 말한다.
㉡ 대표적인 조직의 형태는 매트릭스조직이라 할 수 있다.
㉢ 이중적인 상사의 감독과 명령체제를 갖는다.
㉣ 고도의 전문지식을 활용할 수 있다.
㉤ 정기적인 아이디어와 개념의 교환을 통해 프로젝트 전체에 대한 그림을 그릴 수 있다.
㉥ 지휘통솔의 혼란과 참여자가 자기가 한 일의 결과를 알기 힘들다는 단점이 있다.

① 기능중심 조직
② 분업중심 조직
③ 애드호크라시 조직
④ 조정중심 조직

38 다음에 해당되는 소방조직의 기본원리를 무엇이라 하는가?

하나의 조직체가 한 사람의 상급자에게 명령을 받고 보고하는 원리로 지휘·명령의 혼선을 막는 데 목적이 있다. 이는 계층제의 원리에서 파생된 것으로 어느 한 조직의 정점에는 오직 한 사람의 수장이 있어야 하며, 각 하위조직에서도 같은 원리가 적용된다. 이 원칙은 비상상황이나 평상상황에도 지켜져야 하며, 감독자로 하여금 부하의 통제를 용이하게 하고 책임을 지게 하며, 부하의 안전과 복지를 확보할 수 있게 한다.

① 통솔범위의 원리
② 명령통일의 원리
③ 분업의 원리
④ 계선의 원리

39 다음 중 중앙소방행정조직과 관계가 먼 것은?

① 중앙소방학교
② 중앙119구조본부
③ 소방청
④ 소방본부

40 다음의 특징을 가진 소방행정체제를 무엇이라 하는가?

㉠ 도 단위의 소방력을 총괄적으로 운영하여 대형화 추세로 가고 있는 소방업무를 효율적으로 대처 가능
㉡ 인사에 대한 탄력적 운영으로 사기진작에 기여

ⓒ 시·도의 재정부담을 가중시킬 수 있다.
ⓔ 시장·군수는 소방업무를 도의 업무로만 인식함으로써 소방행정에 대한 지원협조를 등한시할 우려가 있다.
ⓜ 지역성격에 맞는 소방행정조직의 육성 및 발전을 저해할 우려가 있다.

① 국가소방행정체제
② 광역자치소방행정체제
③ 기초자치소방행정체제
④ 이원적(광역자치단체＋기초자치단체) 소방행정체제

41 화재의 예방상 위험하다고 인정되는 행위를 하는 사람 또는 소방활동에 지장이 있다고 인정되는 물건의 소유자 또는 점유자에 대한 명령사항이 아닌 것은?

① 모닥불의 금지 또는 제한
② 소방시설의 사용금지
③ 타고 남은 재의 처리
④ 방치된 위험물의 이동

42 보일러, 난로, 전기설비, 그 밖에 화재발생의 우려가 있는 설비 또는 기구의 위치, 구조 및 관리와 화재예방을 위하여 불의 시용에 있어서 지켜야 할 사항은 무엇으로 정하는가?

① 대통령령
② 행정안전부령
③ 시·도의 조례
④ 소방청 훈령

43 소방자동차가 사이렌을 사용하지 않고 운행할 때는?

① 거리가 먼 화재현장 출동
② 물차의 화재현장 출동
③ 지휘자의 화재훈련
④ 펌프차가 진화한 후 소방서에 돌아올 때

44 소방용수시설의 수원에 대한 기준으로 옳지 않은 것은?

① 지면으로부터 낙차가 6m 이하일 것
② 흡수부분의 수심이 0.5m 이상일 것
③ 소방펌프자동차가 용이하게 접근할 수 있을 것
④ 흡수관의 투입구가 원형인 경우 지름이 60cm 이상일 것

45 화재경계지구 안의 소방대상물에 대하여 소방서장이나 소방본부장이 하여야 할 일에 해당되는 것은?

① 소방특별조사
② 예방관리 및 보수
③ 방재설비
④ 소방용수설비

46 소화활동과 관련된 설명으로 틀린 것은?

① 화재현장 또는 구조, 구급이 필요한 사고현장을 발견한 사람은 그 현장의 상황을 소방본부·소방서 또는 관계 행정기관에 지체 없이 알려야 한다.
② 소방자동차가 소방용수를 확보하기 위하여 주행할 때라도 모든 차와 사람은 통로를 양보하여야 한다.
③ 소방자동차의 우선통행에 관하여는 도로교통법이 정하는 바에 의한다.
④ 소방자동차가 소방훈련을 위하여 필요한 때에는 사이렌을 사용할 수 있다.

47 의용소방대원의 직무수행에 관한 설명으로 틀린 것은?

① 비상근으로 근무한다.
② 소방상 필요에 의하여 소집되어 출동한다.
③ 소방본부장이나 소방서장의 소방업무를 보조한다.
④ 화재 다발기에는 매일 정상으로 출근하여 근무한다.

48 화재의 경계에 관한 다음 사항 중 틀린 것은?

① 화재의 경계를 위하여 화재경계지구를 지정할 수 있다.
② 화재위험경보에 대한 경보발령권자는 기상청장이다.
③ 이상기상의 예보 또는 특보가 있는 때에는 화재예방상 필요한 경보를 발하여야 한다.
④ 화재예방, 소화활동, 소방훈련을 위하여 사용되는 소방신호의 종류와 방법을 정하여 사용한다.

49 소방기본법의 목적에 포함되지 않는 것은?

① 위험물의 화재를 예방·진압하는 것
② 건축물의 화재로부터 국민의 생명과 재산을 보호하는 것
③ 공공의 안녕·질서의 유지와 사회의 복리증진에 기여하는 것
④ 건축물의 안전한 사용으로 쾌적하고 안락한 국민생활을 보장하는 것

50 소방에 관한 다음 설명 중 옳지 않은 것은?

① 관계인이라 함은 소방대상물의 소유자, 관리자 또는 점유자를 말한다.
② 위험물이라고 하는 것은 대통령령이 정하는 인화성 또는 발화성 등의 물품을 말한다.
③ 고층건물이란 높이 21m를 초과하는 건축물을 말한다.
④ 항해 중인 선박은 소방대상물에 포함되지 않는다.

51 화재현장에 소방활동구역을 설정하여 그 구역의 출입을 제한시킬 수 있는 사람은?

① 소방안전관리자 ② 소방대상물의 관계인
③ 구역 내에 있는 소방대상물의 근무자 ④ 소방대장

52 소방법상 특수가연물로 볼 수 없는 것은?

① 대패밥 ② 볏짚류
③ 석탄 ④ 유지류

53 소방력 기준에 관한 설명으로 옳은 것은?

① 화재의 예방과 경계에 관한 사항만을 정한 기준이다.
② 화재의 구급·구조업무를 정한 기준이다.
③ 소방업무를 수행하는 데에 필요한 인력과 장비 등에 관한 기준이다.
④ 특수구조장비의 구매 및 설치에 관한 기준이다.

54 기상업무법의 관계규정에 의한 이상기상의 예보 또는 특보가 있을 때 화재예방상 필요한 경보를 발하여야 하는 사람은?

① 소방본부장이나 소방서장 ② 경찰서장
③ 기상대장 ④ 민방위대장

55 화재예방, 소화활동, 소방훈련을 위하여 사용되는 소방신호로서 경계신호에 대한 설명으로 옳은 것은?

① 화재예방상 필요하다고 인정할 때 발한다.
② 초기소화시 발하여 인명의 대피를 유도한다.
③ 사이렌신호만 있고, 타종신호는 없다.
④ 타종신호만 있고, 사이렌신호는 없다.

56 의용소방대원이 소방업무 및 소방관련 교육훈련으로 인하여 질병, 부상, 사망한 때에는 어디에서 정하는 바에 따라 보상금을 지급하는가?

① 대통령령 ② 국무총리령
③ 행정안전부령 ④ 시·도 조례

57 소방법에서 정하는 관계인이 아닌 것은?

① 건축물을 임대하여 사용하는 경우
② 위험물을 운송 중인 차량의 운전자
③ 물건의 보관만을 전문으로 하는 옥외창고의 주인
④ 관광버스 안에 승차 중인 승객

58 한국소방안전원의 정관을 변경하고자 할 때 누구의 인가를 받아야 하는가?

① 대통령 ② 소방청장
③ 시·도지사 ④ 소방본부장

59 화재가 발생하였을 때 소방본부장 또는 소방서장이 행하는 화재조사의 내용을 옳게 설명한 것은?

① 화재의 성상과 화재로 인한 인명의 피해
② 화재의 원인과 화재 또는 소화로 인하여 생긴 손해
③ 화재의 원인을 조사하기 위한 화재감식
④ 화재로 인한 물적 손해의 정도

60 다음 중 소방법상 한국소방안전원의 업무가 아닌 것은?

① 화재예방과 안전관리의식의 고취를 위한 대국민 홍보
② 소방관계 종사자의 품위보존 및 회원의 복리증진
③ 소방특별조사 실시
④ 소방기술과 안전관리에 관한 간행물의 발간

61 화재의 조사활동에 관한 설명 중 틀린 것은?

① 방화혐의가 있을 때에는 경찰서장에게 알린다.
② 화재조사는 소화활동 종료 즉시 시작하여야 한다.
③ 소화로 인하여 생긴 손해도 조사의 대상이 된다.
④ 화재조사요원은 관계인에게 질문할 수 있다.

62 소방본부장이나 소방서장의 직무로 옳은 것은?

① 이상기상의 예보 또는 특보가 있을지라도 화재의 경보를 발할 수는 없다.
② 화재를 예방하기 위하여 필요한 때에는 기간을 정하여 일정한 구역 안에 있어서의 모닥불, 흡연 등 화기취급을 금지하거나 제한할 수 있다.
③ 화재의 위험경보가 해제될 때까지 관계인은 해당구역 안에 상주하여야 한다.
④ 화재의 현장에 소방활동구역을 설정할 수 있으나, 그 구역으로부터 퇴거를 명하거나 출입을 금지 또는 제한할 수 없다.

63 소방대상물 화재조사시 자료를 제출하지 않거나 허위자료를 제출한 자 또는 정당한 사유 없이 관계공무원의 출입 또는 조사를 거부하거나 방해 또는 기피한 자의 벌칙에 해당하는 것은?

① 100만원 이하의 벌금
② 200만원 이하의 벌금
③ 1년 이하의 징역 또는 100만원 이하의 벌금
④ 1년 이하의 징역 또는 200만원 이하의 벌금

64 시·도 간의 소방업무 상호응원협정을 할 때에는 미리 규정을 정하여야 하는데, 이의 필요사항이 아닌 것은?

① 소방신호방법의 통일　② 응원출동대상지역 및 규모
③ 소요경비의 부담 구분　④ 응원출동의 요청방법

65 화재가 발생하여 소방대가 화재현장에 도착할 때까지 그 소방대상물의 관계인이 조사하여야 할 사항으로 적당하지 못한 것은?

① 소화작업　② 교통정리작업
③ 연소방지작업　④ 인명구조작업

66 정당한 사유 없이 화재의 예방조치에 관한 명령을 이행하지 아니한 경우, 이에 대한 형벌은?

① 400만원 이하의 벌금　② 300만원 이하의 벌금
③ 200만원 이하의 벌금　④ 100만원 이하의 벌금

67 화재조사 및 보고규정상 다음은 무엇에 대한 정의인가?

> 화재와 관계되는 물건의 형상, 구조, 재질, 성분, 성질 등 이와 관련된 모든 현상에 대하여 과학적 방법에 의한 필요한 실험을 행하고, 그 결과를 근거로 화재원인을 밝히는 자료를 얻는 것을 말한다.

① 조사　② 감식
③ 감정　④ 감리

68 화재조사 및 보고규정에서 조사관이란 누구를 말하는가?

① 화재조사업무를 총괄하는 간부급 소방공무원
② 소방대상물의 관계인
③ 화재조사업무를 수행하는 소방공무원
④ 화재의 발견자, 통보자, 초기소화자 및 조사참고인

69 다음은 화재조사 책임에 관한 사항이다. 타당하지 않은 것은?

① 관할구역 내의 화재에 대하여 조사는 소방본부장 또는 소방서장이 하여야 한다.
② 운행 중인 차량에서 발생한 화재는 소화활동을 행한 장소를 관할하는 시·도지사가 조사하여야 한다.
③ 소방서장은 조사업무를 담당할 인원과 차량 및 기자재를 기준 이상으로 확보하여 조사업무 수행에 만전을 기하여야 한다.
④ 소방서장은 조사관 및 조사자에 대하여 조사업무의 관련교육, 연구회 개최 및 과제를 부여하는 등 화재조사능력 향상에 노력하여야 한다.

70 조사관은 소방본부 및 소방서의 화재조사업무를 담당한다. 다음 중에서 화재조사관의 책임으로 가장 적절한 것은?

① 조사기록서류 등의 검토·분석 및 관리
② 조사요원 등의 지휘·감독과 화재조사 집행
③ 현장보존, 정보관리 및 관계기관에서의 협조
④ 조사본부 운영 및 총괄에 관한 사항처리

71 화재발생일시를 추정할 때 반드시 검토하여야 할 상황과 가장 관계가 없는 것은?

① 화재발생 건물의 위치
② 화재발생 건물의 구조
③ 화재발생 건물의 재질상태
④ 관계자의 화재발견상황 통보시간

72 다음은 화재건수의 결정에 대한 사항이다. 틀린 것은?

① 1건의 화재란 1개의 발화점으로부터 확대된 것으로 발화부터 진화까지를 말한다.
② 동일범이 아닌 각기 다른 사람에 의한 방화, 불장난이 동일 대상물에서 발화한 경우에는 1건의 화재로 한다.
③ 누전점이 동일한 누전에 의한 화재는 동일 소방대상물의 발화점이 2개소 이상 있더라도 1건의 화재로 한다.
④ 지진, 낙뢰 등 자연현상에 의한 다발화재는 동일 소방대상물의 발화점이 2개소 이상 있더라도 1건의 화재로 한다.

73 대상별 화재피해액 산정기준 중 전부손해가 아닌 경우 원상복구에 소요되는 비용으로 피해액 산정을 하는 대상과 관계가 없는 것은?

① 그림
② 보석류
③ 차량
④ 골동품

74 다음은 화재조사 및 보고규정에서 정하고 있는 긴급 및 화재상황보고에 관련한 기준이다. 잘못 기술된 것은?

① 재산피해가 50억원 이상 추정되는 화재는 조사활동 중 소방본부장 또는 소방서장이 소방청장에게 긴급상황을 보고하여야 할 대형화재에 해당된다.
② 발전소 및 변전소의 화재는 조사활동 중 소방본부장 또는 소방서장이 소방청장에게 긴급상황을 보고하여야 할 중요화재에 해당된다.
③ 화재상황보고는 최초보고, 중간보고, 최종보고로 구분된다.
④ 사회적 이목이 집중될 것으로 예상되는 화재는 조사활동 중 소방본부장 또는 소방서장이 소방청장에게 긴급상황을 보고하여야 할 특수화재에 해당된다.

75 화재조사 및 보고규정상 화재출동시 화재조사의 시점으로 가장 적절한 것은?

① 화재의 각지와 동시에
② 화재현장 출동과 동시에
③ 화재현장 도착과 동시에
④ 소화활동과 동시에

76 화재상황보고는 최초보고, 중간보고, 최종보고로 구분하여 보고하도록 되어 있다. 여기서 최초보고시 보고해야 할 사항과 관계가 있는 것은?

① 인명구조활동사항
② 연소확대 여부
③ 화재의 원인
④ 화재의 규모

77 소방대상물에 대한 화재조사를 위하여 관계인에게 필요한 자료제출을 명할 수 있는 사람은?

① 소방대상물의 소유자
② 안전관리담당자
③ 소방본부장 또는 소방서장
④ 소방안전관리자

78 화재원인조사의 종류에 대한 범위의 내용으로 틀린 것은?

① 연소상황조사 - 화재의 연소경로 및 확대원인 등의 상황
② 피난상황조사 - 피난경로, 피난상의 장애요인 등의 상황
③ 발화원인조사 - 화재로 인한 폭발 등의 상황
④ 소방시설 등 조사 - 소방시설의 사용 또는 작동 등의 상황

79 구조활동의 일반적인 원칙에 대한 설명으로 틀린 것은?

① 조직적인 활동을 우선으로 한다.
② 장비 및 기자재는 현장에서 조달하는 것을 원칙으로 한다.
③ 구조활동의 우선순위에 따라 활동한다.
④ 피해의 경감에 노력한다.

80 요구조자와의 효과적인 의사전달의 원칙으로 틀린 것은?

① 요구조자와 항상 눈을 마주친다.
② 요구조자가 이해할 수 있는 수준에서 의사를 전달해야 한다.
③ 요구조자에게 충분히 질문 또는 대답을 할 수 있는 시간을 주어야 한다.
④ 요구조자가 청각장애인일 경우에는 정확하고 큰 소리로 의사를 전달해야 한다.

81 인명구조활동시 우선적으로 고려해야 할 사항으로 맞는 것은?

① 구조과정에서 재산상의 피해 최소화
② 요구조자의 신체구출
③ 요구조자의 생명보호
④ 신속한 병원으로의 이송

82 구조대원의 자격요건에 대한 설명으로 틀린 것은?

① 폐활량이 3,500cc 이상이어야 한다.
② 구조대원의 연령은 48세 이하이어야 한다.
③ 구조대장의 연령은 50세 이하이어야 한다.
④ 중앙소방학교에서 구조업무에 관한 교육을 3주 이상 받아야 한다.

83 화재발생시 인명구조장구(피난을 위한 설비)로 활용할 수 없는 것은?

① 완강기
② 구조대
③ 제연설비
④ 피난사다리

84 구조현장에서 경계구역의 설정이유로 틀린 것은?

① 2차적 재해우려를 방지하기 위하여
② 구조대원들의 구조활동공간을 확보하기 위하여
③ 구조활동에 장애가 되는 요소를 방지하기 위하여
④ 구조대원들 간의 개인사정을 보호하기 위하여

85 구조용 로프의 보관방법으로 틀린 것은?

① 꼬여 있는 것을 잘 펴서 보관한다.
② 바람이 잘 드는 곳에 보관한다.
③ 직사광선을 피하여 보관한다.
④ 평소에 기름을 발라서 보관한다.

86 다음 중 중량물작업용 구조장비로서 틀린 것은?

① 맨홀구조기구
② 유압스프레더
③ 가반식 윈치
④ 착암기

87 구조대원이 갖추어야 할 자세로 바람직하지 아니한 것은?

① 평상시 구조기술에 대하여 개발하고 숙지한다.
② 사고현장에서 신속한 행동을 하고 주관적인 상황판단을 한다.
③ 강인한 체력과 정신력을 연마한다.
④ 항시 재해 및 사고사례를 연구한다.

88 교통사고시에 사고차량의 문을 개방하는 데 많이 사용하는 구조장비는?

① 유압스프레더
② 가반식 윈치
③ 에어백
④ 카라비너

89 구조활동에 사용되는 장비를 선정하는 기준으로 부적절한 내용은?

① 현장의 긴급한 상황을 고려한다.
② 위험성이 적은 것을 사용한다.
③ 숙달하기 쉬운 장비를 선택한다.
④ 항상 최고급·최신의 장비를 사용한다.

90 요구조자가 장애인일 경우 구조활동에서의 유의사항으로 틀린 것은?

① 장애인이라는 선입견을 버리고 접근해야 한다.
② 시각장애인은 목청을 낮추고 현장상황을 설명해야 한다.
③ 청각장애인은 수화에만 의존해서 의사전달을 한다.
④ 지체장애인은 골절과 같은 상해를 입기 쉬우므로 구조시 각별히 주의하여야 한다.

91 측정용 장비에 해당되지 않는 것은?

① 가스측정기 ② 누출방지백
③ 유독가스검지기 ④ 방사선측정기

92 다음은 구조대원의 자격기준에 관한 설명이다. 틀린 것은?

① 국가·지방자치단체·공공기관에서 구조관련 분야의 근무경력이 2년 이상인 자이어야 한다.
② 구조대장의 연령은 48세 이하로 한다.
③ 인명구조사 교육을 수료하여야 한다.
④ 나안시력이 좌우 0.7 이상이고, 악력은 좌우 40kg 이상이어야 한다.

93 다음 중 개인휴대장구에 해당되지 않는 것은?

① 등반기 ② 만능도끼
③ 방독면 ④ 방호복

94 다음 중 설명이 틀린 것은?

① 소방청 직속구조대의 출동구역은 전국이다.
② 소방본부 직속구조대의 출동구역은 관할 시·도이다.
③ 응원출동한 구조대는 사고현장의 관할 소방서장과 경찰서장의 지휘를 받는다.
④ 수난구조훈련은 담수호·하천·급류 등에서 발생하는 수난사고 대비훈련이다.

95 일반구조용 장비로서 틀린 것은?

① 거는 사다리 ② 구명고리
③ 공기호흡기세트 ④ 카라비너

96 절단용 장비에 해당되지 않는 것은?

① 동력절단기
② 체인톱
③ 가스절단기
④ 도어오프너(Door Opener)

97 파괴용 장비로서 틀린 것은?

① 등반기
② 만능도끼
③ 해머
④ 착암기

98 다음 중 의료법에 의한 의료기관에 해당되지 않는 것은?

① 종합병원
② 한의원
③ 보건소
④ 조산원

99 다음 중 의료인에 해당하지 않는 사람은?

① 보건복지부장관의 면허를 받은 치과의사
② 보건복지부장관의 면허를 받은 조산사
③ 보건복지부장관의 면허를 받은 한의사
④ 보건복지부장관의 면허를 받은 응급구조사

100 다음 중 구급차에 두는 검사용 장비에 해당되지 않는 것은?

① 청진기
② 손전등
③ 체온계
④ 가위

101 응급처치활동에서 최우선적으로 이루어져야 하는 것으로 맞는 것은?

① 요구조자의 생명 및 안전을 위협하는 요소를 제거한다.
② 기본 인명구조술을 시행한다.
③ 구급대원 자신 및 요구조자의 안전을 확보하여야 한다.
④ 의료기관으로 이송한다.

102 응급처치를 하는 데 있어서 준수되어야 하는 일반적인 원칙으로서 타당하지 않은 것은?

① 긴급한 상황이라도 구조자 자신의 안전에 주의를 기울인다.
② 신속, 침착하고 질서 있게 대처한다.
③ 손상여부를 재차 확인한다.
④ 위급한 환자는 우선적으로 의료기관에 연락을 취하고 응급처치를 한다.

103 응급의료체계의 단계에 해당하지 않는 것은?

① 신고단계
② 현장단계
③ 이송단계
④ 병원단계

104 구급차를 운용할 수 없는 자는?

① 국가 또는 지방자치단체
② 응급환자이송업의 허가를 받은 자
③ 응급환자의 이송을 목적사업으로 하여 보건복지부장관의 설립허가를 받은 영리법인
④ 의료기관

105 특수구급차에 비치하여야 할 의료장비로서 틀린 것은?

① 산소호흡기
② 쇼크방지용 하의
③ 부목
④ 기도확보장치

106 환자를 구급대의 출동구역 밖으로 이송하는 경우 취해야 할 조치로서 맞는 것은?

① 소방본부장 또는 소방서장에게 보고한 후 결재를 받는다.
② 출동구역 밖의 관할 소방서장에게 우선적으로 통보한 후 이송한다.
③ 소방상황실에 이를 통보하고 이송한 후에 보고한다.
④ 우선 환자를 이송한 후 이를 통보한다.

107 일반구급차에 갖추어야 하는 의료장비로서 틀린 것은?

① 산소호흡기
② 기도확보장치
③ 외상처치에 필요한 기본장치
④ 척추보호대

108 다음 중 용어의 정의가 틀린 것은?

① 응급환자 : 위급상태로 인하여 즉시 필요한 응급처치를 받지 아니하면 생명을 보존할 수 없거나 심신상의 중대한 위해가 초래될 가능성이 있는 환자 또는 이에 준하는 자로서 보건복지부령이 정하는 자를 말한다.
② 구급차 : 응급환자의 이송 등 응급의료의 목적에 이용되는 자동차·선박 및 항공기 등의 이송수단을 말한다.
③ 의료기관 : 의료인이 공중 또는 특정 다수인을 위하여 의료·조산의 업을 행하는 곳을 말한다.
④ 의료인 : 의사, 치과의사, 한의사, 조산사 및 간호사, 응급구조사를 말한다.

109 응급의료에 관한 국민의 권리와 의무에 관한 설명으로서 틀린 것은?

① 모든 국민은 성별, 연령, 사회적 신분 등을 이유로 차별받지 아니하고 응급의료를 받을 권리를 가진다.
② 모든 국민은 응급상황에서의 응급처치요령 등 기본적인 대응방법을 알 권리가 있다.
③ 응급환자를 발견하였다 하더라도 개인의 사정에 의해 응급의료기관에 신고하지 않아도 된다.
④ 국가 및 지방자치단체는 응급상황에서의 기본적인 대응방법을 위한 교육·홍보 등 필요한 조치를 강구하여야 한다.

110 다음 중 응급의료종사자에 해당되지 않는 사람은?

① 조산사
② 간호사
③ 응급구조사
④ 물리치료사

111 구급차의 용도에 관한 설명으로 틀린 것은?

① 응급환자 이송
② 응급의료를 위한 혈액, 진단용 검체 및 진료용 장비 등의 운반
③ 퇴원환자 이송
④ 진료를 받다가 사망한 자의 의료기관 등으로의 이송

112 응급처치의 목적으로 틀린 것은?

① 환자의 고통을 경감시킨다.
② 서민을 위한 의료서비스를 제공한다.
③ 환자의 생명을 구한다.
④ 병세의 악화를 방지한다.

CHAPTER

3 재난관리

1. 재난의 개념

(1) 과거 재난이라는 개념은 주로 지진, 태풍, 홍수 등 자연현상과 그로 인한 피해를 의미하였으나 오늘날은 경제의 발달과 사회구조의 다양한 제반 여건의 변화로 재난의 개념을 더 이상 자연현상에만 한정하지 않고 있다.

(2) Fritz는 “재난은 사회 일반 또는 사회 내 일부 조직에 심대한 피해를 끼쳐 그 사회구성원이나 물리적 시설의 손실로 인하여 사회구조가 교란되고 그 사회의 본질적인 기능수행이 장애를 받게 되는 사건으로서, 우연적이거나 통제 불가능하며, 시·공간상에 집중적으로 나타나는 실제적·위협적 사건”이라고 정의하고 있다.

(3) Kreps는 “재난이란 사회나 그 구성조직이 물리적 피해나 손실 또는 일상적 기능의 장애를 받게 되는 시·공간상에서 관측 가능한 사건으로서, 이러한 사건의 원인과 영향은 사회구조와 사회의 운영과정에 관련 된다”고 하였다.

(4) 유엔재해보호구호기구(UNDP)와 유엔발전계획(UNCRD)도 재난을 “사회의 기본조직 및 정상 기능을 와해시키는 갑작스런 사건이나 큰 재해로써 재해의 영향을 받는 사회가 외부의 도움 없이 극복할 수 없고, 정상적인 능력으로 처리할 수 있는 범위를 벗어나는 재산, 사회간접시설, 생활수단의 피해를 일으키는 단일 또는 일련의 사건”이라고 규정하였다.

(5) 재난이란 “예기치 못하고, 바람직하지 않은 사건이나 현상의 출현으로 재산이나 신체에 손실을 초래하는 상태”라고 정의하였다. [황윤원(1989; 152)]

(6) 위험을 재난과 혼용하여 사용하고 있으며 일반적으로 재난을 “부정적인 가치를 지닌 사건에 처할 확률, 즉 바람직하지 못한 결과가 발생할 수 있는 불확실한 상황”으로 간주하였다. [정이재(1994; 51)]

(7) 재난이란 “기술적 불확실성을 가지고 특정지역에 발생하면서 지역공동체가 감당할 수 없는 엄청난 물질적·사회적 피해를 미치는 바람직스럽지 못한 사건·사고”로 규정하고 있다. [박광국(1997; 584)]

(8) 재난이란 용어대신에 위기라는 용어를 사용하면서 위기를 “체계의 존립을 위태롭게 하면

서 그 구성원의 건강·생명과 재산에 손상을 줄 수 있는 사건이나 상황"으로 정의하고 있다. [이재은(1997; 584)]

(9) 우리나라의 「재난 및 안전관리기본법」 제3조에서는 재난을 "국민의 생명·신체 및 재산과 국가에 피해를 주거나 줄 수 있는 것으로서, 태풍·홍수·호우·강풍·풍랑·해일·대설·한파·낙뢰·가뭄·폭염·지진·황사·조류대발생·조수·화산활동·소행성, 유성체 등 자연우주물체의 추락·충돌, 그 밖에 이에 준하는 자연현상으로 인하여 발생하는 재해, 화재·붕괴·폭발·교통사고, 화생방 사고, 환경오염사고 그 밖에 이와 유사한 사고로 대통령령이 정하는 규모 이상의 피해, 에너지·통신·교통·금융·의료·수도 등 국가기반체계의 마비와 감염병, 가축전염병 확산, 미세먼지 등으로 인한 피해로 규정하고 있다. 여기서의 특징은 재난에 자연재해, 사회적 재난 등을 포괄하고 있다.

2. 재난의 유형

재난의 종류에는 크게 자연재난과 인적재난으로 나누어진다. 인적재난은 기술적 재난이라고 한다. 재난은 David K. C. Jones, Br. J. Anesth, 재난 및 안전관리기본법에 의해 여러 유형으로 분류하고 있다.

(1) Jones의 재난분류

① Jones는 재난의 발생원인과 발생현상에 따라 크게 자연재난, 준자연재난, 인적재난으로 구분한다. 자연재난은 다시 지구물리학적 재난과 생물학적 재난로 나누며 지구물리학적 재난을 다시 지질학적, 지형학적 기상학적 재난으로 구분하고 있다.

② Jones의 재난유형 분류는 장기간에 걸친 완만한 환경변화현상(공해, 염수화, 토양침식, 파업 등)까지 재해에 포함시키고 있으며 일반행정관리의 대상까지도 재난으로 분류하고 있어 재난관리분야에 적용하기에는 그 범위가 너무 광범위하다.

<table>
<tr><td rowspan="6">Jones의 재난분류</td><td colspan="3">1. 자연재난</td></tr>
<tr><td rowspan="3">지구물리학적 재난</td><td>지질학적 재난</td><td>지진, 화산, 쓰나미 등</td></tr>
<tr><td>지형학적 재난</td><td>산사태 등</td></tr>
<tr><td>기상학적 재난</td><td>태풍, 번개, 눈, 이상기온, 가뭄, 해일 등</td></tr>
<tr><td>생물학적 재난</td><td colspan="2">유독동·식물, 세균성질병</td></tr>
<tr><td colspan="3">2. 준자연재난 : 스모그현상, 홍수, 눈사태, 온난화, 사막화 현상 등
3. 인적재난 : 교통사고, 폭발사고, 전쟁, 공해, 폭동 등</td></tr>
</table>

(2) Anesth의 재난분류

① Anesth는 재난을 자연재난과 인적재난으로 구분하고 자연재난을 다시 기후성 재난과 지진성 재난으로 분류하고 인적재난은 고의성 유무에 따라 사고성 재난과 계획적 재난으로 구분하고 있다.

② 이러한 재난분류는 각국에서 주로 사용하고 있는 지역재난계획이며, 대기 및 수질오염같이 장기간에 걸쳐 완만히 전개되고 인명피해를 발생시키지 않는 일반행정관리분야의 재해는 제외하고 있는 것이 특징이다.

<table>
<tr><td rowspan="5">Anesth의
재난분류</td><td colspan="3">재난분류를 자연재난과 인적재난으로 구분하고 있다.</td></tr>
<tr><td rowspan="2">자연재난</td><td>기후성 재난</td><td>태풍 등</td></tr>
<tr><td>지진성 재난</td><td>지진, 화산폭발, 쓰나미 등</td></tr>
<tr><td rowspan="2">인적재난</td><td>사고성 재난</td><td>폭발·교통·화재·방사능 사고, 산업사고, 생물학적 재해, 화학적 재해 등</td></tr>
<tr><td>계획성 재난</td><td>폭동·폭거, 전쟁, 테러 등</td></tr>
</table>

(3) 「재난 및 안전관리기본법」에서의 재난분류

「재난 및 안전관리기본법」 제3조에서는 재난을 "국민의 생명·신체 및 재산과 국가에 피해를 주거나 줄 수 있는 것으로서, 태풍·홍수·호우·강풍·풍랑·해일·대설·한파·낙뢰·가뭄·폭염·지진·황사·조류대발생·조수·화산활동, 소행성, 유성체 등 자연우주물체의 추락·충돌, 그 밖에 이에 준하는 자연현상으로 인하여 발생하는 재해, 화재·붕괴·폭발·교통사고, 화생방 사고, 환경오염사고 그 밖에 이와 유사한 사고로 대통령령이 정하는 규모 이상의 피해, 에너지·통신·교통·금융·의료·수도 등 국가기반체계의 마비와 감염병, 가축전염병 확산 등으로 인한 피해로 규정하고 있다.

<table>
<tr><td rowspan="4">재난 및 안전관리
기본법에서의
재난분류</td><td colspan="2">재난을 자연적 재난, 사회적 재난 그리고 장소적 구분으로 해외재난으로 분류하고 있다.</td></tr>
<tr><td>자연재난</td><td>태풍, 홍수, 호우, 강풍, 풍랑, 해일, 대설, 한파, 낙뢰, 가뭄, 폭염, 지진, 황사, 조류대발생, 조수, 화산활동, 소행성, 유성체 등 자연우주물체의 추락·충돌, 그 밖에 이에 준하는 자연현상으로 인하여 발생하는 재해</td></tr>
<tr><td>사회재난</td><td>화재·붕괴·폭발·교통사고(항공기사고 및 해상사고 포함)·화생방사고·환경오염사고 등으로 인하여 대통령령으로 정하는 규모이상의 피해와 에너지·통신·교통·금융·의료·수도 등 국가기반체계의 마비와 감염병, 가축 전염병의 확산, 미세먼지 등으로 인한 피해</td></tr>
<tr><td>해외재난</td><td>대한민국의 영역 밖에서 대한민국 국민의 생명·신체 및 재산에 피해를 주거나 줄 수 있는 재난으로서 정부차원의 대처가 필요한 재난</td></tr>
</table>

(4) Gilbert와 Posner의 재난분류

① Gilbert는 재난을 유사전쟁모형(war analogy), 사회적 취약성모형(repression of socal vulnerability), 불확실성형(entrance into a state of uncertainty)으로 모두 세 가지의 모델로 구분하고 있다.

㉠ 유사전쟁모형(war analogy) : 재난을 사회체계를 방해하는 외부로부터의 공격이라고 보았다.

㉡ 사회적 취약성모형(repression of socal vulnerability) : 재난이 사회의 내부과정에 내재한 취약성에 의해 발생하는 것이라 보았다.

㉢ 불확실성형(entrance into a stste of uncertainty) : 재난은 실제 혹은 가상의 위험을 정의하는데 실패하는 데서 기인하며, 현실을 이해하는데 적합한 프레임이 작동하지 않을 때 발생한다고 정의하였다.

② Posner는 위기를 네 가지 유형화하고 있다.

㉠ 자연적인 재앙 : 유행병(전 세계적 전염병), 소행성 충돌 등이 이에 해당한다. 과학기술이 이러한 부류의 위험을 만들어 내거나 증가시키지 않지만 대응에는 결정적으로 중요한 역할을 할 수 있다는 것이다.

㉡ 실험사고나 그 밖의 과학 관련사고 : 입자가속기, 나노기술, 인공지능 등과 관련된 사고가 여기에 속한다. 과학기술이 원인이 되며, 과학기술의 속도를 늦추는 것이 옳은 대응일 가능성이 높다는 것이다.

㉢ 의도한 것은 아니지만 인간이 만들어낸 재앙 : 천연자원의 고갈, 지구온난화, 생물다양성 감소 등이 해당한다. 지구온난화와 생물다양성의 상실은 에너지생산, 개간, 유전자 접합, 그 밖에 기후와 유전학적 다양성에 영향을 미치는 인간활동의 결과이다.

㉣ 고의적인 대재앙 : 핵겨울, 생물무기류, 사이버테러, 디지털감시 및 암호화수단 등이 포함된다. 현재로서는 국가가 이러한 수법을 사용하는 경우는 없기 때문에(감시와 암호화의 경우는 제외) 이 부류의 대재앙 위험은 기술적인 테러라고 할 수 있다.

(5) 재난의 응급의학적 분류

현장응급처치와 병원치료의 효과에 따라 분류하거나 재해로 인해 발생한 환자를 효율적으로 치료하기 위해 외상성 재난(surgical disaster)과 내과적 재난(medical disaster)으로 구분하는 경우도 있다.

① 외상성 재난

피해자들이 주로 외상을 당하는 재난으로서 물리적 재해로 인한 부상형태가 외상으로 나타나는 재난을 통칭하는 말이다.

② 내과적 재난 또는 질환재난

화학물질 누출, 방사능 누출, 유독물질 누출사고 등으로 호흡기장애, 대사기능장애 등을 유발시키는 화학적 재난을 말한다.

(6) 자연적 재난과 기술적 재난

① 자연적 재난

㉠ 자연재난은 자연환경에 존재하며 인간이나 지역사회에 위협을 야기하는 모든 재해를 의미한다. 인간의 개발행위가 종종 이러한 자연재난을 촉진시켜 왔다.

㉡ 범람원이나 섬 연안지역에 주거지를 조성하게 되면 홍수나 태풍에 의한 손상을 입을 잠재성을 증가시키게 된다.

㉢ 지진 단층으로 알려진 지역에 학교를 짓게 되면 이 학교가 지진에 의해 파괴될 잠재성을 증진시킨다.

㉣ 자연재난의 피해는 제1차 재난과 제2차 재난으로 구분할 수 있다. 직접적인 재난, 즉 1차 재난에 의한 피해도 크지만 1차 재난에 의해 야기되는 2차적인 재난도 그 규모가 증대되고 있다.

② 기술적 재난

㉠ 화재 : 자연 또는 인위적인 원인에 의하여 불이 물체를 연소시키고 인명과 재산의 손해를 주는 현상을 말한다.

㉡ 산불 : 산림법에서 정한 임야에서 화재로 인하여 산림과 인명 및 재산피해가 발생한 경우를 말한다.

㉢ 붕괴 : 각종 시설물(건축물, 교량, 육교 등)이 시공 하자, 노후, 관리소홀, 지반 약화 등으로 인하여 붕괴되어 인명과 재산피해가 발생한 사고를 말한다.

㉣ 폭발 : 폭발사고는 도시가스사업법과 에너지이용합리화법에서 정한 가스 및 에너지가 누출되어 폭발에 의해 인명과 재산피해가 발생한 사고를 말한다.

㉤ 도로교통 사고 : 도로교통법에 규정하는 도로에서 자동차가 교통으로 인하여 인명과 재산피해가 발생한 사고를 말한다.

㉥ 환경오염 사고 : 환경정책기본법에서 규정하는 환경이 오염되어 피해를 입은 사고를 말한다

㉦ 유·도선 사고 : 유선 및 도선사업법에서 규정하는 유선 및 도선이 안전수칙위반 등에 의하여 발생하는 화재, 충돌, 침몰 등의 선박사고와 이용객 등의 부주의에 의한 추락사고 등을 말한다.

㉧ 해난(해양)사고 : 해난(해양사고)은 해운법, 선박법, 유선 및 도선사업법에서 규정하는 선박 및 해운업 중 안전수칙위반, 변칙 운항 등에 의한 사고와 이용객 등의 부주의에 의해 바다

(해양)에서 발생되는 사고를 말한다.

ⓩ 기타 재난

ⓐ 광산사고 : 광산내에서 안전수칙 미준수·부주의, 노후 갱도의 붕괴 등으로 인해 인명과 재산피해가 발생한 사고를 말한다.

ⓑ 승강기사고 : 공공기관, 다중이용시설, 아파트, 대형건물 등에서 이용되는 승강기 고장으로 인해 인명피해가 발생된 사고를 말한다.

ⓒ 가스사고 : 도시가스사업법, 고압가스안전관리법, 액화석유가스의 안전 및 사업관리법, 에너지이용합리화법에서 규정하고 있는 가스가 누출되어 발생되는 사고 중 폭발에 의한 사고를 제외한 것을 말한다.

ⓓ 누출사고 : 부식 또는 충격 등에 의하여 배관이나 가스용품에 손상을 가하여 가스가 누출되는 것으로서 폭발, 화재, 충돌 및 고의 사고는 제외한 것을 말한다.

ⓔ 철도사고 : 열차사고와 건널목사고로 나눠지는데 열차사고의 경우 열차가 운행 중 상호 충돌, 접촉 또는 탈선하거나 열차의 화재로 인하여 사상자가 발생한 사고를 말하고 건널목사고라 함은 철길 건널목에서 열차가 자동차, 경운기 등의 차량과 충돌하여 발생한 사고를 말한다.

ⓕ 항공기사고 : 조종사 과실과 정비 불량, 항공기 부품의 기기 및 재결합 등에 의한 추락 및 이 착륙사고를 말한다

■ 자연재난과 인적재난의 비교

자연재난	① 근본적으로 예방할 수 없는 불가항력적 특징이 강하다. ② 광범위한 지역에 걸쳐 발생되며 사상자 발생이 넓은 지역에서 산발적으로 발생된다. ③ 재난 대응활동과 재난통제가 극히 제한적으로 진행된다. ④ 장기에 걸쳐 완만하게 진행된다. ⑤ 통제 불가능한 것으로 인식되고 있다.
인적재난	① 예방이 가능하다. ② 국소지역에서 재산피해와 사상자가 집중적으로 발생된다. ③ 재난 대응활동과 재난통제의 가능성이 상대적으로 높다. ④ 단기간에 걸쳐 급격히 진행된다. ⑤ 통제 가능한 것으로 인식되고 있다.

3. 재해(사고) 발생원인에 관한 이론

(1) 하인리히(H. W. Heinrich) 이론

① 산업재해 발생원리에 대한 최초의 것으로, 하인리히의 저서 『산업재해방지론』에서 주장한 이른바 사고발생의 연쇄성을 강조한 도미노(Domino)이론(고전적 도미노이론)이다.

② 재해란 상해(부상)로 귀착되는 5개 요인의 연쇄작용의 결과로 초래된다는 것이다.

③ 상해는 항상 사고에 의해 일어나고, 사고는 항상 순차적으로 앞서는 요인의 결과로 일어난다고 하였다.

■ 하인리히의 사고발생 도미노

사회적 환경 및 유전적 요소(생성)	➡	개인적 결함 (인적 과실)	➡	불안전한 행동 및 상태 (인적 및 기계적 결함)	➡	사고	➡	상해 (부상)
기초원인		2차 원인		1차 원인(직접원인)		사고		재해

④ 하인리히 이론을 요약하면 제일 앞의 환경 및 생성의 골패가 쓰러지면 그 줄의 골패가 전부 나란히 놓여진 도미노의 줄에서 이 연쇄를 구성하는 요인 중 하나라도 제거하면 사상의 연쇄적 진행은 저지할 수 있어서 재해는 일어나지 않는다는 것이다.

⑤ 도미노이론은 다음과 같은 과정을 전제로 한다.

㉠ 마지막 도미노(상해, 부상)는 오직 사고로 인해 발생한다.

㉡ 사고는 오직 불안전한 행동과 불안전한 상태(인적 및 기계적 결함)로 발생한다.

㉢ 불안전한 행동과 불안전한 상태(인적 및 기계적 결함)는 개인적 결함(인적 과실)에 의해서만 존재한다.

㉣ 개인적 결함(인적 과실)은 환경으로부터 연유한 것이다.

㉤ 환경은 개인의 생성한 조건을 말한다.

⑥ 안전관리활동에 의해 제거할 수 있는 것은 불안전한 행동과 불안전한 상태(인적 및 기계적 결함)이다.

⑦ 사고·재해를 방지하기 위해서는 불안전한 행동 및 불안전한 상태(인적 및 기계적 결함)의 두 개를 모두 없애지 않으면 안 된다는 것이다.

⑧ 하인리히는 재해구성 비율을 '1 : 29 : 300의 법칙'으로 설명하였으며, 그에 대한 내용은 다음과 같다.

㉠ 1회의 중상재해가 발생했다면 그 사람은 같은 원인으로 29회의 경상재해를 일으키고, 또 같은 성질의 무상해사고를 300회 동반한다고 하는 것이다.

㉡ 전 사고 330건 중 중상이 나올 확률은 1건, 경상이 29건, 무재해사고는 300건이 발생할 수

있다고 주장한 것이다.

㉢ 1건의 큰 사고 뒤에는 29건의 작은 사고와 300건의 사고에 가까운 사건이 깔려 있다.

㉣ 사고란 어느 날 갑자기 발생하는 것이 아니라 사고를 일으키는 데 연관된 사소한 문제들이 해결되지 않고 방치되어 조금씩 쌓여 있다가 어느 날 갑자기 우리에게 다가온다고 본다.

(2) Frank Bird 이론(최신의 도미노이론)

하인리히의 5개 골패원리는 그 후 새로운 도미노이론에 의해 교체되었다. 새로운 재해연쇄는 버드(Bird)에 의해 제기되었는데 5개 요인에 대해 다음과 같이 설명하고 있다.

■ Frank Bird의 재해연쇄이론

제어의 부족 (관리)	➡	기본원인 (기원)	➡	직접원인 (징후)	➡	사고 (접촉)	➡	재해손실 (손실)
(제1단계)		(제2단계)		(제3단계)		(제4단계)		(제5단계)

제1단계 (제어의 부족-관리)	재해연쇄 중에서 가장 중요한 인자는 안전관리자가 이미 확립되어 있는 안전에 관한 전문적 관리의 원리를 충분하게 이해하고 그것을 행하는 것이다.
제2단계 (기본원인-기원)	재해 또는 사고에는 그것의 기본적인 또는 배후원인이 되는 개인의 제반요인 및 작업에 관한 여러 요인이 있다. 재해의 직접원인을 해결하는 것보다는 오히려 그 근원이 되는 기본원인을 찾아내어 가장 유효한 제어를 달성하는 것이 중요하다.
제3단계 (직접원인-징후)	이것은 불안전한 행동 또는 불안전한 상태로 일컬어지는 것으로서 하인리히의 연쇄이론에서도 가장 중요한 대책사항으로 취급되어 온 요인이다. 그러나 직접원인은 좀 더 깊은 근저에 있는 문제의 징후에 지나지 않는다. 징후를 추구하는 것만으로 기본이 되는 근저의 문제를 해결하지 않는 경우에는 연속적인 재해방지의 가능성은 바랄 수 없다. 관리자는 이러한 징후를 효과적으로 발견·분류하기 위한 시스템을 만들고 그 기본원인을 규명하여 제어방법을 설정할 필요가 있다.
제4단계 (사고-접촉)	사고란 육체적 손상, 상해, 재해의 손실에 귀결되는 바람직하지 못한 사상으로서 신체 또는 구조물의 구분치를 넘어선 에너지원과의 접촉 또는 정상적인 신체의 작용을 저해하는 물질과의 접촉이라고 할 수 있다. 연쇄이론에 있어서의 사고는 접촉의 단계라 말할 수 있다.
제5단계 (상해-손실)	재해연쇄의 요인에서 사용되는 상해라는 말에는 작업장소에서 생기는 정신적·신경적 또는 육체적인 영향과 함께 외상적 상해와 질병의 양자를 포함하는 인간의 육체적 손상을 포함하고 있다.

고전적 도미노이론(하인리히 이론)에서는 직접원인만 제거하면 재해는 일어나지 않는다고 하였지만, 최신의 도미노이론에서는 반드시 기본원인을 제거하라고 주장한 것이다.

Frank Bird의'1 : 10 : 30 : 600의 법칙'

17만 5천건의 사고를 분석한 결과 중상 또는 폐질 1, 경상(물적 또는 인적 상해) 10, 무상해사고(물적 손실) 30, 무상해·무사고 고장(위험순간) 600의 비율로 사고가 발생한다는 법칙이다.

4. 재해의 기본원인(4개의 M)

안전을 과학적으로 진행시키기 위해서는 인간의 실수에 대한 과학적인 이해가 필요하다. 재해라고 하는 최종결과로 중대한 관계를 가진 사항의 전부를 조사하고 분석하여 그것들의 연쇄관계를 명백히 하고 그 결과를 검토하는 키워드로서 4개의 M이 있다. 즉, Man(인간), Machine(기계), Media(매체), Management(관리)이다. 이 4개의 M이야말로 인간이 기계설비 등과 공존하면서 작업할 수 있는 시스템의 기본조건, 즉 안전관리 대상의 4요소라 할 수 있다. 따라서 재해발생의 연쇄관계에서 재해의 직접원인인 불안전상태나 불안전행동을 발생시키는 기원이 되는 기본원인이 4개의 M이라고 생각할 수 있다. 이 경우 4개의 M의 각각이 불안전상태, 불안전행동의 어느 것에 대해서도 원인이 될 수 있다는 것을 이해할 필요가 있다. 기본원인이 되는 4개 M의 주된 내용은 다음과 같다.

Man (인간)	인간이 실수를 일으키는 요소도 중요하지만 본인보다도 본인 이외의 사람, 직장에서는 동료나 상사 등 인간환경을 중시한다. 직장에서의 인간관계, 집단의 본연의 모습은 지휘·명령·지시·연락 등에 영향을 주고, 인간행동의 신뢰성으로 관계하는 것이다. ① 심리적 원인 : 망각, 걱정거리, 무의식행동, 위험감각, 지름길 반응, 생략행위, 억측판단, 착오 등 ② 생리적 원인 : 피로, 수면부족, 신체기능, 알코올, 질병, 나이 먹는 것 등 ③ 직장적 원인 : 직장의 인간관계, 리더십, 팀워크, 커뮤니케이션 등
Machine (기계·작업시설)	기계설비 등의 물적 조건을 말하는 것으로 기계의 위험방호설비, 비계나 통로의 안전유지, 인간·기계·인터페이스의 인간공학적 설계 등이다. ① 기계·설비의 설계상의 결함 ② 위험방호의 불량 ③ 본질 안전화의 부족(인간공학적 배려의 부족) ④ 표준화의 부족 ⑤ 점검정비의 부족
Media (작업)	Media란 본래 인간과 기계를 연결하는 매체라고 하는 의미이지만, 구체적으로는 작업정보, 작업방법, 작업환경 등이다. ① 작업정보의 부적절 ② 작업자세, 작업동작의 결함 ③ 작업방법의 부적절 ④ 작업공간의 불량 ⑤ 작업환경조건의 불량

Management (관리)	안전법규의 철저, 기준류의 정비, 안전관리조직, 교육훈련, 계획, 지휘·감독 등의 관리이다. ① 관리조직의 결함 ② 규정·매뉴얼의 불비, 불철저 ③ 안전관리계획의 불량 ④ 교육·훈련 부족 ⑤ 부하에 대한 지도·감독 부족 ⑥ 적성배치의 불충분 ⑦ 건강관리의 불량 등

5. 재해예방대책

(1) 재해예방의 4원칙

예방가능의 원칙	천재지변을 제외한 모든 사회 재난은 원칙적으로 예방이 가능하다.
손실우연의 원칙	사고의 결과로서 생긴 재해손실은 사고 당시의 조건에 따라 우연적으로 발생한다. 따라서 재해방지의 대상은 우연성에 좌우되는 손실의 방지보다는 사고발생 자체의 방지가 되어야 한다.
원인연계의 원칙	사고발생에는 반드시 원인이 있고, 대부분 복합적으로 연계되므로 모든 원인은 종합적으로 검토되어야 한다.
대책선정의 원칙	사고의 원인이나 불안전요소가 발견되면 반드시 대책을 선정·실시하여야 하며, 사고예방을 위한 가능한 안전대책은 반드시 존재한다.

(2) 사고예방대책의 기본원리 5단계

재해예방대책을 실행하기 위해서는 다음의 사고예방대책의 기본원리 5단계를 들 수가 있는데, 간단히 설명하면 다음과 같다.

1단계 : 안전조직 (조직체계 확립)	경영자의 안전목표 설정, 안전관리자 선임, 안전라인 및 참모조직, 안전활동방침 및 계획수립, 조직을 통한 안전활동 전개 등 안전관리에서 가장 기본적인 활동은 안전관리조직의 구성이다.
2단계 : 사실의 발견 (현황파악)	각종 사고 및 활동기록의 검토, 작업분석, 안전점검 및 검사, 사고조사, 안전회의 및 토의, 근로자의 제안 및 여론조사 등에 의하여 불안전요소를 발견한다.
3단계 : 분석평가 (원인규명)	사고원인 및 경향성 분석, 사고기록 및 관계자료 분석, 인적·물적 환경조건 분석, 작업공정 분석, 교육훈련 및 직장배치 분석, 안전수칙 및 방호장비의 적부분석 등을 통하여 사고의 직접 및 간접원인을 찾아낸다.
4단계 : 시정방법의 선정 (대책선정)	기술적 개선, 배치조정, 교육훈련의 개선, 안전행정의 개선, 규정 및 수칙 등 제도의 개선, 안전운동의 전개 등 효과적인 개선방법을 선정한다.
5단계 : 시정책의 적용 (목표달성)	시정책은 3E, 즉 기술(Engineering), 교육(Education), 관리(Enforcement)를 완성함으로써 이루어진다.

Chapter 3 연습문제

01 재난의 개념에 관한 다음 설명 중 옳지 않은 것은?

① 재난의 개념은 시대와 사회에 따라 유동적이므로 하나로 정의 할 수 없다.
② 오늘날은 경제의 발달과 사회구조의 다양한 제반여건의 변화로 재난의 개념을 더 이상 자연현상에만 한정하지 않고 있다.
③ UN에서는 재난으로 인한 피해 규모에 초점을 맞추어 재난을 정의하고 있다.
④ 우리나라에서는 재난을 자연재난·사회적 재난으로 구분한다.

02 Anesth의 재재분류로 옳지 않은 것은?

① 기후성 재해 - 태풍
② 폭발사고 - 갱도, 화산폭발, 가스
③ 산업시고 - 건축물 붕괴
④ 화학적인 재해 - 테러, 전쟁

03 자연재난과 인적재난의 비교에 관한 다음 사항 중 옳지 않은 것은?

① 자연재난은 예방할 수 없는 불가항력적이다.
② 사회재난은 좁은 지역에서 재산피해와 사상자가 집중적으로 발생한다.
③ 사회재난은 단기간에 끝나는 자연재난과 다르게 장기적으로 지속되는 경우가 있다.
④ 자연재난의 경우 인적재난과 달리 직접적 피해를 받지 않은 사람에게도 영향을 준다는 특성이 있다.

04 재난의 특성에 관한 설명으로 틀린 것은?

① 재난은 예측불가능한 면에서 일반적인 사고와 구분된다.
② 재난은 해당지역의 대응 자원만으로 통제불가능하다.
③ 자연재난은 장기간에 걸쳐 완만히 진행된다.
④ 기술재난은 재산피해와 사상자 발생이 넓은 지역에서 산발적으로 발생된다.

05 Jones와 Anesth의 재난분류에 관한 설명으로 옳은 것은?

① 각국의 지역재난계획에서 주로 적용하고 있는 분류는 Jones의 분류이다.
② Jones의 분류에서는 일반행정관리 분야의 재난을 포함하는 특성이 있다.
③ Jones의 분류에서 사고성 재해에는 테러, 폭동 등이 포함된다.
④ 대기 및 수질오염과 같은 재해는 Jones의 분류에만 속해 있다.

06 다음 중 재난의 특성에 속하지 않는 것은?

① 불확실성 ② 복잡성
③ 일회성 ④ 상호작용성

07 다음은 재난에 대한 설명이다. 올바르지 않은 것은?

① 재난의 개념은 그 시대와 사회환경에 따라 유동적으로 변한다.
② 현대사회 이전에는 천재지변이 재난으로 인식되었다.
③ 재난을 응급의학적으로 분류하면 외상성 재난과 내과적 재난으로 분류한다.
④ 사회재난은 장기에 걸쳐 서서히 진행되나 예방이 가능하다.

08 다음 재난에 대한 실정법적 정의에 의해 명시되지 않은 재난의 유형은?

① 감염병 ② 강풍·풍랑·해일
③ 경제붕괴 ④ 폭발 교통사고

09 다음 Jones의 재해분류로 올바르지 않은 것은?

① 지질학적 재해 - 지진 ② 사고성 재해 - 방사능 재해
③ 기후성 재해 - 태풍 ④ 지진성 재해 - 화산폭발

10 다음 Anesth의 재해분류로 바르지 않은 것은?

① 계획성 재해 - 전쟁 ② 사고성 재해 - 화재사고
③ 기후성 재해 - 해일 ④ 지진성 재해 - 화산폭발

11 재난에 대한 설명으로 옳지 못한 것은?

① 오늘날의 재난은 자연 및 기술적 요인에 의해 빈발하고 있다.
② 오늘날의 재난은 기술재난으로 인한 인명피해가 국소지역에서 집중적으로 발생한다.
③ 자연재난은 재난 대응활동과 재난 통제의 가능성이 기술재난에 비해 상대적으로 높다.
④ 재난은 돌발적인 대규모 사태라는 측면에서 일상적인 소규모 사고와 구별된다.

12 사고발생의 연쇄성을 강조한 고전적 도미노이론을 주장한 사람은?

① 하인리히(H. W. Heinrich) ② 프랭크 버드(Frank Bird)
③ 해돈(William Haddon) ④ 로버트(H. K. Robert)

13 하인리히의 재해발생 도미노이론에서 사고발생의 직접적 원인을 무엇이라 보는가?

① 사회적 환경 ② 개인적 결함
③ 불안전한 행동 및 상태 ④ 유전적 요소

14 다음은 재해구성 비율인 1 : 29 : 300의 법칙에 대한 설명이다. 틀린 것은?

① 1회의 중상재해가 발생했다면 같은 원인으로 29회의 경상재해, 무상해사고를 300회 동반한다고 하는 것이다.
② 전 사고 330건 중 중상이 나올 확률은 1건, 경상이 29건, 무재해사고는 300건이 발생할 수 있다는 것이다.
③ 프랭크 버드(Frank Bird)의 재해발생이론에서 주장한 것이다.
④ 1건의 큰 사고 뒤에는 29건의 작은 사고와 300건의 사고에 가까운 사건이 깔려 있다는 것이다.

15 하인리히의 사고발생 도미노에서 사회적 환경으로부터 연유한 2차 원인은 무엇인가?

① 유전적 요소 ② 개인적 결함
③ 불안전한 상태 ④ 불안전한 행동

16 다음은 재해 발생원인에 관한 설명이다. 틀린 것은?

① 하인리히는 전 사고 330건 중 중상이 나올 확률은 1건, 경상이 29건, 무재해사고는 300건이 발생할 수 있다고 주장하였다.
② 고전적 도미노이론에서는 직접원인인 불안전한 행동 및 상태만 제거하면 재해는 일어나지 않는다고 주장하였다.
③ 최신의 도미노이론에서는 반드시 직접원인인 징후를 제거하여 재해발생을 방지한다고 주장하였다.
④ Frank Bird의 재해발생이론에서 '1 : 10 : 30 : 600의 법칙'을 주장하였다.

17 Frank Bird의 재해발생 도미노이론에서 재해요인 중 직접원인에 속하는 것은?

① 관리 ② 기원
③ 징후 ④ 접촉

18 재해방지대책 3가지(기둥)와 거리가 먼 것은?

① 기술적 대책 ② 교육적 대책
③ 관리적 대책 ④ 방법적 대책

19 재해예방대책을 실행하기 위한 사고예방대책의 기본원리 5단계의 순서를 바르게 연결한 것은?

① 조직체계 확립 - 현황파악 - 원인규명 - 대책선정 - 목표달성
② 조직체계 확립 - 원인규명 - 현황파악 - 대책선정 - 목표달성
③ 조직체계 확립 - 대책선정 - 현황파악 - 원인규명 - 목표달성
④ 조직체계 확립 - 대책선정 - 원인규명 - 현황파악 - 목표달성

Part

2 연소 및 화재이론

CHAPTER

1 연소이론

1.1 연소의 정의

연소란 화학반응의 일종으로 가연물이 산소 중에서 산화반응을 하여 열과 빛을 발산하는 현상이다. 이것은 반응열이 커서 그 열에 의해 피산화물이 발화하는 현상이라고도 한다. 이와 같이 연소가 되기 위해서는 가연물, 산소공급원, 점화원의 3조건이 만족되어야 하며, 이들을 연소의 3요소라고 한다. 이렇게 이루어지는 연소는 가연물(위험물)의 형태에 따라 연소의 형태가 다르다. 즉, 가연물은 고체, 액체, 기체에 따라 연소의 형태가 달라진다. 그리고 산소의 공급방법에 따라서도 연소의 형태가 달라진다.

(1) 물질이 연소한다는 것은 화학반응으로 발열과 발광을 수반하는 산화반응을 말한다. 어떤 물질에서 다른 물질로의 변화를 말하며, 이것은 일정크기의 점화에너지 이상의 열에너지가 필요하다.

(2) 연소는 열의 방출과 다양한 강도의 빛을 동반하는 급격하고 연쇄적인 산화과정이다.

(3) 연소가 이루어지려면 가연물질, 산소공급원, 점화원의 세 가지 요소가 필요하며, 그중 어느 하나라도 없으면 연소가 이루어지지 않는다.

완전연소의 조건

1. 충분한 연료와 산소
2. 연소반응이 시작되기 위한 충분한 온도
3. 연소반응이 완결되기 위한 충분한 체류시간
4. 가연물과 산소의 충분한 혼합

1.2 연소의 3요소

정상적인 연소현상이 일어나려면 가연물(환원제), 산소공급원(산화제), 점화원이 필요한데, 이들을 연소의 3요소라 한다.
또한, 연소가 지속적으로 유지되기 위해서는 연쇄반응이 진행되어야 한다. 연소의 3요소에 연소의 연쇄반응을 합하여 연소의 4요소라 한다. 연소의 3요소가 동시에 만족되어야만 연소가 가능하며, 연소의 반응온도는 가연물의 성상과 형태에 따라 차이가 있다.

1. 가연물

(1) 의의

가연물은 산화되기 쉬운 물질이라고 할 수 있다. 산화되기 쉽다는 것은 연소하기 쉽다는 말과 같으며, 활성화 에너지(점화에너지)가 적고, 발열량이 많다는 것과 같다.

(2) 가연물의 구비조건

발열량이 커야 한다.	산화되기 쉬운 물질로서 산소와 결합할 때 발열량이 커야 한다.
활성화에너지가 적어야 한다.	활성화에너지가 적은 물질은 그만큼 위험한 물질이라고 볼 수 있다.
열전도도가 작아야 한다.	열전도도가 작다는 것은 열의 축적이 용이하다는 것과 같다. 기체보다 액체, 액체보다 고체가 열전도율이 크므로 위험도에 있어서는 기체가 액체, 액체가 고체보다 높다는 것이다.
산소와의 결합력이 강한 물질이어야 한다.	이것은 산소와의 친화력이 크다는 것이며, 화학적으로 활성이 강하다는 것이다.
가연물의 표면적이 커야 한다.	가연물의 표면적이 크면 산소와의 접촉면적이 커지므로 연소가 용이해진다. 기체가 액체, 액체가 고체보다 표면적이 크므로 연소가 더욱 용이해진다.
연쇄반응을 수반하여야 한다.	연소현상이 연쇄적으로 반응하여야 한다.
발열반응을 해야 한다	가연물은 산소와 반응하여 반드시 발열반응을 해야지 흡열반응을 해서는 안 된다.

흡열반응을 하는 물질은 가연물이 될 수 없다. 즉, 불연성 물질을 의미한다.

■ 불연성 물질의 조건

주기율표의 0족 원소인 불활성가스 : 활성이 없으므로 다른 물질과 결합하지 못한다.	헬륨(He), 아르곤(Ar), 네온(Ne), 제논(Xe), 라돈(Rn), 크립톤(Kr) 등이 속한다.
산소와는 반응을 하나, 발열반응이 아닌 흡열반응을 하는 물질	대표적인 물질은 질소 또는 질소산화물 등이다. $N_2 + \frac{1}{2}O_2 \rightarrow N_2O - 19.5\,kcal$ $N_2 + O_2 \rightarrow 2NO - 43.2\,kcal$
산소와 이미 결합하여 더 이상 산소와 화학반응을 일으킬 수 없는 물질	이산화탄소(CO_2), 삼산화황(SO_3), 오산화인(P_2O_5), 규조토(SiO_2), 물(H_2O) 등이다.

2. 산소공급원

(1) 산소공급원으로 대표적인 것은 공기이고, 그 외에도 물질 자체의 분자 내에 산소를 포함하고 있는 것으로 산화제와 자기연소성 물질이 있다.

(2) 산화제로는 제1류 및 제6류 위험물 등이 여기에 속한다. 연소에 필요한 산소공급원인 산소가 가연물질에 함유되어 있는 자기연소성 물질은 연소속도가 빠르고, 폭발적인 연소현상을 일으키는 물질로서 제5류 위험물 등이 여기에 속한다.

3. 점화원(활성화에너지)

가연물이 연소를 시작할 때 가해지는 활성화에너지로 생성물질을 형성하는 데 필요한 에너지이다. 보통 열원으로 표현되기도 하는데 화학적인 열, 전기적인 열, 그리고 원자력에 의한 열로 구분된다. 점화원의 강도는 온도로 표시되며, 종류는 다음과 같다.

전기불꽃	전기의 ⊕⊖ 합선으로 일어나는 불꽃으로 스파크에 의한 방전, 접점 스파크 등이 있다.
정전기	전기의 부도체가 마찰에 의해 미세한 불꽃방전을 일으키는 것으로 액체유동에 의한 대전, 분출가스의 대전, 인체의 대전 등이 있다.
마찰 및 충격	두 개의 물체가 서로 마찰·충격을 일으켜 발생되는 열에너지원이다.
나화 및 고온표면	일반적인 화기의 사용시 공급되는 열적 에너지이다.
단열압축	디젤엔진은 전기불꽃의 방전 없이 압축에 의해 폭발·연소하는데 이와 같이 외부와의 열의 출입이 없이 압축하는 것을 말한다.
자연발화	착화원 없이도 상온에서 장기간 열이 발생되어 열의 축적으로 인해 발화점까지 온도가 상승되어 나타나는 현상이다.
산화열	산소와 결합할 때 생성되는 반응열이다.

점화원의 형태별 분류

1. 기계적 발화원 : 충격, 마찰, 단열압축 등
2. 전기적 발화원 : 전기불꽃, 정전기불꽃 등
3. 화학적 발화원 : 나화, 고온표면, 용융물, 용접불똥, 자연발화 등

1. 발화점(착화점)이 낮아지는 조건(위험도가 높아지는 조건)

① 발열량이 높을 경우
② 압력이 클 경우
③ 산소와 친화력이 클 경우
④ 화학적 활성도가 클 경우
⑤ 분자구조가 복잡할 경우
⑥ 열전도율이 낮을 경우
⑦ 습도가 낮을 경우
⑧ 산소의 농도가 클 경우
⑨ 활성화에너지가 작을 경우
⑩ 탄화수소계의 분자량이 클 경우

2. 발화점이 달라지는 조건

① 발화지점의 공간형태와 크기
② 가열속도와 지속시간
③ 가연성 가스와 공기혼합비
④ 기벽의 재질과 촉매효과의 여부
⑤ 점화원의 종류와 에너지 부여방법
⑥ 반응열 및 반응속도의 크기

1.3 연소의 형태

연소의 형태는 기체, 액체, 고체 가연물의 분자구조 및 물성에 따라 다르며, 연소의 상황에 따라 크게 정상연소와 비정상연소로 나눌 수 있다.

정상연소는 열의 발생과 일산이 균형을 유지하면서 연소하는 것을 말하며, 비정상연소는 연소속도가 급격히 증가하여 폭발적으로 연소하는 것을 말한다.

1. 기체의 연소

(1) 불꽃은 있으나 불티가 없는 연소로서 발염연소, 확산연소라고 한다.

(2) 일정한 양의 가연성 기체에 산소를 접촉시켜 점화원을 주게 되면 산소와 접촉하고 있는 부분부터 불꽃을 내면서 연소하는 것을 기체의 연소라 한다.

(3) 기체연소의 가장 큰 특징은 폭발을 수반하는 것인데 반해, 고체 및 액체는 산소를 공급한다해도 비정상연소에 의한 폭발을 일으키지 않는 것이 특징이다.

2. 액체의 연소

(1) 액체의 연소에는 액체 가연물이 연소할 때 액체 자체가 연소하는 것이 아니라 액체 표면에서 발생된 증기가 연소하는 증발연소와 액체가 비휘발성인 경우에 열분해해서 그 분해가스가 공기와 혼합하여 연소하는 분해연소가 있다. 보통 액체의 연소는 증발연소가 대부분이다.

(2) 액체의 연소에는 액적 연소라는 것이 있는데 이것은 점도가 높고 비휘발성인 액체를 일단 가열 등의 방법으로 점도를 낮추어 분무기(버너)를 사용하여 액체의 입자를 안개상으로 분출하여 액체 표면적을 넓게 하여 공기와의 접촉면을 많게 하는 연소방법이다.

3. 고체의 연소

고체 가연물에 열을 가했을 때 우선적으로 증발할 수 있는 가연물은 증발연소를 일으키며, 다음은 열분해해서 분해연소가 일어나고, 나머지 남은 물질은 표면연소를 한다.

(1) 표면연소

① 고체 가연물의 표면에서 산소와 반응하여 연소하는 현상으로 휘발성분이 없어 가연성 증기증발도 없고 열분해반응도 없기 때문에 불꽃이 없는 것이 특징이다.

② 보통 직접 연소라고도 하며, 발염을 동반하지 않기 때문에 무염연소라고도 한다. 숯, 코크스, 목탄, 금속분(마그네슘 등) 등의 연소가 여기에 속한다.

③ 표면연소는 연소생성물의 상태에 따라 연소속도가 달라지는데 비교적 느린 편이다.

작열연소

응축상태의 연소로 불꽃은 없지만 가시광을 방출하면서 연소하는 것을 말한다. 보통 고체 가연물의 연소형태이다. 숯, 코크스, 목탄, 금속분 등의 연소가 여기에 속한다.

(2) 분해연소

① 고체 가연물이 점화원에 의하여 에너지를 공급할 때 이 공급된 에너지에 의하여 복잡한

경로의 열분해반응을 일으켜 생성된 가연성 증기와 공기가 혼합하여 연소하는 형태이다.

② 고체 가연물에 열을 가하면 분해가 일어나 발생한 열분해생성물 중 가연성 가스가 생기는데 이것이 산소와 혼합하여 연소범위 내의 혼합기체를 만들면, 이 기체에 점화에너지를 가해서 연소가 시작된다. 이 기체의 연소가 진행되면 이 반응열에 의해 고체가연물의 열분해는 계속 진행되며 가연물이 없어질 때까지 계속된다.

③ 이러한 연소형태를 가지는 물질은 목재, 석탄, 종이, 플라스틱 등이 있다.

(3) 증발연소

① 고체 가연물이 점화에너지를 공급받아 가연성 증기를 발생하여 발생한 증기와 공기의 혼합상태에서 연소하는 형태로서 불꽃이 없는 것이 특징이다.

② 고체 가연물의 증발연소는 유황이나 나프탈렌과 같이 가열하면 열분해를 일으키지 않고 증발하여 증기가 공기와 혼합하여 연소하는 형태를 보인다.

③ 파라핀(양초), 유지 등은 가열하면 융해되어 액체로 변화하여 계속적인 가열로 기화되면서 증기가 되어 공기와 혼합하여 연소하는 형태를 보인다.

(4) 자기연소(내부연소)

① 제5류 위험물과 같이 가연성이면서 자체 내에 산소를 함유하고 있어 공기 중의 산소를 필요로 하지 않는 연소형태로서, 내부연소라고도 한다.

② 자기연소는 자기 자신에서 산소공급이 되어 외부로부터의 산소공급이 없어도 연소가 진행되므로 대단히 빠른 연소속도를 가지고 있으며, 폭발적인 연소를 보여준다.

훈소연소	연소에 필요한 산소공급이 불충분하거나 가연성 분해가스의 농도가 적당하지 않아 불꽃(화염)이 발생하지 못하고 분해생성물만 발생시키는 것을 훈소연소라 하며, 외부의 공기가 유입되면 급격한 연소가 일어날 수 있는 상태이기도 하다. 화재 초기에 고체 가연물에서 많이 발생한다.
화염연소	열에 의해 고체가 분해된 분해가스이거나 액체에서 증발된 가스들이 불꽃을 발하면서 연소하는 현상이다. 즉, 가스가 연소하지 않으면 화염연소가 될 수 없다.
백열연소	가연성 가스 및 발생된 증기가 산소와 혼합하여 연소하는 것이 아니라 산소가 고체의 표면을 통과하면서 연소한다는 것이다. 모든 유기물질이 연소의 마지막 단계에서 생성물로 남는 숯, 코크스 등이 백열연소를 한다.

1. 인화점, 발화점, 연소점

인화점	① 유도발화점 ② 인화성 액체 위험물의 위험성 지표기준 ③ 액체 가연물의 연소범위(폭발범위)의 하한계 농도를 증발시킬 수 있는 최저온도 ④ 불을 끌어당기는 온도라는 뜻으로 가연물에 점화원을 가했을 때 발화될 수 있는 최저온도를 말한다.
발화점	① 자동발화점 ② 열에 의해 가연성 혼합기체의 분자가 활성화되어 스스로 발화되는 온도 ③ 발화온도, 착화점, 착화온도 ④ 가연물을 가열했을 때 점화원 없이 가열된 열만 가지고 스스로 발화될 수 있는 최저온도를 말한다.
연소점	① 가연물에 점화원을 제거한 후에도 계속적인 연소를 일으킬 수 있는 온도 ② 인화성 액체를 인화점보다 높은 온도로 계속 가열시키므로 발생된 증기가 점화원의 제거 후에도 스스로 또는 계속적으로 연소될 수 있는 온도 ③ 연소상태가 계속될 수 있는 온도를 말하며, 대략 인화점보다 10℃ 정도 높은 온도를 나타낸다.

2. 화점 : 화재의 원인인 불이 최초로 점화된 곳
3. 화면 : 화재면
4. 가연성 물질의 위험도기준
   ① 가연성 고체 : 착화점
   ② 가연성 액체 : 인화점
   ③ 가연성 기체 : 연소범위

1.4 연소의 양상

1. 불꽃연소와 표면연소

연소는 불꽃을 발하는 불꽃연소(화염연소)와 불꽃을 발하지 않는 표면연소(무염연소, 백열연소, 작열연소)로 나눌 수 있다.

불꽃연소 (발염연소)	① 열에 의해 고체가 분해된 분해가스이거나 액체에서 증발된 가스, 기체에 산소가 공급되어 연쇄반응을 발생시키는 현상이다. ② 가스의 반응에 의해 열과 빛을 발하는 것으로 육안으로 보이는 현상이다. ③ 단위시간당 발열량이 많다. ④ 연소속도가 상당히 빠르고 그 양상도 매우 복잡하다. ⑤ 기체 또는 액체 가연물의 전형적인 연소형태이다. ⑥ 불의 모습이 바람에 흔들리는 깃털처럼 움직이는 모습을 볼 수 있다.
표면연소 (작열연소)	① 숯이나 코크스와 같이 연소하는 물질의 표면에서 불꽃 없이 연소하는 현상이다. ② 불꽃연소는 가연성 증기가 산소와 혼합하여 연소하지만, 표면연소는 산소가 고체표면을 직접 통과하면서 반응한다. ③ 숯이나 코크스가 연소할 때 푸르스름한 불꽃이 발생하는 경우가 있는데, 이는 산소가 부족해서 생긴 일산화탄소가 공기 중의 산소와 결합하여 이산화탄소로 변할 때 발생하는 것이다. ④ 작열연소는 무염연소라 하며, 이러한 양상을 보여주는 화재를 심부화재 또는 무염성 표면화재라고 한다. ⑤ 작열연소는 솜뭉치가 느린 속도로 연소할 때처럼 가연성 물질의 표면상에서 발생되는 가연성 기체가 유동하지 못하고 정체하면서 그 표면에서 산소와 반응하여 발생하는 연소이다. ⑥ 작열연소는 응축상태에서의 연소라 한다. ⑦ 작열연소는 대부분 고체 가연물에서 발생한다.

2. 완전연소와 불완전연소의 차이점

완전연소	① 산소의 공급이 충분한 상태에서의 연소이다. ② 탄화수소화합물인 경우 연소생성물로는 이산화탄소, 수증기 등이다. ③ 연소온도는 불완전연소의 경우보다 더 높다. ④ 화염의 색은 불완전연소의 경우보다 더 밝게 보인다.
불완전연소	① 산소의 공급이 불충분한 상태에서 이루어지는 연소이다. ② 탄화수소화합물인 경우 연소생성물은 일산화탄소, 수증기 등이다.

3. 정상연소와 비정상연소

정상연소	① 충분한 공기의 공급이 이루어질 때의 연소를 말한다. ② 연소시의 기상조건이 양호하여 정상적으로 연소가 이루어지는 경우를 말한다 ③ 연소상의 문제점이 발생되지 않고 연소장치·기기 및 기구에서의 열효율도 높다.
비정상연소	① 공기의 공급이 불충분한 경우의 연소를 말한다. ② 연소시 기상조건이 좋지 않아 정상적으로 연소가 이루어지지 않은 경우를 말한다. ③ 연소상 문제점이 많이 발생하므로 연료를 취급·사용하는 연소장치·기기 및 기구의 안전관리에 주의가 요구된다.

1.5 연소의 특성

1. 연소속도

(1) 연소속도란 연소시 화염이 미연소 혼합가스에 대하여 수직으로 이동하는 속도, 즉 단위시간에 단위면적당 연소하는 혼합가스량을 말하며, 이는 가스의 성분, 공기와의 혼합비율, 혼합가스의 온도 및 압력에 따라 달라진다.

(2) 화염이 미연소 혼합가스에 대하여 직각으로 들어오는 속도이다(단위시간에 단위면적당 연소하는 혼합가스량 : $m^3/m^2/s$ 또는 m/s).

(3) 연소속도는 온도와 압력이 높을수록 빨라진다.

(4) 연소속도는 혼합가스에서 연소속도가 빠른 수소, 메틸렌가스의 함유율이 많을수록 빨라진다. 가스에 공기가 공급되어 반응이 시작되면 반응생성물 중 수증기(H_2O), 이산화탄소(CO_2), 질소(N_2) 등의 불연성 물질의 농도가 증가하여 공기가 가연물에 공급되는 것을 저지하므로 연소속도가 저하된다.

연소속도

1. 열은 화재의 원인 및 확대뿐만 아니라 연소속도의 증가 또는 감소에도 관여한다.
2. 열이 증가하면 연소속도는 빨라진다.
3. 온도가 10℃ 증가하면 연소속도는 2～3배 정도 빨라진다.
4. 연소속도가 빠른 액체는 연소속도가 느린 액체보다 연소지역은 더 적어진다.
5. 화염속도(화염면이 이동하는 속도)에서 미연소 가연성 가스의 이동속도를 뺀 실제로 화염이 전파하는 속도
6. 화염 속에서 일어나는 화학반응의 속도로 정해지는 물리적 수치
7. 연소속도에 영향을 미치는 인자
   ① 가연물의 종류
   ② 산화성 물질의 종류
   ③ 가연물과 산화성 물질과의 혼합비율
   ④ 미연소 가연성 기체의 밀도(밀도가 작을수록 연소속도는 증가한다)
   ⑤ 미연소 가연성 기체의 비열(비열이 작을수록 연소속도는 증가한다)
   ⑥ 미연소 가연성 기체의 열전도율(열전도율이 클수록 연소속도는 증가한다)
   ⑦ 화염온도(화염온도가 높을수록 연소속도는 증가한다)
8. 연소속도는 연소대상물의 형태, 기상조건, 화재규모와 경과시간 등에 따라 다르게 나타난다.

9. 건축물의 화재확대속도(연소속도)의 비는 내화구조를 1로 하면, 방화구조 3, 목조구조 5(6)의 속도로 확산한다.
10. 바람이 전혀 없는 경우에서 화재 초기의 연소속도는 매 분당 0.75~1m 정도이며, 장애물이 없는 경우에는 보통 연소면이 원형으로 확대해간다.

2. 연소온도

(1) 연소온도에 영향을 미치는 인자

연료의 저발열량 (H_l)	발열량이 커지려면 연료의 성분 중 C(탄소), H(수소) 등의 연소물질이 많아야 하므로 연소에 의해 발생하는 가스량도 많아져 이론연소온도에는 영향을 미치지 아니한다.
산소농도	연소용 공기 중에서 산소농도가 증가하면 연소가스량이 감소하므로 이론연소온도는 높아진다.
공기비 (m)	공기비가 커지면 산화염이 형성하여 발생열량은 증가하나 연소가스량이 더욱 증가하므로 이론연소온도는 낮아진다.
열전달	전도, 대류, 복사 등의 열 전달요인으로 인해 발생되는 손실열로 연소실 내의 온도는 낮아신다.

(2) 공기비(m)

공기비(m)는 실제공기량$(A°)$과 이론공기량(A)의 비를 나타낸 것이다.

$$공기비(m) = \frac{실제공기량(A°)}{이론공기량(A)}$$

보통 기체연료 공기비가 1.1~1.3, 액체연료 공기비는 1.2~1.4, 고체연료 공기비는 1.4~2.0 정도이다.

① 이론공기량(A)

이론산소량을 함유하는 공기량, 즉 어느 연료를 이론적으로 완전연소시키는 데 소요되는 최소한의 공기량을 말한다.

② 실제공기량$(A°)$

연료를 완전연소하려면 이론공기량(A)으로는 불가능하므로 추가적으로 공기를 공급하여야 하는데 이때의 공기량을 말한다. 즉, '이론공기량+추가공기량'이다.

1. 연소(불꽃)의 색과 온도와의 관계
   ① 암적색 : 700℃ ② 적 색 : 850℃
   ③ 휘적색 : 950℃ ④ 황적색 : 1,100℃
   ⑤ 백적색 : 1,300℃ ⑥ 휘백색 : 1,500℃
2. 연소온도는 완전연소 때가 불완전연소 때보다 더 높으며, 화염의 색깔도 더 밝게 나타난다. 연소에 의한 화염의 색깔은 온도상승에 따라 적열상태(약 500℃ 부근)에서 백열상태(약 1,000℃ 이상)로 나타난다.

3. 플래시오버(Flash-Over)

(1) 순발연소(혼합연소, 비정상연소)라고도 하며, 실내화재시 흔히 나타나는 양상으로서 발화로부터 열에 의해 개체의 내장재, 가구 등에 화염이 옮겨 붙으면 그 불길이 성장하여 천장부분의 연소까지 미치게 되고, 천정 부근에 가연성 가스가 축적되어 그것이 어느 시기에 이르러 폭발적으로 연소하므로 층 전체가 순식간에 화염에 휩싸이면서 모든 공간을 통하여 입체적으로 확대되는 현상이다.

(2) 플래시오버(F·O) 시점에서는 실내의 온도는 실내의 가연물질에 따라서 다르지만 보통 800～900℃가 된다.

(3) 플래시오버에 이르는 시간(F·O·T)은 실의 형태에 의해서는 별로 영향을 받지 않았으며, 환기 개구부의 크기에 따라 약간 달라졌고, 점화원의 위치와 면적(크기), 가연물의 높이, 가연물의 체적과 밀도(Bulk Density) 그리고 실내마감재 등이 크게 영향을 미치는 변수로 나타났다.

플래시오버(Flash - Over)에 영향을 미치는 요인	• 화원의 크기 • 가연물의 양 및 성질 • 개구부의 크기(개구율) • 가연 내장재료 • 실의 넓이와 모양 • 화재실의 온도
플래시오버(Flash - Over) 현상을 촉진시킬 수 있는 조건	• 열전도율이 작은 내장재를 사용한다. • 가연재를 사용하고 개구부를 크게 설치한다. • 두께가 얇은 내장재료를 사용한다. • 벽보다 천장재가 크게 영향을 받는다.

플래시오버의 징후	• 일정공간 내에서 전면적인 자유연소 • 계속적인 열 집적으로 바닥에서 천정까지 고온상태 • 두텁고 뜨거운 진한 연기가 아래로 쌓임. • 열 때문에 소방대원이 낮은 자세를 유지할 수 밖에 없음.
플래시오버의 특징	• 공간 내의 모든 가연물이 발화온도에 이르러 동시에 발화 • 외부요인 없이 내부의 열 집적이 계속되는 과정에서 발생
플래시오버의 발생시점	• 최성기 직전(성장기에서 최성기로 넘어가는 분기점) • 최성기 도달시간과 온도 : 내화구조 → 60분 후 950℃, 목조구조 → 10분 후 1,100℃

플래시오버(Flash – Over)

1. 국소화재에서 실내의 모든 가연물 표면이 연소하는 대화재로의 전이
2. 화재가 가연물에 의해 좌우되는 단계에서 실내 환기에 의해 좌우되는 단계로의 전이
3. 실내 천장 쪽에 축적된 연소하지 않은 가연성 증기나 기체를 통한 화염의 급격한 전파현상

화재가 어느 정도 이상 커지면 연소에 필요한 공기량이 많아져 실내 연소속도는 환기에 의해 좌우되는데 환기가 충분하지 못하면 플래시오버에 이르지 못하는 반면, 실내 환기가 너무 충분하면 개방상태의 화재와 같이 되어 또한 플래시오버가 불분명해진다.

4. 폭발

폭발은 정상연소에 비해 연소속도와 화염전파속도가 매우 빠른 비정상연소로서 충격파의 전파속도에 따라 폭연(Deflagration)과 폭굉(Detonation)으로 구분한다.
폭발이 한 번 시작되면 적어도 탈 수 있는 것이 있는 한 그 속도가 어디까지든 제한 없이 커져가는 성질을 가지고 있는 것이다. 그러나 보통연소는 각각 주어진 상황 속에서 크건 작건 간에 유한의 속도를 가지고 정상적으로 진행한다.

(1) 폭연(Deflagration)과 폭굉(Detonation)

폭연	① 폭연은 폭굉으로 전이될 수 있으며, 압력파 또는 충격파가 미반응 매질속으로 음속보다 느리게 이동하는 경우이다. ② 연소파의 전파속도는 기체의 조성이나 농도에 따라 다르지만 일반적으로 0.1～10m/s인 범위라고 알려져 있다. ③ 폭연시에 벽이 받는 압력은 정압뿐이다. ④ 연소파의 파면(화염면)에서 온도, 압력, 밀도의 변화를 보면 연속적이다

폭굉	① 압력파 또는 충격파가 미반응 매질속으로 음속보다 빠르게 이동하는 경우로 압력상승은 폭연의 경우보다 10배 정도 또는 그 이상이다. ② 폭굉으로 유도되는 반응 메커니즘이 심각한 정도의 초기압력이나 충격파를 생성하기 위해서는 아주 작은 부피 내에서 아주 짧은 시간에 에너지가 방출되어야 한다. ③ 폭굉파는 1,000～3,500m/s 정도로 빠르게 나타나며, 이때 발생되는 압력은 약 1,000kgf/cm^2 정도이다. ④ 연소시의 정압에 충격파의 동압을 받아 파괴효과가 증가하게 된다. ⑤ 폭굉시에는 파면에서 온도, 압력, 밀도가 불연속적으로 나타난다.

(2) 폭발의 종류와 형식

① 공정별 분류

폭발을 공정별로 분류하면 핵폭발(원자핵의 분열 또는 융합에 동반하여 일어나는 강한 에너지의 유출에 유래하는 것), 물리적 폭발(물리적 변화를 주체로 하는 것으로 고압용기의 파열, 탱크의 감압파손, 폭발적인 증발 등이다), 화학적 폭발(어떤 화학반응이 관여하며 폭발적인 연소, 중축합, 분해, 반응폭주 등에 의해서 발생하는 폭발) 및 물리적 폭발과 화학적 폭발의 병립에 의한 폭발 등으로 분류될 수 있다.

② 원인물질의 물리적 상태에 따른 분류

대부분의 경우 폭발이 발생할 때의 원인물질의 물리적 상태에 따라서 기상폭발과 응상폭발로 분류하고 있다. 여기서 응상이란 고상과 액상의 총칭이며, 응상은 기상에 비하여 그 밀도가 10^2～10^3배이므로 응상폭발과 기상폭발은 그의 양상에 큰 차이가 있는 것이 보통이다.

㉠ 기상폭발

기상폭발에는 가스폭발(혼합가스폭발), 분무폭발(Mist Explosion), 분진폭발, 가스의 분해폭발(가스의 폭발적인 분해) 등이 포함된다.

ⓐ 가스폭발 : 옛날부터 폭발사고의 주류라고 생각되어지고 있는 것으로 가연성 가스와 지연성 가스의 혼합기체가 존재할 때에 항상 폭발이 발생하는 것은 아니고 다음의 2가지 조건이 동시에 만족될 때에 발생하는 것이다.

1. 제1의 조건은 조성조건(농도조건)이라고 불리는 것으로 혼합기체 중의 가연성 가스의 농도가 어떤 농도범위(가연성 가스의 종류와 혼합기체의 온도에 의해 정해진 농도범위) 내에 있는 것이 필요하다. 이 농도범위를 폭발범위이라고 부르고, 폭발범위 내의 혼합기체를 가연성 혼합기체(폭발성 혼합기체)라고 부른다. 그리하여 가연성 가스의 저농도측의 한계를 폭발하한계, 고농도측의 한계를 폭발상한계라 하지만, 가스폭발은 연소의 한 형태이므로 폭발범위, 폭발하한계, 폭발상한계를 각각 연소범위, 연소하한계, 연소상한계라고도 한다.
2. 제2의 조건은 발화원의 존재로서 이것을 에너지조건이라고 한다. 가연성 혼합기체는 그 상태

로서는 폭발하지 않고 여기에 어떤 외부에너지가 주어지면 그 부분에서 연소반응이 개시되어 화염이 발생하고 미연소의 혼합기체중을 전파하며 간다. 이때에 가해지는 에너지는 가연성 혼합기체의 전체를 가열하는 경우와 부분적으로 가열하는 경우가 있다.

ⓑ 분무폭발 : 분무폭발은 고압의 유압설비의 일부가 파손되어 내부의 가연성 액체가 공기 중에 분출되어 이것이 미세한 액적이 되어 무상으로 되고 공기 중에 현탁하여 존재할 때에 어떤 원인으로 인해 착화에너지가 주어지면 발생한다.

ⓒ 분진폭발 : 분진폭발은 가연성 고체의 미분이 공기 중에 부유하고 있을 때에 어떤 착화원에 의해 에너지가 주어지면 폭발하는 현상으로 탄광에 있어서의 분진폭발이 그 전형적인 예이다. 대부분의 물질들은 분진폭발을 일으키나 석회석 가루(생석회), 시멘트 가루, 대리석 가루, 탄산칼슘 등은 분진폭발을 일으키지 않는다.

1. 분진폭발이 한 번 발생하면 단위용적당 발열량이 크기 때문에 역학적 파괴효과는 가스폭발 이상으로 되는 것도 있다.
2. 분진폭발에서는 연소가 불완전하기 때문에 일산화탄소와 같은 유독물의 발생이 많다.
3. 공기 중에 분산현탁하여 있는 분진을 부유분진(분진운이라고도 부른다)이라고 하며, 이 부유분진이 있는 장소에서는 표면에 분진이 퇴적하여 있는 것이 보통이며 이것을 퇴적분진이라고 한다.
4. 퇴적분진을 오랫동안 그대로 방치하면 가끔 자연발열에 의해 훈소상태로 되기 쉽다.
5. 퇴적분진이 어떤 원인에 의해 그중의 일부라도 공기 중으로 날아가면 일부에 착화되어 있는 분진운이 형성되어 여기서 분진폭발이 발생한다.
6. 분진의 발화폭발도 물질 자신이 상온에서 산화 발열하는 일부의 금속류를 제외하면 점화원의 존재가 필요하다.

1. 분진이 발화폭발하기 위한 조건

① 가연성
② 미분상태
③ 지연성 가스(공기) 중에서의 교반작용
④ 점화원의 존재 등이 있다.

2. 분진폭발의 특징

① 연소속도나 폭발압력은 가스폭발에 비교하여 작으나, 연소시간이 길고 발생에너지가 크기 때문에 파괴력과 연소정도가 크다.
② 발생에너지는 최고치로서 비교한 경우, 가스폭발의 수배 정도이다.
③ 온도는 2,000~3,000℃ 정도까지 올라간다고 한다.
④ 폭발시에 입자가 연소하면서 비산하므로 이것에 부딪히는 가연물은 국부적으로 심한 탄화를 일으키며, 특히 인체에 닿으면 심한 화상을 입는다.

⑤ 분진폭발을 일으키는 분진입자의 크기는 약 100미크론(μ) 이하이다.
⑥ 분진 속에 존재하는 수분은 폭발성에 영향을 준다. 즉, 분진의 부유성을 억제한다. 단, 소수성(疎水性)의 분진에 있어서는 부유성에 그다지 영향을 받지 않으나 수분의 증발로서 점화에 필요한 에너지가 감소한다는 것과 증발한 수증기가 불활성 가스의 역할을 하는 것 및 대전성을 감소시키는 효과가 있다.
⑦ 화염의 파급속도는 상온 상압하에서 초기에는 2~3m/s 정도이며, 그의 속도는 연소한 분진의 팽창으로 인해 압력이 상승함에 따라 가속도적으로 빠르게 된다.
⑧ 폭발염에 의한 압력속도는 300m/s 정도이며 화염온도가 상승함에 따라 압력의 파급속도도 상승한다. 어떻든간에 화염의 파급속도보다 압력의 파급속도가 훨씬 빠르다.
⑨ 최초의 부분적인 폭발에 의해 폭풍이 주위의 분진을 날리게 하며 2차, 3차의 폭발로 파급됨에 따라 피해가 크게 된다.
⑩ 가스에 비하여 불완전연소를 일으키기 쉬우므로 탄소가 타서 없어지지 않고, 연소 후에 가스상에 일산화탄소가 다량으로 존재하는 경우가 있어 가스에 의한 중독의 위험이 있다.

3. 분진폭발의 방지

① 분진은 집진공정에서 잘 포집하여 이것을 유효적절하게 활용해야 한다.
② 포집공정에서는 분진운 중의 분진의 함유량이 언젠가는 분진운의 폭발하한 농도 이상으로 될 수 있으므로 항상 하한계 이상의 농도가 되지 않도록 주의하여야 한다.
③ 분진폭발의 미연방지에 대한 조성조건을 생각할 때에는 분진이 존재하는 매체(공기)를 질소, 이산화탄소 등으로서 완전히 치환시키든가, 완전치환이 곤란한 경우에는 산소농도를 약 5% 이하로 하는 이외의 방책은 없다.
④ 결국 분진폭발의 방지에 대하여 엄격히 말하면 완전한 보편적인 방법은 존재하지 않고 각각 분체의 취급장소, 장치, 조업조건 등을 감안한 개별적 대책을 고려하지 않으면 안 된다.
⑤ 분진폭발의 산전방지를 위해서는 가연성 분체가 폭발위험성을 갖고 있다는 인식하에 분체취급현장의 청소관리를 철저히 행하는 것이 기본이다.

4. 분진폭발에 영향을 미치는 인자

① 입도와 입도분포 : 입자가 작고 밀도가 작을수록 표면적이 크고 폭발이 용이해진다.
② 분진의 화학적 성분과 반응성 : 발열량이 클수록, 휘발성분이 많을수록 폭발하기가 쉽다.
③ 입자의 형상과 표면의 상태 : 분진의 형상에 따라 폭발성이 달라진다. 구형(球形)일수록 폭발성이 약하고 입자의 표면이 산소에 대해 활성을 가질수록 폭발성이 높다.
④ 분진 속의 수분 : 분진 속에 수분이 있으면 부유성 및 대전성을 억제·감소시켜 폭발의 위험을 둔감시킬 수 있다.
⑤ 분진의 부유성 : 부유성이 클수록 공기 중에 체류하는 시간이 긴 동시에 위험성도 커진다.

ⓓ 분해폭발 : 분해폭발은 분해할 때에 발열하는 가스, 예를 들어 석유화학공업에서 다량으로 취급하는 에틸렌, 산화에틸렌이나 금속의 용접, 용단에 널리 이용되고 있는 아세틸렌 등이 어떤 조건하에서 분해하는 경우가 있고, 이때에는 상당히 큰 발열을 동반하기 때문에 분해에 의해 생성된 가스가 열팽창되고, 이때 생기는 압력상승과 이 압력의 방출에 의해 폭발이 일어난다.

ⓔ 증기운폭발 : 대기 중에 대량의 가연성 가스가 유출하거나 대량의 가연성 액체가 유출하여 그것으로부터 발생하는 증기가 공기와 혼합해서 가연성 혼합기체를 형성하고 발화원에 의하여 발생하는 폭발을 '증기운폭발'이라고 부른다. 개방된 대기 중에서 발생하기 때문에 자유공간 중의 증기운폭발(Unconfined Vapor Cloud Explosion)이라고도 부르며, UVCE라고 줄여 쓴다.

ⓕ 액화가스탱크의 폭발(BLEVE 현상)

프로판 등의 액화가스의 고압가스 용기 등에 외부화재가 나면 용기가 가열돼서 그 파편이 멀리까지 날아가고, 내부의 액화가스는 증기운 폭발을 일으킨다. 즉, 화재에 의하여 탱크 등이 가열되어 내부의 액체가 높은 증기압이 된다. 액체가 없는 탱크 상부는 화염으로 가열이 되어 연성파괴를 일으키고 커다란 파편이 된다. 탱크가 열려서 내부가 대기압이 되면 파열되어 있던 액화가스가 갑자기 끓어올라 이 팽창력으로 파편은 멀리 날아가게 된다. 또한 발생한 증기는 곧 발화하며 부력으로 상승해서 화구(Fire Ball)로 되는 경우가 많다. 이 현상은 Boiling Liquid Expanding Vapor Explosion이라고 부른다. 이것은 액체가 비등하여, 증기가 팽창하면서 폭발을 일으키는 현상인데 줄여서 BLEVE라고 한다. BLEVE에 영향을 주는 인자는 다음과 같다.

1. 저장된 물질의 종류와 형태
2. 저장용기의 재질
3. 내용물의 물질적 역학상태
4. 주위온도와 압력상태
5. 내용물의 인화성 및 독성여부

BLEVE 현상의 예방대책

BLEVE 현상의 발생은 저장탱크에 설치된 안전장치로만 압력상승을 낮출 수 없으므로 다음과 같은 예방대책이 필요하다.

1. 감압시스템에 의한 탱크로의 들어오는 화열을 억제한다.
2. 저장탱크 외부 벽면에 단열조치를 한다.
3. 저장탱크를 지하에 설치한다.
4. 저장탱크 표면에 냉각살수장치를 설치한다.
5. 계속적인 화염발생의 방지목적으로 저장탱크 내용물의 긴급이송에 대한 조치를 한다.
6. 저장탱크의 가연물 누출시 가연물의 체류를 방지하기 위하여 자연물 유도구를 설치한다.

중합폭발

중합폭발(반응)은 플라스틱 원료제조반응으로 상온에서 가스 및 액체형태의 모노머(단량체, 분자량이 적은 단순구조물질)에 촉매를 넣어 일정온도, 압력으로 유지하면 각 분자 간에서 반응이 실시되어 분자량이 큰 고체상태 폴리머(중합체)가 되는 반응을 말한다. 예를 들면 시안화수소(HCN)는 장기간 저장하면 분자가 중합폭발(반응)을 한다.

㉡ 응상폭발

ⓐ 수증기폭발 : 용융금속이나 슬러그(Slug) 같은 고온물질이 물속에 투입되었을 때에, 그 고온물질이 갖는 열이 저온의 물에 짧은 시간에 전달되면 일시적으로 물은 과열상태로 되고, 조건에 따라서는 순간적인 짧은 시간에 급격하게 비등하며, 이러한 상변화(액상 → 기상)에 따른 폭발현상이 나타나게 된다.

수증기폭발의 예방대책

1. 작업장 바닥을 건조하게 한다.
2. 주수분쇄설비를 안전하게 설계한다.
3. 로 내에 물의 침투를 방지한다.
4. 고온의 폐기물처리는 건조한 장소에서 한다.

ⓑ 증기폭발 : 저온 액화가스(LNG, LPG 등)가 사고로 인해 물 위에 분출되었을 때에는 조건에 따라서는 급격한 기화에 동반하는 비등현상을 나타내는 것으로, 액상에서 기상으로의 급격한 상변화에 의한 폭발현상에 수증기폭발을 포함시켜 증기폭발이라고 부른다.

(3) 폭발방지대책

일반적으로 폭발을 방지하기 위해서는 가연성 물질이 지연성 물질과 혼합된 상태, 즉 폭발성 분위기에서 혼합가스가 착화원이 존재하여 착화폭발하는 경우이므로 가연성 물질의 불연화 또는 제거, 조연성(지연성) 물질의 혼입차단, 불활성 가스의 봉입, 발화원의 제거 또는 억제 등의 대책이 필요하다.

① 혼합가스의 생성방지

혼합가스의 폭발범위 외의 농도상태 유지를 위해 공기 중의 누설·누출을 방지하며, 밀폐용기 내에 공기의 혼합방지, 공기의 주입에 의해 환기를 하여 폭발하한계 이하로 희석시켜야 한다. 또한, 불활성 물질의 주입에 의해 가연성 분진 등의 폭발, 분해폭발 등을 방지할 수 있다.

② 전기설비의 방폭구조

전기방폭이란 위험분위기 생성 및 저장, 취급장소에 설치하는 전기설비에서 발생하는 점화원인 전기불꽃(스파크)을 제거함으로써 화재폭발이 발생되지 않도록 하는 것을 말한다.

■ 전기설비의 방폭구조의 종류와 특징

내압(耐壓) 방폭구조 (Explosion Proof)	용기 내부에 가연성 가스의 폭발이 일어날 경우 폭발을 견딜 수 있고 내부에서 폭발하더라도 용기의 틈으로 화염이 외부의 가연성 가스에 전파되어 착화될 우려가 없도록 전폐구조로 하여야 한다.
유입 방폭구조	전기불꽃을 발생할 수 있는 부분(스위치, 전기기기 등) 등을 절연유 속에 잠기게 하여 외부에 존재하는 가연성(폭발성) 가스에 점화될 우려가 없도록 하는 구조이다.
내압 방폭구조, 압력 방폭구조	점화원이 될 수 있는 전기설비의 용기 안에 보호기체(불활성 기체)를 봉입시켜 가연성(폭발성) 가스의 침입을 방지하는 구조이다.
안전증 방폭구조 (Increased Safety)	정상적인 상태에서 전기기기의 전기불꽃, 아크(Arc) 등의 점화원이 발생할 염려가 있는 위험한 부분에 안전도를 증가시켜 이들의 발생을 방지하는 구조이다.
본질안전 방폭구조	전기설비가 정상상태 및 이상상태(단락, 단선, 지락 등)에서 발생하는 전기불꽃, 아크(Arc) 등에 의해 가연성(폭발성) 가스에 점화할 염려가 없게 한 방폭구조로서 점화시험으로 성능이 확인된 구조를 말한다.

③ 정전기 제거조치

㉠ 유속을 제한한다(1m/s 이하).

㉡ 이물질을 제거한다.

㉢ 유체의 분출을 막는다.

㉣ 상대습도를 70% 이상으로 높인다.

㉤ 접지저항시설을 한다.

㉥ 전기의 도체를 이용한다.

㉦ 공기를 이온화시킨다.

1. 폭발의 종류

분해폭발	아세틸렌, 과산화물, 다이너마이트
중합폭발	시안화수소, 염화비닐
분해·중합폭발	산화에틸렌
산화폭발	압축가스, 액화가스(수소－산소, LPG－공기, LNG－공기)
촉매폭발	수소－산소, 수소－염소 등에 빛이 쪼일 때
분진폭발	밀가루, 석탄가루, 먼지, 금속분 등

2. 폭발방지대책

① 발화원의 제거 또는 억제
② 조연성(지연성) 물질의 혼입방지
③ 가연성 물질의 불연화 또는 제거
④ 불활성(불연성) 물질의 봉입

1.6 연소시 발생되는 이상현상

1. 역화(Back Fire, Flash Back)

의 의	불꽃이 연소기 내로 전파되어 연소하는 현상으로 가스의 분출속도(공급속도)보다 연소속도가 클 때 발생된다.
역화의 원인	① 가스압력이 비정상적으로 낮거나 노즐 또는 콕 등이 막혀 가스량이 정상 때보다 적을 때 ② 혼합기체의 양이 너무 작을 때 ③ 버너가 오래되어 노즐의 부식 등으로 분출구멍이 커지는 경우 ④ 연소속도보다 가스의 분출속도(공급속도)가 작을 때 ⑤ 버너부분이 고온으로 되어 그것을 통과하는 가스의 온도가 상승하여 연소속도가 빨라지는 경우

2. 블로우 오프(Blow Off)

가스의 분출속도가 크거나 공기의 유동이 너무 강하여 불꽃이 노즐에서 정착하지 않고 떨어지게 되어 꺼져버리는 현상을 말한다.
이것은 Lifting(선화)한 상태에서 다시 분출속도가 증가하면 결국 화염이 꺼지는 현상이다.

3. 리프트(Lift) 또는 리프팅(Lifting) [선화]

의 의	역화(Back Fire)의 반대현상으로 버너에서 연소기의 분출속도가 연소속도보다 커서 불꽃이 노즐에서 떨어져 노즐에 정착되지 않고 불꽃이 버너 상부에 떠서(Lift) 어떤 거리를 유지하면서 공간에서 연소하는 이상현상이다.

선화(Lifting)의 원인	① 가스압(가스량)의 과대로 가스가 지나치게 토출하는 경우 ② 1차 공기량이 너무 많아 혼합가스량이 많아지는 경우 ③ 연소기의 노즐이 부식으로 인하여 막혀 분출구멍의 면적이 적어져서 버너 내부의 압력이 증가하여 분출속도가 빨라지는 경우

4. 불완전연소

의 의	가스 연소시 연소생성물을 포함한 배기가스(가연성분)가 공급가스와의 산화반응을 완전히 완료하지 않으므로 일산화탄소, 그을음, 알데하이드, 카본(Free-Carbon) 등의 미연소물이 생기는 것과 같은 상태를 불완전연소라 한다.
불완전연소의 원인	① 가스공급량보다 공기의 공급량이 부족할 때 ② 과대한 가스량이 공급될 때 ③ 연소기 주위에 다른 기물이 둘러싸인 경우 ④ 불꽃의 온도가 저하되는 경우 ⑤ 환기가 제대로 되지 않은 상태에서 실내에 가스기구를 사용하는 경우 ⑥ 주위의 기온이 너무 낮을 때 ⑦ 어떤 물체가 화염에 접촉될 때 ⑧ 연소기구가 적합하지 않을 때 ⑨ 연소의 배기가스(폐가스) 분출이 불량일 때

1.7 물질의 연소시 열 특성

1. 현열(Sensible Heat)

(1) 물질의 상의 변화는 없고 온도의 변화만 있을 때 필요한 열량을 말하며, 분자 운동에너지의 증감으로도 나타난다.

(2) 이러한 현열(감열 : Sensible Heat)은 다음의 식에 의해 표현된다.

$$Q = m \cdot c \cdot \Delta t$$

여기서 Q : 현열(kcal, cal)

m : 질량(kg, g)

c : 비열(kcal/kg · ℃, cal/g · ℃)

Δt : 온도차(℃)

2. 잠열(Latent Heat)

(1) 물질의 상의 변화는 있고 온도의 변화가 없을 경우 필요한 열량을 말한다. 즉, 어떤 물질이 고체에서 액체로, 액체에서 기체로 변할 때와 액체에서 고체로, 기체에서 액체로 변할 때에 발생되는 열을 의미한다. 잠열(숨은 열)에는 융해열, 기화(증발)열, 승화열 등이 있다.

(2) 대기압하에서 물의 기화(증발)잠열은 539cal/g, 융해잠열은 80cal/g이다.

(3) 이러한 잠열(Latent Heat)은 다음 식에 의해 표현된다.

$$Q = m \cdot \gamma$$

여기서 Q : 잠열(kcal, cal)
m : 질량(kg, g)
γ : 기화(증발)잠열, 융해잠열(cal/g, kcal/kg)

3. 비열(Specific Heat)

(1) 비열은 1g(kg)의 물체를 1℃만큼 상승시키는 데 필요한 열량[cal(kcal)] 또는 1 lb의 물체를 1°F만큼 상승시키는 데 필요한 열량(Btu)을 말한다. 단위로는 kcal/kg·℃, cal/g·℃, Btu/lb·°F이다.

■ 물질의 비열

물질의 종류	비열(kcal/kg·℃)	물질의 종류	비열(kcal/kg·℃)
물(H_2O)	1	알루미늄(Al)	0.217
금(Au)	0.031	공기(Air)	0.240
주석(Sn)	0.054	나 무	0.420
구리(Cu)	0.091	윤활유	0.510
철(Fe)	0.113	아세톤(CH_3COCH_3)	0.528
유 리	0.161	부탄(C_4H_{10})	0.549
목탄(C)	0.165	파라핀왁스	0.700
사염화탄소(CCl_4)	0.201		

(2) 비열은 어떤 물질을 위험 및 안전한 온도로 올리거나 내리는 데 제거해야 할 열량을 나타내는 비교척도로 이용된다.

(3) 물질마다 비열은 다르나 물 이외의 보통 비열이 1(kcal/kg·℃)보다 작다. 물이 소화약제로 사용되는 이유 중의 하나가 다른 물질에 비해 비열이 크기 때문이며, 이러한 이유로 냉각 효과가 뛰어나다.

4. 고열 기체

(1) 사람이 장시간 고열에 노출되면 눈에 띄는 외상은 없더라도 폐 속으로 들어간 열로 인해 혈압강하와 혈액순환장애로 사망할 수 있으며, 그 외에는 장시간의 노출로 인해 체온이 상승함으로써 뇌신경중추에 손상을 입게 되어 일사병과 동일한 결과가 초래되어 사망하는 경우도 있다.

(2) 열 또는 불에 의한 화상은 그 정도에 따라 통상적으로 1도, 2도, 3도, 4도로 분류된다.

1도 화상 (홍반성)	최외각의 피부가 손상되어 그 부위가 빨간 색깔을 띠고 심한 통증을 느끼는 상태로서 2도 및 3도 화상보다 중증은 아니다.
2도 화상 (수포성)	보다 깊숙이 피하까지 손상을 입어 그 부위가 분홍색을 띠고 분비물이 피하에 모여 물집이 생기는 증세이다.
3도 화상 (괴사성)	피하의 지방질에까지 열이 깊숙이 침투된 것으로서 가장 중화상에 속하며, 말초신경까지 손상을 입어 그 기능이 죽은 상태여서, 1도나 2도 화상에 비해 통증은 거의 느끼지 못하는 증세이다.
4도 화상	전기화재에서 입은 화상으로서 피부가 탄화되고, 뼈까지 도달되는 증세이다.

2도 및 3도 화상을 입으면 인체의 재생능력만으로는 피부가 원상으로 회복되기는 어렵다.

열

불이 보여주는 본질적인 특성의 하나는 열의 방출이다. 바람이 없고 습도가 낮은 경우 고온의 환경에서 인간은 50℃에서 수시간, 70℃에서 1시간, 130℃에서 15분, 200~250℃에서 5분 동안 견딜 수 있다.그러나 습도가 높은 환경에서는 50℃라도 수분밖에 견딜 수 없다. 또 피부온도가 45℃가 되면 통증을 느끼고, 54℃가 되면 화상을 입는다.

1. 뜨거운 공기에 대한 노출은 맥박의 증가와 더불어 탈수, 호흡장애, 기도의 폐쇄 및 화상의 원인이 되며 습기가 있는 공기는 더욱 위험하다.
2. 사람이 고열에 장시간 노출되면 눈에 띄는 외상은 없더라도 폐 속으로 들어간 열로 인해 혈압강하와 혈액 순환장애로 사망할 수 있다.
3. 화재시에 안전하게 대피를 하기 위해서는 피난로의 온도가 40~66℃를 넘기기 않도록 건축설계시에 고려하는 것이 바람직하다. 여기에서의 온도는 일반적으로 높은 온도를 나타내는 천정 부분이 아니고 대략 사람의 어깨높이의 온도를 말한다.

5. 복사열

대규모 건물화재, 석유탱크화재 등 강한 복사열을 받는 환경하에서 소화활동을 할 경우는 복사열에 대하여 반사성, 단열성이 있는 방수복을 착용하지만, 장시간 진화작업을 하면 열을 많이 받고 피로가 가중됨과 동시에 신체의 열이 외부로 퍼져 나가고 탈수와 체온상승에 의한 현기증, 구역질, 두통, 허탈감, 경련, 실신 등 열중증이 되고, 심한 경우에는 사망에 이른다.

■ 인간이 피부에 느끼는 고통과 복사열 강도

인체상태	복사열 강도(kcal/m^2·h)
장시간 노출에 견디는 최대 방사열	1,080
고통을 느끼기 시작	1,260
1분 후 고통	1,800
10~20초 후 고통	3,600
3초 후 고통, 10~20초 후 불에 데어 살이 부어오름	9,000

■ 공기온도와 생존한계시간

공기온도(℃)	생존한계시간(분)
143	5 이하
120	15 이하
100	25 이하
65	60 이하

6. 열전달방법

물체에서 온도의 차가 발생되면 열은 높은 곳에서 낮은 곳으로 이동하는데 이러한 것을 열전달(전열)이라 한다. 열전달방법으로는 전도(Conduction), 대류(Convection), 복사(Radiation) 등이 있다. 이것은 동시에 발생하는 경우가 많지만, 각각 발생하는 경우는 그다지 많지 않다.

(1) 전도(Conduction)

① 동일한 물질 또는 일정한 물질 상호간의 열의 이동이며, 물질의 각 분자가 지니고 있는 운동에너지가 인접한 분자에 이동해 나가는 현상을 말한다.

② 고체의 열전달방법으로 각각의 분자들은 진동만 일어나며 이동은 수반하지 않는다. 이것은 물질 내부에 온도차가 있을 때 온도가 높은 곳에서 낮은 곳으로 물질 내부를 이동하는 것을 말한다.

(2) 대류(Convection)

① 고체벽에 유체가 접촉하고 있을 때 유체의 일부가 온도변화가 발생하면 동시에 밀도변화가

발생되고 유체의 운동에 의해 균일화되기 위해서 유체 서로가 이동하는 현상을 말한다.

② 고체에 접촉되어 있는 유체는 층류를 이루므로 서로 혼합되지 않는다. 이와 같은 층류범위를 경막이라고 하며, 경막에서의 열전달방법은 보통 전도에 의해 이루어진다.

(3) 복사(Radiation)

① 복사는 전도, 대류와 같이 물질을 매개체로 하여 열에너지가 전달되는 것이 아니라 서로 떨어져 있는 두 물체 사이에 열에너지가 전자파 형태로 물체에 복사되며, 이것이 다른 물체에 전파되어 흡수되면 열로 변하는 현상을 말한다.

② 화재시 열의 이동에 가장 크게 작용하는 열이동방식이다. 복사는 스테판 - 볼츠만(Stefan-Boltzman) 법칙에 의해 복사열은 절대온도의 차의 4제곱에 비례하고, 열전달면적에 비례한다.

③ 관계식은 다음과 같다.

$$Q_1 : Q_2 = (T_1 + 273)^4 : (T_2 + 273)^4$$
$$Q = aAF({T_1}^4 - {T_2}^4)$$

여기서 Q : 복사에너지(kcal/hr)
a : 스테판 - 볼츠만 상수
A : 열전달면적(m^2)
F : 기하학적 factor
T_1 : 고온(°K)
T_2 : 저온(°K)

1. 열전달요인 : 전도, 대류, 복사
2. 연소(화재)확대요인 : 비화, 화염의 접촉(접염), 복사
3. 열전달요인이면서 연소(화재)확대요인은 복사이다.

전도	① 물체 내의 온도차로 인해 한 물체에서 다른 물체로 직접 접촉에 의하여 열에너지가 이동하는 상태를 말한다. ② 물질들의 분자가 정지한 상태에서 위치의 변동 없이 분자의 진동에 의해 열을 전달하는 것을 말한다. ③ 완전 진공상태에서는 열은 전달되지 않는다. ④ 고체는 기체보다 열전도율이 좋다. ⑤ 열의 흐름은 고체장해물(부도체)에 의해 정지되지 않는다. 다만, 열의 전도성을 낮게 할 뿐이다.

대류	① 유체(액체, 기체)입자의 유동에 의해 열에너지가 전달되는 현상이다. ② 자연대류현상과 같은 유체의 밀도차에 의해 분자 자체가 이동하는 것이다. ③ 유체의 유동에 의해 연소확대의 원인이 된다. ④ 대류는 화재의 이동경로, 연소확대, 화재의 형태나 특성에 가장 큰 영향을 미친다. ⑤ 고층건물에서 발생한 대형화재의 대부분은 대류 때문에 발생한다고 해도 과언이 아니다. ⑥ 대류현상은 옥외에서 발생한 화재에서 화재폭풍(Fire Storm)을 일으키기도 한다.
복사	① 태양이 지구를 따뜻하게 해주는 현상이다. ② 전도, 대류와는 다르게 매개체가 없다. ③ 물체에 복사열이 접촉되면 관통하지 않고 흡수되어 그 물체를 따뜻하게 한다. ④ 진공상태에서는 손실이 없으며, 공기 중에서도 거의 손실이 없다. ⑤ 복사열은 일직선으로 이동을 한다.

7. 건축물과 열현상

소방활동을 필요로 하는 소방대상물은 큰 피해를 받아 정상적인 상태를 잃어버리는 것이 보통이다. 타고 있는 건물은 지붕, 천장, 벽 등이 붕괴하는 등 화재현장에서는 대부분 위험성을 가지고 있다.

(1) 열전도율(Thermal Conductivity)

① 화재시 물질에 대한 화열의 영향과 효과를 생각해 볼 때, 불꽃의 전파와 직접적인 관련을 갖는 물질의 열 특성으로서 중요한 것은 물질의 열전도율이다.
② 열원에 의해 물질이 가열되면 열은 가열지점으로부터 그 물질 내부의 모든 방향으로 전달된다.
③ 다른 물질에 비해 어떤 물질이 단열성이 좋다는 것은 상대적으로 그 물질의 열전도성이 보다 적다는 것을 뜻한다.
④ 건축물의 콘크리트구조물 내에 들어 있는 철골이나 금속지지물이 화재시 심하게 열을 받을 경우, 금속의 큰 열전도율 때문에 구조물의 다른 부분으로 열이 신속히 전달됨으로써 화재의 확대요인이 될 수도 있다.

(2) 열팽창

① 건축물의 화재문제를 논할 때 물질의 열전도성 외에도 화열의 영향 및 효과와 관련하여 제기되는 또 하나의 열 특성은 물질의 열팽창에 있다.

② 건축자재의 열팽창은 건물의 구조물에 결함을 초래하게 함으로써 화재로 인한 건물붕괴의 주 인자가 된다.

③ 철재, 벽돌, 콘크리트, 목재와 같은 건축자재가 화염에 노출되어 가열되면, 이들은 서로 같지 않은 비율로 종적·횡적으로 팽창함으로써, 구조물과 상호 견고하게 결합되어 있는 자재들의 표면이 파괴되고, 구조물들의 강도와 상호 협력이 상실되어 붕괴가 일어날 수 있다.

④ 화재시 열을 받는 과정에서, 콘크리트 및 벽돌에 비해 철재의 팽창속도가 대단히 크기 때문에 이들 간의 접촉이 파괴되는 현상이 일어나게 되는 것이다.

⑤ 콘크리트와 벽돌 간에도 비교적 큰 차이의 열전도율 때문에 이와 같은 팽창이 일어날 수가 있어서 화염을 받는 과정에서 벽돌 간의 시멘트 접합부분이 파괴되어 벽의 견고성이 상실될 수 있다.

열팽창의 특성

1. 같은 온도변화에서 고체 < 액체 < 기체 순으로 열팽창률이 크다.
2. 열팽창계수에는 선팽창계수와 체적팽창계수가 있다.
3. 물의 팽창계수는 4℃ 부근에서 0에 가깝다.
4. 기체의 팽창률은 고체의 약 100배, 액체의 약 10배 이상의 값을 가진다.
5. 기체의 열팽창은 기체의 종류에 관계없이 대부분 기체에서 일정한 팽창계수(0.0036)를 가진다.

■ 주요 건축재료의 열전도율

건축재료	열전도율(cal/s/cm/℃)
알루미늄	0.50
벽돌	1.70×10^{-3}
콘크리트	4.10×10^{-3}
동(銅)	0.91
코크보드(Corkboard)	0.10×10^{-3}
화이버보드(Fiberboard)	0.14×10^{-3}
유리	2.30×10^{-3}
철재(鐵)	0.15
대리석	6.20×10^{-3}
광물섬유(암면)	0.10×10^{-3}
종이	0.30×10^{-3}
석고	1.70×10^{-3}
합성수지류	0.45×10^{-3}
질석(蛭石)	0.14×10^{-3}
목재(참나무)	0.41×10^{-3}
목재(소나무)	0.29×10^{-3}

■ 주요물질의 열팽창계수

물 질	선팽창계수(℃$^{-1}$)
알루미늄	2.50×10^{-4}
황동	1.87×10^{-4}
벽돌	9.50×10^{-5}
콘크리트	$(1.00 \sim 1.40) \times 10^{-4}$
동	1.66×10^{-4}
유리	9.20×10^{-5}
철재	1.15×10^{-4}
석고	$(4.00 \sim 7.00) \times 10^{-5}$
목재(참나무)	4.92×10^{-5}

1. 연소물질의 온도

① 전기용접 불꽃 : 3,000~4,000℃
② 아세틸렌의 불꽃 : 3,300℃
③ 연강 용해, 촛불 : 1,400℃
④ 목재 화재 : 1,200~1,300℃
⑤ 백금 용해 : 1,770℃
⑥ 철 용해 : 1,538℃
⑦ 전구 필라멘트 : 2,000℃
⑧ 퓨즈 용해 : 220~320℃

2. 공기-증기밀도

어떤 온도에서 액체와 평형상태에 있는 공기와 증기의 혼합물의 증기밀도를 말한다.

$$\text{공기-증기밀도} = \frac{P'd}{P} + \frac{P-P'}{P}$$

여기서, P : 대기압, P' : 주변 온도에서의 증기압, d : 증기밀도

3. 증기밀도(Vapor Density)

동일 온도, 동일 압력하에서 동일한 부피의 공기의 무게에 비교한 것을 말한다.

$$\text{증기밀도} = \frac{\text{분자량}}{29} \quad (29 : \text{공기의 평균 분자량})$$

1.8 연소생성물의 종류 및 유해작용

화재시에는 연소반응에 의해 발생한 물질, 주로 탄소입자, 일산화탄소, 이산화탄소, 연소에 의해 생성된 기타 가스, 연소에 의해 감소된 산소 등을 포함한 열기류가 있는 연기를 대량 흡입하고 일산화탄소가 주가 되는 유독가스를 매개체로서의 상승작용에 의하여 행동불능이 되어 사망에 이르는 사례도 많다.

1. 연소생성물의 분류

① 연소가스(Fire Gases) ② 화염(Flame) : 불꽃
③ 열(Heat) ④ 연기(Smoke)

2. 연소가스의 독성

① 허용농도 : 성인남자가 그 분위기 속에서 1일 8시간씩 계속 근무해도 인체에 해를 느끼지 않는 농도를 허용농도라고 한다. 허용농도의 일반적인 단위는 ppm이다.
② 독성가스 : 허용농도가 200ppm 이하인 가스를 독성가스로 규정하고 있다.

1. 일산화탄소(CO)

(1) 일산화탄소는 산소의 210~250배의 친화력에서 혈중에 헤모글로빈과 결합하고 산소헤모글로빈의 결합을 방해하기 때문에 생체조직에 대해서는 산소결핍이 되고, 결과적으로는 질식과 같은 상태가 된다.

(2) 연기의 매개체와 자극물을 다량으로 흡입하고 기관, 기관지, 폐가 경련을 일으켜서 정상적으로 호흡을 방해하여 산소의 섭취를 원활하게 할 수 없게 한다.

■ 일산화탄소의 위험도

일산화탄소의 농도(ppm)	인체의 반응
100	그 분위기에 수시간 노출이 가능하다.
400~500	한 시간 후에도 특별한 증세는 보이지 않는다.
600~700	한 시간 경과하면 뚜렷한 중독증세가 나타나기 시작한다.
1,000~1,200	한 시간 후에는 신체의 정상기능이 급격히 저하된다(두통, 메스꺼움, 불쾌감).
1,500~2,000	한 시간 동안의 호흡으로 위험한 상태에 이른다.
4,000	한 시간 이내의 호흡으로 사망할 수 있다
10,000	일 분 정도의 호흡으로 사망할 수 있다.

2. 이산화탄소(CO_2)

① 이산화탄소 그 자체는 일산화탄소처럼 인체에 대해 생화학적 영향을 줄 정도의 유독성을 가진 것은 아니지만, 화재시 대량으로 발생함으로써 공기 중의 산소부족에 따른 질식효과를 보여주기 때문에 인명을 죽음에 이르게 할 수가 있다.

② 이산화탄소의 농도가 2%(체적농도)가 되면 호흡심도(呼吸深度)는 1.5배 정도 증가하고, 3%의 농도에 이르면 약 2배 정도의 호흡심도를 보여주는 것으로 알려져 있다.

③ 5% 농도에서는 호흡이 과중해지고 사람에 따라서는 심한 고통을 느끼게 된다.

④ 농도가 대체로 9% 정도 되는 이산화탄소의 분위기 속에서는 거의 모든 사람이 10분 이내에 의식을 잃게 되고, 그 이상의 농도가 되면 의식을 상실하는 시간도 급진적으로 단축된다.

⑤ 약 20%의 농도에서 인사불성이 된 사람은 신속히 조치하지 않는 한 대개 약 20~30분 이내에 사망하게 된다.

3. 황화수소(H_2S)

① 고무, 동물의 털과 가죽 및 고기 등과 같은 물질에는 유황성분이 포함되어 있어, 화재시에는 이들의 불완전연소로 인해 황화수소가 발생한다.

② 약 0.04% 농도의 황화수소 분위기 속에서 30분 이상 호흡하면 위험할 뿐 아니라, 0.08% 정도의 농도에서는 치명적인 위험상태에 빠질 수가 있다.

③ 황화수소는 썩은 달걀에서 나는 것과 같은 특유한 냄새가 있어 쉽게 감지할 수가 있으나, 0.02% 이상의 농도에서는 후각이 바로 마비되기 때문에 불과 몇 회만 호흡하면 전혀 냄새를 맡을 수 없게 되므로 황화수소에 대해서는 냄새가 감지되는 즉시 적절한 방호조치를 취할 필요가 있다.

4. 아황산가스(SO_2)

① 황화수소의 경우처럼 유황이 함유된 물질이 연소하는 화재시에 발생된다. 황화수소의 경우와 달리 유황이 완전히 산화될 때 생성된다.

② 아황산가스는 자극성이 있어 눈 및 호흡기 등의 점막을 상하게 하기 때문에 약 0.05%의 농도에 단시간 노출되어도 위험하다.

③ 동물의 털, 고무 및 나무 등이 탈 때 생성되는 아황산가스는 비교적 양이 적어 크게 위험하지는 않으나 유황을 저장 또는 취급하는 산업시설의 화재시에는 대량 발생할 수 있으므로 주의를 요한다.

5. 암모니아(NH_3)

① 암모니아는 눈, 코, 인후 및 폐에 매우 자극성이 큰 유독성 가스로서 사람들이 그 분위기로부터 본능적으로 피하고자 할 정도로 역한 냄새가 난다.

② 암모니아는 상공업용의 냉동시설에서 냉매로 널리 사용되기 때문에 이런 시설의 화재발생 시 잘못 누출되면 큰 위험을 초래할 수 있다.

③ 대체로 0.25～0.65%의 농도를 가진 암모니아의 분위기 속에서 30분 정도 노출되면 대개 사망하기 쉬우며, 또한 그렇지 않게 된 경우라도 생체의 내부조직에 심한 손상을 입게 되어 매우 위험하게 된다.

6. 시안화수소(HCN)

① 시안화수소(청산가스)는 맹독성의 유독가스로서 대체로 0.3% 이상의 농도에서는 거의 즉사한다. 그러나 다행히도 대부분의 화재에서는 발생량이 매우 적다.

② 목재나 종이류가 탈 때에는 공기 중의 질소가 탄소와 결합하면서 생성되기도 하지만, 주로 질소 함유물로 제조되는 수지류, 모직물 및 견직물이 불완전연소되어 발생하는 경우가 많다.

7. 염화수소(HCl)

① 염화수소는 PVC와 같이 염소가 함유된 수지류가 탈 때 주로 생성되는데, PVC는 전선의 절연재 및 배관재료 등으로 널리 사용되기 때문에 거의 모든 건물에서 볼 수 있는 물질이다.

② 암모니아처럼 염화수소 역시 자극성의 물질로서 사람들이 싫어하는 냄새가 있으며, 약 1,500ppm의 농도에서 호흡하면 불과 몇 분 내에 치명적인 위험을 받을 수가 있다.

③ 염화수소는 금속에 대해 강한 부식성이 있어 콘크리트건물의 철골이 때로는 손상되기도 한다.

8. 이산화질소(NO_2)

① 이산화질소 독성은 매우 커서 대체로 200～700ppm 정도의 농도에 잠시 노출되기만 해도 인체에 치명적이다.

② 이산화질소는 질산셀룰로이즈가 연소 또는 분해될 때 생성되며, 질산암모늄(NH_4NO_3)과 같은 질산염 계통의 무기물질이 포함된 화재에서도 발견된다.

③ 이산화질소를 흡입하면 즉각 인후의 감각신경이 마비되어 그 존재여부를 깨닫지 못하는 경우가 많기 때문에 저도 모르게 방심해버릴 수 있으므로 크게 주의를 요한다.

9. 아크롤레인(CH_2CHCHO)

아크롤레인은 석유제품 및 유지류(油脂類) 등이 탈 때 생성되는데, 너무도 자극성이 크고 맹독이어서 1ppm 정도의 농도만 되어도 견딜 수 없게 될 뿐 아니라, 10ppm 이상의 농도에서는 거의 즉사한다. 다만, 일상적인 화재에서 발생되는 경우가 극히 드물기 때문에 그다지 큰 문제는 되지 않는다.

포스겐($COCl_2$)가스는 맹독성으로 일반적인 물질이 연소할 경우는 거의 생성되지 않는다. 염소가 들어 있는 화합물이 화염과 접촉할 때 발생되며, 소화제인 사염화탄소를 화재시에 사용하여도 발생하여 치사될 위험이 있다. 또한, 할론 104(CCl_4) 소화약제가 공기, 수분, 탄산가스, 산화철, 발연황산 등과 반응하면 포스겐($COCl_2$)가스가 발생한다.

1.9 유류저장탱크 연소시 특성

보일오버 (Boil-Over) 현상	열류층은 화재의 진행과 더불어 점차 탱크 바닥으로 도달하게 되는데 이때 탱크의 저부에 물 또는 물-기름 에멀션이 존재하면 뜨거운 열류층의 온도에 의하여 물이 수증기로 변하면서 급작스러운 부피 팽창(1,700배 이상)에 의하여 유류가 탱크 외부로 분출되게 되는데 이를 Boil-Over 현상이라 한다. Boil-Over 현상이 발생하면 화재가 확대되고 진화작업에 큰 지장을 초래하게 된다.
슬롭오버 (Slop-Over) 현상	중질유와 같이 점성이 큰 유류에 화재가 발생하면 유류의 액표면 온도가 물의 비점 이상으로 올라가게 되는데 이때 소화용수가 뜨거운 액표면에 유입되게 되면 물이 수증기로 변하면서 급작스러운 부피팽창에 의하여 유류가 탱크 외부로 분출되게 되는데 이를 Slop-Over 현상이라 한다. Slop-Over 현상도 화재의 확대 및 진화작업에 장애를 초래하는 요인이 된다.
프로스오버 (Froth-Over) 현상	저장탱크 속의 물이 점성을 가진 뜨거운 기름의 표면 아래에서 끓을 때 화재를 수반하지 않고 기름이 넘쳐흐르는 현상을 말하며, 대개 뜨거운 아스팔트를 물이 들어 있는 탱크 속에 넣을 때 발생한다.

1. 보일오버(Boil-Over)

비교적 넓은 비점 범위를 갖고 있는 원유나 중질유 등의 유류저장탱크에 화재가 발생하여 장시간 진행되면 비점(b · p)이나 비중이 작은 유류표면층에서 먼저 증발연소되고, 비점(b · p)이나 비중이 큰 성분은 가열 축적되어 열류층(Heat Layer)을 형성하게 된다. 이 열류층(열파 : Heat Wave)은 유류 표면에서 밑으로 전달되며, 층의 두께는 연소시간의 경과에 따라 증가한다.

① 고열의 열류층 온도 – 원유 : 150～200℃
　　　　　　　　　　　중질유 : 250℃ 이상

② 열파의 전파속도 – 40～130cm/hr

2. 보일오버 현상의 발생조건

① 탱크 밑부분에 물 또는 수분을 다량 함유한 찌꺼기 등이 있어야 한다.
② 물이 증발할 때 기름거품을 만들기에 충분한 고온 및 고점도의 성질을 가진 유류가 있어야 한다.
③ 열파를 형성하는 유층이 있어야 한다.
④ 오랫동안 화재가 지속되어야 한다.
⑤ 저장탱크가 지붕 등이 없는 개방된 탱크이어야 한다.

3. 슬롭오버(Slop-Over) 현상

유류 화재시 물이나 포소화약제를 방사할 경우 발생할 수 있는 현상이다.
슬롭오버 현상은 유류의 표면에 한정되기 때문에 비교적 격렬하지는 않다.

1. 링 파이어(Ring fire) : 링 파이어란 부상식 지붕(Floating roof) 방식의 위험물 저장탱크 화재시 탱크의 측판과 부판[데트의 실(seal)] 사이에 연소하는 화재를 말한다.
2. 오일 오버(Oil over) 현상 : 유류탱크 내에 저장된 액체위험물의 양이 내용적의 1/2 이하로 충전되어 있을 때 화재로 인하여 저장탱크가 가열되면서 분출력에 의해 탱크가 파열되어 탱크 내의 유류가 외부로 분출하는 현상으로 위험성이 큰 것으로 알려져 있다.
3. 플레어 업(Flare up) : 플레어 업이란 강풍 또는 풍향의 변화에 의해 발생하는 산림화재의 급격하고 폭발적인 연소현상을 말한다.
4. 주염 : 가연성 가스가 연소하면서 바람을 타고 흘리기는 현상을 말하며, 풍속이 강할 때의 불길은 100～150m 정도 미치는 경우도 있다.

1.10 물질의 연소시 발생되는 열에너지원

어떤 물질이 발화하여 연소가 이루어지기 위한 최소에너지를 열원이라 한다. 이러한 열원에는 화학열, 전기열, 기계열, 원자열로 분류할 수 있다.

1. 화학적 에너지(화학열)

연소열 (Heat of Combustion)	연소열은 물질이 완전 산화되는 과정에서 발생되는 열로서 그 물질분자를 구성하는 원자의 종류, 수 및 배열방법에 따라서 다르다.
자연발열 (Spontaneous Heating)	어떤 가연물질이 외부에서 열을 공급받지 아니하고 물질 자체 내의 열 축적만으로 온도가 증가하여 물질의 발화점 이상에서 연소하는 현상을 말한다. 기름걸레를 뭉친 상태에서 방치해두면 자연발열에 의해 발화할 수 있으나, 자연발화할 수 있는 기름걸레를 빨랫줄에 가지런히 걸어 놓으면 공기의 유통에 의해 열이 제거되므로 자연발열이 일어나지 않는다.
분해열 (Heat of Decomposition)	화합물이 분해할 때 발생하는 열을 말한다. 분해열을 발생할 수 있는 화합물의 특성은 그 화합물이 합성될 때의 열은 흡열반응물질이며, 흡열반응물질은 보통 불안정한 경우가 많다. 특정온도 이상으로 가열되어 분해가 되면 열을 방출하면서 분해를 계속한다.
용해열 (Heat of Dissolution)	어떤 물질이 액체에 용해될 때 발생되는 열로서 물질의 화재를 발생시킬 만큼 위험하지는 않다. 농황산과 같이 물에 희석할 때 열이 발생되는데 물질 자신은 타지 않고 주위의 가연물을 연소시킬 위험이 있다. 반면, 질산암모늄은 물에 용해되면 열을 흡수한다.

2. 전기적 에너지(전기열)

저항열 (Resistance Heating)	도체에 전류가 유동하면 물질의 원자구조 특성에 의한 전기저항 때문에 전기에너지가 일부의 열에너지로 바뀐다. 이때 열의 발생속도는 저항 및 전류의 제곱에 비례한다. 저항열의 가열효과는 주변으로 발산하는 열량의 크기에 좌우되므로 나선은 절연피복보다 가열효과가 적다. 백열전구에서의 열의 발생은 전구의 필라멘트 저항에 기인한다.
유도열 (Induction Heating)	도체 주위의 자장변화에 의해 전위차가 발생하며 이 전위차로 인해 전류의 흐름이 발생된다. 또 전류에 대한 저항 때문에 저항열이 발생한다. 이것은 자장의 변화에 의해 발생된 것이므로 유도열로 볼 수가 있다. 교류전류가 유동하는 전선 주변에 다른 전선이 있을 경우 그 사이에는 유도전류에 의해 저항열이 발생되나, 이것은 원칙적으로 유도에 의해서 발생되는 것이므로 유도열이라 할 수 있다.

유전열 (Dielectric Heating)	보통 절연물질은 완벽한 절연능력을 갖지 못하므로 절연물질에 약한 전류가 흐르게 된다. 이런 전류를 누설전류라 한다. 열의 발생견지에서 보면 누설전류에 의한 열은 별로 중요한 것은 아니지만, 절연물질의 재질이 적합하지 못하거나 콘덴서 용량증대를 위해서 매우 얇은 절연체를 사용하게 되면 누설전류가 커져 절연물을 가열하여 절연이 파괴된다. 보통 고주파의 교류에서 이러한 현상이 더욱 두드러진다.
정전기열 (Static Electricity Heating)	서로 다른 두 물체를 마찰시키게 되면 그 물체는 전기를 띠게 되는데 이것을 마찰전기라 하며, 각각의 물체에는 양전기와 음전기의 2종류로 대전된다. 이와 같이 어떤 물체가 양전기나 음전기만을 띠는 대전체로서 외부에 나타나는 전기적 현상을 정전기(Static Electricity)라 한다. 정전기의 특징은 그 시간이 짧고 발생되는 열도 많지 않으므로 종이와 같은 가연물은 점화시키기 어려우나, 인화성 기체나 가연성 분진은 쉽게 점화시킬 수 있다. 석유화학공장에서는 석유와 같은 유체를 배관 내로 송유하므로 정전기가 발생할 우려가 있다. 정전기에 의해 주위의 인화성 증기가 발화되어 폭발되는 경우가 있으므로 유의하여야 한다.
아크열 (Heat from Arcing)	아크열은 나이프 스위치에 의하여 또는 접점이 느슨하여 전류가 단절될 때 발생한다. 아크는 온도가 상당히 높기 때문에 방출된 열에 의해 가연성 및 인화성 물질을 발화시킬 수 있다.
낙뢰에 의한 열 (Heat Generated by Lighting)	번개는 구름에 축적된 전하가 다른 구름이나 지상과 같은 반대전하에 대한 방전현상으로 지상이나 구름을 통과할 때 저항이 큰 물질에서 많은 양의 열을 발생시킨다

3. 기계적 에너지(기계열)

마찰열 (Frictional Heat)	두 물체의 마찰에 의해 기계적 에너지가 얼마의 열로 변화되는가 또는 열의 발생속도에 의해 결정된다. 예를 들면 그라인더에서 발생되는 불꽃이나 벨트와 도르래 사이에서 발생되는 열 등이 여기에 속한다.
압축열 (Heat of Compression)	기체를 압축시키면 열이 발생되는데 이것은 기체분자 간의 충돌횟수가 증가되어 내부에너지의 증가를 가져오며 결국 주위온도를 증가시켜 점화원의 역할을 한다. 예를 들어 디젤엔진의 경우 압축에 의하여 발생되는 열로 인해 연료와 공기의 혼합가스가 점화된다.
마찰스파크 (Friction Spark)	금속물체와 다른 고체물체가 충돌하여 충돌된 금속입자가 순간적으로 높은 열이 생성되어 스파크(Spark)가 일어나는 것을 말하며, 불이 일어나는 경우도 있다. 철제공구가 콘크리트 바닥에 떨어지면 마찰스파크가 발생되는데 보통 철제공구의 마찰스파크는 약 1,370℃에 이른다.

1. 물질의 위험성을 나타내는 성질

① 온도가 높을수록 위험하다.
② 압력이 클수록 위험하다.
③ 인화점·착화점(발화점)·융점·비점이 낮을수록 위험하다.
④ 연소범위가 넓을수록 위험하다.
⑤ 연소속도·증기압·연소열이 클수록 위험하다.
⑥ 증발열·비열·표면장력이 작을수록 위험하다.
⑦ 비중이 작을수록 위험하다.

2. 연소이론과 관련한 기초개념 및 법칙

① 물질 : 부피와 질량을 가지며 우리들의 감각에 따라 그 존재를 알 수 있는 것이다.
　㉠ 기체 : 모양과 부피가 자유롭게 변화되는 상태이다(회전, 병진, 진동운동).
　㉡ 액체 : 모양은 변화되나 부피는 일정하다(진동, 회전운동).
　㉢ 고체 : 모양과 부피가 일정하다(진동운동).
② 원소 : 화학적으로 독특한 성질을 갖는 것으로 둘 또는 그 이상의 순수한 물질로 나눌 수 없는 물질을 말한다.
③ 원자 : 원소를 구성하고 있는 화학적 성질을 유지하는 물질의 기본적인 최소입자를 말한다.
　㉠ 구조 : 전자(−)와 핵(+)으로 구성되어 있다.
　㉡ 원자핵은 질량이 거의 같은 양성자와 중성자로 이루어져 있다.
④ 분자 : 여러 원소들의 집합체로 많은 화합물들을 만든다.
⑤ 흡열성 화학반응(흡열반응) : 열이 주위로부터 반응계로 흐르는 반응으로 새로운 물질의 에너지(생성물질의 에너지)가 반응물질 자체가 가지고 있는 에너지(반응물질의 에너지)보다 크며, 에너지(열)가 흡수되는 것을 말한다(반응물질에너지 < 생성물질에너지).
⑥ 발열성 화학반응(발열반응) : 열이 반응계로부터 주위로 흐르는 반응으로 새로운 물질의 에너지(생성물질의 에너지)가 반응물질 자체가 가지고 있는 에너지(반응물질의 에너지)보다 적으며, 에너지(열)가 발산되는 것을 말한다(반응물질에너지 > 생성물질에너지).
⑦ 질량보존의 법칙(질량불변의 법칙) : 화학반응 전후에서 반응물질의 전 질량과 생성물질의 전 질량은 동일하다는 법칙이다.
⑧ 에너지보존의 법칙 : 에너지는 형태를 바꾸거나 물체에서 물체로 옮기거나 해도 전체 양은 같다는 법칙이다. 에너지의 전환이 발생하더라도 전후의 에너지 합은 항상 일정하다.
⑨ 일정성분비의 법칙(정비례의 법칙) : 화합물을 구성하는 각 원소의 질량비는 항상 일정하다는 법칙이다.
⑩ 배수비례의 법칙 : 2종류의 원소가 화합하여 2종류 이상의 화합물을 생성할 때 한 원소의 일정량과 결합하는 다른 원소의 질량비는 간단한 정수비가 성립한다는 법칙이다.
⑪ 줄의 법칙 : 저항체에 흐르는 전류의 크기와 이 저항체에서 단위시간당 발생하는 열량과의 관계를 나타낸 법칙이다.

열에너지원(Energy Sources)의 종류

1. **화학적 열에너지**
   ① 연소열 : 어떤 물질이 완전히 산화되는 과정에서 발생하는 열
   ② 분해열 : 화합물질이 분해할 때 발생하는 열
   ③ 용해열 : 어떤 물질이 액체에 용해될 때 발생하는 열(농황산)
   ④ 생성열 : 발열반응에 의해 화합물질이 생성할 때의 열
   ⑤ 자연발열 : 어떤 물질이 외부로부터 열의 공급을 받지 아니하고 온도가 상승하는 현상
2. **전기적 열에너지**
   ① 유도열 : 도체 주위에 자장이 존재할 때 전류가 흘러 발생하는 열
   ② 유전열 : 누설전류에 의한 절연물질이 파괴되어 발생하는 열
   ③ 저항열 : 도체에 전류가 흘렀을 때 전지저항에 의하여 발생하는 열
   ④ 아크열 : 전류가 흐르는 회로의 접촉 또는 접점이 느슨하여 전류가 단락할 때 발생하는 열
   ⑤ 정전기열 : 전하량이 축전된 전하가 다른 구름이나 반대전하를 가진 지면으로 방전하여 발생하는 열
   ⑥ 낙뢰열 : 구름에 축전된 저하가 다른 구름이나 반대전하를 가진 지면으로 방전하여 발생하는 열
3. **기계적 열에너지원**
   ① 마찰열 : 두 물체의 마찰에 의한 저항현상으로 발생하는 열
   ② 마찰스파크 : 금속물체와 다른 고체물체가 충돌할 때 발생하는 열
   ③ 압축열 : 기체를 급격히 압축할 때 발생하는 열
4. **원자력 에너지**
   원자핵 중성자 입자를 충동시킬 때 발생하는 열

Chapter 1 연습문제

1.1 연소의 정의

01 다음은 완전연소의 조건이다. 틀린 것은?

① 충분한 연료와 산소가 있어야 한다.
② 산소의 공급에 비해 가연물 공급이 많아야 한다.
③ 연소반응이 시작되기 위한 충분한 온도가 필요하다.
④ 연소반응이 완결되기 위한 충분한 체류시간이 필요하다.

02 연소와 관계 깊은 화학반응은?

① 산화반응 ② 환원반응
③ 치환반응 ④ 중화반응

1.2 연소의 3요소

03 다음 물질 중 산소와 반응하는 물질은?

① 아르곤 ② 질소
③ 이산화탄소 ④ 규조토

04 산소공급원 역할을 하는 물질과 거리가 먼 것은?

① 공기 ② 산화성 물질
③ 환원성 물질 ④ 자기연소성 물질

05 다음 설명 중 틀린 것은?

① 발화점이 낮을수록 위험성이 높다. ② 분자구조가 복잡할수록 위험성이 높다.
③ 활성화에너지가 클수록 위험성이 높다. ④ 압력이 클수록 위험성이 높다.

06 그림에 표현된 불꽃연소의 기본요소 중 ( )에 해당되는 것은?

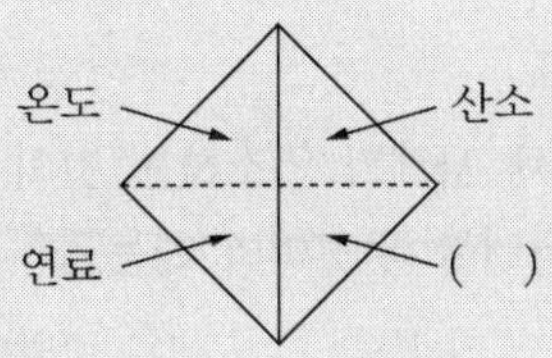

① 열분해 증발고체
② 기체
③ 순조로운 연쇄반응
④ 풍속

07 연소의 3요소 중 점화원(발화원)의 분류로서 기계적 착화원으로만 되어 있는 것은?

① 충격, 마찰, 기화열
② 고온표면, 열방사선
③ 단열압축, 충격, 마찰
④ 나화, 자연발열, 단열압축

08 직쇄 탄화수소계열의 분자량과 발화온도와의 관계를 설명한 것이다. 옳은 것은 다음 중 어느 것인가?

① 분자량과 발화온도와는 관계가 없다.
② 분자량 또는 탄소 쇄의 길이가 길수록 일반적으로 발화온도가 높다.
③ 분자량 또는 탄소 쇄의 길이가 길수록 발화온도는 낮다.
④ 분자량이 어느 수준 이상이거나 이하이면 발화온도는 높다.

09 다음 중 가연성 물질과 관계가 없는 것은?

① 마그네슘
② 아르곤
③ 우라늄
④ 일산화탄소

10 가연성 가스이면서도 독성 가스인 것으로만 된 것은?

① 메탄, 에틸렌
② 불소, 벤젠
③ 이황화탄소, 염소
④ 황화수소, 암모니아

11 질소를 불연성 가스로 취급하는 이유 중 가장 적당한 것은?

① 질소는 어떠한 물질과도 화합하지 아니하므로
② 질소는 산소와 화합하나 흡열반응을 하기 때문에
③ 질소는 산소와 산화반응을 하므로
④ 질소는 산소와 같이 공기성분으로 산소와 화합할 수 없기 때문에

1.3 연소의 형태

12 액체 가연물이 연소할 때 액체 자체가 연소하는 것이 아니라 액체 표면에서 발생된 증기가 연소하는 특징을 가진 연소형태를 무엇이라 하는가?

① 확산연소　② 증발연소
③ 분해연소　④ 표면연소

13 다음과 같은 특징을 가진 연소형태와 관계가 먼 것은?

> ㉠ 불꽃은 있으나 불티는 없다.
> ㉡ 폭발을 수반한다.
> ㉢ 공기 중으로 퍼져가면서 산소와 접촉하는 부분부터 불꽃을 내면서 연소한다.
> ㉣ 기체연소의 대표적인 형태이다.

① 불꽃연소　② 확산연소
③ 증발연소　④ 발염연소

14 다음과 같은 특징의 연소형태는 무엇인가?

> ㉠ 고체 가연물의 표면에서 산소와 반응하여 연소하는 현상이다.
> ㉡ 불꽃 없이 연소한다.
> ㉢ 발염을 동반하지 않기 때문에 무염연소라고도 한다.
> ㉣ 코크스, 목탄, 금속분(마그네슘 등) 등의 연소가 여기에 속한다.

① 표면연소　② 분해연소
③ 증발연소　④ 자기연소

15 황, 파라핀, 나프탈렌 등과 같은 고체 가연물의 연소형태로 옳은 것은?

① 표면연소　② 분해연소
③ 증발연소　④ 자기연소

16 다음 설명 중 옳은 것은?

① 물질의 발화점과 인화점은 밀접한 관계가 있다.
② 물질의 발화점과 연소점은 밀접한 관계가 있다.
③ 물질의 인화점과 연소점은 밀접한 관계가 있다.
④ 물질의 인화점, 발화점, 연소점은 서로 아무런 관계가 없다.

17 수소 등의 가연성 가스가 공기 중에서 산소와 혼합하면서 발염연소하는 연소형태를 무엇이라 하는가?

① 분해연소 ② 확산연소
③ 자기연소 ④ 증발연소

18 공기 중에서 물질이 불꽃을 내면서 연소하는 현상과 관계없는 것은?

① 분해연소 ② 증발연소
③ 확산연소 ④ 표면연소

19 가연성 액체의 위험도는 보통 무엇을 기준으로 하여 결정하는가?

① 착화점 ② 인화점
③ 연소범위 ④ 비등점

20 분해연소를 하는 물질은?

① 가솔린 ② 알코올
③ 종이 ④ 도시가스

1.4 연소의 양상

21 불꽃연소와 표면연소에 대한 설명이다. 옳지 못한 것은?

① 불꽃연소는 단위시간당 발열량이 많다.
② 표면연소는 무염연소라 한다.
③ 표면연소는 연쇄반응을 발생시킨다.
④ 불꽃연소는 발염연소로 기체 가연물의 전형적인 연소형태이다.

22 다음은 연소에 대한 설명들이다. 옳지 못한 것은?

① 작열연소는 응축상태에서의 연소라 한다.
② 산소의 공급이 충분한 상태에서의 연소를 완전연소라 한다.
③ 연소시의 기상조건이 양호하여 정상적으로 연소가 이루어지는 경우를 정상연소라 한다.
④ 불완전연소시 연소생성물은 이산화탄소, 수증기 등이다.

1.5 연소의 특성

23 다음은 연소속도에 대한 설명이다. 옳은 것은?

① 연소시 화염이 미연소 혼합가스에 대하여 수평으로 이동하는 속도이다.
② 연소속도는 압력이 높을수록 감소한다.
③ 불연성 물질의 농도가 증가하여 연소속도가 저하된다.
④ 열이 증가하면 연소속도는 감소한다.

24 다음은 플래시오버에 관련된 설명이다. 옳지 못한 것은?

① 개구율은 플래시오버에 영향을 미친다.
② 실의 형태는 플래시오버에 이르는 시간(F·O·T)에 많은 영향을 미친다.
③ 플래시오버는 천장재보다 벽재가 크게 영향을 받는다.
④ 건축물 실내화재에서 볼 수 있는 현상이다.

25 다음과 같은 건축물구조의 연소속도의 비를 순서적으로 옳게 나열한 것은?

㉠ 내화구조	㉡ 방화구조	㉢ 목조구조

① 1 : 2 : 3　② 1 : 3 : 5　③ 1 : 5 : 7　④ 1 : 7 : 9

26 다음에서 폭연현상과 관련이 없는 것은?

① 폭연은 폭굉으로 전이될 수 있다.
② 화염의 전파속도가 음속보다 느리게 이동하는 경우이다.
③ 연소시의 정압에 충격파의 동압을 받아 파괴효과가 증가하게 된다.
④ 온도, 압력, 밀도의 변화가 연속적이다.

27 다음과 관련된 현상은 무엇인가?

㉠ 압력파 또는 충격파가 미반응 매질속으로 음속보다 빠르게 이동하는 경우이다.
㉡ 화염의 전파속도가 1,000~3,500m/s 정도로 빠르게 나타난다.
㉢ 발생되는 압력은 약 1,000kgf/cm^2 정도이다.
㉣ 연소시의 정압에 충격파의 동압을 받아 파괴효과가 증가하게 된다.
㉤ 온도, 압력, 밀도의 변화가 불연속적으로 나타난다.

① 폭굉　② 폭연　③ 폭심　④ 폭압

28 폭발의 종류를 원인물질별로 구분하면 기상폭발과 응상폭발이 있다. 다음 중 응상폭발에 해당하는 것은?

① 가스폭발 ② 분진폭발
③ 분해폭발 ④ 증기폭발

29 가스폭발의 조건으로 틀린 것은?

① 가연성 가스이어야 한다.
② 가스의 농도가 폭발범위 내에 존재하여야 한다.
③ 점화원이 있어야 한다.
④ 개방된 탱크이어야 한다.

30 분진폭발에 대한 설명으로 옳지 못한 것은?

① 가연성 고체의 미분이 공기 중에 부유하고 있을 때에 어떤 착화원에 의해 에너지가 주어지면 폭발하는 현상이다.
② 분진폭발을 일으키는 분진입자의 크기는 약 100미크론(μ) 이하이다.
③ 분진 속에 존재하는 수분은 폭발성에 영향을 주지는 아니한다.
④ 시멘트 가루, 대리석 가루 등은 분진폭발을 일으키지 않는다.

31 분진폭발에 영향을 미치는 인자에 대한 설명이다. 틀린 것은?

① 입자가 작을수록 폭발이 용이해진다.
② 휘발성분이 많을수록 폭발하기가 쉽다.
③ 분진의 형상이 둥글수록 폭발성이 강하다.
④ 공기 중에서 부유성이 클수록 위험성이 커진다.

32 다음은 정전기 방지대책이다. 틀린 것은?

① 상대습도를 70% 이상으로 높인다. ② 접지저항시설을 한다.
③ 전기의 부도체를 사용한다. ④ 물질 속에 이물질을 제거한다.

33 보통 화재에서 암적색의 불꽃의 온도는 섭씨 몇 ℃ 정도인가?

① 525℃ ② 750℃
③ 925℃ ④ 1,075℃

34 폭발 발생원인 중 물리적 또는 기계적 원인인 것은?

① 증기운(Vapor Cloud) 폭발 ② 압력방출에 의한 폭발

③ 분해폭발 ④ 석탄분진의 폭발

35 화재시 건물 내 화재 성장기까지의 경과시간에 대한 길고 짧음과 플래시오버의 온도에 영향을 주지 않는 것은?

① 실내의 내장재료 ② 실의 내표면적
③ 창문 등의 개구부 크기 ④ 내장재료의 경도

36 다음 중 BLEVE 현상을 설명한 것은 어느 것인가?

① 물이 점성의 뜨거운 기름 표면 아래서 끓을 때 화재를 수반하지 않고 Over Flow되는 현상
② 물이 연소유의 뜨거운 표면에 들어갈 때 발생하는 Over Flow 현상
③ 탱크바닥에 물과 기름의 에멀션이 섞여 있을 때 물의 비등으로 인하여 급격하게 Over Flow되는 현상
④ 과열상태의 탱크에서 내부의 액화가스가 분출하여 기화되어 착화되었을 때 폭발하는 현상

37 중합반응을 일으키는 물질은 어느 것인가?

① 산화에틸렌 ② 시안화수소
③ 아세틸렌 ④ 과산화물

1.6 연소시 발생되는 이상현상

38 다음과 같은 원인에 의해 발생될 수 있는 현상은?

> ㉠ 가스량이 정상 때보다 적을 때
> ㉡ 혼합기체의 양이 너무 작을 때
> ㉢ 버너가 오래되어 노즐의 부식 등으로 분출구멍이 커지는 경우
> ㉣ 연소속도보다 가스의 분출속도(공급속도)가 작을 때

① 역화현상 ② 선화현상
③ 블로우오프현상 ④ 불완전연소

39 가스의 분출속도가 크거나 공기의 유동이 너무 강하여 불꽃이 노즐에서 정착하지 않고 떨어지게 되어 꺼져버리는 현상을 무엇이라 하는가?

① 역화현상 ② 선화현상
③ 블로우오프현상 ④ 플래시오버현상

40 선화(Lifting)현상이란?

① 불꽃이 연소기 내로 전파되어 연소하는 현상
② 가스의 분출속도(공급속도)보다 연소속도가 클 때 발생된다.
③ 가스공급량보다 공기의 공급량이 부족할 때 발생된다.
④ 역화(Back Fire)의 반대현상이다.

1.7 물질의 연소시 열 특성

41 다음은 비열에 대한 설명이다. 틀린 것은?

① 1g(kg)의 물체를 1℃만큼 상승시키는 데 필요한 열량[cal(kcal)]
② 물이 소화약제로 사용되는 이유 중의 하나가 다른 물질에 비해 비열이 크기 때문이다.
③ 물의 비열은 1(kcal/kg · ℃)이다.
④ 물의 비열은 다른 물질에 비해 대개 적다.

42 열에 의한 화상에는 그 정도에 따라 1도, 2도, 3도로 분류된다. 2도 화상의 특징으로 옳은 것은?

① 화상부위가 빨간 색깔을 띤다.
② 분비물이 피하에 모여 물집이 생기는 증세이다.
③ 말초신경까지 손상을 입어 그 기능이 죽은 상태이다.
④ 피부가 탄화된다.

43 열전달방법 중 다음의 내용에 해당하는 것은?

㉠ 동일한 물질 상호간의 열의 이동이다.
㉡ 물질의 각 분자가 지니고 있는 운동에너지가 인접한 분자에 이동해 나가는 현상이다.
㉢ 물질의 분자들은 진동만 일어나며 이동은 수반하지 않는다.

① 전도 ② 대류
③ 복사 ④ 비화

44 복사열이 통과할 때 복사열이 흡수되지 않고 아무런 손실 없이 통과되는 것은?

① 질소 ② 탄산가스
③ 아황산가스 ④ 수증기

45 다음 중 복사에 대한 내용을 모두 고르시오.

> ㉠ 고체의 열전달방법이다.
> ㉡ 유체의 온도변화가 발생하여 유체 서로가 이동하는 현상이다.
> ㉢ 물질을 매개체로 하지 않는 열전달현상이다.
> ㉣ 서로 떨어져 있는 두 물체 사이에 열에너지가 전자파형태로 물체에 전열된다.
> ㉤ 물질 내부에 온도차가 있을 때 온도가 높은 곳에서 낮은 곳으로 물질 내부를 이동한다.
> ㉥ 화재시 열의 이동에 가장 크게 작용하는 열이동방식이다.
> ㉦ 완전 진공상태에서는 열은 전달되지 않는다.
> ㉧ 일직선으로 이동을 한다.

① ㉠, ㉡, ㉢, ㉣　② ㉡, ㉣, ㉦
③ ㉢, ㉣, ㉥, ㉧　④ ㉣, ㉤, ㉧

46 1g의 물체를 1℃만큼 온도를 상승시키는 데 필요한 열량을 나타내는 것은?

① 잠열　② 복사열
③ 비열　④ 현열

47 증기-공기밀도(Vapor-Air Density)를 바르게 나타낸 것은? (IP : 대기압, P : 주변온도에서의 대기압, d : 증기밀도)

① $\frac{IP+P}{IP}+\frac{IP+d}{IP}$　② $\frac{IPd}{IP}+\frac{IP+d}{IP}$
③ $\frac{Pd}{IP}+\frac{IP-P}{IP}$　④ $\frac{P+d}{IP}+\frac{IP-P}{IP}$

1.8 연소생성물의 종류 및 유해작용

48 연소가스 중 가장 많은 양을 차지하고 있으며 가스 그 자체의 독성은 거의 없으나 다량이 존재할 경우, 사람의 호흡속도를 증가시키고, 이로 인하여 화재가스에 혼합된 유해가스의 혼입을 증가시켜 위험을 가중시키는 가스는?

① CO　② CO_2
③ SO_2　④ NH_3

49 약 700℃에서 폴리염화비닐(PVC)의 연소시에 생성되는 가스 중 그 영향이 가장 적은 것은?

① HCl ② CO_2

③ CO ④ NH_3

50 건물 내부에 화재가 발생하여 연기로 인한 의식불명 또는 질식을 가져오는 유해성분은 어느 것인가?

① CO ② CO_2

③ H_2 ④ H_2O

51 다음 기체 중 인체의 폐에 가장 큰 자극을 주는 것은?

① CO_2 ② H_2

③ CO ④ N_2

52 일반 고체가연성 물질의 연소시 발생하는 물질 중 가장 거리가 먼 것은 어느 것인가?

① CO_2 ② CO

③ SO_2 ④ CCl_4

53 화재시 발생되는 독성가스 중에서 달걀 썩는 냄새가 나는 특징이 있는 것은 어느 것인가?

① H_2S ② HCl

③ HCN ④ SO_2

54 연소의 주요생성물을 분류하면 크게 4종류로 구분할 수 있다. 이에 해당되는 것은?

① 연소가스, 불꽃, 열, 연기

② 연기, 불꽃, 열, 산소

③ 연소가스, 불꽃, 연기, 암모니아

④ 연소가스, 일산화탄소, 불꽃, 열

55 화재시 발생하는 연소가스 중에서 유황분이 포함되어 있는 물질의 불완전연소에 의하여 발생하는 가스는?

① H_2SO_4 ② H_2S

③ SO_2 ④ $PbSO_4$

1.9 유류저장탱크의 연소시 특성

56 다음의 현상을 무엇이라 하는가?

> 중질유 화재가 발생하면 유류의 액표면 온도가 물의 비점 이상으로 올라가게 되는데, 화재진화를 위해 소화용수가 뜨거운 액표면에 유입되게 되면 물이 수증기로 변하면서 급작스러운 부피팽창에 의하여 유류가 탱크 외부로 분출하는 현상을 말한다.

① 보일오버 현상
② 슬롭오버 현상
③ 프로스오버 현상
④ 블레비 현상

57 유류저장탱크의 화재 중 열류층을 형성하여 화재의 진행과 더불어 열류층이 점차 탱크 바닥으로 도달해 탱크저부에 물 또는 물-기름 에멀션이 수증기로 변해 부피팽창에 의해 갑작스런 탱크 외부로의 유류분출을 발생시키면서 화재를 확대시키는 현상은?

① 보일오버(Boil-Over)현상
② 슬롭오버(Slop-Over)현상
③ 프로스오버(Froth-Over)현상
④ 플래시오버(Flash-Over)현상

58 유류를 저장한 상부개방 탱크의 화재에서 일어날 수 있는 특수한 현상들에 속하지 않는 것은?

① 플래시오버(Flash-Over)현상
② 보일오버(Boil-Over)현상
③ 슬롭오버(Slop-Over)현상
④ 프로스오버(Froth-Over)현상

59 보일오버(Boil-Over) 현상이 발생하는 조건이 아닌 것은?

① 화염이 된 탱크의 기름이 열파를 형성하는 기름일 것
② 탱크 일부분에 물이 있을 것
③ 순수한 기름만 있는 탱크에 분말을 주입할 것
④ 탱크 밑부분의 물이 증발에 의하여 거품을 생성하는 고점도를 가질 것

1.10 물질의 연소시 발생되는 열에너지원

60 다음 중 열에너지원(Heat Energy Sources)이 아닌 것은?

① 화학열
② 화염열
③ 전기열
④ 기계열

61 어떤 물질이 완전히 산화되는 과정에서 발생하는 열은?

① 분해열 ② 연소열
③ 용해열 ④ 자연발열

62 분해열(分解熱)에 대한 설명이다. 맞는 것은?

① 화합물이 분해될 때 발생하는 열을 말한다.
② 고체가 승화할 때 발생하는 열을 말한다.
③ 액체가 기화될 때 발생하는 열을 말한다.
④ 어떤 물질이 물에 용해될 때 흡수되는 열을 말한다.

63 열에너지원 중 전기에너지에는 여러 가지의 발생원인이 있다. 다음 중 전기에너지원의 발생원인에 속하지 않는 것은 어느 것인가?

① 저항가열 ② 마찰스파크
③ 유도가열 ④ 유전가열

64 도체 주위에 변화하는 자장이 존재하거나 도체가 자장 사이를 통과하여 전위차가 발생하고, 이 전위차에 전류의 흐름이 일어나 도체의 저항에 의하여 열이 발생하는 것은 다음 중 어떤 가열인가?

① 저항가열 ② 유전가열
③ 유도가열 ④ 누설전류가열

65 열원은 화학열, 전기열, 기계열, 원자열로 분류할 수 있는데 다음 중 화학열이라고 볼 수 없는 것은 어느 것인가?

① 자연발열 ② 압축열
③ 연소열 ④ 분해열

CHAPTER

2 화재의 분류 및 성상

2.1 화재의 의의

1. 화재의 개념

(1) 화재란 사람의 의도에 반하여 혹은 방화에 의하여 발생하여 소화의 필요가 있는 연소현상으로서 이를 소화할 때에는 소화시설 또는 이와 같은 정도의 효과 있는 것의 이용을 필요로 하는 것을 말한다. 단적으로 가연성의 물질이 의도에 반하여 연소함으로써 손실을 발생시키는 것이다.

(2) 화재는 불에 의한 재앙을 말하며, 인간에게 해로운 불을 말한다.

2. 불의 개념

화재의 주체인 불이란 가연성 물질과 공기 중의 산소가 산화반응을 하여 열과 빛을 발생하는 연소현상을 의미한다.

1. 화재의 정의

① 자연 또는 인위적인 원인에 의하여 불이 물체를 연소시키고 인명과 재산의 손해를 주는 현상
② 불이 그 사용목적을 넘어 다른 곳으로 연소하여 사람들의 예상치 않은 경제상의 손해를 발생하는 현상
③ 사람의 의도에 반하여 출화 또는 방화에 의하여 불이 발생하고 확대되는 현상
④ 불을 사용하는 사람의 부주의와 불안정한 상태에서 발생되는 것
⑤ 실화, 방화로 발생하는 연소현상

참고 사람에게 유익하지 못한 해로운 불. 단, 인간에게 이로운 불은 화재라 할 수 없다.

2. 화재의 일반적 특성

① 확대성 ② 불안정성 ③ 우발성

1. 화재의 정의

① 과학상의 화재 : 가연물이 공기 중의 산소와 화합하여 열과 빛을 발하는 급속한 산화반응현상
② 형법상의 화재 : 불을 놓아 매개물에 독립하여 연소되는 것
③ 민사상의 화재 : 고의 또는 중과실로 인하여 타인에게 손실을 입히는 화재로 불법행위의 요건에 해당하는 화재
④ 소방상의 화재 : 소화하기 위하여 소화시설 또는 이와 동등한 효과가 있는 물건을 이용할 필요가 있는 화재

2. 화재의 3요소

소방상 화재의 성립요건이란 다음의 3요소를 말한다.
① 인간의 의도에 반하여 또는 방화에 의하여 발생하여야 한다. 즉, 사회일반의 의사에 반하여 발생하고 연소확대되어야 한다.
② 사회공익을 해치거나 인명 및 경제적 손실을 수반하기 때문에 이를 방지하기 위하여 소화할 필요성이 있는 연소현상이어야 한다.
③ 소화시설 또는 이와 동등한 효과가 있는 물건을 이용할 필요가 있어야 한다.

2.2 화재 발생원인별 발생건수 및 피해

화재 발생원인에서 전기로 인한 화재발생이 가장 큰 비중을 차지한다. 화재 발생원인별 인명피해는 유류에 의한 화재가 많으며, 다음은 방화에 의한 화재발생으로 인명피해가 증가하고 있다.

화재 발생원인

화재는 여러 가지의 요소가 다른 경과를 거쳐 발생한다. 이것을 대별하면 인위적으로 발생하는 화재는 화기, 가연물 취급부주의와 같은 실화와 고의적인 방화로 나눌 수 있다. 또한 자연적으로 발생하는 화재는 낙뢰, 화학변화, 지진 및 분화 등에 의한 것이 있다.

2.3 연소대상물에 대한 화재의 종류

화재의 종류는 가연물의 종류와 성상, 대상물의 종류 등에 따라 구분하여 정하고 있다.

1. 일반화재(A급 화재 : 백색)

(1) 일반화재의 정의

① A급 화재로서 산소와 친화력이 강한 물질에 의한 화재이며, 생성된 연기가 백색이고, 연소 후 재를 남길 수 있는 대상물 화재를 말한다.

② 면화류, 목모 및 대패밥, 넝마, 종이, 볏짚, 사류, 고무, 석탄, 목탄, 목재가공품 등의 특수가연물과 폴리에스테르, 폴리아크릴, 폴리아미드계의 합성섬유, 페놀, 멜라민, 규소, 폴리에틸렌, 폴리우레탄 등의 합성수지에 의한 화재이며, 물 또는 물을 포함하는 액체의 냉각작용이 가장 중요한 소화방법인 일반 가연물의 화재이다.

③ 일반화재는 다른 종류의 화재에 비해 발생빈도 및 피해액이 가장 많으며, 생활주변에서 흔히 볼 수 있는 화재이다.

(2) 일반화재 발생원인

일반화재는 아파트, 주택, 공장, 시장, 백화점, 고층건물 등에서 많이 발생되며, 유류, 전기 등의 취급부주의로 발생되는 등 발생원인은 다양하다.

① 불을 사용·취급하는 시설의 취급부주의로 인한 화재

② 타다 남은 불티에 의한 화재

③ 담뱃불의 취급부주의로 인한 화재

④ 어린이들의 불장난에 의한 화재

⑤ 유류 및 전기로 인한 주택·공장 화재

⑥ 개인의 감정에 의한 방화

2. 유류화재(B급 화재 : 황색)

(1) 유류화재의 정의

유류화재는 특수인화물류, 제4류 위험물의 제1석유류, 제2석유류, 제3석유류, 제4석유류, 알코올류, 동식물유류 등으로 인한 화재를 말하며, 화재 성장속도가 일반화재보다 빠르다. 그리고 연기색은 흑색이며, 연소 후에는 재를 남기지 않는다.

특수인화물류	이황화탄소(CS_2), 다이에틸에테르($(C_2H_5)_2O$) 그 밖에 1기압에서 발화점이 100℃ 이하인 것 또는 인화점이 −20℃ 이하이고 비점이 40℃ 이하인 것을 말한다.
제1석유류	아세톤, 휘발유 그 밖에 1기압에서 인화점이 21℃ 미만인 것을 말한다.
제2석유류	등유, 경유 그 밖에 1기압에서 인화점이 21℃ 이상 70℃ 미만인 것을 말한다. 다만, 도료류 그 밖의 물품에 있어서 가연성 액체량이 40중량퍼센트 이하이면서 인화점이 40℃ 이상인 동시에 연소점이 60℃ 이상인 것은 제외한다.
제3석유류	중유, 클레오소트유 그 밖에 1기압에서 인화점이 70℃ 이상 200℃ 미만인 것을 말한다. 다만, 도료류 그 밖의 물품은 가연성 액체량이 40중량퍼센트 이하인 것은 제외한다.
제4석유류	기어유, 실린더유 그 밖에 1기압에서 인화점이 200℃ 이상 250℃ 미만의 것을 말한다. 다만, 도료류 그 밖의 물품은 가연성 액체량이 40중량퍼센트 이하인 것은 제외한다.
알코올류	분자를 구성하는 탄소원자의 수가 1개부터 3개까지인 포화1가 알코올(변성 알코올을 포함)을 말한다. 다만, 다음에 해당하는 것은 제외한다. ① 1분자를 구성하는 탄소원자의 수가 1개 내지 3개의 포화1가 알코올의 함유량이 60중량퍼센트 미만인 수용액 ② 가연성 액체량이 60중량퍼센트 미만이고 인화점 및 연소점(태그개방식 인화점측정기에 의한 연소점을 말함)이 에틸알코올 60중량퍼센트 수용액의 인화점 및 연소점을 초과하는 것
동식물유류	동물의 지육 등 또는 식물의 종자나 과육으로부터 추출한 것으로서 1기압에서 인화점이 250℃ 미만인 것을 말한다. 다만, 행정안전부령이 정하는 용기기준과 수납·저장기준에 따라 수납되어 저장·보관되고 용기의 외부에 물품의 통칭명, 수량 및 화기엄금(화기엄금과 동일한 의미를 갖는 표시를 포함)의 표시가 있는 경우를 제외한다.

동식물유

1. 건성유(요오드값이 130 이상인 동식물유) : 해바라기(125-136), 들기름(192-208), 아마인유(170-204), 동유, 정어리기름(154-196) 등이 있으며, 자연발화의 위험성이 있다.
2. 반건성유(요오드값이 100~130 사이인 동식물유) : 쌀겨기름, 콩기름, 면실유, 옥수수기름 등
3. 불건성유(요오드값이 100 미만인 동식물유) : 피마자유, 야자유, 돼지기름 등

(2) 유류화재의 발생원인

유류화재는 연소기구 등에 의한 취급부주의에 의해 발생하며, 유류는 대부분 가연성 액체로서 대기압에서 상온 이하의 인화점을 가지므로 가연성 증기를 발생시키며, 이 증기와 공기가 혼합하여 연소(폭발)범위 내에서 점화원과 접촉하여 쉽게 인화되어 화재가 발생되는데 다음의 4가지로 분류할 수 있다.

① 석유를 주유하던 중에 흘린 기름이나 유류장치에서 새어나온 기름에 불씨(점화원)가 접촉되었을 때
② 연소 및 난방장치의 전도, 가연성 물질의 낙하 등에 의한 발화
③ 유류에서 발생된 증기가 공기와 혼합하여 연소(폭발)범위 내에 존재하고 있는 상태에서 열 및 불씨와 같은 점화원과 접촉되었을 때
④ 연소 및 난방기구 등을 장시간 작동·과열시켜 놓고 자리를 비우거나 하여 인근 가연성 물질에 인화되는 경우

1. 가연성 액체화재(유류화재)의 특징

가연성 액체는 자기 자신이 연소하는 것이 아니라 열에 의해 증발한 가연성 증기(기체)가 연소하는 것이므로 가연성 액체에서 증발한 가연성 기체는 가연성 가스의 연소(폭발)범위를 갖는다.

2. 가연성 액체화재(유류화재)의 예방방법

① 가연성 기체의 축적을 방지하기 위하여 환기를 시킨다.
② 저장용기를 밀폐시켜 공기와의 접촉을 차단한다.
③ 불씨와 같은 점화원을 제거한다.
④ 저장용기에 불연성 가스(질소 등)를 봉입하거나 공기를 배출하여 진공상태로 만든다.

3. 전기화재(C급 화재 : 청색)

(1) 전기화재의 정의

전기화재는 그 형태가 아주 다양하며 원인규명이 상당히 곤란하다. 전기 자체가 화재발생의 직접적 원인이 될 수 없고 전기에너지 이용, 각종 기계류의 설계 부적합, 구조적인 결함과 시설의 취급소홀, 사용자의 사용부주의는 물론 안전수칙을 준수하지 않는 데서 발생되고 있음을 알 수 있다.

(2) 전기화재의 발생원인

전기화재의 발생원인은 여러 형태가 있는데 발화요인의 가능성이 있는 몇 가지 사항을 채택하여 기본적인 이론을 토대로 하여 살펴보기로 한다.
① 누전에 의한 발화
② 과전류(과부하)에 의한 발화
③ 합선 혹은 단락에 의한 발화(발생원인 중 가장 큰 비중을 차지)

④ 불꽃방전(스파크)에 의한 발화
⑤ 도체 접속부 과열에 의한 발화
⑥ 지락에 의한 발화
⑦ 용접불꽃에 의한 발화

정전기 불꽃	물체가 마찰이나 기타 작용에 의해서 전하의 분리가 일어나 발생한 과잉 전하가 물체에 축적되는 현상을 말한다.
정전기의 종류	• 액체 유동에 의한 대전 • 인체의 대전 • 분출가스의 대전
정전기 발생원인 (석유류제품 취급시 정전기 발생원인)	• 유속이 높을 때 • 필터 등을 통과할 때 • 물이 침전할 때 • 비전도성 부유물질이 많을 때 • 낙차가 일어날 때 • 와류가 생성될 때
정전기 발화과정	전하의 발생 → 전하의 축적 → 정진기 방전 → 착화성 방전 → 발화
정전기 발생 방지대책	• 접지와 본딩을 한다. • 공기 중의 상대습도를 70% 이상으로 높인다. • 공기는 이온화한다. • 전기의 도체를 사용한다.

4. 금속화재(D급 화재 : 무색)

(1) 금속화재의 정의

① 금속화재는 금속나트륨, 금속칼륨, 인화석회, 카바이트 등의 제3류 위험물, 철분, 마그네슘, 금속분류 등의 제2류 위험물과 제1류 위험물의 무기과산화물류 등의 화재를 말하며, 물과 반응하여 수소(H_2), 아세틸렌(C_2H_2) 등과 같은 가연성 가스를 발생하는 금수성 물질의 화재로 물 및 물을 포함한 소화약제를 사용하여 소화해서는 안 된다.

② 가장 적응성 좋은 소화제로는 건조사(마른 모래)이며, 특히 알킬기(C_nH_{2n+1})와 알루미늄(Al)의 유기금속화합물(R_3Al)인 알킬알루미늄 화재시 가장 적합한 소화제는 팽창질석이나 팽창진수암이나. 30～80mg/ℓ 분진의 양으로 금속화재를 일으킬 수 있다.

(2) 금속화재의 발생원인

① 금속화재는 금속의 정밀가공시에 축적되는 열에 의해서 금속표면에 붙어 있는 금속가루(분)에 의하여 화재가 발생된다.

② 금속화재는 마그네슘, 나트륨, 칼륨 등과 같이 미세한 분말인 경우와 수분과의 접촉에 의해 화재의 위험성이 높다.

(3) 금속화재의 발생방지방법

금속가공시 발생되는 금속분을 억제하고 열 축적을 방지하며, 작업장에 환기시설을 하고 적당한 습도를 유지시켜 금속화재의 발생을 방지할 수 있다.

5. 가스화재

국내에서는 가스에 의한 화재를 따로 분류하지 않고 B급 화재에 포함시키고 있다.

(1) 가스화재의 정의

① 연소성에 따른 분류

가연성 가스	고압가스안전관리법시행규칙 제2조의 아크릴로나이트릴, 아세틸렌, 아세트알데하이드, 일산화탄소, 에탄, 에틸아민, 벤젠, 에틸벤젠, 에틸렌, 산화에틸렌, 염화메탄, 수소, 시안화수소, 황화수소, 아황화수소, 메탄, 에탄, 프로판, 프로필렌, 부타다이엔, 암모니아 및 기타의 가스로서 폭발한계(공기와 혼합된 경우에 있어서의 한계를 말한다)의 하한이 10% 이하의 것과 폭발한계의 상한과 하한의 차가 20% 이상의 것을 말한다.
불연성 가스	불연성 가스란 질소, 이산화탄소, 아르곤 등과 같이 자기 스스로 연소하지 못하고, 다른 물질을 연소시키는 성질을 갖지 않는 가스이다.
지연성 가스 (또는 조연성 가스)	산소, 염소 등과 같이 그 가스가 존재하는 경우에 다른 가연성 물질을 연소시킬 수 있는 가스이다.

가연성 가스의 누출시의 조치 및 주의사항

1. 밸브 등의 폐쇄로 가스공급을 차단할 것
2. 창과 문을 개방하여 가스를 방출할 것
3. 물수건 등으로 누출부위를 막거나 주위에 물을 뿌려 냉각시킬 것
4. 화기의 사용을 중단할 것
5. 가스 관계기관이나 소방서에 연락하여 조치를 받을 것
6. 환기를 위한 배기팬(Fan)이나 다른 전기기구의 사용은 스파크 등의 착화원을 발생시키는 역할을 하므로 사용을 하지 말 것

② 취급하는 상태에 따른 분류

압축가스	• 수소, 산소, 질소, 메탄 등과 같이 상온에서 압력을 가하여도 액화하기 어려운 가스로서 가스를 상태변화 없이 압축한 것을 말한다. • 용기에 충진할 때 압축가스의 압력은 약 120kg/cm^2 이상이다. 그러나 고압가스안전관리법에서의 적용대상은 상용의 온도 또는 35℃ 온도에서 게이지 압력이 10kg/cm^2 이상의 기체상태의 가스이다. 또 상용온도의 개념은 운반하거나 조작하는 상태하에서의 최고온도를 말한다.
액화가스	• 암모니아, 염소, 산화에틸렌, 이산화탄소, LP가스 등과 같이 가압냉각에 의하여 용이하게 액체상태로 되는 것으로서 대기압에서의 비점이 40℃ 이하 또는 사용온도 이하인 것을 말한다. • 고압가스안전관리법에서의 적용대상은 사용온도에서 압력이 2kg/cm^{2}가 되는 경우의 온도가 35℃ 이하인 것으로 하고 있다. 따라서 압축가스 및 액화가스에 있어서는 가스의 고유성질에 의하여 분류한 것이 아니고 취급하는 상태에 따라 분류한 것이다.
용해가스	• 고압가스 용기 속에 다공물질을 충진한 후 용제를 넣고 그 안에 가스를 고압으로 용해시켜 저장한 것을 말한다. • 여기에 속하는 것이 아세틸렌인데 아세틸렌을 압축시켜 저장하면 분해폭발위험이 있으므로 다공물질에 아세톤 또는 DMF(다이메틸 폼아미드) 등의 용제를 침윤시킨다. 그 아세톤에 아세틸렌을 용해시켜 저장한다. • 고압가스안전관리법에서는 15℃의 온도에서 압력이 0kg/cm^{2}를 초과하는 아세틸렌을 적용대상으로 한다.

가스의 독성

가스를 독성에 따라서 분류해보면 가스 중에는 공기 중에 일정량이 존재하면 인체에 유해한 것이 있는데, 고압가스안전관리법에서는 포스겐, 염소, 시안화수소 등 24종을 독성가스로 분류하고 있다. 또, 그 독성의 허용농도는 200ppm 이하인 것을 말한다. 또 허용농도란 독성이 있는 가스가 공기 중에 혼합되어 있는 분위기 속에서 보통 건강한 사람이 1일 8시간씩 계속하여 중등 정도의 작업을 해도 건강에 이상이 없는 농도를 말하는 것이다.

1. LPG(Liquefied Petroleum Gas, 액화석유가스)와 LNG(Liquefied Natural Gas액화천연가스)

도시가스 원료로 사용되는 액체연료로는 LPG와 LNG가 있는데 이들은 다른 물리적·화학적인 특성을 지니고 있으므로 사용·저장·취급시에는 주의를 하여야 한다.

① LPG(액화석유가스)란 프로판, 부탄 등이 주성분인 저급 탄화수소화합물로서 천연가스에서 분리제조하거나 석유정제 또는 석유화학공업에서 제조하는 가스이다.

② LNG(액화천연가스)란 천연가스(NG)를 －162℃로 냉각액화시킨 가스로서 메탄이 주성분인 Clean Energy이다. LNG는 LPG와 달리 공해물질이 거의 없고, 열량이 대단히 높아 주로 도시가스로 사용된다. 압력을 가해 액화시키면 부피가 1/600로 줄어든다. 상온에서 기화한 가스는 비중이 0.65로 공기보다 가벼우며, 메탄이 LNG 조성의 약 80%를 차지하고, 연소시 불순물이

거의 발생하지 않는 청정연료이며, 열효율이 매우 높다. 무색·무취이므로 누설시 감지가 쉽도록 멜캅탄이라는 부취제를 섞는다.

2. LPG(액화석유가스)의 성질

① 무색·무취이며 물에는 용해되지 않고, 유기용매에는 용해된다.
② 석유류, 동식물유류, 천연고무는 잘 녹인다.
③ 액체에서 기체로 될 때 체적은 약 250배로 된다.
④ 액체상태에서는 물보다 가볍고, 기체상태에서는 공기보다 무겁다.
⑤ 공기 중에서 쉽게 연소, 폭발한다.
⑥ 10~15℃, $10kg/cm^2$ 이하에서 액화되며, 체적이 1/250 정도로 줄어들어 보관과 수송이 편리하다.
⑦ 무색·무취이므로 누설을 감지할 수 있도록 약 1/1,000 정도의 혼합비율로 마늘 썩는 냄새가 나는 부취제를 섞는다.
⑧ 발열량은 높지만 완전연소에는 많은 공기량이 필요하므로 질식을 피해야 한다.
⑨ 용기는 40℃가 넘지 않도록 주의하고, 내용적의 90% 정도를 충전해야 한다.
⑩ 기화시에 주위의 온도를 빼앗아가므로 누설된 액체가 피부에 닿으면 동상의 위험이 있다.
⑪ 누출된 가스는 폭발하지 못하도록 확산을 시켜야 한다.
⑫ 가열된 용기는 대량의 물로 냉각을 시킨다.
⑬ 누출된 가스는 낮은 곳에서 체류하지만 폭발하기 전에 분무주수 등으로 확산시킨다.
⑭ 소화가 가능한 화재초기에는 이산화탄소 소화기 또는 분말소화기로 진화가 가능하다.

3. 산소의 성질

① 공기 중에 약 21% 정도 존재하며, 화학적으로 대단히 활발하다.
② 자기 자신은 연소하지 않지만 다른 가연물의 연소를 도와주므로 폭발이나 폭굉과 같은 위험성을 높여준다.
③ 산소를 조연성 가스라고 한다.
④ 수소와 반응하여 폭발을 하고 물을 생성한다.

4. 수소의 성질

① 연소(폭발)범위가 공기뿐만 아니라 산소 중에서도 넓기 때문에 매우 위험한 물질이다.
② 수소는 최소 점화에너지가 낮기 때문에 약한 점화원에도 폭발가능성이 있다.
③ 수소는 산소와 연소하면 고열(2,800℃)이 발생되므로 산소용접에 사용되고 있다.
④ 수소화재시에는 불꽃이 잘 보이지 않는다.

5. 염소의 성질

① 자기 자신은 인화성 및 폭발성은 없지만 다른 물질이 잘 탈 수 있도록 도와주는 조연성 가스이다.
② 염소가스가 누설되고 있는 용기에 절대로 주수해서는 안 된다. 그 이유는 용기에 주수하면 부식이 빨라지고 기화속도가 빨라지기 때문이다.
③ 염소가스가 누출되면 다량의 소석회로 확산을 방지한다.

6. 아세틸렌(C_2H_2)의 성질

① 분해폭발을 하는 가스로 압축시키면 폭발가능성이 높다.
② 아세틸렌의 운반 및 보관시에는 용제인 아세톤에 용해한 뒤 목탄이나 석면 등과 같은 다공질 물질에 충전하여 보관·운반한다.
③ 고체 아세틸렌의 연소시에는 모래 등으로 덮거나 이산화탄소, 분말소화기를 이용하여 소화하는 것이 좋다. 이 경우에 주수하게 되면 가연성 가스가 발생하게 되어 폭발을 일으키게 된다.

(2) 가스화재의 발생원인

가스는 공기와 일정한 비율로 섞여 있을 때 점화하면 갑자기 연소 또는 폭발하기 때문에 보통 많이 사용하는 가스연료에 세심한 주의를 해야 한다.
① 가스기구 및 기기 등의 불량제품에 의한 발생
② 가스의 사용·취급시 부주의에 의한 발생
③ 가정에서의 가스사용기구의 취급부주의에 의한 발생
④ 가스의 저장과정에서 부주의에 의한 발생
⑤ 가스기구 및 기기, 설비 등의 취급부주의 등 관리소홀로 가스누설에 의한 화재발생
⑥ 가스배관의 부식으로 인한 가스배관의 폭발에 의한 발생

(3) 가연성 가스의 폭발범위

① 연소는 일반적으로 가연성 가스와 지연성 가스(공기, 산소)가 어떤 범위 내로 혼합된 경우일 때만 일어난다. 가연성 가스의 농도가 너무 낮아도 또는 너무 높아도 연소가 일어나지 않는다.
② 낮은 쪽의 한계를 하한계, 높은 쪽의 한계를 상한계라 한다. 상한계와 하한계의 사이를 폭발범위(연소범위, 폭발한계, 연소한계)라 한다.
③ 폭발범위는 일반적으로 공기와 가연성 가스의 혼합물 중 가연성 가스의 부피(Volume)퍼센트로 표시된다.
④ 폭발범위는 가연성 가스와 공기가 혼합된 경우보다도 산소가 혼합되었을 경우 더 넓게 되며, 폭발위험성이 커지게 된다.
⑤ 가연성 가스에 질소, 이산화탄소와 같은 불활성 가스를 혼합시킨 경우에는 폭발범위가 변화하게 되며, 불활성 가스를 섞어넣어 그 비율이 커지면 폭발범위는 좁아지게 된다.
⑥ 폭발한계는 가스의 온도, 기압 및 습도의 영향을 받는다. 가스의 온도가 높아지면 폭발범위는 넓어지며, 가스압력이 높아지면 하한계는 크게 변하지 않으나 상한계는 상승한다.

또, 가스압이 상압(1기압)보다 낮아지면 폭발범위는 좁아진다.

⑦ 압력이 높아지면 일반적으로 폭발범위는 넓게 된다. 그러나 가스의 종류에 따라서는 반대로 좁아지는 것이 있다. 예를 들어, 일산화탄소와 공기의 혼합기는 압력이 높아질수록 폭발범위가 좁아진다.

■ 공기 중에서의 폭발범위(상온 1atm)

가 스	하한계[Vol.%]	상한계[Vol.%]	가 스	하한계[Vol.%]	상한계[Vol.%]
아세틸렌	2.5	81.0	이황화탄소	1.2	44.0
벤 젠	1.4	7.1	황화수소	4.3	45.0
톨루엔	1.4	6.7	수 소	4.0	75.0
에테르	1.9	48.0	일산화탄소	12.5	74.0
아세톤	3.0	13.0	메 탄	5.0	15.0
산화에틸렌	3.0	80.0	에 탄	3.0	12.4
암모니아	15.0	28.0	프로판	2.1	9.5

1. 가연성 가스의 착화온도

① 가스가 화학적으로 발열량이 크거나 활성도가 높을수록 착화온도가 낮아진다.
② 분자구조가 복잡할수록 착화온도가 낮아진다.
③ 산소농도 및 압력이 클수록 착화온도가 낮아진다.
④ 습도가 낮을수록 착화온도가 낮아진다.

2. 연소(폭발)범위의 특징

① 가연성 가스의 온도가 높을수록 연소범위는 넓어진다.
② 가연성 가스는 공기보다 산소와 혼합될 때 연소범위가 넓어진다.
③ 가연성 가스의 압력이 높을수록 연소범위는 넓어진다.
④ 불활성 가스의 농도가 높을수록 연소범위는 좁아진다.
⑤ 가연성 가스와 공기와의 혼합가스에 불연성 가스(이산화탄소, 질소 등)를 첨가하면 연소범위는 좁아진다.
⑥ 수소는 10atm까지는 연소범위가 좁아지지만, 그 이상의 압력에서는 연소범위가 점점 더 넓어진다.
⑦ 가연성 가스의 연소(폭발)범위가 넓으면 넓을수록 위험하다.

3. 최소발화에너지

연소범위에 있는 가연성 혼합가스와 공기 중에 분산된 폭발성 분진을 발화시키는 데 필요한 최소한의 에너지를 최소발화에너지라 한다. 최소발화에너지는 온도, 압력 및 농도가 높아지면 작아진다.

가 스	최소발화에너지(mJ)	가 스	최소발화에너지(mJ)
에 탄	0.67	에틸렌	0.1
프로판	0.31	프로필렌	0.28
n–부탄	0.38	아이소부탄	0.52

(4) 폭발한계의 측정에 영향을 주는 요소

점화원	폭발한계를 결정하기 위한 점화원은 충분한 에너지가 필요하고, 메탄 - 공기의 경우 10mJ 이상이다. 일반적으로 하한계를 결정하기 위하여 필요한 점화에너지보다도 상한계의 결정을 위하여 보다 큰 에너지가 필요하다.
측정용기의 직경	폭발한계의 측정을 가는 관에서 하면 화염이 관벽에 냉각되어 소멸되는 일도 있어 폭발범위가 좁혀지게 된다. 따라서 관벽의 영향이 없는 큰 장치가 필요하다.
화염의 전파방향	폭발범위는 위쪽으로 전파하는 화염에서 측정하면 가장 넓은 값이 나오고, 아래쪽으로 전파하는 화염에서는 가장 좁게 나오며, 수평전파화염은 그 중간치를 나타낸다. 그러므로 안전목적에는 수직관 하단에서 점화하는 방법이 표준으로 되고 있다.
온도의 영향	일반적으로 폭발범위는 온도상승에 의해서 넓게 된다. 폭발한계의 온도의존은 비교적 규칙적이다.
압력의 영향	폭발한계는 압력변화의 영향을 받는다. 압력증가로 하한계는 크게 변하지 않지만, 상한계는 일반적으로 증가한다.

(5) 폭발한계를 측정하는 방법

전파법	원통형 또는 구형의 용기 내에 혼합가스를 넣고 한쪽에서 점화하여 화염이 전체에 확산되는 한계조성을 결정하는 방법이다.
버너법	버너 위에 안정된 화염이 가능한 혼합가스 조성의 한계치를 결정하는 방법이다.

(6) 혼합가스의 폭발하한계 계산방법

① 가연성 가스가 여러 가지 성분의 혼합물인 경우가 종종 있는데, 이 경우 그것을 구성하고 있는 단독 성분가스의 폭발한계를 알면 르 샤틀리에(Le Chateilier)의 법칙에 의하여 폭발한계를 근사적으로 구할 수 있다.

$$\frac{100}{L} = \frac{V_1}{L_1} + \frac{V_2}{L_2} + \frac{V_3}{L_3} + \cdots$$

여기서 L : 혼합가스의 폭발한계(vol%)

L_1, L_2, L_3 ⋯ : 혼합가스를 형성하는 각 단독성분의 폭발한계(vol%)

V_1, V_2, V_3 ⋯ : 각 단독성분의 혼합가스 중의 농도(vol%)

$V_1 + V_2 + V_3 + \cdots = 100$이 된다.

일반적으로 이 법칙은 하한계는 잘 일치되지만, 상한계는 일치하지 않는 경우가 있다. 그러나 상한계에 대하여도 대략적인 경향을 알 수 있기 때문에 편리하다.

② 가스가 화재를 일으킬 수 있는 척도를 나타내는 것을 위험도(Degree of Hazards)라 하는데, 폭발범위의 하한계와 상한계로서 구하는 제한수치이다. 위험도의 수치가 클수록 위험성이 크다.

$$H = \frac{U-L}{L}$$

여기서 H : 위험도(Degree of Hazards)

U : 폭발상한계

L : 폭발하한계

(7) 가스의 기초이론

① 온도

섭씨온도 (℃)	표준 대기압상태에서 순수의 빙점을 0℃, 비등점을 100℃로 하여 그 사이를 100등분하여 한 눈금을 1℃로 한 온도단위이다(Celsius 온도).
화씨온도 (℉)	표준 대기압상태에서 물과 얼음과 염화암모늄의 혼합물로 얻어지는 가장 낮은 온도를 0°F, 얼음의 빙점을 32°F, 인간의 체온을 96°F로 하였다. 알코올 온도계로 물의 비등점을 알 수 없어서 수은온도계의 눈금조정에서 물의 비등점을 212°F로 하였다. 이때 빙점과 비등점 사이를 180등분하여 한 눈금을 1°F로 한 온도단위이다(Fahrenheit 온도).
켈빈온도 (K)	기체온도계의 원리로부터 공기의 온도를 낮추어가면 압력이 0이 되는 상태에 이르고, 이 상태가 절대적 영도로서 −273.15℃로 되는 온도이다. 물의 3중점인 273.15K, 비등점을 373.15K로 하고 그 사이를 100등분한 섭씨온도체계이다.
랭킨온도 (R)	절대온도계의 정의와 같이 −460°F를 절대영도(0R)로 하고, 물의 3중점을 491.67R(32°F), 비등점을 671.69R(212°F)로 하고 그 사이를 180등분한 화씨온도체계이다.

1. 섭씨(℃), 화씨(°F), 켈빈(K), 랭킨(R)의 관계

① $℃ = \frac{5}{9}(°F - 32)$, $°F = \frac{9}{5}℃ + 32$

② $K = 273.15 + ℃$

③ $R = 460 + °F$

④ $K = \frac{5}{9}R$

2. 온도와 밀접한 관계가 있는 요인

① 밀도
② 비중량
③ 비열
④ 압력

② 압력

㉠ 어떤 물질계가 그 주변에 수직으로 작용하는 힘을 압력이라 부르며, 그 단위면적당 힘의 세기를 압력의 단위로 사용하고 있다.

㉡ 기체의 압력은 용기 내의 기체분자가 용기 벽에 충돌하는 힘에 의하여 발생되며, 용기에 들어간 액체의 압력은 액체의 중량에 의하여 발생한다.

③ 열량

㉠ 물질의 온도를 증가 또는 감소시키기 위해서는 열을 공급하거나 제거할 필요가 있다. 이런 열량을 표시하는 단위로 cal, kcal가 이용된다.

㉡ 1cal는 물 1g의 온도를 1℃ 올리는 데 필요한 열량이며, 1kcal는 1,000cal에 해당한다. 즉, 1kg의 순수한 물의 온도를 1℃ 올리는 데 필요한 열량이다.

④ 비열

㉠ 단위질량의 물질의 온도를 1℃만큼 올리는 데 필요한 열량을 그 물질의 비열이라고 한다.

㉡ 단위질량으로서 1g을 취해 그 온도를 1℃ 올리는 데 1cal의 열량이 들어갔다면 그 비열은 1cal/g·℃이지만, 공업적으로는 물질 1kcal의 온도를 1℃ 올리는 데 요하는 열량을 비열로 이용하고 있다. 단위는 kcal/kg·℃이다.

기체의 비열

1. 정적비열
   체적을 일정하게 유지하고, 단위질량의 기체를 1℃ 증가시키는 데 필요한 열량이다.
2. 정압비열
   압력을 일정하게 유지하고, 단위질량의 기체를 1℃ 증가시키는 데 필요한 열량이다.

⑤ 가스의 법칙

㉠ 보일(Boyle)의 법칙

ⓐ 온도가 일정할 경우 기체의 압력과 부피 사이의 관계를 나타낸 것이다.

ⓑ 이 법칙에 의하면 일정한 온도에서 기체의 부피는 압력에 반비례한다.

$$V \propto \frac{1}{P}$$

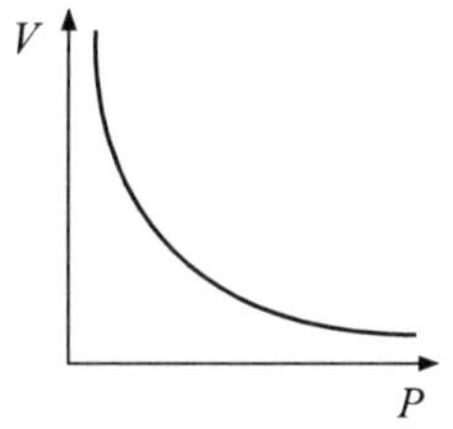

〈이상기체의 입력-부피곡선〉

ⓒ 이 비례관계를 상수 k를 도입하여 등식으로 고치면

$$V = \frac{k}{P}, \qquad PV = k(\text{일정})$$

ⓓ 이 상수값은 시료 기체의 양과 온도에 따라 변한다.

㉡ 샤를(Charles)의 법칙

ⓐ 압력이 일정한 경우 기체의 체적과 온도와의 관계를 나타낸 것이다.

ⓑ 일정압력에게 기체를 가열하면 온도가 1℃ 증가함에 따라 부피는 0℃에서의 부피의 1/273만큼 증가한다. 즉, 일정한 압력에서 기체의 부피는 절대온도에 직접 비례한다.

$$V \propto T, \qquad V = kT$$

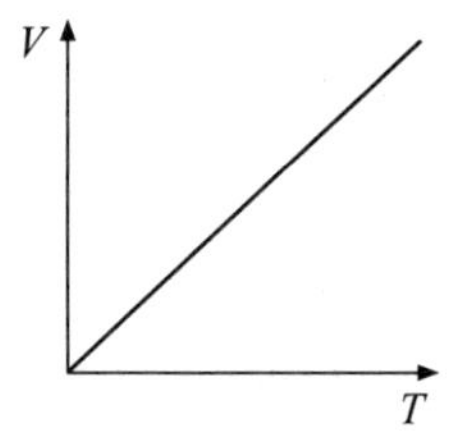

〈이상기체의 온도-부피곡선〉

ⓒ 비례상수 k는 압력과 기체의 양에 따라 결정된다.

㉢ 보일-샤를(Boyle-Charles)의 법칙

ⓐ 기체의 온도, 압력이 동시에 변화될 경우의 체적변화를 알아보기 위해서는 앞에서 설명한 보일의 법칙과 샤를의 법칙을 적용할 필요가 있다.

ⓑ 일정량의 기체의 체적은 압력에 반비례하고, 절대온도에 비례한다.

ⓒ 기체의 체적을 V, 압력을 P, 온도(절대온도)를 T라고 하고, 비례상수를 k로 보면 보일-샤를의 법칙은 다음과 같다.

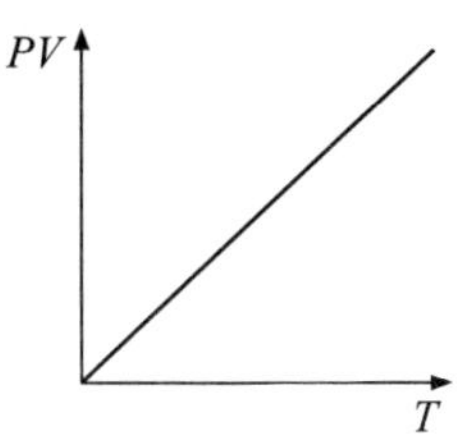

〈보일-샤를의 법칙〉

$$V = k\frac{T}{P} \quad \text{또는} \quad PV = kT, \qquad \frac{PV}{T} = k(\text{일정})$$

2.4 이재 정도에 의한 화재분류

구 분	소손 정도		내 용
전 소		70% 이상	건물의 70% 이상이 소손된 것 또는 이것 미만에 있어서도 잔존부분에 보수를 하여도 재사용할 수 없는 것
반 소		30% 이상 70% 미만	건물의 30% 이상 70% 미만이 소손된 것
부분소	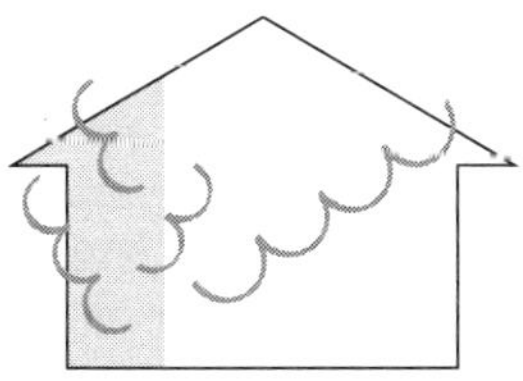	30% 미만	전소 및 반소에 해당하지 않을 것
즉 소	화재발생 즉시 소화된 화재로 인명피해가 없고 피해액이 경미한(동산·부동산을 포함하여 50만원 미만) 화재로 화재건수에 이를 포함한다.		

2.5 소손대상물에 의한 화재분류

1. 건물화재

(1) 의의

건물 및 설비, 건물에 배치되어 있는 수용물이 소손된 화재를 의미한다. 또한 사람이 쉽게 출입할 수 있는 높이를 가진 화재를 말한다.

(2) 화재시의 특성

① 화재 초기는 목재화재와 동일한 내부 가연물에 착화하여 가연성 가스를 발산하고 연소를 시작해 백색연기, 수증기를 맹렬하게 분출하여 실내를 유동한다.
② 화재 중기가 되면 연기도 흑색으로 변하고 창유리가 파손하여 개구부로부터 검은 연기를 분출하기 시작, 연소에 필요한 산소량이 부족하기 때문에 불완전 연소가스가 화점에 충만하여 시야가 나쁘게 된다.
③ 최성기에는 화점에 있는 방 또는 구획 내는 완전히 화염에 휩싸이고 모든 개구부에는 불꽃과 연기가 분출하여 천장의 콘크리트가 파손되어 떨어져 계단, 에스컬레이터, 기타 공기 유동이 좋은 장소를 돌아 전도 입체화재로 진전된다.
④ 건물화재는 반드시 상층으로 연소확대되는 특성이 있다.

(3) 구조형식 등에 의한 연소특성

다창형과 무창형	다창형은 유리의 파손시보다 많은 공기의 유입이 순차적으로 되어 단시간에 최성기에 이른다. 무창형은 중기상태가 길고 그때까지의 상태로 서서히 확대하는 경향이 있다.
대구획과 소구획	대구획은 그 구역 내에 연소에 필요한 공기가 존재하므로 중기가 되는 시간이 비교적 빠르다. 소구획은 연기의 충만이 빨라 화점의 확인이 어렵다.
고천장과 저천장	천장이 높으면 높을수록 연소속도는 완만하게 되고, 낮으면 낮을수록 빠르고 횡방향으로 연소한다.
가연물량에 의한 영향	중기에서 최성기에 이르는 연소의 세기는 가연물량이 많을수록 크다.

2. 차량화재

(1) 의의

차량과 견인되어 있는 차 또는 그것들에 실려 있는 적재물이 소손된 것을 말한다.

(2) 화재의 특성

① 화재가 발생하면 농연, 고열은 자연배기 혹은 환기설비에 의해 날아가고, 화재가스가 다량으로 발생하면 산소결핍증을 일으킨다.
② 위험물 차량화재는 연소범위가 매우 넓고 2차적으로 위험물 유출이 일어난다.
③ 열차화재 혹은 고속도로상에서의 자동차화재는 소방대가 한쪽으로 편중하기 쉽다.
④ 차량화재는 숨겨진 부분에서 연소되고 있는 경우가 많고 외부로부터의 주수가 곤란하다.

⑤ 위험물차량 이외의 열차화재는 다른 연소에 비해 비교적 적다.
⑥ 전기배선, 연료계통 등의 차량 자체의 원인과 방화, 담배, 불장난 등의 외부적 원인에 의한 것으로 볼 수 있다.
⑦ 차량재료의 가연성 물질화 추세로 인해 급격하게 연소를 한다.
⑧ 승차인원 피난의 곤란성 때문에 인명피해 우려가 높다.
⑨ 농연과 폭발현상이 있다.

3. 선박화재

선박 또는 선박의 적재물이 소손된 것을 말한다. 소형선박은 출입구가 적고 누수에 의해 전복 등의 위험이 있으며, 대형선박은 화재를 국부적으로 소화하는 것이 용이하다.

여객선	• 분무주수를 주로 하되 최소한도로 하고, 상황에 따라 고발포 주입이 효과적이다. • 인명검색 및 구조행동을 제일로 한다. • 무계획한 출입문 개방이나 국부파괴는 연기나 열의 유출로 방어곤란의 위험이 있다.
화물선	• 통로는 수밀화되어 간벽도 많다. 화재 초기 이외에는 농연이 충만하여 화점확인이 다른 선박에 비해 매우 곤란하다. • 화재시는 보통 건물에 비하여 배연효율은 나쁘고 화세의 경우에 연기, 가스 등이 충만하여 시계가 불량하기 때문에 선내작업은 지극히 곤란하고 연소속도는 일반적으로 완만하다.
유조선	• 필요한 소화약제 및 특수장비의 응원요청을 실시하고 승무원의 구출, 부근 항해선박의 규제 및 펌프차대와의 연락 등을 정확하게 판단하여 출동한다. • 유조 내의 유류가 유출하는 경우는 연안시설물 및 주변에 있는 타 선박에의 연소방지에 중점을 둔다.

선박화재의 특성

1. 항구에 정박 중인 선박이나 항해 중인 선박이 대상이므로 소방력이 접근하기가 상당히 어렵다.
2. 가연물의 적재량이 많고 인원의 대피가 어렵다.
3. 내부가 복잡하여 인명 및 화점검색이 곤란하다.

4. 항공기화재

(1) 의의

항공기 또는 항공기의 적재물이 소손된 것을 말한다.

(2) 화재의 특성

① 보통 대량의 인화성 액체연료를 탑재하고 있기 때문에 이것에 착화되면 급격히 연소확대하여 승객 등이 순식간에 위기에 처한다.

② 연소방향 및 연소속도가 풍위, 풍속 등 기상상황 및 지형의 영향을 받기 쉽다.

③ 화재 후 단시간에 마그네슘, 합금 등이 연소하여 외판 등의 금속부분이 용이하게 용해한다.

④ 연료탱크가 주 날개 안에 있기 때문에 주 날개 부근이 화재의 중심이 되고, 유출연료 등에 의하여 주위에 연소확대한다.

⑤ 연료가 다량으로 유출되는 경우는 낮은 곳으로 화재면적이 급속하게 확대할 위험성이 있다.

⑥ 연료탱크에 손상이 없고 액체의 일부가 연소하는 경우는 연소가 비교적 완만하고 연소속도도 느리다.

⑦ 군용기화재에 있어서는 탑재된 폭탄, 총탄 및 탈출장치에 장착된 화약이 유폭을 일으킬 우려가 있다.

5. 산림화재

(1) 기복이 많고 복잡한 지형에서는 국지풍으로 휩쓸리는 현상이 나타나고 연소방향 및 연소속도가 불규칙하며, 경사면과 평지에서 강풍의 경우는 급속한 연소를 일으키는 것도 있다.

(2) 일반적으로 연소속도는 경사면의 오르는 불은 빠르지만, 내려가는 불과 넓고 얕은 산골짜기 불은 늦고 화세도 약하다.

(3) 양수림은 음수림에 비하여 수분의 폐쇄가 격조하기 때문에 나무그늘에 돋는 풀도 많고, 맑은 하늘인 때에는 낙엽, 떨어지는 줄기가 건조하기 때문에 위험하다.

(4) 침엽수는 잎사귀와 나무줄기에 수지분이 많이 포함되어 있기 때문에 화재 때에 발열량이 크고 살아 있는 나무도 잘 탄다.

(5) 산림화재 발생은 1년을 통하여 겨울에서 봄 사이가 화재 다발기이다.

(6) 산림화재의 분류

① 임목화재

수관화	임목의 가지부분이 타는 것으로 침엽수림에서 많이 발생한다. 습도가 50% 이하일 때 발생하기 쉽다.
수간화	나무의 줄기가 타는 것으로 고목이나 나무진이 스며 나오는 나무숲에서 자주 발생한다.

② 임지화재

지중화	땅속 이탄층, 갈탄층 등의 유기질층이 타는 것인데 진화에 어려움이 있으며, 북아메리카에서 주로 볼 수 있다.
지표화	지표를 덮고 있는 낙엽, 낙지, 마른 풀 등이 연소하는 것을 말한다.

(7) 산불화재 소화활동요령

① 방수에 의한 소화
② 산세가 험하고 소화용수가 부족한 경우 두들김 또는 흙으로 덮는 소화를 한다.
③ 화세가 강하여 직접소화가 어려운 경우에는 방화선을 만든다.
④ 계속적인 연소확대에 의해 다른 적당한 소화수단이 없는 경우 연소진행 방향의 앞쪽에 맞불을 놓는다.
⑤ 소방 헬리콥터를 이용한다.

산림화재의 특성

1. 비화와 같은 연소확대요인에 의해 연소속도가 빠르게 진행된다.
2. 연소면적이 상당히 넓기 때문에 소화하기가 어렵다.
3. 연소가 급격하게 진행된다.
4. 방화선 구축과 같은 화재확대방지방법의 사용이 어렵기 때문에 적정소화활동이 용이하지 않다.

6. 위험물화재

석유는 인화성이 강하고 화재의 크기는 유류면적의 크기와 연소시간에 따라 결정되며, 인화점이 낮고 연소범위가 넓은 것일수록 위험하다.
연소는 유증기가 된 것이 표면연소하면서 서서히 타서 내려가지만, 휘발성이 높고 초유점이 낮을수록 연소속도는 빠르다.

가스폭발의 예방대책

1. 배관의 강도를 높여야 한다.
2. 가스에 향료를 첨가해서 누설을 쉽게 감지할 수 있도록 하여야 한다.
3. 기기 및 배관 등은 항상 점검을 실시한다.
4. 가스누설경보장치를 설치하여 누설을 조기발견하도록 한다.

5. 전기기구를 방폭형으로 하며, 점화원 등을 제거하도록 한다.
6. 연소기기에 안전장치를 설치하고 배관의 설치는 금속관, 강화가스호스 등을 사용하여야 한다. 가능한 고무관의 사용은 금한다.

7. 지하화재

지하화재시 연소의 특성을 살펴보면 다음과 같다.

(1) 공기의 공급은 화점에 의하여 지상과의 연결구, 지하통로, 터널, 환기구 기타 공간으로부터 행해져 복잡한 연소를 시작하면서 고열, 농연이 천장으로 상승한 후 냉각되어 내려간다.
(2) 출입구가 1개소인 대상물은 초기는 보통연소이고, 중기는 서서히 범위가 확대된다. 지상과 연결된 계단입구는 배연과 공기의 유입이 동시에 행해지기 때문에 중성대가 생긴다.
(3) 출입구가 2개소 이상인 대상물은 상부로부터 배연, 하부에서 흡기하는 것이 많다. 개구부에 차이가 있으면 높은 쪽에서 배연한다.
(4) 지하철은 공간용적이 크고 공기유동이 양호하므로 지상건물과 유사하게 연소를 한다.
(5) 지하주차장은 위험물 화재가 많고 최성기에 이르는 속도가 빠르고, 지하실은 전반적으로 연소가 느리다.
(6) 지상에서 내부 상황파악이 곤란하여 화점과 연소범위도 각 개구부로부터 분출한 상황에서 추정한다.
(7) 화점확인이 어렵고 통신 불능한 곳이 많으며 연락, 명령, 지시 등을 행하기 어렵다.

1. 건물지하층 화재의 특성

① 음식점, 기계실 등에서 많이 발생한다.
② 농연이 충만되어 진입이 곤란하다.
③ 화재발생지점을 발견하기가 어렵다.
④ 진압하고 배연하는 데 시간이 많이 걸리고 어렵기 때문에 지상화재보다 면적당 연기 등에 의한 피해액이 많다.

2. 지하철화재의 특성

① 화재발생장소는 터널 내의 차량과 역사 등으로 나눌 수 있다.
② 발화원인은 차량의 전기계통(전기배선)에 의한 것으로 볼 수 있으나, 담배불 취급부주의도 있을 수 있다.
③ 터널 내 피난시에는 어둠속을 보행해야 하므로 많은 피해자가 발생할 우려가 있다.

2.6 건축물화재의 성상

고층건물에서의 화재로 인한 피해를 최소화하기 위한 가장 좋은 방법은 두말할 나위 없이 화재의 발생을 억제하는 것이 되겠지만, 화재의 진행과정 등을 엄밀히 분석하여 이에 따르는 제반사항에 대해 적절히 대처해 나갈 필요가 있다.

■ 건물에서의 화재진행과정

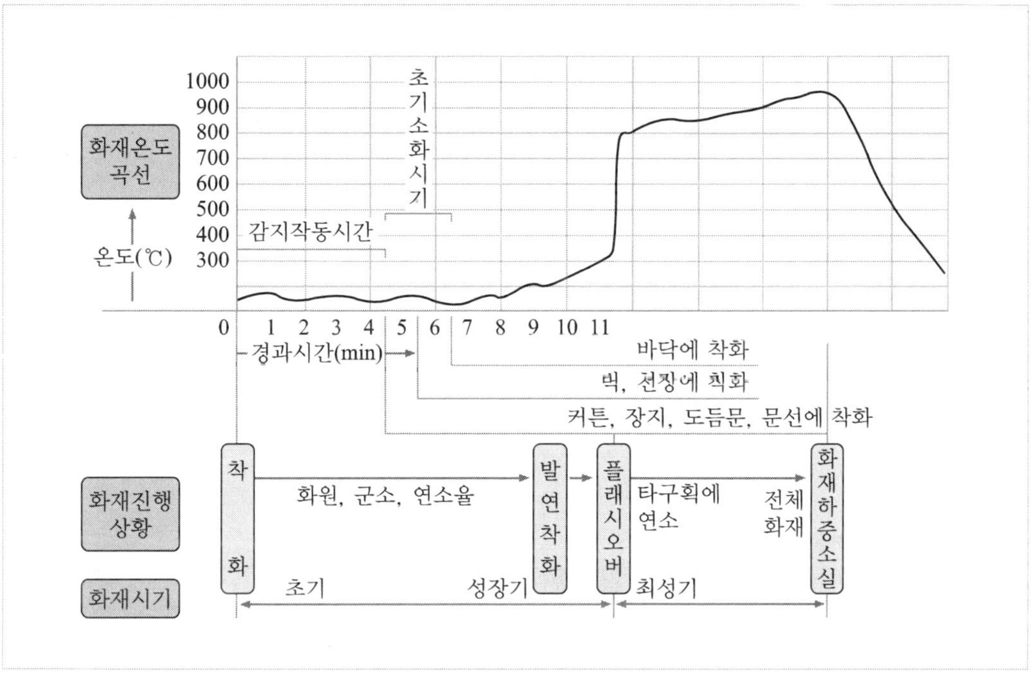

> **건축물 내부 화재성상의 변화요인**
>
> ① 화원의 위치와 크기
> ② 실내에 있는 가연물의 배치
> ③ 실 내부의 가연물질의 양과 그 성질
> ④ 실의 넓이와 모양
> ⑤ 실의 개구부 위치 및 크기
> ⑥ 화재시의 기상상태

1. 목조건축물의 화재

- 목조건축물이 하재시에는 플래시오버 도달시간(F·O·T) 및 최성기에 도달하는 시간이 내화건축물화재보다 빠르게 나타난다.

- 목재의 구성성분은 산소, 수분, 탄소와 소량의 질소로 되어 있으며, 건조한 목재는 셀룰로오즈가 주성분이며 그 외에 무기물, 수분, 리그닌 등이 포함되어 있다.
- 목재는 열전도도가 낮고 단열효과가 높다. 예를 들면 철은 약 350배, 알루미늄은 약 1,000배 정도 목재에 비해 열전도도가 높다. 이러한 성질 때문에 목재구조의 건물이 경량철골구조의 건물보다 화재시 더 오래 견딜 수 있다는 것이다.
- 목재에 함유되어 있는 수분의 양은 착화 및 연소속도에 많은 영향을 준다. 보통 높은 온도에서 장시간 접촉해도 착화하기 어려운 목재의 수분함유량은 약 15% 이상이다.

(1) 목재의 연소

① 목재의 연소는 목재의 수분함량에 따라 상이하며, 다음과 같은 단계에 의해 연소가 진행된다.

㉠ 약 100～160℃에서 목재가 가열되기 시작한다. 이때 목재는 갈색이다.

㉡ 약 220～260℃에서 수분이 증발되기 시작하면서 갈색에서 흑갈색으로 변화한다.

㉢ 약 300～350℃에서 목재의 분해가 급격히 일어나면서 수소, 일산화탄소, 탄화수소 등이 생성된다.

㉣ 약 420～470℃에서 탄화종료 및 발화가 일어난다.

② 보통 목재의 인화점은 240～270℃ 정도이다. 다음은 목재의 인화점과 발화점을 나타낸 것이다.

■ 목재의 인화점 및 발화점

목재의 종류	인화점(℃)	발화점(℃)	목재의 종류	인화점(℃)	발화점(℃)
소나무	253	435	느티나무	264	426
계수나무	270	455	자작나무	263	-
삼 목	240	-	밤나무	260～272	462
오동나무	269	435	삼나무	264～270	-
나한백	259	-	낙엽송	271	-

목재의 연소에 영향을 주는 요인

① 목재의 비표면적

② 공급상태

③ 온도

④ 수분함유량

⑤ 열전도율

⑥ 열팽창

⑦ 가열속도 및 시간

(2) 목재연소의 특징

① 목재는 기본적으로 수소, 산소, 탄소로 조직되어 있으며, 목재의 세포들은 수분을 함유하고 있어 목재가 연소되면 세포 사이의 수분들이 증발되고 그 대신 공기가 자리를 잡게 되므로 목재의 수분은 연소에 많은 영향을 끼친다.

② 소나무와 같은 목재의 재질이 부드러운 것이 참나무와 같은 목재의 재질이 단단한 것보다 연소가 잘 되는 것은 목재의 세포 사이에 공기가 차 있기 때문이다.

(3) 목조건축물 화재의 진행

① 목조건축물 화재의 진행과정

화재원인 ➡ 무염착화 ➡ 발염착화 ➡ 발화(출화) ➡ 최성기 ➡ 연소낙하 ➡ 진화

② 화재원인에서 발화까지를 화재의 전기, 발화에서 진화까지를 화재의 후기라 한다. 화재의 진행과정을 설명하면 다음과 같다.

화재의 원인에서 무염착화	• 이 단계는 화재의 원인들의 종류와 발생장소에 따라 차이가 있으며, 자연발화의 경우에는 오랜 시간을 요한다. • 무염착화란 가연물질이 연소할 경우 재로 덮인 숯불 모양으로 불꽃 없이 착화하는 현상으로 바람 및 공기가 주어질 때 언제든지 불꽃이 발하는 단계를 말한다.
무염에서 발염착화	• 이 단계는 화재발생장소, 가연물의 종류, 바람의 상태와 연소속도, 연소시간, 연소방향 등이 화재진행을 좌우한다. • 발염착화란 무염상태의 가연물질에 바람 및 공기 등을 불어 넣어주면 불꽃이 발하여 착화(발화)하는 현상이다.
발염착화에서 발화	• 이 단계는 착화가 발생한 위치와 가옥의 구조에 따라 달라진다. • 발화란 가옥의 실내 가연물의 일부가 발화한 상태가 아니라 천장에까지 불이 번져 가옥 전체에 불기가 도는 시기를 말한다.
발화에서 최성기	• 이 단계에서는 화재의 진행은 빨라지게 된다. • 연기의 색이 백색에서 흑색으로 변하며, 개구부가 파괴되어 공기가 공급되면서 급격한 연소가 이루어져 연기가 개구부로 뷰출하게 된다. • 이 시기를 플래시오버(Flash-Over)라 하는데 이때의 실내온도는 약 800～900℃ 정도가 된다. 그러므로 목재건축물 화재시에는 발화에서 최성기로 넘어가는 이 단계에서 보통 플래시오버(Flash-Over) 현상이 발생된다. • 이후 최성기로 넘어가면 천장 및 대들보가 내려앉고 화염 및 검은 연기, 강한 불꽃 및 불기루를 유동시키는 복사열이 발생하는데 이때 실내 최고온도는 약 1,300℃ 정도가 된다.
최성기에서 연소낙하	최성기를 넘어서면 화세가 급격히 약해져 지붕이나 벽이 무너지고 기둥 등이 허물어져 내리는 시기이다.

③ 보통 화재의 전기(화재원인～발화)는 여러 상황에 따라 시간적으로 일정하지 않은 반면, 후기(발화～진화)는 시간적으로 일정한 경로로 진행된다.

④ 시간경과는 건축물의 상황에 따라 조금씩 차이는 있지만 일반적으로는 다음과 같다. 풍속이 거의 없을 때(0～3m/s) 발화에서 최성기까지의 소요시간은 4～14분, 최성기에서 연소낙하까지의 소요시간은 6～19분, 발화에서 연소낙하까지의 소요시간은 13～24분 정도이다.

■ 목조건축물의 화재온도·시간표준곡선

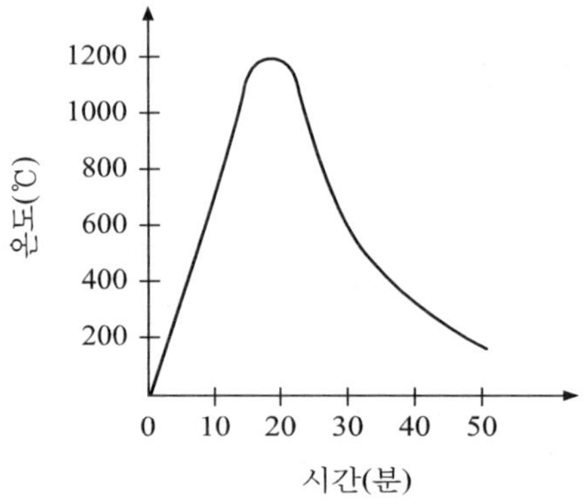

⑤ 출화는 다음과 같이 옥내출화와 옥외출화로 구분된다.

옥내출화	• 가옥구조시 천장면에 발염착화한 때 • 불연천장인 경우 실내의 그 뒷면 판에 발염착화한 때 • 천장 속, 벽 속 등에서 발염착화한 때
옥외출화	• 가옥의 벽, 지붕, 추녀 밑에 발염착화한 때 • 창, 출입구 등에 발염착화한 때

(4) 목조건축물의 화재원인

목조건축물뿐만 아니라 고층건물에서의 화재확대원인은 비화, 복사열, 접염(화염의 접촉) 등이 있다.

비 화	• 화재로 인해 불꽃 등이 먼 거리까지 날아가 발화하는 현상으로 바람이 강하고 온도가 낮은 조건에서 비화에 의한 연소가 잘 일어난다. • 일반적으로 화점으로부터 풍화방향이 10～25°의 범위에서 가장 위험하며, 800m 전후의 비화범위에서 잘 발생된다.
접 염	화염에 직접 접촉하였을 때 다른 화재를 유발시키게 된다.
복사열	• 화염에 발생한 복사열은 온도가 높을수록, 화염의 크기가 클수록 복사열의 전파되는 거리가 길어진다. • 복사열에 의해 인화점까지 가열될 수 있으며, 지속시간이 길면 거리가 100m까지 전달된다.

비화의 의의	비화라 함은 연소 중인 물질이 기상, 폭발 등의 조건에 의하여 불티를 발생·비산시켜 복사·접염 등의 전열현상과 다른 가연물에 착화하는 현상이다.
비화의 조건	• 불티가 발생할 것 • 가연물이 있을 것 • 바람이 있을 것 : 비화는 화재의 최성기 때 많이 발생하고 강풍이나 이상건조한 기상의 경우에는 풍하의 방향으로 불티가 기류를 타고 날아가 원거리의 가연성 물질, 건축물의 지붕, 산림 등에 낙하하여 2차, 3차의 비화화재를 발생시키는 경우가 있다.
비화현상의 발생 우려가 있는 경우	• 비산하기 좋은 건축물의 화재 • 목조건축물 밀집지역의 화재 • 대형건축물의 화재 • 연소확산이 빠른 화재 • 화재위험경보시의 화재 • 높은 지대 및 낮은 지대의 건축물 화재

■ 목재의 상태에 따른 연소상태

연소상태 / 목재의 상태	빠르나	느리다
두께 및 굵기	얇고 가는 것	두껍고 굵은 것
형 상	각이 진 것	둥근 것
표 면	거친 것	매끈한 것
내화성 및 방화성	없는 것	있는 것
건조 정도(수분함량)	수분이 적은 것	수분이 많은 것
페인트	칠한 것	칠하지 않은 것
색	검은색	흰색

(5) 목조건축물 화재의 특성

① 습도가 낮을수록 연소확대가 빠르고, 바람의 세기가 강할수록 풍하측으로 연소확대가 빠르다.

② 화재 최성기 때의 온도는 내화건축물 화재 때보다 높으며, 화세도 강하다.

③ 횡방향보다 종방향의 화재성장이 빠르다.

④ 화재 최성기 이후 비화에 의해 화재확대위험이 높다.

⑤ 화염의 분출면적이 크고 복사열이 커서 접근하기가 어렵다.

(6) 비화경계의 범위

풍속 4m/s 이내	발화장소 근처
풍속 5m/s 이내	약 500 m 이내
풍속 10m/s 이내	약 1,200 m 이내

2. 내화건축물의 화재

(1) 내화건축물은 주요구조부가 가연성이 아니기 때문에 목재에 비해 연소속도가 완만하고 산소가 감소하며 연소속도가 지연되기도 한다.

(2) 보통 화재진행시간이 목조건축물은 30~40분인데 비해, 내화건축물은 2~3시간 정도이다. 이것은 조건에 따라 그 이상 지연되기도 한다.

(3) 내화건축물 화재시 실내 최고온도는 약 1,000℃ 정도 되며, 화재진행과정은 다음과 같다.

■ 내화건축물의 화재진행과정

초 기 ➡ 성장기 ➡ 최성기 ➡ 감쇄기 ➡ 종 기

■ 내화건축물의 화재온도 – 시간표준곡선

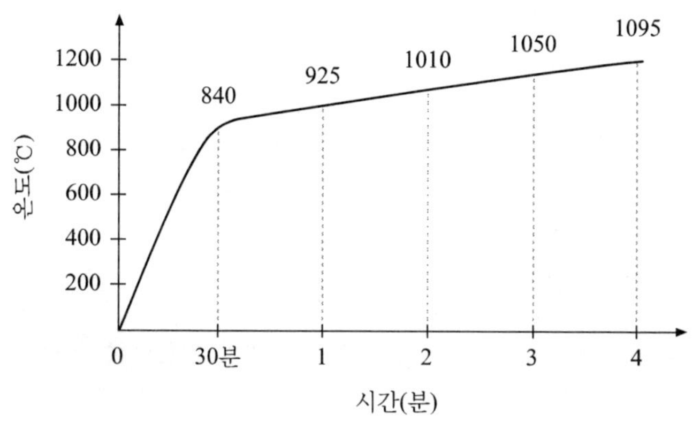

(4) 목조건축물은 고온단기형의 화재특성이라면, 내화건축물은 저온장기형의 화재특성을 나타낸다.

(5) 최고온도가 목조건축물에 비해 낮지만 고온 유지시간이 길다.

초 기	• 목조건축물에 비해 기밀성이 뛰어나기 때문에 초기에는 연소가 완만하고 산소량이 감소되어 연소가 약해지며 불완전연소도 일어난다. • 이 경우 소화를 위하여 창이나 문 등을 개방시키면 갑작스럽게 공기가 유입되어 급격한 연소를 초래시키는 경우가 있다.
성장기	실내온도의 상승으로 인한 공기의 열팽창 등으로 개구부가 파괴되어 개구부를 통해 검은 연기 및 화염 등이 분출하게 되며, 실내 전체가 한순간에 화염으로 휩싸이는 현상(플래시오버 현상)이 발생된다.
최성기	• 실내온도가 약 1,000℃로 최고온도에 달하며 화세가 가장 왕성한 시기이다. • 이 시기는 목조건축물보다 장시간 계속되며, 천장 등의 구조물 재료(콘크리트, 회반죽, 장식물 등)가 무너져 내리는 현상(콘크리트 폭렬현상)이 발생된다.
종 기	화세가 약해지고 연기의 양도 줄어드는 시기로, 이때의 실내온도는 높지만 서서히 낮아진다.

(6) 일반적 실내화재에서는 플래시오버(Flash-Over) 현상이 발생되는데, 내화건축물 화재시에는 성장기에서 최성기로 넘어가는 단계에서 발생된다.

참고 플래시오버(Flash-Over) 발생시간은 개구부 크기, 내장재, 화원의 크기에 따라 차이가 발생되는데 내장재에 따른 플래시오버 발생시간(F·O·T)을 보면 가연성 재료는 3~4분, 난연성 재료는 5~6분, 준불연재료는 7~8분 정도 소요된다.

1. 내화건축물의 화재특성

① 공기의 유입이 불충분하여 발염연소가 억제된다.

② 건물의 구조와 특성상 열이 외부로 방출되는 것보다 축적되는 것이 많기 때문에 대체적으로 화재 초기부터 발열량이 많다.

③ 내화건축물 화재시 연기 등 연소생성물이 계단이나 복도 등을 따라 화염보다 먼저 상층부로 이동하는 경향이 있어 인명피해가 발생하는 경우가 많다.

2. 실내화재의 성장기

실내화재에서의 성장기는 제1성장기와 제2성장기로 나눌 수 있다.

제1성장기	실내온도가 아직 크게 상승되지 않은 발화단계로서 화원이나 착화물의 종류 등에 따라 달라지기 때문에 조건에 따라 일정하지 않는 단계
제2성장기	실내에 있는 내장재에 착화하여 플래시오버(Flash-Over)에 이르는 단계이다.

3. 실내화재의 진행과 특징

초 기	• 창 등의 개구부로부터 흰색의 연기가 분출하고 있다. • 실내의 일부가 독립연소하고 있다. • 연소확대위험성은 적다.
중기(성장기)	• 창 등의 개구부로부터 검은색의 연기가 분출하고 연기의 농도도 상하나. • 화재의 범위가 넓어지며, 건물 전체로 불이 확대되려고 하는 시기이다 • 이웃하는 건물로의 연소위험이 있다.

최성기	• 연기의 발생량은 약간 감소하지만, 화염의 분출은 많아진다. • 연소가 가장 왕성한 상태로 화재실의 창유리가 파괴되어 많은 공기가 공급되며 화염의 분출이 증가한다. • 강한 복사열의 발생으로 이웃한 건물로의 연소위험이 많아진다.
후기(감퇴기)	• 대들보나 기둥이 허물어지고 연기의 색이 흑색에서 백색으로 된다. • 화세가 약해지며 진화 때까지를 말한다. • 다른 곳으로의 연소확대위험은 없다.

4. 특수한 화재현상

플래시백 (Flash Back)	• 환기가 잘 되지 않는 곳에서 화재가 발생하여 산소농도 저하로 불꽃을 내지 못하고 가연물질의 열분해에 의해 발생된 가연성 가스가 축적이 된다. • 이 경우 진화를 위해 갑자기 출입문 등이 개방되었을 때 신선한 공기의 유입으로 폭발적인 연소가 다시 시작되는 현상으로 연기폭발(Smoke Explosion)이라고도 한다. 고무와 같은 합성수지의 화재시에 주로 발생한다.
백 드래프트 (Back Draft)	• 밀폐된 공간에서 화재가 발생하여 산소농도 저하로 불꽃을 내지 못하고 가연물질의 열분해에 의해 발생된 가연성 가스가 축적이 된다. • 이 경우 진화를 위해 갑자기 출입문 등이 개방되었을 때 신선한 공기의 유입으로 폭발적인 연소가 다시 시작되는 현상으로 플래시백 현상과의 차이점은 밀폐된 공간에서 발생된다는 점이다. 문틈에서 다량의 짙은 검은 연기만 뿜어져 나오는 것은 백 드래프트 현상이 발생할 가능성이 높다고 봐야 한다.
플래시오버 (Flash-Over)	• 순발연소(혼합연소, 비정상연소)라고도 하며, 실내화재시 흔히 나타나는 양상으로서 발화로부터 열에 의해 개체의 내장재, 가구 등에 화염이 옮겨 붙으면 그 불길이 성장하여 천장부분의 연소까지 미치게 되고 천장 부근에 가연성 가스가 축적되어 그것이 어느 시기에 이르러 폭발적으로 연소하므로 층 전체가 순식간에 화염에 휩싸이면서 모든 공간을 통하여 입체적으로 확대되는 현상이다. • 플래시오버(F·O) 시점에서는 실내의 온도는 실내의 가연물질에 따라서 다르지만, 보통 800~900℃가 된다.
롤오버 (Roll-Over)	화재가 발생하여 가연성 물질에서 발생된 가연성 증기가 천장 부근에 축적되고, 이 축적된 가연성 증기가 인화점에 도달하여 전체가 연소하기 시작하면 불덩어리가 천장을 따라 굴러다니는 것처럼 뿜어져 나오는 현상이다.

5. 플래시오버와 롤오버의 차이점

① 롤오버 현상시 발생하는 복사열은 플래시오버 현상에 비해 약하다.

② 확대범위를 보면 롤오버는 화염이 주변공간으로 확대되는 반면, 플래시오버는 순간적으로 공간 전체로 확대된다.

③ 확산의 매개체를 보면, 롤오버는 실의 상부에 있는 아주 높은 온도의 가연성 증기에서 발화하지만, 플래시오버는 공간 내 전체 가연물에서 동시에 발화한다.

2.7 위험물화재의 성상

2.7.1 위험물화재의 위험성

1. 위험물의 자연발화

(1) 정의

자연발화라 함은 물질이 공기 중에서 발화온도보다 낮은 온도에서 스스로 발열하여 그 열이 장기간 축적, 발화점에 도달하여 연소에 이르는 현상으로, 자연발화를 일으키는 원인으로는 물질의 산화열, 분해열, 흡착열, 미생물(발효열), 중합열 등이 있다.

(2) 자연발화의 조건

열전도율이 작아야 한다.	보온효과가 좋게 되기 위해서는 열이 축적되기 쉬운 분말상·섬유상의 물질이 공기를 많이 포함하기 때문에 단열적이 되며 열전도율은 작은 쪽이 좋다.
발열량이 커야 한다.	발열량이 클수록 열의 축적이 잘 이루어진다.
주위의 온도가 높아야 한다.	온도가 높으면 반응속도가 빠르기 때문에 열의 발생이 증가하여 이런 경우 반응속도는 온도상승에 따라 현저하게 증가한다.
표면적이 넓어야 한다.	반응계에 고체 또는 액체가 들어 있는 경우의 반응속도는 표면적에 비례하므로 표면적이 클수록 자연발화하기 쉽고, 분말이나 액체가 포나 종이 등에 부착되어 있는 상태가 자연발화하기 쉽다.

(3) 자연발화의 형태 및 물질

산화열 축적에 의한 발화	건성유(아마인유, 해바라기유, 들기름, 동유(tung oil) 및 반건성유(채종유, 면실유, 대두유)가 적셔진 다공성 가연물과 석탄, 기름걸레, 원면, 고무조각, 금속분, 황철관, 테레핀유 등과 같이 산화반응에 의한 발열을 축적하여 자연발화하는 것
분해열 축적에 의한 발화	나이트로셀룰로오스(질화면), 셀룰로이드, 나이트로글리세린, 산화에틸렌, 유기과산화물류 등과 같이 자연분해시 발생하는 분해열에 의해 자연발화하는 것
흡착열 축적에 의한 발화	활성탄, 유연탄, 목탄분말, 가연성 물질+촉매 등과 같이 물질이 주위의 기체를 흡착할 때 생기는 흡착열에 의해 자연발화하는 것
미생물(발효열)에 의한 발화	퇴비, 먼지 등과 같이 미생물의 활동으로 발열·축적하여 자연발화하는 것

중합열에 의한 발화	시안화수소, 산화에틸렌 등과 같이 중합반응에 의해 자연발화하는 것

(4) 자연발화에 영향을 주는 인자

열의 축적	열 축적이 용이할수록 자연발화하기 쉬움.
열의 전도율	열전도율이 작을수록 자연발화하기 쉬움.
퇴적방법	열 축적이 용이하게 가연물이 적재되어 있으면 자연발화하기 쉬움.
공기의 유통	공기의 유통이 안 될수록 열 축적이 용이하여 자연발화하기 쉬움.
발열량	발열량이 큰 물질일 경우 자연발화하기 쉬움.
수 분	촉매작용을 함.

(5) 자연발화방지법

통풍을 잘 시켜 퇴적 및 수납시 열이 축적되지 않도록 한다.	자연발화는 물질의 자연발열속도와 열의 확산속도 간의 평형이 깨져 열이 축적되어 생기는 것이기 때문에 통풍, 환기, 저장방법 등을 고려하여 열의 축적을 방지하여야 한다.
습도가 높은 곳을 피한다.	습도, 수분 등은 물질에 따라 촉매적 효과작용을 하므로 습도가 높은 곳에는 저장하지 않아야 한다.
저장실의 온도는 낮춘다.	반응속도가 온도에 크게 좌우되는 이상 반응계의 처음 온도가 중요한 문제가 되므로 반응물질이 놓여진 주위온도를 낮게 하여야 한다.

(6) 준자연발화

가연물이 공기 또는 물과 접촉반응하여 급격히 발열·발화하는 현상으로 자연발화와의 차이점은 연소반응속도가 급격하고, 특히 공기 중에서 또는 물과 접촉하였을 때만 발생된다는 점이다.

① 황린(P_4)

백린이라고도 하고, 공기 중에서 발화하며 피부와 접촉하면 화상을 입는다.

② 금속칼륨(K), 금속나트륨(Na)

물 또는 습기와 접촉하면 급격히 발화한다.

③ 알킬알루미늄($(C_2H_5)_3Al$) : 트리에틸 알루미늄

공기 또는 물과 반응하여 발화하며, 피부와 접촉하면 화상을 입는다.

2. 위험물의 혼합·혼촉발화

(1) 혼촉발화의 정의

① 의의

혼촉발화란 2가지 이상의 물질이 혼합 또는 혼촉하여 발화하는 것으로, 위험한 상태가 되는 것을 말한다.

② 혼촉발화현상의 분류

㉠ 혼촉에 의해 반응이 생겨 발열·발화·폭발에 이른다.

㉡ 일정시간 경과 후 급격한 반응에 의해 발열·발화·폭발에 이른다.

㉢ 폭발성 물질을 생성한다.

㉣ 혼촉에 의해 발열·발화하지만, 본 물질보다 발화하기 쉬운 혼합물을 형성한다.

(2) 혼합·혼촉발화 방지방법

① 산화제와 환원제, 가연물 등은 동일 실내에 저장하지 않아야 한다.

② 강산과 강염기류는 동일 실내에 저장·취급하지 않아야 한다.

③ 제5류 위험물(유기과산화물, 질산에스테르류, 폭발성 물질)은 분해촉매물질과 동일 장소에 저장·취급하지 않아야 한다.

④ 인화성 액체 또는 가연성 가스가 존재하는 장소에는 화기사용을 금지하여야 한다.

⑤ 혼합·혼촉발화의 가능성이 있는 물품들에 대해서는 동일 장소에 저장하지 않아야 한다.

⑥ 혼합·혼촉발화는 그 이상의 물질 등이 외부의 점화원이 없이도 혼합·혼촉시 발생한 반응열에 의해 발화가 일어나므로 평소 혼촉발화의 가능성의 위험이 있는 물질의 저장 및 취급과정에서부터 안정확보를 위한 노력이 필요하다.

■ 혼합·혼촉 방지대상 물질

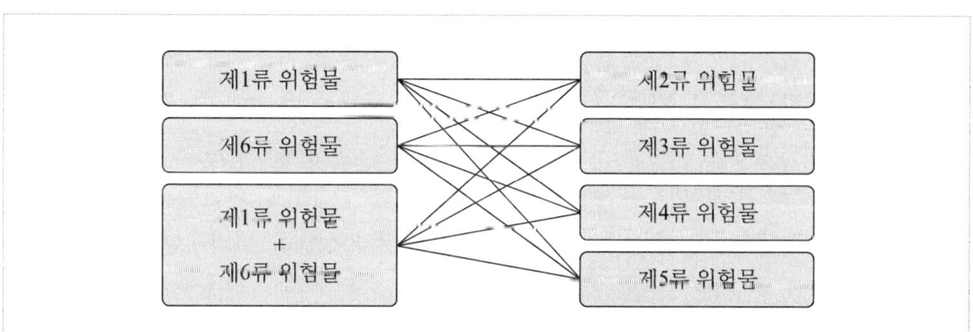

2.7.2 위험물의 종류 및 성상

(1) 일반적으로 위험물은 현재의 생활환경 속에서 다수 존재하고 있으며, 예를 들면 고압가스, 화약, 석유류, 유독물, 방사성 물질 등을 들 수 있다. 이들 위험물들을 무질서한 상태로 방치하여 아무런 규제도 하지 않는다면 사회생활은 혼란하게 될 것이며, 우리들의 생명과 신체가 위협을 받으리라는 것은 말할 필요도 없다.

(2) 여기에서 다루고자 하는 위험물이란 소방법에 규정하는 위험물, 즉 일반적으로 인화성 또는 발화성 등의 물품을 말한다.

(3) 위험물 중에서 물리적·화학적 성질, 화재의 위험성, 화재예방 및 소화방법 등 서로 비슷한 물질들을 묶어 제1류에서 제6류까지 유별로 구분한다.

1. 제1류 위험물

(1) 종류 및 지정수량

품명	지정수량
아염소산염류	50kg
염소산염류	50kg
과염소산염류	50kg
무기과산화물류	50kg
브롬산염류	300kg
질산염류	300kg
요오드산염류	300kg
과망간산염류	1,000kg
중크롬산염류	1,000kg

(2) 위험물안전관리법상 한계

'산화성 고체'라 함은 고체[액체(1기압 및 섭씨 20℃에서 액상인 것 또는 섭씨 20℃ 초과 40℃ 이하에서 액상인 것) 또는 기체(1기압 및 섭씨 20℃에서 기상인 것) 이외의 것을 말함]로서 산화력의 잠재적인 위험성 또는 충격에 대한 민감성을 판단하기 위하여 소방방재청장이 정하여 고시하는 시험에서 고시로 정하는 성질과 상태를 나타내는 것을 말한다.

(3) 일반적인 성질

① 대표적 성질은 산화성 고체로 모든 품목이 산소를 함유한 강력한 산화제이며, 분해하여

산소를 방출한다는 것이다.

② 자신은 불연성 물질로서 환원성 물질 또는 가연성 물질에 대하여 강한 산화성을 가진다. 즉, 다른 가연물의 연소를 돕는 지연성(조연성) 물질이다.

③ 모두 무기화합물이며, 대부분 무색결정이거나 백색 분말상태의 고체이다.

④ 가열, 충격, 마찰, 타격 등에 의해 분해된다.

⑤ 물에 대한 비중은 1보다 크며 물에 녹는 것이 많다. 조해성이 있는 것도 있으며, 수용액 상태에서도 산화성이 있다.

⑥ 무기과산화물류는 물과 반응하여 산소를 발생하고 발열한다.

$$2Na_2O_2 + 2H_2O \rightarrow 4NaOH + O_2\uparrow + \text{열}$$

(4) 위험성

① 산화의 위험성

㉠ 산소를 방출하고, 지연성이 강하다.

㉡ 가열하거나 제6류 위험물과 혼합하면 산화성이 증대된다.

② 폭발의 위험성

단독으로 분해·폭발하는 물질(예 NH_4NO_3, NH_4ClO_3)도 있지만, 가열·충격·정촉매·이물질 등과의 접촉으로 분해가 개시되어 가연물과 접촉·혼합에 의해 심하게 연소하거나 경우에 따라서는 폭발한다.

③ 손상의 위험성(유독 및 부식성의 위험성)

㉠ 유독성 : 염소산염류, 질산염류, 중크롬산염류, 중금속염류, 삼산화크롬 등

㉡ 부식성 : 과산화칼륨, 과산화나트륨 등의 무기과산화물류

④ 특수위험성

무기과산화물은 물과 반응하여 발열하고 산소를 방출하므로 제3류 위험물과 유사한 금수성 물질이며, 삼산화크롬(CrO_3)은 물과 반응하여 강산이 되며 심하게 발열한다.

(5) 예방대책

① 가열하거나 직사광선 및 화기를 피한다.

② 충격, 마찰, 타격 등 기계적 에너지를 차단한다.

③ 용기의 가열, 파손, 전도를 방지하고 취급 중 내용물의 누출을 방지한다.

④ 공기나 물과의 접촉을 피한다(특히 무기과산화물류).

⑤ 환원제, 산화되기 쉬운 물질, 제2~5류 위험물과의 접촉 및 혼합을 금한다.

⑥ 분해촉진물질, 재해발생 위험물질, 이물질과의 접촉을 피한다.

⑦ 강산류와 절대 접촉을 금지한다.

⑧ 조해성 물질은 방습하고 용기를 밀전한다.

⑨ 저장시 통풍이 잘 되는 냉암소에 저장한다.

⑩ 알칼리금속 과산화물은 물기를 엄금한다.

(6) 소화대책

① 산소의 분해방지를 위해 온도를 낮추고 주변 가연물의 소화에 주력한다. 무기과산화물을 제외하고는 다량의 물을 사용하는 것이 유효하다.

② 무기과산화물은 물과 반응하여 산소와 열을 발생하므로 마른 모래(건조사) 등을 사용한 질식소화가 유효하다.

참고 삼산화크롬은 물과 반응하여 열을 발생시킨다.

1. 무기과산화물류(지정수량 50kg)

① 과산화수소(H_2O_2)의 수소(H)가 금속 또는 유기물로 치환된 화합물을 말하며, 크게 분류하면 다음과 같다.

- 과산화물
  - 무기과산화물
    - 알칼리금속의 과산화물
    - 알칼리금속 이외의 과산화물
  - 유기과산화물(제5류 위험물)

② 일반적으로 과산화물은 불안정하며, 가열 또는 산화되기 쉬운 물질과 접촉하면 분해해서 산소를 발생한다. 무기과산화물은 그 자체는 연소하지 않지만 유기물과의 접촉시는 분해하고 산소를 방출하며, 알칼리금속의 과산화물은 물과 심하게 반응하며 분해하고 산소를 발생시키는 것이 있다.

③ 종류 : 과산화마그네슘, 과산화칼슘, 과산화바륨 등이 있다.

2. 질산염류(지정수량 300kg)

① 질산(HNO_3)의 수소를 금속 또는 다른 양이온으로 치환한 화합물을 질산염이라 하며, 이들 염의 총칭을 질산염류라 한다.

② 중요한 염에는 칼륨(K), 나트륨(Na), 암모늄(NH_4), 칼슘(Ca), 바륨(Ba), 은(Ag)염이 있다.

③ 강산화제이지만 염소산염류보다 안정하다. 일반적으로 조해성이며 물에 잘 녹는다. 또 폭약의 원료로 쓰이는 것이 많다.

3. 질산암모늄(NH_4NO_3)

① 일반적인 성질

㉠ 무색·무취의 결정으로서 알코올, 알칼리에 잘 녹는다.

㉡ 조해성이 강하고 물에 녹을 때에는 흡열반응을 나타낸다.
㉢ 유기물이 섞이거나 가열, 충격 등에 의해서 폭발하는 수가 있다.
㉣ 발생하는 가스의 양도 많다.
㉤ 단독으로 급격한 가열, 충격으로 분해·폭발하는 수가 있다.
㉥ 주로 화학원료, 폭약 등의 제조에 쓰인다.

② 소화방법 : 주수소화에 의한다.

2. 제2류 위험물

(1) 종류 및 지정수량

품명	지정수량
황화린	100kg
적 린	100kg
유 황	100kg
철 분	500kg
마그네슘	500kg
금속분	500kg
인화성 고체	1,000kg

(2) 위험물안전관리법상 한계

철 분	53μm 표준체를 통과하는 것이 50wt% 미만인 것을 제외한다.
마그네슘	마그네슘 또는 마그네슘을 함유한 것 중 2mm의 체를 통과하지 아니하는 덩어리 및 직경 2mm 이상의 막대 모양의 것은 비위험물로 한다.
금속분	알칼리금속, 알칼리토류금속, 철 및 마그네슘 이외의 금속의 분말을 말하며 구리분, 니켈분 및 150μm의 체를 통과하는 것이 50wt% 미만인 것은 제외한다.
유 황	순도가 60wt% 이상인 것을 말한다. 이 경우 순도측정에 있어서 불순물은 활석 등 불연성 물질과 수분에 한한다.
인화성 고체	고형 알코올과 인화점이 섭씨 40℃ 미만의 고체인 것을 말한다.

(3) 일반적인 성질

① 대표적 성질은 가연성 고체(Combustable Solid)로서 비교적 낮은 온도에서 착화하기 쉬운 이연성·속연성 물질이다.

② 비중은 1보다 크고 물에 녹지 않으며, 산소를 함유하지 않기 때문에 강력한 환원성 물질

이고 모두 무기화합물이다.

③ 산소와 결합이 용이하여 산화되기 쉽고 저농도의 산소에서도 결합한다.

④ 연소시 연소열이 크고 연소온도가 높다.

⑤ 모두 가연성 물질로 무기과산화물류와 혼합한 것은 소량 수분에 의해 발화한다.

⑥ 금속분은 물이나 혹은 산과 접촉하면 발열하게 된다.

(4) 위험성

① 특성

㉠ 비교적 다른 가연물에 비해 착화온도가 낮아 저온에서 발화가 용이하며, 연소속도가 빠르고 연소시 다량의 빛과 열을 발생한다.

㉡ 금속분은 산, 할로겐원소, 황화수소와 접촉하면 발열·발화하며, 습기와 접촉하면 자연발화 위험이 있다.

② 폭발위험

㉠ 산화제(제1류, 제6류)와 혼합한 것은 가열, 충격, 마찰에 의해 발화폭발위험이 있으며, 연소 중인 금속분에 물을 가하면 수소가스가 발생하여 2차적인 폭발위험이 있다.

㉡ S, Fe, Mg분 및 금속분은 밀폐된 공간 내에서 부유할 때 점화원 또는 충격, 마찰 등에 의해 분진폭발을 일으켜 대형화재로 확대되어 파괴력도 커진다.

③ 소화곤란의 위험

연소시 발생한 대류열, 복사열과 다량의 유독성 연소생성물 때문에 소화가 곤란하며, 금속분 화재시 물에 의해 냉각소화하면 수소가스가 발생되어 폭발위험이 있고, 연소현장 부근의 산소가 부족하여 질식위험이 있다.

④ 특수위험

㉠ 일반적으로 금속은 산화하기 쉬우나, 큰 덩어리로 되어 있거나 보통의 금속물(알루미늄 새시 등)의 경우 화재위험은 적다.

㉡ 금속분이 미세한 가루 또는 박 모양일 경우 산화표면적의 증가로 공기와 혼합 및 열전도가 적어 열의 축적이 쉽기 때문에 연소를 일으키기 쉬워진다.

(5) 예방대책

① 가열하거나 화기를 피하며 불티, 불꽃, 고온체와의 접촉을 피한다.

② 산화제(제1류, 제6류)와의 혼합·혼촉을 피한다.

③ 철분, 마그네슘, 금속분류는 물, 습기, 산과의 접촉을 피하여 저장한다.

④ 저장용기는 밀봉하고, 용기의 파손과 누출에 주의한다.

⑤ 통풍이 잘 되는 냉암소에 보관·저장한다.

(6) 소화대책

① 금속분, 철분, 마그네슘, 황화린은 건조사, 건조분말 등으로 질식소화하며, 적린과 유황은 물에 의한 냉각소화가 적당하다.

② 금속분, 철분, 마그네슘의 연소시 주수하면 급격한 수증기 압력이나 분해에 의해 발생된 수소에 의한 폭발위험과 연소 중인 금속의 비산으로 화재면적을 확대시킬 수 있다.

③ 연소시 발생하는 유독성 가스의 흡입방지를 위해 공기호흡기를 착용한다.

1. 황화린 : 삼황화린(P_4S_3), 오황화린(P_2S_5), 칠황화린(P_4S_7)

① 일반적인 성질 : 미립자를 흡수하게 되면 기관지 및 눈의 점막을 자극한다. 공기 중에서는 약 100℃에서 발화하며, 때에 따라서는 자연발화성도 있다.

② 저장 및 취급방법 : 자연발화성이므로 과산화물로부터 멀리하고 습기, 가열, 충격 및 산화제, 금속분 등을 피하며 통풍이 잘 되는 찬 곳에 저장한다.

③ 소화방법 : 주수에 의한 냉각소화를 하지만, 때에 따라서는 질식소화도 효과가 있다.

2. 유황(S_8)

① 일반적인 성질

㉠ 황은 공기 중에서 탈 때 푸른 불꽃을 내며, 아황산가스를 발생한다. 황은 전기의 부도체이며, 마찰에 의해서 대전한다.

㉡ 가열, 충격, 마찰에 의하여 착화폭발을 일으키며, 황가루가 공기 중에 떠 있을 때에는 분진폭발의 위험성이 있다.

② 저장 및 취급방법 : 산화제와 멀리해서 저장하고, 분진은 화기에 주의해야 한다. 정전기의 축적을 막도록 한다.

③ 소화방법

㉠ 다량의 물에 의해서 소화한다.

㉡ 황 단독의 화재시에는 냉각소화 외에도 질식소화도 효과가 있다. 특히, 화재발생시 아황산가스가 발생하므로 호흡기에 주의하지 않으면 안 된다.

3. 마그네슘(Mg)

① 일반적인 성질

㉠ 은백색의 광택이 나는 가벼운 금속으로 열전도율, 전기전도율 등은 알루미늄보다 낮다.

㉡ 알칼리금속에는 침식하지 않지만, 산이나 염류에는 침식한다. 물과 작용하여 수소를 발생시키며 연소되기 쉽다.

㉢ 공기 중의 습기와 서서히 반응하여 발열하며 자연발화할 수도 있고, 산화제의 혼합물은 타격이나 충격 등에 의해서 착화하여 지극히 심하게 연소한다.

② 저장 및 취급방법 : 산화제와 혼합되지 않게 하고, 할로겐원소와 수분 등과 접촉을 피하도록 하여야 한다. 화기취급에 주의하여 분진폭발을 방지하여야 한다.
③ 소화방법 : 주수소화하면 오히려 위험이 따르므로 마른 모래(건조사) 등으로 피복하여 소화하여야 한다.

3. 제3류 위험물

(1) 종류 및 지정수량

품명	지정수량
칼 륨	10kg
나트륨	10kg
알킬알루미늄	10kg
알킬리튬	10kg
황 린	20kg
알칼리금속(K, Na 제외)류 및 알칼리토금속류	50kg
유기금속화합물류(알킬알루미늄 및 알킬리튬 제외)	50kg
금속의 수소화물	300kg
금속의 인화물	300kg
칼슘 또는 알루미늄의 탄화물	300kg

(2) 위험물안전관리법상 한계

① 자연발화성 물질 및 금수성 물질은 고체 또는 액체이어야 한다.
② 공기 중에서 발화위험성이 있는 것 또는 물과 접촉하여 발화하거나 가연성 가스의 발생위험성이 있어야 한다.

(3) 일반적인 성질

① 대표적 성질은 자연발화성 물질 및 물과 반응하여 가연성 가스를 발생하는 물질로서 복합적 위험성을 가지고 있다.
② 알킬알루미늄, 알킬리튬과 유기금속화합물류는 유기화합물이다.
③ K, Na, 알킬알루미늄, 알킬리튬은 물보다 가볍고, 나머지는 물보다 무겁다.
④ 모두 물에 대해 위험한 반응을 초래하는 물질(황린 제외)이다.

(4) 위험성

① 모든 품목은 물과 반응하여 모두 가연성 가스를 발생한다.
② 일부 품목은 공기 중에 노출되면 자연발화를 일으킨다.
③ 일부 품목은 물과 접촉에 의해 발화한다.
④ 일부 품목은 물과 반응시 점화원이 될 수 있는 열을 발생한다.
⑤ 가열, 강산화성 물질 또는 강산류와의 접촉에 의해 위험성이 증가한다.
⑥ 물과 반응시 생긴 부식성 물질은 발열하는 것도 있다.

(5) 예방대책

① 저장용기는 완전밀폐하여 공기와의 접촉을 방지하고, 물과 수분의 침투 및 접촉을 금하여야 한다.
② 산화성 물질과 강산류와의 혼합을 방지한다.
③ K, Na 및 알칼리금속은 석유 등의 산소가 함유되지 않은 석유류에 저장한다.
④ 알킬알루미늄, 알킬리튬 및 유기금속화합물류는 화기를 엄금하고, 용기의 내압이 상승되지 않도록 한다.
⑤ 자연발화성 물질의 경우는 불티, 불꽃 또는 고온체에의 접근을 방지한다.

(6) 소화대책

① 절대 주수를 엄금하며, 어떤 경우이든 물에 의한 냉각소화는 불가능하다.
② 상황에 따라 건조분말, 건조사, 팽창질석, 건조석회를 조심스럽게 사용한다.

1. 황린(P_4)

① 일반적인 성질
　㉠ 백린이라고 하며, 백색 또는 담황색의 고체이다. 물에 녹지 않고 벤젠, 알코올에 극히 작게 녹고, 이황화탄소, 염화황에 잘 녹는다.
　㉡ 상온에서도 증기를 발생하고 서서히 산화하므로 어두운 곳에서 인광을 낸다.
　㉢ 공기를 차단하고 약 250℃로 가열하면 적린이 된다. 증기비중은 4.4로 무겁다.
　㉣ 공기 중의 산소와 상온에서 화합하여 약 34℃에서 자연발화한다.
② 저장 및 취급방법 : 황린은 자연발화성이므로 물속에 저장하여야 한다. 직사열광을 방지하고 온도의 상승 및 물의 산성화를 방지한다. 즉, 온도가 높아지면 황린의 용해도는 증가하여 산성화가 빨라지며, 그 결과 용기의 액면과 닿고 있는 부분을 부식시킨다.

③ 소화방법

㉠ 물에 의한 냉각소화 및 모래, 흙으로 덮어서 질식소화시킨다.

㉡ 단, 고압주수는 오히려 황린을 비산시켜 화점을 분산시키는 위험이 있으므로 주의하여야 한다.

2. 칼륨(K)

① 일반적인 성질

㉠ 은백색 광택이 있는 무른 금속으로 공기 중의 수분과 반응하여 수소를 발생한다.

㉡ 물과의 반응성은 대단히 강하여 수소와 열을 발생한다.

㉢ 화학적으로 활성이 강하며 반응성이 나트륨(Na)보다 크다.

㉣ 수분 또는 습기가 있는 공기와 접촉하면 수소를 발생하고, 발생한 수소는 공기와 함께 폭발성 혼합체를 형성한다.

㉤ 금속칼륨은 물보다 비중이 작으므로 물에 떠서 물과 반응하여 수소가스를 발생하고 발열한다.

② 저장 및 취급방법 : 습기나 물과의 접촉을 피하고 보호액(석유)으로부터 위험물이 노출되지 않도록 저장하여야 한다.

③ 소화방법 : 주수는 물론 포 소화약제와 같은 물이 함유된 것은 절대엄금이며, 마른 모래(건조사), 소화분말 등이 적합하다.

3. 나트륨(Na)

① 일반적인 성질 : 은백색 광택이 있는 무른 금속으로 물과는 심하게 분해하여 다량의 수소와 열을 발생하고 공기와 혼합되어 폭발한다. 화학적으로 활성이 크고, 대부분의 원소와 반응한다.

② 저장 및 취급방법 : 칼륨에 준한다.

③ 소화방법 : 칼륨에 준한다.

4. 탄화칼슘(CaC_2)

① 일반적인 성질

㉠ 카바이트, 탄화석탄이라 하며 백색입방체 결정으로 공기와는 상온에서 반응하지 않지만 350℃ 이상에서는 산화되며, 수증기 및 물과 반응해서 아세틸렌을 발생하고 열을 발생한다.

$$CaC_2 + 2H_2O \rightarrow Ca(OH)_2 + C_2H_2 + 27.8kcal$$

㉡ 탄화칼슘 자신은 불연성이지만 수증기 및 물과 반응해서 아세틸렌이 발생하고, 아세틸렌이 공기와 함께 폭발성 혼합가스를 만든다.

② 저장 및 취급방법

㉠ 용기에 저장시 습기의 침입에 의해 아세틸렌이 발생되어 폭발을 일으키므로 반드시 밀폐용기에 저장하여야 한다.

㉡ 저장시에는 아세틸렌의 발생상황을 점검하고 질소가스와 같은 불연성 가스를 채운다. 또한 화기로부터 먼 곳에 저장한다.

③ 소화방법

주수는 물론 포말 소화약제와 같은 물이 함유된 것은 절대엄금이며, 마른 모래(건조사), 탄산가스, 소화분말 등이 적합하다.

5. 알킬알루미늄($(C_2H_5)_3Al$)

① 일반적인 성질

㉠ 알킬알루미늄은 알킬기와 알루미늄의 화합물이며, 이 중에는 할로겐원소를 함유하는 것도 있다.

㉡ 산소나 물과의 반응성이 크며, 특히 탄소 수가 적은 알킬알루미늄은 공기(산소)에 접촉하면 자연발화하고, 물과 심하게 폭발적으로 반응해서 발화한다.

㉢ 반응성의 대소는 알킬알루미늄의 탄소 수나 할로겐원소의 수에 의해서 좌우되고, 탄소 수가 많은 것일수록 또 할로겐 치환이 된 것일수록 적어진다.

② 저장 및 취급방법 : 용기는 완전히 밀봉하고, 공기나 물의 접촉을 절대 피해야 한다.

③ 소화방법

㉠ 알킬알루미늄 화재시 물, CO_2, CCl_4와 심하게 반응하므로 적당한 소화약제가 없는 관계로 소화가 극히 곤란하다.

㉡ 그러므로 알킬알루미늄 화재시의 소화방법은 건조사 등으로 주위를 막고 유출을 방지시킨 후에 분말 소화약제나 팽창질석 또는 팽창진주암을 살포하여 화세를 억제시키면서 주위가 연소되지 않도록 안전하게 연소시켜서 자연진화를 기다리지 않으면 안 된다.

4. 제4류 위험물

(1) 종류 및 지정수량

품명	지정수량
특수인화물류	50ℓ
제1석유류	200ℓ(비수용성 액체), 400ℓ(수용성 액체)
알코올류	400ℓ
제2석유류	1,000ℓ(비수용성 액체), 2,000ℓ(수용성 액체)
제3석유류	2,000ℓ(비수용성 액체), 4,000ℓ(수용성 액체)
제4석유류	6,000ℓ
동식물유류	10,000ℓ

(2) 위험물안전관리법상 한계

① '특수인화물'이라 함은 이황화탄소, 다이에틸에테르 그 밖에 1기압에서 액체로 되는 것으로서 발화점이 100℃ 이하인 것 또는 인화점이 −20℃ 이하로서 비점이 40℃ 이하인 것을 말한다.

② '석유류'라 함은 각각 다음의 물품 및 성상(1기압에 있어서의 성상을 말한다)을 가시는 것을 말한다.

제1석유류	아세톤, 휘발유 그 밖에 1기압에서 인화점이 21℃ 미만인 것
제2석유류	등유, 경유 그 밖에 1기압에서 인화점이 21℃ 이상 70℃ 미만인 것. 다만, 도료류 그 밖의 물품에 있어서는 가연성 액체량이 40W% 이상인 동시에 연소점이 60℃ 이상인 것은 제외한다.
제3석유류	중유, 클레오소트유 그 밖에 1기압에서 인화점이 70℃ 이상 200℃ 미만인 것. 다만, 도료류 그 밖의 물품에 있어서는 가연성 액체량이 40W% 이하인 것은 제외한다.
제4석유류	기어유, 실린더유 그 밖에 1기압에서 인화점이 200℃ 이상 250℃ 미만인 것. 다만, 도료류 그 밖의 물품에 있어서는 가연성 액체량이 40W% 이하인 것은 제외한다.

③ '알코올류'라 함은 1분자를 구성하는 탄소원자의 수가 1개부터 3개까지인 포화 1가 알코올(변성 알코올을 포함)을 말한다. 다만, 다음에 해당하는 것은 제외한다.
  ㉠ 1분자를 구성하는 탄소원자의 수가 1개 내지 3개의 포화 1가 알코올의 함유량이 60W% 미만인 수용액
  ㉡ 가연성 액체량이 60W% 미만이고, 인화점 및 연소점(태그개방식 인화점측정기에 의한 연소점을 말함)이 에틸알코올 60W% 수용액의 인화점 및 연소점을 초과하는 것
④ '동·식물유류'라 함은 동물의 지육 등 또는 식물의 종자나 과육으로부터 추출한 것으로서 1기압에서 인화점이 섭씨 250℃ 미만인 것을 말한다.

(3) 일반적인 성질

① 대단히 인화되기 쉽다 : 휘발유와 같은 것은 인화점이 최저 −43℃로 상온에서 증발·인화가 용이하다.
② 발화점이 낮다 : 특수인화물류 중 CS_2, 다이에틸에테르, 아세트알데하이드의 발화점은 100~200℃로서 저온에서 발화하므로 취급시 상당한 주의를 요구한다.
③ 자연발화한다 : 불포화도가 높은 건성유, 반건성유가 다공성 가연물에 스며들어 장기간 저장되어 있는 경우 공기와 자연산화하고 산화열이 축적되어 자연발화한다.
④ 증기와 공기가 약간 혼합되어 있어도 연소한다 : 연소범위가 넓을수록 인화가 용이하고 연소범위의 하한이 낮을수록 약간의 액체나 증기가 누설되면 인화위험이 있다.
⑤ 증기비중이 공기보다 무겁다 : 대부분 공기보다 무겁기 때문에 가연성 증기는 체류하게 되어 점화원에 의해 연소·폭발한다.
⑥ 비점 : 비점이 낮은 경우 기화하기 쉬우므로 가연성 증기가 공기와 혼합하여 인화성·폭발성 혼합가스를 형성하며, 비점이 낮을수록 위험성이 높다.
⑦ 최소점화에너지
  ㉠ 가연성 가스와 공기와의 혼합가스에 불꽃으로 점화시 발화가 일어나기 위해 필요한 불꽃

의 최저에너지를 말하며, 산소농도가 증가하거나 온도와 압력이 상승하면 최소점화에너지는 감소한다(다이에틸에테르 = 0.0013mJ, 벤젠 = 0.22mJ).

㉡ 최소점화에너지가 작을수록 연소위험성은 증가한다.

(4) 위험성

① 인화위험이 높다.

② 증기는 공기보다 무겁다.

③ 연소범위의 하한이 낮다.

> 다이에틸에테르 = 1.9%, 휘발유 = 1.4%, 벤젠 = 1.4%

④ 액 비중은 물보다 가볍고, 물에 녹지 않는 것이 많다.

> • 액 비중이 1보다 큰 것
> CS_2 = 1.26, 염화아세틸 = 1.1, 클로로벤젠 = 1.1, 제3석유류 등
> • 수용성 : 알코올류, 에스테르류, 아민류, 알데하이드류 등

⑤ 비교적 발화점이 낮다.

> CS_2 = 100℃, 다이에틸에테르 = 180℃, 아세트알데하이드 = 185℃

⑥ 폭발위험성이 공존한다.

(5) 예방대책

① 누출방지 : 밀폐용기의 사용, 배관의 이용, 누출의 극소화

② 폭발혼합기의 형성방지(환기철저)

③ 점화원의 제거

(6) 소화대책

① 타고 있는 위험물을 제거시킨다.

② 소량 위험물의 연소시는 물을 제외한 소화약제로 질식소화하는 것이 효과적이며, 대량의 경우에는 포에 의한 질식소화가 좋다.

③ 높은 인화점을 가지거나 휘발성이 낮은 위험물의 화재시 증기발생을 억제한다.

④ 수용성 위험물에는 알코올형 포를 사용하거나 다량의 물로 희석시켜 가연성 증기의 발생을 억제하여 소화한다.

1. 특수인화물

① 특수인화물에 해당하는 물품은 개별품목이 지정되어 있지만 성상에 따른 지정품목도 있다.
② 지정품목에는 다이에틸에테르, 이황화탄소, 콜로디온이고, 성상에 따른 지정에는 다음의 두 종류가 있다.
  ㉠ 1기압 20℃에서 액체이면서 발화점이 100℃ 이하인 것
  ㉡ 1기압 20℃에서 액체이면서 인화점이 －20℃ 이하로서 또 비점이 40℃ 이하인 것
③ 특수인화물에 지정되어 있는 물품은 착화온도가 극히 낮은 것, 또 인화점이 모두 낮은 것이 대상이 되고 있다. 여기에 해당되는 물품은 제4류 위험물 중에서 위험성이 가장 큰 것이다.
④ 다이에틸에테르, 이황화탄소, 콜로디온 이외에 특수인화물에 해당하는 물품으로서는 석유화학 등 화학공업의 원료 등으로 쓰이는 것이 있지만 대표적으로 아세트알데하이드, 산화프로필렌 등이 있다.

2. 이황화탄소(CS_2)

① 일반적인 성질
  ㉠ 순수한 것은 냄새가 없으며, 무색·투명한 액체이다. 물보다 무겁고 일광에 쪼이면 서서히 변질하여 불쾌한 냄새가 증가하고 황색을 띤다.
  ㉡ 물에는 녹지 않으나 알코올, 에테르, 벤젠 등 많은 유기용제에 녹으며 유지, 수지, 생고무, 황, 황인 등을 녹인다.
  ㉢ 휘발성 및 인화성이 강하고, 착화온도는 제4류 위험물 중에서 가장 낮으므로(100℃) 조심하지 않으면 안 된다.
  ㉣ 연소범위가 넓고 하한이 낮으므로 대단히 위험도가 높다. 연소시는 유독한 아황산가스가 발생한다.
② 저장 및 취급방법
  ㉠ 착화온도가 가장 낮으므로 화기를 피해야 하며, 통풍을 잘 시키고 직사일광을 피하여 찬 곳에 저장하는 것이 좋다.
  ㉡ 물보다 무겁고 물에 녹기 어려우므로 용기나 탱크에 넣어둘 때에는 상부에 물로 덮어서 증발을 막는 것이 보통이다.
③ 소화방법
  ㉠ 소화약제로는 이산화탄소 등 불연성 가스, 할로겐화합물, 분말 소화약제 등이 효과가 있다.
  ㉡ 때에 따라서는 대량의 물로 피복소화하는 경우도 있다.

3. 아세트알데하이드(CH_3CHO)

① 일반적인 성질
  ㉠ 대단히 휘발하기 쉽고 자극성 냄새를 가진 무색의 액체로 반응성이 풍부하여 산화 또는 환원되며 여러 가지 물질과 작용한다.
  ㉡ 물에 잘 녹으며 많은 유기용매에도 잘 녹고, 고무도 녹이는 성질이 있다.
  ㉢ 비점(21℃)이 대단히 낮으며 착화온도(185℃)가 낮고 연소범위(4.1～57%)가 넓어서 폭발의 위험성도 크다.

㉣ 아세트알데하이드는 구리, 마그네슘, 수은, 은 등과 접촉하면 반응성이 촉진된다.

② 저장 및 취급방법 : 공기와의 접촉을 막아야 하며, 구리나 마그네슘 등과 접촉하면 폭발성인 화합물을 만들 가능성이 있으므로 구리나 마그네슘 및 그 합금인 용기의 사용을 피하여야 한다.

③ 소화방법 : 물에 녹으므로 소화제로는 안개모양의 물, 이산화탄소, 분말 소화약제 등이 가장 적합하다.

4. 산화프로필렌(CH_3CHCH_2)

① 일반적인 성질

㉠ 물, 알코올, 에테르, 벤젠 등 많은 유기용제에 녹는다. 화학반응이 풍부하며, 다른 물질과 반응하는 것 이외에 산, 알칼리 또는 구리, 마그네슘, 수은, 은의 존재하에서는 중합반응을 일으킨다.

㉡ 증기는 유독하며 현기증, 두통, 구토를 일으키고, 심할 때에는 눈점막을 자극시키고, 더욱 심할 때에는 폐부종을 일으킨다.

② 저장 및 취급방법

㉠ 증기나 액체는 구리, 은, 마그네슘 등의 금속이나 합금 등 아세틸라이드를 만드는 금속과의 접촉을 피해야 한다.

㉡ 용기에 수납하고 있을 때에는 질소가스 등의 불연성 가스로 항상 채워둔다. 이것은 인화폭발의 위험이 높기 때문에 연소범위 내의 증기의 생성을 방지하기 위해서이다.

③ 소화방법

㉠ 소화에 있어서는 독성을 고려해서 방독마스크의 사용 등 주의를 요한다.

㉡ 소화약제는 분말 소화약제, 이산화탄소, 할로겐화합물 소화약제 등이 적합하다.

5. 제5류 위험물

(1) 종류 및 지정수량

품명	지정수량
유기과산화물류	10kg
질산에스테르류	10kg
나이트로화합물류	200kg
니이트로소화합물류	200kg
아조화합물류	200kg
다이아조화합물	200kg
하이드라진유도체	200kg
하이드록실아민	100kg
하이드록실아민염류	100kg

(2) 위험물안전관리법상 한계

'자기반응성 물질'이라 함은 고체 또는 액체로서 폭발의 위험성 또는 가열분해의 격렬함을 판단하기 위하여 고시로 정하는 시험에서 고시로 정하는 성질과 상태를 나타내는 것을 말한다.

(3) 일반적인 성질

① 대표적 성질은 자기반응성 물질(Self-Reactive Substances)이다. 즉, 외부로부터 산소의 공급 없이도 가열, 충격 등에 의해 연소폭발을 일으킬 수 있는 물질이다.
② 하이드라진유도체류를 제외하고는 유기화합물이며, 유기과산화물류를 제외하고는 질소를 함유한 유기질소화합물이다.
③ 모두 가연성의 액체 또는 고체물질이고, 연소할 때에는 다량의 가스가 발생한다.

(4) 위험성

① 유기과산화물류, 질산에스테르류, 나이트로화합물류, 나이트로소화합물류는 외부의 산소공급 없이도 자기연소하며, 연소속도가 빠르고 폭발적이다.
② 연소생성물은 다량이고 유독성 가스가 많아 밀폐된 곳에서도 중독위험이 있다.
③ 나이트로화합물은 화기, 가열, 충격, 마찰에 민감하여 발화폭발위험이 있다.
④ 강산화제, 강산류와 혼합한 것은 발화를 촉진시키고 위험성도 증가한다.
⑤ 일부 액체상태인 것은 인화하기 쉽고, 가열에 의해 폭발위험이 있다.

(5) 예방대책

① 화염, 불꽃 등 점화원의 엄금, 가열, 충격, 마찰, 타격 등을 피한다.
② 직사광선 차단, 습도에 주의하고 통풍이 양호한 찬 곳에 보관한다.
③ 강산화제, 강산류, 기타 물질이 혼입되지 않도록 한다.
④ 가급적 작게 나누어서 저장하고 용기파손 및 위험물의 누출을 방지한다.
⑤ 안정제(용제 등)가 함유되어 있는 것은 안정제의 증발을 막고, 증발되었을 때에는 즉시 보충한다.

(6) 소화대책

① 자기연소성 물질이기 때문에 CO_2, 분말, 할론, 포 등에 의한 질식소화는 효과가 없으며, 다량의 물로 냉각소화하는 것이 적당하다.

② 초기 화재 또는 소량 화재시에는 분말로 일시에 화염을 제거하여 소화할 수 있으나, 재발화가 염려되므로 최종적으로는 물로 냉각소화하여야 한다.

1. 나이트로셀룰로오스[$(C_6H_7O_2[ONO_2]_3)_n$]

① 일반적인 성질

㉠ NC, 질화면, 소화면, 질산섬유, 질산셀룰로오스라 하며, 셀룰로오스(섬유소)를 진한 질산과 진한 황산의 혼합액에 작용시켜서 만든 셀룰로오스의 질산에스테르이다.

㉡ 맛과 냄새가 없고 초산에틸, 초산아밀, 아세톤 등에는 잘 녹지만, 물에는 녹지 않는다.

㉢ 셀룰로오스 중 수산기(OH)를 나이트로기로 어느 정도 치환하는가를 나타내는 질화도(보통 전량에 대한 질소량 %)에 따라서 여러 가지가 얻어진다.

즉, 에테르와 알코올의 혼합액(2 : 1)에 녹지 않은 것(N > 12.8%)은 강면약, 녹는 것(N < 12.8%)을 약면약이라 한다.

㉣ 나이트로셀룰로오스는 질화도의 정도에 따라 차이는 있으나 점화, 충격, 가열 등으로 격렬히 타거나 폭발할 수도 있다.

㉤ 130℃ 정도에서 서서히 분해하고, 180℃에서 격렬히 연소한다. 완전히 분해하면 1,500배의 부피로 기체가 된다. 또 정제가 나빠서 산이 완전히 빠지지 않았을 때에는 그 남은 산이 햇빛의 직사나 가열 등에 의해서 자연발화하는 수도 있다.

② 저장 및 취급방법 : 저장·수송할 때에는 물이나 알코올로 습면시킬 필요가 있다. 취급에 있어서는 점화원이 될 수 있는 열원, 타격, 마찰 등을 가하지 않도록 주의하고 냉암소에 저장한다.

③ 소화방법 : 다량의 주수소화 또는 모래 등으로 뿌리는 것이 적당하나, 연소속도가 너무 빨라서 폭발의 위험도 있으므로 소화는 곤란하다.

2. 트라이나이트로톨루엔[$C_6H_2(NO_2)_3CH_3$]

① 일반적인 성질

㉠ 트로틸, T·N·T라 하며, 담황색의 주상결정이지만 햇볕에 쪼이면 다갈색으로 변한다.

㉡ 강력한 폭약이며 급격한 타격에 의하여 폭발한다.

㉢ 물에는 잘 녹지 않으나, 알코올에는 가열하면 녹는다. 또 에테르에도 잘 녹는다.

㉣ 다른 나이트로 폭약에 비하면 안정되어 있지만, 산화되기 쉬운 물질과 공존하면 타격 등에 의해서 폭발한다. 폭발력이 대단하여 피해범위도 넓어 위험하다.

㉤ 폭발력의 표준으로 쓰이기도 하며, 병기, 다이너마이트 등의 제조에 사용된다.

② 저장 및 취급방법 : 타격, 충격, 마찰을 피하고 화기로부터 멀리한다. 폭발했을 때 연소속도가 빠르고 피해가 커지므로 취급시 세심한 주의를 해야 한다.

③ 소화방법 : 연소시에는 연소속도가 상당히 빨라서 소화가 곤란하지만, 초기에는 다량의 물로 주수소화한다.

6. 제6류 위험물

(1) 종류 및 지정수량

품명	지정수량
과염소산($HClO_4$)	300kg
과산화수소(H_2O_2)	300kg
질 산(HNO_3)	300kg

(2) 위험물안전관리법상 한계

① '산화성 액체'라 함은 액체로서 산화력의 잠재적인 위험성을 판단하기 위하여 소방방재청장이 고시로 정하는 시험에서 고시로 정하는 성질과 상태를 나타내는 것을 말한다.
② 과산화수소는 그 농도가 36Wt% 이상인 것이다.
③ 질산은 그 비중이 1.49 이상인 것이다.

(3) 일반적인 성질

① 대표적 성질은 산화성 액체이며, 모두가 무기화합물로 물보다 무겁다.
② 과산화수소를 제외하고 강산성 물질이며, 물에 녹기 쉽다.
③ 모두 산소를 포함하고 있으며, 다른 물질을 산화시킨다.
④ 불연성 물질이다.
⑤ 증기는 유독하며, 피부와 접촉시 점막을 부식시킨다.

(4) 위험성

① 자신은 불연성 물질이지만, 산화성이 커서 다른 물질의 연소를 돕는다(지연성).
② 제2류, 제3류, 제4류, 제5류, 강환원제, 일반가연물과 혼합한 것은 혼촉발화하거나 가열 등에 의해 위험한 상태가 된다.
③ 과산화수소를 제외하고는 물과 접촉하면 심하게 발열한다.

(5) 예방대책

① 화기엄금, 직사광선 차단, 강환원제, 유기물질, 가연성 위험물과의 접촉을 피한다.
② 염기 및 물, 제1류 위험물과의 접촉을 피한다.

③ 용기의 밀전, 파손방지, 전도방지, 변형방지에 주의한다.
④ 가열에 의한 유독성 가스의 발생을 방지시킨다.

(6) 소화대책

① 자신은 불연성이지만 연소를 돕는 물질이므로 화재시에는 가연물과 격리하도록 한다.
② 소량 화재시는 다량의 물로 희석할 수 있지만, 원칙적으로 주수는 하지 않아야 한다.
③ 화재진압시는 공기호흡기, 방호의, 고무장갑, 고무장화 등 보호장구를 반드시 착용한다.
④ 유출사고시에는 마른 모래 및 중화제를 사용한다.

과산화수소(H_2O_2)

1. 일반적인 성질
   ① 물, 에테르, 알코올에 용해되지만, 석유, 벤젠에는 녹지 않는다.
   ② 농도가 큰 것은 불순물, 구리, 은, 백금 등의 미립자에 의하여 폭발적으로 분해하며, 알칼리성 용액에 의해서도 심하게 분해한다.
   ③ 열, 햇빛에 의하여 빨리 분해하며, 농도 60% 이상인 것은 충격에 의하여 단독으로도 폭발적으로 분해하기도 한다.
2. 저장 및 취급방법
   ① 직사일광을 피하고 냉암소에 저장해야 하며, 과산화수소가 누설되었을 때에는 다량의 물로 씻어 흘려버린다.
   ② 용기는 밀전해서는 안 되고, 통기하기 위하여 구멍이 뚫린 마개로 막는다.
3. 소화방법 : 주수소화에 의하는 것이 효과적이다.

2.8 화재와 기상과의 관계

1. 기온

(1) 기온이 낮은 겨울철이 기온이 높은 여름철보다 화재발생이 빈번하다. 보통 습도가 동일한 경우에는 기온이 높을 때가 낮을 때보다 물질의 연소속도가 빠르다.
(2) 동절기에 화재발생률이 높은 것은 불의 사용횟수가 높고 습도가 다른 계절에 비해 낮기 때문이다.

2. 습도

(1) 습도는 화재와 관계가 깊은 기상요소이며, 습도가 낮다는 것은 가연물질이 건조해서 발화(착화)되기 쉽다는 것이다.

(2) 화재 확대원인인 비화나 튀는 불꽃은 습도가 낮아 건조할 때에는 화세를 제압하기가 상당히 어려우므로 소화에 지장을 준다.

습도의 특징

1. 습도는 공기 중의 수증기 양을 의미한다.
2. 기온이 높을수록 수분이 증발하는 양이 많아지므로 공기 중에 습기의 양은 많아진다.
3. 절대습도란 기온과 상관없이 측정하는 습도를 말하며, 상대습도는 온도와 관련하여 측정하는 습도를 말한다.
4. 습도는 화재의 발생과 화재 초기의 연소확대에 영향을 미친다.
5. 습도는 건축물화재보다 산불과 같은 옥외화재에 더 큰 영향을 미친다.
6. 일단 화재가 발생하면 습도는 화재의 확대나 전개에 거의 영향을 미치지 않는다는 것이다.

3. 바람

(1) 풍속은 화재의 확대규모에 많은 영향을 준다. 풍속이 강할 때에는 바람방향의 연소속도가 빠르며, 연소면적이 확대된다.

(2) 바람에 의해 연소면의 형태변화가 있는데, 바람이 거의 없을 때에는 화원을 중심으로 하여 원의 형태를 그리면서 연소가 확대하지만, 바람이 불 때에는 연소면의 형태가 계란형이 되며, 바람이 강하게 불면 타원형 형태를 그리면서 연소가 확대해간다.

Chapter 2 연습문제

2.1 화재의 의의

01 화재에 대한 설명으로 옳지 않은 것은?

① 인간이 이를 제어하여 인류의 문화, 문명의 발달을 가져오게 한 근본적인 존재를 말한다.
② 불을 사용하는 사람의 부주의와 불안정한 상태에서 발생되는 것을 말한다.
③ 불로 인하여 사람의 신체·생명 및 재산상의 손실을 가져다 주는 재앙을 말한다.
④ 실화·방화로 발생하는 연소현상을 말하며, 사람에게 유익하지 못한 해로운 불을 말한다.

02 화재의 정의로서 옳지 않은 것은?

① 사람의 의사에 반한, 즉 대부분의 사람이 원치 않은 상태의 불
② 소화의 필요성이 있는 불
③ 소화의 경제적 필요성이 있는 불
④ 소화에 효과가 있는 어떤 물건을 사용할 필요가 있다고 판단되는 불

2.2 화재 발생원인별 발생건수 및 피해

03 화재로 인한 피해를 감소시키기 위해 고려하여야 할 직접적인 측면과 거리가 가장 먼 것은?

① 화재의 효과적인 예방　　② 화재의 효과적인 발견
③ 화재의 효과적인 진압　　④ 화재의 효과적인 연구

04 경제발전과 화재피해의 상관관계를 설명한 것 중 옳은 것은?

① 경제가 발전하고 생활수준이 높아질수록 화재요인은 감소한다.
② 경제의 발전과 화재피해와는 별반 상관관계가 없다.
③ 경제의 발전과 더불어 소방과학의 발달로 화재피해액은 오히려 줄어드는 경향이 있다.
④ 국민의 총생산에서 화재피해가 차지하는 몫이 경제발전속도보다 빠른 속도로 상승하는 경향이 있다.

05 화재의 원인 중 인위적인 발생요인이 아닌 것은?

① 화기취급 부주의로 인한 발화
② 가연물취급 부주의로 인한 발화
③ 기계, 기구의 마찰로 인한 발화
④ 개발을 하기 위한 발화

2.3 연소대상물에 대한 화재의 종류

06 유류화재를 발생시키는 원인물질인 제3석유류에 해당하는 것은?

① 이황화탄소
② 가솔린
③ 경유
④ 중유

07 제2석유류의 인화점의 범위로 옳은 것은?

① 21℃ 미만
② 21℃ 이상 70℃ 미만
③ 70℃ 이상 200℃ 미만
④ 200℃ 이상 250℃ 미만

08 다음은 전기화재에 대한 설명이다. 옳지 못한 것은?

① 전기로 인하여 주택에서 화재가 발생하면 이를 전기화재라 본다.
② 전기시설의 취급 소홀, 사용자의 사용 부주의 등으로 발생된다.
③ 전기화재의 발생원인 중에서 합선 혹은 단락에 의한 비중이 가장 높다.
④ 지락에 의한 발화도 전기화재의 원인이 된다.

09 다음 중 화재의 종류를 급수(A, B, C급)로 구분하는 기준은 무엇인가?

① 연소대상물의 피해정도
② 연소대상물의 종류
③ 물질의 연소성
④ 물질의 화학적 변화

10 금속화재의 특징에 대한 것으로 바르지 못한 것은?

① 금수성 물질의 화재를 말한다.
② 주수소화하면 안 된다.
③ 금속분의 발생을 억제해서 화재발생을 방지할 수 있다.
④ 가장 적합한 소화약제는 포 소화약제이다.

11 가스를 취급하는 상태에 따라 분류했을 때 종류와 관계가 없는 것은?

① 독성가스
② 압축가스
③ 액화가스
④ 용해가스

12 다음 중 용해가스에 해당하는 것은?

① 수소　　② 산소
③ 이산화탄소　　④ 아세틸렌

13 액화가스에 대한 설명으로 바르지 못한 것은?

① LNG의 주성분은 메탄이다.
② LPG는 공기보다 무거워 누설시 바닥에 체류한다.
③ LPG는 기화시 체적이 약 250배로 팽창한다.
④ LPG는 유취성 물질이다.

14 다음은 가연성 가스의 폭발범위에 대한 설명들이다. 옳지 못한 것은?

① 압력이 높아지면 폭발범위는 넓게 된다.
② 폭발범위는 가연성 가스가 공기와 혼합된 경우가 산소와 혼합된 경우보다 더 넓게 된다.
③ 가연성 가스에 불활성 가스를 혼합시킨 경우에는 폭발범위가 좁아지게 된다.
④ 가연성 가스와 지연성 가스가 어떤 범위 내로 혼합된 경우일 때만 연소가 일어난다.

15 아세틸렌(C_2H_2)에 대한 설명으로 틀린 것은?

① 인화되기 쉬운 기체이다.
② 아세톤에 용해하기 쉽다.
③ 할로겐원소와 화합하여 폭발성이 강한 물질이 된다.
④ 압력을 가하면 불안정하여 분해하기 쉽다.

16 증기의 공기와 혼합기체를 형성하였을 때 연소범위가 가장 넓은 혼합비를 형성하는 물질은?

① 수소(H_2)　　② 이황화탄소(CS_2)
③ 아세틸렌(C_2H_2)　　④ 에테르[$(C_2H_5)_2O$]

17 정전기 발생을 방지하기 위한 예방대책과 관계가 없는 것은?

① 공기를 이온화한다.　　② 상대습도를 70% 이상으로 높인다.
③ 열의 부도체를 사용한다.　　④ 접지시설을 한다.

18 연소한계에 관한 설명으로 옳은 것은?

① 발화가 지속될 수 있는 농도의 최대치를 말한다.
② 연소가 지속될 수 있는 농도의 최대치를 말한다
③ 발열성의 생성물로서 발생한 열을 말한다.
④ 혼합된 증기와 공기의 무게에 비례하는 관계를 말한다.

19 겨울철에 화재가 많이 발생하는 이유로 옳은 것은?

① 온도가 낮기 때문에 발화하기 쉽다.
② 습도가 낮기 때문에 출화의 위험이 높다.
③ 화기의 취급빈도가 많고 습도가 낮기 때문이다.
④ 기온이 낮고 습도가 높으며 강한 바람이 지속적으로 불기 때문이다.

20 연소한계의 단위로서 적절한 것은?

① ppm
② W%
③ V%
④ kcal

21 프로판가스의 특성에 대한 설명으로 옳은 것은?

① 액화프로판이 기화하면 용적은 약 500배가 된다.
② 기체가스 비중은 약 0.5이다.
③ 연소범위는 2.1～9.5V%이다.
④ 용기 내에서는 액화프로판의 양이 감소함에 따라 압력도 감소한다.

22 폭발성 혼합가스가 점화했을 시 최초의 완만한 연소속도가 격렬한 폭굉으로 변할 때의 거리를 무엇이라 하는가?

① 폭굉범위
② 폭굉안전거리
③ 폭굉유도거리
④ 폭굉상호거리

23 기체 가연물질의 폭발한계값을 나타낸 것이다. 틀린 것은?

	[가스의 명칭]	[폭발범위(V%)]		[가스의 명칭]	[폭발범위(V%)]
①	수 소	4.0～75.0	②	아세틸렌	2.5～81.0
③	부 탄	1.8～8.4	④	암모니아	5.0～15.0

2.4 이재 정도에 의한 화재분류

24 전소화재에 대한 설명으로 맞는 것은?

① 대상물의 70% 이상이 소손된 화재
② 대상물의 30～70% 미만이 소손된 화재
③ 대상물의 30% 미만이 소손된 화재
④ 피해액이 경미한 화재

25 다음 설명 중 틀린 것은?

① 전소는 건물의 70% 이상이 소손된 것을 말한다.
② 반소는 건물의 30% 이상 70% 미만이 소손된 것을 말한다.
③ 부분소는 전소·반소 및 즉소에 해당하지 않는 것을 말한다.
④ 즉소는 화재발생 즉시 소화된 화재를 말한다.

26 다음은 즉소에 대한 설명이다. 옳지 못한 것은?

① 화재발생 즉시 소화된 화재
② 인명피해가 발생된 화재
③ 피해액이 50만원 미만인 화재
④ 화재건수에 포함된다.

2.5 소손대상물에 의한 화재분류

27 다음은 건물화재에 대한 설명이다. 옳지 못한 것은?

① 건물 및 건물에 배치되어 있는 수용물이 소손된 화재이다.
② 천장이 높을수록 연소는 빠르게 나타난다.
③ 구획을 작게 하면 연기의 충만이 빨라 화점의 확인이 어렵다.
④ 최성기에는 모든 개구부에 불꽃과 연기가 분출하여 천장의 콘크리트가 파손되어 떨어져 나가는 현상이 발생된다.

28 다음은 항공기화재의 특성이다. 다른 하나는?

① 대량의 인화성 액체연료를 탑재하고 있기 때문에 착화되면 급격히 연소확대한다.
② 연소속도는 기상상황에 영향을 받지만, 지형에는 영향을 받지 않는다.
③ 항공기의 주 날개 부근이 화재의 중심이 된다.
④ 항공기의 적재물이 소손된 것을 항공기화재라 한다.

29 다음 중 여객선화재에 대한 설명으로 옳지 못한 것은?

① 직사주수를 주로 하되, 최대한도로 한다.
② 인명검색 및 구조행동을 제일로 한다.
③ 진입은 반드시 풍상에서 한다.
④ 국부파괴는 연기나 열의 유출로 방어곤란의 위험이 있다.

30 다음과 같은 특성을 지닌 화재의 종류는?

> ㉠ 연소진행방향의 앞쪽에 맞불을 놓는다.
> ㉡ 비화와 같은 요인에 의해 연소속도가 빠르게 진행된다.
> ㉢ 화재의 소화를 위해 방화선을 만든다.
> ㉣ 연소면적이 상당히 넓기 때문에 소화하기가 어렵다.

① 건물화재 ② 독극물화재
③ 가스화재 ④ 산림화재

31 위험물화재에 대한 설명으로 옳지 못한 것은?

① 석유화재의 크기는 유류면적의 크기와 연소시간에 따라 결정된다.
② 위험물의 인화점이 낮고 연소범위가 좁은 것일수록 위험하다.
③ 가스에 향료를 첨가해서 누설을 쉽게 검지할 수 있도록 하여 화재를 방지하여야 한다.
④ 가스폭발을 방지하기 위하여 배관의 강도를 높여야 한다.

32 지하층 화재특성에 대한 설명으로 옳지 않은 것은?

① 발화점을 찾기가 어렵고 내부상황을 파악하기 어렵다.
② 규모에 따라서 차이는 있겠으나 지상소방대상물에 비하여 진압활동의 어려움이 더 크다.
③ 지하공간화재는 연기로 인한 질식의 우려와 피난로의 확보가 매우 불투명하므로 주의하여야 한다.
④ 지하공간과 지상공간이 연결되어 있는 구역은 피난을 위하여 방화구획을 하지 않는 것이 바람직하다.

2.6 건축물화재의 성상

33 다음은 목조건축물 화재성상에 대한 설명이다. 틀린 것은?

① 최성기에 도달하는 시간이 내화건축물 화재보다 빠르게 나타난다.
② 목재는 약 420~470℃에서 발화가 일어난다.
③ 화재진행시간이 내화건축물보다 길다.
④ 목재의 재질이 부드러운 것이 단단한 것보다 연소가 잘 된다.

34 목조건축물 화재의 최성기단계에서 발생하는 현상으로 옳은 것은?

① 천장에까지 불이 번져 가옥 전체에 불기가 돈다.
② 플래시오버(Flash-Over) 현상이 발생된다.
③ 개구부가 파괴되어 공기가 공급되면서 급격한 연소가 이루어진다.
④ 비화현상이 나타난다.

35 다음은 내화건축물 화재의 성상에 대한 설명이다. 맞지 않는 것은?

① 내화건축물 화재진행은 목조에 비해 장시간 이루어진다.
② 목조건축물에 비해 연소속도가 완만하다.
③ 목조건축물 화재보다 실내 최고온도가 보통 높게 나타난다.
④ 초기, 성장기, 최성기, 종기 순으로 화재가 진행된다.

36 플래시오버 현상의 징후에 관한 것으로 바르지 못한 것은 어느 것인가?

① 실내의 조건이 현저한 자연연소의 단계에 있는 경우
② 열 때문에 대원이 낮은 자세를 유지할 수밖에 없는 경우
③ 화염은 보이지 않으나 창문이나 문이 뜨거운 경우
④ 두텁고, 뜨겁고, 진한 연기가 아래로 쌓이는 경우

37 다음은 백드래프트 현상의 징후에 관한 것이다. 틀린 것은?

① 유리창의 안쪽으로 타르와 유사한 기름성분의 물질이 흘러내리는 경우
② 창문을 통해 보았을 때 건물 내에서 연기가 소용돌이치고 있는 경우
③ 발염상태에 있는 뜨거운 경우
④ 건물의 안으로 연기가 빨려 들어가는 현상이 발견된 경우

38 화재 최성기의 상태가 아닌 것은?

① 건물 전체에 검은 연기가 돌고 있다.
② 온도는 국부적으로 1,200～1,300℃ 정도가 된다.
③ 상층으로 완전히 연소되고 농연은 건물 전체에 충만하다.
④ 유리가 타서 녹아 떨어지는 상태가 목격된다.

39 목조건물의 화재현상에 비하여 내화구조건물의 화재현상으로 옳은 것은?

① 고온장기형이다. ② 고온단기형이다.
③ 저온단기형이다. ④ 저온장기형이다.

40 내화건축물의 실내화재 온도상황으로 보아 어느 시점을 기준으로 하여 최성기로 보는가?

① 플래시 포인트 ② 파이어 포인트
③ 이그니션 포인트 ④ 플래시오버 포인트

41 목재건축물의 지붕 속 천장, 벽 등에 불이 착화한 후 화재의 최성기까지의 소요시간으로 가장 적합한 것은?

① 1～5분 ② 5～15분
③ 20～30분 ④ 35～40분

42 내화건축물의 화재시 플래시오버 현상은 어느 과정에서 주로 발생하는가?

① 화재의 초기 ② 화재의 성장기
③ 화재의 최성기 ④ 화재의 종기

43 건축물화재의 진행과정을 나열한 것 중 올바른 것은?

① 화원 → 최성기 → 성장기 → 감퇴기 ② 화원 → 감퇴기 → 성장기 → 최성기
③ 화원 → 성장기 → 최성기 → 감퇴기 ④ 화원 → 감퇴기 → 최성기 → 성장기

44 목조건축물과 내화건축물의 화재성상에 대한 설명 중 틀린 것은?

① 내화구조건축물의 화재 진행상황은 초기 - 성장기 - 종기의 순으로 진행된다.
② 목조건축물은 공기의 유통이 좋아 순식간에 플래시오버에 도달하고 온도는 약 1,000℃ 이상에 달한다.
③ 내화구조건축물은 견고하여 공기의 유통조건이 거의 일정하고, 최고온도는 목조의 경우보다 낮다.
④ 목조건축물은 최성기를 지나면 급속히 타버리고, 그 온도는 공기의 유통이 좋으므로 장시간 고온을 유지한다.

45 다음 직물류 화재의 성상에 대한 설명으로 바르지 않은 것은?

① 면의 착화온도는 약 400℃이다.
② 모의 착화온도는 약 600℃ 정도이다.
③ 면은 모보다 연소시키기가 어렵다.
④ 모는 발화하더라도 연속적으로 확대해 연소하지는 않는다.

46 플라스틱 화재시 성상에 관한 것으로 옳지 못한 것은?

① 가열하면 부드러워지며 재가공이 가능한 것을 열가소성 플라스틱이라 한다.
② 페놀수지, 폴리에틸렌, 폴리염화비닐 등은 열가소성 플라스틱이다.
③ 불이 붙더라도 연소속도가 늦거나 잘 타지 않는 난연성 플라스틱이 있다.
④ 플라스틱은 연소 중에 변형, 연화, 용융을 일으킨다.

47 다음 섬유 중 화재위험성이 가장 낮은 것은?

① 식물성 섬유　② 동물성 섬유
③ 합성섬유　④ 레이온

48 합성섬유 제조에 이용되는 아세테이트는 불꽃을 일으키기 전에 연소하여 용융한다. 이것의 착화점은 약 몇 ℃ 정도 되는가?

① 475℃　② 550℃
③ 675℃　④ 750℃

49 플라스틱재료와 그 특성에 관한 대비로 옳은 것은?

① PVC수지 - 열가소성　② 페놀수지 - 열가소성
③ 폴리에틸렌수지 - 열경화성　④ 멜라민수지 - 열가소성

2.7 위험물화재의 성상

50 다음의 물질들이 가지는 자연발화의 형태는 무엇인가?

나이트로셀룰로오스, 나이트로글리세린, 산화에틸렌, 유기과산화물

① 산화열 축적에 의한 발화　② 분해열 축적에 의한 발화
③ 흡착열 축적에 의한 발화　④ 중합열 축적에 의한 발화

51 다음은 자연발화에 대한 설명이다. 옳은 것은?

① 열 축적이 용이할수록 자연발화하기 쉽다.
② 열전도율이 클수록 자연발화하기 쉽다.
③ 습도가 낮은 곳일수록 자연발화하기 쉽다.
④ 공기의 유통이 좋을수록 자연발화하기 쉽다.

52 다음 중 혼재 불가한 위험물은 어느 것인가?

① 제2류 위험물 - 제4류 위험물
② 제3류 위험물 - 제4류 위험물
③ 제1류 위험물 - 제6류 위험물
④ 제3류 위험물 - 제6류 위험물

53 자연발화에 대한 예방책으로 적당하지 않은 것은?

① 통풍이나 환기, 저장방법 등을 고려하여 열의 축적을 방지한다.
② 활성이 강한 황린은 물속에 저장한다.
③ 반응속도가 온도에 좌우되므로 주위 온도를 낮게 유지한다.
④ 가능한 한 물질을 분말상태로 저장한다.

54 자연발화의 형태와 관계가 없는 것은?

① 분해열에 의한 발열
② 산화열에 의한 발열
③ 미생물에 의한 발열
④ 흡수열에 의한 발열

55 다음 중 자연발화의 형태가 다른 것은?

① 퇴비
② 석탄
③ 고무분말
④ 건성유

56 자연발화의 조건이 아닌 것은?

① 표면적이 넓고, 발열량이 많을 것
② 습도가 낮을 것
③ 열전도가 낮을 것
④ 발화되는 물질보다 주위온도가 높을 것

57 자연발화의 방지법이 옳은 것은?

① 저장실 온도가 낮고, 통풍이 잘 되고 습도가 높은 곳
② 저장실 온도가 높고, 통풍이 안 되고 습도가 높은 곳
③ 습도가 높고, 통풍이 안 되고 실내온도가 낮은 곳
④ 습도가 낮고, 통풍이 잘 되고 저장실 온도가 낮은 곳

58 다음 중 두 물질이 혼합하여도 위험하지 않은 것은?

① 적린과 염소산칼륨
② 황린과 물
③ 나트륨과 알코올
④ 아세틸렌과 은

59 저장시 섬유류에 스며들어 자연발화의 위험이 있는 기름은?

① 땅콩기름
② 야자유
③ 올리브유
④ 해바라기유

60 자연발화에 영향을 주는 여러 가지 인자 중 제일 영향을 적게 주는 것은?

① 발열량
② 수분
③ 열의 축적
④ 미생물

61 다음 중 위험물의 특성이 잘못 연결된 것은?

① 제1류 - 강산화성이며, 가열·충격으로 쉽게 분해한다.
② 제2류 - 금수성이며, 반응속도가 대단히 빠르다.
③ 제3류 - 금수성·환원성 물질이다.
④ 제5류 - 자연발화하거나 폭발하기 쉽다.

62 위험물의 적응 소화방법으로 맞지 않는 것은?

① 산화성 고체 - 질식소화
② 가연성 고체 - 냉각소화
③ 인화성 액체 - 질식소화
④ 자기반응성 물질 - 냉각소화

63 다음 중 제2류, 제5류 위험물의 공통점에 해당하는 것은?

① 산화력이 강하다.
② 산소함유물질이다.
③ 가연성 물질이다.
④ 유기물이다.

64 위험물의 류별로 그 위험성의 종류가 바르게 연결되지 아니한 것은?

① 제1류 위험물 - 강산화성 물질
② 제3류 위험물 - 환원성 물질
③ 제4류 위험물 - 가연성 증기를 발생하는 액체
④ 제5류 위험물 - 자기연소성 물질

65 다음 위험물 중 지정수량이 다른 하나는?

① 아염소산염류
② 염소산염류
③ 무기과산화물류
④ 질산염류

66 다음은 제1류 위험물의 대표적 성질에 대한 것이다. 바르지 않은 것은?

① 산화성 고체이다.
② 반응하여 산소를 방출한다.
③ 물에 대한 비중은 1보다 작으며, 물에 녹는 것이 많다.
④ 다른 가연물의 연소를 돕는 지연성 물질이다.

67 제1류 위험물의 성질과 관계가 먼 것은?

① 불연성
② 환원성
③ 조연성
④ 조해성

68 제1류 위험물 중 무기과산화물류 화재시의 소화방법으로 옳은 것은?

① 마른 모래를 사용한 질식소화
② 물로 인한 냉각소화
③ 포에 의한 질식소화
④ 자연진화

69 다음 질산염류의 성질로서 옳은 것은?

① 일반적으로 흡습성이며, 가열하면 산소와 아질산염이 되고 알코올에 용해되지 않는다.
② 일반적으로 물에 잘 녹고, 가열하면 산소를 발생하며 질산염 특유의 냄새가 난다.
③ 일반적으로 물에 잘 녹고, 가열하면 폭발하며 무수알코올에도 잘 녹는다.
④ 일반적으로 물에 잘 안 녹으며, 가열하면 폭발하고 질산염 특유의 냄새가 난다.

70 다음 중 강산화제로 작용하는 것은?

① 과망간산칼륨($KMnO_4$)
② 수소(H_2)
③ 일산화탄소(CO)
④ 황화수소(H_2S)

71 다음 중 질산암모늄의 성질로 올바른 것은?

① 상온에서 황색의 액체이다.
② 무색·무취의 결정으로 알코올에 녹는다.
③ 물을 흡수하면 발열반응을 한다.
④ 상온에서 폭발성의 액체이다.

72 제2류 위험물의 소방법상 한계에 대한 설명으로 옳지 못한 것은?

① 철분이라 함은 53μm 표준체를 통과하는 것이 50wt% 미만인 것을 제외한다.
② 금속분이라 함은 알칼리금속, 알칼리토류금속, 철 및 마그네슘 이외의 금속의 분말을 말한다.
③ 유황은 순도가 60wt% 이상인 것을 말한다.
④ 인화성 고체라 함은 고형석유류와 인화점이 섭씨 21℃ 미만인 고체인 것을 말한다.

73 제2류 위험물의 예방 및 소화대책으로 옳은 것은?

① 산화제와 혼합해도 무방하다.
② 통풍이 잘 되는 냉암소에 보관·저장하면 폭발위험성이 있다.
③ 적린과 유황은 물에 의한 냉각소화가 적당하다.
④ 금속분, 철분, 마그네슘 포 소화제로 질식소화가 적당하다.

74 다음은 가연성 고체물질의 성질에 관한 설명이다. 거리가 먼 것은?

① 낮은 온도에서 착화하기 쉬운 물질이다.
② 산소를 함유하고 있지 않은 환원성 물질이다.
③ 대부분의 물질연소시 연소열이 작고 연소온도가 비교적 낮다.
④ 이연성 및 속연성 물질이다.

75 다음과 같은 성상을 가지는 물질은 무엇인가?

> ㉠ 공기 중에서 탈 때 푸른 불꽃을 낸다.
> ㉡ 전기의 부도체이며, 마찰에 의해서 대전한다.
> ㉢ 가열, 충격, 마찰에 의하여 착화폭발을 일으킨다.
> ㉣ 공기 중에 떠 있을 때에는 분진폭발의 위험성이 있다.
> ㉤ 다량의 물에 의해서 소화한다.

① 유황 ② 마그네슘
③ 황화린 ④ 금속분

76 금속분의 화재에 주수하여서는 안 되는 이유는?

① 질소가 발생하기 때문 ② 수소가 발생하기 때문
③ 염소가스가 발생하기 때문 ④ 산소가 발생하기 때문

77 제3류 위험물과 관계가 없는 물질은?

① 나트륨 ② 황린
③ 알킬알루미늄 ④ 마그네슘

78 자연발화성 물질인 황린의 지정수량은 얼마인가?

① 10kg ② 20kg
③ 50kg ④ 300kg

79 제3류 위험물의 일반적인 성질과 관련이 없는 것은?

① 자연발화성 물질 및 금수성 물질이다.
② 물과 반응하여 대부분 가연성 가스를 발생한다.
③ 황린은 물과 반응하면 폭발위험성이 있다.
④ 나트륨은 물보다 가볍다.

80 제3류 위험물의 저장 및 취급시의 주의사항과 관련이 없는 것은?

① 모든 위험물은 물과 접촉하여 수소를 발생한다.
② K, Na 및 알칼리금속은 산소가 함유되지 않은 석유류에 저장한다.
③ 상황에 따라 건조분말, 건조사, 팽창질석, 건조석회를 조심스럽게 사용한다.
④ 황린은 자연발화성이므로 물속에 저장하여야 한다.

81 칼륨의 저장보호액으로 옳은 것은?

① 물 ② 액화이산화탄소
③ 석유 ④ 사염화탄소

82 황린과 적린이 서로 동소체라는 것을 증명하는 데 가장 효과적인 것은?

① 비중을 비교한다. ② 착화점을 비교한다.
③ 유기용제에 대한 용해도를 비교한다. ④ 연소생성물을 확인한다.

83 제3류 위험물의 화재시에 다음 중 가장 적당한 소화제는?

① 건조사 ② 사염화탄소
③ 탄산가스 ④ 물

84 가열된 금속분말에 물을 뿌릴 때 수소(H_2)가 발생하지 않는 것은?

① CO ② Na ③ K ④ Li

85 물속에 저장하지 않으면 안 되는 위험물은?

① 황린 ② 금속나트륨 ③ 적린 ④ 황

86 황린의 저장보호액을 PH_9로 유지하는 이유로 옳은 것은?

① 적린으로 변이하는 것을 방지하기 위하여 ② PH_3(인화수소)의 생성을 방지하기 위하여
③ 착화점을 낮추기 위하여 ④ P_2O_5(오산화인)의 생성을 방지하기 위하여

87 금속칼륨이 보호액(석유) 속에서 재해를 일으키는 원인은?

① 석유의 비중이 금속칼륨보다 작을 때 ② 비교적 인화점이 낮은 석유일 때
③ 비교적 착화점이 낮은 석유일 때 ④ 석유 속에 수분이 혼입되어 있을 때

88 금속칼륨(K)과 금속나트륨(Na)의 공통적인 성질은?

① 불연성이다. ② 물과 반응해서 산소를 발생한다.
③ 은백색의 단단한 금속이다. ④ 물보다 가벼운 금속이다.

89 황린이 자연발화하기 쉬운 이유는?

① 분해하여 산소를 방출하기 쉬우므로 ② 산소와 친화력이 크고 착화온도가 낮으므로
③ 비점이 낮으므로 ④ 조해성이므로

90 다음 중 특수인화물에 해당되지 않는 위험물은?

① 이황화탄소 ② 다이에틸에테르
③ 휘발유 ④ 아세트알데하이드

91 제4석유류의 지정품목에 지정되어 있는 위험물은?

① 기어유, 실린더유 ② 중유, 경유
③ 휘발유, 등유 ④ 이황화탄소, 에테르

92 제4류 위험물 중 석유류를 제1석유류, 제2석유류, 제3석유류, 제4석유류로 구분하는 기준은 무엇인가?

① 발화점으로 구분한다. ② 인화점으로 구분한다.
③ 비점으로 구분한다. ④ 밀도로 구분한다.

93 제3석유류에 대한 소방법 정의이다. 옳은 것은?

① 1기압에서 인화점이 21℃ 미만인 것
② 1기압에서 인화점이 21℃ 이상 70℃ 미만인 것
③ 중유, 클레오소트유가 지정품목이다.
④ 1기압에서 액체로 되는 것으로서 발화점이 100℃ 이하인 것

94 제4류 위험물의 일반적인 성질에 대한 설명으로 옳은 것은?

① 자기연소성 물질이다.
② 인화성 액체물질로 액체 자신이 연소한다.
③ 발생된 증기의 비중은 공기보다 무겁다.
④ 발생된 증기는 공기 중에서 쉽게 연소하지는 않는다.

95 제4류 위험물의 취급시 특히 주의해야 할 사항으로 옳은 것은?

① 화기의 접근을 막아야 한다. ② 물과의 접촉을 막아야 한다.
③ 직사광선을 막아야 한다. ④ 통풍을 막아야 한다.

96 제4류 위험물 화재시의 소화방법에 대한 설명이다. 틀린 것은?

① 포를 이용한 질식소화가 효과적이다.
② 무상의 물을 이용한 유화소화도 가능하다.
③ 봉상주수에 의한 냉각소화가 적합하다.
④ 수용성 유류는 알코올형 포로 소화하는 것이 적합하다.

97 제4류 위험물로서 제3석유류의 비수용성 액체의 지정수량은 몇 리터인가?

① 500 ② 1,000
③ 1,500 ④ 2,000

98 인화성 액체인 것은?

① 과염소산 ② 동식물유
③ 황산 ④ 질산

99 이황화탄소에 대한 설명으로 잘못된 것은?

① 순수한 것은 황색을 띠고 불쾌한 냄새가 난다.
② 증기는 유독하며 피부를 해치고 신경계통을 마비시킨다.
③ 물에는 녹지 않으나, 유지·황·고무 등을 잘 녹인다.
④ 인화되기 쉬우며, 점화되면 연한 파란 불꽃을 낸다.

100 위험물 제4류 제2석유류(등유, 경유)에 대한 특성을 바르게 설명한 것은?

① 성질은 인화성 액체이다.
② 상온에서 안정하나, 약간의 자극으로 폭발하기 쉽다.
③ 용해하지 않고 물보다 무거우므로 수조에 저장하여야 한다.
④ 소화방법은 포말소화에 의한 것보다 주수소화가 좋다.

101 다음 위험물 중 지정수량이 잘못된 것은?

① 유기과산화물류 - 10kg ② 나이트로소화합물 - 20kg
③ 아조화합물류 - 200kg ④ 하이드록실아민 - 100kg

102 다음은 제5류 위험물에 대한 설명이다. 옳지 못한 것은?

① 자기반응성 물질이다.
② 가연성의 액체 또는 고체물질이다.
③ 연소할 때 다량의 가스를 발생한다.
④ 산소의 공급 없이도 자기연소하므로 연소속도는 느리다.

103 제5류 위험물에 대한 취급방법이 아닌 것은?

① 점화원을 멀리한다.
② 가열, 충격, 마찰, 타격 등을 피한다.
③ 가급적 크게 나누어서 저장한다.
④ 강산류 물질과 혼입되지 않도록 한다.

104 제5류 위험물의 소화방법으로 옳은 것은?

① 물 - 냉각소화　　② 포 - 질식소화
③ 분말 - 질식소화　　④ 이산화탄소 - 질식소화

105 나이트로셀룰로오스에 대하여 잘못된 설명은?

① 질화도가 낮을수록 위험성이 크다.
② 알코올, 물 등으로 적신 상태로 보관한다.
③ 화약의 원료로 쓰인다.
④ 충분히 정제되지 않고 산 성분이 남아 있는 것이 더 위험하다.

106 자체에서 산소를 함유하고 있어 공기 중의 산소를 필요로 하지 않고 자기연소하는 것은 어느 것인가?

① 카바이트　　② 생석회
③ 초산에스테르류　　④ 질산에스테르류

107 질화면의 성질로 옳은 것은?

① 질화도가 클수록 폭발성이 세다.　　② 수분이 많이 포함될수록 폭발성이 크다.
③ 외관상 솜과 같은 진한 갈색의 물질이다.　　④ 질화도가 낮을수록 아세톤에 녹기 힘들다.

108 트라이나이트로톨루엔에 관한 다음 기술 중 틀린 것은?

① 피크린산이라고도 부른다.　　② 담황갈색의 고체이다.
③ 폭약으로 사용된다.　　④ 물에는 녹기 어렵다.

109 유기과산화물의 저장시 주의사항으로서 옳은 것은?

① 일광이 드는 건조한 곳에 저장한다.
② 자신은 불연성이지만 다른 가연물이 있으면 폭발의 위험이 있다.
③ 강한 환원제를 가까이 하지 말 것
④ 산화제이므로 다른 산화제와 같이 저장해도 좋다.

110 질산의 소방법상 한계는?

① 비중이 1.39 이상　　② 비중이 1.49 이상
③ 비중이 1.59 이상　　④ 비중이 1.69 이상

111 산화성 액체위험물의 일반적 성질 중 잘못된 것은?

① 가연성이면서 조연성이다.　　② 산소공급원 역할을 한다.
③ 무기화합물이다.　　④ 증기는 유독하며 부식성이 강한다.

112 제6류 위험물의 저장 및 취급방법과 관계가 먼 것은?

① 원칙적으로 주수해서는 안 된다.
② 직사광선을 차단하여야 한다.
③ 가연물질과 혼촉해도 무방하다.
④ 가열에 의해 유독성 가스의 발생을 억제한다.

113 제6류 위험물의 화재예방상 가장 주의해야 할 사항은?

① 가연성 물질과의 접촉을 피한다.
② 공기와의 접촉을 막아야 한다.
③ 통풍이 원활한 곳을 피한다.
④ 물속에 저장하여 둔다.

114 제6류 위험물인 과산화수소 취급법으로 틀린 것은?

① 암냉소에 저장한다.
② 농도가 진한 것은 피부접촉시 물집이 생긴다.
③ 수용액은 서서히 분해되므로 안정제를 넣는다.
④ 착색된 용기를 사용하여 밀전시켜 보관한다.

115 제6류 위험물의 소화방법으로 틀린 것은?

① 할로겐화합물 소화제도 효과가 있다.
② 물분무소화도 효과가 있다.
③ 팽창질석도 효과가 있다.
④ 마른 모래도 효과가 있다.

2.8 화재와 기상과의 관계

116 화재는 기상과 아주 밀접한 관계가 있다. 다음 중 틀린 것은?

① 습도가 같을 때에는 기온이 높을 때가 물질의 연소속도가 빠르다.
② 겨울철에 화기취급의 빈도가 많고 건조하기 때문에 화재발생률이 높다.
③ 화재가 습도의 높고 낮음에 의해 많은 영향을 받는다.
④ 풍속은 화재발생에는 영향을 미치나, 화재확대 규모에는 영향을 미치지 아니한다.

117 화재와 바람과의 관계에 대한 설명으로 틀린 것은?

① 풍속이 강할 때에는 연소면적이 축소된다.
② 바람에 의해 연소면의 형태변화가 있다.
③ 바람이 거의 없을 때에는 원의 형태를 그리면서 연소한다.
④ 바람이 강하게 불면 타원형 형태를 그리면서 연소가 확대해간다.

CHAPTER

3 화재시 연기 특성

3.1 연기의 정의 및 성상

1. 연기의 정의

(1) 연기란 가연물질의 연소에 의하여 생성된 가스와 입자가 공기와 일체가 되어 하나의 혼합기체가 된 것이다.

(2) 연기의 특징은 이 혼합기체 속의 탄소입자나 액적입자의 정유(靜遊)이며, 그 입자의 크기는 0.01~10μm 정도라 한다.

(3) 연기는 온도가 낮은 곳이나 공기가 희박한 곳에서 연소할 경우, 많은 입자가 생성되어 농도가 짙게 된다. 즉, 저온도하의 연소에서는 가스가 냉각되기 쉬우므로 액적입자가 되기 쉽다. 또한 공기가 부족하면 불완전연소되어 탄소의 입자가 방출된다.

(4) 탄소입자가 다량으로 포함된 연기는 농도가 짙으며 검게 보인다.

(5) 출화점에서 발생한 화재실의 연기는 부력을 얻어 천장면에 이르게 되어 바닥면의 열기류에 의하여 사방으로 확산하여 두터운 층을 형성하면서 실내에 가득 차게 되고, 창문이나 기타 개구부를 통하여 빠져나가게 된다.

2. 연기의 발생형태

(1) 고체물질의 연소는, 예를 들어 목재의 경우 1단계에서는 열에 의해서 열분해 가스 및 증기 등이 발생되는데, 160~360℃에서는 이산화탄소·일산화탄소 등이, 360~432℃에서는 수소가스·아세틸렌가스 등이 발생하며, 온도에 따라 각종 탄화수소류의 가스가 발생하게 된다.

(2) 2단계에서는 이와 같이 발생한 가연성 가스들이 계속 공급되는 열에 의해서 산소와 결합하며 연소가 일어나 연소생성물이 생겨나는데 이것이 바로 연기인 것이다.

(3) 이러한 열분해가스의 연소와 병행하여 증발되고 남은 잔재물인 탄화목탄이 연소하게 되는데

이것은 탄소가 주성분이고 그 밖에 미량의 철, 이산화규소 등의 무기물이 포함되어 있다.

3. 연기의 성상 및 성분

(1) 연기는 농황색의 유화수소가스, 백색의 수증기 등과 같이 눈으로 볼 수 있는 성분이 있기도 하며, 일산화탄소, 사염화탄소와 같이 무색·투명한 기체여서 눈으로 볼 수 없는 성분도 있다.

(2) 우리는 흔히 눈으로 볼 수 있는 입자나 가스만이 연기인 것으로 생각하기 쉬우나, 연기란 말 자체가 뜻하듯이 눈으로 식별되지 아니하는 기체라도 가연물의 연소시 발생되는 가스 등의 부유물은 모두 연기의 범위에 포함시키는 것이 타당하다.

(3) 연기에 대한 정의는 사람에 따라 약간씩 표현이 다르기는 하나, 연기란 '가연물이 연소할 때 생성되는 물질인 고상의 미립자, 액상의 타르(Tar) 등 액적입자, 무상의 증기 및 기상의 분자가 공기 중에서 부유확산하는 복합혼합물'이라고 정의하고 싶다.

3.2 연기의 농도와 가시거리

(1) 연기에 의한 시각장해는 연기의 농도에 좌우되며, 감광계수로 표시한 연기의 농도와 가시거리는 반비례의 관계를 가지게 된다.

(2) 화재시 건물 내부의 연기로 인한 의식불명 또는 질식은 사람의 생리적인 기능장해로, 그 대표적인 것은 연기 속의 유해성분인 일산화탄소가스로 인한 중독증상과 산소의 호흡량 부족으로 인한 근육의 활동이나 정신활동의 저하로서 움직일 수 없거나 의식이 몽롱한 결과를 가져오게 된다.

(3) 심리적으로는 연기를 봄으로써 공포에 떨거나 광란상태로 되거나 비정상적인 행동을 하는 경우도 있다.

패닉(Panic)현상의 발생원인	• 구성원 간의 심리적 유대관계가 약화되어 있을 때 • 긴급하고 절박한 위험상황에 처해 있을 때 • 탈출가능성이 있지만 탈출통로가 제약되거나 막혀 있을 때
패닉(Panic)현상의 발생방지	• 자신 스스로 패닉현상에 빠져 들지 않는다. • 침착한 태도를 유지하고 재해현장의 상황, 피난의 방향 및 통로 등을 정확하게 지시한다. • 불안과 공포감의 경감에 주력한다. • 다수인의 경우에는 인원을 통솔가능하게 분산하여 유도한다. • 광란적인 사람은 집단에서 격리시킨다.

■ 연기의 농도(감광계수)와 가시거리

감광계수	가시거리(m)	상 황
0.1	20～30	연기감지기가 작동할 정도
0.3	5	건물 내부에 익숙한 사람이 피난에 지장을 느낄 정도의 농도
0.5	3	어두침침한 것을 느낄 정도의 농도
1.0	1～2	거의 앞이 보이지 않을 정도
10	0.2～0.5	화재 최성기 때의 연기농도로 유도등이 보이지 않을 정도
30	-	출화실에서 연기가 분출될 때의 연기농도

연기농도 측정법	① 중량농도법(mg/m^3) : 단위체적당 연기입자의 무게를 측정하는 방법 ② 입자농도법(개/m^3) : 단위체적당 연기입자의 개수를 측정하는 방법 ③ 감광계수법(투과율) : 연기 속을 투과하는 빛의 양을 재는 광학적 방법
피난한계시야 및 연기농도	① 연기의 농도가 높으면 연기입자에 의한 빛의 차폐효과 때문에 투과거리가 저하된다. 이것을 연기의 시정저해효과라고 하고, 피난과 소방활동에 현저한 장해가 된다. ② 피난한계시야는 그 건물을 잘 알고 있는 사람과 그렇지 않은 사람에 따라서 다르다. ③ 건물을 잘 아는 사람의 피난한계시야는 3～5m, 피난연기농도는 0.2～0.4/m이다. 건물을 잘 알지 못하는 경우는 피난한계시야가 20～30m, 피난연기농도가 0.07～0.13/m이다.

3.3 건물 내의 연기유동

1. 연기유동특성

건축물 화재 시에 발생한 연기는 건물 내의 비화재실이나 피난 통로로 확산되어 비화재실의 거주자가 연기에 의해 질식되거나 피난 통로를 사용할 수 없게 하여 피난을 어렵게 하는 원인이 된다. 연기 유동의 원인은 열이며 화재에 의해 발생한 고온의 연기는 부력에 의해 상승하고 한다. 이 때 연기의 유동은 건물의 평면 구성이나 개구 상태 혹은 외부의 기상 상태에 의해 영향을 받는다.

2. 고층건물에서 연기유동을 일으키는 요인

저층건물에서는 열, 대류이동, 화재압력과 같은 화재의 영향이 연기유동을 일으키는 주요한 원인이 되나, 고층건물에서는 굴뚝효과, 즉 건물 내부와 외부 공기 사이의 온도·밀도 차이로 인하여 발생하는 건물을 통한 수직적인 자연공기유동에 의해 변화한다. 이 굴뚝효과는 연기유동과 연기유동을 방지하기 위한 건물설계에 있어 중요한 요소가 된다.

① 온도에 의한 가스의 팽창 ② 굴뚝효과
③ 외부 풍압의 영향 ④ 건물 내에서의 강제적인 공기유동 등
⑤ 중성대

3. 연기층의 형성

건축물 화재 시 발생한 연기는 열을 받아 부력을 발생하여 수직 방향으로 상승하는데 천정에 부딪혀 쌓이면서 수평 방향으로 확산해간다. 이 때 연기는 고온을 유지한 채로 주위의 공기와 확실히 구분된 층류를 형성한다. 이 층류는 주위 벽면에 의해 냉각되고 주위의 더 차가운 공기를 유인·혼합하는 과정을 거치면서 온도 강하, 확산, 희석이 일어나 고온층과 저온층의 2개 층을 형성하면서 수평으로 이동해간다.

4. 연기층 두께의 증가속도

연기층 두께의 증가 속도는 연소 속도에 좌우되며, 베르누이 방정식의 원리에 따라 유체가 흐르면 경계면에서 정지하고 있는 유체가 유인되어 같이 흐르는 현상에 의해 수직상승하는 연기 속에 유인되는 공기의 양과 관련이 있다.

5. 연기의 유동속도

건축물 내에서의 연기는 수평방향으로 0.5～1m/s, 수직방향으로 2～3m/s, 계단에서는 3～5m/s의 속도로 유동한다.

1. 굴뚝효과(연돌효과)에 영향을 주는 요소

① 건물의 높이
② 건물 내외의 온도차
③ 화재실의 온도
④ 외벽의 기밀도
⑤ 각층 간의 공기누설

2. 연기의 유동 및 속도

① 화재실에서 발생하는 연기는 복도와 실의 사이에 있는 출입문이 개방되면 0.5～1.0m/s의 속도로 복도 속으로 이동해간다.
② 연기의 비중은 동일한 온도의 공기보다는 무겁지만 유출 직후의 연기는 온도가 높아 가볍기 때문에 복도의 상부를 흘러 빠져나가고 바닥을 따라 신선한 공기가 화재실로 들어가는 2개의 층의 흐름을 형성한다.
③ 복도로 흘러나온 연기는 주변의 벽 등에 의해 열을 잃게 되면서 점차적으로 유동하는 높이가 낮아진다.
④ 연기로부터의 피난한계거리는 보통 사람이 4～5m 위치에서 피난을 개시하지 않으면 시기를 잃어버리게 된다.
⑤ 연기의 속도는 일반적으로 수평방향으로는 0.5～1m/s 정도로 인간의 보행속도(1.0～1.2m/s)보다 늦다.
⑥ 연기의 속도는 계단실 등 수직방향은 화재 초기의 연기라도 1.5m/s, 농연에서는 3～4m/s로서 인간의 보행속도보다 빠르다.
⑦ 지하가 등에 있어서 연기의 이동은 약 1.0m/s 정도이지만, 제트펜이 설치된 긴 터널인 경우는 3～5m/s에 달한다.

■ 건물 내 연기유동의 원인요소

화재에 의한 부력	화재시 연소에 의해 열이 발생하고 그 열에 의해 온도가 상승하여 발생되는 부력으로 인해 고온가스가 실 위쪽의 환기 개구부 또는 틈새 등을 통해 빠져나가거나 실 위쪽으로 올라가 축적된다.
바람에 의한 압력차	바람 역시 건축물 내의 연기이동에 영향을 끼치는데 바람에 의해 건축물 외부의 압력분포가 달라지기 때문이며, 압력분포는 풍향, 풍속, 건축물높이, 건축물배치 등에 따라 달라진다.
공기조화설비에 의한 영향	공기조화설비의 팬(Fan)이 작동하고 있지 않은 경우 덕트(Duct)는 고층건축물에서 연돌효과에 의해 연기가 확산되는 경로가 되며, 설비가 작동 중일 때 화재가 발생하면 연기확산이 더욱 빠르게 된다.

굴뚝효과 (연돌효과)	화재시의 연기는 주위 공기보다 온도가 높기 때문에 밀도차에 의해 부력(Buoyancy Force)이 발생하여 위로 상승한다. 특히 고층건축물의 계단실, 엘리베이터실(Elevator Shaft)과 같은 수직공간 내의 온도와 밖의 온도가 서로 차이가 있는 경우 부력에 의한 압력차가 발생하여 연기가 수직공간을 따라 상승하거나 하강하는데, 그런 현상을 굴뚝효과 또는 연돌(연통)효과라 한다.
중성대 (Neutral Plane)	• 실내에서 화재가 발생하면 연소열에 의해 기체의 온도가 상승함으로써 부력에 의해 실의 천장쪽으로 상승하는 흐름이 발생하여 고온의 기체가 천장쪽으로 가서 축적되고, 온도가 높아짐으로써 기체가 팽창하여 실내와 실외가 서로 달라진다. 따라서 그 사이 어딘가에는 실내외의 정압이 같게 되는 면이 있는데 그 면을 중성대(Neutral Plane)라고 한다. • 중성대의 위쪽은 실내 정압이 실외보다 높아 실내에서 실외로 기체가 유출되고 중성대 아래쪽에는 실외에서 실내로 기체가 유입되는데, 자칫 기체의 유출입현상에만 집착하여 실내의 천장쪽의 고온가스와 바닥쪽의 찬공기와의 경계가 중성대인 것으로 오해할 수 있으나 그것은 중성대가 아니라 불연속선(Themal Discontinuity)이다. • 중성대란 실내화재시 실내·외의 정압차에 의해 발생하는 현상으로 중성대의 위쪽 개구부로는 연기가 실외로 유출되고, 아래쪽 개구부로는 공기가 실내로 유입되므로 화재현장에서 창문으로 연기가 분출되는 상태를 보면 중성대가 어디에 형성되어 있는가를 알 수 있다.

연기의 유동 및 확산

1. 연기가 복도를 수평유동할 경우의 유속
   ① 플래시오버 이전 : 평균 0.5m/s
   ② 플래시오버 이후 : 평균 0.75m/s
2. 연기의 확산
   ① 연기는 화재발생 10분 전후로 약 100m까지 확산한다.
   ② 연기의 유동은 천장으로 상승하여 체류하면서 벽면을 따라 하강하고 바닥에 이르게 된다.
3. 굴뚝효과에 의한 연기의 흐름
   ① 건물 내부온도>건물 외부온도 : 위쪽으로 이동
   ② 건물 내부온도<건물 외부온도 : 아래로 이동
   ③ 고층건물 화재시에는 내부온도가 높아지기 때문에 굴뚝효과에 의해 건물 내부가 거의 굴뚝과 같이 연기가 위로 이동한다.
4. 중성대의 위치
   건물구조, 화재가 발생한 층, 공기 유입구의 위치에 따라 달라진다.
5. 중성대의 높이(위치)
   화재시 실온(室溫)이 높아지면 높아질수록 중성대의 위치는 낮아지며, 중성대가 낮아지면 외부로부터의 공기유입이 적어지고 따라서 연소가 활발하게 되지 못하며 열발생속도가 완만해져 실온이 내려가 중성대는 다시 높아지고 하는 과정이 반복됨으로써 화재시 실온이 무한정 상승하는 것이 아니라 어떤 한계값을 갖게 된다.

3.4 연기의 유해성

1. 연기의 영향

(1) 시계(視界)의 저하

① 화재시에 발생한 연기에 의해 시계가 저하되어 건축물 내의 인원이 피난하는 데 장애요소가 될 뿐 아니라 화재를 진압하는 소방대원의 활동에도 장애가 된다.

② 시계의 저하는 연기의 농도가 짙어질수록 더욱 저하되며, 연기의 농도를 표시하는 방법은 여러 가지가 있겠으나 일반적으로 감광계수에 의한 농도표현법을 사용한다.

(2) 연기에 의한 공포

① 연기가 예상치 않은 곳에서 갑자기 몰려들면 누구나 당황하여 평소에는 잘 나타나지 않는 행동반응을 보이게 되는 것이 일반적이다.

② 흔히 화재시 화염이나 연기를 보고 놀라서 평소에는 잘 하지 않는 행동을 하거나 아니면 아무것도 하지 못하고 굳어버리는 경우를 패닉현상이라고 하는데, 연기를 보고 놀라서 전후사정을 가리지 않고 무조건 창밖으로 뛰어내리거나 하는 것도 다 그런 이유 때문이다.

(3) 연기에 의한 연소

① 실내에 축적된 고온의 연기에 의해 실내 연소상황이 달라지며, 그런 이유로 인해 불꽃이 닿지 않더라도 고온의 연기가 눈에 잘 띄지 않는 인접실과의 틈을 통해 스며들어 인접실에 충만되어 있는 상태에서 상황에 따라 발화하거나 연기가 덕트 등을 통해 배출되면서 덕트의 온도가 상승하여 주위 가연물이 발화할 수 있다.

② 또한 연기 안에는 가연성 성분이 분명히 있어 경우에 따라서는 연기폭발을 일으키는 경우도 있을 수 있으며 불꽃을 내지 않고 연소하는 물질, 예를 들면 딤배니 깔개 등의 화재시에는 더욱 그러한 점에 유의해야 한다.

2. 연기의 위험성

연기의 성분은 다양하나 위험성은 한마디로 독성이라 하겠으며, 독성의 내용은 자극성 독성물질(Irritants), 최면·마취성 가스(Hypnotic, Marcotic, Anesthetic), 감지할 수 없는 독성가스, 체내 산소농도의 결핍 등으로 분류하여 생각할 수 있다.

(1) 자극성 독성가스

① 가연물이 연소함으로써 발생하는 연기 속에 포함된 인체에 치명적인 피해를 주는 대표적인 독성가스로 일산화탄소(CO), 시안화수소(HCN), 그 밖에 염소(Cl_2), 염화수소(HCl), 포스겐($COCl_2$), 이산화탄소(CO_2) 등을 들 수 있다.

② 염화수소(HCl) 가스는 사람이 흡입하면 가공할 만큼 감각을 마비시키는 자극성 독성가스이다. 이 가스는 금속을 부식시킬 뿐만 아니라 호흡기도 부식시킨다. 사람이 짧은 시간 내에 염화수소 가스가 50ppm(0.005%) 정도 있는 곳에 있으면 치명적은 아니나, 사람의 행동은 그 자리에서 정지되어 도피할 수 있는 능력을 상실한다. 만약 눈에 들어가면 염산으로 작용하여 격렬한 통증을 느끼게 하며 눈물이 쏟아져 나온다.

③ 암모니아 가스 같은 것도 사람의 시각능력을 저하시켜 피난로를 찾는 데 크게 방해된다. 할로겐화수소 가스들이 이런 류이며, 특히 불화수소(HF)는 유리를 부식시킬 정도로 독성이 강하므로 사람의 시력을 상실하게 한다.

(2) 최면·마취성 가스

① 케톤(Ketone)류는 보통 폐에는 거의 영향을 주지 않는다. 그러나 호흡기를 통해 신경에 도달하면 정신착란, 심지어는 의식불명까지 불러일으킨다.

② 황화수소(H_2S) 가스 역시 폐에 자극을 주기 전에 신경계통에 충격을 가한다.

③ 방염물질로 쓰이는 할로겐화합물도 어느 정도 이런 성질이 있다.

(3) 감지할 수 없는 독성가스

① 질소산화물은 냄새가 없으므로 폐에 그 가스가 가득차서 호흡장애를 일으킬 때까지는 이 가스에 침해당하고 있음을 알지 못한다.

② 마찬가지로 CCl_4(사염화탄소)나 Trichloroethylene과 같은 염화탄화수소도 우리의 오감으로 감지할 수 없기 때문에 증상을 느껴서 조치를 취하고자 할 때에는 이미 생명을 구하기에 늦은 때이다.

③ 카드뮴을 비롯해서 독성을 느끼지 못하는 복합물들은 많다. 이러한 가스 중에서 가장 흔하게 피해를 주는 것은 일산화탄소인데, 이는 무색·무미·무취가스로서 화재시 발생되는 으뜸가는 살인마이다.

3. 일산화탄소(CO)에 의한 중독

(1) 일산화탄소(CO)는 불완전연소에 의해 생기며 대부분의 화재 시에 많은 양이 발생한다. 인체에 흡입된 일산화탄소는 헤모글로빈(Hb)과 결합하여 질식을 일으킨다. CO가 혈액 중의 헤모글로빈(Hb)과 결합하는 능력이 산소보다 200배나 높기 때문에 폐에 흡수된 CO가 바로 HbCO로 되어 헤모글로빈에 의한 산소의 운반과 탄산가스의 배출작용에 방해를 준다.

■ CO 중독증상

공기 중의 CO(%)	흡입시간과 중독증상
0.02	수시간 정도로 가벼운 두통
0.04	1~2시간 정도로 두통, 토함, 2.5~3.5시간 정도로 심한 두통
0.08	45분 정도로 두통, 현기증, 경련, 2시간 이상이면 실신
0.16	20분 정도로 두통, 현기증, 메스꺼움, 2시간 이상이면 사망
0.32	5~10분 정도로 두통, 현기증, 30분 이상이면 사망
0.64	1~2분 정도로 두통, 현기증, 30~15분 이상이면 사망
1.28	1~3분 정도로 사망

(2) CO의 인체에 대한 영향은 혈액 중의 HbCO의 %로서 나타낼 수 있다.
CO 중독의 영향은 CO 농도, 흡입시간, 작업강도, 호흡수, 개인의 연령, 체질, 기타에 의해 차이가 있으므로 일률적으로 결정할 수 없으나, 일반적으로 CO의 인체에 대한 허용량은 0.01% 정도이다.

4. 이산화탄소(CO_2)에 의한 중독

(1) 이산화탄소(CO_2)는 모든 건물 화재에서 대량으로 발생한다. 이산화탄소의 흡입은 호흡기를 자극하여 호흡량을 늘리고 이로 인해 산소와 다른 유해 가스의 흡입량을 늘리게 된다. 보통의 공기 중에 0.03~0.04% 함유되어 있고, 사람의 호흡기체 중에서는 약 4% 이상 포함되어 있다.

■ CO_2 중독증상

공기 중의 CO_2(%)	흡입시간과 중독증상
2.5	수시간 호흡해도 일반장해는 없음.
3.0	무의식 중에 호흡수가 증가하고 호흡량이 많아짐.
4.0	국소적으로 지각증상이 생김. 머리의 압박감, 두통, 귀 울림, 심계항진, 혈압 증가, 흥분, 현기증

6.0	스스로 호흡량이 증가하는 것을 느낄 수 있게 됨.
8.0	고도의 호흡곤란증상이 생김.
10.0	급격히 의식불명이 되고 호흡이 정지됨. 그러나 심장박동은 계속됨.
20.0	10～20분 이내에 질식사

(2) 보통 환기가 잘 되지 않는 실내에서는 CO_2의 농도가 1% 이상 되는 것은 특별한 경우 이외에는 없으므로 CO_2의 인체에 대한 영향은 크지 않다고 본다. 또 공기 중의 CO_2의 함유량이 위생적 허용량(보통은 0.1%)을 넘어도 불쾌, 두통, 권태, 능률의 저하 등의 요인이 별로 없는 것으로 밝혀지고 있다.

(3) 그러나 CO_2의 함유량은 다른 악조건의 증진과 겹쳐서 증가하게 되므로 그 양의 다소에 의해 실내공기의 양, 부양 정도를 측정하는 척도가 된다. 그 표준허용량은 실내에서는 0.07～0.1%, 옥외에서는 0.05% 이상이 되는 경우에 불량한 공기라고 인정한다.

■ 공기 중의 산소농도의 결핍이 인체에 미치는 영향

공기 중의 O_2(%)	증 상
21	정상(공기 중에 포함되어 있는 O_2 정상치)
20	영향 없음.
17～19	필요한 최소한도
16	근로기준법상의 허용량
16～12	호흡과 맥박증가, 근육의 질서 있는 운동에 지장을 초래
12～10	감정의 착란, 호흡의 흐트러짐, 근육은 무겁게 느껴져 피로를 빨리 느낌.
10～6	구토, 의식불명
6 이하	호흡중지, 수분 후에 사망

3.5 연기의 제어

연기를 제어하는 목적은 건물 내에 거주하는 사람의 안전과 재산 보호 그리고 원활한 소화 활동에 있다. 따라서 건물 구조와 용도, 수용인원, 가연물의 배치 등과 관련된 건물의 구성요소와 잘 파악하고 화재에 대한 충분한 이해가 필요하다.

설비에 의한 연기제어는 화재 초기에 발생하는 적은 양의 발생 연기를 제어하는 개념 이며, 연기제어 설비는 피난 통로의 안전성을 확보하기 위한 차압제연설비와 화재실의 적극적인 연기 배출을 위한 배출 설비로 크게 나눌 수 있다. 성장기를 지난 화재의 경우는 건물 내 배연 설비로는 제어하기는 거의 불가능하다. 건물의 개구부를 통해 많은 연기와 열기가 자연 배출되기 때문에 설비에 의한 배연은 소용없으며 연기가 유입되지 않는 피난 통로를 확보하는 것이 매우 중요하다. 연기 제어 원리로는 희석(Dilution), 배기(Exhaust), 차단(Confinement)이 있다.

1. 희석

(1) 건물 내의 연기를 계속적으로 외부로 배출하거나 다량의 신선한 공기를 유입시킴으로써 연기나 연소생성물을 위험수준 이하로 희석하는 것이다.

(2) 인간은 1% 정도의 연기에는 장시간 견딜 수 있으며, 짧은 시간 내에서는 2~3%의 연기에도 견딜 수 있다. 그러나 가스의 팽창 및 굴뚝효과가 작용하여 건물 일부에 연기가 집중될 수 있으므로 소화가 용이한 소규모 건물에서만 유효할 것이다.

2. 배기

(1) 고층건물에서 배기를 효과적으로 하려면 연기의 유동로와 유동력이 필요하게 되며, 유동력은 압력차를 이용한다.

(2) 스모크 샤프트(Smoke Shaft)는 공기를 옥외로 배출시키는 통로의 하나로서 건물 밑에서 지붕 꼭대기까지 수직으로 관통되는 구조로 하며, 샤프트에는 각 층에 댐퍼를 두어 화재가 발생하기까지 폐쇄상태로 유지된다.

3. 차단

일정한 장소 내로 연기가 들어오지 않도록 차단하는 것으로 두 가지 방법이 있다. 첫째는 출입문, 벽 또는 댐퍼와 같은 차단물을 설치하는 것으로서 개구부의 크기는 될 수 있으면 적게 하여 배기유입을 최대한 방지하는 것이고, 두 번째는 방호장소와 연기가 있는 장소 사이의 압력차를 이용하는 방법이며, 실제적으로 이들 두 가지를 조합하여 연기를 제어한다.

Chapter 3 연습문제

3.1 연기의 정의 및 성상

01 화재가 발생하였을 경우 연기에 관한 다음 설명 중 적합하지 아니한 것은?

① 유기물이 완전연소되면 연기는 발생하지 않는다.
② 유기물이 불완전연소 상태에서는 연기가 발생한다.
③ 연기는 기체 가운데에서 완전연소되지 않은 가연물인 고체의 미립자가 떠돌아다니는 상태이다.
④ 연기는 보통 10～15미크론 정도 크기의 탄소 미립자와 공기와의 혼합물이다.

02 화재시 발생하는 연기에 관한 설명으로 옳은 것은?

① 연소생성물이 눈에 보이는 것을 연기라고 한다.
② 수직으로 연기가 이동하는 속도는 수평으로 이동하는 속도와 거의 같다.
③ 모든 연기는 유독성 기체이다.
④ 연기는 복사에 의하여 전파된다.

03 화재발생시 짙은 연기가 생성되는 원인으로 적합한 것은?

① 공기의 양이 부족할 경우
② 공기의 양이 많을 경우
③ 수분의 양이 부족할 경우
④ 수분의 양이 많을 경우

04 어떤 입자에 의해서 연소가스가 눈에 보이는가?

① 아황산가스 및 타르입자
② 페놀 및 멜라민수지입자
③ 탄소 및 타르입자
④ 황화수소 및 수증기입자

3.2 연기의 농도와 가시거리

05 연기에 의한 가시거리가 20～30m 정도일 때의 건물 실내의 대략적인 상황으로 바른 것은?

① 연기감지기가 작동할 정도
② 건물 내부에 익숙한 사람이 피난에 지장을 느낄 정도의 농도

③ 어두침침한 것을 느낄 정도의 농도
④ 거의 앞이 보이지 않을 정도

06 연기농도 측정법과 관계가 먼 것은?

① 밀도농도법 ② 중량농도법
③ 입자농도법 ④ 감광계수법

07 건축물화재시 패닉(Panic)의 발생원인과 직접적인 관계가 없는 것은?

① 연기에 의한 시계제한 ② 유독가스에 의해 호흡장애
③ 외부와 단절되어 고립 ④ 건축물의 가연내장재

3.3 건물 내의 연기유동

08 다음과 관계가 있는 것은?

㉠ 화재에 의한 부력 ㉡ 굴뚝효과
㉢ 중성대 ㉣ 공기조화설비
㉤ 바람에 의한 압력차

① 연기의 발생 ② 연기의 성분
③ 연기의 유동 ④ 연기의 속도

09 고층건축물 화재에서 연기가 유동하는 데 많은 영향을 미치는 요소와 관계가 먼 것은?

① 중성대 ② 굴뚝효과
③ 온도에 의한 가스팽창 ④ 건물의 규모

10 연기의 유동에 관한 설명이다. 사실과 다른 것은?

① 연기는 복도의 상부를 흘러 빠져나가고 바닥을 따라 신선한 공기가 화재실로 들어가는 2개의 층의 흐름을 형성한다.
② 연기로부터의 피난한계거리는 보통사람이 4～5m 위치에서 피난을 개시하여야 한다.
③ 복도로 흘러나온 연기는 주변의 벽 등에 의해 열을 잃게 되면서 점자적으로 유동하는 높이가 낮아진다.
④ 연기의 수평방향의 유동속도는 인간의 보행속도보다 대개 빠르다

11 다음을 무엇이라 하는가?

> 화재시의 연기는 주위 공기보다 온도가 높기 때문에 밀도차에 의해 부력(Buoyency Force)이 발생하여 위로 상승한다. 특히 고층건축물의 계단실, 엘리베이터실(Elevator Shaft)과 같은 수직공간 내의 온도와 밖의 온도가 서로 차이가 있는 경우 부력에 의한 압력차가 발생하여 연기가 수직공간을 따라 상승하거나 하강하는 현상을 말한다.

① 연기의 감광효과 ② 연기에 의한 패닉현상
③ 연기의 굴뚝효과 ④ 연기의 중성대 효과

12 중성대의 위치에 영향을 미치는 요소와 거리가 먼 것은?

① 건물의 규모 ② 건물의 구조
③ 공기유입구의 위치 ④ 화재가 발생한 층

13 굴뚝효과(Stack Effect)에서 나타나는 중성대에 관계되는 설명으로 틀린 것은?

① 건물 내의 기류는 항상 중성대의 하부에서 상부로 이동한다.
② 중성대는 상하의 기압이 일치하는 위치에 있다.
③ 중성대의 위치는 건물 내외부의 온도차에 따라 변할 수 있다.
④ 중성대의 위치는 건물 내의 공조상태에 따라 달라질 수 있다.

14 화재시 고층건물 내의 연기유동 중 굴뚝효과(Stack Effect)와 관계가 없는 것은?

① 층의 면적 ② 건물 내외의 온도차
③ 화재실의 온도 ④ 건물의 높이

3.4 연기의 유해성

15 연기가 가지고 있는 유해성에 관한 것으로 옳지 못한 것은?

① 연기에 의해 시계가 저하되어 피난 및 소방활동에 장애가 된다.
② 연기를 봄으로써 패닉(Panic)현상이 발생된다.
③ 연기는 주위 가연물을 발화할 수는 있으나, 자체의 연기폭발 발생은 없다.
④ 연기 속에는 불꽃을 내지 않고 연소하는 물질 등이 있다.

16 일산화탄소의 유해성에 관한 내용이다. 틀린 것은?

① 연기 속에 포함된 인체에 치명적인 피해를 주는 대표적인 독성가스이다.
② 화재시 발생되는 무색·무미·무취 가스로서 감지할 수 없는 독성가스이다.
③ 일산화탄소는 산소와 결합하여 인체에 산소의 공급을 방해하는 유해성을 가진다.
④ 일산화탄소의 중독은 농도, 흡입시간, 호흡수, 개인의 연령 등에 의해 차이가 있다.

17 공기 중의 이산화탄소 농도(%)에 따른 중독증상에 관한 설명으로 옳지 못한 것은?

① 4.0% - 수시간 호흡해도 일반장해는 없다.
② 6.0% - 스스로 호흡량이 증가하는 것을 느낀다.
③ 8.0% - 고도의 호흡곤란증상이 생긴다.
④ 10% - 급격히 의식불명이 되고 호흡이 정지되나 심장박동은 계속한다.

18 일산화탄소(CO)가 생명에 위험을 주는 치사농도는?

① 0.01% ② 0.03%
③ 0.2% ④ 0.4%

3.5 연기의 제어

19 다음에 설명된 내용은 연기의 제어방법 중에서 무엇인가?

> ㉠ 고층건물에 주로 이용한다.
> ㉡ 연기의 유동력은 압력차를 이용한다.
> ㉢ 건물 밑에서 꼭대기까지 수직으로 관통된 스모크 샤프트를 이용한다.

① 희석 ② 배기
③ 차단 ④ 공급

20 고층건축물에서 연기의 제어 및 차단은 중요한 문제이다. 다음 중에서 연기제어의 기본방법이 아닌 것은?

① 희석(Dilution) ② 차단(Confinement)
③ 배기(Exhaust) ④ 공급(Provision)

CHAPTER

4 화재의 예방

4.1 건축물 방화계획

4.1.1 건축물 방화구조에 필요한 기준

1. 건축물의 방화구획

방화구획은 건축계획시부터 기초적으로 다루어야 할 중요한 사항이다. 방화구획의 종류를 대별하면 면적별, 용도별, 수직 개구부 등의 3가지로 구분할 수 있으며, 방화구획의 설정위치는 기준에 적합하게 설정하는 것이 원칙이나, 건축물의 규모가 대형화되면 구조, 용도 및 입주자의 생활이 다양하고 복잡해지므로 다음 사항을 고려하여 설계하지 않으면 안 된다.

- 구조, 용도 및 입주자의 생활특징을 파악한다.
- 구획의 규모는 내부 가연물의 양, 내장재와의 관계를 고려한다.
- 유지·관리에 중점을 두어 비상시에 대비할 수 있도록 한다.
- 피난계획상 유효하게 설계한다.
- 설비배관이나 수직 교통로 등에 의한 방화구획의 관통부를 고려한다.

(1) 방화구획의 기준

주요구조부가 내화구조 또는 불연재료로 된 건축물로서 연면적이 1,000m^{2}를 넘는 것은 다음 기준에 의하여 내화구조로 된 바닥, 벽 및 방화문 또는 자동방화셔터로 구획하여야 한다.

① 10층 이하의 층은 바닥면적 1,000m^2(스프링클러 기타 이와 유사한 자동식 소화설비를 설치한 경우에는 바닥면적 3,000m^2) 이내마다 구획할 것

② 매 층마다 구획한다.

③ 11층 이상의 층은 바닥면적 200m^2(스프링클러 기타 이와 유사한 자동식 소화설비를 설치한 경우에는 600m^2) 이내마다 구획할 것. 다만, 벽 및 반자의 실내에 접하는 부분의 마감

을 불연재료로 한 경우에는 바닥면적 500m²(스프링클러 기타 이와 유사한 자동식 소화설비를 설치한 경우에는 1,500m²) 이내마다 구획하여야 한다.

(2) 방화구획부분의 설비구조

① 방화구획으로 사용한 60+ 방화문 또는 60분 방화문은 언제나 닫힌 상태를 유지하거나 화재로 인한 연기, 온도, 불꽃 등을 가장 신속하게 감지하여 자동적으로 닫히는 구조로 할 것

② 급수관·배전관 그 밖의 관이 방화구획으로 되어 있는 부분을 관통하는 경우 그로 인하여 방화구획에 틈이 생긴 때에는 그 틈을 다음의 어느 하나에 해당하는 것으로 메울 것

㉠ 산업표준화법에 따른 한국산업규격에서 내화충전성능을 인정한 구조로 된 것

㉡ 한국건설기술연구원장이 국토해양부장관이 정하여 고시하는 기준에 따라 내화충전성능을 인정한 구조로 된 것

③ 환기·난방 또는 냉방시설의 풍도가 방화구획을 관통하는 경우에는 그 관통부분 또는 이에 근접한 부분에 다음의 기준에 적합한 댐퍼를 설치할 것. 다만, 반도체공장 건축물로서 방화구획을 관통하는 풍도의 주위에 스프링클러헤드를 설치하는 경우에는 그러하지 아니하다.

㉠ 철재로서 철판의 두께가 1.5mm 이상일 것

㉡ 화재가 발생한 경우에는 연기의 발생 또는 온도의 상승에 의하여 자동적으로 닫힐 것

㉢ 닫힌 경우에는 방화에 지장이 있는 틈이 생기지 아니할 것

㉣ 산업표준화법에 의한 한국산업규격상의 방화댐퍼의 방연시험방법에 적합할 것

방화지구 안의 건축물의 외벽에 설치하는 창문과 연소할 우려가 있는 부분에는 다음에 의한 방화설비를 하여야 한다.

1. 60+ 방화문 또는 60분 방화문
2. 창문 등에는 드렌처설비
3. 창문 등과 연소할 우려가 있는 다른 건축물의 부분을 차단하는 내화구조나 불연재료로 된 벽, 담장 그 밖의 이와 유사한 방화설비
4. 환기구멍에 설치하는 불연재료로 된 방화커버 또는 그물눈 2mm 이하인 금속망

2. 건축물의 내화구조기준

구조부분		내화구조의 기준
벽	모든 벽	• 철근콘크리트조 또는 철골철근콘크리트조로 두께가 10cm 이상인 것 • 골구를 철골조로 하고 그 양면을 두께 4cm 이상의 철망모르터(그 바름바탕을 불연재료로 한 것에 한한다) 또는 두께 5cm 이상의 콘크리트블록·벽돌 또는 석재로 덮은 것 • 철재로 보강된 콘크리트블록조, 벽돌조 또는 석조로서 철재에 덮은 콘크리트블록 등의 두께가 5cm 이상인 것 • 벽돌조에서 두께가 19cm 이상인 것 • 고온·고압의 증기로 양생된 콘크리트패널 또는 경량기포 콘크리트블록조로서 두께가 10cm 이상인 것
	외벽 중 비내력벽	• 철근콘크리트조 또는 철골철근콘크리트조로서 두께가 7cm 이상인 것 • 골구를 철골조로 하고 그 양면을 두께 3cm 이상의 철망모르터 또는 두께가 4cm 이상의 콘크리트블록·벽돌 또는 석재로 덮은 것 • 무근콘크리트조·콘크리트블록조·벽돌조 또는 석조로서 두께가 7cm 이상인 것 • 철재로 보강된 콘크리트블록조·벽돌조 또는 석조로서 철재에 덮은 콘크리트블록 등의 두께가 4cm 이상인 것
지 붕		• 철근콘크리트조 또는 철골철근콘크리트조 • 철재로 보강된 콘크리트블록조·벽돌조 또는 석조 • 철재로 보강된 유리블록 또는 망입유리로 된 것
계 단		• 철근콘크리트조 또는 철골철근콘크리트조 • 무근콘크리트조·콘크리트블록조·벽돌조 또는 석조 • 철재로 보강된 콘크리트블록조·벽돌조 또는 석조 • 철골조
기 둥 (작은 지름이 25cm 이상이어야 함)		• 철골을 두께 5cm 이상의 콘크리트로 덮은 것 • 철근콘크리트조 또는 철골철근콘크리트조 • 철골을 두께 6cm(경량골재를 사용한 경우에는 5cm) 이상의 철망모르터 또는 두께 7cm 이상의 콘크리트블록·벽돌 또는 석재로 덮은 것
바 닥		• 철근콘크리트조 또는 철골철근콘크리트조로서 두께가 10cm 이상인 것 • 철재로 보강된 콘크리트블록조·벽돌조 또는 석조로서 철재에 덮은 콘크리트블록 등의 두께가 5cm 이상인 것 • 철재의 양면을 두께 5cm 이상의 철망모르터 또는 콘크리트로 덮은 것
보		• 철근콘크리트조 또는 철골철근콘크리트조 • 철골을 두께 6cm(경량골재를 사용한 경우에는 5cm) 이상의 철망모르터 또는 두께 5cm 이상의 콘크리트로 덮은 것 • 철골조의 지붕틀(바닥으로부터 그 아랫부분까지의 높이가 4m 이상인 것에 한함)로서 그 바로 아래에 반자가 없거나 불연재료로 된 반자가 있는 것

1. 건축물의 주요구조부

내력벽, 기둥, 바닥, 보, 지붕틀 및 주계단을 말한다. 다만, 사잇벽, 사이기둥, 최하층바닥, 작은 보, 차양, 옥외계단 그 밖에 이와 유사한 것으로 건축물의 구조상 중요하지 아니한 부분을 제외한다.

2. 내화구조

화재에 견딜 수 있는 성능을 가진 구조로서 국토교통부령이 정하는 기준에 적합한 구조를 말하며, 화재시 쉽게 연소하지 않고 건물 내에서 화재가 발생하더라도 보통은 방화구획 내에서 진화되며, 또한 최종적인 단계에서 내장재가 전소된다 하더라도 수리하여 재사용할 수 있는 구조이다.

3. 지하층

건축물의 바닥이 지표면 아래에 있는 층으로서 당해 층의 바닥으로부터 지표면까지의 높이가 층고의 1/2 이상인 것을 말한다.
① 지하층은 건축법상 설치가 의무화되거나 권장되는 대상물이다.
② 민방위상 대피시설 등을 이용하기 위한 대상물이다.

4. 거실

건축물 안에서 거주, 집무, 작업, 집회, 오락 기타 이와 유사한 용도로 사용되는 방을 말한다. 거실은 건축물 안에서 사람이 장시간 지속적으로 머무르게 되는 용도인 실로서 위생(채광·환기 및 방습 등), 방화 및 피난 등 관련법의 규제가 다른 실보다 강화된다.
좁은 의미로는 주거공간(침실, 거실, 부엌 등)에서부터 의료시설의 병실, 숙박시설의 객실, 교실, 판매공간 등 광범위하다. 사람이 장시간 머무르지 않는 복도, 계단, 현관, 화장실, 욕실, 창고, 기계실 등은 거실이 아니다.

5. 건축

건축물을 신축·증축·개축·재축·이전하는 행위를 말한다.

신 축	건축물이 없는 대지에 새로이 건축물을 축조하는 것을 말한다.
증 축	기존 건물이 있는 대지 안에서 건축물의 건축면적, 연면적, 층수 또는 높이를 증가시키는 것을 말한다.
개 축	기존 건축물의 전부 또는 일부를 철거하고 그 대지 안에 종전과 동일 규모범위 안에서 다시 축조하는 것을 말한다.
재 축	건축물이 천재지변 기타 재해에 의하여 멸실된 경우 종전과 동일 규모범위 안에서 다시 축조하는 것을 말한다.
이 전	건축물의 주요구조부를 해체하지 아니하고 동일한 대지 안의 다른 위치로 옮기는 것을 말한다.
대수선	건축물의 주요구조부에 수선 또는 변경, 건축물의 외부형태의 변경을 말한다.

6. 건축재료의 분류

불연재료 (난연1급)	• 콘크리트, 석재, 벽돌, 기와, 철강, 알루미늄, 유리, 시멘트모르터, 회 등의 불연성 재료 • 화재시 불에 녹거나 적열은 되더라도 연소현상을 일으키지 않아 화염과 연기를 발생시키지 않으며, 건축물의 방화 및 피난상 중요한 부분에는 사용이 의무화되기도 한다. • 심한 화재에도 타지 않고 유독가스가 나지 않는 무기질계의 재료를 말한다. • 전체 용융이 없고 두께 1/10 이상의 균열이 없으며, 30초 이상의 잔재가 없는 건축재료를 말한다.
준불연재료 (난연2급)	• 석고보드, 목모, 시멘트판 등의 불연재료에 준하는 방화성능을 가진 건축재료 • 심한 화재에 의해 약간은 타는 부분이 있는 건축재료이다. • 약간의 연기는 나오지만 유독가스는 발생하지 않는 건축재료이다. • 두께 1/10 이상의 균열이 없으며, 30초 이상의 잔재가 없는 건축재료를 말한다.
난연재료 (난연3급)	• 난연 플라스틱판, 난연 합판 등 불에 잘 타지 아니하는 성능을 가진 건축재료 • 연소를 하는 유기질재료를 약품가공하여 연소하기 힘들게 만든 건축재료를 말한다.
내수재료	건축법시행령 제2조 제1항 제7호에서 '국토해양부령이 정하는 재료'라 함은 벽돌·자연석·인조석·콘크리트·아스팔트·도자기재료·유리 기타 이와 유사한 내수성 건축재료를 말한다.

7. 내화구조의 설정조건

건축물의 내화구조는 화재시 구조의 물성변화가 온도 1,580℃에서 변화가 없어야 한다.
① 내화도
② 파괴성
③ 불연성

8. 바닥면적

건축물의 각 층 또는 그 일부로서 벽, 기둥 기타 이와 유사한 구획의 중심선으로 둘러싸인 수평투영면적을 말한다.

3. 건축물의 내부마감재료

다음의 건축물에 대하여는 그 거실의 벽 및 반자의 실내에 접하는 부분의 마감은 불연재료, 준불연재료 또는 난연재료로 하여야 하며, 그 거실에서 지상으로 통하는 주된 복도, 계단 기타 통로의 벽 및 반자의 실내에 접하는 부분의 마감은 불연재료 또는 준불연재료로 하여야 한다.

(1) 문화 및 집회시설(예식장을 제외한다), 판매 및 영업시설 또는 위락시설(단란주점 및 주점영업을 제외한다)의 용도에 쓰이는 건축물로서 당해 용도에 쓰이는 거실의 바닥면적의 합계가 200m^2(주요구조부가 내화구조 또는 불연재료로 된 건축물의 경우에는 400m^2) 이상인 건축물

(2) 단독주택 중 다중주택, 공동주택, 제2종 근린생활시설 중 학원, 독서실, 숙박시설(여관 및 여인숙을 제외한다), 의료시설, 교육연구 및 복지시설 중 학원, 아동관련시설, 노인복지시설 및 유스호스텔 또는 업무시설 중 오피스텔의 용도로 쓰이는 건축물로서 3층 이상의 층의 당해 용도에 쓰이는 거실의 바닥면적의 합계가 200m²(주요구조부가 내화구조 또는 불연재료로 된 건축물의 경우에는 400m²) 이상인 건축물

(3) 위험물저장 및 처리시설(자가난방, 자가발전 등의 용도에 쓰이는 시설을 포함한다), 공장, 자동차관련시설 또는 공공용시설 중 발전소, 방송국 및 촬영소로 사용되는 건축물

(4) 5층 이상의 층의 거실의 바닥면적 합계가 500m² 이상인 건축물

(5) 제2종 근린생활시설 중 공연장, 당구장, 문화 및 집회시설 중 예식장, 교육연구 및 복지시설 중 학교(초등학교에 한한다), 생활권수련시설, 자연권수련시설, 숙박시설 중 여관, 여인숙, 위락시설 중 주점영업 또는 다중이용업(유흥주점영업을 제외한다)의 용도에 쓰이는 건축물

참고 내부마감재료 : 건축물 내부의 천장, 반자, 벽(칸막이 벽 포함), 기둥 등에 부착되는 마감재료를 말한다.

4. 건축물의 화재하중

(1) 건축물의 내화설계를 위하여 화재규모를 예상하는 데는 어떤 일정한 구역, 즉 연소가 가능한 구역 내의 가연물량을 평가할 필요가 있을 것이다.

(2) 화재하중이란 일정구역 내에 있는 예상최대 가연물질의 양을 뜻하며, 동일개념으로 화재심도라고 규정하기도 한다.

(3) 등가가연물량을 화재구획에서의 단위면적당으로 나타낸 것을 화재하중이라 한다. 이를 식으로 나타내면 다음과 같다.

$$q_0 = \frac{\sum(G_i \times H_i)}{H_0 \times A} = \frac{\sum G_i}{H_0 \times A}$$

여기서 q_0 : 화재하중(kg/m²)

G_i : 가연물중량(kg)

H_i : 가연물의 단위발열량(kcal/kg)

H_0 : 목재의 단위발열량(kcal/kg)

A : 화재구획의 바닥면적(m²)

(4) 또한 최근에는 화재구획의 내표면적에 대한 가연물발열량은 새로운 의미의 화재하중이라 부른다.

$$q = \frac{\sum Q_i}{A_t}$$

여기서 q : 화재하중($kcal/m^2$)

A_t : 화재구획의 내표면적(m^2)

$\sum Q_i$: 화재구획 내 가연물의 전체발열량(kcal)

■ 각종 재료의 단위발열량

재 료	발열량(Mcal/kg)	재 료	발열량(Mcal/kg)
목 재	4.5	벤 젠	10.5
종 이	4.0	석 유	10.5
연질보드	4.0	염화비닐	4.1
경질보드	4.5	페 놀	6.7
WOOL섬유	5.0	폴리에스테르	7.5
리노리움	4.0~5.0	폴리아미드	8.0
아스팔트	9.5	폴리스틸렌	9.5
고 무	9.0	폴리에틸렌	10.4
휘발유	10.0		

(5) 실내의 화재온도는 창면적, 창높이, 실내표면적, 벽·천장의 열정수 등에 지배되며, 화재지속시간은 가연물량, 창면적, 창높이 등에 의하여 결정된다.

(6) 실내의 가연물량에 대한 일본의 한 조사보고에 의하면 주택·아파트에서는 30~60kg/m^2, 사무실에서는 20~110kg/m^2, 점포에서는 100~200kg/m^2, 창고에서는 200~1,000kg/m^2으로 되어 있다.

1. 화재강도에 영향을 주는 요소

① 화재실의 구조
② 가연물의 발열량
③ 가연물의 비표면적
④ 가연물의 배열상태

2. 화재하중의 감소 및 화재발생의 저지방법

우선적으로 내장재의 불연화 및 가연물의 제한, 가연물질의 수납물이 노출되지 않도록 하는 것이다.

3. 방염성능의 측정기준

① 잔염시간 : 착화 후에 버너를 제거한 때부터 불꽃을 올리며 연소하는 상태가 그칠 때까지의 경과시간
② 잔진시간 : 착화 후에 버너를 제거한 때부터 불꽃을 올리지 아니하고 연소하는 상태가 그칠 때까지의 경과시간
③ 탄화면적 : 잔염시간 또는 잔진시간 내에 탄화하는 면적
④ 탄화길이 : 잔염시간 또는 잔진시간 내에 탄화하는 길이
⑤ 접염횟수 : 완전히 용융될 때까지 필요한 불꽃을 접하는 횟수

5. 건축물의 방화구조

방화구조는 화재 초기에 다른 부분의 연소확대를 방지할 수 있는 정도의 간단한 구조로서 다음의 기준에 적합한 것을 말한다.

① 철망모르터 바르기로 바름두께가 2cm 이상인 것
② 석고판 위에 시멘트모르터 또는 회반죽을 바른 것으로 두께의 합계가 2.5cm 이상인 것
③ 시멘트모르터 위에 타일을 붙인 것으로서 그 두께의 합계가 2.5cm 이상인 것
④ 심벽에 흙으로 맞벽치기한 것

6. 방화벽

(1) 방화벽의 설치 및 구조기준

① 방화벽은 화재시 연소의 확산을 막고 피해를 줄이기 위해 대규모 건축물 또는 목조건축물에 설치하는 벽으로서 그 설치기준과 구조는 다음 표와 같다.

■ 방화벽 설치기준

대상건축물의 조건	구획단위	방화벽의 구조
주요구조부가 내화구조 또는 불연재료가 아닌 연면적 1,000m^2 이상인 건축물	연면적 1,000m^2 미만마다 구획	• 내화구조로서 홀로 설 수 있는 구조로 할 것 • 방화벽 양쪽 끝과 위쪽 끝을 건축물의 외벽면 및 지붕면으로부터 0.5m 이상 튀어나오게 할 것 • 방화벽에 설치하는 출입문의 너비 및 높이는 각각 2.5m 이하로 하고 해당 출입문에는 60+ 방화문 또는 60분 방화문을 설치할 것

② 연면적 1,000m^2 이상인 목조건축물의 외벽 및 처마 밑의 연소할 우려가 있는 부분을 방화

구조로 하되, 그 지붕은 불연재료로 하여야 한다.

■ 방화벽의 설치

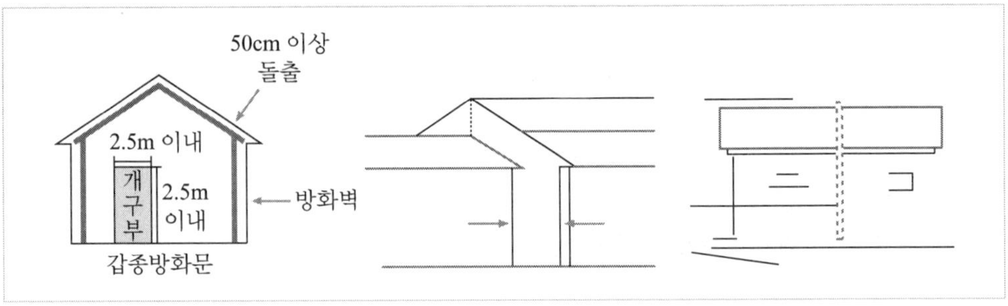

(2) **방화벽 설치제외대상 건축물**

단독주택, 공관, 축사, 식물관련시설, 교정시설, 군사시설 및 묘지관련시설(화장장은 제외)의 용도에 쓰이는 건축물 또는 내부설비의 구조상 방화구획할 수 없는 창고시설인 경우에는 방화벽을 설치하지 않는다.

7. 방화문

(1) 방화문은 60+ 방화문, 60분 방화문 또는 30분 방화문으로 구분하되, 산업표준화법에 의한 한국산업규격이 정하는 바에 따라 시험한 결과 각각 비차열 1시간 이상 및 비차열 30분 이상의 성능이 확보되어야 한다.

(2) 방화문이 문틀 또는 다른 방화문과 접하는 부분은 그 방화문을 닫은 경우에 방화에 지장이 있는 틈이 생기지 아니하는 구조로 하여야 하며, 방화문을 달기 위한 철물은 그 방화문을 닫은 경우에 노출되지 아니하도록 하여야 한다.

(3) 방화문은 항상 닫힌 상태를 유지하여야 하며, 언제나 개방할 수 있어야 하고 기계장치 등에 의하여 스스로 닫혀야 한다.

8. 건축물의 경계벽 및 칸막이 벽

(1) 건축물에 설치하는 경계벽 및 칸막이벽은 내화구조로 하고, 지붕 밑 또는 바로 윗층의 바닥판까지 닿게 하여야 한다.

(2) 경계벽 및 칸막이벽은 소리를 차단하는 데 장애가 되는 부분이 없도록 다음의 어느 하나에 해당하는 구조로 하여야 한다. 다만, 다가구주택 및 공동주택의 세대 간의 경계벽인 경

우에는 「주택건설기준 등에 관한 규정」이 정하는 바에 의한다.

① 철근콘크리트조·철골철근콘크리트조로서 두께가 10cm 이상인 것
② 무근콘크리트조 또는 석조로서 두께가 10cm(시멘트모르타르·회반죽 또는 석고플라스터의 바름두께를 포함한다) 이상인 것
③ 콘크리트블록조 또는 벽돌조로서 두께가 19cm 이상인 것
④ 국토교통부장관이 정하여 고시하는 기준에 따라 국토교통부장관이 지정하는 자 또는 한국건설기술연구원장이 실시하는 품질시험에서 그 성능이 확인된 것
⑤ 한국건설기술연구원장이 인정기준에 따라 인정하는 것

9. 개구부의 내화도

개구부에 따른 급수 및 내화율은 다음과 같다.

A급 개구부	건물과 건물 간의 벽에서의 개구부를 말하며, 불에 견딜 수 있는 내화율은 3시간 이상으로 하여야 한다.
B급 개구부	건물 내의 계단 및 엘리베이터 등 수직으로 통하는 개구부로서 내화율은 1.5시간 이상으로 한다.
C급 개구부	내화율은 45분 이상으로 하며, 복도와 거실 또는 복도와 복도 간, 거실과 거실 간의 개구부를 말한다.
D급 개구부	내화율은 1.5시간 이상으로 하며, 건물의 외부와 접하는 곳으로서 건물 외부의 화재로 인한 영향을 받을 우려가 있는 개구부를 말한다.
E급 개구부	내화율은 45분 이상으로 하며, D급 개구부와 비슷한 곳으로 외부화재의 영향이 보통 수준의 정도인 개구부를 말한다.

10. 방화댐퍼

건축물 내부에서의 연소확대 방지라고 하면 우선 방화문이나 방화셔터 등이 연상되지만, 이들과는 달리 방화댐퍼는 설정된 방화구획의 벽을 덕트가 관통할 경우에 천장 속의 덕트와 연결·설치되어 화재발생시 연돌효과(Stack Effect)에 의해 다른 방화구획으로 급속하게 확산되는 화염이나 연기의 흐름을 자동적으로 자단시키는 기구이다.

11. 배연설비

(1) 6층 이상의 건축물로서 문화 및 집회시설, 판매 및 영업시설, 의료시설, 교육연구 및 복지시설 중 연구소·아동관련시설·노인복지시설 및 유스호스텔, 운동시설, 업무시설, 숙박시

설, 위락시설 및 관광휴게시설에 쓰이는 거실에는 배연설비를 설치하여야 한다.

(2) 특별피난계단 및 비상용 승강기의 승강장에는 배연설비를 설치하여야 한다.

제연설비

1. 제연설비는 화재로 발생한 연기를 옥외로 배출하거나 일정한 구역으로 연기가 유입되지 못하도록 차단하는 설비이다.
2. 제연설비는 소방관의 소화활동을 돕는 것을 주목적으로 하지만, 건물 내의 사람이 안전하게 대피할 수 있도록 하는 설비이기도 하다.
3. 소방법규의 제연설비는 건축법령의 배연설비 및 공기조화설비와 구분된다. 특별피난계단 및 비상용 승강기의 승강장의 전실에 설치되어 피난을 돕는 전실 제연설비와 일반적인 거실에 설치되는 거실 제연설비가 있다.
4. 연기를 제어하는 방법에 따라 벽이나 방화문 등으로 연기를 차단하는 밀폐제연방식, 연기의 대류현상과 굴뚝효과를 이용하여 연기를 옥외로 배출하는 자연제연방식, 제연전용 통기구를 설치하고 지붕에 굴뚝을 설치하여 압력차이로 연기를 배출하는 스모크 타워 제연방식 및 송풍기와 배풍기를 설치하는 기계제연방식이 있다. 그러나 대부분 기계식 제연설비가 사용되고 있다.
   ① 거실 제연설비 : 화재가 발생하면 자동화재탐지설비와 같은 화재감지장치와 연동하여 자동으로 방화셔터, 방화문, 제연커튼, 댐퍼 등으로 구역을 폐쇄하고, 공기조화설비를 정지시키며, 송풍기 및 배풍기를 가동하여 연기의 배출을 시작한다. 연기를 효과적으로 배출하기 위해 거실에 제연경계벽을 설치하는데, 연기는 거실의 천정부위에 모이므로 이 연기가 유동하는 것을 막기 위해 일정한 높이의 벽모양 가리개를 천장에 설치한 것이 제연경계벽이다.
   ② 전실 제연설비 : 특별피난계단이나 비상용 승강기의 승강장에 설치되는 제연설비는 화재가 발생하면 화재감지장치에 의해 자동으로 또는 수동으로 송풍기가 작동하여 전실, 부속실, 계단실, 승강장 등의 공기압을 높여 연기가 침투하지 못하도록 하는 설비이다. 전실 등의 공기압을 상시 높여 놓는 방식도 있다.

12. 피뢰설비

낙뢰의 우려가 있는 건축물 또는 높이 20m 이상의 건축물에는 피뢰설비를 설치하여야 한다.

13. 비상용(피난용) 승강기

(1) 비상용(피난용) 승강기의 설치

① 건축주는 6층 이상으로 연면적이 2,000m^2 이상인 건축물을 건축하려면 승강기를 설치하여야 한다.

② 높이 31m를 초과하는 건축물에는 승강기뿐만 아니라 피난용 승강기를 추가로 설치하여야

한다.

③ 고층건축물에는 건축물에 설치하는 승용승강기 중 1대 이상을 피난용 승강기로 설치하여야 한다.

(2) 비상용(피난용) 승강기의 승강장 구조

① 승강장의 출입구를 제외한 부분은 당해 건축물의 다른 부분과 내화구조의 바닥 및 벽으로 구획할 것

② 승강장은 각 층의 내부와 연결될 수 있도록 하되, 그 출입구에는 60+ 방화문 또는 60분 방화문을 설치할 것

③ 노대 또는 외부를 향하여 열 수 있는 창문이나 배연설비를 설치할 것

④ 벽 및 반자가 실내에 접하는 부분의 마감재료(마감을 위한 바탕을 포함한다)는 불연재료로 할 것

(3) 비상용(피난용) 승강장의 승강로의 구조

① 승강로는 당해 건축물의 다른 부분과 내화구조로 구획할 것

② 승강로 상부에는 배연설비를 설치할 것

4.1.2 건축물 방화 및 방재계획

1. 건축물의 방화계획

방재계획에 있어서 우선 고려해야 할 사항은 안전성에 대한 대응으로서 검토하여야 할 기본사항은 건축물의 공간적인 대응과 설비적인 대응이라 할 수 있다.

(1) 공간적인 대응

① 건축물이 공간확보문제는 내부기능의 원활한 확보 및 관리적인 면에 있어서 어떠한 분야보다도 우선되어야 하는 부분이라 할 수 있다.

② 공간적 대응이란 간단하게 설명하자면 화재 등 각종 위해요소로부터 불특정 다수인을 재해공간에서 조기에 쉽게 피난시키고 동시에 화재진압에 필요한 사항을 말한다.

③ 공간적 대응은 대항성, 회피성, 도피성의 3가지 기능을 가져야 한다.

대항성	건축물의 내화성능, 방화구획성능, 방배연성능, 화재방어 대응성(소방대 활동성), 초기 소화 대응력 등 화재에 대항하여 저항하는 성능을 뜻한다.
회피성	내장재의 제한, 용도별 구획, 방화훈련, 불조심, 불연화 및 내연화 등 출화·확대 등을 감소시키고자 하는 예방적 조치 또는 상황 등 사전예방활동에 관계되는 사항이라 할 수 있다.
도피성	확보된 안전한 건축공간으로 도피는 물론 화재장소로부터 피난층으로 원활하게 피난할 수 있는 공간의 활용성과 관계되는 사항으로 공간과 사람의 대응에 관한 문제라고 하겠다. 이와 같은 문제는 화재안전에 있어서 가장 기초가 되는 문제로 건축물의 설계계획시부터 충분한 검토가 이뤄져야 한다. ㉠ 방재계획 기본방침 ㉡ 피난 ㉢ 내장 제한 ㉣ 부지 및 도로(소방대 진입, 피난층, 출입구 등) ㉤ 건축물의 규모, 위치, 용도 등

(2) 설비적 대응

① 설비적 대응이라고 하는 것은 어디까지나 화재공간(Fire Compartment)에서 화재가 발생할 경우 감지 및 경보, 피난활동에서 요구되는 각종 소화활동에 필요한 설비, 중앙방재실 등의 지원설비는 물론, 화재를 진압하는 소화기에서부터 자동소화설비에 이르기까지의 모든 진압소화설비를 의미한다. 이것은 건축의 안전·방재를 위해서는 공간적 대응과 함께 가장 중요한 문제이다.

② 설비적 대응은 앞의 대항성 중에서도 방연성능에 관계되는 제연설비와 방화구획성능에 해당되는 방화문, 방화셔터 등이 있으며, 초기소화 대응력으로는 자동소화설비, 자동화재탐지설비, 특수소화설비 등에 의해 행하여진다. 도피성에 관해서는 피난기구(구조대, 완강기, 피난교, 인명구조장비 등), 피난유도설비(각종 유도등) 등으로 보충한다.

③ 이 모든 설비는 각각 개별적인 기능을 가지고 있는 것이지만, 실제 건축물에서 화재가 발생했을 때 이들의 모든 설비를 통합하여 유기적인 상호관계가 이루어질 때 효과적인 기대를 할 수가 있다.

2. 건축물의 방재계획

(1) 부지선정 및 배치계획

① 건축물들의 이격거리가 적당해야 하며, 안전한 소화활동 및 구조활동을 위해서는 주변의 부지 내에 통로나 충분한 광장이 있어야 한다.

② 이런 계획의 수립이 있어야만 원활한 소화 및 구조행동을 할 수 있으며, 그 행동에 중요한

영향을 미친다.

(2) 평면계획

① 화재에 의한 피해를 작은 범위로 한정하기 위한 것으로 방화구획을 작게 하며, 우선적으로 화재가 다른 구역으로 이동하는 것을 방지하는 것이다.

② 이러한 것을 위해서는 화재차단성능을 지닌 방화벽, 방화문 등을 방화구획의 경계부분에 설치해야 하며, 구획 내에서 화재를 멈추게 하여 피해를 줄이는 것이다.

③ 방연구획과 제연계획이 포함되며 화재시 소방활동상 소방대의 진입, 통로, 피난을 위한 명확한 2방향 이상의 피난동선을 확보해야 한다.

(3) 단면계획

① 상하층의 재해 전파를 제어하는 것으로 화염이 다른 층으로 이동하지 못하도록 구획하는 것이다.

② 일반적으로 건축물의 철근콘크리트 슬라브에 의해 층간구획을 하지만 계단, 엘리베이터, 설비배관이나 덕트(Duct), 배선 등의 관통에 의한 발생되는 공간에 대해 적정한 배려와 보완을 필요로 하게 된다.

③ 화재시 상하층 간의 배관 및 장치 등의 관통으로 발생되는 공간이 연기 및 유독가스가 이동하게 되는 주통로가 되는데, 가능한 내화재로 공간부분을 메워 주는 것이 당연하다.

④ 상하층을 관통하는 계단은 평면계획에서 수립된 명확한 2방향의 피난원칙을 단면계획에 적용시켜 피난시 원활하게 피난층에 도달할 수 있도록 복수로 선택할 수 있게끔 계획을 수립해야 한다. 그러나 건축물의 상하층 간의 화염 유동을 완전히 차단시킨다는 것은 불가능하며, 이 불가능한 부분에 최대한으로 설비계획을 배려하여 반드시 보완하여야 한다.

(4) 입면계획

① 입면계획에 있어서 벽과 개구부가 가장 큰 요소가 되지만, 단지 소형상의 구조물로서의 기능뿐만 아니라 다른 건축물 방재계획과 마찬가지로 화재예방, 소화, 구출, 피난, 연소방지 등의 계획을 수립하여야 한다.

② 화재예방차원으로 이웃건물과 접해 있는 개구부에 방화셔터, 방화문 등을 설치하며, 층간 연소방지는 내화재의 벽으로 층간을 구획한다.

③ 외부에서 건축물 내에 진입하기 위한 진입구를 마련하여 소화 및 구출활동을 원활하게 하며, 발코니나 옥외계단을 설치하여 피난에 원활성을 고려할 수 있다.

(5) 재료계획

① 내장재, 외장재, 마감재 등은 화재예방 및 연소확대 방지를 위해 사용재료의 불연성능, 내화성능을 고려하지 않으면 안 된다.

② 천장, 벽 등의 사용재료뿐 아니라 장식물 등에 대해서도 불연성능을 배려해야 할 필요가 있다.

3. 건축물의 연소확대 방지

건물에서 일단 화재가 발생한 경우에는 그 성장을 한정된 범위로 억제하여 건물 내의 다른 곳으로 확대되지 않도록 하기 위하여 내화성능을 가진 벽이나 바닥 등으로 수직·수평공간을 구획해야 할 필요가 있으며, 또한 방연구획을 병행하는 것이 바람직하다.

수평구획	• 일정한 면적마다 방화구획을 함으로써 화재규모를 가능한 한 작은 범위로 줄이고 피해를 최소한으로 하는 것이다. • 방화구획에 설치하는 방화문은 벽 및 바닥에 비하여 내화성능이 낮으므로 제작·사용 및 유지·관리상 많은 주의가 필요하고 자동개폐 및 수시개폐가 용이하도록 하며, 방화문을 폐쇄하였을 때 연기가 새어 나오지 않도록 해야 한다.
수직구획	• 계단, 에스컬레이터, 엘리베이터 샤프트, 파이프 샤프트 등 건물을 종으로 관통하는 부분은 화염이나 연기의 전파속도가 매우 크므로 다른 부분과 구획을 하여 화재가 다른 층으로 번지는 것을 방지하여야 하며, 특히 계단은 화재시 가장 중요한 피난로가 되도록 하여야 한다. • 화재부분으로부터 발생한 고온의 화기가 외벽을 따라 상승하여 상층부에 연소되는 경우가 있으므로 이의 방지를 위해서는 외벽의 개구부에 내화구조의 차양, 발코니 등을 설치하는 것이 바람직하다.
용도구획	• 복합건축물에서 화재위험을 많이 내포하고 있는 공간을 그 밖의 공간과 구획하여 화재시 피해를 줄이기 위한 것이다. • 용도상 일정한 면적구획을 할 수 없는 경우는 불연재료를 반드시 사용하고, 충분한 피난대책을 세워야 한다.

4.1.3 건축물 피난계획

1. 인간의 본능적 피난행동

(1) 피난계획은 인간의 본능을 고려하여 혼란을 최소한으로 방지하기 위하여 수립되어야 한다.

(2) 피난계획을 위하여 인간의 본능적 피난행동은 다음과 같은 것들이 있다.

귀소본능 (회귀본능)	피난시 인간은 평소에 사용하는 문, 길, 통로를 사용한다든가 자신이 왔었던 길로 되돌아 가려는 경향이 있다.
퇴피본능	화재 초기에는 주변상황의 확인을 위하여 서로서로 모이지만, 화세의 급격한 확대로 각자의 공포감이 증가되면 발화지점의 반대방향으로 이동한다. 즉, 반사적으로 위험으로부터 멀리하려는 경향이 있다.
지광본능	화재시 발생되는 연기와 정전 등으로 가시거리가 짧아져 시야가 흐려진다. 이때 인간은 어두운 곳에서 개구부, 조명부 등의 밝은 불빛을 따라 행동하는 경향이 있다.
추종본능	화재가 발생하면 판단력의 약화로 한 사람의 지도자에 의해 최초로 행동을 함으로써 전체가 이끌려지는 습성이다. 때로는 인명피해가 확대되는 경우가 있다.

■ 기타의 본능

폐쇄공간 지향본능	가능한 넓은 공간을 찾아서 이동하다가 위험성이 높아지면 의외의 좁은 장소, 즉 목욕탕이나 화장실 등을 찾는 본능
초능력본능	비상시에 상상도 못할 힘을 내는 본능
공격본능	거주자의 이상심리현상으로서 구조용 헬리콥터를 부수려고 한다든지 무차별 인명의 살상을 하는 것
좌회본능	화재시 거주자의 보행에 관한 특성으로 오른손잡이는 오른손과 오른발이 발달하여 보행시 자연적으로 좌측으로 행동하는 습성이 있다. 이처럼 왼쪽방향으로 움직이려는 본능을 말한다.

참고 화재경보 발생시 서류정리 등의 하찮은 일에 몰두하거나, 애완동물을 찾으러 뛰어들기, 또는 많은 수의 인원이 연기를 뚫고 나아가기를 원하는 행동들이 보고된 사례도 있다.

(3) 화재현장에 불특정 다수의 사람들이 집합해 군집을 이루는데 이 집단은 강력한 패닉(Panic)상태에 빠지기 쉬우며, 공격적인 집단(폭도)으로 변화되기가 쉽다. 이러한 군집(군중)을 심리적인 면에서 보면 다음과 같은 특징이 있다.

① 각자에게 공통적인 관심이 있어서 모인다.
② 집단은 우연적으로 발생한다.
③ 집단의 각 개인에게는 임무가 없는 집단이다.
④ 감정적인 분위기의 집단이다.
⑤ 암시에 걸리기 쉬운 집단이다.
⑥ 각 개인에게 접근성이 있다.

패닉(Panic)

화재 등 재난현장에서의 인간의 '비이성적인', '부적합한' 공포반응행동을 표현할 때에 쓰는 용어인데, 많은 화재현장에서 인간의 감정과 행동을 객관적으로 설명하기 위해 주로 사용되어 왔다. 그 예로, 화재에 대한 개인의 최초반응, 무모하게 높은 곳에서 뛰어내리는 행위, 몸이 굳어서 움직이지 못하는 반응, 화재발생에 놀라서 폐쇄된 비상구 방향으로 몰려가는 군중 등 여러 가지의 경우에 대해 설명할 때 사용되고 있다.

(4) 사업장에 있어서는 재해발생시 패닉(Panic)을 일으키지 않도록 집단들의 심리를 이해하여 사업장의 실정에 적합한 대책을 수립해놓고, 군집을 안전하게 피난을 유도할 수 있도록 체제를 수립하는 것이 중요하다.

군집보행

군집보행이란 뒤에 있는 보행자가 빠져나가기가 어려워 앞의 보행자의 보행속도에 동조하는 상태를 말한다. 반면, 자유보행은 아무런 제약을 받지 않고 생각대로 걷는 것을 말한다.

1. 자유보행속도 : 0.5～2m/s(보통의 경우는 1.3m/s 정도이며, 빠른 경우는 2m/s이다)
2. 군집보행속도 : 1m/s(느린 보행자의 보행속도와 대략 같다)

2. 피난시설의 계획

(1) 피난방법과 시설계획

① 피난방법

화재의 발생시 피난의 방법은 피난자들이 처해 있는 상황에 따라 다음과 같다.

㉠ 각실－출구－복도－계단 ┌ 피난층－출구－지상
└ 옥상층－구조－지상

연기나 불로 인하여 한 피난로가 차단되더라도 다른 방향으로 피난할 수 있도록 2방향 이상의 피난로를 계획하여야 하고, 피난인들의 집중으로 인한 패닉(Panic)현상이 일어나지 않도록 상호 반대방향으로의 대칭인 형태로 위치하는 것이 이상적이다.

㉡ 각실－창·발코니－구조－지상

상황이 급박하여 피난할 시간적 여유가 없을 때의 경우이므로 구조의 손길이 미칠 때까지 피난인들의 생명보호를 위하여 피난발코니, 피난로대 등을 설치하는 것이 이상적이다. 이상과 같은 피난경로가 충분히 확보되기 위해서는 피난행동에 따른 피난시설을 계획하여야 한다.

② 피난시설계획의 일반적인 원칙

㉠ 피난경로는 간단명료해야 한다.

㉡ 피난의 수단은 원시적 방법에 의하는 것을 원칙으로 한다.

㉢ 피난설비는 고정적인 시설에 의해야만 하고, 가구식의 기구나 장치 등은 피난이 늦어진 소수의 사람들에 대한 극히 예외적인 보조수단으로 생각해야 한다.

㉣ 피난대책은 Fool-Proof와 Fail-Safe의 원칙을 중시해야 한다.

㉤ 피난경로에 따라서 일정한 구획을 한정하여 피난 Zone을 설정하고, 최종적으로 안전성을 높이는 것이 합리적이다.

㉥ 피난로에는 정전시에도 피난방향을 명백히 할 수 있는 표시를 한다.

㉦ 피난구는 항시 사용할 수 있도록 하고, 관리상의 이유로 자물쇠를 채워두는 것은 큰 위험을 초래하므로 피해야 한다.

■ 피난방향 및 피난로의 유형

구분	피난방향의 종류	피난로의 방향	
X형		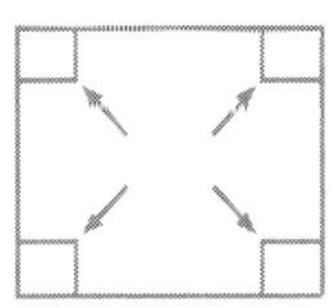	확실한 피난로가 보장된다.
Y형			
T형		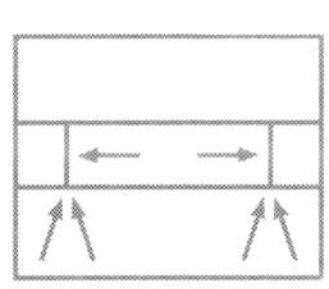	방향이 확실하여 분간하기 쉽다.
I형			
Z형	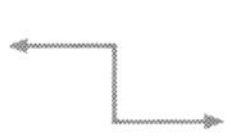	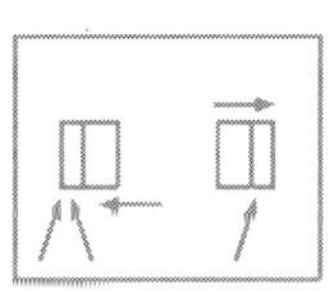	중앙복도형에서 Core식 중 양호하다.
ZZ형	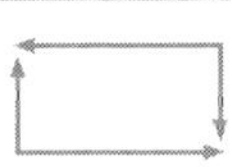		
H형		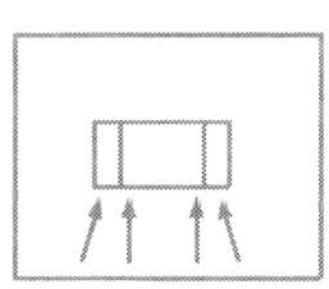	중앙 Core식으로 피난자들의 집중으로 Panic현상이 일어날 우려가 있다.
CO형	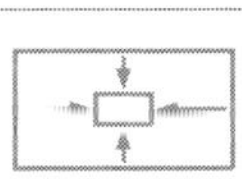		

Fool-Proof와 Fail-Safe의 원칙

Fool-Proof	비상사태 대비책을 의미하는 것으로 화재발생시 사람의 심리상태는 긴장상태가 되어 인간의 행동특성에 따라 행동하는 것을 고려하여 피난설비는 원시적이고 간단명료하게 설치하고, 피난대책은 누구나 알기 쉬운 방법을 선택하는 것을 뜻한다. 피난 및 유도표시는 문자보다는 색과 형태를 이용하든가, 피난방향으로 문을 열 수 있도록 하는 것이 이에 속한다.
Fail-Safe	이중안전장치를 의미하는 것으로 피난시 하나의 수단이 고장 등으로 사용이 불가능하더라도 다른 수단 및 방법에 의하여 피난할 수 있도록 하는 것을 말한다. 2방향 이상의 피난통로를 확보하는 피난대책이 이에 속한다.

(2) 수평방향의 피난시설계획

① 화재시 안전한 피난을 위한 1차적인 대피단계는 각 실에서 계단실까지의 수평방향으로의 이동이며, 따라서 수평방향의 이동에 있어서 가장 중요한 것은 복도라고 할 수 있다.

② 피난복도의 계획시 고려해야 할 일반적인 사항

㉠ 피난복도의 폭은 피난인원이 빠른 시간 내에 계단 등의 안전한 피난처로 갈 수 있도록 하는 것이 좋다.

㉡ 피난복도의 천장은 복도에 연기가 차는 것을 막기 위하여 가능한 높게 하고, 천장에는 불연재를 사용한다.

㉢ 피난복도에는 자동판매기, 휴지통 등의 피난에 방해가 되는 시설물을 설치하지 않아야 한다.

㉣ 피난복도에는 피난방향 및 계단위치를 알 수 있는 표식을 한다.

(3) 수직방향의 피난시설계획

① 고층건물에서 일상적인 수직동선은 엘리베이터이고 계단은 보조수단으로서 한두 층 간의 보행시에만 사용되지만, 피난계획시에는 엘리베이터의 사용이 불가능하므로 계단이 주된 수직적인 피난시설이다.

② 수직방향의 피난시설로서 주된 계단의 피난시설계획에 관한 일반적인 고려사항

㉠ 피난자들이 피난시 연기가 침입하지 않도록 계단실에는 타실보다 높은 일정한 압력을 가하는 것이 좋다.

㉡ 계단실에 유입되는 연기를 배출할 수 있는 배연설비를 한다.

㉢ 피난층을 지나쳐 지하실로 내려가지 않도록 지하실과의 경계에는 확실한 방지책을 실시한다.

㉣ 피난계단은 직접 옥상층으로 피난이 가능하도록 옥상층까지 연결시킨다.

ⓜ 계단실의 내장은 불연재료로 하고, 특히 손잡이 등에는 가연재를 쓰지 않도록 한다.

ⓑ 계단실은 2시간 이상의 내화성능을 가진 방화구획을 한다.

ⓢ 계단실에서는 한 사람이 넘어지면 연쇄반응이 일어나 많은 사람이 다칠 경우가 있으므로 바닥면의 미끄럼 방지를 위한 조치와 난간 등을 설치한다.

③ 화재가 발생할 경우 피난경로로서는 복도, 계단전실, 계단을 거쳐 안전한 지상으로 탈출시키는 통로가 일반적이다. 각각 구획의 방화벽이나 방연벽으로 구획되어 있고 차례차례 피난해가면 안전도는 높게 된다. 다음의 구획으로 이동하는 곳에는 시간이 걸리는 이유 때문에 구획이 많은 만큼 안전도는 충분히 확보해 두어야 한다.

▪ 연기에 관계되는 안전구획의 개념

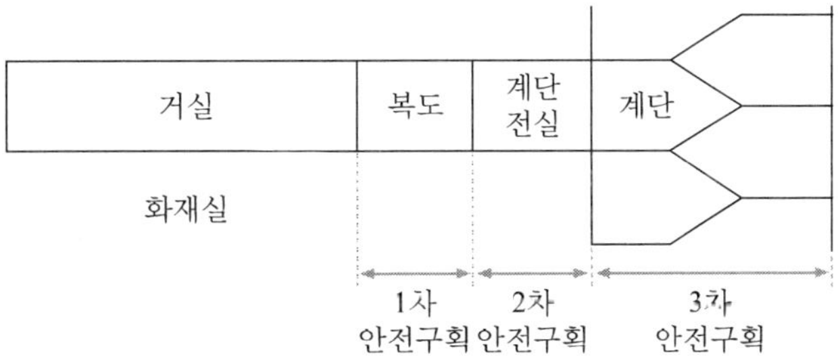

참고 그림에 표시된 구획의 경우 복도는 1차 안전구획, 계단전실이 2차 안전구획, 계단이 3차 안전구획이 된다. 안전구획 사이의 벽은 기밀성이 높은 벽으로 하고, 출입문은 방화문으로 한다.

피난통로

피난통로란 건축물의 각 실로부터 피난 및 직통계단, 특별피난계단으로 통하는 통로를 말한다. 피난통로의 말단에는 피난시 장애가 없도록 충분한 공간확보가 되어야 한다.

3. 직통계단의 설치기준

(1) 직통계단의 의의

직통계단은 한 곳에서 연속되는 계단을 말하며, 계단의 구조가 일방통행으로 상승 또는 하강만이 되는 계단은 직통계단이라 할 수 없다.

즉, 피난층 이외의 층에 있어서 피난층 또는 지상에 통하는 계단으로 어떤 층에서라도 실내를 통하지 않고 계단실(계단과 계단참)만을 통하여 상·하층으로 연결되는 계단을 말한다.

■ 계단의 종류

직통계단이 아닌 것　　　직통계단

(2) 직통계단의 설치기준

건축물의 피난층(직접 지상으로 통하는 출입구가 있는 층을 말함) 외의 층에서는 피난층 또는 지상으로 통하는 직통계단(경사로를 포함)을 거실의 각 부분으로부터 계단(거실로부터 가장 가까운 거리에 있는 계단을 말함)에 이르는 보행거리가 30m 이하가 되도록 설치하여야 한다. 다만, 주요구조부가 내화구조 또는 불연재료로 된 건축물에 있어서는 그 보행거리가 50m(층수가 16층 이상인 공동주택의 경우에는 40m) 이하가 되도록 설치할 수 있다.

1. 피난층

직접 지상으로 통하는 출입구가 있는 층을 말한다. 보통의 경우 지상 1층이 피난층이 되겠으나, 지형 등에 따라 그림과 같이 하나의 건축물에도 몇 개의 피난층이 있을 수 있다.

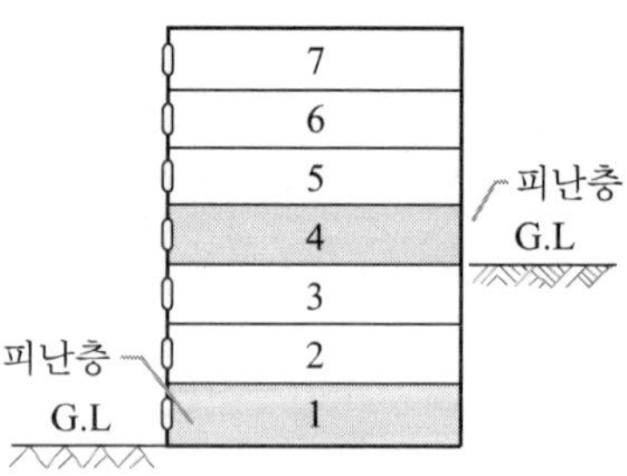

〈피난층〉

2. 보행거리

거실의 각 부분으로부터 피난층으로 통하는 직통계단의 하나에 이르는 통과거리로서 실제로 보행하게 되는 최단거리를 말한다.

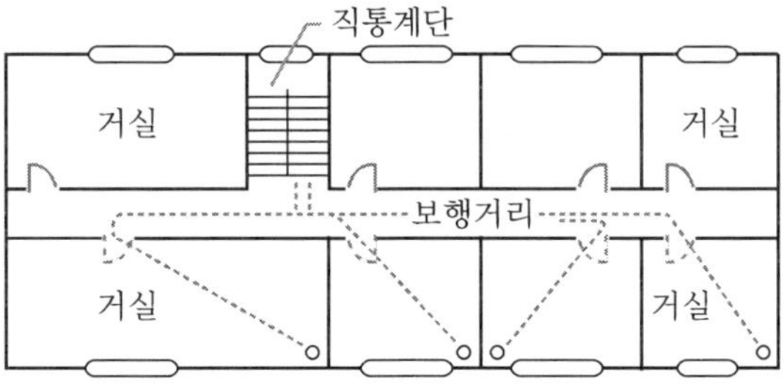

〈보행거리〉

4. 피난계단의 설치기준

(1) 건축물의 5층 이상 또는 지하 2층 이하의 층으로부터 피난층 또는 지상으로 통하는 직통계단(5층 이상의 층으로부터 피난층 또는 지상으로 통하는 직통계단과 직접 연결된 지하 1층의 계단을 포함)은 피난계단 또는 특별피난계단으로 설치하여야 한다. 다만, 주요구조부가 내화구조 또는 불연재료로 된 건축물로서 5층 이상의 층의 바닥면적의 합계가 $200m^2$ 이하이거나 그 이상이더라도 매 $200m^2$ 이내마다 방화구획이 되어 있는 경우는 그러하지 아니하다.

(2) 건축물(갓복도식 공동주택은 제외)의 11층(공동주택의 경우에는 16층) 이상 또는 지하 3층 이하의 층(바닥면적이 $400m^2$ 미만인 층은 제외)으로부터 피난층 또는 지상으로 통하는 직통계단은 (1)의 규정에 불구하고 특별피난계단으로 설치하여야 한다.

5. 옥외피난계단의 설치기준

건축물의 3층 이상의 층(피난층을 제외)으로서 다음에 해당하는 경우에는 직통계단 외에 그 층으로부터 지상으로 통하는 옥외피난계단을 따로 설치하여야 한다.

(1) 문화 및 집회시설 중 공연장, 위락시설 중 주점영업의 용도에 쓰이는 층으로서 그 층의 거실의 바닥면적의 합계가 $300m^2$ 이상인 것

(2) 문화 및 집회시설 중 집회장의 용도에 쓰이는 층으로서 그 층의 거실의 바닥면적의 합계가 $1,000m^2$ 이상인 것

6. 피난계단의 구조

(1) 건축물의 내부에 설치하는 피난계단의 구조(옥내피난계단의 구조)

① 계단실은 창문·출입구 기타 개구부(이하 '창문 등'이라 함)를 제외한 당해 건축물의 다른 부분과 내화구조의 벽으로 구획할 것

② 계단실의 바닥 및 반자의 실내에 접하는 부분의 마감(마감을 위한 바탕을 포함)은 불연재료로 할 것

③ 계단실에는 예비전원에 의한 조명설비를 할 것

④ 계단실의 바깥쪽에 접하는 창문 등(망이 들어 있는 유리의 붙박이창으로서 그 면적이 각각 $1m^2$ 이하인 것은 제외)은 당해 건축물의 다른 부분에 설치하는 창문 등으로부터 2m 이상의 거리에 설치할 것

⑤ 건축물의 내부와 접하는 계단실의 창문 등(출입구는 제외)은 망이 들어 있는 붙박이창으로서 그 면적을 각각 $1m^2$ 이하로 할 것

⑥ 건축물의 내부에서 계단실로 통하는 출입구의 유효너비는 0.9m 이상으로 하고, 그 출입구에는 피난의 방향으로 열 수 있는 것으로 언제나 닫힌 상태를 유지하거나 화재로 인한 연기 또는 불꽃을 가장 신속하게 감지하여 자동적으로 닫히는 구조로 된 60+ 방화문 또는 60분 방화문을 설치할 것

⑦ 계단은 내화구조로 하고, 피난층 또는 지상까지 직접 연결되도록 할 것

■ 옥내피난계단의 구조

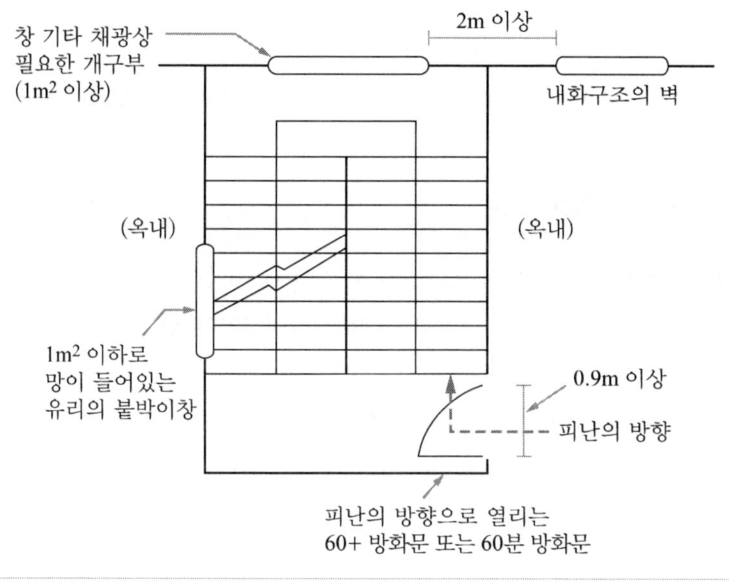

(2) **건축물의 바깥쪽에 설치하는 피난계단의 구조**(옥외피난계단의 구조)

① 계단은 그 계단으로 통하는 출입구 외의 창문 등(망이 들어 있는 유리의 붙박이창으로서 그 면적이 각각 $1m^2$ 이하인 것을 제외)으로부터 2m 이상의 거리를 두고 설치할 것
② 옥내로부터 계단으로 통하는 출입구에는 60+ 방화문 또는 60분 방화문을 설치할 것
③ 계단의 유효너비는 0.9m 이상으로 할 것
④ 계단은 내화구조로 하고 지상까지 직접 연결되도록 할 것

■ 옥외피난계단의 구조

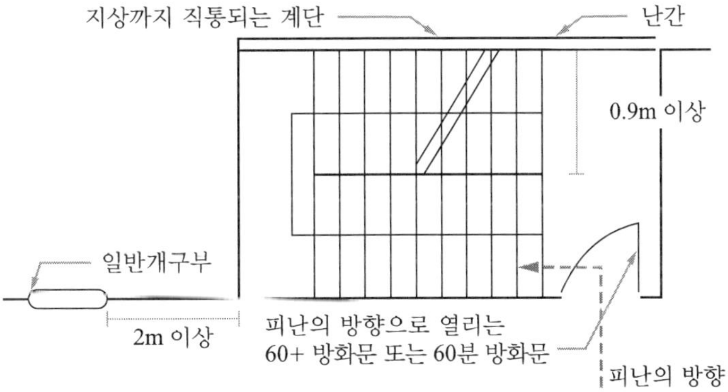

7. 특별피난계단 구조

(1) 건축물의 내부와 계단실은 노대를 통하여 연결하거나 외부를 향하여 열 수 있는 면적 $1m^2$ 이상인 창문(바닥으로부터 1m 이상의 높이에 설치한 것에 한함) 또는 배연설비가 있는 부속실을 통하여 연결할 것
(2) 계단실·노대 및 부속실은 창문 등을 제외하고는 내화구조의 벽으로 각각 구획할 것
(3) 계단실 및 부속실의 실내에 접하는 부분의 마감(마감을 위한 바탕을 포함)은 불연재료로 할 것
(4) 계단실에는 예비전원에 의한 조명설비를 할 것
(5) 계단실·노대 또는 부속실에 설치하는 건축물의 바깥쪽에 접하는 창문 등(망이 들어 있는 유리의 붙박이창으로서 그 면적이 각각 $1m^2$ 이하인 것을 제외)은 계단실·노대 또는 부속실 외의 당해 건축물의 다른 부분에 설치하는 창문 등으로부터 2m 이상의 거리를 두고 설치할 것

(6) 계단실에는 노대 또는 부속실에 접하는 부분 외에는 건축물의 내부와 접하는 창문 등을 설치하지 아니할 것

(7) 계단실의 노대 또는 부속실에 접하는 창문 등(출입구를 제외)은 망이 들어 있는 유리의 붙박이창으로서 그 면적을 각각 $1m^2$ 이하로 할 것

(8) 노대 및 부속실에는 계단실 외의 건축물의 내부와 접하는 창문 등(출입구를 제외)을 설치하지 아니할 것

(9) 건축물의 내부에서 노대 또는 부속실로 통하는 출입구에는 60+ 방화문 또는 60분 방화문을 설치하고, 노대 또는 부속실로부터 계단실로 통하는 출입구에는 60+ 방화문, 60분 방화문 또는 30분 방화문을 설치할 것

(10) 계단은 내화구조로 하되, 피난층 또는 지상까지 직접 연결되도록 할 것

(11) 출입구의 유효너비는 0.9m 이상으로 하고 피난의 방향으로 열 수 있을 것

1. 피난계단 또는 특별피난계단은 돌음계단으로 하여서는 아니되며, 옥상광장을 설치하여야 하는 건축물의 피난계단 또는 특별피난계단은 당해 건축물의 옥상으로 통하도록 설치하여야 한다.
2. 복도식 공동주택 : 각 층의 계단실 및 승강기에서 각 세대로 통하는 복도의 한쪽 면이 외기(外氣)에 개방된 구조의 공동주택을 말한다.

■ 특별피난계단의 구조

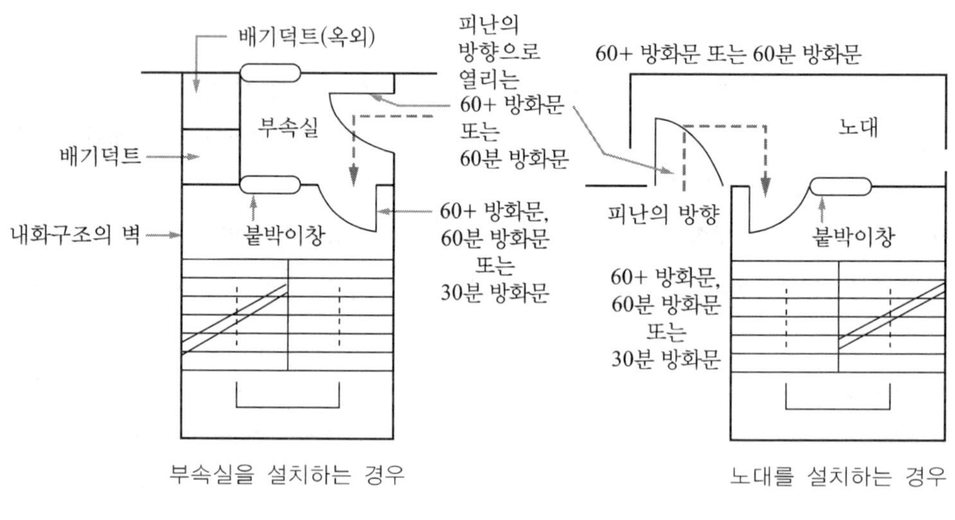

8. 피난용도로 쓰이는 옥상광장의 설치

(1) 5층 이상의 층을 문화 및 집회시설(전시장, 동·식물원 제외), 종교시설, 판매시설, 위락시설 중 주점영업, 의료시설 중 장례식장의 용도로 쓰는 경우에는 피난의 용도에 쓸 수 있는 옥상광장을 설치하여야 한다.

(2) (1)의 건축물에 설치하는 피난계단 또는 특별피난계단은 옥상으로 통하도록 해야 한다.

9. 헬리포트 설치

(1) 11층 이상 건축물로서 11층 이상의 바닥면적 합계가 10,000m^2 이상인 건축물(아파트는 평지붕에 한한다)의 옥상에 설치할 것

(2) 헬리포트의 설치기준

① 헬리포트의 길이와 너비는 각각 22m 이상으로 할 것

참고 옥상바닥의 길이와 너비가 22m 이하인 경우에는 15m까지 감축할 수 있다.

② 헬리포트의 중심에서 반경 12m 이내에는 헬리콥터의 이·착륙에 장애가 되는 건축물, 공작물 또는 난간 등을 설치하지 않을 것

참고 난간벽으로서 높이 1.1m 이하

③ 헬리포트의 주위한계선은 백색으로 너비 38cm로 할 것

④ 헬리포트의 중앙부분에 지름 8m의 Ⓗ 표시를 백색으로 하되, 'H' 표지의 선너비는 38cm, 'ㅇ' 표시의 선너비는 60cm로 할 것

(3) 옥상에 헬리콥터를 통하여 인명 등을 구조할 수 있는 공간을 설치하는 경우에는 직경 10m 이상의 구조공간을 확보하여야 하며, 구조공간에는 구조활동에 장애가 되는 건축물, 공작물 또는 난간 등을 설치해서는 안 된다.

10. 지하층에 설치하는 비상탈출구의 구조

(1) 비상탈출구의 유효너비는 0.75m 이상으로 하고, 유효높이는 1.5m 이상으로 할 것

(2) 비상탈출구의 문은 피난방향으로 열리도록 하고, 실내에서 항상 열 수 있는 구조로 하며, 내부 및 외부에는 비상탈출구의 표시를 할 것

(3) 비상탈출구는 출입구로부터 3m 이상 떨어진 곳에 설치할 것

(4) 지하층의 바닥으로부터 비상탈출구의 아랫부분까지의 높이가 1.2m 이상이 되는 경우에는

벽체의 발판의 너비가 20cm 이상인 사다리를 설치할 것

(5) 피난층 또는 지상으로 통하는 복도나 직통계단까지 이르는 피난통로의 유효너비는 0.75m 이상으로 하고, 피난통로의 실내에 접하는 부분의 마감과 그 바탕은 불연재료로 할 것

(6) 비상탈출구의 진입부분의 피난통로에는 통행에 지장이 있는 물건을 방치하거나 시설물을 설치하지 아니할 것

(7) 비상탈출구의 유도등과 피난통로의 비상조명등의 설치는 소방법령에 정하는 바에 의한다.

11. 거실의 반자높이

(1) 거실의 반자(반자가 없는 경우에는 보 또는 바로 윗층의 바닥판의 밑면 기타 이와 유사한 것을 말한다)는 그 높이를 2.1m 이상으로 하여야 한다.

(2) 문화 및 집회시설(전시장 및 동·식물원을 제외한다), 종교시설, 장례식장 또는 위락시설 중 주점영업의 용도에 쓰이는 건축물의 관람석 또는 집회실로서 그 바닥면적이 $200m^2$ 이상인 것의 반자의 높이는 (1)의 규정에 불구하고 4m(노대의 아랫부분의 높이는 2.7m) 이상이어야 한다. 다만, 기계환기장치를 설치하는 경우에는 그러하지 아니하다.

12. 채광 및 환기를 위한 창문 등

(1) 채광을 위하여 거실에 설치하는 창문 등의 면적은 그 거실의 바닥면적의 1/10 이상이어야 한다.

(2) 환기를 위하여 거실에 설치하는 창문 등의 면적은 그 거실의 바닥면적의 1/20 이상이어야 한다. 다만, 기계환기장치 및 중앙관리방식의 공기조화설비를 설치하는 경우에는 그러하지 아니하다.

13. 거실 등의 방습

건축물의 최하층에 있는 거실바닥의 높이는 지표면으로부터 45cm 이상으로 하여야 한다. 다만, 지표면을 콘크리트바닥으로 설치하는 등 방습을 위한 조치를 하는 경우에는 그러하지 아니하다.

14. 건축물에 설치하는 굴뚝

건축물에 설치하는 굴뚝은 다음의 기준에 적합하여야 한다.

(1) 굴뚝의 옥상돌출부는 지붕면으로부터의 수직거리를 1m 이상으로 할 것. 다만, 용마루·계

단탑·옥탑 등이 있는 건축물에 있어서 굴뚝의 주위에 연기의 배출을 방해하는 장애물이 있는 경우에는 그 굴뚝의 상단을 용마루·계단탑·옥탑 등보다 높게 하여야 한다.

(2) 굴뚝의 상단으로부터 수평거리 1m 이내에 다른 건축물이 있는 경우에는 그 건축물의 처마보다 1m 이상 높게 할 것

4.2 위험물화재에 대한 안전관리

4.2.1 위험물 안전관리기준

1. 안전관리자

(1) 위험물안전관리자로 선임할 수 있는 위험물취급자격자

모든 위험물(제1류 위험물~제6류 위험물)	위험물기능장, 위험물산업기사, 위험물기능사
제4류 위험물	안전관리교육 이수자 및 소방공무원으로 근무한 경력이 3년 이상인 자

(2) 제조소 등의 종류 및 규모에 따라 선임하여야 하는 안전관리자의 자격

제조소 등의 종류 및 규모			안전관리자의 자격
제조소	1. 제4류 위험물만을 취급하는 것으로서 지정수량 5배 이하의 것		위험물기능장, 위험물산업기사, 위험물기능사, 안전관리자교육 이수자 또는 소방공무원경력자
제조소	2. 제1호에 해당하지 아니하는 것		위험물기능장, 위험물산업기사 또는 위험물기능사
저장소	1. 옥내 저장소	제4류 위험물만을 저장하는 것으로서 지정수량 5배 이하의 것	위험물기능장, 위험물산업기사, 위험물기능사, 안전관리자교육 이수자 또는 소방공무원경력자
저장소	1. 옥내 저장소	제4류 위험물 중 알코올류·제2석유류·제3석유류·제4석유류·동식물유류만을 저장하는 것으로서 지정수량 40배 이하의 것	위험물기능장, 위험물산업기사, 위험물기능사, 안전관리자교육 이수자 또는 소방공무원경력자
저장소	2. 옥외탱크 저장소	제4류 위험물만 저장하는 것으로서 지정수량의 5배 이하의 것	위험물기능장, 위험물산업기사, 위험물기능사, 안전관리자교육 이수자 또는 소방공무원경력자
저장소	2. 옥외탱크 저장소	제4류 위험물 중 제2석유류·제3석유류·제4석유류·동식물유류만을 저장하는 것으로서 지정수량 40배 이하의 것	위험물기능장, 위험물산업기사, 위험물기능사, 안전관리자교육 이수자 또는 소방공무원경력자

	3. 옥내탱크 저장소	제4류 위험물만을 저장하는 것으로서 지정수량의 5배 이하의 것	
		제4류 위험물 중 제2석유류·제3석유류·제4석유류·동식물유류만을 저장하는 것	
	4. 지하탱크 저장소	제4류 위험물만을 저장하는 것으로서 지정수량 40배 이하의 것	
		제4류 위험물 중 제1석유류·알코올류·제2석유류·제3석유류·제4석유류·동식물유류만을 저장하는 것으로서 지정수량 250배 이하의 것	
	5. 간이탱크저장소로서 제4류 위험물만을 저장하는 것		
	6. 옥외저장소 중 제4류 위험물만을 저장하는 것으로서 지정수량의 40배 이하의 것		
	7. 보일러, 버너 그 밖에 이와 유사한 장치에 공급하기 위한 위험물을 저장하는 탱크저장소		
	8. 선박주유취급소, 철도주유취급소 또는 항공기주유취급소의 고정주유설비에 공급하기 위한 위험물을 저장하는 탱크저장소로서 지정수량의 250배(제1석유류의 경우에는 지정수량의 100배) 이하의 것		
	9. 제1호 내지 제8호에 해당하지 아니하는 저장소		위험물기능장, 위험물산업기사 또는 위험물기능사
취급소	1. 주유취급소		위험물기능장, 위험물산업기사, 위험물기능사, 안전관리자교육이수자 또는 소방공무원경력자
	2. 판매 취급소	제4류 위험물만을 취급하는 것으로서 지정수량 5배 이하의 것	
		제4류 위험물 중 제1석유류·알코올류·제2석유류·제3석유류·제4석유류·동식물유류만을 취급하는 것	
	3. 제4류 위험물 중 제1석유류·알코올류·제2석유류·제3석유류·제4석유류·동식물유류만을 지정수량 50배 이하로 취급하는 일반취급소(제1석유류·알코올류의 취급량이 지정수량의 10배 이하인 경우에 한한다)로서 다음의 어느 하나에 해당하는 것 가. 보일러, 버너 그 밖에 이와 유사한 장치에 의하여 위험물을 소비하는 것 나. 위험물을 용기 또는 차량에 고정된 탱크에 주입하는 것		
	4. 제4류 위험물만을 취급하는 일반취급소로서 지정수량 10배 이하의 것		
	5. 제4류 위험물 중 제2석유류·제3석유류·제4석유류·동식물유류만을 취급하는 일반취급소로서 지정수량 20배 이하의 것		
	6. 농어촌전화촉진법에 의하여 설치된 자가발전시설용 위험물을 이송하는 이송취급소		
	7. 제1호 내지 제6호에 해당하지 아니하는 취급소		위험물기능장, 위험물산업기사 또는 위험물기능사

(3) 1인의 안전관리자를 중복하여 선임할 수 있는 저장소 등

① 10개 이하의 옥내저장소
② 30개 이하의 옥외탱크저장소
③ 옥내탱크저장소
④ 지하탱크저장소
⑤ 간이탱크저장소
⑥ 10개 이하의 옥외저장소
⑦ 10개 이하의 암반탱크저장소

(4) 안전관리자의 책무

안전관리자는 위험물의 취급에 관한 안전관리와 감독에 관한 다음의 업무를 성실하게 행하여야 한다.

① 위험물의 취급작업에 참여하여 당해 작업이 저장 또는 취급에 관한 기술기준과 예방규정에 적합하도록 해당 작업자(당해 작업에 참여하는 위험물취급자격자를 포함)에 대하여 지시 및 감독하는 업무
② 화재 등의 재난이 발생한 경우 응급조치 및 소방관서 등에 대한 연락업무
③ 위험물시설의 안전을 담당하는 자를 따로 두는 제조소 등의 경우에는 그 담당자에게 다음의 규정에 의한 업무의 시시 그 밖의 제조소 등의 경우에는 다음의 규정에 의한 업무
  ㉠ 제조소 등의 위치·구조 및 설비를 기술기준에 적합하도록 유지하기 위한 점검과 점검상황의 기록·보존
  ㉡ 제조소 등의 구조 또는 설비의 이상을 발견한 경우 관계자에 대한 연락 및 응급조치
  ㉢ 화재가 발생하거나 화재발생의 위험성이 현저한 경우 소방관서 등에 대한 연락 및 응급조치
  ㉣ 제조소 등의 계측장치·제어장치 및 안전장치 등의 적정한 유지·관리
  ㉤ 제조소 등의 위치·구조 및 설비에 관한 설계도서 등의 정비·보존 및 제조소 등의 구조 및 설비의 안전에 관한 사무의 관리

④ 화재 등의 재해의 방지에 관하여 인접하는 제조소 등과 그 밖의 관련되는 시설의 관계자와 협조체제의 유지
⑤ 위험물의 취급에 관한 일지의 작성·기록
⑥ 그 밖에 위험물의 취급작업의 안전에 관하여 필요한 감독의 수행

2. 저장소 및 취급소의 구분

(1) 저장소

① 옥내저장소	옥내(지붕과 기둥 또는 벽 등에 의하여 둘러싸인 곳을 말한다)에 저장(위험물을 저장하는 데 따르는 취급을 포함)하는 장소. 다만, ③의 장소를 제외한다.
② 옥외탱크저장소	옥외에 있는 탱크(④ 내지 ⑥ 및 ⑧에 규정된 탱크를 제외)에 위험물을 저장하는 장소
③ 옥내탱크저장소	옥내에 있는 탱크에 위험물을 저장하는 장소
④ 지하탱크저장소	지하에 매설한 탱크에 위험물을 저장하는 장소
⑤ 간이탱크저장소	간이탱크에 위험물을 저장하는 장소
⑥ 이동탱크저장소	차량(피견인자동차에 있어서는 앞차축을 갖지 아니하는 것으로서 당해 피견인자동차의 일부가 견인자동차에 적재되고 당해 피견인자동차와 그 적재물의 중량의 상당부분이 견인자동차에 의하여 지탱되는 구조의 것에 한함)에 고정된 탱크에 위험물을 저장하는 장소
⑦ 옥외저장소	옥외에 다음에 해당하는 위험물을 저장하는 장소 • 제2류 위험물 중 유황 또는 인화성 고체(인화점이 0℃ 이상인 것에 한함) • 제4류 위험물 중 제1석유류(인화점이 0℃ 이상인 것에 한함)·알코올류·제2석유류·제3석유류·제4석유류 및 동식물유류 • 제6류 위험물 • 제2류 위험물 및 제4류 위험물 중 특별시·광역시 또는 도의 조례에서 정하는 위험물(관세법 제154조의 규정에 의한 보세구역 안에 저장하는 경우에 한함)
⑧ 암반탱크저장소	암반 내의 공간을 이용한 탱크에 액체의 위험물을 저장하는 장소

(2) 취급소

① 주유취급소	고정된 주유설비(항공기에 주유하는 경우에는 차량에 설치된 주유설비를 포함)에 의하여 자동차·항공기 또는 선박 등의 연료탱크에 직접 주유하기 위하여 위험물(「석유 및 석유대체연료 사업법」 제29조의 규정에 의한 유사석유제품에 해당하는 물품은 제외)을 취급하는 장소(위험물을 용기에 채우거나 차량에 고정된 3,000ℓ 이하의 탱크에 주입하기 위하여 고정된 주유설비를 병설한 장소를 포함)
② 판매취급소	점포에서 위험물을 용기에 담아 판매하기 위하여 지정수량의 40배 이하의 위험물을 취급하는 장소
③ 이송취급소	배관 및 이에 부속된 설비에 의하여 위험물을 이송하는 장소
④ 일반취급소	① 내지 ③ 외의 장소(「석유 및 석유대체연료 사업법」 제29조의 규정에 의한 유사석유제품에 해당하는 위험물을 취급하는 경우의 장소를 제외)

3. 위험물제조소 등의 소화설비 설치기준

(1) 전기설비의 소화설비

제조소 등에 전기설비(전기배선, 조명기구 등은 제외)가 설치된 경우에는 당해 장소의 면적 100m^{2}마다 소형 수동식 소화기를 1개 이상 설치할 것

(2) 소요단위의 계산방법

건축물 그 밖의 공작물 또는 위험물의 소요단위의 계산방법은 다음의 기준에 의할 것

① 제조소 또는 취급소의 건축물은 외벽이 내화구조인 것은 연면적 100m^{2}를 1소요단위로 하며, 외벽이 내화구조가 아닌 것은 연면적 50m^{2}를 1소요단위로 할 것
② 저장소의 건축물은 외벽이 내화구조인 것은 연면적 150m^{2}를 1소요단위로 하고, 외벽이 내화구조가 아닌 것은 연면적 75m^{2}를 1소요단위로 할 것
③ 제조소 등의 옥외에 설치된 공작물은 외벽이 내화구조인 것으로 간주하고, 공작물의 최대수평투영면적을 연면적으로 간주하여 ① 및 ②의 규정에 의하여 소요단위를 산정할 것
④ 위험물은 지정수량의 10배를 1소요단위로 할 것

(3) 옥내소화전설비의 설치기준

① 옥내소화전은 제조소 등의 건축물의 층마다 당해 층의 각 부분에서 하나의 호스접속구까지의 수평거리가 25m 이하가 되도록 설치할 것. 이 경우 옥내소화전은 각 층의 출입구 부근에 1개 이상 설치하여야 한다.
② 수원의 수량은 옥내소화전이 가장 많이 설치된 층의 옥내소화전 설치개수(설치개수가 5개 이상인 경우는 5개)에 7.8m^{3}를 곱한 양 이상이 되도록 설치할 것
③ 옥내소화전설비는 각 층을 기준으로 하여 당해 층의 모든 옥내소화전(설치개수가 5개 이상인 경우는 5개의 옥내소화전)을 동시에 사용할 경우에 각 노즐선단의 방수압력이 350kPa 이상이고, 방수량이 1분당 260ℓ 이상의 성능이 되도록 할 것
④ 옥내소화전설비에는 비상전원을 설치할 것

(4) 옥외소화전설비의 설치기준

① 옥외소화전은 방호대상물의 각 부분(건축물의 경우에는 당해 건축물의 1층 및 2층의 부분에 한함)에서 하나의 호스접속구까지의 수평거리가 40m 이하가 되도록 설치할 것
② 수원의 수량은 옥외소화전의 설치개수(설치개수가 4개 이상인 경우는 4개의 옥외소화전)

에 $13.5m^3$를 곱한 양 이상이 되도록 설치할 것

③ 옥외소화전설비는 모든 옥외소화전(설치개수가 4개 이상인 경우는 4개의 옥외소화전)을 동시에 사용할 경우에 각 노즐선단의 방수압력이 350kPa 이상이고, 방수량이 1분당 450ℓ 이상의 성능이 되도록 할 것

④ 옥외소화전설비에는 비상전원을 설치할 것

(5) 스프링클러설비의 설치기준

① 스프링클러헤드는 방호대상물의 천장 또는 건축물의 최상부 부근(반자가 설치되지 아니한 경우)에 설치하되, 방호대상물의 각 부분에서 하나의 스프링클러헤드까지의 수평거리가 1.7m 이하가 되도록 설치할 것

② 개방형 스프링클러헤드를 이용한 스프링클러설비의 방사구역은 $150m^2$ 이상(방호대상물의 바닥면적이 $150m^2$ 미만인 경우에는 당해 바닥면적)으로 할 것

③ 수원의 수량은 폐쇄형 스프링클러헤드를 사용하는 것은 30개(헤드의 설치개수가 30개 미만인 방호대상물인 경우에는 당해 설치개수), 개방형 스프링클러헤드를 사용하는 것은 스프링클러헤드가 가장 많이 설치된 방사구역의 스프링클러헤드 설치개수에 $2.4m^3$를 곱한 양 이상이 되도록 설치할 것

④ 스프링클러설비는 ③에 의한 개수의 스프링클러헤드를 동시에 사용할 경우에 각 선단의 방사압력이 100kPa 이상이고, 방수량이 1분당 80ℓ 이상의 성능이 되도록 할 것

⑤ 스프링클러설비에는 비상전원을 설치할 것

(6) 물분무소화설비의 설치기준

① 분무헤드의 개수 및 배치는 다음에 의할 것

㉠ 분무헤드로부터 방사되는 물분무에 의하여 방호대상물의 모든 표면을 유효하게 소화할 수 있도록 설치할 것

㉡ 방호대상물의 표면적(건축물에 있어서는 바닥면적) $1m^2$당 ③에 의한 양의 비율로 계산한 수량을 표준방사량(당해 소화설비의 헤드의 설계압력에 의한 방사량을 말한다)으로 방사할 수 있도록 설치할 것

② 물분무소화설비의 방사구역은 $150m^2$ 이상(방호대상물의 표면적이 $150m^2$ 미만인 경우에는 당해 표면적)으로 할 것

③ 수원의 수량은 분무헤드가 가장 많이 설치된 방사구역의 모든 분무헤드를 동시에 사용할 경우에 당해 방사구역의 표면적 $1m^2$당 1분당 20ℓ의 비율로 계산한 양으로 30분간 방사할 수 있는 양 이상이 되도록 설치할 것

④ 물분무소화설비는 ③에 의한 분무헤드를 동시에 사용할 경우에 각 선단의 방사압력이 350kPa 이상으로 표준방사량을 방사할 수 있는 성능이 되도록 할 것
⑤ 물분무소화설비에는 비상전원을 설치할 것

(7) 포소화설비의 설치기준

① 고정식 포소화설비의 포방출구 등은 방호대상물의 형상, 구조, 성질, 수량 또는 취급방법에 따라 표준방사량으로 당해 방호대상물의 화재를 유효하게 소화할 수 있도록 필요한 개수를 적당한 위치에 설치할 것
② 이동식 포소화설비(포소화전 등 고정된 포수용액 공급장치로부터 호스를 통하여 포수용액을 공급받아 이동식 노즐에 의하여 방사하도록 된 소화설비를 말함)의 포소화전은 옥내에 설치하는 것은 (3)의 ①, 옥외에 설치하는 것은 (4)의 ①을 준용할 것
③ 수원의 수량 및 포소화약제의 저장량은 방호대상물의 화재를 유효하게 소화할 수 있는 양 이상으로 할 것
④ 포소화설비에는 비상전원을 설치할 것

(8) 이산화탄소소화설비의 설치기준

① 전역방출방식 이산화탄소소화설비의 분사헤드는 불연재료의 벽·기둥·바닥·보 및 지붕(천장이 있는 경우에는 천장)으로 구획되고, 개구부에 자동폐쇄장치(갑종방화문, 을종방화문 또는 불연재료의 문으로 이산화탄소 소화약제가 방사되기 직전에 개구부를 자동적으로 폐쇄하는 장치를 말함)가 설치되어 있는 부분에 당해 부분의 용적 및 방호대상물의 성질에 따라 표준방사량으로 방호대상물의 화재를 유효하게 소화할 수 있도록 필요한 개수를 적당한 위치에 설치할 것. 다만, 당해 부분에서 외부로 누설되는 양 이상의 이산화탄소 소화약제를 유효하게 추가하여 방출할 수 있는 설비가 있는 경우는 당해 개구부의 자동폐쇄장치를 설치하지 아니할 수 있다.
② 국소방출방식 이산화탄소소화설비의 분사헤드는 방호대상물의 형상, 구조, 성질, 수량 또는 취급방법에 따라 방호대상물에 이산화탄소 소화약제를 직접 방사하여 표준방사량으로 방호대상물의 화재를 유효하게 소화할 수 있도록 필요한 개수를 적당한 위치에 설치할 것
③ 이동식 이산화탄소소화설비(고정된 이산화탄소 소화약제 공급장치로부터 호스를 통하여 이산화탄소 소화약제를 공급받아 이동식 노즐에 의하여 방사하도록 된 소화설비를 말함)의 호스접속구는 모든 방호대상물에 대하여 당해 방호대상물의 각 부분으로부터 하나의 호스접속구까지의 수평거리가 15m 이하가 되도록 설치할 것
④ 이산화탄소 소화약제 용기에 저장하는 이산화탄소 소화약제의 양은 방호대상물의 화재를

유효하게 소화할 수 있는 양 이상이 되도록 할 것

⑤ 전역방출방식 또는 국소방출방식의 이산화탄소소화설비에는 비상전원을 설치할 것

(9) 할론소화설비의 설치기준

(8)의 이산화탄소소화설비의 기준을 준용할 것

(10) 분말소화설비의 설치기준

(8)의 이산화탄소소화설비의 기준을 준용할 것

(11) 대형 수동식 소화기의 설치기준

방호대상물의 각 부분으로부터 하나의 대형 수동식 소화기까지의 보행거리가 30m 이하가 되도록 설치할 것. 다만, 옥내소화전설비, 옥외소화전설비, 스프링클러설비 또는 물분무등소화설비와 함께 설치하는 경우에는 그러하지 아니하다.

(12) 소형 수동식 소화기 등의 설치기준

소형 수동식 소화기 또는 그 밖의 소화설비는 지하탱크저장소, 간이탱크저장소, 이동탱크저장소, 주유취급소 또는 판매취급소에서는 유효하게 소화할 수 있는 위치에 설치하여야 하며, 그 밖의 제조소 등에서는 방호대상물의 각 부분으로부터 하나의 소형 수동식 소화기까지의 보행거리가 20m 이하가 되도록 설치할 것.

다만, 옥내소화전설비, 옥외소화전설비, 스프링클러설비, 물분무등소화설비 또는 대형 수동식 소화기와 함께 설치하는 경우에는 그러하지 아니하다.

4. 제조소 등별로 설치하여야 하는 경보설비의 종류 및 자동화재탐지설비의 설치기준

(1) 제조소 등별로 설치하여야 하는 경보설비의 종류

① 자동화재탐지설비

㉠ 연면적 500m^2 이상인 것

㉡ 옥내에서 지정수량의 100배 이상을 취급하는 것

㉢ 일반취급소로 사용되는 부분 외의 부분이 있는 건축물에 설치된 일반취급소

㉣ 지정수량의 100배 이상을 저장 또는 취급하는 옥내저장소
㉤ 저장창고의 연면적이 150m^{2}를 초과하는 옥내저장소
㉥ 처마높이가 6m 이상인 단층건물의 옥내저장소
㉦ 옥내저장소로 사용되는 부분 외의 부분이 있는 건축물에 설치된 옥내저장소
㉧ 옥내탱크저장소
㉨ 옥내주유취급소

② 자동화재탐지설비, 비상경보설비, 확성장치 또는 비상방송설비 중 1종 이상
자동화재탐지설비 설치대상에 해당하지 아니하는 제조소 등으로 지정수량의 10배 이상을 저장 또는 취급하는 것

(2) 자동화재탐지설비의 설치기준

① 자동화재탐지설비의 경계구역(화재가 발생한 구역을 다른 구역과 구분하여 식별할 수 있는 최소단위의 구역을 말함)은 건축물 그 밖의 공작물의 2 이상의 층에 걸치지 아니하도록 할 것. 다만, 하나의 경계구역의 면적이 500m^2 이하이면서 당해 경계구역이 두 개의 층에 걸치는 경우이거나 계단·경사로·승강기의 승강로 그 밖에 이와 유사한 장소에 연기감지기를 설치하는 경우에는 그러하지 아니하다.

② 하나의 경계구역의 면적은 600m^2 이하로 하고, 그 한 변의 길이는 50m(광전식 분리형 감지기를 설치할 경우에는 100m) 이하로 할 것. 다만, 당해 건축물 그 밖의 공작물의 주요한 출입구에서 그 내부의 전체를 볼 수 있는 경우에 있어서는 그 면적을 1,000m^2 이하로 할 수 있다.

③ 자동화재탐지설비의 감지기는 지붕(상층이 있는 경우에는 상층의 바닥) 또는 벽의 옥내에 면한 부분(천장이 있는 경우에는 천장 또는 벽의 옥내에 면한 부분 및 천장의 뒷부분)에 유효하게 화재의 발생을 감지할 수 있도록 설치할 것

④ 자동화재탐지설비에는 비상전원을 설치할 것

5. 제조소 등의 피난설비 설치기준

(1) 주유취급소 중 건축물의 2층의 부분을 점포·휴게음식점 또는 전시장의 용도로 사용하는 것에 있어서는 당해 건축물의 2층으로부터 직접 주유취급소의 부지 밖으로 통하는 출입구와 당해 출입구로 통하는 통로·계단 및 출입구에 유도등을 설치하여야 한다.

(2) 옥내주유취급소에 있어서는 당해 사무소 등의 출입구 및 피난구와 당해 피난구로 통하는 통로·계단 및 출입구에 유도등을 설치하여야 한다.

(3) 유도등에는 비상전원을 설치하여야 한다.

4.2.2 위험물 저장 및 취급에 관한 기준

1. 저장·취급의 공통기준

(1) 위험물을 저장 또는 취급하는 건축물 그 밖의 공작물 또는 설비는 당해 위험물의 성질에 따라 차광 또는 환기를 실시하여야 한다.

(2) 위험물은 온도계, 습도계, 압력계 그 밖의 계기를 감시하여 당해 위험물의 성질에 맞는 적정한 온도, 습도 또는 압력을 유지하도록 저장 또는 취급하여야 한다.

(3) 위험물을 저장 또는 취급하는 경우에는 위험물의 변질, 이물의 혼입 등에 의하여 당해 위험물의 위험성이 증대되지 아니하도록 필요한 조치를 강구하여야 한다.

(4) 가연성의 액체·증기 또는 가스가 새거나 체류할 우려가 있는 장소 또는 가연성의 미분이 현저하게 부유할 우려가 있는 장소에서는 전선과 전기기구를 완전히 접속하고 불꽃을 발하는 기계·기구·공구·신발 등을 사용하지 아니하여야 한다.

(5) 위험물을 보호액 중에 보존하는 경우에는 당해 위험물이 보호액으로부터 누출되지 아니하도록 하여야 한다.

2. 위험물의 유별 저장·취급의 공통기준

제1류 위험물	• 가연물과의 접촉·혼합이나 분해를 촉진하는 물품과의 접근 또는 과열·충격·마찰 등을 피하여야 한다. • 알칼리금속의 과산화물 및 이를 함유한 것에 있어서는 물과의 접촉을 피하여야 한다.
제2류 위험물	• 산화제와의 접촉·혼합이나 불티·불꽃·고온체와의 접근 또는 과열을 피하여야 한다. • 철분·금속분·마그네슘 및 이를 함유한 것에 있어서는 물이나 산과의 접촉을 피하여야 한다. • 인화성 고체에 있어서는 함부로 증기를 발생시키지 아니하여야 한다.
제3류 위험물	• 자연발화성 물질에 있어서는 불티·불꽃 또는 고온체와의 접근·과열 또는 공기와의 접촉을 피하여야 한다. • 금수성 물품에 있어서는 물과의 접촉을 피하여야 한다.
제4류 위험물	• 불티·불꽃·고온체와의 접근 또는 과열을 피하여야 한다. • 함부로 증기를 발생시키지 아니하여야 한다.
제5류 위험물	불티·불꽃·고온체와의 접근이나 과열·충격 또는 마찰을 피하여야 한다.
제6류 위험물	가연물과의 접촉·혼합이나 분해를 촉진하는 물품과의 접근 또는 과열을 피하여야 한다.

3. 저장의 기준

(1) 저장소에는 위험물 외의 물품을 저장하지 아니하여야 한다.

(2) 유별을 달리하는 위험물은 동일한 저장소에 저장하지 아니하여야 한다. 다만, 옥내저장소 또는 옥외저장소에 있어서 다음에 의한 위험물을 저장하는 경우로서 위험물을 유별로 정리하여 저장하는 한편, 서로 1m 이상의 간격을 두는 경우에는 그러하지 아니하다.

① 제1류 위험물(알칼리금속의 과산화물 또는 이를 함유한 것을 제외)과 제5류 위험물을 저장하는 경우

② 제1류 위험물과 제6류 위험물을 저장하는 경우

③ 제1류 위험물과 자연발화성 물질(황린 또는 이를 함유한 것에 한함)을 저장하는 경우

④ 제2류 위험물 중 인화성 고체와 제4류 위험물을 저장하는 경우

⑤ 제3류 위험물 중 알킬알루미늄 등과 제4류 위험물(알킬알루미늄 또는 알킬리튬을 함유한 것에 한함)을 저장하는 경우

⑥ 제4류 위험물 중 유기과산화물 또는 이를 함유하는 것과 제5류 위험물 중 유기과산화물 또는 이를 함유한 것을 저장하는 경우

(3) 제3류 위험물 중 황린 그 밖에 물속에 저장하는 물품과 금수성 물질은 동일한 저장소에서 저장하지 아니하여야 한다.

(4) 옥내저장소에 있어서 위험물은 용기에 수납하여 저장하여야 한다(덩어리 상태의 유황은 제외).

(5) 옥내저장소에서 동일 품명의 위험물이더라도 자연발화할 우려가 있는 위험물 또는 재해가 현저하게 증대할 우려가 있는 위험물을 다량 저장하는 경우에는 지정수량의 10배 이하마다 구분하여 상호간 0.3m 이상의 간격을 두어 저장하여야 한다.

(6) 옥내저장소에서는 용기에 수납하여 저장하는 위험물의 온도가 55℃를 넘지 아니하도록 필요한 조치를 강구하여야 한다.

(7) 피견인자동차에 고정된 이동저장탱크에 위험물을 저장할 때에는 당해 피견인자동차에 견인자동차를 결합한 상태로 두어야 한다.

(8) 알킬알루미늄 등을 저장 또는 취급하는 이동탱크저장소에는 긴급시의 연락처, 응급조치에 관하여 필요한 사항을 기재한 서류, 방호복, 고무장갑, 밸브 등을 죄는 결합공구 및 휴대용 확성기를 비치하여야 한다.

(9) 옥외저장소에서 위험물을 수납한 용기를 선반에 저장하는 경우에는 6m를 초과하여 저장하지 아니하여야 한다.

(10) 알킬알루미늄, 아세트알데하이드 및 다이에틸에테르 등의 저장기준은 다음과 같다.

① 옥외저장탱크·옥내저장탱크 또는 이동저장탱크에 새롭게 알킬알루미늄 등을 주입하는 때에는 미리 당해 탱크 안의 공기를 불활성 기체와 치환하여 둘 것
② 이동저장탱크에 알킬알루미늄 등을 저장하는 경우에는 200kPa 이하의 압력으로 불활성의 기체를 봉입하여 둘 것
③ 이동저장탱크에 아세트알데하이드 등을 저장하는 경우에는 항상 불활성의 기체를 봉입하여 둘 것
④ 옥외저장탱크·옥내저장탱크 또는 지하저장탱크 중 압력탱크 외의 탱크에 저장하는 다이에틸에테르 등 또는 아세트알데하이드 등의 온도는 산화프로필렌과 이를 함유한 것 또는 다이에틸에테르 등에 있어서는 30℃ 이하로, 아세트알데하이드 또는 이를 함유한 것에 있어서는 15℃ 이하로 각각 유지할 것
⑤ 옥외저장탱크·옥내저장탱크 또는 지하저장탱크 중 압력탱크에 저장하는 아세트알데하이드 등 또는 다이에틸에테르 등의 온도는 40℃ 이하로 유지할 것
⑥ 보냉장치가 없는 이동저장탱크에 저장하는 아세트알데하이드 등 또는 다이에틸에테르 등의 온도는 40℃ 이하로 유지할 것

4. 취급의 기준

(1) 주유취급소(항공기주유취급소·선박주유취급소·철도주유취급소를 제외)에서의 취급기준

① 자동차 등에 주유할 때에는 고정주유설비를 사용하여 직접 주유할 것
② 자동차 등에 인화점 40℃ 미만의 위험물을 주유할 때에는 자동차 등의 원동기를 정지시킬 것
③ 고정주유설비 또는 고정급유설비에 접속하는 탱크에 위험물을 주입할 때에는 당해 탱크에 접속된 고정주유설비 또는 고정급유설비의 사용을 중지하고, 자동차 등을 당해 탱크의 주입구에 접근시키지 아니할 것
④ 고정주유설비 또는 고정급유설비에는 당해 주유설비에 접속한 전용탱크 또는 간이탱크의 배관 외의 것을 통하여서는 위험물을 공급하지 아니할 것
⑤ 자동차 등에 주유할 때에는 고정주유설비 또는 고정주유설비에 접속된 탱크의 주입구로부터 4m 이내의 부분에, 이동저장탱크로부터 전용탱크에 위험물을 주입할 때에는 전용탱크의 주입구로부터 3m 이내의 부분 및 전용탱크 통기관의 선단으로부터 수평거리 1.5m 이내의 부분에 있어서는 다른 자동차 등의 주차를 금지하고 자동차 등의 점검·정비 또는 세정을 하지 아니할 것
⑥ 점포, 휴게음식점 또는 전시장의 업무는 건축물의 1층에서 행할 것
⑦ 주유원 간이대기실 내에서는 화기를 사용하지 아니할 것

(2) 판매취급소에서의 취급기준

① 판매취급소에서는 도료류, 제1류 위험물 중 염소산염류 및 염소산염류만을 함유한 것, 유황 또는 인화점이 38℃ 이상인 위험물을 배합실에서 배합하는 경우 외에는 위험물을 배합하거나 옮겨 담는 작업을 하지 아니할 것
② 위험물은 운반용기에 수납한 채로 판매할 것
③ 판매취급소에서 위험물을 판매할 때에는 위험물이 넘치거나 비산하는 계량기를 사용하지 아니할 것

(3) 이송취급소에서의 취급기준

① 위험물의 이송은 위험물을 이송하기 위한 배관·펌프 및 그에 부속한 설비(위험물을 운반하는 선박으로부터 육상으로 위험물의 이송취급을 하는 이송취급소에 있어서는 위험물을 이송하기 위한 배관 및 그에 부속된 설비를 말함)의 안전을 확인한 후에 개시할 것
② 위험물을 이송하기 위한 배관·펌프 및 이에 부속한 설비의 안전을 확인하기 위한 순찰을 행하고, 위험물을 이송하는 중에는 이송하는 위험물의 압력 및 유량을 항상 감시할 것
③ 이송취급소를 설치한 지역의 지진을 감지하거나 지진의 정보를 얻은 경우에는 소방방재청장이 정하여 고시하는 바에 따라 재해의 발생 또는 확대를 방지하기 위한 조치를 강구할 것

(4) 이동저장탱크에서의 취급기준

휘발유를 저장하던 이동저장탱크에 등유나 경유를 주입할 때 또는 등유나 경유를 저장하던 이동저장탱크에 휘발유를 주입할 때에는 다음의 기준에 따라 정전기 등에 의한 재해를 방지하기 위한 조치를 할 것

① 이동저장탱크의 상부로부터 위험물을 주입할 때에는 위험물의 액 표면이 주입관의 선단을 넘는 높이가 될 때까지 그 주입관 내의 유속을 1m/s 이하로 할 것
② 이동저장탱크의 밑부분으로부터 위험물을 주입할 때에는 위험물의 액 표면이 주입관의 정상부분을 넘는 높이가 될 때까지 그 주입배관 내의 유속을 1m/s 이하로 할 것
③ 그 밖의 방법에 의한 위험물의 주입은 이동저장탱크에 가연성 증기가 잔류하지 아니하도록 조치하고 안전한 상태로 있음을 확인한 후에 할 것

(5) 알킬알루미늄 등 및 아세트알데하이드 등의 취급기준

알킬알루미늄 등 및 아세트알데하이드 등의 취급기준은 위험물의 성질에 따라 다음에 정하는 바에 의한다.

① 알킬알루미늄 등의 제조소 또는 일반취급소에 있어서 알킬알루미늄 등을 취급하는 설비에는 불활성의 기체를 봉입할 것
② 알킬알루미늄 등의 이동탱크저장소에 있어서 이동저장탱크로부터 알킬알루미늄 등을 꺼낼 때에는 동시에 200kPa 이하의 압력으로 불활성의 기체를 봉입할 것
③ 아세트알데하이드 등의 제조소 또는 일반취급소에 있어서 아세트알데하이드 등을 취급하는 설비에는 연소성 혼합기체의 생성에 의한 폭발의 위험이 생겼을 경우에 불활성의 기체 또는 수증기를 봉입할 것
④ 아세트알데하이드 등의 이동탱크저장소에 있어서 이동저장탱크로부터 아세트알데하이드 등을 꺼낼 때에는 동시에 100kPa 이하의 압력으로 불활성의 기체를 봉입할 것

4.2.3 위험물 운반에 관한 기준

1. 운반용기

(1) 운반용기의 재질은 강판·알루미늄판·양철판·유리·금속판·종이·플라스틱·섬유판·고무류·합성섬유·삼·짚 또는 나무로 한다.
(2) 운반용기는 견고하여 쉽게 파손될 우려가 없고, 그 입구로부터 수납된 위험물이 샐 우려가 없도록 하여야 한다.

2. 적재방법

(1) 위험물은 운반용기에 다음의 기준에 따라 수납하여 적재하여야 한다.
① 위험물이 온도변화 등에 의하여 누설되지 아니하도록 운반용기를 밀봉하여 수납할 것. 다만, 온도변화 등에 의한 위험물로부터의 가스의 발생으로 운반용기 안의 압력이 상승할 우려가 있는 경우에는 가스의 배출구를 설치한 운반용기에 수납할 수 있다.
② 수납하는 위험물과 위험한 반응을 일으키지 아니하는 등 당해 위험물의 성질에 적합한 재질의 운반용기에 수납할 것
③ 고체 위험물은 운반용기 내용적의 95% 이하의 수납률로 수납할 것
④ 액체 위험물은 운반용기 내용적의 98% 이하의 수납률로 수납하되, 55℃의 온도에서 누설되지 아니하도록 충분한 공간용적을 유지하도록 할 것
⑤ 하나의 외장용기에는 다른 종류의 위험물을 수납하지 아니할 것
⑥ 제3류 위험물은 다음의 기준에 따라 운반용기에 수납할 것

㉠ 자연발화성 물질에 있어서는 불활성 기체를 봉입하여 밀봉하는 등 공기와 접하지 아니하도록 할 것

㉡ 자연발화성 물질 외의 물품(금수성 물질)에 있어서는 파라핀·경유·등유 등의 보호액으로 채워 밀봉하거나 불활성 기체를 봉입하여 밀봉하는 등 수분과 접하지 아니하도록 할 것

㉢ ④의 규정에 불구하고 자연발화성 물질 중 알킬알루미늄 등은 운반용기의 내용적의 90% 이하의 수납률로 수납하되, 50℃의 온도에서 5% 이상의 공간용적을 유지하도록 할 것

(2) 위험물은 당해 위험물이 전락하거나 위험물을 수납한 운반용기가 전도·낙하 또는 파손되지 아니하도록 적재하여야 한다.

(3) 운반용기는 수납구를 위로 향하게 하여 적재하여야 한다.

(4) 적재하는 위험물의 성질에 따라 일광의 직사 또는 빗물의 침투를 방지하기 위하여 유효하게 피복하는 등 다음에 정하는 기준에 따른 조치를 하여야 한다.

① 제1류 위험물, 제3류 위험물 중 자연발화성 물질, 제4류 위험물 중 특수인화물, 제5류 위험물 또는 제6류 위험물은 차광성이 있는 피복으로 가릴 것

② 제1류 위험물 중 알칼리금속의 과산화물 또는 이를 함유한 것, 제2류 위험물 중 철분·금속분·마그네슘 또는 이들 중 어느 하나 이상을 함유한 것 또는 제3류 위험물 중 금수성 물질은 방수성이 있는 피복으로 덮을 것

③ 제5류 위험물 중 55℃ 이하의 온도에서 분해될 우려가 있는 것은 보냉 컨테이너에 수납하는 등 적정한 온도관리를 할 것

(5) 위험물을 수납한 운반용기를 겹쳐 쌓는 경우에는 그 높이를 3m 이하로 하고, 용기의 상부에 걸리는 하중은 당해 용기 위에 당해 용기와 동종의 용기를 겹쳐 쌓아 3m의 높이로 하였을 때에 걸리는 하중 이하로 하여야 한다.

(6) 위험물은 그 운반용기의 외부에 다음에 정하는 바에 따라 위험물의 품명, 수량 등을 표시하여 적재하여야 한다.

① 위험물의 품명·위험등급·화학명 및 수용성('수용성' 표시는 제4류 위험물로서 수용성인 것에 한함)

② 위험물의 수량

③ 수납하는 위험물에 따른 주의사항

㉠ 제1류 위험물 중 알칼리금속의 과산화물 또는 이를 함유한 것에 있어서는 '화기·충격주의', '물기엄금' 및 '가연물접촉주의', 그 밖의 것에 있어서는 '화기·충격주의' 및 '가연물접촉주의'

㉡ 제2류 위험물 중 철분·금속분·마그네슘 또는 이들 중 어느 하나 이상을 함유한 것에

있어서는 '화기주의' 및 '물기엄금', 인화성 고체에 있어서는 '화기엄금', 그 밖의 것에 있어서는 '화기주의'

㉢ 제3류 위험물 중 자연발화성 물질에 있어서는 '화기엄금' 및 '공기접촉엄금', 금수성 물질에 있어서는 '물기엄금'

㉣ 제4류 위험물에 있어서는 '화기엄금'

㉤ 제5류 위험물에 있어서는 '화기엄금' 및 '충격주의'

㉥ 제6류 위험물에 있어서는 '가연물접촉주의'

3. 운반방법

(1) 위험물 또는 위험물을 수납한 운반용기가 현저하게 마찰 또는 동요를 일으키지 아니하도록 운반하여야 한다.

(2) 지정수량 이상의 위험물을 차량으로 운반하는 경우에는 당해 차량에 다음의 기준에 의한 표지를 설치하여야 한다.

① 한 변의 길이가 0.3m 이상, 다른 한 변의 길이가 0.6m 이상인 직사각형의 판으로 할 것

② 바탕은 흑색으로 하고, 황색의 반사도료 그 밖의 반사성이 있는 재료로 '위험물'이라고 표시할 것

③ 표지는 차량의 전면 및 후면의 보기 쉬운 곳에 내걸 것

(3) 지정수량 이상의 위험물을 차량으로 운반하는 경우에 있어서 다른 차량에 바꾸어 싣거나 휴식·고장 등으로 차량을 일시정차시킬 때에는 안전한 장소를 택하고, 운반하는 위험물의 안전확보에 주의하여야 한다.

(4) 지정수량 이상의 위험물을 차량으로 운반하는 경우에는 당해 위험물에 적응성이 있는 소형 수동식 소화기를 당해 위험물의 소요단위에 상응하는 능력단위 이상 갖추어야 한다.

(5) 위험물의 운반 도중 위험물이 현저하게 새는 등 재난발생의 우려가 있는 경우에는 재해를 방지하기 위한 응급조치를 강구하는 동시에 가까운 소방관서 그 밖의 관계기관에 통보하여야 한다.

4. 위험물의 위험등급

(1) 위험등급 I 의 위험물

① 제1류 위험물 중 아염소산염류, 염소산염류, 과염소산염류, 무기과산화물 그 밖에 지정수량이 50kg인 위험물

② 제3류 위험물 중 칼륨, 나트륨, 알킬알루미늄, 알킬리튬, 황린 그 밖에 지정수량이 10kg인 위험물
③ 제4류 위험물 중 특수인화물
④ 제5류 위험물 중 유기과산화물, 질산에스테르류 그 밖에 지정수량이 10kg인 위험물
⑤ 제6류 위험물

(2) 위험등급Ⅱ의 위험물

① 제1류 위험물 중 브롬산염류, 질산염류, 요오드산염류 그 밖에 지정수량이 300kg인 위험물
② 제2류 위험물 중 황화린, 적린, 유황 그 밖에 지정수량이 100kg인 위험물
③ 제3류 위험물 중 알칼리금속(칼륨 및 나트륨을 제외) 및 알칼리토금속, 유기금속화합물(알킬알루미늄 및 알킬리튬을 제외) 그 밖에 지정수량이 50kg인 위험물
④ 제4류 위험물 중 제1석유류 및 알코올류
⑤ 제5류 위험물 중 (1)의 ④에 정하는 위험물 외의 것

(3) 위험등급Ⅲ의 위험물

(1) 및 (2)에 정하지 아니한 위험물

4.2.4 위험물제조소등 시설기준

1. 위험물제조소

(1) 안전거리

제조소(제6류 위험물을 취급하는 제조소를 제외한다)는 다음의 규정에 의한 건축물의 외벽 또는 이에 상당하는 공작물의 외측으로부터 당해 제조소의 외벽 또는 이에 상당하는 공작물의 외측까지의 사이에 다음의 규정에 의한 수평거리(이하 '안전거리'라 한다)를 두어야 한다.
① 주거용으로 사용되는 것 : 10m 이상
② 학교·병원·극장 그 밖에 다수인을 수용하는 시설로서 다음에 해당하는 것 : 30m 이상
㉠ 학교
㉡ 종합병원, 병원, 치과병원, 한방병원 및 요양병원
㉢ 공연장, 영화상영관 그 밖에 이와 유사한 시설로서 300명 이상의 인원을 수용할 수 있는 것

㉣ 아동복지시설, 노인복지시설, 장애인복지시설, 모·부자복지시설, 보육시설, 성매매피해자 등을 위한 지원시설, 정신보건시설, 가정폭력피해자 보호시설 그 밖에 이와 유사한 시설로서 20명 이상의 인원을 수용할 수 있는 것

③ 지정문화재 : 50m 이상

④ 고압가스, 액화석유가스 또는 도시가스를 저장 또는 취급하는 시설로서 다음에 해당하는 것 : 20m 이상

> 허가를 받거나 신고를 하여야 하는 고압가스제조시설(용기에 충전하는 것을 포함한다), 고압가스저장시설, 액화산소를 소비하는 시설, 액화석유가스제조시설 및 액화석유가스저장시설 또는 가스공급시설, 고압가스사용시설로서 1일 $30m^3$ 이상의 용적을 취급하는 시설이 있는 것

⑤ 사용전압이 7,000V 초과 35,000V 이하의 특고압가공전선 : 3m 이상

⑥ 사용전압이 35,000V를 초과하는 특고압가공전선 : 5m 이상

(2) 보유공지

위험물을 취급하는 건축물 그 밖의 시설(위험물을 이송하기 위한 배관 그 밖에 이와 유사한 시설을 제외한다)의 주위에는 그 취급하는 위험물의 최대수량에 따라 다음 표에 의한 너비의 공지를 보유하여야 한다.

취급하는 위험물의 최대수량	공지의 너비
지정수량의 10배 이하	3m 이상
지정수량의 10배 초과	5m 이상

(3) 표지 및 게시판

① 제조소에는 보기 쉬운 곳에 다음의 기준에 따라 '위험물제조소'라는 표시를 한 표지를 설치하여야 한다.

㉠ 표지 크기 : 한 변의 길이가 0.3m 이상, 다른 한 변의 길이가 0.6m 이상인 직사각형

㉡ 표지 색상 : 바탕은 백색, 문자는 흑색

② 제조소에는 보기 쉬운 곳에 다음의 기준에 따라 방화에 관하여 필요한 사항을 게시한 게시판을 설치하여야 한다.

㉠ 게시판의 크기 : 한 변의 길이가 0.3m 이상, 다른 한 변의 길이가 0.6m 이상인 직사각형

㉡ 게시판의 기재사항 : 저장 또는 취급하는 위험물의 유별·품명 및 저장최대수량 또는 취급최대수량, 지정수량의 배수 및 안전관리자의 성명 또는 직명

㉢ 게시판의 색상 : 바탕은 백색, 문자는 흑색

㉣ 저장 또는 취급하는 위험물에 따라 다음의 규정에 의한 주의사항을 표시한 게시판을 설치할 것

- 제1류 위험물 중 알칼리금속의 과산화물과 이를 함유한 것 또는 제3류 위험물 중 금수성 물질 – '물기엄금'
- 제2류 위험물(인화성 고체를 제외한다) – '화기주의'
- 제2류 위험물 중 인화성 고체, 제3류 위험물 중 자연발화성 물질, 제4류 위험물 또는 제5류 위험물 – '화기엄금'

㉤ ㉣의 게시판의 색상

- '물기엄금' – 청색바탕에 백색문자
- '화기주의' 또는 '화기엄금' – 적색바탕에 백색문자

(4) 건축물의 구조

위험물을 취급하는 건축물의 구조는 다음의 기준에 의하여야 한다.

① 지하층이 없도록 하여야 한다.

② 벽·기둥·바닥·보·서까래 및 계단 : 불연재료

③ 연소(延燒)의 우려가 있는 외벽 : 개구부가 없는 내화구조의 벽

④ 지붕 : 폭발력이 위로 방출될 정도의 가벼운 불연재료. 다만, 위험물을 취급하는 건축물이 다음에 해당하는 경우에는 그 지붕을 내화구조로 할 수 있다.

㉠ 제2류 위험물(분상의 것과 인화성 고체를 제외한다), 제4류 위험물 중 제4석유류·동식물유류 또는 제6류 위험물을 취급하는 건축물인 경우

㉡ 다음의 기준에 적합한 밀폐형 구조의 건축물인 경우

- 발생할 수 있는 내부의 과압(過壓) 또는 부압(負壓)에 견딜 수 있는 철근콘크리트조일 것
- 외부화재에 90분 이상 견딜 수 있는 구조일 것

⑤ 출입구와 비상구 : 갑종방화문 또는 을종방화문을 설치

⑥ 연소의 우려가 있는 외벽에 설치하는 출입구 : 수시로 열 수 있는 자동폐쇄식의 갑종방화문을 설치하여야 한다.

⑦ 위험물을 취급하는 건축물의 창 및 출입구의 유리 : 망입유리

⑧ 액체의 위험물을 취급하는 건축물의 바닥 : 위험물이 스며들지 못하는 재료를 사용하고, 적당한 경사를 두어 그 최저부에 집유설비 설치

(5) 채광·조명 및 환기설비

위험물을 취급하는 건축물에는 다음의 기준에 의하여 위험물을 취급하는 데 필요한 채광·조명 및 환기의 설비를 설치하여야 한다.

① 채광설비의 설치기준

- 불연재료로 할 것
- 연소의 우려가 없는 장소에 설치할 것
- 채광면적을 최소로 할 것

② 조명설비의 설치기준

- 가연성 가스 등이 체류할 우려가 있는 장소의 조명등 : 방폭등
- 전선 : 내화·내열전선으로 할 것
- 점멸스위치 : 출입구 바깥부분에 설치할 것

③ 환기설비의 설치기준

- 환기 : 자연배기방식으로 할 것
- 급기구 : 당해 급기구가 설치된 실의 바닥면적 $150m^2$마다 1개 이상으로 하되, 급기구의 크기는 $800cm^2$ 이상으로 할 것. 다만, 바닥면적이 $150m^2$ 미만인 경우에는 다음의 크기로 하여야 한다.

바닥면적	급기구의 면적
$60m^2$ 미만	$150cm^2$ 이상
$60m^2$ 이상 $90m^2$ 미만	$300cm^2$ 이상
$90m^2$ 이상 $120m^2$ 미만	$450cm^2$ 이상
$120m^2$ 이상 $150m^2$ 미만	$600cm^2$ 이상

급기구는 낮은 곳에 설치하고 가는 눈의 구리망 등으로 인화방지망을 설치할 것

- 환기구 : 지붕 위 또는 지상 2m 이상의 높이에 회전식 고정벤틸레이터 또는 루프팬방식으로 설치할 것

■ 위험물제조소의 자연배기방식의 환기설비

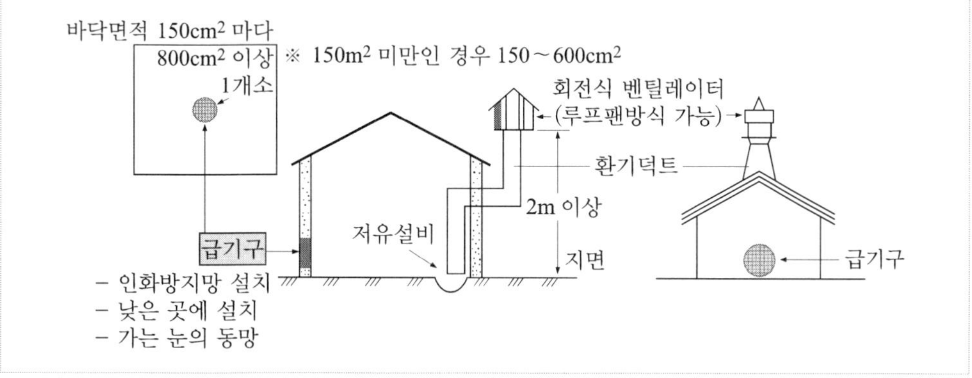

■ 고정식벤틸레이터 환기구

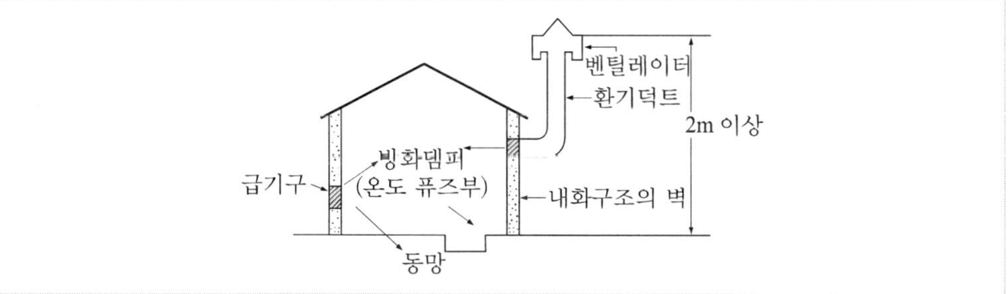

■ 루프팬 환기구

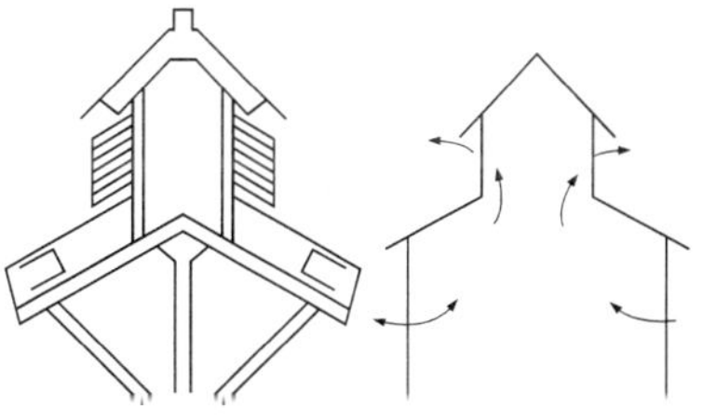

(6) 배출설비

가연성의 증기 또는 미분이 체류할 우려가 있는 건축물에는 그 증기 또는 미분을 옥외의 높은 곳으로 배출할 수 있도록 다음의 기준에 의하여 배출설비를 설치하여야 한다.

① 배출설비
   ㉠ 국소방식으로 하여야 한다.
   ㉡ 배풍기·배출덕트·후드 등을 이용하여 강제적으로 배출하는 것으로 하여야 한다.

② 배출능력
   1시간당 배출장소 용적의 20배 이상인 것으로 하여야 한다. 다만, 전역방식의 경우에는 바닥면적 $1m^2$당 $18m^2$ 이상으로 할 수 있다.

③ 배출설비의 급기구 및 배출구는 다음의 기준에 의하여야 한다.
   ㉠ 급기구 : 높은 곳에 설치하고, 가는 눈의 구리망 등으로 인화방지망을 설치할 것
   ㉡ 배출구 : 지상 2m 이상으로서 연소의 우려가 없는 장소에 설치하고, 배출덕트가 관통하는 벽부분의 바로 가까이에 화재시 자동으로 폐쇄되는 방화댐퍼를 설치할 것

④ 배풍기
   강제배기방식으로 하고, 옥내덕트의 내압이 대기압 이상이 되지 아니하는 위치에 설치하여야 한다.

■ 위험물제조소의 배출설비

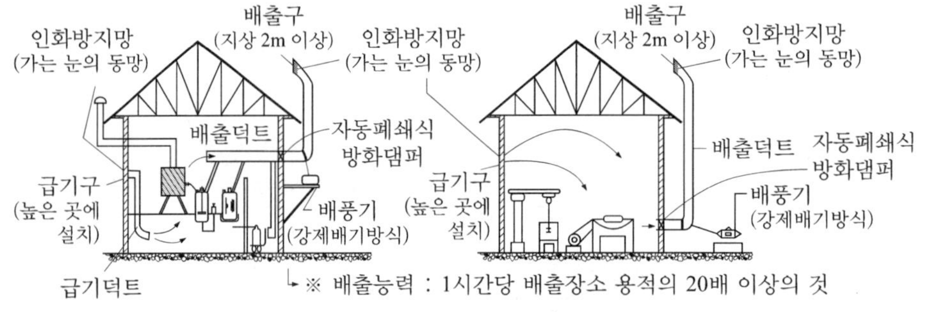

〈국소방식〉 〈전역방식〉

(7) 옥외설비의 바닥

옥외에서 액체위험물을 취급하는 설비의 바닥은 다음의 기준에 의하여야 한다.

① 바닥의 둘레 : 높이 0.15m 이상의 턱을 설치하여야 한다.

② 바닥 : 콘크리트 등 위험물이 스며들지 아니하는 재료로 하고, 턱이 있는 쪽이 낮게 경사

지게 하여야 한다.

③ 바닥의 최저부 : 집유설비를 설치하여야 한다.

④ 위험물을 취급하는 설비 : 집유설비에 유분리장치를 설치하여야 한다.

▪ 위험물제조소의 옥외시설의 바닥

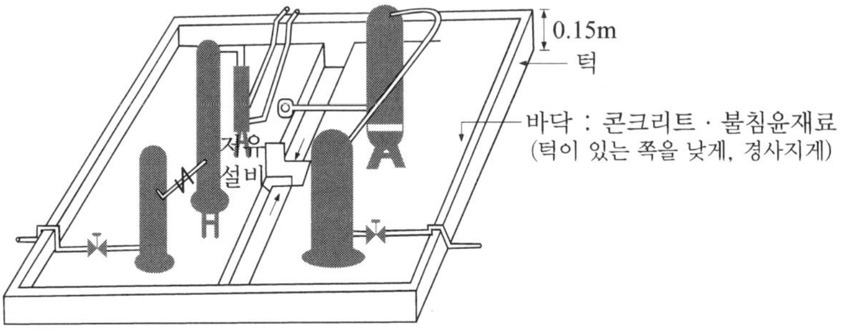

(8) 기타 설비

① 위험물의 누출·비산방지

위험물을 취급하는 기계·기구 그 밖의 설비는 위험물이 새거나 넘치거나 비산하는 것을 방지할 수 있는 구조로 하여야 한다. 다만, 당해 설비에 위험물의 누출 등으로 인한 재해를 방지할 수 있는 부대설비(되돌림관, 수막 등)를 한 때에는 그러하지 아니하다.

② 가열·냉각설비 등의 온도측정장치

위험물을 가열하거나 냉각하는 설비 또는 위험물의 취급에 수반하여 온도변화가 생기는 설비에는 온도측정장치를 설치하여야 한다.

③ 가열건조설비

위험물을 가열 또는 건조하는 설비는 직접 불을 사용하지 아니하는 구조로 하여야 한다.

④ 압력계 및 안전장치

위험물을 가압하는 설비 또는 그 취급하는 위험물이 압력이 상승할 우려가 있는 설비에는 압력계 및 다음에 해당하는 안전장치를 설치하여야 한다.

㉠ 자동적으로 압력의 상승을 정지시키는 장치

㉡ 감압측에 안전밸브를 부착한 감압밸브

㉢ 안전밸브를 병용하는 경보장치

㉣ 파괴판

⑤ 정전기 제거설비

위험물을 취급함에 있어서 정전기가 발생할 우려가 있는 설비에는 다음에 해당하는 방법으로 정전기를 유효하게 제거할 수 있는 설비를 설치하여야 한다.

㉠ 접지에 의한 방법

㉡ 공기 중의 상대습도를 70% 이상으로 하는 방법

㉢ 공기를 이온화하는 방법

■ 정전기 제거설비

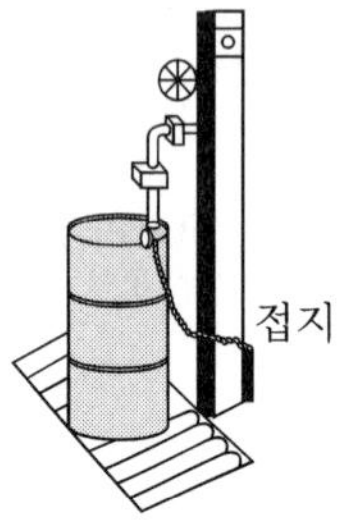

〈접지에 의한 방법〉

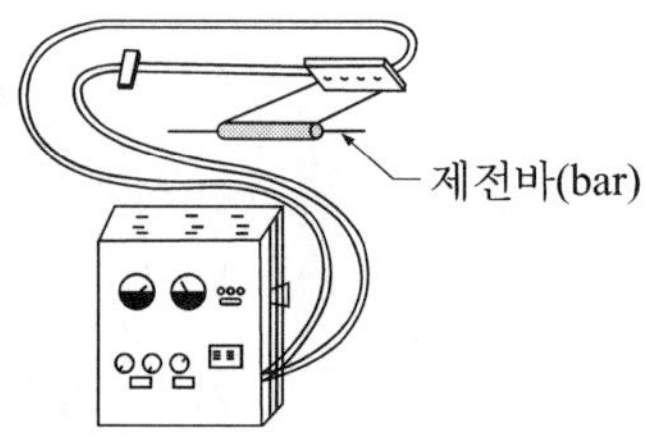

〈공기이온화방법〉

⑥ 피뢰설비

지정수량의 10배 이상의 위험물을 취급하는 제조소(제6류 위험물을 취급하는 위험물제조소를 제외한다)에는 피뢰침을 설치하여야 한다.

⑦ 전동기 등

전동기 및 위험물을 취급하는 설비의 펌프·밸브·스위치 등은 화재예방상 지장이 없는 위치에 부착하여야 한다.

2. 위험물저장소

(1) 옥내저장소

① 안전거리, 표지 및 게시판 : 위험물제조소 기준 준용

② 보유공지 : 옥내저장소의 주위에는 그 저장 또는 취급하는 위험물의 최대수량에 따라 다음 표에 의한 너비의 공지를 보유하여야 한다.

지정 또는 취급하는 위험물의 최대수량	공지의 너비	
	벽·기둥 및 바닥이 내화구조로 된 건축물	그 밖의 건축물
지정수량의 5배 이하		0.5m 이상
지정수량의 5배 초과 10배 이하	1m 이상	1.5m 이상
지정수량의 10배 초과 20배 이하	2m 이상	3m 이상
지정수량의 20배 초과 50배 이하	3m 이상	5m 이상
지정수량의 50배 초과 200배 이하	5m 이상	10m 이상
지정수량의 200배 초과	10m 이상	15m 이상

③ 구조 및 설비

㉠ 저장창고

ⓐ 위험물의 저장을 전용으로 하는 독립된 건축물

ⓑ 지면에서 처마까지의 높이가 6m 미만인 단층건물로 하고, 그 바닥을 지반면보다 높게 하여야 한다. 다만, 제2류 또는 제4류의 위험물만을 저장하는 창고로서 다음의 기준에 적합한 창고의 경우에는 20m 이하로 할 수 있다.

- 벽·기둥·보 및 바닥을 내화구조로 할 것
- 출입구에 갑종방화문을 설치할 것
- 피뢰침을 설치할 것. 다만, 주위상황에 의하여 안전상 지장이 없는 경우에는 그러하지 아니하다.

㉡ 하나의 저장창고의 바닥면적(2 이상의 구획된 실이 있는 경우에는 각 실의 바닥면적의 합계)은 다음의 구분에 의한 면적 이하로 하여야 한다.

ⓐ 다음의 위험물을 저장하는 창고 : 1,000m^2

- 제1류 위험물 중 아염소산염류, 염소산염류, 과염소산염류, 무기과산화물 그 밖에 지정수량이 50kg인 위험물
- 제3류 위험물 중 칼륨, 나트륨, 알킬알루미늄, 알킬리튬 그 밖에 지정수량이 10kg인 위험물 및 황린
- 제4류 위험물 중 특수인화물, 제1석유류 및 알코올류
- 제5류 위험물 중 유기과산화물, 질산에스테르류 그 밖에 지정수량이 10kg인 위험물
- 제6류 위험물

ⓑ ⓐ의 위험물 외의 위험물을 저장하는 창고 : 2,000m^2

ⓒ ⓐ의 위험물과 ⓑ의 위험물을 내화구조의 격벽으로 완전히 구획된 실에 각각 저장하는 창고 : 1,500m^2

㉢ 저장창고의 벽·기둥 및 바닥 : 내화구조

㉣ 저장창고의 보와 서까래 : 불연재료

㉤ 저장창고의 지붕 : 폭발력이 위로 방출될 정도의 가벼운 불연재료

㉥ 저장창고의 천장 : 만들지 아니하여야 한다.

ⓐ 제2류 위험물(분상의 것과 인화성 고체를 제외한다)과 제6류 위험물만의 저장창고의 지붕 : 내화구조

ⓑ 제5류 위험물만의 저장창고 : 당해 저장창고 내의 온도를 저온으로 유지하기 위하여 난연재료 또는 불연재료로 된 천장을 설치할 수 있다.

㉦ 저장창고의 출입구 : 갑종방화문 또는 을종방화문을 설치

㉧ 연소의 우려가 있는 외벽에 있는 출입구 : 수시로 열 수 있는 자동폐쇄식의 갑종방화문을 설치

㉧ 저장창고의 창 또는 출입구에 유리를 이용하는 경우 : 망입유리 설치

㉨ 제1류 위험물 중 알칼리금속의 과산화물 또는 이를 함유하는 것, 제2류 위험물 중 철분·금속분·마그네슘 또는 이 중 어느 하나 이상을 함유하는 것, 제3류 위험물 중 금수성 물질 또는 제4류 위험물의 저장창고의 바닥 : 물이 스며 나오거나 스며들지 아니하는 구조로 할 것

㉩ 액상의 위험물의 저장창고의 바닥 : 위험물이 스며들지 아니하는 구조로 하고, 적당하게 경사지게 하여 그 최저부에 집유설비를 할 것

㉪ 저장창고에 선반 등의 수납장을 설치하는 경우에는 다음의 기준에 적합하게 하여야 한다.
ⓐ 불연재료로 만들어 견고한 기초 위에 고정할 것
ⓑ 하중에 의하여 생기는 응력에 대하여 안전한 것으로 할 것
ⓒ 위험물을 수납한 용기가 쉽게 떨어지지 아니하게 하는 조치를 할 것

㉫ 저장창고에는 채광·조명 및 환기의 설비를 갖추어야 하고, 인화점이 70℃ 미만인 위험물의 저장창고에 있어서는 내부에 체류한 가연성의 증기를 지붕 위로 배출하는 설비를 갖추어야 한다.

㉬ 지정수량의 10배 이상의 저장창고(제6류 위험물의 저장창고를 제외한다)에는 피뢰침을 설치하여야 한다. 다만, 저장창고의 주위의 상황에 따라 안전상 지장이 없는 경우에는 피뢰침을 설치하지 아니할 수 있다.

■ 옥내저장소의 건축물의 구조

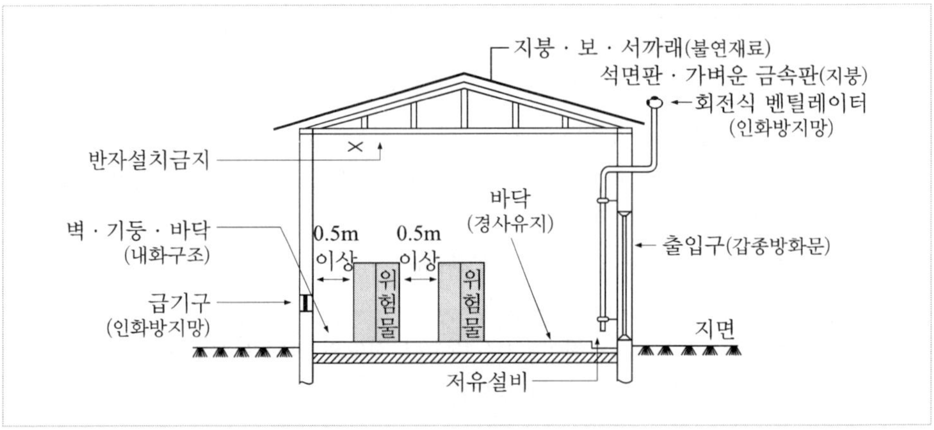

(2) 옥외탱크저장소

① 안전거리, 표지 및 게시판

위험물을 저장 또는 취급하는 옥외탱크(이하 '옥외저장탱크'라 한다)는 위험물제조소의 규정에 준하여 안전거리를 두어야 한다.

② 보유공지

옥외저장탱크(위험물을 이송하기 위한 배관 그 밖에 이에 준하는 공작물을 제외한다)의 주위에는 그 저장 또는 취급하는 위험물의 최대수량에 따라 옥외저장탱크의 측면으로부터 다음 표에 의한 너비의 공지를 보유하여야 한다.

저장 또는 취급하는 위험물의 최대수량	공지의 너비
지정수량의 500배 이하	3m 이상
지정수량의 500배 초과 1,000배 이하	5m 이상
지정수량의 1,000배 초과 2,000배 이하	9m 이상
지정수량의 2,000배 초과 3,000배 이하	12m 이상
지정수량의 3,000배 초과 4,000배 이하	15m 이상
지정수량의 4,000배 초과	당해 탱크의 수평단면의 최대지름(횡형인 경우에는 긴 변)과 높이 중 큰 것과 같은 거리 이상. 다만, 30m 초과의 경우에는 30m 이상으로 할 수 있고, 15m 미만의 경우에는 15m 이상으로 하여야 한다.

③ 옥외저장탱크의 외부구조 및 설비

㉠ 옥외저장탱크는 두께 3.2mm 이상의 강철판 또는 소방방재청장이 정하여 고시하는 규격에 적합한 재료로 틈이 없도록 제작하여야 한다.

㉡ 옥외저장탱크는 위험물의 폭발 등에 의하여 탱크 내의 압력이 비정상적으로 상승하는 경우에 내부의 가스 또는 증기를 상부로 방출할 수 있는 구조로 하여야 한다.

㉢ 옥외저장탱크 중 압력탱크 외의 탱크(제4류 위험물의 옥외저장탱크에 한한다)에 있어서는 밸브 없는 통기관 또는 대기밸브부착 통기관을 다음에 정하는 바에 의하여 설치하여야 한다.

ⓐ 밸브 없는 통기관

- 직경은 30mm 이상일 것
- 선단은 수평면보다 45° 이상 구부려 빗물 등의 침투를 막는 구조로 할 것
- 가는 눈의 구리망 등으로 인화방지장치를 할 것. 다만, 고인화점 위험물만을 100℃ 미만의 온도로 저장 또는 취급하는 탱크에 설치하는 통기관에 있어서는 그러하지 아니하다.
- 가연성의 증기를 회수하기 위한 밸브를 통기관에 설치하는 경우에 있어서는 당해 통기관의 밸브는 저장탱크에 위험물을 주입하는 경우를 제외하고는 항상 개방되어 있는 구조로 하는 한편, 폐쇄하였을 경우에 있어서는 10kPa 이하의 압력에서 개방되는 구조로 할 것. 이 경우 개방된 부분의 유효단면적은 777.15mm^2 이상이어야 한다.

ⓑ 대기밸브부착 통기관

- 5kPa 이하의 압력차이로 작동할 수 있을 것
- 가는 눈의 구리망 등으로 인화방지장치를 할 것. 다만, 고인화점 위험물만을 100℃ 미만의 온도로 저장 또는 취급하는 탱크에 설치하는 통기관에 있어서는 그러하지 아니하다.

㉣ 액체위험물의 옥외저장탱크의 주입구는 다음의 기준에 의하여야 한다.
ⓐ 화재예방상 지장이 없는 장소에 설치할 것
ⓑ 주입호스 또는 주입관과 결합할 수 있고, 결합하였을 때 위험물이 새지 아니할 것
ⓒ 주입구에는 밸브 또는 뚜껑을 설치할 것
ⓓ 휘발유, 벤젠 그 밖에 정전기에 의한 재해가 발생할 우려가 있는 액체 위험물의 옥외저장탱크의 주입구 부근에는 정전기를 유효하게 제거하기 위한 접지전극을 설치할 것
ⓔ 인화점이 21℃ 미만인 위험물의 옥외저장탱크의 주입구에는 보기 쉬운 곳에 다음의 기준에 의한 게시판을 설치할 것

- 게시판의 크기 : 한 변이 0.3m 이상, 다른 한 변이 0.6m 이상인 직사각형으로 할 것
- 게시판의 기재사항 : 위험물제조소의 규정에 준함.
- 게시판의 색상 : 백색바탕에 흑색문자

㉤ 옥외저장탱크의 펌프설비의 설치기준
ⓐ 펌프설비의 주위에는 너비 3m 이상의 공지를 보유할 것
ⓑ 펌프설비로부터 옥외저장탱크까지의 사이에는 당해 옥외저장탱크의 보유공지 너비의 1/3 이상의 거리를 유지할 것
ⓒ 펌프설비는 견고한 기초 위에 고정할 것
ⓓ 펌프 및 이에 부속하는 전동기를 위한 건축물 그 밖의 공작물(이하 '펌프실'이라 한다)의 벽·기둥·바닥 및 보 : 불연재료로 할 것
ⓔ 펌프실의 지붕 : 폭발력이 위로 방출될 정도의 가벼운 불연재료로 할 것
ⓕ 펌프실의 창 및 출입구 : 갑종방화문 또는 을종방화문을 설치할 것
ⓖ 펌프실의 창 및 출입구에 유리를 이용하는 경우 : 망입유리로 할 것
ⓗ 펌프실의 바닥 : 바닥 주위에는 높이 0.2m 이상의 턱을 만들고 바닥은 콘크리트 등 위험물이 스며들지 아니하는 재료로 적당히 경사지게 하여 그 최저부에는 집유설비를 설치할 것
ⓘ 펌프실 : 채광, 조명 및 환기의 설비를 설치할 것
ⓙ 가연성 증기가 체류할 우려가 있는 펌프실 : 증기를 옥외의 높은 곳으로 배출하는 설비를 설치할 것
ⓚ 펌프실 외의 장소에 설치하는 펌프설비 : 그 직하의 지반면의 주위에 높이 0.15m 이상의 턱을 만들고, 당해 지반면은 콘크리트 등 위험물이 스며들지 아니하는 재료로 적당히 경사지게 하여 그 최저부에는 집유설비를 할 것
ⓛ 옥외저장탱크의 배수관 : 탱크의 옆판에 설치하여야 한다. 다만, 탱크와 배수관과의 결합부분이 지진 등에 의하여 손상을 받을 우려가 없는 방법으로 배수관을 설치하는 경우에는 탱크의 밑판에 설치할 수 있다.

ⓜ 제3류 위험물 중 금수성 물질(고체에 한한다)의 옥외저장탱크 : 방수성의 불연재료로 만든 피복설비를 설치하여야 한다.

ⓝ 이황화탄소의 옥외저장탱크 : 벽 및 바닥의 두께가 0.2m 이상이고 누수가 되지 아니하는 철근콘크리트의 수조에 넣어 보관하여야 한다. 이 경우 보유공지·통기관 및 자동계량장치는 생략할 수 있다.

▪ 옥외탱크의 외부구조

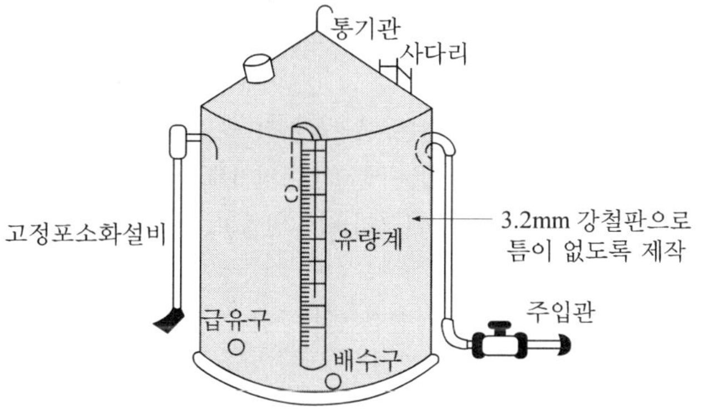

▪ 옥외탱크저장소의 펌프설비

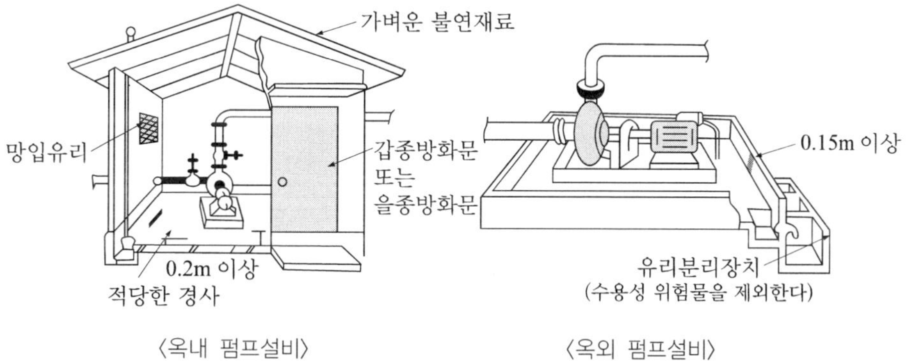

〈옥내 펌프설비〉 〈옥외 펌프설비〉

④ 방유제

인화성 액체위험물(이황화탄소를 제외한다)의 옥외탱크저장소의 탱크 주위에는 다음의 기준에 의하여 방유제를 설치하여야 한다.

㉠ 방유제의 용량

ⓐ 방유제 안에 설치된 탱크가 하나인 경우 : 그 탱크용량의 110% 이상

ⓑ 2기 이상인 경우 : 탱크 중 용량이 최대인 것의 용량의 110% 이상

㉡ 방유제의 높이 : 0.5m 이상 3m 이하

㉢ 방유제 내의 면적 : 80,000m^2 이하

㉣ 방유제 내에 설치하는 옥외저장탱크의 수 : 10기 이하로 할 것

㉤ 방유제 외면의 1/2 이상은 자동차 등이 통행할 수 있는 3m 이상의 노면폭을 확보한 구내 도로(옥외저장탱크가 있는 부지 내의 도로를 말한다)에 직접 접하도록 할 것. 다만, 방유제 내에 설치하는 옥외저장탱크의 용량합계가 20만ℓ 이하인 경우에는 소화활동에 지장이 없다고 인정되는 3m 이상의 노면폭을 확보한 도로 또는 공지에 접하는 것으로 할 수 있다.

㉥ 방유제는 옥외저장탱크의 지름에 따라 그 탱크의 옆판으로부터 다음에 정하는 거리를 유지할 것. 다만, 인화점이 200℃ 이상인 위험물을 저장 또는 취급하는 것에 있어서는 그러하지 아니하다.

ⓐ 지름이 15m 미만인 경우에는 탱크높이의 1/3 이상

ⓑ 지름이 15m 이상인 경우에는 탱크높이의 1/2 이상

㉦ 방유제의 재질 및 구조 : 철근콘크리트로 만들고, 위험물이 방유제의 외부로 유출되지 아니하는 구조로 할 것

㉧ 용량이 1,000만ℓ 이상인 옥외저장탱크의 주위에 설치하는 방유제에는 다음의 규정에 따라 당해 탱크마다 간막이 둑을 설치할 것

ⓐ 간막이 둑의 높이 : 0.3m(방유제 내에 설치되는 옥외저장탱크의 용량의 합계가 2억ℓ를 넘는 방유제에 있어서는 1m) 이상으로 하되, 방유제의 높이보다 0.2m 이상 낮게 할 것

ⓑ 간막이 둑의 재질 : 흙 또는 철근콘크리트로 할 것

ⓒ 간막이 둑의 용량 : 간막이 둑 안에 설치된 탱크용량의 10% 이상일 것

㉨ 방유제 내에는 당해 방유제 내에 설치하는 옥외저장탱크를 위한 배관(당해 옥외저장탱크의 소화설비를 위한 배관을 포함한다), 조명설비 및 계기시스템과 이들에 부속하는 설비 그 밖의 안전확보에 지장이 없는 부속설비 외에는 다른 설비를 설치하지 아니할 것

㉩ 방유제 또는 간막이 둑에는 당해 방유제를 관통하는 배관을 설치하지 아니할 것

㉪ 방유제에는 그 내부에 고인 물을 외부로 배출하기 위한 배수구를 설치하고 이를 개폐하는 밸브 등을 방유제의 외부에 설치할 것

㉫ 용량이 100만ℓ 이상인 위험물을 저장하는 옥외저장탱크에 있어서는 밸브 등에 그 개폐상황을 쉽게 확인할 수 있는 장치를 설치할 것

㉬ 높이가 1m를 넘는 방유제 및 간막이 둑의 안팎 : 방유제 내에 출입하기 위한 계단 또는 경사로를 약 50m마다 설치할 것

■ 옥외탱크저장소의 방유제

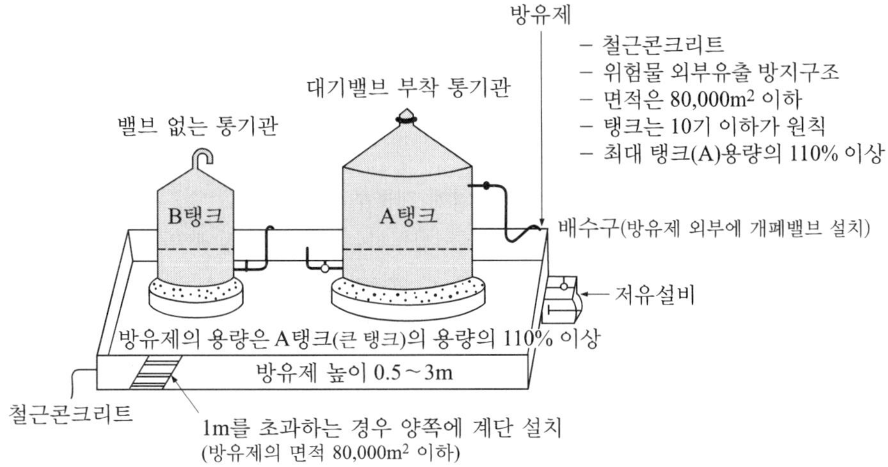

(3) 옥내탱크저장소

① 단층건물에 설치하는 옥내탱크저장소의 기준

㉠ 위험물을 저장 또는 취급하는 옥내탱크(이하 '옥내저장탱크'라 한다) : 단층건축물에 설치된 탱크전용실에 설치할 것

㉡ 옥내저장탱크와 탱크전용실의 벽과의 사이 및 옥내저장탱크의 상호간의 간격 : 0.5m 이상 유지할 것

㉢ 옥내저장탱크의 용량 : 지정수량의 40배(제4석유류 및 동식물유류 외의 제4류 위험물에 있어서 당해 수량이 20,000ℓ를 초과할 때에는 20,000ℓ) 이하일 것

㉣ 옥내저장탱크의 외면 : 녹을 방지하기 위한 도장을 할 것

㉤ 옥내저장탱크 중 압력탱크 외의 탱크(제4류 위험물의 옥내저장탱크에 한한다)에 있어서는 밸브 없는 통기관을 다음의 기준에 의하여 설치할 것

ⓐ 통기관의 선단 : 건축물의 창·출입구 등의 개구부로부터 1m 이상 떨어진 옥외의 장소에 지면으로부터 4m 이상의 높이로 설치하되, 인화점이 40℃ 미만인 위험물의 탱크에 설치하는 통기관에 있어서는 부지경계선으로부터 1.5m 이상 이격할 것

ⓑ 통기관 : 가스 등이 체류할 우려가 있는 굴곡이 없도록 할 것

㉥ 액체 위험물의 옥내저장탱크에는 위험물의 양을 자동적으로 표시하는 장치를 설치할 것

㉦ 건축물에 설치하는 펌프설비에 있어서는 다음에 정하는 바에 의할 것
 ⓐ 펌프실의 지붕은 내화구조 또는 불연재료로 할 수 있다.
 ⓑ 탱크전용실에 설치하는 경우에는 펌프설비를 견고한 기초 위에 고정시킨 다음 그 주위에 불연재료로 된 턱을 탱크전용실의 문턱높이 이상으로 설치할 것

㉧ 탱크전용실의 벽·기둥 및 바닥 : 내화구조

㉨ 탱크전용실의 보 : 불연재료

㉩ 연소의 우려가 있는 외벽 : 출입구 외에 개구부가 없도록 할 것. 다만, 인화점이 70℃ 이상인 제4류 위험물만의 옥내저장탱크를 설치하는 탱크전용실에 있어서는 연소의 우려가 없는 외벽·기둥 및 바닥을 불연재료로 할 수 있다.

㉪ 탱크전용실의 지붕 : 불연재료로 하고, 천장을 설치하지 아니할 것

㉫ 탱크전용실의 창 및 출입구 : 갑종방화문 또는 을종방화문을 설치할 것

㉬ 연소의 우려가 있는 외벽에 두는 출입구 : 수시로 열 수 있는 자동폐쇄식의 갑종방화문을 설치할 것

㉭ 탱크전용실의 창 또는 출입구에 유리를 이용하는 경우 : 망입유리로 할 것
 ⓐ 액상의 위험물의 옥내저장탱크를 설치하는 탱크전용실의 바닥 : 위험물이 침투하지 아니하는 구조로 하고, 적당한 경사를 두는 한편 집유설비를 설치할 것
 ⓑ 탱크전용실의 출입구의 턱의 높이 : 당해 탱크전용실 내의 옥내저장탱크(옥내저장탱크가 2 이상인 경우에는 최대용량의 탱크)의 용량을 수용할 수 있는 높이 이상으로 하거나 옥내저장탱크로부터 누설된 위험물이 탱크전용실 외의 부분으로 유출하지 아니하는 구조로 할 것

■ 단층건물의 탱크전용실

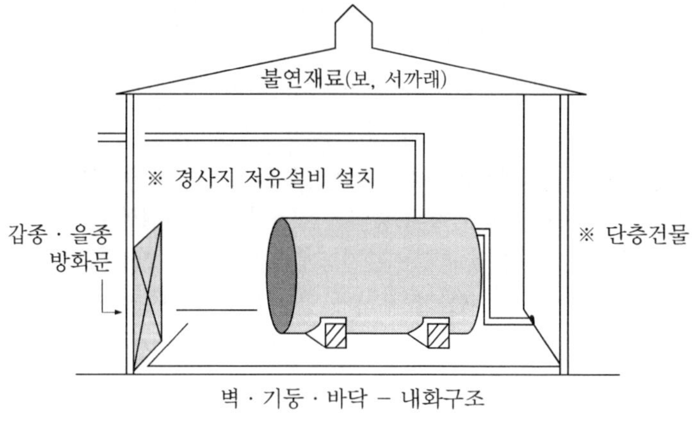

■ 옥내탱크저장소의 탱크 등의 간격

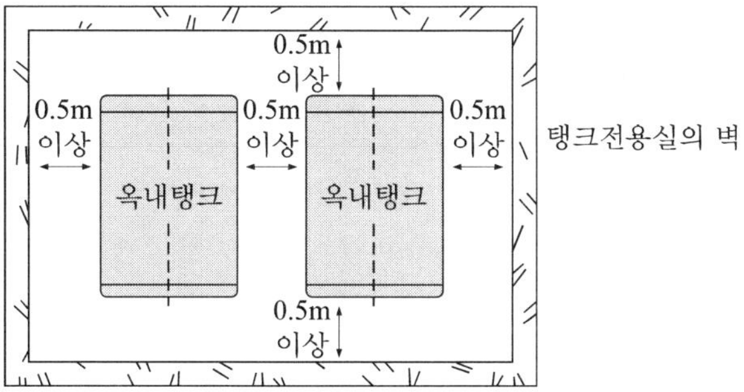

■ 옥내탱크의 통기관

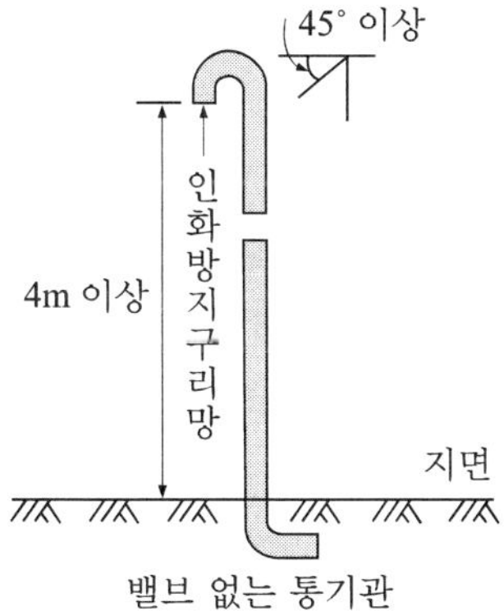

② 단층건물 외의 건축물에 설치하는 탱크전용실 기준

㉠ 옥내저장탱크는 탱크전용실에 설치할 것. 이 경우 제2류 위험물 중 황화린·적린 및 덩어리 유황, 제3류 위험물 중 황린, 제6류 위험물 중 질산의 탱크전용실은 건축물의 1층 또는 지하층에 설치하여야 한다.

㉡ 옥내저장탱크의 주입구 부근에는 당해 옥내저장탱크의 위험물의 양을 표시하는 장치를 설치할 것

㉢ 탱크전용실이 있는 건축물에 설치하는 옥내저장탱크의 펌프설비는 다음에 정하는 바에 의한다.

ⓐ 탱크전용실 외의 장소에 설치하는 경우에는 다음의 기준에 의할 것

- 펌프실의 벽·기둥·바닥 및 보 : 내화구조로 할 것
- 펌프실에 상층이 있는 경우 : 상층의 바닥을 내화구조로 할 것
- 펌프실에 상층이 없는 경우 : 지붕을 불연재료로 하며, 천장을 설치하지 아니할 것

> • 펌프실에는 창을 설치하지 아니할 것. 다만, 제6류 위험물의 탱크전용실에 있어서는 갑종방화문 또는 을종방화문이 있는 창을 설치할 수 있다.
> • 펌프실의 출입구 : 갑종방화문을 설치할 것. 다만, 제6류 위험물의 탱크전용실에 있어서는 을종방화문을 설치할 수 있다.
> • 펌프실의 환기 및 배출의 설비 : 방화상 유효한 댐퍼 등을 설치할 것

ⓑ 탱크전용실에 펌프설비를 설치하는 경우 : 견고한 기초 위에 고정한 다음 그 주위에는 불연재료로 된 턱을 0.2m 이상의 높이로 설치하는 등 누설된 위험물이 유출되거나 유입되지 아니하도록 하는 조치를 할 것

㉣ 탱크전용실의 벽·기둥·바닥 및 보 : 내화구조로 할 것
㉤ 탱크전용실에 상층이 있는 경우 : 상층의 바닥을 내화구조로 할 것
㉥ 탱크전용실에 상층이 없는 경우 : 지붕을 불연재료로 하며, 천장을 설치하지 아니할 것
㉦ 탱크전용실에는 창을 설치하지 아니할 것
㉧ 탱크전용실의 출입구 : 수시로 열 수 있는 자동폐쇄식의 갑종방화문을 설치할 것
㉨ 탱크전용실의 환기 및 배출의 설비 : 방화상 유효한 댐퍼 등을 설치할 것
㉩ 탱크전용실의 출입구의 턱의 높이 : 탱크전용실 내의 옥내저장탱크(옥내저장탱크가 2 이상인 경우에는 모든 탱크)의 용량을 수용할 수 있는 높이 이상으로 하거나 옥내저장탱크로부터 누설된 위험물이 탱크전용실 외의 부분으로 유출하지 아니하는 구조로 할 것
㉪ 옥내저장탱크의 용량(동일한 탱크전용실에 옥내저장탱크를 2 이상 설치하는 경우에는 각 탱크의 용량의 합계를 말한다)
ⓐ 1층 이하의 층 : 지정수량의 40배(제4석유류 및 동식물유류 외의 제4류 위험물에 있어서 당해 수량이 2만ℓ를 초과할 때에는 2만ℓ) 이하일 것
ⓑ 2층 이상의 층 : 지정수량의 10배(제4석유류 및 동식물유류 외의 제4류 위험물에 있어서 당해 수량이 5천ℓ를 초과할 때에는 5천ℓ) 이하일 것

(4) 지하탱크저장소

① 표지 및 게시판 : 위험물제조소 기준 준용
② 안전거리 및 보유공지의 규제를 받지 않는다.
③ 탱크전용실
벽·바닥 및 뚜껑의 두께는 0.3m 이상의 철근콘크리트구조로 설치하여야 한다.
④ 탱크매설
㉠ 탱크전용실은 지하의 가장 가까운 벽·피트·가스관 등의 시설물 및 대지경계선과의 설치간격 : 0.1m 이상 떨어진 곳에 설치
㉡ 지하저장탱크와 탱크전용실의 안쪽과의 간격 및 설치 : 0.1m 이상의 간격을 유지하도록 하며, 당해 탱크의 주위에 마른 모래 또는 습기 등에 의하여 응고되지 아니하는 입자지름

5mm 이하의 마른 자갈분을 채워야 한다.

㉢ 지하저장탱크의 윗부분 : 지면으로부터 0.6m 이상 아래에 있어야 한다.

㉣ 지하저장탱크를 2 이상 인접해 설치하는 경우 : 상호간에 1m(당해 2 이상의 지하저장탱크의 용량의 합계가 지정수량의 100배 이하인 때에는 0.5m) 이상의 간격을 유지하여야 한다.

■ 지하탱크저장소의 탱크

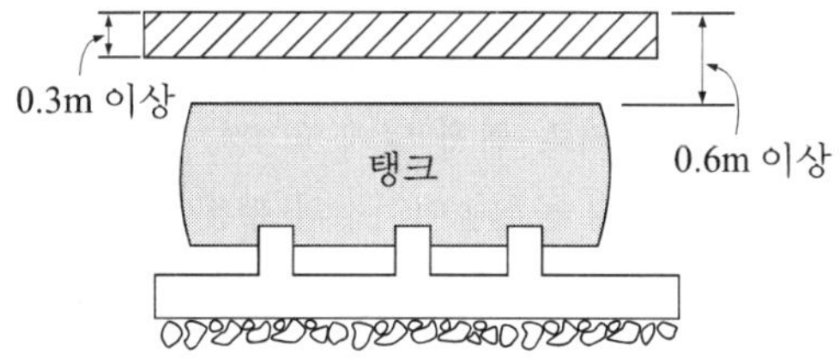

■ 지하탱크의 매설

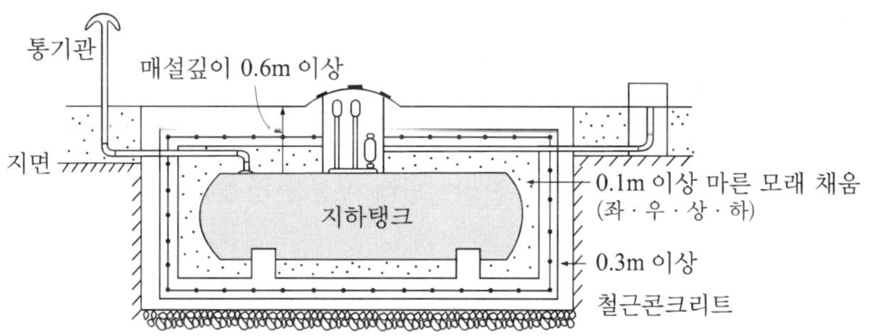

⑤ 과충전방지장치

지하저장탱크에는 다음에 해당하는 방법으로 과충전을 방지하는 장치를 설치하여야 한다.

㉠ 탱크용량을 초과하는 위험물이 주입될 때 자동으로 그 주입구를 폐쇄하거나 위험물의 공급을 자동으로 차단하는 방법

㉡ 탱크용량이 90%가 찰 때 경보음을 울리는 방법

⑥ 계량장치

액체 위험물의 지하저장탱크에는 위험물의 양을 자동적으로 표시하는 장치 또는 계량구를 설치하여야 한다. 이 경우 계량구를 설치하는 지하저장탱크에 있어서는 계량구의 직하에 있는 탱크의 밑판에 그 손상을 방지하기 위한 조치를 하여야 한다.

⑦ 지하저장탱크의 배관

당해 탱크의 윗부분에 설치하여야 한다. 다만, 제4류 위험물 중 제2석유류(인화점이 40℃

이상인 것에 한한다), 제3석유류, 제4석유류 및 동식물유류의 탱크에 있어서 그 직근에 유효한 제어밸브를 설치한 경우에는 그러하지 아니하다.

⑧ 탱크실의 누설검사관

지하저장탱크의 주위에는 당해 탱크로부터의 액체 위험물의 누설을 검사하기 위한 관을 다음의 기준에 따라 4개소 이상 적당한 위치에 설치하여야 한다.

㉠ 이중관으로 할 것. 다만, 소공이 없는 상부는 단관으로 할 수 있다.

㉡ 재료는 금속관 또는 경질합성수지관으로 할 것

㉢ 관은 탱크실 또는 탱크의 기초 위에 닿게 할 것

㉣ 관의 밑부분으로부터 탱크의 중심높이까지의 부분에는 소공이 뚫려 있을 것. 다만, 지하수위가 높은 장소에 있어서는 지하수위 높이까지의 부분에 소공이 뚫려 있어야 한다.

㉤ 상부는 물이 침투하지 아니하는 구조로 하고, 뚜껑은 검사시에 쉽게 열 수 있도록 할 것

⑨ 맨홀

㉠ 맨홀은 지면까지 올라오지 아니하도록 하되, 가급적 낮게 할 것

㉡ 보호틀을 다음에 정하는 기준에 따라 설치할 것

ⓐ 보호틀을 탱크에 완전히 용접하는 등 보호틀과 탱크를 기밀하게 접합할 것

ⓑ 보호틀의 뚜껑에 걸리는 하중이 직접 보호틀에 미치지 아니하도록 설치하고, 빗물 등이 침투하지 아니하도록 할 것

㉢ 배관이 보호틀을 관통하는 경우에는 당해 부분을 용접하는 등 침수를 방지하는 조치를 할 것

(5) 간이탱크저장소

① 위험물을 저장 또는 취급하는 간이탱크는 옥외에 설치하여야 한다.

② 하나의 간이탱크저장소에 설치하는 간이저장탱크의 수 : 3기 이하로 하고, 동일한 품질의 위험물의 간이저장탱크를 2기 이상 설치하지 아니하여야 한다.

③ 간이저장탱크의 설치방법

㉠ 간이저장탱크는 움직이거나 넘어지지 아니하도록 지면 또는 가설대에 고정시키되, 옥외에 설치하는 경우에는 그 탱크의 주위에 너비 1m 이상의 공지를 확보할 것

㉡ 간이저장탱크를 전용실 안에 설치하는 경우에는 탱크와 전용실의 벽과의 사이에 0.5m 이상의 간격을 유지할 것

④ 간이저장탱크의 용량 : 600ℓ 이하

⑤ 간이저장탱크의 재질 및 성능

두께 3.2mm 이상의 강판으로 흠이 없도록 제작하여야 하며, 70kPa의 압력으로 10분간의 수압시험을 실시하여 새거나 변형되지 아니하여야 한다.

⑥ 간이저장탱크의 외면에는 녹을 방지하기 위한 도장을 하여야 한다.

⑦ 간이저장탱크에는 다음의 기준에 적합한 밸브 없는 통기관을 설치하여야 한다.

㉠ 통기관의 지름은 25mm 이상으로 할 것

㉡ 통기관은 옥외에 설치하되, 그 선단의 높이는 지상 1.5m 이상으로 할 것

㉢ 통기관의 선단은 수평면에 대하여 아래로 45° 이상 구부려 빗물 등이 침투하지 아니하도록 할 것

㉣ 가는 눈의 구리망 등으로 인화방지장치를 할 것

■ 간이탱크저장소의 통기관

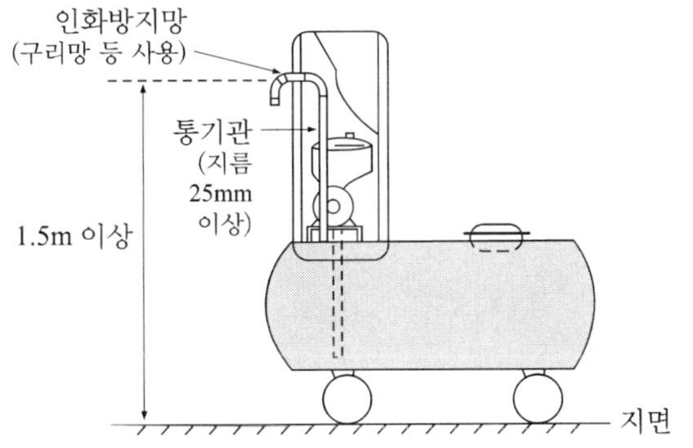

(6) 이동탱크저장소

① 상치장소 : 이동탱크저장소의 상치장소는 다음의 기준에 적합하여야 한다.

㉠ 옥외에 있는 상치장소 : 화기를 취급하는 장소 또는 인근의 건축물로부터 5m 이상(인근의 건축물이 1층인 경우에는 3m 이상)의 거리를 확보하여야 한다. 다만, 하천의 공지나 수면, 내화구조 또는 불연재료의 담 또는 벽 그 밖에 이와 유사한 것에 접하는 경우를 제외한다.

㉡ 옥내에 있는 상치장소 : 벽·바닥·보·서까래 및 지붕이 내화구조 또는 불연재료로 된 건축물의 1층에 설치하여야 한다.

② 이동저장탱크의 구조

㉠ 이동저장탱크의 구조는 다음의 기준에 의하여야 한다.

ⓐ 탱크(맨홀 및 주입관의 뚜껑을 포함한다) : 두께 3.2mm 이상의 강철판

ⓑ 압력탱크(최대상용압력이 46.7kPa 이상인 탱크를 말한다) 외의 탱크는 70kPa의 압력으로, 압력탱크는 최대상용압력의 1.5배의 압력으로 각각 10분간의 수압시험을 실시하여 새거나 변형되지 아니할 것. 이 경우 수압시험은 용접부에 대한 비파괴시험과 기밀시험으로 대신할 수 있다.

㉡ 이동저장탱크의 내부 칸막이 : 4,000ℓ 이하마다 3.2mm 이상의 강철판 또는 이와 동등 이상의 강도·내열성 및 내식성이 있는 금속성의 것으로 설치하여야 한다.

㉢ 칸막이로 구획된 각 부분마다 맨홀과 다음의 기준에 의한 안전장치 및 방파판을 설치하여

야 한다. 다만, 칸막이로 구획된 부분의 용량이 2,000ℓ 미만인 부분에는 방파판을 설치하지 아니할 수 있다.

ⓐ 안전장치

- 상용압력이 20kPa 이하인 탱크 : 20kPa 이상 24kPa 이하의 압력에서 작동하는 것으로 할 것
- 상용압력이 20kPa를 초과하는 탱크 : 상용압력의 1.1배 이하의 압력에서 작동하는 것으로 할 것

ⓑ 방파판

- 두께 1.6mm 이상의 강철판 또는 이와 동등 이상의 강도·내열성 및 내식성이 있는 금속성의 것으로 할 것
- 하나의 구획부분에 2개 이상의 방파판을 이동탱크저장소의 진행방향과 평행으로 설치하되, 각 방파판은 그 높이 및 칸막이로부터의 거리를 다르게 할 것
- 하나의 구획부분에 설치하는 각 방파판의 면적의 합계는 당해 구획부분의 최대 수직단면적의 50% 이상으로 할 것. 다만, 수직단면이 원형이거나 짧은 지름이 1m 이하의 타원형일 경우에는 40% 이상으로 할 수 있다.

㉣ 맨홀·주입구 및 안전장치 등이 탱크의 상부에 돌출되어 있는 탱크에 있어서는 다음의 기준에 의하여 부속장치의 손상을 방지하기 위한 측면틀 및 방호틀을 설치하여야 한다. 다만, 피견인자동차에 고정된 탱크에는 측면틀을 설치하지 아니할 수 있다.

ⓐ 측면틀

- 탱크 뒷부분의 입면도에 있어서 측면틀의 최외측과 탱크의 최외측을 연결하는 직선(이하 '최외측선'이라 한다)의 수평면에 대한 내각이 75° 이상이 되도록 하고, 최대수량의 위험물을 저장한 상태에 있을 때의 당해 탱크중량의 중심점과 측면틀의 최외측을 연결하는 직선과 그 중심점을 지나는 직선 중 최외측선과 직각을 이루는 직선과의 내각이 35° 이상이 되도록 할 것
- 외부로부터 하중에 견딜 수 있는 구조로 할 것
- 탱크상부의 네 모퉁이에 당해 탱크의 전단 또는 후단으로부터 각각 1m 이내의 위치에 설치할 것
- 측면틀에 걸리는 하중에 의하여 탱크가 손상되지 아니하도록 측면틀의 부착부분에 받침판을 설치할 것

ⓑ 방호틀

- 두께 2.3mm 이상의 강철판 또는 이와 동등 이상의 기계적 성질이 있는 재료로서 산모양의 형상으로 하거나 이와 동등 이상의 강도가 있는 형상으로 할 것
- 정상부분은 부속장치보다 50mm 이상 높게 하거나 이와 동등 이상의 성능이 있는 것으로 할 것

㉤ 탱크의 외면에는 방청도장을 하여야 한다.

■ 이동탱크저장소

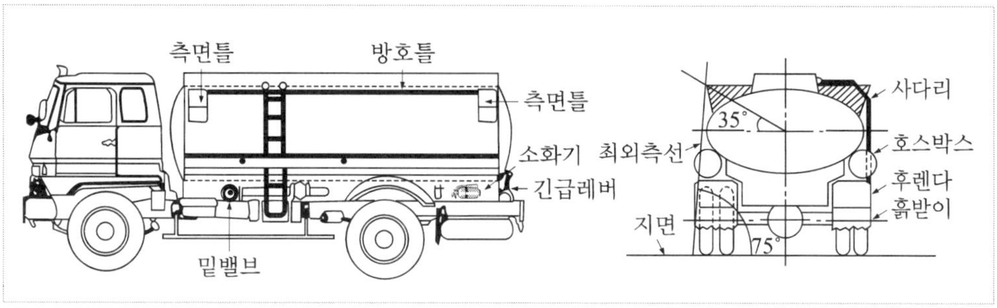

③ 배출밸브 및 폐쇄장치

㉠ 이동저장탱크의 아랫부분에 배출구를 설치하는 경우에는 당해 탱크의 배출구에 밸브(이하 '배출밸브'라 한다)를 설치하고 비상시에 직접 당해 배출밸브를 폐쇄할 수 있는 수동폐쇄장치 또는 자동폐쇄장치를 설치하여야 한다.

㉡ 수동식 폐쇄장치에는 다음의 기준에 적합하게 레버를 설치하고, 그 바로 옆에는 레버의 표시와 잡아당긴다는 취지의 표시를 같이 하여야 한다.

ⓐ 손으로 잡아당겨 수동폐쇄장치를 작동시킬 수 있도록 할 것

ⓑ 길이는 15cm 이상으로 할 것

㉢ 배출밸브를 설치하는 경우, 그 배출밸브에 대하여 외부로부터의 충격으로 인한 손상을 방지하기 위하여 필요한 장치를 하여야 한다.

㉣ 탱크 배관의 선단부에는 개폐밸브를 설치하여야 한다.

④ 결합금속구 등

이동탱크저장소에 주입설비(주입호스의 선단에 개폐밸브를 설치한 것을 말한다)를 설치하는 경우에는 다음의 기준에 의하여야 한다.

㉠ 위험물이 샐 우려가 없고 화재예방상 안전한 구조로 할 것

㉡ 주입설비의 길이는 50m 이내로 하고, 그 선단에 축적되는 정전기를 유효하게 제거할 수 있는 장치를 할 것

㉢ 분당 토출량은 200ℓ 이하로 할 것

⑤ 표시 및 게시판

㉠ 이동탱크저장소 표지판 : 차량의 전면 및 후면의 보기 쉬운 곳에 사각형(한 변의 길이가 0.6m 이상, 다른 한 변의 길이가 0.3m 이상)의 흑색바탕에 황색의 반사도료 그 밖의 반사성이 있는 재료로 '위험물'이라고 표시한 표지를 설치하여야 한다.

㉡ 이동탱크저장소 게시판 : 이동저장탱크의 뒷면 중 보기 쉬운 곳에는 당해 탱크에 저장 또는 취급하는 위험물의 유별·품명·최대수량 및 적재중량을 게시한 게시판을 설치하여야 한다. 이 경우 표시문자의 크기는 가로 40mm, 세로 45mm 이상(여러 품명의 위험물을 혼재하는 경우에는 적재품명별 문자의 크기를 가로 20mm 이상, 세로 20mm 이상)으로 하여

야 한다.

⑥ 펌프설비

㉠ 이동탱크저장소에 설치하는 펌프설비는 당해 이동탱크저장소의 차량구동용 엔진(피견인식 이동탱크저장소의 견인부분에 설치된 것은 제외한다)의 동력원을 이용하여 위험물을 이송하여야 한다.

㉡ 이동탱크저장소에 설치하는 펌프설비는 당해 이동저장탱크로부터 위험물을 토출하는 용도에 한한다.

⑦ 접지도선

제4류 위험물 중 특수인화물, 제1석유류 또는 제2석유류의 이동탱크저장소에는 접지도선을 설치하여야 한다.

(7) 옥외저장소

① 안전거리, 표지 및 게시판

위험물제조소 기준 준용

② 설치장소

㉠ 습기가 없고 배수가 잘 되는 장소에 설치할 것

㉡ 위험물을 저장 또는 취급하는 장소의 주위에는 경계표시를 하여 명확하게 구분할 것

③ 보유공지

저장 또는 취급하는 위험물의 최대수량	공지의 너비
지정수량의 10배 이하	3m 이상
지정수량의 10배 초과 20배 이하	5m 이상
지정수량의 20배 초과 50배 이하	9m 이상
지정수량의 50배 초과 200배 이하	12m 이상
지정수량의 200배 초과	15m 이상

④ 선반 등의 구조물

㉠ 옥외저장소에 선반을 설치하는 경우에는 다음의 기준에 의할 것

ⓐ 선반은 불연재료로 만들고 견고한 지반면에 고정할 것

ⓑ 선반은 당해 선반 및 그 부속설비의 자중·저장하는 위험물의 중량·풍하중·지진의 영향 등에 의하여 생기는 응력에 대하여 안전할 것

ⓒ 선반의 높이 : 6m를 초과하지 아니할 것

ⓓ 선반에는 위험물을 수납한 용기가 쉽게 낙하하지 아니하는 조치를 강구할 것

㉡ 과산화수소 또는 과염소산을 저장하는 옥외저장소 : 불연성 또는 난연성의 천막 등을 설치하여 햇빛을 가릴 것

㉢ 눈·비 등을 피하거나 차광 등을 위하여 옥외저장소에 캐노피 또는 지붕을 설치하는 경우 : 환기 및 소화활동에 지장을 주지 아니하는 구조로 할 것. 이 경우 기둥은 내화구조로 하고, 캐노피 또는 지붕을 불연재료로 하며, 벽을 설치하지 아니하여야 한다.

⑤ 옥외저장소 중 덩어리상태의 유황만을 지반면에 설치한 경계표시의 안쪽에서 저장 또는 취급의 기준

㉠ 하나의 경계표시 내부면적 : $100m^2$ 이하일 것

㉡ 경계표시는 불연재료로 만드는 동시에 유황이 새지 아니하는 구조로 할 것

㉢ 경계표시의 높이 : 1.5m 이하로 할 것

㉣ 경계표시에는 유황이 넘치거나 비산하는 것을 방지하기 위한 천막 등을 고정하는 장치를 설치하되, 천막 등을 고정하는 장치는 경계표시의 길이 2m마다 한 개 이상 설치할 것

㉤ 유황을 저장 또는 취급하는 장소의 주위 : 배수구와 분리장치를 설치할 것

(8) 암반탱크저장소

① 암반탱크

㉠ 암반탱크저장소의 암반탱크는 다음의 기준에 의하여 설치하여야 한다.

ⓐ 암반탱크는 암반투수계수가 10^{-5}m/s 이하인 천연암반 내에 설치할 것

ⓑ 암반탱크는 저장할 위험물의 증기압을 억제할 수 있는 지하수면하에 설치할 것

ⓒ 암반탱크의 내벽 : 암반균열에 의한 낙반을 방지할 수 있도록 볼트·콘크리크 등으로 보강할 것

㉡ 암반탱크는 다음의 기준에 적합한 수리조건을 갖추어야 한다.

ⓐ 암반탱크 내로 유입되는 지하수의 양 : 암반 내의 지하수 충전량보다 적을 것

ⓑ 암반탱크의 상부로 물을 주입하여 수압을 유지할 필요가 있는 경우에는 수벽공을 설치할 것

ⓒ 암반탱크에 가해지는 지하수압 : 저장소의 최대운영압보다 항상 크게 유지할 것

② 지하수위 관측공의 설치

암반탱크저장소 주위에는 지하수위 및 지하수의 흐름 등을 확인·통제할 수 있는 관측공을 설치하여야 한다.

③ 계량장치

암반탱크저장소에는 위험물의 양과 내부로 유입되는 지하수의 양을 측정할 수 있는 계량구와 자동측정이 가능한 계량장치를 설치하여야 한다.

④ 배수시설

암반탱크저장소에는 주변 암반으로부터 유입되는 침출수를 자동으로 배출할 수 있는 시설을 설치하고, 침출수에 섞인 위험물이 직접 배수구로 흘러 들어가지 아니하도록 유분리장치를 설치하여야 한다.

⑤ 펌프설비

암반탱크저장소의 펌프설비는 점검 및 보수를 위하여 사람의 출입이 용이한 구조의 전용공동에 설치하여야 한다. 다만, 액중펌프(펌프 또는 전동기를 저장탱크 또는 암반탱크 안에 설치하는 것을 말한다)를 설치한 경우에는 그러하지 아니하다.

3. 위험물취급소

(1) **주유취급소**(자동차 주유취급소)

① 주유취급소의 공지(주유공지 및 급유공지)

주유취급소의 고정주유설비(펌프기기 및 호스기기로 되어 위험물을 자동차 등에 직접 주유하기 위한 설비로서 현수식의 것을 포함한다)의 주유공지	주유를 받으려는 자동차 등이 출입할 수 있도록 너비 15m 이상, 길이 6m 이상의 콘크리트 등으로 포장한 공지(이하 '주유공지'라 한다)를 보유하여야 한다.
주유취급소의 고정급유설비(펌프기기 및 호스기기로 되어 위험물을 용기에 옮겨 담거나 이동저장탱크에 주입하기 위한 설비로서 현수식의 것을 포함한다)의 급유공지	고정급유설비의 호스기기의 주위에 필요한 공지(이하 '급유공지'라 한다)를 보유하여야 한다.
공지의 바닥	주위 지면보다 높게 하고, 그 표면을 적당하게 경사지게 하여 새어나온 기름 그 밖의 액체가 공지의 외부로 유출되지 아니하도록 배수구·집유설비 및 유분리장치를 하여야 한다.

② 표지 및 게시판

주유취급소의 표지	보기 쉬운 곳에 '위험물 주유취급소'라는 표시
주유취급소의 게시판	방화에 관하여 필요한 사항을 게시한 게시판 및 황색바탕에 흑색문자로 '주유중 엔진정지'라는 표시

③ 주유취급소의 탱크

㉠ 주유취급소에는 다음의 탱크 외에는 위험물을 저장 또는 취급하는 탱크를 설치할 수 없다.

ⓐ 자동차 등에 주유하기 위한 고정주유설비에 직접 접속하는 전용탱크	50,000ℓ 이하의 것
ⓑ 고정급유설비에 직접 접속하는 전용탱크	50,000ℓ 이하의 것
ⓒ 보일러 등에 직접 접속하는 전용탱크	10,000ℓ 이하의 것
ⓓ 자동차 등을 점검·정비하는 작업장 등(주유취급소 안에 설치된 것에 한한다)에서 사용하는 폐유·윤활유 등의 위험물을 저장하는 탱크	용량(2 이상 설치하는 경우에는 각 용량의 합계를 말한다)이 2,000ℓ 이하인 탱크(이하 '폐유탱크 등'이라 한다)
ⓔ 고정주유설비 또는 고정급유설비에 직접 접속하는 3기 이하의 간이탱크. 다만, 방화지구 안에 위치하는 주유취급소의 경우를 제외한다.	

㉡ 탱크는 옥외의 지하 또는 캐노피 아래의 지하에 매설하여야 한다.

④ 고정주유설비 등

㉠ 주유취급소에는 자동차 등의 연료탱크에 직접 주유하기 위한 고정주유설비를 설치하여야 한다.

㉡ 주유취급소의 고정주유설비 또는 고정급유설비는 다음의 기준에 적합한 구조로 하여야 한다.

ⓐ 펌프기기의 주유관 선단에서의 최대토출량 : 제1석유류의 경우에는 50ℓ/분 이하, 경유의 경우에는 180ℓ/분 이하, 등유의 경우에는 80ℓ/분 이하인 것으로 할 것

ⓑ 이동저장탱크에 주입하기 위한 고정급유설비의 펌프기기 : 최대토출량이 300ℓ/분 이하인 것으로 할 수 있으며, 토출량이 200ℓ/분 이상인 것의 경우에는 주유설비에 관계된 모든 배관의 안지름을 40mm 이상으로 하여야 한다.

ⓒ 이동저장탱크의 상부를 통하여 주입하는 고정급유설비의 주유관에는 당해 탱크의 밑부분에 달하는 주입관을 설치하고, 그 토출량이 80ℓ/분을 초과하는 것은 이동저장탱크에 주입하는 용도로만 사용할 것

ⓓ 고정주유설비 또는 고정급유설비는 난연성 재료로 만들어진 외장을 설치할 것

㉢ 고정주유설비 또는 고정급유설비의 주유관의 길이(선단의 개폐밸브를 포함한다) : 5m(현수식의 경우에는 지면 위 0.5m의 수평면에 수직으로 내려 만나는 점을 중심으로 반경 3m) 이내로 하고, 그 선단에는 축적된 정전기를 유효하게 제거할 수 있는 장치를 설치하여야 한다.

㉣ 고정주유설비 또는 고정급유설비는 다음의 기준에 적합한 위치에 설치하여야 한다.

ⓐ 고정주유설비의 중심선을 기점으로 하여 도로경계선까지 4m 이상, 부지경계선·담 및 건축물의 벽까지 2m(개구부가 없는 벽까지는 1m) 이상의 거리를 유지할 것

ⓑ 고정급유설비의 중심선을 기점으로 하여 도로경계선까지 4m 이상, 부지경계선 및 담까지 1m 이상, 건축물의 벽까지 2m(개구부가 없는 벽까지는 1m) 이상의 거리를 유지할 것

ⓒ 고정주유설비와 고정급유설비의 사이 : 4m 이상의 거리를 유지할 것

■ 주유취급소의 공지

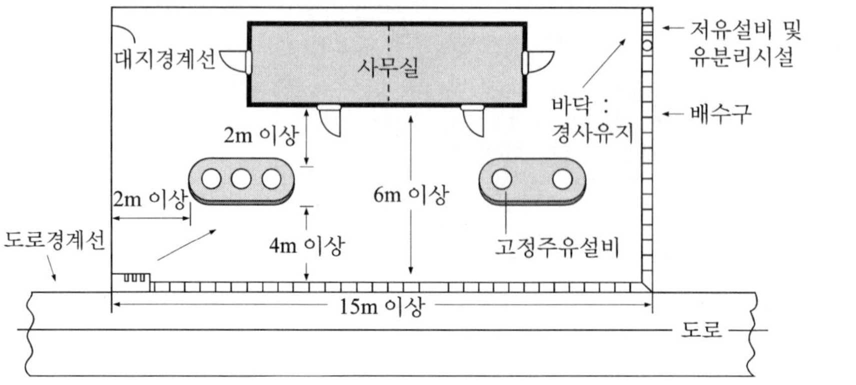

⑤ 건축물 등의 제한 등

㉠ 주유취급소에 주유 또는 그에 부대하는 업무를 위하여 사용되는 건축물 또는 시설

ⓐ 주유 또는 등유·경유를 옮겨 담기 위한 작업장

ⓑ 주유취급소의 업무를 행하기 위한 사무소

ⓒ 자동차 등의 점검 및 간이정비를 위한 작업장

ⓓ 자동차 등의 세정을 위한 작업장

ⓔ 주유취급소에 출입하는 사람을 대상으로 한 점포·휴게음식점 또는 전시장

ⓕ 주유취급소의 관계자가 거주하는 주거시설

ⓖ 그 밖의 주유취급에 관련된 용도로서 소방방재청장이 정하여 고시하는 건축물 또는 시설

㉡ 위의 건축물 중 주유취급소의 직원 외의 자가 출입하는 용도(주유취급소의 업무를 행하기 위한 사무소, 자동차 등의 점검 및 간이정비를 위한 작업장, 주유취급소에 출입하는 사람을 대상으로 한 점포·휴게음식점 또는 전시장)에 제공하는 부분의 면적의 합계는 $500m^2$를 초과할 수 없다.

⑥ 건축물 등의 구조

㉠ 주유취급소에 설치하는 건축물 등은 다음의 규정에 의한 위치 및 구조의 기준에 적합하여야 한다.

ⓐ 벽·기둥·바닥·보 및 지붕 : 내화구조 또는 불연재료로 설치할 것

ⓑ 창 및 출입구 : 방화문 또는 불연재료로 된 문을 설치할 것

㉡ 주유취급소의 관계자가 거주하는 주거시설의 용도에 사용하는 부분 : 개구부가 없는 내화구조의 바닥 또는 벽으로 당해 건축물의 다른 부분과 구획하고, 주유를 위한 작업장 등 위험물취급장소에 면한 쪽의 벽에는 출입구를 설치하지 아니할 것

㉢ 사무실 등의 창 및 출입구에 유리를 사용하는 경우 : 망입유리 또는 강화유리로 할 것. 이 경우 강화유리의 두께는 창에는 8mm 이상, 출입구에는 12mm 이상으로 하여야 한다.

㉣ 건축물 중 사무실 그 밖의 화기를 사용하는 곳은 누설한 가연성의 증기가 그 내부에 유입되지 아니하도록 다음의 기준에 적합한 구조로 할 것

ⓐ 출입구 : 건축물의 안에서 밖으로 수시로 개방할 수 있는 자동폐쇄식의 것으로 할 것

ⓑ 출입구 또는 사이통로의 문턱의 높이 : 15cm 이상으로 할 것

ⓒ 높이 1m 이하의 부분에 있는 창 : 밀폐시킬 것

㉤ 자동차 등의 점검·정비를 행하는 설비는 다음의 기준에 적합하게 할 것

ⓐ 고정주유설비로부터 4m 이상, 도로경계선으로부터 2m 이상 떨어지게 할 것

ⓑ 위험물을 취급하는 설비는 위험물의 누설·넘침 또는 비산을 방지할 수 있는 구조로 할 것

㉥ 자동차 등의 세정을 행하는 설비는 다음의 기준에 적합하게 할 것

ⓐ 증기세차기를 설치하는 경우 : 그 주위의 불연재료로 된 높이 1m 이상의 담을 설치하고 출입구가 고정주유설비에 면하지 아니하도록 할 것. 이 경우 담은 고정주유설비로부터 4m 이상 떨어지게 하여야 한다.

ⓑ 증기세차기 외의 세차기를 설치하는 경우 : 고정주유설비로부터 4m 이상, 도로경계선으로부터 2m 이상 떨어지게 할 것

㉦ 주유원 간이대기실은 다음의 기준에 적합할 것

ⓐ 불연재료로 할 것

ⓑ 바퀴가 부착되지 아니한 고정식일 것

ⓒ 차량의 출입 및 주유작업에 장애를 주지 아니하는 위치에 설치할 것

ⓓ 바닥면적이 $2.5m^2$ 이하일 것. 다만, 주유공지 및 급유공지 외의 장소에 설치하는 것은 그러하지 아니하다.

⑦ 담 또는 벽

주유취급소의 주위에는 자동차 등이 출입하는 쪽 외의 부분에 높이 2m 이상의 내화구조 또는 불연재료의 담 또는 벽을 설치하되, 주유취급소의 인근에 연소의 우려가 있는 건축물이 있는 경우에는 소방방재청장이 정하여 고시하는 바에 따라 방화상 유효한 높이로 하여야 한다.

■ 주유취급소의 부대설비

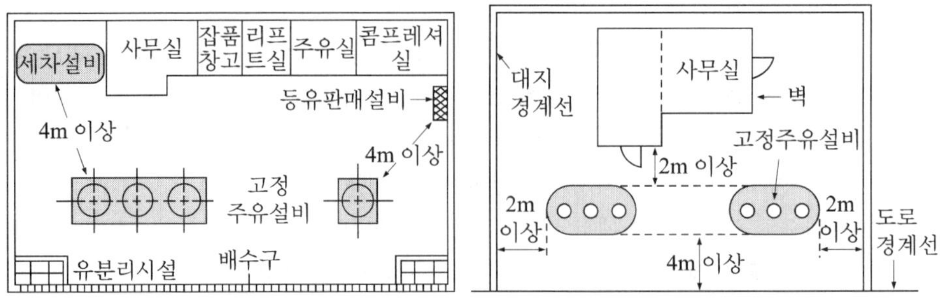

⑧ 캐노피

주유취급소에 캐노피를 설치하는 경우에는 다음의 기준에 의하여야 한다.

㉠ 배관이 캐노피 내부를 통과할 경우에는 1개 이상의 점검구를 설치할 것
㉡ 캐노피 외부의 점검이 곤란한 장소에 배관을 설치하는 경우에는 용접이음으로 할 것
㉢ 캐노피 외부의 배관이 일광열의 영향을 받을 우려가 있는 경우에는 단열재로 피복할 것

(2) 판매취급소

① 제1종 판매취급소(저장 또는 취급하는 위험물의 수량이 지정수량의 20배 이하인 판매취급소)의 기준

㉠ 제1종 판매취급소 : 건축물의 1층에 설치할 것
㉡ 제1종 판매취급소의 표지와 게시판 : 보기 쉬운 곳에 '위험물 판매취급소(제1종)'라는 표시를 한 표지와 방화에 관하여 필요한 사항을 게시한 게시판을 설치하여야 한다.
㉢ 제1종 판매취급소의 용도로 사용되는 건축물의 부분 : 내화구조 또는 불연재료로 할 것
㉣ 판매취급소로 사용되는 부분과 다른 부분과의 격벽 : 내화구조로 할 것
㉤ 제1종 판매취급소의 용도로 사용하는 건축물 부분의 보 : 불연재료로 할 것
㉥ 천장을 설치하는 경우 : 천장을 불연재료로 할 것
㉦ 제1종 판매취급소의 용도로 사용하는 부분에 상층이 있는 경우 : 상층의 바닥을 내화구조로 할 것
㉧ 상층이 없는 경우 : 지붕을 내화구조 또는 불연재료로 할 것
㉨ 제1종 판매취급소의 용도로 사용하는 부분의 창 및 출입구 : 갑종방화문 또는 을종방화문을 설치할 것
㉩ 제1종 판매취급소의 용도로 사용하는 부분의 창 또는 출입구에 유리를 이용하는 경우 : 망입유리로 할 것

㉠ 제1종 판매취급소의 용도로 사용하는 건축물에 설치하는 전기설비는 전기사업법에 의한 전기설비기술기준에 의할 것

㉡ 위험물을 배합하는 실은 다음에 의할 것

ⓐ 바닥면적 : $6m^2$ 이상 $15m^2$ 이하

ⓑ 내화구조 또는 불연재료로 된 벽으로 구획할 것

ⓒ 바닥 : 위험물이 침투하지 아니하는 구조로 하여 적당한 경사를 두고 집유설비를 할 것

ⓓ 출입구 : 수시로 열 수 있는 자동폐쇄식의 갑종방화문을 설치할 것

ⓔ 출입구 문턱의 높이 : 바닥면으로부터 0.1m 이상

ⓕ 내부에 체류한 가연성의 증기 또는 가연성의 미분을 지붕 위로 방출하는 설비를 할 것

■ 석유판매취급소의 작업실

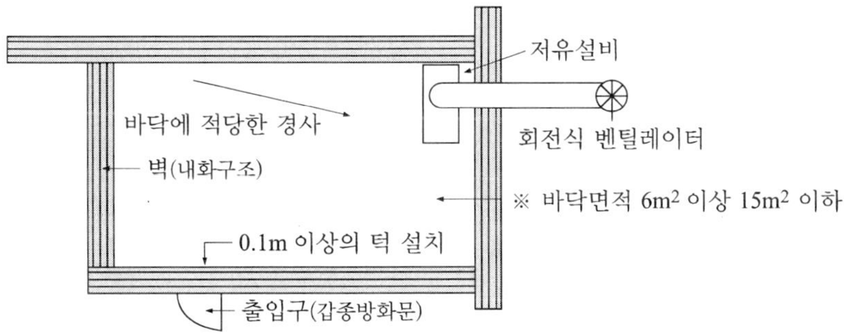

② 제2종 판매취급소(저장 또는 취급하는 위험물의 수량이 지정수량의 40배 이하인 판매취급소)의 기준

㉠ 제2종 판매취급소의 용도로 사용하는 부분의 벽·기둥·바닥 및 보 : 내화구조로 할 것

㉡ 천장이 있는 경우 : 천장을 불연재료로 할 것

㉢ 판매취급소로 사용되는 부분과 다른 부분과의 격벽 : 내화구조로 할 것

㉣ 제2종 판매취급소의 용도로 사용하는 부분에 상층이 있는 경우 : 상층의 바닥을 내화구조로 하는 동시에 상층으로의 연소를 방지하기 위한 조치를 강구할 것

㉤ 상층이 없는 경우 : 지붕을 내화구조로 할 것

㉥ 제2종 판매취급소의 용도로 사용하는 부분 중 연소의 우려가 없는 부분에 한하여 창을 두되, 당해 창에는 갑종방화문 또는 을종방화문을 설치할 것

㉦ 제2종 판매취급소의 용도로 사용하는 부분의 출입구 : 갑종방화문 또는 을종방화문을 설치할 것. 다만, 당해 부분 중 연소의 우려가 있는 벽 또는 창의 부분에 설치하는 출입구에는 수시로 열 수 있는 자동폐쇄식의 갑종방화문을 설치하여야 한다.

■ 석유판매취급소의 건축물 구조

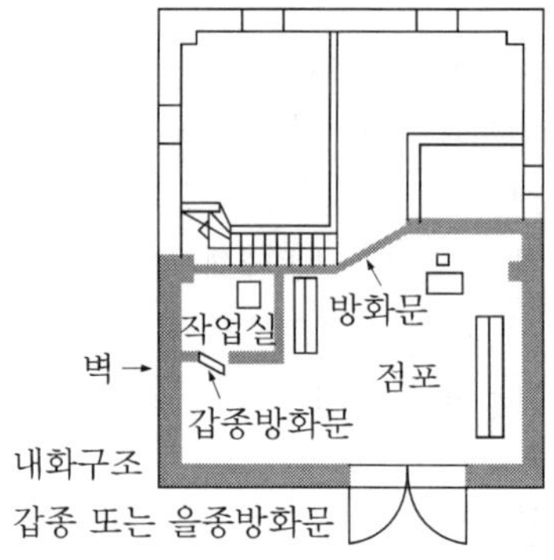

(3) 이송취급소

이송취급소는 다음의 장소 외의 장소에 설치하여야 한다.

① 철도 및 도로의 터널 안

② 고속국도 및 자동차전용도로의 차도·길어깨 및 중앙분리대

③ 호수·저수지 등으로서 수리의 수원이 되는 곳

④ 급경사지역으로서 붕괴의 위험이 있는 지역

(4) 일반취급소

주유취급소, 판매취급소, 이송취급소에 해당하지 않는 장소로서 석유사업법 제26조의 규정에 의한 유사석유제품에 해당하는 위험물을 취급하는 경우의 장소를 제외하며, 시설기준은 위험물제조소 기준을 준용한다.

Chapter 4 연습문제

4.1 건축물 방화계획

01 방화구획 경계부분에 설치하는 설비의 종류와 구조에 대한 설명으로 바르지 못한 것은?

① 갑종방화문은 언제나 닫힌 상태를 유지하여야 한다.

② 배관이 벽으로 된 방화구획을 관통하는 경우에는 배관과 벽 사이의 틈을 일반 건축재료로 메워야 한다.

③ 갑종방화문은 화재로 인한 연기의 발생에 의하여 닫히는 구조로 하여야 한다.

④ 환기, 난방 또는 냉방시설의 풍도가 방화구획을 관통하는 경우에는 그 풍도 내부에는 온도상승에 의해 자동적으로 닫힐 수 있는 댐퍼를 설치하여야 한다.

02 방화지구 안의 건축물의 외벽에 설치하는 창문 및 연소할 우려가 있는 부분에 설치하는 방화설비와 관계가 없는 것은?

① 갑종방화문　　② 드렌처설비　　③ 연소방지설비　　④ 방화커버

03 거실에 대한 용어 정의에 따른 설명 중 틀린 것은?

① 건축물 안에서 거주 및 집무로 사용되는 방

② 건축물 안에서 작업 및 집회로 사용되는 방

③ 건축물 안에서 오락으로 사용되는 방

④ 건축물 안에서 화장실로 사용되는 방

04 철근콘크리트조이면서 두께에 관계없이 내화구조로 인정되는 것은?

① 벽, 기둥　　② 보, 지붕　　③ 기둥, 바닥　　④ 계단, 내력벽

05 목조건축물에 설치하는 방화벽의 구조로서 적당하지 않은 것은?

① 방화구조이어야 한다.

② 자립할 수 있는 구조이어야 한다.

③ 방화벽의 상단은 지붕면으로부터 0.5m 이상 튀어나오게 한다.

④ 방화벽을 관통하는 틈은 불연재료로 메워야 한다.

06 소방대상물의 방화구획에 대한 사항으로서 적합한 것은?

① 10층 이하의 층은 바닥면적의 합계가 1,000m² 이내마다 구획할 것
② 4층 이상의 층과 지하층에 있어서는 층마다 구획할 것
③ 11층 이상의 층은 바닥면적 300m² 이내마다 구획할 것
④ 내화구조로 된 바닥, 벽 및 을종방화문으로 구획할 것

07 방화구조를 바르게 나타낸 것은?

① 철망모르터 바르기로서 두께가 2cm 이상인 것
② 석고판 위에 시멘트모르터 두께가 2cm 이상인 것
③ 석고판 위에 회반죽을 두께 2cm 이상 바른 것
④ 시멘트모르터 위에 타일을 붙인 것으로서 그 두께의 합계가 2cm 이상인 것

08 다음 중 내화구조벽의 기준으로 틀린 것은?

① 철근콘크리트조 또는 철골철근콘크리트조로서 두께가 5cm 이상인 것
② 골구를 철골조로 하고 그 양면을 두께 4cm 이상의 철망모르터를 덮은 것
③ 골구를 철골조로 하고 그 양면을 두께 5cm 이상의 콘크리트블록, 벽돌 또는 석재로 덮은 것
④ 철재로 보강된 콘크리트블록조, 벽돌조 또는 석조로서 철재에 덮은 두께가 5cm 이상인 것

09 건축물의 주요구조부가 아닌 것은?

① 바닥 ② 보
③ 주계단 ④ 사이기둥

10 화재하중에 대한 설명으로 옳지 않은 것은?

① 건물화재에서 가열온도의 정도를 의미한다.
② 단위면적당의 건물의 가연성 구조재의 양으로 정한다.
③ 건물의 내화설계시 고려되어야 할 사항이다.
④ 건물의 연소속도와는 관계가 없다.

11 철망모르터로서 그 바름두께가 최소 몇 cm 이상이면 방화구조로 보는가?

① 1cm ② 2cm
③ 3cm ④ 4cm

12 화재에 대한 내력이 없더라도 화재시 건축물의 인접부분으로의 연소를 차단할 수 있는 정도의 구조는?

① 내화구조 ② 방화구조
③ 절연구조 ④ 피난구조

13 방염성능을 측정하는 기준으로 적합하지 않은 것은?

① 잔진시간 ② 잔염시간
③ 탄화면적 ④ 연기발생시간

14 화재하중에 영향을 주는 것은?

① 가연물의 배열상태 ② 가연물의 비표면적
③ 가연물의 양 ④ 가연물의 온도

15 방화벽, 방화문 등을 방화구획의 경계부분에 설치하여 구획 내에서 화재로부터 피해를 줄이고 소방활동상 소방대의 진입, 피난을 위한 명확한 2방향 이상의 피난동선을 확보해야 하는 방재계획의 수립을 무엇이라 하는가?

① 건축물의 배치계획 ② 건축물의 평면계획
③ 건축물의 단면계획 ④ 건축물의 입면계획

16 다음과 같은 계획수립은 건축물의 방재계획 중 어느 단계에서 이루어져야 하는가?

> 벽과 개구부가 가장 큰 요소가 되지만 단지 조형상의 구조물로서의 기능뿐만 아니라 다른 건축물 방재계획과 마찬가지로 화재예방, 소화, 구출, 피난, 연소방지 등의 계획을 수립하여야 한다.

① 평면계획 ② 단면계획
③ 입면계획 ④ 재료계획

17 다음 사항 중 건물 내부에서의 연소확대 방지수단이 아닌 것은?

① 방화구획 ② 날개벽 설치
③ 방화문 설치 ④ 건축설비(Duct)에의 연소방지조치

18 건축물의 방재계획에서 건축구조에 내화 및 방화성능을 부여하여야 하는 이유로 가장 적당한 것은?

① 화재시 구조 자체가 붕괴되면 그 건축물이 내장하고 있는 모든 방재적 기능이 소멸하기 때문이다.
② 화재를 진화한 후에 건축물을 다시 보수하여 사용할 수 있도록 하기 위함이다.
③ 건축물에 사용되어지는 가연물의 양을 제한하여 화재하중을 적게 하기 위해서이다.
④ 건축물의 구조를 견고히 하여 외부연소를 방지하고 방화를 예방하기 위해서이다.

19 피난시설의 일반적인 원칙에서 Fool-Proof의 원칙과 관계가 없는 것은?

① 비상사태 대비책을 의미한다.
② 피난설비는 원시적이고 간단명료하게 설치한다.
③ 피난시 하나의 수단의 사용이 불가능하더라도 다른 수단에 의하여 피난할 수 있도록 하는 것을 말한다.
④ 피난 및 유도표시는 문자보다는 색과 형태를 이용하는 것이 이에 속한다.

20 건축물 화재시 수평방향의 이동수단 중 가장 중요한 것은?

① 거실
② 전실
③ 계단
④ 복도

21 화재가 발생할 경우 피난경로에 대한 설명이다. 틀린 것은?

① 연기에 대한 안전구획의 개념에서 계단이 1차 안전구획이 된다.
② 피난경로로서는 복도, 계단전실, 계단을 거쳐 안전한 지상으로 탈출시키는 통로가 일반적이다.
③ 안전구획 사이의 벽은 기밀성이 높은 벽으로 하고, 출입문은 방화문으로 한다.
④ 피난통로의 말단에는 피난시 장애가 없도록 충분한 공간확보가 되어야 한다.

22 다음 중 건물 내 피난동선의 조건으로 적합한 것은?

① 피난동선은 그 말단이 길수록 좋다.
② 피난동선의 한쪽은 막다른 통로와 연결되어 화재시 연소(燃燒)가 되지 않도록 하여야 한다.
③ 어느 곳에서도 2개 이상의 방향으로 피난할 수 있으며, 그 말단은 화재로부터 안전한 장소이어야 한다.
④ 모든 피난동선은 건물 중심부 한 곳으로 향하고 중심부에서 지면 등 안전한 장소로 피난할 수 있도록 하여야 한다.

23 다음 계단 중 반드시 특별피난계단으로 하여야 하는 것은?

① 지하 3층에서 지상으로 통하는 직통계단
② 4층 판매장에서 피난층으로 통하는 직통계단
③ 5층까지 직통되게 연결된 지하 1층에서의 계단
④ 10층에서 피난층으로 통하는 직통계단

24 화재시 패닉(Panic)의 발생원인과 직접적인 관계가 없는 것은?

① 연기에 의한 시계제한
② 유독가스에 의한 호흡장애
③ 외부와 단절되어 고립
④ 건물의 가연내장재

25 건물에 설치하는 피난계단의 설명 중 옳은 것은?

① 옥외에 설치해야 한다.
② 계단실 내에 제연설비를 설치해야 한다.
③ 5층 이상의 건물에 설치해야 한다.
④ 스프링클러 소화설비를 하면 피난계단의 설치는 면제된다.

4.2 위험물화재에 대한 안전관리

26 위험물안전관리자가 수행하여야 하는 위험물 취급에 관한 업무와 관련이 없는 것은?

① 재난이 발생한 경우의 응급조치
② 제조소 등의 계측장치·제어장치 및 안전장치 등의 적정한 정비 및 설치
③ 제조소 등의 구조 및 설비의 안전에 관한 사무의 관리
④ 위험물의 취급에 관한 일지의 작성기록

27 위험물저장소의 구분과 관계가 없는 것은?

① 옥내저장소 ② 지하탱크저장소 ③ 이송탱크저장소 ④ 암반탱크저장소

28 다음 중 위험물안전관리법에서 정하고 있는 위험물취급소의 종류에 해당되지 않는 것은?

① 주유취급소 ② 일반취급소 ③ 이송취급소 ④ 옥외취급소

29 판매취급소는 위험물을 용기에 담아 판매하기 위하여 지정수량의 몇 배 이하의 위험물을 취급하는 장소를 말하는가?

① 20배 ② 30배 ③ 40배 ④ 50배

30 위험물제조소 등에 설치하는 스프링클러설비의 헤드에 대한 설치기준으로 옳은 것은?

① 방호대상물의 각 부분에서 스프링클러헤드까지의 수평거리가 1.7m 이하가 되도록 설치하여야 한다.
② 방호대상물의 각 부분에서 스프링클러헤드까지의 수평거리가 2.1m 이하가 되도록 설치하여야 한다.
③ 방호대상물의 각 부분에서 스프링클러헤드까지의 수평거리가 2.3m 이하가 되도록 설치하여야 한다.
④ 방호대상물의 각 부분에서 스프링클러헤드까지의 수평거리가 2.5m 이하가 되도록 설치하여야 한다.

31 위험물제조소 등에 설치하는 소방시설의 설치기준에 대한 설명이다. 틀린 것은?

① 옥외소화전은 방호대상물의 각 부분에서 하나의 호스접속구까지의 보행거리가 40m 이하가 되도록 설치하여야 한다.

② 스프링클러헤드를 동시에 사용할 경우에 각 선단의 방사압력이 100kPa 이상이 되어야 한다.

③ 방호대상물의 각 부분으로부터 하나의 소형 수동식 소화기까지의 보행거리가 20m 이하가 되도록 설치하여야 한다.

④ 자동화재탐지설비는 하나의 경계구역의 면적을 $600m^2$ 이하로 하여야 한다.

32 다음은 위험물제조소 등에 설치하는 옥내소화전의 설치기준이다. 괄호 안에 들어갈 말을 순서대로 옳게 나열한 것은?

> 옥내소화전은 제조소 등의 건축물의 층마다 당해 층의 각 부분에서 하나의 호스접속구까지의 수평거리가 (　)m 이하가 되도록 설치하여야 한다. 이 경우 옥내소화전은 각 층의 출입구 부근에 (　)개 이상 설치하여야 한다. 수원의 수량은 옥내소화전이 가장 많이 설치된 층의 옥내소화전 설치개수(설치개수가 5개 이상인 경우는 5개)에 (　)m^3를 곱한 양 이상이 되도록 설치하여야 한다. 옥내소화전설비는 각 층을 기준으로 하여 당해 층의 모든 옥내소화전(설치개수가 5개 이상인 경우는 5개의 옥내소화전)을 동시에 사용할 경우에 각 노즐선단의 방수압력이 (　)kPa 이상이고 방수량이 (　)ℓ/분 이상의 성능이 되도록 하여야 한다.

① 15 - 2 - 2.6 - 130 - 200
② 25 - 1 - 7.8 - 350 - 260
③ 25 - 2 - 13 - 350 - 450
④ 15 - 1 - 7.8 - 130 - 80

33 위험물의 제조소 등을 바르게 나타낸 것은?

① 제조만을 목적으로 하는 위험물의 제조소
② 위험물의 제조소, 저장소 및 취급소
③ 위험물의 저장시설을 갖춘 제조소
④ 제조 및 저장시설을 갖춘 판매취급소

34 고정된 주유설비에 의하여 위험물을 자동차 또는 항공기, 선박 등의 연료탱크에 직접 주유하기 위하여 위험물을 취급하는 장소는?

① 판매취급소
② 주유취급소
③ 일반취급소
④ 이동판매취급소

35 위험물제조소 등에 자동화재탐지설비를 설치하여야 할 대상인 것은?

① 100배 이상을 저장·취급하는 일반취급소
② 100배 이상을 저장·취급하는 옥내저장소
③ 200배 이상을 저장·취급하는 옥내저장소
④ 200배 이상의 제1류 위험물을 저장하는 옥내저장소

36 위험물제조소 등에 설치하는 옥외소화전의 법정 방수량은 다음 중 어느 것이 옳은가?

① 300ℓ/min 이상
② 350ℓ/min 이상
③ 400ℓ/min 이상
④ 450ℓ/min 이상

37 제2류 위험물의 저장 및 취급에 관한 기준과 관련이 적은 것은?

① 산화제와의 접촉·혼합을 피하여야 한다.
② 철분·금속분·마그네슘은 물과의 접촉을 피하여야 한다.
③ 인화성 고체는 증기의 발생에 주의하여야 한다.
④ 가연물과의 접촉을 막아야 한다.

38 제3류 위험물 중 자연발화성 물질의 저장 및 취급방법으로 옳지 못한 것은?

① 고온체의 접근을 막아야 한다.
② 물과의 접촉을 피하여야 한다.
③ 과열을 막아야 한다.
④ 공기와의 접촉을 방지하여야 한다.

39 다음은 위험물의 저장방법에 대한 설명이다. 옳지 못한 것은?

① 제3류 위험물에서 황린과 다른 금수성 물질은 동일한 저장소에서 저장할 수 없다.
② 옥내저장소에 있어서 덩어리상태의 유황은 용기에 수납하여 저장하여야 한다.
③ 옥내저장소에서는 용기에 수납하여 저장하는 위험물의 온도가 55℃를 넘어서는 안 된다.
④ 옥외저장소에서 위험물 수납용기를 선반에 저장하는 경우에는 6m를 초과하여 저장해서는 안 된다.

40 물과의 접촉을 방지해서 저장하여야 하는 물질과 관계가 없는 것은?

① 알칼리금속의 과산화물
② 철분
③ 알킬알루미늄
④ 나이트로화합물

41 다음은 주유취급소의 설치기준이다. 관계가 먼 것은?

① 주유할 때에는 고정주유설비를 사용하여 직접 주유할 것
② 주유할 때에는 자동차 등의 원동기를 정지시킬 것
③ 주유할 때에는 고정주유설비로부터 1.5m 이내의 부분에 있어서는 다른 자동차의 정비를 하지 아니할 것
④ 전시장의 업무는 건축물의 1층에서 행할 것

42 위험물취급소의 위험물 취급기준에 대한 설명으로 옳지 못한 것은?

① 자동차주유취급소의 주유원 간이대기실 내에서는 화기를 사용해서는 아니 된다.
② 판매취급소에서는 위험물을 배합하는 작업을 하여서는 아니 된다.
③ 판매취급소에서는 위험물을 별도의 판매용기에 수납하여 판매를 하여야 한다.
④ 이송취급소에서의 위험물 이송은 위험물을 이송하기 위한 배관펌프 및 그에 부속한 설비의 안전을 확인한 후에 개시하여야 한다.

43 액체위험물은 운반용기 내용적의 얼마 정도의 수납률(%)로 수납을 하여야 하는가?

① 90% 이하　　② 93% 이하
③ 98% 이하　　④ 100% 이하

44 자연발화성 물질의 운반용기 수납방법으로 타당한 것은?

① 물과 접하지 아니하도록 할 것　　② 가연물과의 접촉을 막아야 한다.
③ 마찰 및 충격에 주의하여야 한다.　　④ 공기와의 접촉을 막아야 한다.

45 차광성 피복조치를 하여 운반하여야 하는 위험물과 관련이 없는 것은?

① 질산염류　　② 마그네슘
③ 황린　　④ 이황화탄소

46 제1류 위험물의 운반용기 외부에 표시하는 주의사항과 관련이 적은 것은?

① 화기 및 충격주의　　② 물기엄금
③ 가연물접촉주의　　④ 공기접촉엄금

47 '화기엄금'이란 주의사항을 운반용기 외부에 표시하여야 하는 위험물과 관계가 적은 것은?

① 인화성 고체　　② 황린
③ 염소산염류　　④ 유기과산화물

48 다음 중 '가연물접촉주의'라는 주의사항을 운반용기 외부에 표시하여야 하는 물질은?

① 질산　　② 황린
③ 경유　　④ 철분

49 이동탱크저장소의 표지판 및 게시판의 설치기준에 대한 설명으로 적당하지 못한 것은?

① 표지판의 규격은 한 변이 0.3m 이상, 다른 한 변이 0.6m 이상으로 할 것
② 표지판은 황색바탕에 흑색문자로 표시하여야 한다.
③ 게시판은 백색바탕에 흑색문자로 표시하여야 한다.

④ 게시판에는 유별, 품명, 최대수량 또는 적재중량 등을 기재하여야 한다.

50 위험물제조소의 방화에 관하여 필요한 사항을 기재한 게시판의 설치기준으로 틀린 것은?

① 게시판은 한 변의 길이가 0.3m 이상, 다른 한 변의 길이가 0.6m 이상인 직사각형으로 할 것
② 게시판의 바탕은 백색으로, 문자는 적색으로 할 것
③ 저장 또는 취급하는 위험물의 유별, 품명 및 저장·취급수량 등을 기재할 것
④ 안전관리자의 성명 및 직명을 기재할 것

51 위험물을 운반할 때에는 행정안전부령으로 정하는 사항에 따라야 하는데 그 사항이 아닌 것은?

① 용기 ② 저장량
③ 적재방법 ④ 운반방법

52 제6류 위험물의 주의사항 게시판 표기내용으로 맞는 것은?

① 화기주의 ② 물기엄금
③ 화기엄금 ④ 가연물접촉주의

53 위험물제조소의 바탕 및 문자의 색으로 옳은 것은?

① 황색바탕, 흑색문자 ② 백색바탕, 흑색문자
③ 흑색바탕, 백색문자 ④ 적색바탕, 백색문자

54 제4류 위험물의 주의사항 게시판 표기내용으로 맞는 것은?

① 적색바탕에 백색문자의 '화기주의' ② 청색바탕에 백색문자의 '물기엄금'
③ 적색바탕에 백색문자의 '화기엄금' ④ 청색바탕에 백색문자의 '물기주의'

55 제1종 판매취급소의 위치 및 시설로서 옳은 것은?

① 건축물의 지하층에 설치하여야 한다.
② 건축물의 1층에 설치하여야 한다.
③ 지하층에만 있는 건축물에 설치하여야 한다.
④ 2층 건물에 설치할 때에는 1층에는 판매취급소, 2층에는 작업실을 두도록 한다.

56 취급하는 위험물의 최대수량이 지정수량의 10배 이하인 옥외저장소의 건축물 주위에 보유하여야 할 공지의 너비는 몇 m 이상이어야 하는가?

① 3 ② 5
③ 7 ④ 10

57 위험물저장소로서 옥내저장소의 저장창고는 위험물저장을 전용으로 하여야 하며, 지면에서 처마까지의 높이는 몇 m 미만인 단층건축물로 하여야 하는가?

① 6 ② 6.5
③ 7 ④ 7.5

58 옥내저장소로서 제6류 위험물을 저장하는 창고는 바닥면적을 몇 m^2 이하로 하여야 하는가?

① 1,000 ② 1,500
③ 2,000 ④ 2,500

59 가연성의 증기 또는 미분이 체류할 우려가 있는 건축물에 시설하는 위험물제조소의 배출설비 조건으로 옳은 것은?

① 배출설비는 특별한 경우를 제외하고 전역방출방식으로 할 것
② 자연배출방식을 이용하여 배출하는 것으로 할 것
③ 배출능력은 1시간당 배출장소 용적의 10배 이내로 할 것
④ 급기구는 높은 곳에 설치하고, 가는 눈의 구리망 등으로 된 인화방지망을 설치할 것

60 옥외저장소에 선반을 설치하고자 할 때에 선반의 높이는 어떻게 하여야 하는가?

① 5m를 초과하지 않도록 한다. ② 6m를 초과하지 않도록 한다.
③ 8m를 초과하지 않도록 한다. ④ 10m를 초과하지 않도록 한다.

61 위험물저장소로서 옥내저장소 하나의 저장창고의 바닥면적은 다음의 위험물을 저장하는 창고에 있어서는 몇 m^2 이하로 하여야 하는가?

㉠ 제1류 위험물 : 아염소산염류, 염소산염류, 과염소산염류, 무기과산화물류
㉡ 제3류 위험물 : 칼륨, 나트륨, 알킬알루미늄, 알킬리튬
㉢ 제4류 위험물 : 특수인화물, 제1석유류, 알코올류
㉣ 제5류 위험물 : 유기과산화물, 질산에스테르류
㉤ 제6류 위험물

① 300 ② 500
③ 800 ④ 1,000

62 주유취급소의 고정주유설비의 주유관의 길이는?

① 3m 이내 ② 5m 이내
③ 7m 이내 ④ 10m 이내

63 탱크의 매설에서 지하탱크저장소의 탱크는 본체 윗부분이 지면(건축물에 설치하는 경우에는 그 건축물의 최저부의 바닥을 말한다)으로부터 몇 m 이상의 깊이가 되도록 매설하여야 하는가?

① 0.6　　② 0.8
③ 1.0　　④ 1.2

64 암반탱크저장소의 암반탱크는 암반투수계수가 몇 m/sec 이하인 천연암반 내에 설치하여야 하는가?

① 10^{-5}　　② 10^{-6}
③ 10^{-7}　　④ 10^{-8}

65 옥외탱크저장소의 펌프설비에서 펌프설비의 주위에 몇 m 이상의 공지를 보유하여야 하는가?

① 3　　② 4
③ 5　　④ 6

66 다음 중 위험물을 저장·취급하는 건축물에 채광·조명 및 환기설비의 설치기준으로 틀린 것은?

① 채광면적은 최소로 한다.　　② 환기는 강제배기방식으로 한다.
③ 급기구는 낮은 곳에 설치한다.　　④ 점멸스위치는 출입구 바깥부분에 설치한다.

67 위험물제조소에 환기설비를 시설할 때 바닥면적이 100m^2라면 급기구의 면적은 몇 cm^2 이상이어야 하는가?

① 150　　② 300
③ 450　　④ 600

68 주유취급소의 고정주유설비 중 자동차 등에 직접 주유하기 위한 고정주유설비의 주위에는 주유를 받으려는 자동차 등이 출입할 수 있도록 너비 몇 m 이상, 길이 몇 m 이상의 콘크리트로 포장한 공지를 보유하여야 하는가?

① 너비 : 12m, 길이 : 4m　　② 너비 : 12m, 길이 : 6m
③ 너비 : 15m, 길이 : 4m　　④ 너비 : 15m, 길이 : 6m

69 주유취급소에 설치하여서는 아니되는 것은?

① 볼링장 또는 대중이 모이는 체육시설
② 주유취급소의 관계자가 거주하는 주거시설
③ 자동차 등의 세정을 위한 작업장
④ 주유취급소에 출입하는 사람을 대상으로 하는 점포

70 다음 중 판매취급소의 위험물배합실(작업실)의 조건으로 틀린 것은?

① 내화구조로 된 벽으로 구획하여야 한다.
② 바다면적은 $6m^2$ 이상 $15m^2$ 이하로 하여야 한다.
③ 출입구에는 갑종방화문을 설치하여야 한다.
④ 출입구에는 바닥으로부터 5cm 이상의 턱을 설치하여야 한다.

71 다음 중 위험물제조소의 건축물구조로 잘못된 것은?

① 벽, 기둥, 서까래 및 계단은 난연재료로 할 것
② 지하층이 없도록 할 것
③ 지붕은 가벼운 금속판 또는 불연재료로 덮을 것
④ 연소의 우려가 있는 외벽은 내화구조로 할 것

72 옥외탱크저장소 주위에는 공지를 보유하여야 한다. 저장 또는 취급하는 위험물의 최대저장량이 지정수량의 600배라면 몇 m 이상인 너비를 보유하여야 하는가?

① 3 ② 5
③ 9 ④ 12

73 판매취급소의 위험물배합실(작업실)의 출입구에는 바닥으로부터 몇 m 이상의 턱을 설치하여야 하는가?

① 0.1 ② 0.15
③ 0.2 ④ 0.25

74 위험물제조소 중 위험물을 취급하는 건축물은 특별한 경우를 제외하고 어떤 구조로 하여야 하는가?

① 지하층이 없는 구조이어야 한다.
② 지하층을 주로 사용하는 구조이어야 한다.
③ 지하층이 있는 2층 이내의 건축물이어야 한다.
④ 지하층이 있는 3층 이내의 건축물이어야 한다.

Part

3 소화이론

CHAPTER

1 소화원리

1.1 소화의 정의

소화란 가연물질이 산화반응에 의해 열과 빛을 내는 연소현상, 즉 화재를 발화온도 이하로 감소시키거나 산소의 공급을 차단시켜서 산소농도를 희석시키거나 가연물질을 화재현장으로부터 제거하거나 연소의 연쇄반응을 차단·억제시키는 것을 말한다.

소화는 인간에게 불안감과 공포감을 주며, 심지어 인명과 재산상의 손실을 가져다 주는 연소의 연쇄반응을 하는 화재를 제어하는 것이 주목적이다.

연소의 3요소 또는 4요소 중 1개 요소 또는 전부를 제거하면 연소가 중단되는데, 이러한 소화원리는 다음과 같다.

화학적인 소화	화재시 가연물질을 화학적인 방법으로 제조된 소화약제를 이용해서 소화(부촉매소화)하는 것을 말한다.
물리적인 소화	화재를 냉각(냉각소화), 강풍으로 불어 소화(제거소화)시키거나 혼합기의 조성변화에 의해 소화(질식소화)하는 것을 말한다.

1.2 소화원리

화재를 소화하는 방법에는 화학 및 물리적 원리를 이용한 냉각·질식·제거·부촉매작용 및 가연물의 농도를 희석시켜 소화하는 방법이 있다.

1. 소화의 3대원리 : 냉각소화, 제거소화, 질식소화
2. 소화의 4대원리 : 소화의 3대원리 + 부촉매소화

1. 냉각소화

(1) 액체 또는 고체 소화제를 이용하여 가연물을 냉각시키든지, 비열이 큰 냉각제로 냉각하든지, 기화열을 이용하여 인화점 및 발화점 이하로 낮추어 소화하는 방법으로 대표적인 소화약제는 물이다.

(2) 냉각소화는 물질의 비열, 기화 및 융해잠열 등에 의해 효율성이 결정되는데, 냉각소화에 물이 좋은 이유는 비열과 잠열이 크며 손쉽게 얻을 수 있기 때문이다.

2. 질식소화

(1) 산소의 희석에 의한 소화로서 가연물이 연소하는 데 필요한 산소량을 조절하여 소화하는 방법이다.

(2) 공기 중의 산소농도 21%를 15% 이하로 희석하면 연소 중인 가연물은 산소의 양이 부족하여 연소가 중단되게 된다.

(3) 대부분의 액체연소에는 공기 중의 산소농도는 15% 이하, 고체는 6% 이하, 아세틸렌은 4% 이하가 되면 소화가 가능하다. 그러나 탄화수소의 기체는 산소 15% 이하에서는 연소하기 어렵다.

(4) 질식이라는 것은 산소가 완전히 제거되었다는 뜻이 아니라, 혼합기 내의 산소농도가 어느 일정치 이하가 되면 연소가 계속될 수 없게 된다는 뜻이다.

■ 가연성 물질의 한계산소농도

물 질	한계산소농도(V%)	물 질	한계산소농도(V%)
수 소	5.9	일산화탄소	5.9
대량의 면	8.0	에틸렌	10.0
보리가루	12.0	에테르	13.0
창고의 먼지	14.0	보리, 수수가루	14.0
코르크가루	14.1	메 탄	14.5
아세톤	15.0	메틸알코올	15.0
등 유	15.0	가솔린	15.0
공중의 먼지	15.0	석탄가루	16.0
맷돌로 간 보리가루	13.7		

3. 제거소화

가연물질을 다른 위치로 이동시킴으로써 연소를 방지하거나 제거하여 연소를 중단시키는 소화방법으로, 가장 좋은 방법이 될 수도 있고 가장 원시적인 방법이라 할 수도 있다.

(1) 고체 파라핀(양초)의 화염을 입김으로 불어 날려 보냄으로써 소화한다.

(2) 유전화재시에는 발생하는 증기가 연소하므로 질소폭탄을 이용하여 순간적으로 폭풍을 일으켜 증기를 날려 보냄으로써 소화한다.

(3) 전기화재의 경우, 전원을 차단하고 전기의 공급을 중지시킨다.

(4) 산불화재시에는 진행방향의 나무를 잘라 제거한다.

(5) 수용성의 가연물일 경우에는 물을 혼합하여 농도를 희석시켜 연소범위 하한계 이하로 내린다.

(6) 가스화재시에는 밸브를 차단시켜 가스공급을 중단시킨다.

4. 부촉매소화

(1) 연소의 연쇄반응을 차단·억제하여 소화하는 방법으로 억제소화, 화학소화작용이라고 한다. 부촉매소화작용은 할로겐화합물 소화약제가 대표적으로 이용되고 있다.

(2) 부촉매효과는 가연물질을 구성하는 원소 중에 수소가 공기 중의 산소와 결합하여 연소하는데, 이 연소과정에서 활성화된 OH기와 산소원자를 생성한다. 생성된 OH기는 가연물질의 수소분자와 결합하여 H_2O를 생성하며, 활성화된 수소원자(활성기, 자유기, 유리기)를 발생시킨다. 활성화된 수소원자는 다시 공기 중의 산소분자와 결합하는 연쇄반응을 하게 되는데, 이 연쇄반응을 억제·차단하는 소화효과를 말한다.

(3) 부촉매소화 효과로는 할로겐화합물 소화약제가 성능이 우수한데, 이것은 수소원자와 친화력이 우수한 할로겐원소가 함유된 소화약제이기 때문이다.

(4) 일반적인 연쇄반응을 억제·차단시키는 화학소화제는 동시에 냉각에 의한 소화 및 산소의 희석에 의한 소화 등의 작용을 한다.

열량

1. 현열 : 상의 변화는 없고 온도의 변화가 있을 때 발생되는 열
   $Q_1 = m \cdot c \cdot \Delta t$
2. 잠열 : 상의 변화는 있고 온도의 변화가 없을 때 발생되는 열
   $Q_2 = m \cdot \gamma$

3. 상의 변화가 있고 온도의 변화도 있을 때 발생되는 열은 현열과 잠열의 합으로 산출된다. 즉,
$Q_T = Q_1 + Q_2 = m \cdot c \cdot \Delta t + m \cdot \gamma$
※ m : 질량(kg)
c : 비열(물의 비열 = 1kcal/kg · ℃)
Δt : 온도의 차(℃)
γ : 잠열[물의 증발(기화)잠열 : 539kcal/kg, 융해잠열 : 80kcal/kg]

5. 기타의 소화원리

유화소화 (Emulsion Effect)	① 중유(제4류 위험물 중 제3석유류)화재시 무상(안개상)으로 주수하거나 유류 화재시 포 소화약제를 방사하는 경우 유류표면에 유화층이 형성되어 공기의 공급을 차단시키는 소화작용을 말한다. ② 유류표면에 형성된 엷은 막을 수막이라 하며, 이 수막(Water Film)은 물과 유류의 중간 성질을 갖는다. ③ 유화소화효과가 있는 소화약제 및 적응화재 ㉠ 물 소화약제(무상) : 중유화재 ㉡ 포 소화약제 : 모든 유류화재 ㉢ 강화액 소화약제(무상) : 모든 유류화재 ㉣ 내알코올포 소화약제 : 수용성 가연물질(알코올류, 에테르류, 케톤류 등)
희석소화	물에 용해하는 성질을 가지는 가연물질인 수용성 가연물질(알코올류, 에테르류, 에스테르류, 케톤류 등)을 저장하는 탱크 및 용기에 화재가 발생하였을 때 다량의 물을 방사함으로써 농도를 묽게 하여 연소농도 이하가 되어 소화시키는 작용을 말한다.
피복소화	① 이산화탄소 소화약제의 소화작용으로 비중이 공기보다 약 1.52배 무거워 연소물질을 덮음으로써 산소의 공급을 차단시키는 소화작용을 말한다. ② 피연소물질에도 구석구석 침투하여 화염의 접촉을 방지시키므로 피연소물질에 전혀 피해를 주지 않는다.
방진소화	제3종 분말 소화약제에서 볼 수 있는 소화작용으로, 일반화재(A급 화재)시에 제3종 분말 소화약제의 주성분인 제1인산암모늄($NH_4H_2PO_4$)을 방사하는 경우 열분해에 의해 발생되는 메타인산(HPO_3)이 숯불모양으로 연소하는 가연물질(일반가연물 : 숯, 코크스 등)을 덮어 소화하는 작용을 말한다
탈수소화	제3종 분말 소화약제의 주성분인 제1인산암모늄($NH_4H_2PO_4$)에 의한 소화작용으로, 연소하고 있는 가연물질로부터 수분을 빼앗아 계속적인 연소반응이 일어나지 않게 하는 소화작용을 말한다.

Chapter 1 연습문제

1.1 소화의 정의

01 소화의 정의에 대한 설명으로 맞지 않는 것은?

① 연소의 3요소 중 전부를 제거해야만 연소가 중단된다.
② 화재를 발화온도 이하로 감소시키는 것을 말한다.
③ 산소의 공급을 차단시켜서 산소농도를 희석시키는 것을 말한다.
④ 가연물질을 화재현장으로부터 제거하는 것을 말한다.

02 소화의 방법 중 화학적 소화란 무엇인가?

① 화재를 발화온도 이하로 감소하는 것
② 산소농도를 희석시키는 것
③ 연쇄반응을 억제·차단시키는 것
④ 강풍을 불어 가연물을 제거하는 것

1.2 소화원리

03 다음의 설명과 관계가 있는 소화원리는?

> ㉠ 기화열을 이용하여 인화점 및 발화점 이하로 낮추어 소화하는 방법이다.
> ㉡ 대표적인 소화약제는 물이다.
> ㉢ 물질의 비열, 기화 및 융해잠열 등에 의해 효율성이 결정된다.

① 냉각소화　② 희석소화
③ 질식소화　④ 제거소화

04 다음과 같은 소화법을 무엇이라 하는가?

㉠ 양초의 불꽃을 입김으로 불어서 끈다.
㉡ 유전화재시 질소폭탄을 이용하여 소화한다.
㉢ 산불화재시 진행방향의 나무를 잘라낸다.
㉣ 수용성 가연물에 물을 혼합시킨다.

① 냉각소화　　② 제거소화
③ 유화소화　　④ 희석소화

05 다음 중 질식소화에 대한 설명과 관계가 없는 것은?

① 산소의 희석에 의한 소화원리이다.
② 가연물이 연소하는 데 필요한 산소량을 조절하여 소화하는 방법이다.
③ 대부분의 액체연소에는 공기 중의 산소농도는 15% 이하 되면 소화가 가능하다.
④ 질식이라는 것은 산소가 완전히 제거되었다는 뜻이다.

06 다음과 같은 소화원리를 무엇이라 하는가?

중유 화재시 무상주수하거나 유류 화재시 포 소화약제를 방사하는 경우 유류표면에 유화층이 형성되어 공기의 공급을 차단시키는 소화작용을 말한다.

① 에멀션효과　　② 희석효과
③ 탈수효과　　④ 방진효과

07 물의 유화(에멀션)효과를 이용한 설비의 방호대상 장소는?

① 기름탱크　　② 방직공장
③ 종이창고　　④ 귀금속상점

08 소화의 원리에 해당하지 않는 것은?

① 산화제의 농도를 낮추어 연소가 지속될 수 없도록 한다.
② 가연성 물질을 발화점 이하로 냉각시킨다.
③ 가열원을 계속 공급한다.
④ 화학적인 방법으로 화재를 억제시킨다.

CHAPTER

2 소화약제의 종류 및 특성

2.1 수계 소화약제

1. 물 소화약제

(1) 물(H_2O) 소화약제의 성상

① 고체, 액체, 기체의 3상으로 지구상에 존재하고 있다. 물은 0℃ 이하에서 고체상태인 얼음으로 존재하며, 0℃ 이상에서는 액체상태로 존재한다. 100℃ 이상에서는 기체상태인 수증기로 존재한다.

② 물은 온도의 변화에 의해 상의 변화는 있지만 매우 안정하므로 다른 성질의 물질로 변화된다든가 분해되는 일이 없다.

③ 물이 소화약제로서 많이 사용되고 있는 것은 구입하기가 손쉽고 가격이 비교적 싸서 경제적이기 때문이다. 또한 물의 기화열(539cal/g)을 이용한 냉각효과가 크며, 비열(1cal/g · ℃)이 크기 때문이다.

■ 물의 상태도

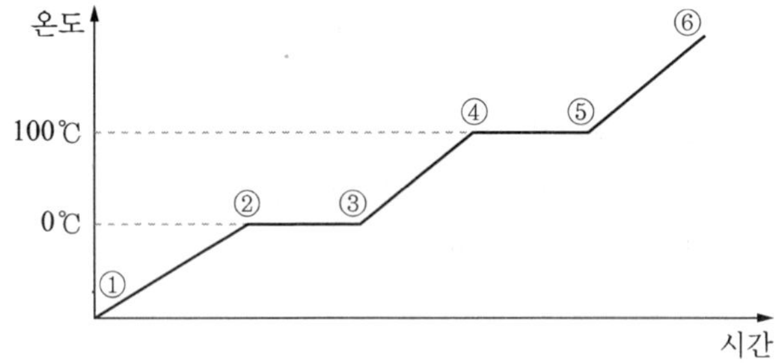

[그림]에서 구간별 상태를 살펴보면 ①~② 구간은 고체상태의 얼음이 존재하고, ②~③ 구간에서는 얼음이 가열되어 융해되는 부분으로서 얼음과 물이 공존하는 구간이다. ③~④ 구간은 물이 점차 가열되어 완전한 액체상태인 물이 존재하며, ④~⑤ 구간은 물이 더욱 열을 받아 기화되는 부분으로서 물과 수증기가 공존하는 구간이다. ⑤~⑥ 구간은 수증기가 가열되어 기체상태로 존재한다.

(2) 물의 일반적인 특성

① 물은 일상생활에서 여러모로 많은 역할을 하는데 생명수로서의 존재뿐만 아니라 난방용 열원, 상업용 열원으로서도 사용을 하고 있고, 화재현장에서 소화약제로서의 역할도 하고 있다. 이것은 물의 기화열(539cal/g)이 매우 크기 때문이다.

② 물 1g을 0℃에서 100℃까지 상승시키는 데 필요한 열량은 100cal이나, 완전한 기체상태인 수증기로 증발시키는 데는 539cal의 열량을 더 주어야 수증기가 된다. 이렇듯 물은 기화열을 이용하며 화재발생시 소화약제로 많이 이용되고 있다.

③ 물의 기화열은 539cal/g인데 액체 1g을 같은 온도의 기체 1g으로 증발시킬 때 필요한 열량을 기화열이라 한다. 그러면 고체 1g이 같은 온도의 액체 1g으로 상의 변화가 있을 때 필요한 열량을 융해열이라 하는데 얼음의 융해열은 80cal/g이다.

④ 열에는 현열과 잠열로 구분되는데 물질의 상의 변화는 없고 온도의 변화만 있을 때 필요한 열량을 현열이라 하며, 반면 물질의 상의 변화는 있고 온도의 변화가 없을 경우 필요한 열량은 잠열이라 한다.

⑤ 물은 열전도계수가 매우 크므로 한 번 가열을 시키면 가열면 전체에 온도가 골고루 분포된다. 물의 점도는 0.01poise[g/cm·s]로서 다른 액체에 비해 크지 않다. 그리고 물의 표면장력은 매우 큰데, 액체 중에서도 수은(Hg)을 제외하고 가장 큰 것으로 나타난다.

■ 물의 물성

측정요소	측정치
비등점(1atm)	100[℃]
융 점	0[℃]
임계압력	218[atm]
임계온도	374[℃ 1g/cm^3]
밀도(4℃)	1[g/cm^3]
비 열	1[cal/g·℃]
체팽창률(5～10℃)	0.053×10^{-3}[℃$^{-1}$]
열전도도(20℃)	1.4×10^{-3}[℃$^{-1}$]
융해열(0℃)	79.4[cal/g]
증발열(100℃)	539.03[cal/g]
비점상승계수	0.52[℃]
빙점상승계수	1.86[℃]
표면장력(20℃)	72.75[dyne/cm]
음파속도(20℃)	1482.9[m/s]

■ 물의 온도와 비중과의 관계

온도(℃)	비 중	온도(℃)	비 중
−10	0.99793	40	0.99224
0	0.99987	60	0.98327
4	1.00000	80	0.97183
10	0.99973	100	0.95838
20	0.99823		

⑥ 물의 화학적 성질 측면을 보면 수소원자 2개와 산소원자 1개가 강력하게 공유결합하여 구성된 물질로서 물분자는 극성을 가지고 있다. 물분자의 이런 성질 때문에 비등점, 표면장력 등이 높으며, 특히 다른 물질을 용해시킬 때 더욱 뚜렷하게 나타난다.

⑦ 소화약제로서의 물은 냉각특성을 갖고 있다. 불 위에 물을 뿌리면 물이 가열되어 증기로 변하며, 연소되는 물질에 의해 가열된 수증기가 가연성 물질로부터 다량의 열에너지를 제거시키고 불은 냉각시켜 소화하기 때문에 소방설비에서 중요한 역할을 한다.

⑧ 발생된 증기는 열원을 제거시키는 데 많은 도움이 되며, 물은 증발될 때 방대한 양의 수증기를 발생하는데 증기로 변할 때 체적변화는 약 1,700배 정도로 커진다. 화재현장에서의 온도가 높을수록 더 크게 증기를 팽창시킨다.

⑨ 물은 입자의 크기에 따라 증기화되는 속도가 다르다. 입자가 큰 물(봉상·적상의 물)은 입자가 작은 물(분무상의 물)에 비하여 많은 양의 물이 증발되지 못하고 손실된다. 소화효과를 높이기 위해서는 증발률을 증가시켜야 하는데 이 경우는 물의 입자를 분무상으로 하는 것이 효과적이다.

(3) 물 소화약제의 소화원리

① 물은 가격이 싸서 경제적이며, 쉽게 구할 수 있어 가장 널리 사용되고 있는 소화약제이다.

② 잠열(기화잠열)은 539cal/g 정도이다.

③ 물을 증발·가열시키면 약 1,700배 정도로 부피가 팽창하여 산소농도의 희석, 즉 질식효과도 기대된다.

④ 물에 계면활성제를 첨가하게 되면 침투력을 증진시키며, 인산염이나 알칼리금속의 탄산염 등을 첨가하면 방염효과를 얻을 수 있다.

⑤ 물의 입자크기가 작게 되면 표면적이 증가해서 열을 흡수하여 기화가 용이하게 되므로 입경이 작을수록 냉각효과가 뛰어나다.

⑥ 물 소화약제를 봉상 및 적상주수하게 되면 가연물로의 충돌력 또는 수분류력의 한 심부로 침투하는 것에 의해 냉각효과를 유지하므로 열용량이 큰 일반 고체 가연물의 대규모 화재

에 대한 효과적인 소화방법이다.

⑦ 유류 화재시 봉상 및 적상주수하게 되면 물의 입자에 속도에너지가 부가되어 연소 중인 유류표면에 타격해서 표면을 유화상(에멀션효과)으로 하여 유류의 연소성을 상실시키는 경우도 있다.

⑧ 물 소화약제를 무상주수하게 되면 수증기의 급격한 팽창에 의해 산소농도를 감소시켜 질식효과를 기대할 수 있기 때문에 유류화재에도 적당하다 할 수 있다.

⑨ 입자크기를 작게 했을 경우에는 냉각효과 및 질식효과를, 입자크기를 크게 했을 경우에는 냉각효과 및 타격력의 증가 또는 파괴작용에 의해 에멀션효과를 기대할 수 있다. 또한, 이러한 파괴작용에 의해서는 연소 중인 가연물에서 생성되는 가스의 발생을 방해·격리시키며, 연소면을 타격하여 유화 및 파괴시킨다.

(4) 물 소화약제의 방사방법

봉상주수	• 살수장치로부터 방사되는 물줄기가 굵고 길며, 입자와 입자가 서로 연결되어 방사되는 것을 말한다. • 화재시 화세가 강하여 빠른 시간에 소화가 필요한 경우에 사용된다. • 수용성 가연물질(알코올류, 에테르류 등)이 화재시 신속하게 다량의 물 소화약제가 요구되는 상황에 대비하기 위해 사용된다. • 옥내외소화전설비, 연결송수관설비 등에 적용되는 주수방법이다. • 냉각소화효과가 있으며, 전기전도성이 있으므로 전기화재(C급 화재)에는 부적합하다.
적상주수	• 물의 입자형태가 방울모양으로 굵고 긴 막대모양과 안개모양의 중간형태이다. • 스프링클러소화설비, 연결살수설비 등에 적용되는 주수방법이다. • 봉상주수와 마찬가지로 냉각소화효과가 있으며, 전기전도성이 있으므로 전기화재(C급 화재)에 부적합하다.
무상주수	• 물의 입자형태가 안개상으로 특수제작된 살수장치에 의해 고압으로 방사되기 때문에 물의 입자가 서로 이격되어 있다. • 무상주수는 봉상 및 적상주수에 비해 냉각소화가 좋으며, 제4류 위험물의 제3석유류인 중유 화재시 무상주수하면 유류표면에 엷은 수막층이 형성되어 공기 중의 산소공급을 차단하는 유화효과도 있다. • 옥내외소화전설비(분무노즐 사용), 물분무소화설비 등에 적용되는 주수방법이다. • 무상의 입자형태는 전기전도성이 없어(물의 입자가 서로 이격되어 있어 방전의 효과가 있다) 전기화재(C급 화재)에 적합하다. • 무상주수시 공기 중의 산소공급을 차단하는 질식소화효과가 있으므로 유류화재에도 적합하다.

물을 사용할 수 없는 화재

화학물질	화학물질의 화재에는 일반적으로 물을 사용하지 않는 것이 원칙이다. 카바이드, 과산화물과 같은 물질은 물과 반응하여 오히려 가연성 가스와 열을 발생시켜 폭발하거나 연소를 가속시킬 위험이 있다. 또한 생석회는 물에 젖거나 습기와 반응해 열을 발생한다.
가연성금속	불에 타는 금속, 예를 들면 마그네슘, 티타늄, 금속나트륨, 하프늄과 칼슘, 아연, 알루미늄 금속분은 물을 적용하면 폭발하거나 폭발의 위험이 있다.
방사능물질	방사능물질을 취급하는 시설에서의 화재에는 다량의 물을 계속적으로 사용하면 방사능에 오염된 물을 확산시킬 가능성이 크므로 다량의 물을 적용하는 것은 위험하다.
전기가 흐르는 시설	물에 불순물이 섞이면 전도체가 되므로, 전기가 통하고 있는 설비에 물로 소화를 시도한다면 전기에 감전될 우려가 매우 크다.
가연성 액체 위험물	보일오버가 발생할 가능성이 있다. 위험물이 넘칠 가능성이 있으며, 누출된 위험물의 화재는 더 확산된다.

(5) 물 소화약제의 취급 및 저장방법

① 소화약제로서 사용되는 물은 깨끗한 양질의 소화용수로서 지하수조 또는 지상수조에 저장하고 불순물의 유입을 방지하기 위해 맨홀로 닫아주어야 하며, 동절기에 동결되지 않도록 보호조치를 취하여야 한다.

② 지하수조 내의 수원의 양은 화재시 유효하게 사용될 수 있도록 화재안전기준의 용수량에 적합하게 유지하여야 하며, 물을 저장하는 수조나 탱크는 물에 의해 부식·퇴적되지 않도록 내식성 재료 및 도료로 피복·제조된 것을 사용하여야 한다.

③ 수조 하부에 불순물에 의한 퇴적물이 생성될 우려가 있으므로 수조 내의 수원을 정기적으로 양질의 소화용수로 교환해 주어야 하며, 물에 의해 배관 내의 부식퇴적물을 소제구를 사용하여 정기적으로 제거해야 한다.

물 소화약제의 동결방지제

① 에틸렌글리콜 ② 프로필렌글리콜
③ 염화칼슘 ④ 염화나트륨

2. 포 소화약제

(1) 포 소화약제의 개요

물에 의한 소화효과가 적거나 화재가 확대될 우려가 있는 가연성, 인화성 액체 위험물 등에서 발생하는 화재의 소화를 목적으로, 탄산가스 또는 공기를 핵으로 하는, 기름보다 가벼운 미세한 기포에 포함되어 있는 분산된 물의 냉각효과에 의해 소화목적을 달성하는 것이 포 소화약제이다.

포 소화약제는 포 거품의 내부에 공기가 존재하는 공기포(기계포) 소화약제와 2개 물질이 화학반응에 의해 생성되는 불연성 가스가 존재하는 화학포 소화약제가 있는데, 이 중 화학포 소화약제는 사용상의 불편으로 인하여 현재는 거의 사용되지 않고 있다.

포 소화약제의 구비조건

1. 포의 안정성이 좋아야 한다.
2. 독성이 적어야 한다.
3. 유류와의 접착성이 좋아야 한다.
4. 포의 유동성이 좋아야 한다.
5. 유류의 표면에 잘 분산되어야 한다.

(2) 포 소화약제의 종류 및 성상

포 소화약제라 함은 원액에 포 안정제를 첨가한 액체의 것으로 물과 일정한 농도로 혼합하여 공기 또는 불활성 기체를 기계적으로 혼입시킴으로써 포(거품)를 발생시켜 소화에 사용하는 약제를 말한다.

포 소화약제는 성분상으로 화학포(Chemical Foam) 소화약제와 기계포(Mechanical Foam) 소화약제로 분류되며, 팽창비율에 의해 팽창비가 20 이하인 것은 저발포(low expansion foam concentrates)라 하며, 팽창비가 80 이상 1,000 미만인 것은 고발포(high expansion foam concentrates)라고 한다.

또한, 물과의 혼합비율에 따라 1%, 1.5%, 2%, 3%, 6%형으로 구분된다.

① **화학포**(Chemical Foam) **소화약제**

㉠ 화학포는 중탄산나트륨(중조, 탄산수소나트륨)과 황산알루미늄(유산반토)을 주성분으로 하며, 이들의 화학반응에 의해 불연성 가스(이산화탄소)가 발생되고 이것을 이용하여 포를 발생시키는 것이다. 포 안정제로는 카세인, 젤라틴, 샤포닝 등이 사용된다.

㉡ 화학포의 화학반응식

$$6NaHCO_3 + Al_2(SO_4)_3 \cdot 18H_2O \rightarrow 6CO_2 + 3Na_2SO_4 + 2Al(OH)_3 + 18H_2O$$

화학포는 A제(중탄산나트륨 : $NaHCO_3$)와 B제(황산알루미늄 : $Al_2(SO_4)_3 \cdot 18H_2O$)를 선정하여 이것을 혼합시켜 화학반응을 일으켜 발포가 일어난다. 이 반응에 의해 점착성이 있는 포가 발생되며 이 포의 내용물(핵)은 이산화탄소이다.

㉢ 화학포 소화약제의 저장방식은 제1약 건식, 제2약 건식, 제2약 습식으로 구분된다. 제1약 건식은 하나의 저장용기에 약제인 A제와 B제를 건조한 분말상태로 저장하는 방식이며, 제2약 건식은 건조한 분말상태의 A제와 B제를 각각의 저장용기에 저장하는 방식이다. 그리고 제2약 습식은 각각의 저장용기에 A제와 B제를 수용액상태로 저장하는 방식을 말한다.

② 기계포(공기포) 소화약제

기제에 물을 혼합한 것을 기계적으로 교란시킴과 동시에 공기를 흡입하는 것에 의하여 발생하는 공기를 이용하여 포를 발생시킨다.

종류로는 단백포 소화약제, 합성계면활성제포 소화약제, 수성막포 소화약제, 내알코올포 소화약제, 불화단백포 소화약제로 구분된다.

㉠ 단백포 소화약제

ⓐ 동·식물성의 단백질 가수분해물질에 포 안정제를 첨가한 것으로 팽창비가 20배 이하인 저팽창포이다. 원액의 비율은 3%형 및 6%형이 있다. 포 안정제로는 제일철염($FeCl_2$)을 사용한다.

ⓑ 단백포 소화약제는 흑갈색이고 특이한 냄새가 나며, pH는 6.0～7.5, 점도는 400 이하, 비중은 1.1～1.2 정도이다.

ⓒ 동물성 단백질의 가수분해생성물이므로 산화하여 변질될 우려가 높으며, 유동성이 좋지 않다. 그래서 방부제인 펜다구로루후에놀의 나트륨염을 첨가해서 사용한다.

ⓓ 겨울철에 동결의 우려가 있으므로 보온조치가 필요하다.

ⓔ 단백포 소화약제에 제일철염의 포 안정제를 첨가하지 않으면 침전물의 발생이 쉽고 약제의 노화가 쉽게 되는 결점도 있다.

- 포 팽창비 $= \dfrac{\text{방출된 포의 체적}[\ell]}{\text{방출 전 포수용액(원액+물)의 체적}[\ell]}$
- 저발포 → 팽창비가 6배 이상 20배 이하인 포
- 고발포 → 제1종포 : 팽창비가 80배 이상 250배 미만의 것
  → 제2종포 : 팽창비가 250배 이상 500배 미만의 것
  → 제3종포 : 팽창비가 500배 이상 1,000배 미만의 것

㉡ 합성계면활성제포 소화약제

ⓐ 기제에 안정제를 첨가한 것으로 기제로는 고급 알코올 황산에스테르와 고급 알코올 황산염을 사용한다. 이 약제는 3%, 6%의 저발포형과 1%, 1.5%, 2%형의 고발포형이 있다. 그래서 합성계면활성제포 소화약제는 저발포형이면서 고발포형 소화약제이다.

ⓑ 차고, 주차장 및 일반 유류화재에 적합하며, 고층건축물, 갱도의 지하가 등에도 사용 가능하다.

ⓒ 이 약제를 고팽창포로 사용했을 경우 화학플랜트(Plant)화재, 지하가, 액화가스(LPG)탱크, 저유탱크 등에 적합하며, 선창, 공항 및 창고 등에도 적응 가능한 소화약제이다.

㉢ 수성막포 소화약제(AFFF ; Aqueous Film Foaming Foam)

ⓐ 합성불화계면활성제를 주성분으로 하여 포 안정제를 첨가한 것으로 화재 액표면 위에 수성의 막을 형성함으로써 포의 전파속도를 증가시키고 액체의 증발을 억제하여 소화효과가 우수하다. 주성분이 합성물질이므로 변질 및 부패의 가능성이 거의 없어 반영구적으로 사용할 수 있다.

ⓑ 수성막포 소화약제는 일명 Light Water라 하고 단백포 소화약제와 섞어두지 못하며, 단백포 소화약제의 소화능력보다 3～5배 정도 높고 소화에 필요한 약제의 양도 1/3 정도면 된다. 드라이케미컬(Dry Chemical)과 함께 사용했을 경우는 700～800% 정도 소화성능이 증가된다.

ⓒ 수성막포 소화약제는 불소를 함유한 피막으로 피연소물의 표면을 신속히 피복소화하며, 피막에 의한 연소물의 재착화를 방지한다. 수성막포에는 3%형과 6%형이 있다.

ⓓ 이 약제는 수성막을 생성함으로써 질식작용과 냉각작용에 의해 소화를 하나, 1,000℃ 이상의 가열된 탱크 벽에 방사할 경우 탱크 벽 주변의 피막이 파괴되어 소화가 곤란한 점이 있다.

ⓔ 재연소 저항력이 다른 포 약제에 비해 높으며, 유류화재 진압용으로 가장 성능이 뛰어난 포 약제이다.

ⓕ 독성이 없고 흑갈색의 원액이다. 적응대상물은 유류저장탱크, 비행기격납고, 옥내 주차장의 폼헤드(Foam Head)용 등이 있다.

㉣ 내알코올포 소화약제(수용성 액체 포 소화약제)

ⓐ 물에 불용성인 포의 막을 형성하므로 알코올 등과 같이 물에 용해되는 액체의 소화에 사용되는 포 소화약제이다.

ⓑ 일반적인 포 소화약제를 수용성 액체 가연물 등에 사용했을 경우, 물이 수용성 가연물에 용해되기 때문에 포가 소멸되어 소화기능을 발휘할 수가 없다. 그러므로 포의 소멸(소포성)을 방지하기 위하여 단백질의 가수분해물, 계면활성제에 금속비누 등을 첨가하여 유화분산시킨 것을 원재로 한 것으로서 물과 혼합하면 불용성이 된다. 이런 것을 보통 내알코올포 소화약제의 비누화 현상이라고 한다.

ⓒ 내알코올포에는 6%형이 있으며 적응대상물로는 알코올, 케톤류, 에스테르류 등과 같은 수용성 액체물질에 적합하다.

㉤ 불화단백포 소화약제

단백포에 합성불화계면활성제를 첨가한 것으로 포(Foam)의 안정도가 높아 화재의 열에 견디는 내구력이 강한 포 소화약제이다. 화재시 불소에 의한 소화효과가 포 소화약제 중 우수하나, 가격이 비싸 잘 유통되지 않고 있다.

■ 각종 포 소화약제의 물성표

물성 \ 종류	단백포	합성계면활성제포	수성막포	내알코올포
비중(20℃)	1.1 ~ 1.2	0.9 ~ 1.2	1.0 ~ 1.15	1.1 ~ 1.2
점도(stoke)	400 이하	200 이하	200 이하	400 이하
pH(20℃)	6.0 ~ 7.5	6.5 ~ 8.5	6.0 ~ 8.5	5.5 ~ 9.5
유동점(℃)	− 7.5	− 12.5	− 22.5	− 22.5
침전원액량	0.1V% 이하			
팽창비	6배 이상	저발포 : 6배 이상 고발포 : 80배 이상	5배 이상	6배 이상

1. 합성계면활성제포 소화약제의 단점

합성계면활성제포 소화약제는 저팽창에서 고팽창으로 임의로 팽창률을 변화시킬 수 있으나, 음이온계 계면활성제는 양이온과 만나면 양·음이온을 만들어 침수성이 생기게 되어 침전을 일으키게 되고 기포성능도 현저히 저하된다. 그리고 적열된 기름탱크 주위와 타 약제와 겸용하여 사용할 경우에는 소화효과가 적다.

2. 수성막포 소화약제의 물리적 성질

수성막포 소화약제의 소화성능이 다른 포 소화약제에 비하여 우수한 이유는 얇은 수성막을 형성하는 데 있다. 물과 적절한 비율로 혼합되어 유면에 방사되었을 때 수성막포는 거품을 형성함은 물론 거품에서 흘러나온 수성막을 하나 더 형성한다. 이 얇은 막이 유면 위를 덮음으로써 유류의 기화를 방지하고 기타 종래의 다른 포에 비하여 소화시간을 현저히 단축시킬 수 있다. 수성막포 소화약제의 이러한 소화원리는 표면장력이 크기 때문에 가능하다.

3. Wet Water

물의 표면적을 저하시켜 물의 침투력을 증가시키는 Wetting Agent(합성계면활성제)를 혼합시킨 수용액으로 다공질 표면에 열을 흡수하여 심부화재의 재연소 방지에 사용하면 적합하다. 그러나 재발화 방지에 있어서는 단백포에 뒤지고, 화재에 대한 급속소화율이 수성막포에는 훨씬 미치지 못하며, 유류에 대한 침투력은 불화단백포에도 떨어진다.

4. Wetting Agent(계면활성제)

주수소화시 물의 표면장력에 의해 연소물에 침투속도를 향상시키기 위한 첨가제이다.

(3) 포 소화약제의 소화원리

① 포 소화약제를 물과 혼합하여 포 수용액을 만들고 포 방출구 또는 발포기에 의한 기계적인 공기포를 만들어 이것을 연소면에 피복하여 산소의 차단효과에 의한 질식소화, A제(중탄산나트륨)와 B제(황산알루미늄)의 화학반응에 의해 발생된 불연성 가스(CO_2, H_2O)에 의한 질식소화와 포 중에 함유된 수분에 의한 냉각소화가 있다. 통상적으로 포 약제는 재연방지를 중요시하는 액체위험물 화재에 화재면을 완전히 피복할 때 쓰인다.

② 특히, 수성막포 소화약제의 소화성능이 다른 포 소화약제에 비하여 우수하다고 하는데 그 이유는 얇은 수성막을 형성하는 데 있다. 물과 적절한 비율로 혼합되어 유면에 방사되었을 때, 수성막포는 거품을 형성함은 물론, 거품에서 흘러나온 수성막을 하나 더 형성한다.

■ 수성막포 소화약제와 기타 포 소화약제의 소화원리

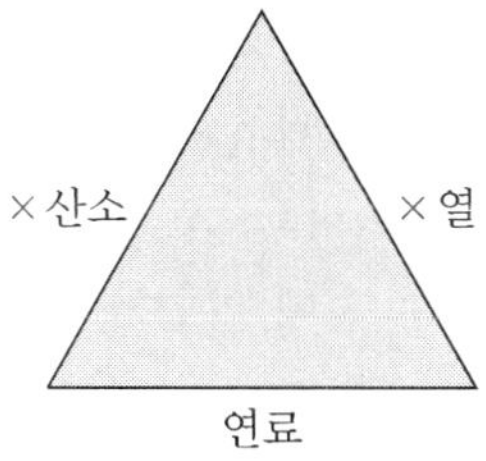

〈기타 포 소화약제의 경우〉

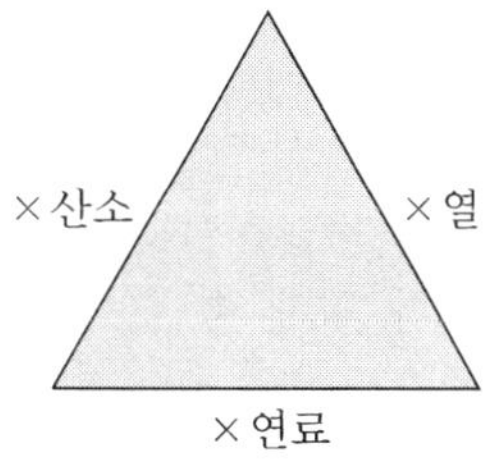

〈수성막포 소화약제의 경우〉

(4) 포 소화약제의 혼합장치(방식)

포 소화약제 혼합장치는 가압용수에 포 소화약제를 적정비율(포 소화약제의 종류에 따라 다르나, 보통 3% 또는 6%임)로 혼합하여 주는 장치로 그 종류는 다음과 같은 것들이 있다.

① **펌프 프로포셔너 방식**(Pump Proportioner Type)
어라운드 펌프 프로포셔너로 부르고, 펌프의 토출측과 흡입측 사이에 바이패스관으로 연결하고, 그 바이패스 배관 중에 어댑터를 부착하며, 어댑터의 벤추리작용에 의하여 원액을 흡입한다.

② **라인 프로포셔너 방식**(Line Proportioner Type ; L·P 방식)
펌프와 발포기의 중간에 설치된 벤추리관의 벤추리작용에 의해 포 소화약제를 흡입·혼합하는 방식이다. 이 방식은 송수관 계통의 도중에 어댑터를 접속하여, 포 원액을 유수 중에 흡입시켜서 지정농도의 공기포 수용액으로 만들어 발포기, 즉 포헤드, 포호스 노즐 등에 송액하여 공기를 흡입함으로써 포를 발생시키는 것이다.

③ **프레저 프로포셔너 방식**(Pressure Proportioner Type ; P·P 방식)

㉠ 펌프와 발포기의 중간에 설치된 벤추리관의 벤추리 작용과 펌프가압수의 포 소화약제 저장탱크에 대한 압력에 의하여 포 소화약제를 흡입·혼합하는 방식으로 송수관의 도중에 비례혼합조와 프로포셔너를 접속하고, 유수의 일부를 소화약제의 저장탱크에 투입, 다이아프램(격막)을 압축시켜, 그 압축량만큼 원액이 수류관으로 유입하는 작용에 의해 지정농도의 수용액으로 만들어 발포기에 송액한다.

㉡ 공기포 소화약제 비례 혼합조에는 다이아프램(격막)이 있는 것과 없는 것의 두 가지 종류가 있으며, 작동상의 차이는 포 원액탱크에서 수압에 의한 압입작용과 벤추리 원리에 의한 흡입작용에 있다.

㉢ 혼합가능한 용량은 정격용량의 50～200%이며, 혼합기를 통한 압력손실은 0.35～2.1kg/cm^{2}이다.

④ **프레저 사이드 프로포셔너 방식**(Pressure Side Proportioner Type ; P·S·P 방식)

펌프의 토출관에 압입기를 설치하여 포 소화약제 압입용 펌프로 포 소화약제를 압입시켜 혼합하는 방식으로 송수관 계통의 도중에 혼합기를 접속하고, 포 소화약제 압력탱크를 이용하는 대신에 약제 송액펌프를 이용하여 약제를 유수 속에 압입하여 지정농도의 수용액으로 송액한다. 이 방식은 대규모의 혼합장치에 사용되며, 최근 자동식으로 전환하여 많이 사용되고 있다. 설비가동에 따른 시간이 절약되어서 초기소화활동에 효과적이며 대규모 포소화설비에 적합한 혼합장치이다.

(5) 포 소화약제의 저장 중의 주의사항 및 취급·유지관리

① 기계포(공기포) 소화원액은 주성분이 가수분해 단백질이므로 여러 요인에 따라 쉽게 부패되기 쉽다. 이러한 부패를 방지하기 위하여 방부제를 사용하여 공기포 원액은 가수분해 단백질에 염화제일철염($FeCl_2$)의 포 안정제를 첨가한 것이므로 공기와 접촉하면 원액 표면에 불용성 피막이 생겨 침하하여 저장탱크의 밑바닥에 쌓이게 된다. 이러한 현상을 방지하기 위해서 질소를 봉입함으로써 산화방지를 하고 있다.

② 원액의 침전물 허용량은 외국에서 0.2%까지로 되어 있는데, 이 정도는 사용할 때 흔들면 분산되기 때문에 아무런 문제가 없다.

③ 기계포(공기포) 원액의 저장온도는 10～35℃가 적당하며, 저장온도가 저온이면 원액의 점성이 상승하게 되고 약제의 혼합비율이 낮게 되어 효과를 제대로 발휘하지 못하게 된다.

④ 원액은 자외선을 받게 되면 침전물이 생기게 되므로 원액저장탱크는 직사광선을 피하여 저장해야 한다.

2.2 가스계 소화약제

1. 이산화탄소(CO_2) 소화약제

(1) 이산화탄소 소화약제의 개요

이산화탄소는 산소와 더 이상 반응하지 않는 불연성 물질로 분자 속의 산소원자가 탄소원자에 대해 포화상태로 결합되어 있다.

이산화탄소는 대기 중에 21%의 농도로 존재하는 산소를 산화가 불가능한 상태의 산소농도로 감소시킴으로써 연소를 완전히 중단시킨다. 이렇게 이산화탄소를 대기 중에 방출함으로써 산소농도 저하(15～16%)를 가져오므로 소화가 가능한 희석·질식소화 효과를 가지고 있다.

(2) 이산화탄소 소화약제의 성상

① 이산화탄소는 무색·무취에다 전기비전도성의 불활성 가스로 소화에 알맞은 매체이다. 액체 CO_2는 대기 중으로 직접 방출될 때 드라이아이스를 형성하며 공기보다 1.5배 무겁다.

② 급격한 냉각 및 압력상승에 의해 쉽게 액화될 수 있으며, 이런 과정을 계속적으로 반복하게 되면 고체상태로의 변화가 가능하다. 액체의 이산화탄소는 온도가 상승하면 압력이 증가하고 밀도는 감소한다. 반면, 온도가 계속적으로 상승하게 되면 증기상태의 밀도는 증가한다.

③ 이산화탄소는 온도 31℃에서 액체와 기체가 동일한 밀도를 가지며 31℃ 이상에서는 액상이 사라진다. 이 온도 이상에서 압력을 가하더라도 액상이 되지는 않는다. 즉, 기상으로만 존재하게 된다. 이 온도를 임계점 또는 임계온도(Critical Temperature)라 한다.

④ 이산화탄소가 액상, 고상 및 기상에 공존하는 압력이 4.2kgf/cm^{2}이며, 이때 온도는 －56.6℃이다. 이러한 조건을 만족시키는 것을 삼중점(Triple Point)이라 한다.

⑤ 삼중점 압력(Triple Point Pressure) 이하에서는 온도변화에 의해 고체 또는 기체상태로 존재하며, 액체로는 존재할 수 없다.

⑥ 이산화탄소는 운무현상이 두드러지는데 이러한 현상은 이산화탄소를 용기 속에 액화시켜 놓고 액면상의 이산화탄소 증기를 방출시키면 용기 내의 증기압은 감소되고, 일부가 증발하면서 잔존액체는 점점 더 냉각된다. 그리하여 냉각된 잔존액체가 삼중점에 이르면 드라이아이스(Dry Ice)로 변한다.

⑦ 드라이아이스는 압력을 저하시켜 대기압에까지 이르게 하면 －79℃까지 냉각되고 이것을 노즐을 통하여 대기 중으로 방사하면 방출되는 액체의 상당부분이 즉각적으로 증기상태로

변화하지만, 나머지는 −79℃의 온도를 가진 극히 미세한 입자상태의 드라이아이스로 변하고 주위 공간에 하얀 운무의 모습이 된다. 그리고 함께 혼입된 공기 중의 수증기가 냉각되어 운무의 현상을 더욱 두드러지게 한다. 이러한 현상 때문에 가시거리가 짧아지며 피난시 행동에 많은 장애를 초래하기도 한다.

⑧ 이산화탄소는 소화약제의 방출을 도와주는 압력원으로도 사용되고 있다. 액화 이산화탄소는 대기 중으로 방출될 때 기화팽창률이 상당히 커서 연소 중인 가연물에 반사하게 되면 주변의 열을 흡수하여 급속한 냉각효과를 가져온다.

(3) 이산화탄소 소화약제의 소화원리

① 이산화탄소 소화약제를 연소 중인 가연물에 방출하게 되면 공기 중의 산소농도 21%를 15~16%로 농도저하를 시킴으로써 소화를 하는 질식소화효과가 있다.

② 이산화탄소 소화약제는 액체로 저장되어 있다가 대기 중으로 방출될 때 기체로 방출된다. 이 과정에서 상당한 기화팽창률이 발생되어 주변의 많은 열을 흡수하게 되므로 급속한 냉각현상이 일어나는데, 이러한 현상에 의한 소화원리를 냉각소화효과라 한다.

③ 이산화탄소는 21℃에서 공기비중을 1이라 보면 약 1.5배 정도의 비중을 가진다. 이러한 성질을 이용하여 가연물이나 화염 표면을 덮어 공기의 공급을 차단시켜버리는 피복작용이 있다.

④ 이산화탄소는 산소농도의 희석감소에 의한 질식소화, 가스 방출시 기화열에 의한 냉각소화, 비중이 공기보다 무겁기 때문에 연소 중인 가연물에 대한 피복소화가 있다. 이 중에서 이산화탄소 소화효과의 주된 효과는 질식소화효과로 볼 수 있다.

⑤ 넓은 장소에서 CO_2를 방사해도 공기 중의 산소농도는 희석되지 않는다. 따라서 일정한 체적의 밀폐된 실내공간의 화재에만 소화효과가 있다.

(4) 이산화탄소 소화약제의 특성

① 이산화탄소는 더 이상 산소와 반응을 하지 않는 물질, 즉 불연성 물질로서 탄소의 최종산화물이다.

② 대기압하에서는 무색·무취의 기체이며, 공기보다 약 1.5배 정도 무겁다.

③ 화학적으로 안정하므로 대상물에 대하여 화학적 변화를 일으킬 우려가 거의 없다. 이것은 소화 후 잔유물이 남지 않는다는 것이며, 그만큼 깨끗하고 증거보존이 가능하다는 것이다.

④ 미세한 공간에도 잘 침투하므로 심부화재의 소화에도 효과가 있으며, 전기절연성이 좋아 전기화재(C급 화재)에도 적합하다.

⑤ 이산화탄소 소화약제는 고압으로 액화시켜 용기에 저장하는데 반영구적으로 보존·사용할

수 있으며, 대기 중으로 방출할 경우 기화팽창률이 상당히 크기 때문에 적은 양으로 저장하여도 방출시 체적비율을 크게 사용할 수 있고, 자체 증기압이 크므로 다른 압력원의 도움 없이 방사할 수 있다.

⑥ 용기에 저장되어 있는 이산화탄소 소화약제의 방사시에는 소음이 상당히 크며, 자체 압력으로 소화가 가능하므로 고압저장시 주의가 필요하다. 액체상태로 저장하였다가 기체로 방사되므로 동상의 우려가 있다.

⑦ 소화약제로 사용되고 있는 이산화탄소는 한국공업규격(KS)에 적합한 것으로서, 제2종(함량 99.5V% 이상, 수분 0.05W% 이하)을 주로 사용하고 있다.

⑧ 이산화탄소(CO_2)는 고압가스안전관리법의 적용을 받으므로 충전시 충전비는 1.50 이상되어야 한다.

(5) 이산화탄소 소화약제의 저장방법

① 이산화탄소 저장용기는 방호구역 외의 장소에 설치하여야 한다. 다만, 방호구역 내에 설치할 경우에는 피난 및 조작이 용이하도록 피난구 부근에 설치하여야 한다.

② 직사광선이나 빗물이 침투할 우려가 있는 곳, 습기가 충만한 곳에 설치하여서는 아니 된다.

③ 온도가 40℃ 이하이고 온도의 변화가 작은 곳에 설치해야 한다.

④ 방화문으로 구획된 실에 설치해야 하며, 당해 용기가 설치된 곳임을 표시하는 표지를 부착해야 한다.

⑤ 저장용기의 충전비는 고압식에서는 1.5 이상 1.9 이하, 저압식의 것은 1.1 이상 1.4 이하로 하여야 한다.

⑥ 저장방식에는 고압식과 저압식으로 나눌 수 있는데 고압저장방식은 상온에서 용기에 충전된 액화 이산화탄소가 15℃에서 $53kg/cm^2$[5.3MPa]의 압력으로 저장되는 방식을 말하며, 저압저장방식은 －18℃에서 $21kg/cm^2$[2.1MPa]를 유지하면서 액화 이산화탄소를 저장하는 방식을 말한다.

2. 할론 소화약제

(1) 할론 소화약제의 개요

① 할론 소화약제는 증발성 액체 소화약제라고도 한다. 이것은 메탄(CH_4), 에탄(C_2H_6)과 같은 탄화수소물의 수소원자들과 할로겐족 원소(F, Cl, Br, I)와 치환되어 만들어진 약제로서 소화에 사용되는 약제를 말한다.

② 할론은 전기절연성이 높고 발생되는 가스의 인체에 대한 독성이 적으며, 소화시 소방대상

물에 대한 오손이 적다는 등의 장점이 많이 있기 때문에 컴퓨터실이나 전기실, 주차장, 위험물 등에 이르기까지 폭넓게 사용되어 왔다.

③ 할론 소화약제가 지구 오존층을 파괴하는 환경문제로 인하여 생산이 제한되고, 사용상의 규제가 강화되었다.

(2) 할론 소화약제의 소화원리

① 할론 소화약제의 소화능력은 할론 원소 중에서 어떤 원소가 탄화수소(CH_4, C_2H_6 등) 분자 속에 치환되어 들어가는가에 따라 좌우된다.

② 액체 할론이 기체 할론으로 변화되면서 발생된 기화열에 의해 주위의 열을 흡수하며, 표면장력 및 점도가 적고 고체 내부에 잘 침투하므로 냉각효과가 뛰어나다.

③ 기화된 할론 약제는 불연성의 무거운 기체로 되고 공기 중의 산소농도를 감소시키며 가연물의 가스농도도 희석시키는 질식효과를 가지고 있다. 산소농도의 희석작용은 21%의 산소농도를 15% 이하로 저하시킴을 말한다.

④ 할론 소화약제의 화학적 효과로는 가연물의 연소과정에서 활성기(H^+, OH^-)가 생성되어 산소와 반응을 하는데 이러한 연쇄반응을 억제·차단시키는 효과를 화학적 효과, 즉 부촉매효과라 한다.

⑤ 부촉매효과는 할론 소화약제가 화염과 접하면 그 일부가 분해되어 유리되고, 유리된 할론이 산소보다 먼저 연소과정에서 발생된 활성기와 결합하여 가연물의 활성기와 산소와의 연쇄반응을 억제·차단시키는 효과이다.

⑥ 연쇄반응에 의해 나타날 수 있는 대표적인 연소형태는 불꽃연소로서, 특히 할론 1301은 화학적 효과에 의해 불꽃연소에 강한 소화력을 나타내고 있다.

⑦ 할론 1301 소화약제는 다른 약제에 비해 소화에 필요한 농도가 낮으며 부촉매효과(화학효과, 억제효과)에 의해 일반화재(표면화재, 심부화재) 및 유류화재 등에 소화효과가 있다. 또한 전기절연성이 높고 증발잔유물이 없으므로 전기시설물 등의 전기화재에도 소화효과가 좋다.

⑧ 할론 소화약제 중 소화성능이 가장 좋은 할론 1301 소화약제가 고온의 화염(약 550℃)과 반응하여 분해되기 시작하면 전기음성도가 강한 불소(F), 염소(Cl), 취소(Br)들은 수소와 반응하여 불화수소(HF), 취화수소(HBr), 취소가스(Br_2) 등을 발생하여 연소를 억제하므로 화재시 실내에 충만한 가스를 배출하기 전까지는 실내의 가스를 흡입하지 않도록 해야 한다.

⑨ 할론 소화약제는 연쇄반응의 억제·차단효과에 의해 피연소물질에 영향을 끼치지 않으나, 화재시 열분해 생성물의 독성 때문에 지하층, 무창층 및 사무실, 거실로서 바닥면적이

$20m^2$ 미만인 장소에서는 할론 충전소화기는 사용을 금하고 있다(단, 할론 1301 소화기는 제외).

(3) 할론 소화약제의 특징

① 할론 소화약제의 화학적 특징은 약제 자체에 대한 변질 및 분해가 없으며, 전기의 부도체이고 화학적 부촉매에 의한 연소 억제·차단효과가 있어 소화성능이 좋다. 그리고 금속에 대한 부식성이 비교적 적으며, 대상물에 대해 변질, 오염이 없다.

② 할론 소화약제는 기화되기 쉬운 저비점의 물질이어야 하며, 증기는 공기보다 무겁고 불연성이며 증발 후 잔유물이 없어야 한다.

③ 할론약제 중 독성이 가장 작은 물질인 할론 1301은 약제 자체가 화학적으로 연소반응에 간섭하여 빠르게 소화를 행할 수 있는 우수한 소화약제로서 액화가스상태로 대상물의 심부까지 침투하여 저농도로 화재를 신속히 진화할 수 있다.

④ 고농의 할론 1301은 주위를 불활성화시켜 연소 또는 폭발을 막는 것도 가능하여 A, B, C급 화재적응에도 적합하다.

⑤ 약제의 방출시 액체 할론약제가 급속히 기화되면서 주위의 공기 중 수분을 냉각·응결시키는 운무현상이 있다. 이러한 현상으로 피난자의 시야를 가려 가시거리를 짧게 하는데, 이것은 이산화탄소의 운무현상에 비해 정도가 약하다.

⑥ 할론 1301 소화약제는 일반적으로 CO_2 소화약제보다 약 3배 정도의 소화능력이 우수하며, 평상시 보관상태로는 반영구적으로 변질되지 않으며 누설 등의 사고가 없는 한 재충전할 필요가 없다.

⑦ 할론 104 소화약제는 불꽃에 접촉하면 열분해해서 맹독성의 포스겐가스($COCl_2$)를 발생하므로 사용을 금한다.

할론 1301 소화약제의 특징

1. 금속에 대한 부식성이 비교적 적다
2. 화학적 부촉매효과에 의한 연소 억제·차단효과가 있어 소화성능이 좋으며, 이산화탄소(CO_2)에 비해 소화능력이 약 3배 정도 뛰어나다. 이것은 이산화탄소(CO_2) 소화약제에 비해 소화에 필요한 양은 약 33%(1/3) 정도이면 소화가 가능하다는 것이다.
3. 약제 자체에 대한 변질, 분해 등이 없어 반영구적이다.
4. 전기의 부도체이고 화학적으로 안정하여 대상물에 대해 변질, 오염이 없다.
5. 피연소물질에 피해를 주지 않는다. 즉, 증거보존이 가능하다.
6. 절연저항은 20℃, 액상에서 $69.0\times10^6 M\Omega/cm$이며, 20℃ 기상에서는 $68.7\times10^6 M\Omega/cm$이다.

(4) 할론 소화약제의 종류 및 성상

할론 1301 (CF_3Br)	• 할론 1301은 독성은 거의 없으며 인체에 무해하다. 다만, 고온에서 열분해시에는 취소가스(Br_2), 불화수소(HF), 취화수소(HBr)와 같은 독성이 강한 분해생성물이 발생된다. • 할론 1301은 무색·무취이고 전기전도성이 없으며, 상온 대기압하에서는 기체로만 존재하며 공기보다 5배 정도 무겁다. • 약제 방출시 저장되어 있는 액화 할론이 급격하게 기화하면서 주변의 공기 중 수분을 냉각시키기 때문에 운무현상이 일어나는데, 이는 이산화탄소만큼 그 정도가 심하지는 않다. • 할론 1301은 연쇄반응에서 나타나는 대표적인 연소현상으로 불꽃연소를 들 수 있으며, 불꽃연소에 특히 강한 소화력을 나타낸다. • 할론약제 중 독성이 가장 약하고 소화효과는 가장 좋다. 적응화재로는 B급(유류) 화재, C급(전기) 화재에 적합하다.
할론 1211 (CF_2ClBr)	할론 1211은 상온에서 기체이며, 공기보다 약 5.7배 무겁다. 비점은 −4℃로 방출시에는 기체로 방사된다.
할론 2402 ($C_2F_4Br_2$)	• 할론 2402는 상온에서 액체이며, 분자량은 259.9이다. • 이것은 할론약제 중에서 유일하게 에탄(C_2H_6)에서 치환된 것이며, 할론 1301, 할론 1211보다 독성이 강하여 실제로는 약제로서 사용을 거의 하지 않고 있다.
할론 1011 (CH_2ClBr)	할론 1011 소화약제는 상온에서 액체이며 독성이 강하기 때문에 소화약제로 이용되기는 적합하지 않다.
할론 104 (CCl_4)	• 할론 104(사염화탄소) 소화약제는 메탄에서 염소 2분자와 치환된 것으로서 오래된 소화약제이다. • 증기는 공기보다 무거우며, 독성이 강하고 특유한 냄새가 난다. 사염화탄소는 열분해를 하게 되면 포스겐($COCl_2$)을 발생한다. • 사염화탄소는 공기, 수분, 이산화탄소 등과 반응하면 포스겐($COCl_2$)가스를 발생하기 때문에 실내에서의 사용을 금하고 있으며, 법적으로 사용금지하고 있는 소화약제이다.

(5) 할론 소화약제의 저장방법

① 할론 소화약제 저장용기는 방호구역 외의 장소에 설치한다. 다만, 방호구역 내에 설치할 경우에는 피난 및 조작이 용이하도록 피난구 부근에 설치하여야 한다.

② 온도가 섭씨 40℃ 이하이고 온도변화가 적은 곳에 설치해야 하며, 직사광선 및 빗물의 침투가 없는 곳에 설치해야 한다.

③ 방화문으로 구획된 실에 설치하며, 용기의 설치장소에는 당해 용기가 설치된 곳임을 표시하는 표지를 해야 한다.

④ 할론 소화약제의 저장용기 저장방법의 기준으로는 축압식 저장용기인 경우는 온도 20℃에서 할론 1211을 저장하는 것에 있어서는 11kg/cm^2 [1.1MPa] 또는 25kg/cm^2 [2.5MPa], 할론 1301을 저장하는 것에 있어서는 25kg/cm^2 [2.5MPa] 또는 42kg/cm^2 [4.2MPa]이 되도록 질소가스로 축압해야 한다.

⑤ 할론 1301 소화약제를 충전할 수 있는 저장용기의 재질로는 스테인리스강 알루미늄, 황동

및 마그네슘, 상업용 티타늄 등이 사용된다.

3. 분말 소화약제

(1) 분말 소화약제의 개요

① 분말 소화약제는 분말상태로 저장되어 있어 스스로 분출되지 못하기 때문에 질소가스(N_2)나 탄산가스(CO_2)의 압력을 이용하여 방출되는 약제이다.

② 화원의 열과 접촉하면 이산화탄소(CO_2), 수증기(H_2O), 메타인산(HPO_3) 등이 생성되며, 이들 열분해생성물질에 의해 소화시키는 약제를 말한다.

③ 분말 소화약제는 다른 약제에 비해 변질이 적으며, 특히 습기의 흡입에 주의하여야 한다.

④ 이 약제는 급격히 확대할 우려가 높은 가연성 액체의 표면화재를 소화하는 데 가장 효과적으로 사용되고 있다. 또한 약제가 고체분말로서 전기의 부도체 성질을 가지고 있어 전기시설물 등의 화재에 적합하며, 연소확대의 우려성이 높은 섬유나 종이·목모·대패밥 등 특수가연물의 표면화재에도 적합하다.

⑤ 분말 소화약제의 공통된 소화작용으로는 열분해생성물질에 의한 냉각작용과 질식작용, 유리된 금속이온(Na^+, K^+, NH_4^+)에 의한 부촉매작용이 있다.

(2) 분말 소화약제의 종류 및 성상

제1종 분말 소화약제 ($NaHCO_3$, 중탄산나트륨, 탄산수소나트륨, 중조, 중탄산소다)	• 제1종 분말의 주성분은 탄산수소나트륨(중탄산나트륨)으로서 이 약제에 스테아린산 아연 또는 스테아린산 마그네슘 등으로 방습처리되었으며, 백색으로 착색되어 있다. • B급(유류) 화재, C급(전기) 화재에 적합하며, 질식·냉각·부촉매효과를 가지고 있다. • 이 약제는 주방에서의 식용유화재에 적합한데 이것은 식용유 화재시 탄산수소나트륨($NaHCO_3$)을 방사하면 비누화 현상에 의해 거품을 생성하여 질식소화 및 재발방지에도 효과가 있다.
제2종 분말 소화약제 ($KHCO_3$, 중탄산칼륨, 탄산수소칼륨)	• 제2종 분말은 주성분이 중탄산칼륨($KHCO_3$)으로서 스테아린산 아연 또는 마그네슘 등으로 방습처리되었으며 담자색으로 착색된 약제이다. • 제1종 분말과 마찬가지로 B급(유류) 화재, C급(전기) 화재에 적합하며, 질식·냉각·부촉매효과를 가지고 있다. • 물에 용해하면 약알칼리성을 나타내며 제1종 분말보다 소화효과가 약 1.67배 정도 크고, 식용유 및 지방질 화재시에는 비누화 현상을 일으키지 않으므로 적합하지 않다. • 소화효과가 제1종 분말보다 우수한 이유는 칼륨염이 나트륨염에 비하여 흡습성이 강하고 고체화되기 쉽기 때문이다.

제3종 분말 소화약제 ($NH_4H_2PO_4$, 제일인산암모늄)	• 제3종 분말은 주성분이 제일인산암모늄으로서 실리콘오일 등에 의해 방습처리되었으며, 담홍색으로 착색되어 있다. • 적응화재로는 A급(일반), B급(유류), C급(전기) 화재에 적합하다. 제3종 분말이 일반화재에 적합한 이유는 제일인산암모늄의 열분해시 생성된 메타인산(HPO_3)이 가연물의 표면에 점착되어 가연물과 산소와의 접촉을 차단시켜 주기 때문이다. • 열분해시 생성된 메타인산(HPO_3)은 고체에 대한 부착력이 크며, 자체는 불연성 물질이고 방염성능을 가지고 있다. • 제1종·제2종 분말 소화약제보다 소화효과가 크지만, 식용유 및 지방질유의 화재에는 비누화 현상이 없기 때문에 적합하지 않다.
제4종 분말 소화약제 [$KHCO_3$ + $(NH_2)_2CO$, 중탄산칼륨 + 요소]	• 제4종 분말은 주성분이 중탄산칼륨과 요소로 되어 있고, 유·무기산에 의해 방습처리되었으며 회색으로 착색되어 있다. • 적응화재로는 B급(유류), C급(전기) 화재에 적합하며, 질식·냉각·부촉매작용의 소화효과를 가지고 있다. • 소화성능은 제1종·제2종·제3종에 비해 뛰어나지만, 타 약제에 비해 비싸므로 잘 유통되지 않고 있다.

(3) 분말 소화약제의 소화원리

① 제1종 분말과 제2종 분말 소화약제

화재발생시 열과 접촉하여 이산화탄소(CO_2)와 수증기(H_2O)를 생성한다.

㉠ 이산화탄소와 수증기의 발생시 열의 흡수에 의한 냉각효과

㉡ 이산화탄소와 수증기에 의한 산소공급을 차단시키는 질식효과

㉢ 제1종 분말의 열분해 반응과정에서 생성된 나트륨이온(Na^+)과 제2종 분말의 열분해 반응과정에서 생성된 칼륨이온(K^+)에 의한 부촉매효과

② 제3종 분말 소화약제

㉠ 열분해에 의한 냉각효과

㉡ 유리된 암모늄(NH_4^+)이온에 의한 부촉매효과

㉢ 열분해시 생성된 암모니아와 수증기에 의한 질식효과

㉣ 열분해과정에서 발생된 메타인산(HPO_3)에 의한 방진작용, 셀룰로오즈에 의한 탈수작용

③ 분말 소화약제는 이러한 소화능력이 있으므로 유류화재는 물론, 이산화탄소 소화약제나 포 소화약제로는 소화가 불가능한 아세틸렌가스와 같이 15kgf/cm^{2}라고 하는 고압으로 분출하는 고압가스의 화재(가스화재)에도 소화가 가능하다.

④ 발화시 외부의 공기공급 없이도 자기 자신이 산소공급기능을 갖고 있는 물질(자기연소성 물질)과 D급 화재에 속하는 금속류(칼륨, 나트륨, 마그네슘, 티타늄 등)에는 소화효과가 없다.

(4) 분말 소화약제의 특징

① 분말 소화약제는 소화능력이 우수하며, 화재진압에 걸리는 시간이 짧다. 보관은 반영구적이며 가격이 저렴하다.

② 분말 소화약제는 시설물의 기기 등을 오염·변질시키지도 않고 인체에 해가 없으며, 소화 후에도 간단히 제거할 수 있다.

③ 보관·저장시 변질의 위험이 없고 동절기에도 성능의 변화가 없으므로 보관상태의 걱정이 없다.

④ 소화약제로서 독성이나 부식성은 없어야 하며, 열과의 반응시에 생성되는 물질 또한 독성 및 부식성이 없어야 한다.

⑤ 열이나 습기 등에 의해 굳거나 덩어리지며 변질되는 이상현상이 발생되지 않아야 한다. 특히, 습기에 의해 굳거나 덩어리지는 것을 방지하기 위해 금속의 스테아린산염이나 실리콘오일 등으로 방습처리하여야 한다.

⑥ 분말의 겉보기 비중은 0.820g/mℓ 이상이어야 하며, 분말 소화약제를 수면에 균일하게 살포할 경우에는 1시간 이내에 침강하지 아니하여야 한다.

(5) 분말 소화약제의 장단점

장 점	① 소화성능이 우수하며, 심부화재 및 표면화재의 소화에도 적합하다. ② 화재의 확대 및 연소가 빠른 인화성 액체의 소화에 적합하다. ③ 전기절연성이 높아 고전압의 전기화재에도 적합하다. ④ 소화약제의 수명이 반영구적이어서 경제적이다.
단 점	① 피연소물질에 영향을 끼친다[전기시설물(방송국, 컴퓨터실, 통신기기실 등) 및 박물관과 같은 곳의 화재에는 적응성은 있으나 피연소물질에 영향을 미치므로 사용을 지양하고 있다]. ② 유체가 아니므로 배관 내의 흐름시 고압을 필요로 한다.

(6) 분말 소화약제의 저장방법

① 분말 소화약제 저장용기는 방호구역 외의 장소에 설치하여야 한다. 다만, 방호구역 내에 설치할 경우에는 피난 및 조작이 용이하도록 피난구 부근에 설치하여야 한다.

② 온도가 40℃ 이하이고 온도의 변화가 작은 곳에 설치하여야 하며, 직사광선 및 빗물의 침투우려가 없는 곳에 설치해야 한다.

③ 방화문으로 구획된 실에 설치해야 하며, 용기의 설치장소에는 당해 용기가 설치된 곳임을 표시하는 표지를 하여야 한다.

④ 분말 소화약제를 용기에 충전하여 저장하려면 제1종 분말은 0.8 이상, 제2종·제3종 분말

은 1.00 이상, 제4종 분말은 1.25 이상의 충전비(ℓ/kg)에 적합하게 충전한 후 저장하여야 한다.

⑤ 제3종 분말 소화약제를 주차장에 설치·저장할 경우에는 자동차나 기름류와 접촉가능성이 많은 장소를 피해서 저장하여야 한다.

⑥ 분말 소화약제를 박스 등에 포장할 경우에는 흡습이나 변질 등 이상현상이 생기지 아니하도록 반드시 포장지로 밀폐하여야 한다.

⑦ 충격 및 마찰 등에 의해 약제에 손상을 입을 우려가 없는 곳에 저장하여야 하며, 부식성의 가스 또는 습기가 생길 우려가 없는 장소에 저장하여야 한다.

⑧ 분말 소화약제는 고체 분말로서 스스로 방사되기가 어렵기 때문에 방사원(압력원)에 의해 대기 중으로 방사되는데, 방사원으로 이용되는 가압용 또는 축압용 가스에는 질소 및 이산화탄소가스가 있다.

소화약제들의 방출방법

1. 이산화탄소 소화약제는 자체 증기압이 크기 때문에 스스로 약제방출이 가능하다.
2. 물 또는 포 소화약제는 자체 증기압이 없기 때문에 펌프와 같은 동력을 이용하여 약제방출을 한다.
3. 할론, 분말 소화약제는 자체 증기압이 작거나 없기 때문에 외부의 가스압력(압력원, 방사원)을 이용하여 약제를 방출한다.
4. 소화기나 모든 소화약제들은 수동으로 방출해야 할 경우에는 사람이 직접 작동시켜 소화약제를 방출한다.

4. 할로겐화합물 및 불활성기체 소화약제

(1) 할로겐화합물 및 불활성기체 소화약제의 종류

소화약제	화학식
퍼플루오로부탄(FC-3-1-10)	C_4F_{10}
하이드로클로로플루오로카본 혼화제 (HCFC BLEND A)	HCFC-123($CHCl_2CF_3$) : 4.75% HCFC-22($CHClF_2$) : 82% HCFC-124($CHClFCF_3$) : 9.5% $C_{10}H_{16}$: 3.75%
클로로테트라플루오르에탄(HCFC-124)	$CHClFCF_3$
펜타플루오로에탄(HFC-125)	CHF_2CF_3
헵타플루오로프로판(HFC-227ea)	CF_3CHFCF_3

트라이플루오로메탄(HFC-23)	CHF_3
헥사플루오로프로판(HFC-236fa)	$CF_3CH_2CF_3$
트라이플루오로이오다이드(FIC-13I1)	CF_3I
불연성·불활성 기체혼합가스(IG-01)	Ar
불연성·불활성 기체혼합가스(IG-100)	N_2
불연성·불활성 기체혼합가스(IG-541)	N_2 : 52%, Ar : 40%, CO_2 : 8%
불연성·불활성 기체혼합가스(IG-55)	N_2 : 50%, Ar : 50%
도데카플루오로-2-메틸펜탄-3-원(FK-5-1-12)	$CF_3CF_2(O)CF_8(CF_3)_2$

(2) 할로겐화합물 및 불활성기체 소화약제의 정의

오존층의 오존과 반응성이 미약하면서 취소가 함유되어 있지 않은 수소화염화불화탄소(HCFC)가 주체가 되는 할론 대체물질로서 오존파괴지수(ODP)와 지구온난화지수(GWP)가 0에 가깝고 전기적으로 비전도성이며, 휘발성이 있거나 증발 후 잔여물을 남기지 않는 소화약제를 말한다.

(3) 할로겐화합물 및 불활성기체 소화약제의 특징

① 소화 중 피연소물질에 피해를 주지 않으며, 소화가 종료된 후에는 이물질 및 부산물이 생기지 않는다.

② 장기간 저장하여도 부패 및 변질 등과 같은 화학적 변화가 발생되지 않아 저장성이 좋다.

③ 할로겐화합물 및 불활성기체 소화약제는 할론 및 이산화탄소 소화약제와 같이 약제를 방출하였을 때 산소농도를 급격히 저하시키지 아니한다.

④ 할론약제에 비해 소화성능은 떨어지나, 오존층 파괴가 적다.

(4) 할로겐화합물 및 불활성기체 소화약제의 기준

① 환경영향성

할로겐화합물 및 불활성기체 소화약제가 대기 및 생명체에 영향을 주는 것을 말하며, 보통 지구온난화지수(GWP)와 오존파괴지수(ODP)로 판단한다.

지구온난화지수 (GWP)	어떤 물질이 지구온난화에 기여하는 능력을 상대적으로 나타내는 지표로서 기준물질 CFC-11의 지구온난화지수(GWP)를 1로 하여 같은 무게의 어떤 물질의 지구온난화에 기여하는 양의 비로 나타낸 것이다.

오존파괴지수 (ODP)	어떤 물질이 오존파괴에 기여하는 능력을 상대적으로 나타내는 지표로서 기준물질인 CFC-11의 오존파괴지수(ODP)를 1로 하여 같은 무게의 어떤 물질의 오존파괴량을 나타낸 것을 말한다.

■ 할론 및 이산화탄소 소화약제의 오존파괴지수(ODP)

할론 1301	할론 2402	할론 1211	이산화탄소
14	6.6	2.4	0.05

② 물성

㉠ 약제 방출 후 잔유물이 없으며, 전기전도성이 낮아 전기화재에도 적합하다.

㉡ 피연소물질에 화학적 변화를 발생시키지 않으며, 비열 및 기화잠열이 커야 한다.

㉢ 약제 방출시 자체 증기압력으로 신속하고 균일하게 방출되어야 한다.

③ 청정성 및 안정성

㉠ 약제에 불순물이 없어야 하며, 소화 후 잔유물이 남지 않아야 한다.

㉡ 금속에 대한 부식성이 없어야 하며, 합성수지나 고무제품에 대하여 화학변화가 없이 안정하여야 한다.

④ 독성

물질의 독성을 시험할 때 사용되는 용어에는 NOAEL, LOAEL, ALC 외에 LC_0, LC_{50}, LC_{100}이 있다.

NOAEL	소화약제 농도를 증가시킬 때 신체에 나쁜 영향을 감지할 수 없는 최대농도, 즉 심장에 독성을 미치지 않는 최대농도를 말한다.
LOAEL	소화약제 농도를 감소시킬 때 신체에 나쁜 영향을 감지할 수 있는 최소농도, 즉 심장에 독성을 미칠 수 있는 최소농도를 말한다.
LC_0	한 마리의 동물도 죽지 않는 최대농도를 말한다.
LC_{50}	반수의 동물이 죽는 최소농도를 말한다(반수 치사농도).
LC_{100}	전체 동물이 죽는 최소농도를 말한다.
ALC	근사치 농도(15분간 노출시켜 그 반수가 사망하는 농도)

⑤ 할로겐화합물 및 불활성기체 소화약제의 사용장소와 사용금지장소 및 물질

사용가능장소	㉠ 전기와 전자적 위험이 있는 소방대상물 ㉡ 전기·전자통신설비가 설치된 소방대상물 ㉢ 인화성·가연성 액체 및 가연성 가스를 저장·취급하는 대상물
사용금지장소 및 물질	㉠ 사람이 상주하는 곳으로서 최대허용설계농도를 초과하는 장소 ㉡ 제3류 위험물(자연발화성 및 금수성 물질)과 제5류 위험물(자기연소성 물질)을 사용하는 장소

⑥ 할로겐화합물 및 불활성기체 소화약제의 소화작용 및 적응화재

㉠ 할론 소화약제와 같은 냉각소화·질식소화·부촉매소화 효과를 가지고 있다.

㉡ 적응화재는 유류화재(B급 화재), 전기화재(C급 화재), 가스화재(E급 화재)에 적합하며, 전역방출방식으로 사용하는 경우에는 일반화재(A급 화재)에도 적응된다.

⑦ 할로겐화합물 및 불활성기체 소화약제의 저장용기 설치기준

㉠ 방호구역 외의 장소에 설치할 것. 다만, 방호구역 내에 설치할 경우에는 피난 및 조작이 용이하도록 피난구 부근에 설치하여야 한다.

㉡ 온도가 55℃ 이하이고 온도의 변화가 작은 곳에 설치할 것

㉢ 직사광선 및 빗물이 침투할 우려가 없는 곳에 설치할 것

㉣ 방화문으로 구획된 실에 설치할 것

㉤ 용기의 설치장소에는 당해 용기가 설치된 곳임을 표시하는 표지를 할 것

㉥ 용기 간의 간격은 점검에 지장이 없도록 3cm 이상의 간격을 유지할 것

㉦ 저장용기와 집합관을 연결하는 연결배관에는 체크밸브를 설치할 것. 다만, 저장용기가 하나의 방호구역만을 담당하는 경우에는 그러하지 아니하다.

Chapter 2 연습문제

2.1 수계 소화약제

01 물의 소화특성에 대한 설명으로 바르지 못한 것은?

① 물의 입자크기가 크게 되면 냉각효과가 뛰어나다.
② 물에 계면활성제를 첨가하게 되면 침투력을 증진시킨다.
③ 입자크기를 작게 했을 경우에는 냉각효과 및 질식효과를 기대할 수 있다.
④ 입자크기를 크게 했을 경우에는 타격력의 증가 또는 파괴작용에 의해 에멀션효과를 기대할 수 있다.

02 물의 소화효과를 크게 하기 위한 방법으로 가장 타당한 것은?

① 강한 압력으로 방사한다.
② 대량의 물을 단시간에 방사한다.
③ 안개처럼 분무상으로 방사한다.
④ 분무상과 봉상을 교대로 방사한다.

03 다음은 무상주수시의 특징에 대한 설명이다. 사실과 다른 하나는?

① 물의 입자형태가 안개상으로 방사되는 형태이다.
② 일반, 유류, 전기화재에 적응성을 가진다.
③ 스프링클러설비에 적용되는 주수방법이다.
④ 유류 화재시 유류표면에 엷은 수막층이 형성되어 공기 중의 산소공급을 차단하는 유화효과도 있다.

04 가연물의 소화에 관한 설명으로 옳지 않은 것은?

① 물 1g은 약 1,600배의 수증기를 발산시키므로 수증기에 의한 질식효과로 소화한다.
② 물의 증발로 인한 열의 흡수효과로 소화한다.
③ 가연물의 발화점 이하로 주수하여 냉각소화시킨다.
④ 물을 주수하는 방법에는 직사주수, 분무주수로 대별한다.

05 물이 다른 액상의 소화약제에 비해 비등점이 높은 이유는 어느 것인가?

① 물은 배위결합을 하고 있다.
② 물은 이온결합을 하고 있다.
③ 물은 극성 공유결합을 하고 있다.
④ 물은 비극성 공유결합을 하고 있다.

06 0℃의 물 1g이 100℃의 수증기가 되려면 몇 cal가 필요한가?

① 539
② 639
③ 719
④ 819

07 포 소화약제에 대한 설명으로 옳지 못한 것은?

① 물에 의해 화재면을 확대할 우려가 있는 경우에 많이 사용되고 있다.
② 화학포 소화약제와 공기포 소화약제로 나누어진다.
③ 공기포의 핵은 이산화탄소이다.
④ 공기공급을 차단시켜 질식소화시키는 질식작용이 있다.

08 화학포 소화약제와 관련이 없는 것은?

① 중조
② 이산화탄소
③ 포안정제
④ 공기

09 다음의 특징을 가진 포 소화약제는 무엇인가?

> ㉠ 저발포형이면서 고발포형 소화약제이다.
> ㉡ 차고, 주차장 화재에 적합하다.
> ㉢ 포의 팽창범위가 넓어 고체 및 기체화재 등 사용범위가 넓다.
> ㉣ 유동성이 좋다.

① 단백포
② 수성막포
③ 내알코올포
④ 합성계면활성제포

10 수용성 가연물 화재시 내알코올포 소화약제를 사용하여야 하는 이유는?

① 소포성을 방지하기 때문에
② 유동성이 양호하기 때문에
③ 부착성이 양호하기 때문에
④ 비중이 작기 때문에

11 포 소화제의 주요 소화작용은?

① 냉각작용
② 질식작용
③ 염억제작용
④ 냉각 및 질식작용

12 수용성 유류화재에 사용하는 포 소화약제에 관련된 설명 중 옳지 않은 것은?

① 수용성 유류라 함은 알코올류, 케톤류 등을 말한다.
② 수용성 유류는 극성이 있는 약제라고 할 수 있다.
③ 석유류 화재에 적합한 것은 수용성 유류에도 일반적으로 적합하다.
④ 수용성 유류에는 내알코올포 소화약제가 적합하다.

13 공기포 소화약제가 화학포 소화약제보다 우수한 점으로 옳지 못한 것은 어느 것인가?

① 혼합기구가 복잡하지 않다.
② 유동성이 크다.
③ 고체 표면에 접착성이 우수하다.
④ 넓은 면적의 유류화재에 적합하다.

14 포말 소화설비 중 가압송수장치로 펌프를 사용하고 펌프 토출측과 흡입측에 바이패스관을 설치하며 그 바이패스관의 도중에 설치한 어댑터(Adaptor)로 펌프 토출측 수량의 일부를 통과시켜 공기포 소화약제를 혼합하는 방식은?

① 라인(Line) 프로포셔너 방식
② 펌프(Pump) 프로포셔너 방식
③ 프레저(Pressure) 프로포셔너 방식
④ 프레저 사이드(Pressure Side) 프로포셔너 방식

15 Wet Water에 대한 설명으로 옳지 않은 것은?

① 물의 표면장력을 저하하여 침투력을 좋게 한다.
② 연소열의 흡수를 향상시킨다.
③ 다공질 표면 또는 심부화재에 적합하다.
④ 재연소 방지에는 부적합하다.

16 소화약제로 사용되는 계면활성제포 소화약제의 성분에 관한 설명이다. 다음의 계면활성제포 소화약제의 팽창에 관한 설명 중 가장 적합한 것은?

① 발포기구에 따라 30～800배로 팽창한다.
② 발포기구에 따라 60～900배로 팽창한다.
③ 발포기구에 따라 80～1,000배로 팽창한다.
④ 발포기구에 따라 100～1,500배로 팽창한다.

17 주수소화시 물의 표면장력에 의해 연소물에 침투속도를 향상시키기 위해 첨가제를 사용한다. 적합한 것은?

① Ethylene Oxide
② Sodium Carboxy Methyl Cellulose
③ Wetting Agents
④ Viscosity Agents

18 강화액 소화약제의 주성분은 무엇인가?

① 과산화수소　② 탄화칼슘
③ 탄산칼륨　④ 중탄산나트륨

19 다음의 특징을 가지고 있는 소화약제를 무엇이라 하는가?

> ㉠ 물의 소화성능을 증대시키기 위해 물에 탄산칼륨을 첨가한 수용액이다.
> ㉡ 응고점이 -20℃ 이하이다.
> ㉢ 한랭지나 겨울철에 사용할 수 있는 약제이다.
> ㉣ 무상방사했을 경우는 A급 및 B급, C급 화재에도 적응한다.

① 강화액　② 산·알칼리　③ 팽창진주암　④ 소화탄

20 다음은 산·알칼리 소화약제에 관한 설명이다. 옳지 못한 것은?

① 주성분은 진한 황산과 중탄산나트륨이다.
② 방사에 필요한 압력원은 공기이다.
③ 봉상방사를 하면 냉각효과 및 일반화재에 적합하다.
④ 무상방사할 경우에는 일반, 유류, 전기화재에 적합하다.

2.2 가스계 소화약제

21 이산화탄소 소화약제의 특징에 대한 설명이다. 틀린 것은?

① 소화 후에 흔적이 없다.
② 자체 압력으로 소화가 불가능하므로 별도로 가압할 필요가 있다.
③ 약제 방사시 기화되므로 동상의 우려가 있다.
④ 비중이 공기보다 무겁기 때문에 가연물질을 덮어버리는 피복작용이 있다.

22 이산화탄소 소화약제의 소화효과와 관계가 먼 것은?

① 냉각효과　② 질식효과
③ 부촉매효과　④ 피복효과

23 이산화탄소 소화약제의 저장용기의 저장장소로 적합하지 않은 곳은?

① 직사광선이 없는 곳　② 빗물이 침투할 우려가 없는 곳
③ 온도가 섭씨 50℃ 이하인 곳　④ 방호구역 외의 장소에 설치할 것

24 이산화탄소 소화약제를 소화기용 용기에 충전시 충전비는 얼마 이상으로 하여야 하는가?

① 1.5 ② 1.4 ③ 1.3 ④ 1.0

25 이산화탄소가 소화약제로 사용되는 원인과 거리가 먼 것은?

① 화학적으로 안정하다.
② 불연성이다.
③ 인체에 독성이 적다.
④ 전기적 절연성이 다른 어느 기체보다 우수하다.

26 사용 후 처리가 쉽고, 전기화재에 적응성이 있는 소화약제는?

① CO_2 ② 제1종 분말
③ 제3종 분말 ④ 포말

27 할론 소화약제의 특징에 대한 설명으로 틀린 것은?

① 일반금속에 대하여 부식성이 적어야 한다.
② 휘발성이 작아야 한다.
③ 보관저장시 변질, 분해 등이 없어 장기보존이 가능하다.
④ 할론 1301 소화약제는 상온에서 기체상태이므로 취급에 주의를 요한다.

28 할론 소화약제의 소화작용에 대한 설명으로 맞지 않는 것은?

① 이산화탄소(CO_2) 소화약제보다 소화성능이 떨어진다.
② 액체로 저장되었다가 기체로 방사되기 때문에, 이때 발생되는 기화열에 의한 냉각작용이 있다.
③ 대기 중의 산소농도 21%를 15%로 감소시켜 소화시키는 질식작용이 있다.
④ 가연물의 연소과정에서 발생되는 연쇄반응을 억제·차단시키는 부촉매작용이 있다.

29 할론 1301 소화약제의 성상에 대한 설명으로 옳지 못한 것은?

① 오존층 파괴 정도가 할로겐화합물 소화약제 중에서 가장 약하다.
② 독성은 거의 없으며 인체에 무해하다.
③ 불꽃연소에 특히 강한 소화력을 나타낸다.
④ 약제 방출시 운무현상이 일어난다.

30 공기, 수분, 이산화탄소 등과 반응하면 포스겐($COCl_2$) 가스를 발생하기 때문에 법적으로 사용금지하고 있는 할론 소화약제는 무엇인가?

① 할론 1301 ② 할론 1211
③ 할론 2402 ④ 할론 104

31 할론 소화제의 주요 소화원리는?

① 냉각소화 ② 질식소화
③ 염(炎)억제작용 ④ 차단소화

32 다음 중 독성이 가장 약한 할론 소화약제는 어느 것인가?

① 할론 1211 ② 할론 2402
③ 할론 1301 ④ 할론 104

33 할론 소화약제의 특성을 바르게 기술한 것은?

① 가연성 액체 화재에 대하여 소화속도가 매우 크다.
② 설비 전체로서의 중량 또는 용적이 매우 크다.
③ 전기절연성이 작다.
④ 일반 금속에 대하여 부식성이 크다.

34 다음의 소화약제 중 오존파괴지수가 가장 큰 것은?

① 할론 1011 ② 할론 1301
③ 할론 1211 ④ 할론 2402

35 할론소화설비에 사용하지 않는 할론은 어느 것인가?

① 할론 1301 ② 할론 1211
③ 할론 1011 ④ 할론 2402

36 다음은 분말 소화약제에 대한 설명이다. 옳은 것은?

① 약제가 방출될 때 압력원의 도움 없이 스스로 방출이 가능하다.
② 소화효과는 냉각, 질식, 피복효과가 있다.
③ 입자가 클수록 소화효과가 좋다.
④ 유류화재, 전기화재에 적응성을 가지고 있다.

37 (가)는 주방에서의 식용유화재에 적합하며, (나)는 일반·유류·전기화재에 적응성이 있는 소화약제이다. (   ) 안에 알맞은 말은?

① 가 - 제1종 분말 소화약제, 나 - 제3종 분말 소화약제
② 가 - 제1종 분말 소화약제, 나 - 제2종 분말 소화약제
③ 가 - 제3종 분말 소화약제, 나 - 제1종 분말 소화약제
④ 가 - 제2종 분말 소화약제, 나 - 제1종 분말 소화약제

38 다음은 분말 소화약제의 소화원리에 대한 설명으로 틀린 것은?

① 제3종 분말 소화약제는 열분해과정에서 발생된 메타인산(HPO_3)에 의한 방진작용이 있다.
② 아세틸렌가스와 같은 고압가스의 화재도 소화가 가능하다.
③ 자기연소성 물질의 화재에 소화효과가 있다.
④ 분말 소화약제의 공통적인 소화효과는 냉각, 질식, 부촉매효과이다.

39 제3종 분말 소화약제의 주성분은 무엇인가?

① 탄산수소나트륨($NaHCO_3$)
② 탄산수소칼륨($KHCO_3$)
③ 제1인산암모늄($NH_4H_2PO_4$)
④ 탄산수소칼륨과 요소[$KHCO_3 + (NH_2)_2CO$]

40 제1종 소화분말인 중탄산나트륨의 분해시 발생되는(생성되는) 물질과 관계가 없는 것은?

① 탄산나트륨
② 수증기
③ 탄산가스
④ 과산화수소

41 중탄산나트륨의 소화작용 화학반응식은 '$2NaHCO_3$ + 열 → $Na_2CO_3 + H_2O$↑ + (　)↑'이다. (　) 안에 들어갈 기호는?

① CO　② CO_2　③ Na　④ Na_2CO_3

42 다음 중 분말 소화약제로 널리 활용되고 있지 않은 것은?

① $NH_4H_2PO_4$　② $NaHCO_3$　③ $KHCO_3$　④ NH_4Cl

43 분말 소화약제의 열분해반응식과 관계가 있는 것은?

$$2NaHCO_3 \rightarrow Na_2CO_3 + CO_2 + H_2O$$

① 제1종 분말　② 제2종 분말　③ 제3종 분말　④ 제4종 분말

44 제1암모늄계 분말약제가 A급 화재에도 좋은 소화효과를 보여주는 이유는?

① 인산암모늄계 분말약제가 열에 의해 분해되면서 생성되는 물질이 특수한 냉각효과를 보여주기 때문이다.
② 인산암모늄계 분말약제가 열에 의해 분해되면서 생성된 다량의 불연성 가스가 질식효과를 보여주기 때문이다.
③ 인산암모늄계 분말약제가 열에 의해 분해되면서 생성되는 불연성의 용융물질이 가연물의 표면에 정착되어 차단효과를 보여주기 때문이다.
④ 인산 제1암모늄계 분말약제가 열에 의해 분해되어 생성되는 물질이 강력한 연쇄반응 차단효과를 보여주기 때문이다.

45 식용유화재의 소화에는 제1종 분말 소화약제가 제2종 분말 소화약제보다 우수한 것으로 판명되었다. 그 이유로 가장 적합한 것은?

① 분말 소화약제에 결합된 알칼리금속은 분자량이 가벼울수록 식용유화재에 대한 소화성능이 우수하다.
② 제1종 분말 소화약제는 식용유와 비누화 반응을 일으켜 가연물의 가연성을 억제한다.
③ 연소의 연쇄반응을 일으키는 활성종의 흡착력이 제1종 분말 소화약제가 크다.
④ 제2종 분말 소화약제에 결합된 칼륨은 분자량이 무거워 식용유 밑으로 침전하여 소화력이 떨어진다.

46 다음 분말약제의 입자크기와 소화효과에 관한 설명으로 옳은 것은?

① 입자는 10μ 이하의 작은 입자가 소화효과가 좋다.
② 입자가 클수록 소화효과가 좋다.
③ 입자는 $20 \sim 25\mu$ 정도가 소화효과가 좋다.
④ 입자의 크기와 소화효과는 관계가 없다.

47 분말 소화약제는 흡습성이 비교적 큰 화합물이다. 다음 중 방습처리에 사용되는 것은?

① 사포닝제 ② 스테아린산염
③ 중조 ④ 계면활성제

48 할로겐화합물 및 불활성기체 소화약제에 대한 설명이다. 틀린 것은?

① 할로겐화합물 소화약제와 불활성기체 소화약제로 구분된다.
② 오존파괴지수(ODP)가 0에 가깝다.
③ 전기적으로 비전도성이다.
④ 휘발성이 있으나 증발 후 잔여물을 남긴다.

49 할로겐화합물 및 불활성기체 소화약제의 특징에 대한 설명으로 바르지 못한 것은?

① 소화 중에 피연소물질에 피해를 주지 않는다.
② 비열과 기화잠열이 커야 한다.
③ 자체 증기압으로 방출이 어려워 방사원의 압력으로 약제가 방출된다.
④ 금속에 대한 부식성이 없어야 한다.

50 할로겐화합물 및 불활성기체 소화약제의 사용대상물 및 장소에 대한 설명 중 옳지 못한 것은?

① 전기적 위험이 있는 수방대상물 ② 가연성 액체를 저장·취급하는 대상물
③ 가연성 기체를 저장·취급하는 대상물 ④ 자기연소성 물질을 사용하는 장소

51 할로겐화합물 및 불활성기체 소화약제의 적응화재와 거리가 먼 것은?

① 유류화재 ② 전기화재
③ 금속화재 ④ 가스화재

52 할로겐화합물 및 불활성기체 소화약제 소화설비에서 농도를 증가시킬 때 아무런 영향을 감지할 수 없는 최대농도를 무엇이라 하는가?

① NOAEL ② LOAEL
③ ODP ④ GWP

53 할로겐화합물 및 불활성기체 소화약제 저장용기 설치기준으로 가장 적합한 것은?

① 온도가 40℃ 이하일 것
② 방호구역 내에 설치시 피난 및 조작이 쉽도록 피난구 부근에 설치
③ 방호구역 외에 설치시 통풍이 잘 되는 곳에 설치
④ 방호구역 외에 설치할 경우는 필히 갑종 방화문으로 구획된 실에 설치

54 알킬알루미늄화재시 사용할 수 있는 소화제로서 가장 적당한 것은?

① 마른 모래 ② 팽창진주암
③ 이산화탄소 ④ 분말 소화약제

55 다음 설명 중 옳지 않은 것은?

① 건조사는 건조된 모래이어야 하며 가연물이 함유되어 있지 않아야 한다.
② 건조사는 공기공급을 차단시키는 질식작용이 있다.
③ 건조사는 금수성 물질의 화재에는 적응성이 없다.
④ 팽창질석은 알킬알루미늄화재에 아주 적합하다.

56 무상주수시 적응화재로 옳은 것은?

① 일반화재 ② 일반, 유류화재
③ 일반, 유류, 전기화재 ④ 일반, 유류, 전기, 금속화재

57 포 소화약제의 적응화재와 관계가 있는 것은?

① 유류화재 ② 전기화재
③ 금속화재 ④ 가스화재

58 유류화재와 전기화재에 적응성을 가지는 소화약제와 관계가 없는 것은?

① 이산화탄소 소화약제 ② 무상의 물
③ 포 소화약제 ④ 분말 소화약제

59 제3종 분말 소화약제의 적응화재는?

① A급 화재 ② A, B급 화재
③ A, B, C급 화재 ④ A, B, C, D급 화재

60 물 소화약제를 어떠한 상태로 주수할 경우 전기화재의 진압에도 소화능력을 발휘할 수 있는가?

① 물에 의한 봉상주수 ② 물에 의한 무상주수
③ 물에 의한 저압주수 ④ 물에 의한 냉각주수

61 통신기기실의 소화설비로 가장 적합한 것은?

① 스프링클러설비 ② 옥내소화전 설비
③ 분말소화설비 ④ 할론소화설비

62 고압전기가 흐르는 전기시설물에 적용할 수 없는 소화방식은?

① 이산화탄소에 의한 소화 ② 할론 1301에 의한 소화
③ 거품에 의한 소화 ④ 물분무에 의한 소화

63 소화약제의 방출수단에 대한 설명으로 가장 적당한 것은?

① 액체화학반응을 이용하여 발생되는 열로 방출한다.
② 기체의 압력으로 폭발, 기화작용 등을 이용하여 방출한다.
③ 화기의 온도, 습도, 기압 등을 이용하여 방출한다.
④ 가스압력, 동력, 사람의 손 등에 의하여 방출한다.

64 변전실화재의 소화약제로 적당하지 않은 것은?

① 이산화탄소 ② 물
③ 분말 ④ 할로겐화물

CHAPTER

3 소화설비론

■ 용어 정의

소화약제	소화성능이 있는 고체· 액체 및 기체의 물질을 말한다.
주방용 자동소화장치	가연성 가스 등의 누출을 자동으로 차단하며, 소화약제를 방사하며 소화하는 것을 말한다.
소형 소화기	능력단위가 1단위 이상이고 대형 수동식 소화기의 능력단위 미만인 구동식 소화기를 말한다.
대형 소화기	화재시 사람이 운반할 수 있도록 운반대와 바퀴가 설치되어 있고 능력단위가 A급 10단위이상, B급 20단위 이상인 수동식 소화기를 말한다.
자동확산소화장치	화재시 화염이나 열에 따라 자동으로 소화약제가 확산하여 소화하는 소화장치를 말한다.
간이소화용구	에어로졸식소화용구, 투척용소화용구 및 소화약제 외의 것을 이용한 소화용구를 말한다.

1. 소화기

(1) 개요

소화기는 물이나 기타 소화약제를 압력에 의해서 방사하여 소화를 행하는 기구로 사람이 조작하는 것을 말한다. 즉, 초기 단계의 화재의 소화를 주목적으로 하는 것으로서 화재시에 사람이 조작함에 의해서 소화하는 것이며, 취급도 간편하다.

(2) 공통적인 사항

① 화재종류와 적응성

㉠ 일반화재의 소화에 적합한 소화기의 용기에는 백색의 둥근 표지가 붙여지고, 유류화재의 소화에 적합한 소화기의 용기에는 황색의 둥근 표지로 각각 화재에 적응하는 소화기라는 것을 표시하고 있다.

㉡ C급 화재(전기화재, 청색화재)라는 것은 화재의 종류가 아니라 전기설비 등의 화재소화에 있어 감전의 염려가 없다는 것이며, 청색의 둥근 표지가 붙어 있다.

② 방사성능

㉠ 소화기는 정상적인 조작방법으로 방사하였을 때 방사조작 완료 즉시 소화약제를 유효하게 방사할 수 있어야 한다.

㉡ 방사시간은 온도 20℃±2℃에서 충전 소화약제의 중량이 1kg 이하인 것에 있어서는 6초 이상, 1kg을 초과하는 것에 있어서는 8초 이상이어야 한다.

㉢ 소화에 유효한 방사거리가 있어야 하며, 충전된 소화약제의 용량 또는 중량의 90%(포말 소화기는 85%) 이상의 양이 방사되어야 한다.

③ 안전장치

㉠ 소화기에는 불의의 작동을 방지하기 위한 안전장치를 설치하여야 한다. 다만, 수동펌프에 의하여 작동하는 물 소화기 또는 전도의 일동작으로 작동하는 소화기는 그러하지 아니하다.

㉡ 안전장치는 스테인리스강, 비철재질로 또는 합성수지 등 내식성 재질로 제조되어야 한다.

㉢ 구조면을 보면 소화기의 작동조작 도중에 자동적으로 풀리는 구조이어야 하며, 평상시에는 오동작되지 아니하도록 하는 조치가 강구되어야 한다.

㉣ 한 동작으로 용이하게 풀리는 것이어야 하며, 풀어내는 데 지장이 없는 봉인을 하여야 한다.

④ 사용온도범위

㉠ 소화기는 그 종류에 따라 다음에 정하는 온도범위에서 사용하였을 경우, 소화 및 방사의 기능을 유효하게 발휘할 수 있는 것이어야 한다.

- 강화액 소화기 : 섭씨 −20℃ 이상 40℃ 이하
- 분말 소화기 : 섭씨 −20℃ 이상 40℃ 이하
- 기타 소화기 : 섭씨 0℃ 이상 40℃ 이하

㉡ 위 규정에 의한 사용온도의 범위를 확대하고자 할 때에는 10℃ 단위로 하여야 한다.

⑤ 소화능력단위

㉠ 소화기의 소화능력은 각각의 소화기에 화재의 종류별로 일정한 화재모형을 설정하고, 규격으로 정하는 소화시험에 의하여 측정한 수치를 말한다.

㉡ 그 값은 1 이상이 아니면 안 된다. 다만, 대형 소화기로 A급 화재에 적응하는 것에 있어서는 10 이상, B급 화재에 적응하는 것에 있어서는 20 이상이 아니면 안 된다.

소화능력단위에 의한 소화기의 구분

1. 소형 소화기 : 능력단위 1단위 이상이면서 대형 소화기의 능력단위 이하인 수동식 소화기를 말한다.
2. 대형 소화기 : 능력단위가 A급 화재는 10단위 이상, B급 화재는 20단위 이상인 것으로 소화약제 충전량이 다음 표 이상인 수동식 소화기를 말한다.

대형 소화기의 종류	소화약제 충전량
물 및 화학포 소화기	80ℓ
포 소화기	20ℓ
강화액 소화기	60ℓ
이산화탄소 소화기	50kg
할로겐화합물 소화기	30kg
분말 소화기	20kg

⑥ 표시 및 표지

소화기의 본체 용기에는 다음 사항을 표시하여야 한다.

- 소화기명 및 충전한 소화약제의 주성분
- 사용방법
- 사용온도범위
- 유류화재 또는 전기화재에 사용하여서는 안 되는 소화기는 그 내용
- A급 화재 및 B급 화재에 대한 능력단위의 수치
- 방사거리 및 방사시간
- 제조번호
- 제조연월
- 제조업체명 또는 상호
- 형식승인번호
- 충전된 소화약제의 용량 또는 중량
- 총중량(충전된 소화약제를 용량으로 표시하는 것은 제외)
- 용기 시험의 압력치
- 안전밸브의 작동압력치
- 취급상의 주의 및 점검기간
- 적용화재별 원형 표시

⑦ 소화기의 도장

소화기의 표면에는 방청도장을 하고, 표면의 25% 이상의 부분을 적색으로 도장하여야 한다. 다만, 내식성 재료로 된 소화기는 방청도장을 하지 아니할 수 있다.

⑧ 소화약제의 공통적 성질

㉠ 소화약제는 현저한 독성이나 부식성이 있어서는 안 되며, 또한 열과 접촉하였을 때 현저한 독성이나 부식성의 가스를 발생하지 아니하는 것이어야 한다.

㉡ 수용액의 소화약제 및 액상의 소화약제는 결정의 석출용액의 분리, 부유물 또는 침전물의 발생 기타의 이상이 생기지 아니하는 것이어야 한다.

㉢ 분말상태의 소화약제는 굳거나 덩어리지거나 변질 기타의 이상이 생기지 아니하는 것이어야 한다.

1. 자동차용 소화기

① 강화액 소화기(무상으로 방사되는 것에 한한다)
② 할로겐화합물 소화기
③ 이산화탄소 소화기
④ 분말 소화기
⑤ 포 소화기

2. 호스를 부착하지 않아도 되는 소화기

① 소화약제의 중량이 4kg 미만인 할로겐화합물 소화기
② 소화약제의 중량이 3kg 미만인 이산화탄소 소화기
③ 소화약제의 중량이 1kg 이하인 분말 소화기

3. 소화기 노즐의 규정

① 내면은 매끈하게 다듬어진 것일 것
② 개폐식 또는 선환식의 노즐에 있어서는 개폐나 전환의 조작이 원활하게 이루어져야 하고, 방사할 때 소화약제의 누설 그 밖의 장해가 생기지 아니할 것
③ 개폐식의 노즐에 있어서는 0.3MPa($3kg/cm^2$)의 압력을 5분간 가하는 시험을 하였을 때 새지 아니할 것

4. 여과망을 설치하여야 하는 소화기

① 물 소화기
② 산알칼리 소화기
③ 강화액 소화기
④ 포 소화기

(3) 종류

① 물 소화기

물 소화기에는 수동펌프를 설치한 펌프식, 압축공기를 주입해서 이 압력에 의해 물을 방출하는 축압식, 별도로 이산화탄소 등의 가압용 봄베 등을 설치하여 그 가스압력으로 물을 방출하는 가압식 등이 있다.

② 산알칼리 소화기

산알칼리 소화기는 물 소화기의 일종으로 산과 알칼리의 반응에 의해서 생기는 이산화탄

소의 가스압을 이용하여 물을 방출한다.

$$2NaHCO_3 + H_2SO_4 \rightarrow Na_2SO_4 + 2CO_2 + 2H_2O$$

③ 강화액 소화기

㉠ 용기 내에 강화액 탄산칼륨의 진한 수용액이 충전되고, 공기 또는 질소가스가 7.0~9.8kg/cm^2의 압력으로 봉입되어 있으며, 내압을 가리키는 지시압력계가 반드시 부착되어 있는 축압식과 방사압력원으로는 이외에도 가압용 가스용기를 본체의 용기 속에 취부하는 가압식과 파병식 산알칼리 소화기와 마찬가지로 본체의 용기 속에 황산을 넣고 산알칼리 반응에 의하여 발생하는 이산화탄소의 압력에 의해서 방사하는 반응식의 것이 있다.

㉡ 강화액 소화약제는 알칼리 금속염류의 수용액인 경우에는 알칼리성 반응을 나타내어야 하며, 응고점이 영하 20℃ 이하이어야 한다.

④ 포말 소화기

종류는 전도식과 파괴식으로 나누어지는데 대부분이 전도식이다. 외통액으로는 중탄산소다, 포안정제로서 단백질 및 방부제, 내통액으로서는 황산알루미늄을 이용한다.

⑤ 할로겐화합물 소화기(증발성 액체 소화기)

㉠ 일반적으로 압축공기 또는 질소가스를 넣어서 축압해 둔 축압식과 본체용기에 수동펌프가 부착된 수동펌프식, 공기가압펌프가 붙어 있고 보조적으로 내부의 공기를 가압하는 수동축압식, 상온에서 기체인 할로겐화합물의 경우 자기증기압식(할론 1301)으로 분류된다.

㉡ 할론 1301을 제외한 할론 소화기는 좁고 밀폐한 실내에서는 사용을 금하고 있으며 바람방향에서 방사하고, 사용 후는 신속히 환기시켜야 한다. 또한 발생가스는 유독하기 때문에 흡입하지 말아야 한다.

㉢ 설치장소를 보면 이산화탄소 소화기 및 할론 1301 소화기와 청정소화약제 소화기를 제외한 할로겐화합물 소화기는 지하층, 무창층 및 환기에 유효한 개구부의 넓이가 바닥면적의 1/30 이하, 또 바닥면적이 20m^2 이하의 장소에는 설치하여서는 안 된다. 바꾸어 말하면 할론 1301에 한해서 이와 같은 장소에도 사용된다. 또 직사일광, 고온다습한 장소에는 두지 말아야 한다.

⑥ 이산화탄소(CO_2) 소화기

본체 용기 내부에 액화된 이산화탄소 가스가 1kg에 대하여 용기의 내용적 1,500mℓ 이상으로 충전되어 있고, 레버를 쥐면 밸브가 열려 액화된 이산화탄소 가스가 압출되어 노즐을 나올 때 기화되어 가스 모양으로 방사된다.

⑦ 분말 소화기

용기에 분말 소화약제와 방출압력원인 질소가스가 함께 축압되어 있는 축압식과 별도로 이산화탄소가 충전된 가압봄베를 본체 용기 안에 설치하든가 본체 용기 밖에 설치하는 가스가압식으로 분류된다.

(4) 소화기의 설치 및 유지관리

① 소화기의 설치

㉠ 바닥면에서 높이가 1.5m 이하가 되는 지점에 설치할 것

㉡ 통행·피난에 지장이 없고 사용시에 쉽게 반출할 수 있는 지점에 설치할 것

㉢ 물 기타 소화제가 동결·변질 또는 분출할 염려가 없는 지점에 설치할 것

② 소화기의 유지·관리

㉠ 소화기는 적응화재에만 사용하여야 하며, 성능에 따라서는 불에 가까이 접근하여 사용하여야 한다.

㉡ 소화작업은 바람을 등지고 바람이 부는 위쪽에서 바람이 불어가는 아래쪽을 향해 소화기를 양옆으로 비로 쓸듯이 골고루 방사하여야 한다.

㉢ 소화기는 화재 초기에만 효과가 있고 화재가 확대된 후에는 효과가 없으며, 대형 소화설비의 대용은 될 수 없다.

㉣ 구조 및 성능, 취급법을 알고 있지 않으면 효과가 없으며, 만능소화기는 없다.

③ 소화기의 설치기준

㉠ 수동식 소화기는 다음의 기준에 따라 설치할 것

ⓐ 각 층마다 설치하되, 소방대상물의 각 부분으로부터 1개의 수동식 소화기까지의 보행거리가 소형 수동식 소화기의 경우에는 20m 이내, 대형 수동식 소화기의 경우에는 30m 이내가 되도록 배치할 것. 다만, 가연성 물질이 없는 작업장의 경우에는 작업장의 실정에 맞게 보행거리를 완화하여 배치할 수 있으며, 지하구의 경우에는 화재발생의 우려가 있거나 사람의 접근이 쉬운 장소에 한하여 설치할 수 있다.

ⓑ 소방대상물의 각 층이 2 이상의 거실로 구획된 경우에는 ⓐ의 규정에 따라 각 층마다 설치하는 것 외에 바닥면적이 $33m^2$ 이상으로 구획된 각 거실(아파트의 경우에는 각 세대를 말한다)에도 배치할 것

㉡ 능력단위가 2단위 이상이 되도록 수동식 소화기를 설치하여야 할 소방대상물 또는 그 부분에 있어서는 간이소화용구의 능력단위수치의 합계수가 전체 능력단위 합계수의 1/2을 초과하지 아니하게 할 것. 다만, 노유자시설의 경우에는 이를 제외한다.

㉢ 소화기구(자동식 소화기 및 자동확산소화용구, 고체에어로졸 자동소화기를 제외한다)는 바닥으로부터 높이 1.5m 이하의 곳에 비치하고, 수동식 소화기에 있어서는 '소화기', 마른 모래에 있어서는 '소화용 모래', 팽창진주암 및 팽창질석에 있어서는 '소화질석'이라고 표시한 표지를 보기 쉬운 곳에 게시해야 한다.

㉣ 주거용 주방 자동소화장치는 아파트의 각 세대별 주방 및 오피스텔의 각 실별 주방에 다음의 기준에 따라 설치할 것

ⓐ 소화약제 방출구는 환기구(주방에서 발생하는 열기류 등을 밖으로 배출하는 장치를 말한다)의 청소부분과 분리되어 있어야 하며, 가스사용장소의 중앙에 설치할 것

ⓑ 감지부의 위치는 형식승인 된 유효한 높이 및 위치에 설치할 것

ⓒ 자동식 소화기에 사용되는 가스차단장치는 주방배관의 개폐밸브로부터 2m 이하의 위치에 설치하되, 상시 확인 및 점검이 가능하도록 설치할 것

ⓓ 자동식 소화기의 탐지부는 수신부와 분리하여 설치하되, 공기보다 가벼운 가스를 사용하는 경우에는 천장면으로부터 30cm 이하의 위치에 설치하고, 공기보다 무거운 가스를 사용하는 장소에는 바닥면으로부터 30cm 이하의 위치에 설치할 것

ⓔ 자동식 소화기의 수신부는 주위의 열기류 또는 습기 등과 주위온도에 영향을 받지 아니하고 사용자가 상시 볼 수 있는 장소에 설치할 것

㉤ 이산화탄소 또는 할로겐화합물을 방사하는 소화기구(분사식 자동확산소화용구를 제외한다)는 지하층이나 무창층 또는 밀폐된 거실로서 그 바닥면적이 $20m^2$ 미만인 장소에는 설치할 수 없다. 다만, 배기를 위한 유효한 개구부가 있는 장소인 경우에는 그러하지 아니하다.

㉥ 캐비넷 자동소화장치

ⓐ 분사헤드의 설치 높이는 방호구역의 바닥으로부터 최소 0.2m 이상 최대 3.7m 이하로 하여야 한다. 다만, 별도의 높이로 형식승인 받은 경우에는 그 범위 내에서 설치할 수 있다.

ⓑ 화재감지기는 방호구역내의 천장 또는 옥내에 면하는 부분에 설치할 것

ⓒ 방호구역내의 화재감지기의 감지에 따라 작동되도록 할 것

ⓓ 화재감지기의 회로는 교차회로 방식으로 설치할 것

ⓔ 개구부 및 통기구(환기장치를 포함한다. 이하 같다)를 설치한 것에 있어서는 약제가 방사되기 전에 해당 개구부 및 통기구를 자동으로 폐쇄할 수 있도록 할 것. 다만, 가스압에 의하여 폐쇄되는 것은 소화약제 방출과 동시에 폐쇄할 수 있다.

2. 옥내소화전설비

(1) 개요

① 옥내소화전설비는 화재 초기에 건축물 내의 화재를 진화하도록 소화전함에 비치되어 있는 호스 및 노즐을 이용하여 소화작업을 하는 설비이다.

② 일반적으로 수원, 가압송수장치, 개폐밸브, 호스, 노즐, 소화전함, 비상전원 등으로 구성되어 있다.

■ 옥내소화전 시스템

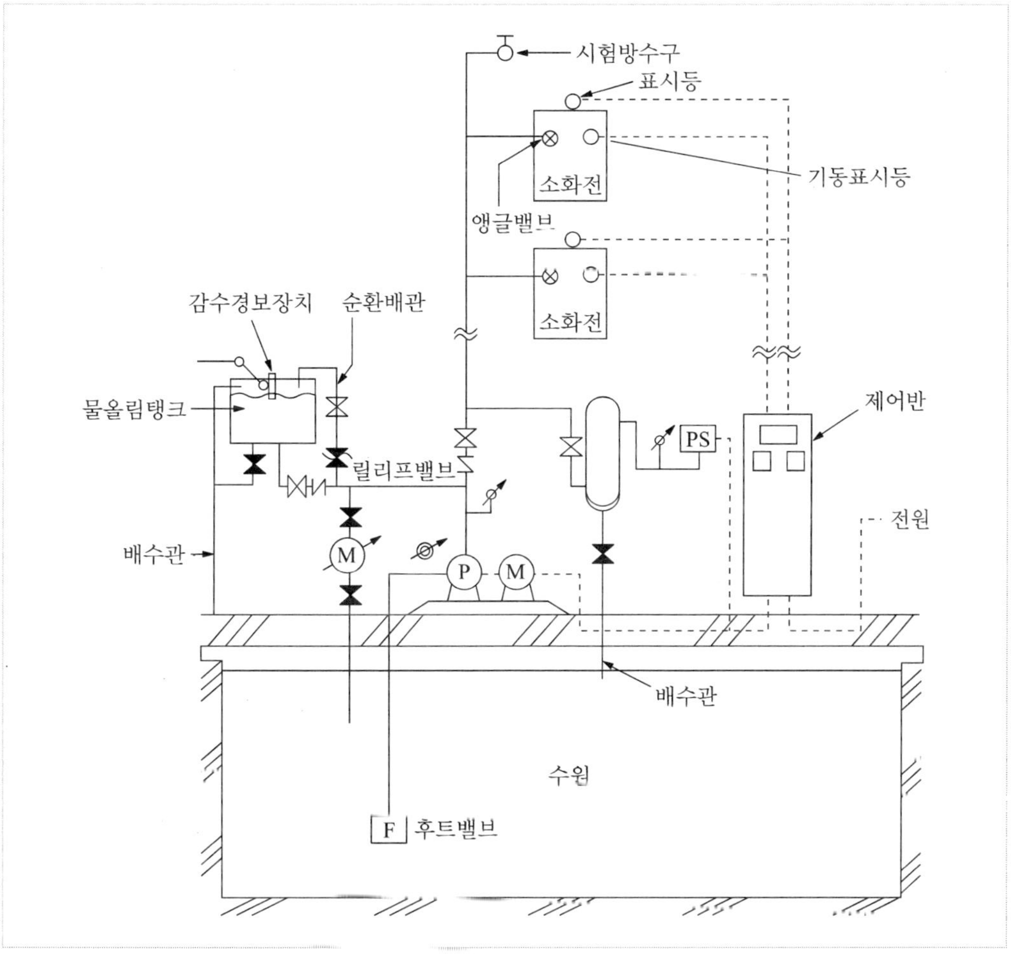

(2) 옥내소화전설비의 종류

주로 학교, 공장, 창고, 사업장에 한하여 설치할 수 있으며, 소화전함의 기동스위치를 누르고 앵글밸브를 열면 가압송수장치의 펌프가 기동되어 방수가 시작되는 수동기동방식(on-off방식)과 소화전함의 앵글밸브를 열면 배관 내의 압력감소로 압력감지장치에 의해 펌프가 기동되어 방수가 시작되는 자동기동방식(기동용 수압개폐방식)이 있다.
기동용 수압개폐장치는 옥내소화전설비, 옥외소화전설비, 스프링클러설비, 물분무소화설비, 포소화설비에서는 필수적인 기동방식이다.

■ 용어 정의

<table>
<tr><td>고가수조</td><td colspan="2">구조물 또는 지형지물 등에 설치하여 자연낙차의 압력으로 급수하는 수조를 말한다.</td></tr>
<tr><td>압력수조</td><td colspan="2">소화용수와 공기를 채우고 일정압력 이상으로 가압하여 그 압력으로 급수하는 수조를 말한다.</td></tr>
<tr><td>충압펌프</td><td colspan="2">배관 내 압력손실에 따른 주펌프의 빈번한 기동을 방지하기 위하여 충압역할을 하는 펌프를 말한다.</td></tr>
<tr><td>정격토출량</td><td colspan="2">정격토출압력에서의 펌프의 토출량을 말한다.</td></tr>
<tr><td>정격토출압력</td><td colspan="2">정격토출량에서의 펌프의 토출측 압력을 말한다.</td></tr>
<tr><td>진공계</td><td colspan="2">대기압 이하의 압력을 측정하는 계측기를 말한다.</td></tr>
<tr><td>연성계</td><td colspan="2">대기압 이상의 압력과 대기압 이하의 압력을 측정할 수 있는 계측기를 말한다.</td></tr>
<tr><td>체절운전</td><td colspan="2">펌프의 성능시험을 목적으로 펌프 토출측의 개폐밸브를 닫은 상태에서 펌프를 운전하는 것을 말한다.</td></tr>
<tr><td rowspan="3">기동용
수압개폐장치</td><td colspan="2">소화설비의 배관 내 압력변동을 검지하여 자동적으로 펌프를 기동 및 정지시키는 것으로서 압력챔버 또는 기동용 압력스위치 등을 말한다.</td></tr>
<tr><td>압력챔버</td><td>동체와 경판으로 구성된 원통형 탱크를 소화설비 배관과 연결하여 압력변동을 검지하여 자동적으로 펌프를 기동 또는 정지시키기 위한 장치</td></tr>
<tr><td>기동용
압력스위치</td><td>소화설비 배관 내에 작용하는 수격 또는 순간압력변동 등에 내구성이 있도록 부르동관을 사용하는 압력스위치 등으로 압력변동을 검지하여 자동적으로 펌프를 기동 또는 정지시키기 위한 장치</td></tr>
<tr><td>급수배관</td><td colspan="2">수원 및 옥외송수구로부터 옥내소화전방수구에 급수하는 배관을 말한다.</td></tr>
<tr><td>개폐표시형 밸브</td><td colspan="2">밸브의 개폐여부를 외부에서 식별이 가능한 밸브를 말한다.</td></tr>
<tr><td>가압수조</td><td colspan="2">가압원인 압축공기 또는 불연성 고압기체에 따라 소방용수를 가압시키는 수조를 말한다.</td></tr>
</table>

(3) 옥내소화전설비의 구성 및 기준

① 수원

수원은 고가수조, 지하수조, 압력수조, 가압수조의 4가지로 나눌 수 있는데, 이것은 설치위치와 구조에 따라서 분류된 것이다.

㉠ 종류

고가수조	건물 최상층에 설치하여 낙차를 이용하며 소화전함 및 펌프보다 높은 위치에 있는 모든 수조를 말한다.
압력수조	압력수조 자체가 수원인 것으로서, 수조용량의 2/3는 물을 채우고 수위가 저하되면 급수펌프 운전용 감지장치에 의하여 급수펌프가 작동되어 유효수량을 항상 유지시키고, 수조의 1/3은 압축공기로 채워져 있어 압축공기의 누기현상이 발생되면 자동식 에어컴프레서(Air Compressor)에 의해 수조 내에 필요한 압력을 보충시켜 주게 된다.
지하수조	일반적으로 지하에 설치된 모든 수조를 말하는 것이 아니라 가압송수장치의 펌프보다 낮은 위치에 설치된 모든 수조를 의미한다. 수량에 있어서는 소화설비전용으로 설치된 경우에는 수조 전체 물의 양이 당해 필요한 수량으로 산정되나, 일반설비와 겸용인 경우에는 일반급수펌프의 후트밸브와 소화펌프의 후트밸브 사이의 수량이 필요수량으로 산정된다. 즉, 이것을 '유효수량'이라고 한다. 주의사항으로서 소화펌프의 후트밸브가 일반급수펌프의 후트밸브보다 아래에 위치하여야 한다.
가압수조	가압원인 압축공기 또는 불연성 고압기체에 따라 소방용수를 가압시키는 수조를 말한다.

㉡ 설치기준

ⓐ 점검에 편리한 곳에 설치하여야 한다.

ⓑ 동결방지조치를 하거나 동결의 우려가 없는 장소에 설치하여야 한다.

ⓒ 수조의 외측에는 수위계를 설치하여야 한다. 다만, 수조의 맨홀 등을 통하여 수조 안의 물의 양을 쉽게 알 수 있도록 표지를 한 때에는 그러하지 아니하다.

ⓓ 수조의 상단이 바닥보다 높은 때에는 수조의 외측에 고정식 사다리를 설치하여야 한다.

ⓔ 수조가 실내에 설치된 때에는 그 실내에 조명설비를 설치하여야 한다.

ⓕ 수조 밑부분에는 청소용 배수밸브 또는 배수관을 설치하여야 한다.

ⓖ 수조의 외측의 보기 쉬운 곳에 '옥내소화전설비용 수조'라고 표시한 표지를 설치하여야 한다. 이 경우 그 수조를 다른 설비와 겸용하는 때에는 그 겸용되는 설비의 이름을 표시한 표지를 함께 하여야 한다.

ⓗ 옥내소화전펌프의 흡수배관 또는 옥내소화전설비의 입상배관과 수조의 접속부분에는 '옥내소화전설비용 배관'이라고 표시한 표지를 하여야 한다.

㉢ 수원의 양 산출기준

ⓐ 옥내소화전설비의 저수량은 옥내소화전 설치개수가 가장 많은 층의 설치개수(설치개수가 2개 이상 설치된 경우는 2)에 2.6m^3(호스릴 옥내소화전설비를 포함한다)을 곱한 양

이상이 되도록 하여야 한다.

$$\text{수원의 양(저수량)} = \text{옥내소화전 설치개수} \times 2.6\text{m}^3$$

ⓑ 저수량을 산정함에 있어서 다른 설비와 겸용하여 옥내소화전설비용 수조를 설치하는 경우에는 옥내소화전설비의 후트밸브·흡수구 또는 수직배관의 급수구와 다른 설비의 후트밸브·흡수구 또는 수직배관의 급수구와의 사이의 수량을 그 유효수량으로 한다.

ⓒ 예를 들면 건축물의 옥내소화전이 1층에 5개, 2층에 3개, 3층에 2개가 설치되어 있다고 가정하면 설치개수가 가장 많은 층이 1층이므로 1층의 개수는 5개이다. 그러므로 당해 건축물에 필요한 옥내소화전설비의 수원의 양은 2개 × 2.6m^3(130ℓ/분×20분)의 양이다. 즉, 2개 × 130ℓ/분 × 20분 = 5,200ℓ 이상이 된다.

참고 옥내소화전설비에서 고가수조에 수원의 저장량에 1/3을 저장하는 이유 : 펌프의 고장이나 정전시 화재가 발생하여도 자연수압에 의해 방사되는 물로 소화할 수 있도록 하기 위해서이다.

② 옥내소화전설비의 가압송수장치

옥내소화전의 규정방수압력[1.7kg/cm^2(0.17MPa) 이상]을 보존하기 위한 가압송수장치는 고가수조방식, 압력수조방식, 전동기 또는 내연기관에 의한 펌프방식, 가압수조방식으로 분류할 수 있다.

㉠ 고가수조방식

ⓐ 고가수조방식은 최상층부에 위치한 옥내소화전보다 높은 위치에 설치된 수조로서 수조의 방수구에 규정방수압력을 보존하기 위해 낙차를 이용하는 방식이다. 물을 사용하는 설비에도 적용될 수 있다.

ⓑ 고가수조의 구성장치로는 수위계, 배수관, 맨홀, 급수관 및 오버플로우관을 설치한다.

㉡ 압력수조방식

ⓐ 압력수조방식은 압력수조를 수원으로 하는데 수조의 2/3는 급수펌프에 의하여 항시 물이 보급되고, 1/3은 공기압축기(Air Compressor)에 의해 압축공기가 보급됨으로써, 이 압축공기압력으로 방수구에서의 규정방수압력을 보존하기 위한 가압방식이다.

ⓑ 필요한 장치로는 수위계, 급수관, 급기관, 맨홀, 압력계, 안전장치 및 압력저하 방지를 위한 자동식 공기압축기를 설치하여야 한다.

㉢ 전동기 또는 내연기관에 의한 펌프방식 : 옥내소화전의 방수구에서 규정방수압력을 보존하기 위해 펌프를 설치하고 펌프에 의해 가압하는 방식으로서 통상적으로 가장 많이 이용하는 방식이다. 원칙적으로 물을 이용하는 소화설비의 가압송수장치는 펌프방식이 이용된다. 이 펌프방식의 소방법상 시설기준은 다음과 같다.

ⓐ 쉽게 접근할 수 있고 점검하기에 충분한 공간이 있는 장소로서 화재 및 침수 등의 재해로 인한 피해를 받을 우려가 없는 곳에 설치하여야 한다.

ⓑ 동결방지조치를 하거나 동결의 우려가 없는 장소에 설치하여야 한다.

ⓒ 소방대상물의 어느 층에 있어서도 당해 층의 옥내소화전(2개 이상 설치된 경우에는 2개의 옥내소화전)을 동시에 사용할 경우 각 소화전의 노즐선단에서의 방수압력이 0.17MPa(1.7kg/cm^2, 호스릴옥내소화전설비를 포함한다) 이상이고, 방수량이 130ℓ/분(호스릴 옥내소화전설비의 경우에는 60ℓ/min) 이상이 되는 성능의 것으로 할 것. 다만, 하나의 옥내소화전을 사용하는 노즐선단에서의 압수압력이 0.7MPa(7kg/cm^2)을 초과할 경우에는 호스접결구의 인입측에 감압장치를 설치하여야 한다.

ⓓ 펌프의 1분당 토출량은 옥내소화전이 가장 많이 설치된 층의 설치개수(옥내소화전이 2개 이상 설치된 경우에는 2개)에 130ℓ를 곱한 양 이상이 되도록 할 것

ⓔ 펌프는 전용으로 할 것. 다만, 다른 소화설비와 겸용하는 경우 각각의 소화설비의 성능에 지장이 없을 때에는 예외로 한다.

ⓕ 펌프의 토출측에는 압력계를, 흡입측에는 연성계 또는 진공계를 설치할 것. 다만, 수원의 수위가 펌프의 위치보다 높거나 수직회전축펌프의 경우에는 연성계 또는 진공계를 설치하지 아니할 수 있다.

ⓖ 가압송수장치에는 정격부하 운전시 펌프의 성능을 시험하기 위한 배관을 설치할 것

ⓗ 가압송수장치에는 체절운전시 수온의 상승을 방지하기 위한 순환배관을 설치할 것

ⓘ 기동장치로는 기동용 수압개폐장치를 사용할 것. 다만, 아파트, 업무시설, 학교, 전시시설, 공장, 창고시설, 또는 종교시설 등으로서 동결의 우려가 있는 장소에 있어서는 기동스위치에 보호판을 부착하여 옥내소화전함 내에 설치할 수 있다.

ⓙ 기동용 수압개폐장치(압력챔버)를 사용할 경우 용적은 100ℓ 이상의 것으로 할 것

ⓚ 수원의 수위가 펌프보다 낮은 위치에 있는 가압송수장치에는 다음의 기준에 의한 물올림장치를 설치할 것

- 물올림장치에는 전용의 탱크를 설치할 것
- 탱크의 유효수량은 100ℓ 이상으로 하되, 구경 15mm 이상의 급수배관에 의하여 당해 탱크에 물이 계속 보급되도록 할 것

㉣ 가압수조방식

ⓐ 가압수조는 최대상용압력 1.5배의 물의 압력을 가하는 경우 물이 새지 않도록 변형이 없을 것

ⓑ 가압수조 및 가압원은 방화구획된 장소에 설치할 것

ⓒ 가압수조에는 수위계·급수관·배수관·급기관·압력계·안전장치 및 수조에 소화수와 압력을 보충할 수 있는 장치를 설치할 것

ⓓ 가압수조의 압력은 규정방수량 및 방수압이 20분 이상 유지되도록 할 것

1. 펌프 및 주변장치

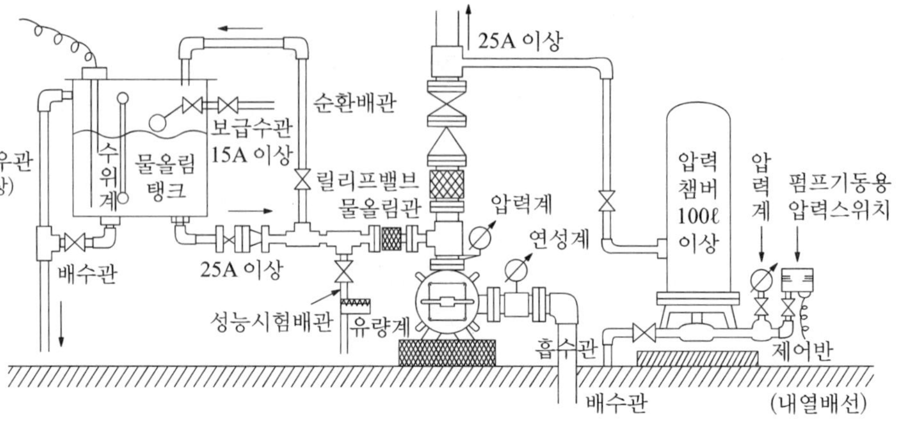

〈펌프 주변도〉

① 펌프 : 소방용 펌프로는 원심펌프가 주로 사용되는데 원심펌프는 날개바퀴에 안내날개가 있는가의 여부에 따라 볼류트 펌프와 터빈 펌프로 나뉜다.
볼류트 펌프는 임펠러 주위에 안내날개가 없으며 펌프는 양정이 낮고 양수량이 많은 곳에 사용되며, 터빈 펌프는 물의 안내날개가 있어서 원심력에 의한 속도에너지를 안내날개에 의해 압력에너지로 바꾸어 주기 때문에 양정이 높은 곳에 적절하다.

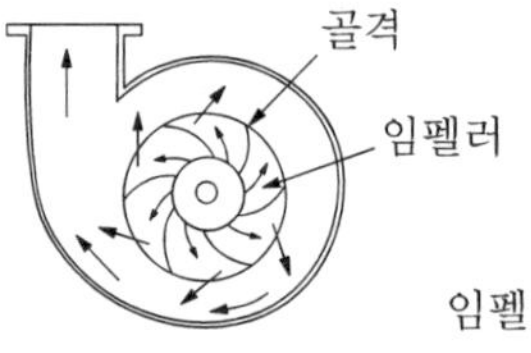

〈볼류트 펌프〉

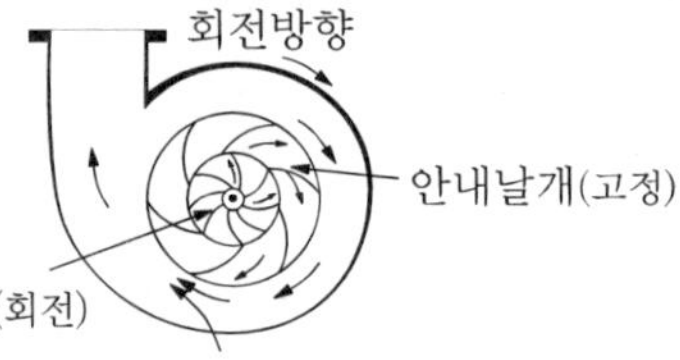

〈터빈 펌프〉

② 물올림장치(호수조, 물올림탱크, PRIMING TANK)

㉠ 물올림장치는 수평회전축펌프를 사용한 지하수조방식의 가압송수장치에 필요한 설비로 펌프 내 또는 그 흡수관에 공기가 들어 있으면 펌프가 공회전하여 양수능력이 감소하게 되는데 수원의 위치가 펌프보다 낮은 경우에 이러한 현상이 현저히 나타난다. 이 경우를 방지하기 위해 흡수관 말단부에 스트레이너를 부착한 후트밸브를 설치하여 펌프 정지 중에 흡수관 내의 물이 수조로 역류(낙하)하지 않고 언제나 물이 충만되도록 되어 있다.

㉡ 후트밸브는 수중의 먼지 등의 물질이 끼어 고장이 나기 쉬워 펌프실의 물이 수조로 빠져 내려가면 펌프를 작동시켜도 물이 흡입되지 않으므로, 이 경우에 펌프 임펠러에서 후트밸브까지 물을 공급하여 항상 펌프만 작동하면 물이 흡입될 수 있도록 대비시켜주는 것이다.

㉢ 물올림탱크의 용량은 100ℓ 이상이며, 탱크 내가 충만상태가 되도록 자동적으로 물을 보급시키기 위한 볼탭, 항상 물올림탱크로 물을 보급하기 위한 구경 15mm 이상의 급수배관, 볼탭의 고장으로 물을 멈추지 못했을 경우 오버플로우시키기 위한 50mm 이상의 배수관, 물이 급수되지 않고 탱크 내에 물이 없는 것을 발견하여 방재센터로 경보를 보내기 위한 전극봉식 감수경보장치로 구성되어 있다.

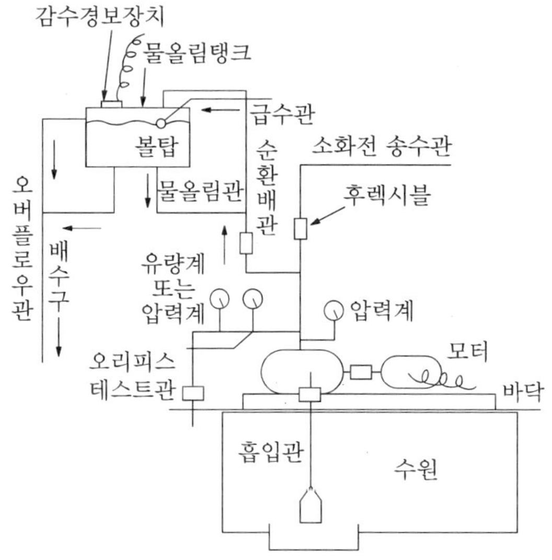

〈물올림장치〉

③ 순환배관

㉠ 펌프의 토출측 체크밸브 이전에서 분기시킨 20mm 이상의 배관으로서 배관상에는 개폐밸브를 설치하여서는 안 되며, 펌프의 체절운전시 체절압력 미만에서 개방되는 릴리프밸브(Relief Valve)를 설치하여야 한다.

㉡ 릴리프밸브는 설정압력 이상이면 밸브캡을 지지하고 있는 스프링이 밀려 올라가 개방되면서 과압을 방출하여 펌프 내의 체절운전시 공회전에 의한 온도상승을 방지한다.

참고 체절운전 : 펌프의 토출측 배관이 모두 막힌 상태, 즉 물이 전혀 방출되지 않고 펌프가 계속 작동되어 압력을 낼 수 있는 최상한의 압력이 더 이상 올라 갈 수 없는 상태에서 펌프가 공회전할 때의 운전을 말한다. 이때의 압력을 체절압력이라고 한다.

④ 압력계, 진공계, 연성계

㉠ 압력계는 펌프의 토출측에 설치하여 토출측 배관 내의 압력을 측정하기 위해 설치되며, 진공계 및 연성계는 펌프의 흡입측에 설치되어 흡입측 배관 내의 압력을 측정하기 위해 설치한다.

㉡ 진공계나 연성계는 수원의 위치가 펌프보다 낮을 때만 설치되나, 수직회전축펌프의 경우에는 설치되지 아니한다.

㉢ 위의 3가지 계기를 일명 '부르돈관 압력계'라고 지칭하고 압력계는 정압을 측정하며, 진공계는 부압을 측정하는 것이다. 또한 연성계는 정압 및 부압을 측정하는 데 사용된다.

⑤ 펌프 성능시험배관

㉠ 펌프의 토출측의 개폐밸브 이전에서 분기되고 압력계와 유량계에 의한 방법으로 설치되며, 두 가지 중에서 선택하여 설치하면 된다.

㉡ 성능시험배관의 관경결정은 정격토출압력의 65% 이하에서 정격토출량의 150% 이상을 토출할 수 있는 크기 이상으로 하여야 한다.

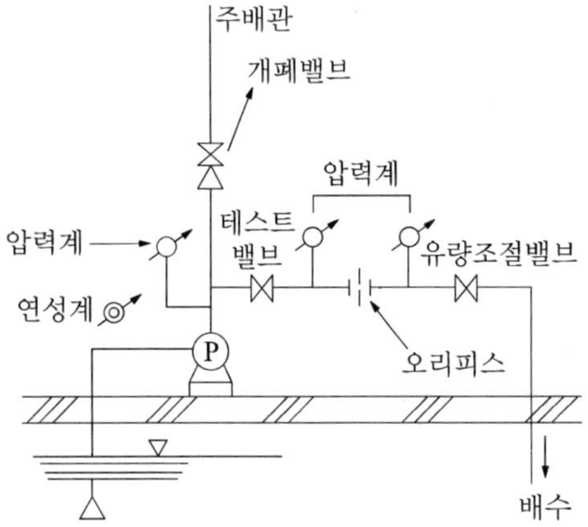

〈압력계에 의한 방법〉

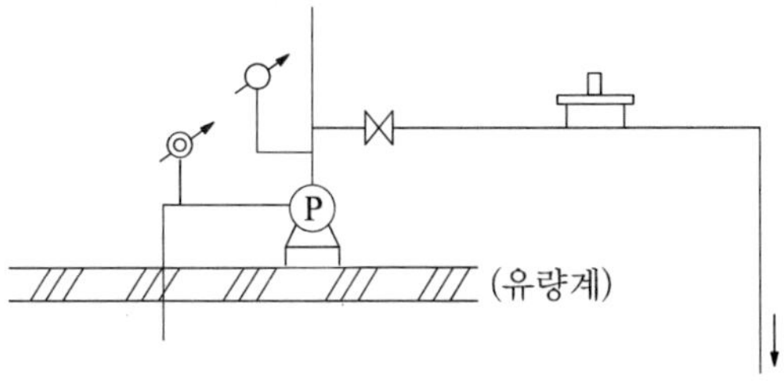

〈유량계에 의한 방법〉

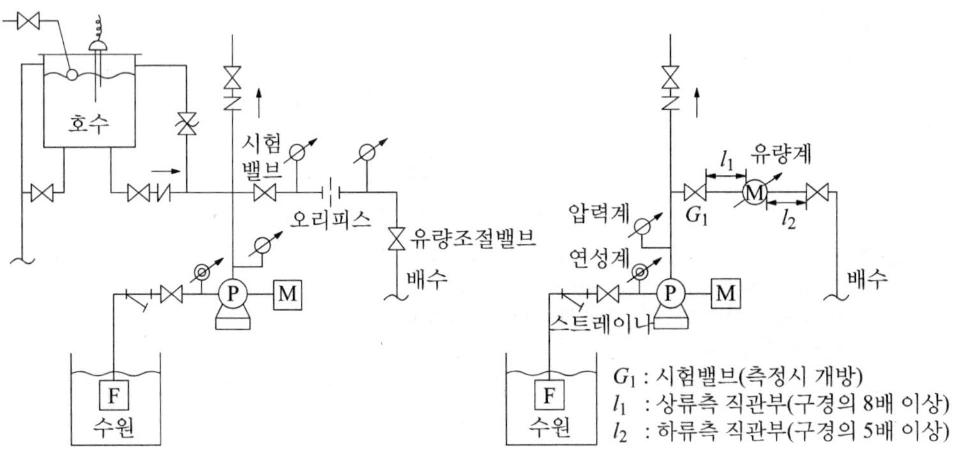

〈펌프 성능시험배관〉

⑥ 압력챔버(기동용 수압개폐장치)

㉠ 압력챔버는 펌프의 게이트 밸브(Gate Valve, Main Valve, 주밸브) 2차측 배관에 분기되어 전체 배관 내의 압력을 감지하고 배관 내의 압력이 감소하면 상단부에 위치한 압력스위치의 작동으로 주펌프 또는 보조펌프(Jocky-pump, Booster-pump)를 작동시키게 된다.

㉡ 압력챔버의 용량은 100ℓ 이상이며, 구성으로는 상부에는 안전밸브 및 압력스위치, 압력계 하부에는 배수밸브로 이루어져 있다.

〈압력챔버〉

2. 펌프에서 발생되는 이상현상

① 공동현상(Cavitation)

㉠ 공동현상(Cavitation)의 정의

ⓐ 의의 : 공동현상이란 관내를 유동하는 물속의 정압이 그 수온의 물의 포화증기압보다 낮아지면 물이 증발하여 증기가 발생되는 현상을 말한다.

ⓑ 공동현상(Cavitation)에 의해 발생되는 현상(문제점)

㈎ 관벽에 손실을 주며 소음과 진동을 초래한다.

㈏ 포화수증기가 물방울로 변화할 때 체적이 감소하여 물의 흐름이 증가하여 관내를 부식시킨다.

㈐ 케이싱과 회전차의 침식으로 펌프의 기계적 약화 및 덮개판과 축의 마모 등을 일으킨다.

㈑ 회전차 내에서 물의 흐름이 불규칙하므로 펌프의 토출량, 양정, 효율이 급격히 감소하는 현상이 발생된다.

㉡ 공동현상(Cavitation)의 발생원인

ⓐ 관내를 유동하는 물속의 어느 부분에서의 정압이 그때의 수온에서 포화증기압보다 낮아지면 수증기가 발생되어 공동화가 되는데 이러한 공동현상은 여러 가지 이유에서 발생된다.

ⓑ 공동현상의 발생원인

㈎ 펌프의 흡입측 마찰손실이 클 때

㈏ 펌프의 임펠러(Impeller) 회전속도가 클 때

㈐ 펌프의 흡입측 수두가 클 때

㈑ 펌프설치위치가 수원의 설치위치보다 높을 때

㈒ 펌프의 흡입측 관경이 적을 때

㈓ 호수조가 설치되지 않을 때

㈔ 유체가 고온일 때 발생되고, 이러한 공동현상으로 펌프의 수명을 격감시키며, 펌프운전 불능의 상태에 이르기까지 한다.

㉢ 공동현상(Cavitation)의 방지대책

ⓐ 흡입측의 마찰손실을 적게 한다.

ⓑ 펌프의 설치위치를 낮게 한다.

ⓒ 흡입수두를 적게 한다.

ⓓ 흡입관경을 확대한다.

ⓔ 단흡입을 양흡입으로 한다.
ⓕ 펌프의 임펠러 속도를 적게 한다.

② 수격현상(Water Hammering)

㉠ 주로 펌프의 토출측에서 발생되는 현상으로 배관 내에 흐르는 유체가 펌프의 갑작스런 정지나 밸브의 개폐로 인하여 유속이 급격하게 변화된다. 이로 인하여 유체의 운동에너지가 압력에너지로 변하여 고압이 발생되며, 유속의 급변에 의해 유체의 압력변화를 발생시켜 관벽을 치는 현상을 수격현상(Water Hammering)이라 한다.

㉡ 수격작용은 관내의 유체의 유속이 빠를수록, 밸브의 개폐시간이 짧을수록 더욱 심하고, 관이나 밸브 등을 파손시킬 수도 있다.

㉢ 수격현상의 방지책

ⓐ 관내에 흐르는 유체의 유속을 낮게 한다(관경을 확대한다).
ⓑ 플라이 휠(Fly Wheel)을 부착하여 펌프의 속도가 급격히 변화하는 것을 막는다.
ⓒ 펌프의 송출구 가까이 밸브를 설치하고 설치된 밸브를 적절히 제어한다.
ⓓ 관로에 서지 탱크(Surge Tank)를 설치한다[또는 수격방지기(Water Hammer Cusion : W·H·C)를 설치한다].

③ 맥동현상(Surging : 서징 현상)

펌프 운전시 토출측의 압력과 유량이 주기적으로 변동을 일으켜 펌프의 경우 입구의 연성계(진공계) 및 출구의 압력계 지침이 흔들리고 토출유량도 변화하는 이상현상으로 운전상태를 바꾸지 않으면 그 변동이 주기적으로 진행된다.

③ 옥내소화전설비의 배관

㉠ 펌프의 흡입측 배관은 공기고임이 생기지 않는 구조로 하고 여과장치를 설치하여야 하며, 수조가 펌프보다 낮게 설치된 경우에는 각 펌프마다 수조로부터 별도로 설치하여야 한다.

㉡ 펌프의 토출측 주배관의 구경은 유속이 4m/s 이하가 될 수 있는 크기 이상으로 하여야 하고, 옥내소화전 방수구와 연결되는 가지배관의 구경은 40mm(호스릴 옥내소화전설비의 경우에는 25mm) 이상으로 하여야 하며, 주배관 중 수직배관의 구경은 50mm(호스릴 옥내소화전설비의 경우에는 32mm) 이상으로 하여야 한다.

㉢ 연결송수관설비의 배관과 겸용할 경우의 주배관은 구경 100mm 이상, 가지배관은 구경 65mm 이상의 것으로 하여야 한다.

옥내소화전설비의 옥내소화전과 연결송수관설비의 연결송수관 사용자의 차이점

옥내소화전은 초기 화재의 소화를 목적으로 설치된 것으로 소방대상물의 자체소방대원이 사용하는 것이고, 연결송수관은 본격 화재시의 소화를 목적으로 설치된 것으로서 외부의 소방대원 등이 사용하는 것이다.

㉣ 펌프의 성능은 체절운전시 정격토출압력의 140%를 초과하지 아니하고, 정격토출량의 150%로 운전 시 정격토출압력의 65% 이상이 되어야 하며, 펌프의 성능시험배관은 다음의 기준에 적합하여야 한다.

ⓐ 성능시험배관은 펌프의 토출측에 설치된 개폐밸브 이전에서 분기하여 설치하고, 유량측정장치를 기준으로 전단 직관부에 개폐밸브를, 후단 직관부에는 유량조절밸브를 설치할 것

ⓑ 유량측정장치는 성능시험배관의 직관부에 설치하되, 펌프의 정격토출량의 175% 이상 측정할 수 있는 성능이 있을 것

㉤ 가압송수장치의 체절운전시 수온의 상승을 방지하기 위하여 체크밸브와 펌프 사이에서 분기한 구경 20mm 이상의 배관에 체절압력 미만에서 개방되는 릴리프밸브를 설치하여야 한다.

㉥ 배관은 다른 설비의 배관과 쉽게 구분이 될 수 있는 위치에 설치하거나, 그 배관 표면 또는 배관보온재 표면의 색상은 적색으로 소방용 설비의 배관임을 표시하여야 한다.

㉦ 옥내소화전설비에는 소방펌프 자동차로부터 그 설비에 송수할 수 있는 송수구를 다음의 기준에 의하여 설치하여야 한다.

ⓐ 소방펌프 자동차가 쉽게 접근할 수 있고 노출된 장소에 설치하여야 한다.

ⓑ 송수구로부터 주배관에 이르는 연결배관에는 개폐밸브를 설치하여서는 아니 된다. 다만, 스프링클러설비, 물분무소화설비, 포소화설비 또는 연결송수관설비의 배관과 겸용하는 경우에는 그러하지 아니하다.

ⓒ 지면으로부터 높이가 0.5m 이상 1m 이하의 위치에 설치하여야 한다.

ⓓ 구경 65mm의 쌍구형 또는 단구형으로 하여야 한다.

ⓔ 송수구의 가까운 부분에 자동배수밸브(또는 직경 5mm의 배수공) 및 체크밸브를 설치하여야 한다. 이 경우 자동배수밸브는 배관 안의 물이 잘 빠질 수 있는 위치에 설치하되, 배수로 인한 다른 물건 또는 장소에 피해를 주지 아니하여야 한다.

ⓕ 송수구에는 이물질을 막기 위한 마개를 씌워야 한다.

소화설비에서 송수구를 설치하는 주된 목적

화재의 확대에 의해 자체의 수원으로 화재를 소화하기 곤란하게 되었을 때 외부로부터 수원을 공급받아 원활하고 신속한 소화활동을 하기 위해서이다.

④ 옥내소화전함 등

㉠ 재질 및 기준 : 옥내소화전함의 재질은 밸브의 조작, 호스의 수납 등에 충분한 여유를 가질 수 있도록 하여야 한다. 연결송수관의 방수구를 설치할 경우에도 마찬가지로 충분한 여유를 확보하도록 하여야 한다.

㉡ 구성

ⓐ 방수구(소화전 개폐밸브, 앵글밸브)

㈎ 옥내소화전 방수구는 소방대상물의 층마다 설치하되, 당해 소방대상물의 각 부분으로부터 하나의 옥내소화전 방수구까지의 수평거리가 25m(호스릴 옥내소화전설비를 포함한다) 이하가 되도록 하여야 한다. 다만, 복층형 구조의 공동주택의 경우에는 세대의 출입구가 설치된 층에만 설치할 수 있다.

㈏ 설치위치는 문이나 계단 등으로부터 가까운 거리에 바닥으로부터 1.5m 이하이어야 한다.

㈐ 계단실, 계단층에 설치하는 경우에는 소화활동과 피난활동에 많은 지장을 초래하므로 바람직한 설치위치는 못 된다.

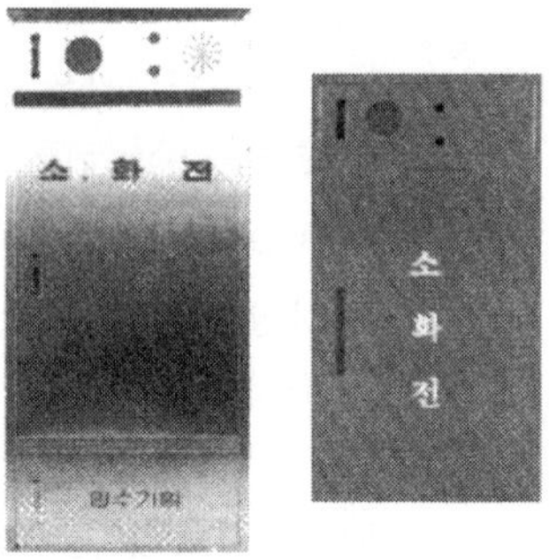

〈옥내소화전함〉

ⓑ 표시등

㈎ 옥내소화전설비의 위치를 표시하는 위치표시등은 함의 상부에 설치하되, 어느 곳에서도 쉽게 식별할 수 있는 적색등으로 설치하여야 한다.

㈏ 가압송수장치의 기동을 표시하는 기동표시등은 옥내소화전함의 상부 또는 그 직근에 설치하되, 적색등으로 하여야 한다.

〈앵글밸브〉

ⓒ 소방용 호스

㈎ 소방용 호스를 소위 호스라고도 하며, 종류에는 아마호스, 고무내장호스, 비닐재호스가 있으며, 모두 호스 양끝에는 결합기구가 설치되어 있다.

㈏ 옥내소화전에 사용하는 호스는 구경 40mm(호스릴 옥내소화전설비의 경우에는 25mm) 이상의 것으로서 소방대상물의 각 부분에 물이 유효하게 뿌려질 수 있는 길이로 설치하여 소화전 개폐밸브에 접속하여 호스걸이에 걸어둔다.

소방용 호스

소방용 호스에는 소방용 아마호스, 소방용 고무내장호스(제1종, 제2종)가 있다.

〈소방용 호스〉

ⓓ 관창(NOZZLE : 노즐)

관창은 노즐과 플레이 파이프호스 접결기구로 구성되며, 관창의 선단을 회전하면서 수량, 방수방향을 바꾸어 봉상 또는 무상으로 전환될 수 있게 되어 있는 것도 있다. 다음과 같이 결정되며, 노즐구경에 의해서 옥내소화전의 방수량이 결정된다.

$$Q = 0.653D^2\sqrt{P}$$

Q : 방수량(ℓ/min) D : 노즐직경(mm) P : 방사압력(kg/cm^2)

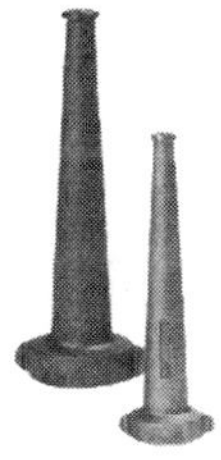

〈직사형 관창〉

〈방사형 관창(전환식)〉

옥내소화전함의 내부 및 외부장치류(기기류)

1. 소화전 개폐밸브(방수구, 앵글밸브)
2. 소방용 호스
3. 관창(노즐)
4. 결합금구
5. 기동표시등
6. 위치표시등

⑤ 동력장치

㉠ 소화전 펌프의 동력으로서는 전동기를 사용하는데, 전동기의 용량은 다음 식에 의해 산정되는 용량 이상으로 하여야 한다.

㉡ 전동기 용량(P)

$$P(\mathrm{kW}) = \frac{\gamma \times Q \times H}{102 \times \eta} \times K \quad \text{또는} \quad P(\mathrm{kW}) = \frac{0.163 \times Q \times H}{\eta} \times K$$

※ γ : 물의 비중량(1,000kg/m^3)
Q : 방수량(m^3/s)
H : 펌프의 양정(m)
K : 전달계수(여유율)
η : 펌프의 효율

※ Q : 방수량(m^3/min)
H : 펌프의 양정(m)
K : 전달계수(여유율)
η : 펌프의 효율

※ 1kW = 102kgf · m/s
1HP = 76kgf · m/s
1PS = 75kgf · m/s

⑥ 옥내소화전설비의 전원 및 제어반

㉠ 다음에 해당하는 소방대상물의 옥내소화전설비에는 비상전원을 설치하여야 한다. 다만, 2 이상의 변전소(전기사업법 제67조의 규정에 의한 변전소)에서 전력을 동시에 공급받을 수 있거나 하나의 변전소로부터 전력의 공급이 중단되는 때에는 자동으로 다른 변전소로부터 전원을 공급받을 수 있도록 상용전원을 설치한 경우와 가압수조방식에는 그러하지 아니하다.

ⓐ 지하층을 제외한 층수가 7층 이상으로서 연면적이 2,000m^2 이상인 것

ⓑ ⓐ에 해당하지 아니하는 소방대상물로서 지하층의 바닥면적의 합계가 3,000m^2 이상인 것. 다만, 차고 · 주차장 · 보일러실 · 기계실 · 전기실 및 이와 유사한 장소의 바닥면적은 기준면적에서 제외한다.

ⓒ 옥내소화전설비를 유효하게 20분 이상 작동할 수 있어야 한다.

옥내소화전설비에 사용되는 비상전원의 종류

비상전원에는 비상전원전용 수전설비, 자가발전설비, 축전지설비의 3종류가 있다.

㉡ 옥내소화전설비의 제어반

ⓐ 감시제어반의 기능은 다음 기능에 적합하여야 한다.

㈎ 각 펌프의 작동여부를 확인할 수 있는 표시등 및 음향경보기능이 있어야 한다.

㈏ 각 펌프를 자동 및 수동으로 작동시키거나 작동을 중단시킬 수 있어야 한다.

㈐ 비상전원을 설치한 경우에는 상용전원 및 비상전원의 공급여부를 확인할 수 있어야 하고, 자동 및 수동으로 상용전원 또는 비상전원으로의 전환이 가능하여야 한다.
㈑ 수조 또는 물올림탱크가 저수위로 될 때 표시등 및 음향으로 경보되어야 한다.
㈒ 각 확인회로(기동용 수압개폐장치의 압력스위치회로·수조 또는 물올림탱크의 감시회로를 말함)마다 도통시험 및 작동시험을 할 수 있어야 한다.
㈓ 예비전원이 확보되고, 예비전원의 적합여부를 시험할 수 있어야 한다.

ⓑ 동력제어반의 외함은 두께 1.5mm 이상의 강판 또는 이와 동등 이상의 강도 및 내열성능이 있는 것으로 하여야 한다.

3. 옥외소화전설비

(1) 개요

① 옥외소화전설비는 건물의 아래층(1～2층)의 초기 화재뿐만 아니라 본격 화재에도 적합하며, 인접건물로의 연소방지를 위해서 건축물 외부로부터의 소화작업을 실시하기 위한 설비로 자위소방대가 사용하는 것은 물론이고, 소방서의 소방대도 사용가능하도록 한 소화설비이다.

② 옥외소화전설비는 수원, 가압송수장치, 옥외소화전, 배관 등으로 구성되며 옥내소화전설비와 거의 비슷하다. 단, 화재시나 인접건물의 연소에 대처하지 않으면 안 되기 때문에 옥내소화전설비에 비해 방수압력도 높고 방수량도 많으며 소화성능을 확대한 것이다. 그리고 건축물 외부에 설치하는 것이 또한 다르다. 고층건축물이나 지하층에 대해서는 소화활동이 불가능하며, 주로 건축물의 1층 및 2층의 소화활동에 유효하다.

옥외소화전설비의 설치목적

1. 건물의 1, 2층의 초기 화재는 물론 중기 화재 이후의 대화재에 대처하기 위해서 설치한다.
2. 인근건물의 연소방지를 위해 건물 외부로부터의 소화작업을 행하기 위해서이다.
3. 소방서의 소방대가 도착하기 이전까지 자위소방대가 사용하기 위해서 설치된다.

■ 옥외소화전설비시스템

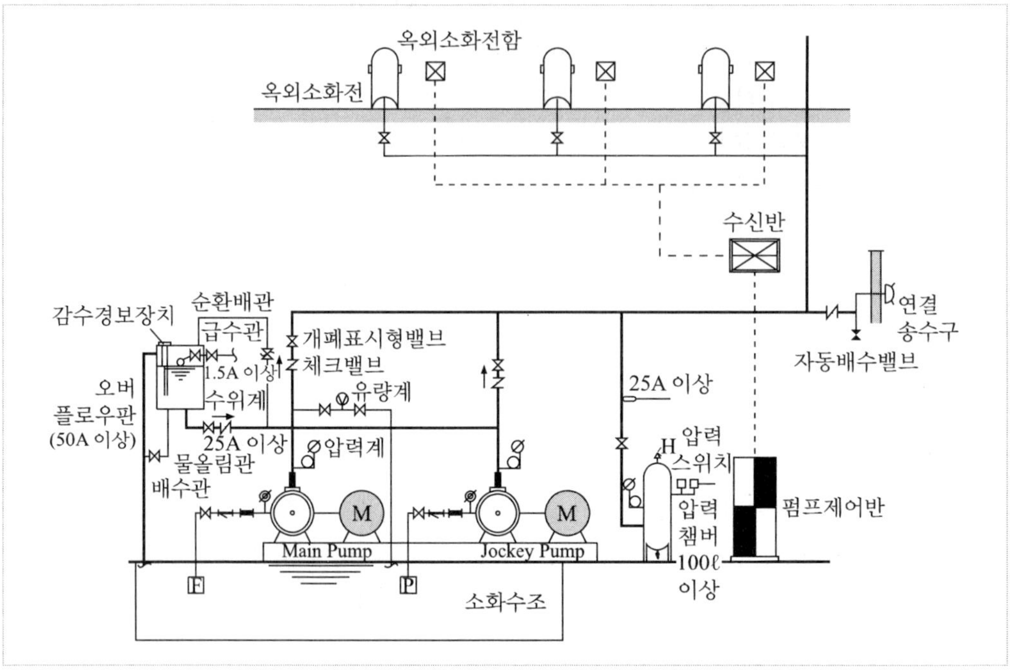

(2) 구성

옥외소화전설비는 수원, 가압송수장치, 배관, 옥외소화전, 부속장치 등에 의해서 구성된다.

① 수원

㉠ 수원은 고가수조, 압력수조, 지하수조, 가압수조로 나눌 수 있으며 수원의 용량(저수량)은 규정방사량인 350ℓ/min으로 옥외소화전 개수(2개 이상 설치된 경우에는 2개)를 20분간 방수하는 양 이상으로 하여야 한다.

㉡ '수원의 양(저수량) = 옥외소화전수 × $7m^3$(350ℓ/min × 20분)'이므로 옥외소화전 1개에 $7m^3$ 이상의 수원의 양을 확보하여야 한다.

■ 옥외소화전의 수원의 양(m^3)

설치개수	1개	2개 이상
수원의 양	$7m^3$ 이상	$14m^3$ 이상

② 옥외소화전설비의 가압송수장치

옥외소화전설비의 가압송수장치는 당해 소방대상물에 설치된 옥외소화전의 노즐선단에서의 방수압력이 $2.5kg/cm^2$(0.25MPa) 이상이고, 방수량이 1분당 350ℓ 이상이 되는 성능의 것으로 하여야 한다.

옥외소화전설비의 가압송수장치에는 옥내소화전 가압송수장치와 동일한 고가수조방식, 압력수조방식, 펌프방식, 가압수조방식으로 나눌 수 있다.

③ 옥외소화전설비의 배관

㉠ 펌프의 흡입측 배관은 공기 고임이 생기지 아니하는 구조로 하고 여과장치를 설치하여야 하며, 수조가 펌프보다 낮게 설치된 경우에는 각 펌프마다 수조로부터 별도로 설치하여야 한다.

㉡ 호스의 접결구는 소방대상물의 각 부분으로부터 하나의 호스접결구까지의 수평거리가 40m 이하가 되도록 설치하여야 한다. 이 경우 수평거리가 40m 이상인 옥내부분에는 지름 65mm 이상의 방수구를 40m 이하마다 설치하여야 한다.

㉢ 호스는 구경 65mm의 것으로 하여야 하며, 관창은 방사형으로 하여야 한다.

④ 옥외소화전설비의 소화전함의 구조 및 기준

㉠ 기준 : 옥외소화전설비에는 옥외소화전마다 그로부터 5m 이내의 장소에 소화전함을 설치하여야 한다.

ⓐ 옥외소화전이 10개 이하 설치된 때에는 옥외소화전마다 5m 이내의 장소에 1개 이상의 소화전함을 설치하여야 한다.

ⓑ 옥외소화전이 11개 이상 30개 이하 설치된 때에는 11개의 소화전함을 각각 분산하여 설치하여야 한다.

ⓒ 옥외소화전이 31개 이상 설치된 때에는 옥외소화전 3개마다 1개 이상의 소화전함을 설치하여야 한다.

㉡ 구조

앵글밸브(Angle Valve)	옥외소화전방수구는 구경 65mm로서 옥외소화전에 설치되어 바닥으로부터 1.5m가 되는 위치에 설치하여야 한다.
호스(Hose)	옥외소화전함에는 구경 65mm에 20m 호스 2개를 격납하여야 한다. 종류는 아마호스와 고무내장호스로 나눌 수 있다.
관창(Nozzle)	옥외소화전함에는 구경 19mm의 노즐 1본을 격납하며, 노즐선단에서의 방사압력이 2.5kg/cm²(0.25MPa) 이상이어야 한다

■ 옥외소화전 노즐선단에서의 방사량

$$Q = 0.653D^2\sqrt{P}$$

※ Q : 방사량(ℓ/min)
D : 노즐의 구경(mm)
P : 노즐선단에서의 방사압력(kg/cm²)

4. 스프링클러설비

(1) 개요

스프링클러설비는 화재를 초기에 소화할 목적으로 설치된 소화설비이다. 화재가 발생한 경우 천장이나 반자에 설치된 헤드가 감열작동하여 자동적으로 화재를 발견함과 동시에 주변에 비가 오듯이 뿌려주므로 효과적으로 화재를 진압할 수 있는 고정식 소화설비이다.

■ 스프링클러설비의 계통도

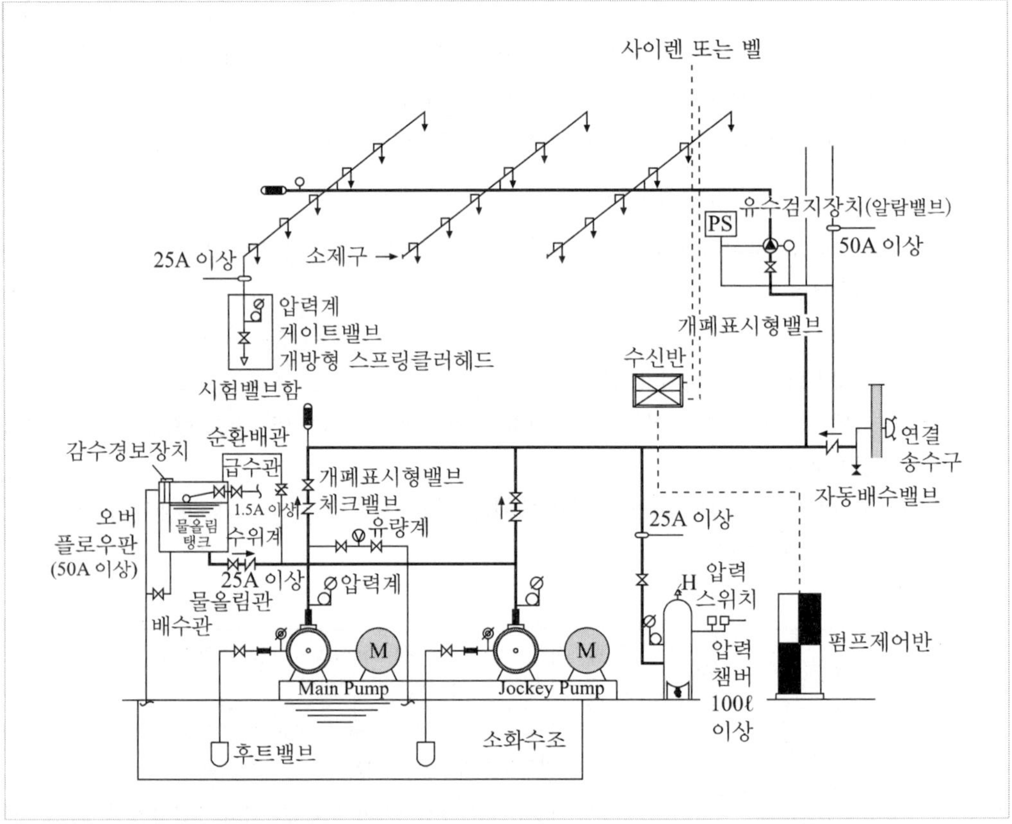

(2) 스프링클러설비 시스템(System)의 종류

습식 스프링클러설비	가압송수장치에서 폐쇄형 스프링클러헤드까지 배관 내에 항상 물이 가압되어 있다가 화재로 인한 열로 폐쇄형 스프링클러헤드가 개방되면 배관 내에 유수가 발생하여 습식 유수검지장치가 작동하게 되는 스프링클러설비를 말한다. • 습식은 배관 내부에 항상 가압된 물이 충만되어 있기 때문에 기온이 영하로 떨어질 때 동파에 세심한 주의가 필요하다.

부압식 스프링클러설비	가압송수장치에서 준비작동식 유수검지장치의 1차측까지는 항상 정압의 물이 가압되고, 2차측 폐쇄형 스프링클러헤드까지는 소화수가 부압으로 되어 있다가 발생하면 작동하는 스프링클러설비를 말한다.
준비작동식 스프링클러설비	가압송수장치에서 준비작동식 유수검지장치 1차측까지 배관 내에 항상 물이 가압되어 있고, 2차측에서 폐쇄형 스프링클러헤드까지 대기압 또는 저압으로 있다가 화재발생시 감지기의 작동으로 준비작동식 유수검지장치가 작동하여 폐쇄형 스프링클러헤드까지 소화용수가 송수되어 폐쇄형 스프링클러헤드가 열에 따라 개방되는 방식의 스프링클러설비를 말한다.
건식 스프링클러설비	건식 유수검지장치 2차측에 압축공기 또는 질소 등의 기체로 충전된 배관에 폐쇄형 스프링클러헤드가 부착된 스프링클러설비로서 폐쇄형 스프링클러헤드가 개방되어 배관 내의 압축공기 등이 방출되면 건식 유수검지장치 1차측의 수압에 의하여 건식 유수검지장치가 작동하게 되는 스프링클러설비를 말한다.
일제살수식 스프링클러설비	가압송수장치에서 일제개방밸브 1차측까지 배관 내에 항상 물이 가압되어 있고, 2차측에서 개방형 스프링클러헤드까지 대기압으로 있다가 화재발생시 자동감지장치 또는 수동식 기동장치의 작동으로 일제개방밸브가 개방되면 스프링클러헤드까지 소화용수가 송수되는 방식의 스프링클러설비를 말한다. • 일제살수식은 일반적으로 여러 개의 개방형 스프링클러헤드로 구성되어 있는 방사구획에 일제살수하는 소화설비이다.

■ 준비작동식 스프링클러 시스템과 습식 스프링클러 시스템의 차이점

준비작동식	습 식
준비작동식 밸브의 1차측 배관 내에는 물이 가압되어 있고, 2차측 배관 내에는 대기압의 공기로 가압되어 있다.	전 배관 내에는 항상 물로서 가압되어 있는 상태이다.
시스템 작동방식은 화재감지기에 의해 화재를 감지하여 준비작동밸브가 작동되어 시스템이 기동된다.	시스템 작동방식은 폐쇄형 헤드가 화재를 감지하여 작동경보밸브가 작동되어 시스템이 기동된다.
0℃ 이하에서도 사용이 가능하므로 보온이 불필요하다.	0℃ 이상에서 사용이 가능하므로 0℃ 이하에서는 보온이 필요하다.

■ 스프링클러설비에서 습식설비와 건식설비의 차이점

습 식	건 식
전 배관 내에 물이 가득차 있다.	건식밸브의 클래퍼를 중심으로 1차측은 물, 2차측은 압축공기로 가득차 있다.
0℃ 이상에서 사용하며, 0℃ 이하에서는 보온이 필요하다.	0℃ 이하에서 사용하며, 보온이 불필요하다.
구조가 간단하다.	구조가 복잡하다.
설비비가 적게 든다.	설비비가 많이 든다.
오동작으로 인한 물의 피해가 크다.	오동작으로 인한 물의 피해가 적다.

1. 건식 스프링클러설비 주요구성부

건식밸브	1차측에는 가압수가, 2차측에는 압축공기 또는 질소가스를 채운 것으로 습식설비의 자동경보밸브와 같은 역할을 한다.
액셀러레이터(Accelerator)	건식설비에서 물이 2차측 배관 내의 압축공기의 장애로 인하여 습식설비보다 방수가 늦게 되므로 배관 내의 압축공기나 질소가스의 배출속도를 가속시켜 주는 부속장치이다.
익저스터(Exhauster)	액셀러레이터와 동일한 기능을 한다.
공기압축기(Air Compressor)	건식밸브의 2차측에 압축공기를 채우기 위해 설치한다.
공기조절기(Air Regulator)	건식밸브와 주공기 공급관 사이에 설치되는 압력조절장치이다.
저압 경보스위치 (Low Alarm Switch)	건식설비의 배관 어디에선가 공기누설이 생기거나 헤드가 작동했을 때 저압의 공기분출을 감지해서 경보하게 장치된 것으로 건식밸브와 공기공급관 사이에 설치된다.
드라이팬던트형 헤드	하향형 헤드를 사용해야 하는 경우에 설치하는 것으로 헤드의 롱니플(long nipple) 속에 부동액이 충전되어 있어 설비가 작동되더라도 배수 후에 부동액이 남아서 동파를 방지할 수 있게 된다.

2. 준비작동식 스프링클러설비 주요구성부

준비작동밸브	전기식, 기계식, 뉴메틱식(공기관식)이 있다.
슈퍼비조리 판넬 (Supervisory and Control Panel)	준비작동밸브와 함께 설치되어 준비작동밸브의 사령탑으로 주기능은 각 회로의 고장을 알리는 경보기능, 전원이상 경보, 감지기와 준비작동밸브의 작동을 연결하는 것 외에 부수작용으로 문, 창문, 펜, 공조기의 댐퍼 등의 폐쇄작동기능을 할 수 있다. 일반적으로 슈퍼비조리 스위치회로, 각 감지기 회로이상 식별경보회로, 밸브 동작표시회로, 전원이상 경보회로, 문 및 댐퍼 폐쇄조작회로, 고장신호회로와 준비작동밸브 개방장치를 조정하는 회로를 갖고 있다.
감지기	감지기 회로는 교차회로(2개 이상의 감지회로)방식으로 하여 각 회로상의 감지기의 동시감지에 의하여 준비작동밸브가 작동되도록 하여 최대한 오작동을 방지할 수 있다.
솔레노이드 밸브 (전자밸브)	일제개방밸브에 설치하거나 준비작동밸브에 설치하는 전자밸브(솔레노이드 밸브)가 있는데 일제개방밸브는 가압식, 감압식의 종류에 따라 부착위치가 변경되며, 감지기가 작동되면 스프링에 의해 지지되어 있던 밸브가 위로 올라가면서 통수가 된다.

■ 용어 정의

고가수조	구조물 또는 지형지물 등에 설치하여 자연낙차 압력으로 급수하는 수조를 말한다.
압력수조	소화용수와 공기를 채우고 일정압력 이상으로 가압하여 그 압력으로 급수하는 수조를 말한다.
충압펌프	배관 내 압력손실에 따른 주펌프의 빈번한 기동을 방지하기 위하여 충압역할을 하는 펌프를 말한다.
정격토출량	정격토출압력에서의 펌프의 토출량을 말한다.
정격토출압력	정격토출량에서의 펌프의 토출측 압력을 말한다.
진공계	대기압 이하의 압력을 측정하는 계측기를 말한다.
연성계	대기압 이상의 압력과 대기압 이하의 압력을 측정할 수 있는 계측기를 말한다.
체절운전	펌프의 성능시험을 목적으로 펌프토출측의 개폐밸브를 닫은 상태에서 펌프를 운전하는 것을 말한다.
기동용 수압개폐장치	소화설비의 배관 내 압력변동을 감지하여 자동적으로 펌프를 기동 및 정지시키는 것으로서 압력챔버 또는 기동용 압력스위치 등을 말한다.
개방형 스프링클러헤드	감열체 없이 방수구가 항상 열려져 있는 스프링클러헤드를 말한다.
폐쇄형 스프링클러헤드	정상상태에서 방수구를 막고 있는 감열체가 일정온도에서 자동적으로 파괴·용해 또는 이탈됨으로써 방수구가 개방되는 스프링클러헤드를 말한다.
조기반응형 헤드	표준형 스프링클러헤드보다 기류온도 및 기류속도에 조기에 반응하는 것을 말한다.
측벽형 스프링클러헤드	가압된 물이 분사될 때 헤드의 축심을 중심으로 한 반원상에 균일하게 분사시키는 헤드를 말한다.
건식 스프링클러헤드	물과 오리피스가 분리되어 동파를 방지할 수 있는 스프링클러헤드를 말한다.
유수검지장치	습식 유수검지장치(패들형을 포함한다), 건식 유수검지장치, 준비작동식 유수검지장치를 말하며, 본체 내의 유수현상을 자동적으로 검지하여 신호 또는 경보를 발하는 장치를 말한다.
일제개방밸브	개방형 스프링클러헤드를 사용하는 일제살수식 스프링클러설비에 설치하는 밸브로서 화재발생시 자동 또는 수동식 기동장치에 따라 밸브가 열려지는 것을 말한다.
가지배관	스프링클러헤드가 설치되어 있는 배관을 말한다.
교차배관	직접 또는 수직배관을 통하여 가지배관에 급수하는 배관을 말한다.
주배관	각 층을 수직으로 관통하는 수직배관을 말한다.
신축배관	가지배관과 스프링클러헤드를 연결하는 구부림이 용이하고 유연성을 가진 배관을 말한다.
급수배관	수원 및 옥외송수구로부터 스프링클러헤드에 급수하는 배관을 말한다.
반사판(디플렉터)	스프링클러헤드의 방수구에서 유출되는 물을 세분시키는 작용을 하는 것을 말한다.
개폐표시형 밸브	밸브의 개폐여부를 외부에서 식별이 가능한 밸브를 말한다.
연소할 우려가 있는 개구부	각 방화구획을 관통하는 컨베이어·에스컬레이터 또는 이와 유사한 시설의 주위로서 방화구획을 할 수 없는 부분을 말한다.
가압수조	가압원인 압축공기 또는 불연성 고압기체에 따라 소방용수를 가압시키는 수조를 말한다.

(3) 스프링클러설비의 각 구성요소의 성능 및 기준

① 스프링클러헤드

〈스프링클러헤드의 종류〉

㉠ 종류

ⓐ 폐쇄형과 개방형의 2종류가 있고 작동원리 및 설치, 구분 등에 의해 분류할 수 있다.

ⓑ 부착장소로는 소방대상물의 천장, 반자, 천장과 반자 사이, 덕트, 선반 기타 이와 유사한 부분으로 폭이 1.2m를 초과하는 곳이어야 한다. 다만, 폭이 9m 이하인 경우에는 측벽에 위치한다.

■ 작동원리상의 분류

폐쇄형	용융형	메탈 휴즈형, 케미칼 휴즈형
	비용융형	글라스 벌브형
개방형	감열체가 없으며 방수구가 개방되어 있음.	

㉡ 부착방향에 의한 분류

상향형	디플렉터를 상방향으로 부착하여 천장에 반자가 없는 곳에 설치한다.
하향형	디플렉터를 하방향으로 부착하여 천장에 반자가 있는 곳에 설치한다.
상하향형	디플렉터를 상방향·하방향으로 부착하여 설치한다(지금은 거의 사용하지 않음).

측벽형	• 옆 방향으로 살수하는 것으로 실내의 벽 상부에 설치하여 실내의 폭이 9m 이하인 경우에 주로 사용한다. • 측벽형 스프링클러헤드는 방화셔터 부분과 기계식 2단 주차장부분, 호텔의 객실부분, 에스컬레이터 주위 부분 등에 설치되며, 직사각형으로 분사되는 특징이 있다. • 설치시 헤드는 디플렉터가 위를 향하게 설치하여야 한다.

㉢ 스프링클러헤드의 배치 및 설치기준

ⓐ 배치기준

㈎ 스프링클러헤드는 소방대상물의 천장, 반자, 천장과 반자 사이, 덕트, 선반, 기타 이와 유사한 부분(폭이 1.2m를 초과하는 것에 한한다)에 설치하여야 한다. 다만, 폭이 9m 이하인 실내에 있어서는 측벽에 설치할 수 있다.

㈏ 랙크식 창고의 경우로서 특수가연물을 저장 또는 취급하는 것에 있어서는 높이 4m 이하마다, 그 밖의 것을 취급하는 것에 있어서는 높이 6m 이하마다 스프링클러헤드를 설치하여야 한다(다만, 랙크식 창고의 천장높이가 13.7m 이하로서 화재조기진압용 스프링클러설비를 설치하는 경우에는 천장에만 스프링클러헤드를 설치할 수 있다).

㈐ 스프링클러헤드를 설치하는 천장, 반자, 천장과 반자 사이, 덕트, 선반 등의 각 부분으로부터 하나의 스프링클러헤드까지의 수평거리는 다음과 같이 하여야 한다.

1. 무대부, 특수가연물을 저장 또는 취급하는 장소에 있어서는 1.7m 이하
2. 랙크식 창고에 있어서는 2.5m 이하. 다만, 특수가연물을 저장 또는 취급하는 랙크식 창고의 경우에는 1.7m 이하
3. 공동주택(아파트) 세대 내의 거실에 있어서는 3.2m 이하
4. 1 .내지 3. 외의 소방대상물에 있어서는 2.1m 이하(내화구조로 된 경우에는 2.3m 이하)

㈑ 무대부 또는 연소할 우려가 있는 개구부에 있어서는 개방형 스프링클러헤드를 설치하여야 한다.

㈒ 다음의 어느 하나에 해당하는 장소에는 조기반응형 스프링클러헤드를 설치하여야 한다.

1. 공동주택·노유자시설의 거실
2. 오피스텔·숙박시설의 침실, 병원의 입원실

㈓ 폐쇄형 스프링클러헤드는 그 설치장소의 평상시 최고 주위온도에 따라 다음 표에 의한 표시온도의 것으로 설치하여야 한다[다만, 높이가 4m 이상인 공장 및 창고(랙크식 창고를 포함한다)에 설치하는 스프링클러헤드는 그 설치장소의 평상시 최고 주위온도에 관계없이 표시온도 섭씨 121℃ 이상의 것으로 할 수 있다].

■ 폐쇄형 스프링클러헤드의 표시온도

설치장소의 최고 주위온도	표시온도
39℃ 미만	79℃ 미만
39℃ 이상 64℃ 미만	79℃ 이상 121℃ 미만
64℃ 이상 106℃ 미만	121℃ 이상 162℃ 미만
106℃ 이상	162℃ 이상

ⓑ 설치기준

(가) 살수가 방해되지 아니하도록 스프링클러헤드로부터 반경 60cm 이상의 공간을 보유할 것. 다만, 벽과 스프링클러헤드 간의 공간은 10cm로 한다.

(나) 스프링클러헤드와 그 부착면(상향식 헤드의 경우에는 그 헤드의 직상부의 천장반자 또는 이와 비슷한 것을 말한다)과의 거리는 30cm 이하로 할 것.

(다) 배관·행가 및 조명기구 등 살수를 방해하는 것이 있는 경우에는 위의 규정에 불구하고 그로부터 아래에 설치하여 살수에 장애가 없도록 할 것. 다만, 스프링클러헤드와 장애물과의 이격거리를 장애물 폭의 3배 이상 확보한 경우에는 그러하지 아니한다.

(라) 스프링클러헤드의 반사판이 그 부착면과 평행하게 설치할 것. 다만, 측벽형 헤드 또는 연소할 우려가 있는 개구부에 설치하는 스프링클러헤드의 경우에는 그러하지 아니하다.

(마) 천장의 기울기가 1/10을 초과하는 경우에는 가지관을 천장의 마루와 평행하게 설치하고, 스프링클러헤드는 다음의 기준에 적합하게 설치할 것

1. 천장의 최상부에 스프링클러헤드를 설치하는 경우에는 최상부에 설치하는 스프링클러헤드의 반사판을 수평으로 설치할 것
2. 천장의 최상부를 중심으로 가지관을 서로 마주보게 설치하는 경우에는 최상부의 가지관 상호간의 거리가 가지관상의 스프링클러헤드 상호간의 거리의 1/2 이하(최소 1m 이상이 되어야 한다)가 되게 스프링클러헤드를 설치하고, 가지관의 최상부에 설치하는 스프링클러헤드는 천장의 최상부로부터의 수직거리가 90cm 이하가 되도록 할 것. 톱날지붕, 둥근지붕 기타 이와 유사한 지붕의 경우에도 이에 준한다.

(바) 연소할 우려가 있는 개구부에는 그 상하좌우에 2.5m 간격으로(개구부의 폭이 2.5m 이하인 경우에는 그 중앙에) 스프링클러헤드를 설치하되, 스프링클러헤드와 개구부의 내측면으로부터의 직선거리는 15cm 이하가 되도록 하여야 한다. 이 경우 사람이 상시 출입하는 개구부로서 통행에 지장이 있는 때에는 개구부의 상부 또는 측면(개구부의 폭이 9m 이하인 경우에 한한다)에 설치하되, 헤드 상호간의 간격은 1.2m 이하로 설치하여야 한다.

(사) 습식 스프링클러설비 외의 설비에는 상향식 스프링클러헤드를 설치할 것. 다만, 다음에 해당하는 경우에는 그러하지 아니하다.

> 1. 드라이펜던트 스프링클러헤드를 사용하는 경우
> 2. 스프링클러헤드의 설치장소가 동파의 우려가 없는 곳인 경우
> 3. 개방형 스프링클러헤드를 사용하는 경우

(아) 측벽형 스프링클러헤드를 설치하는 경우 폭 4.5m 미만인 실에 있어서는 긴 변의 한쪽벽에 일렬로 설치하고, 폭이 4.5m 이상 9m 이하인 실에 있어서는 긴 변의 양쪽에 각각 일렬로 설치하되, 마주보는 스프링클러헤드가 나란히꼴이 되도록 3.6m 이내마다 설치할 것

(자) 소방대상물의 보와 가장 가까운 스프링클러헤드는 다음 표의 기준에 의하여 설치하여야 한다(다만, 천장면에서 보의 하단까지의 길이가 55cm를 초과하고 보의 중심으로부터 스프링클러헤드까지의 거리가 스프링클러헤드 상호간 거리의 1/2 이하가 되는 경우에는 스프링클러헤드와 그 부착면과의 거리를 55cm 이하로 할 수 있다).

■ 보가 있는 부분의 스프링클러헤드 설치기준

헤드와 보의 수평거리	헤드와 보의 하단높이의 수직거리	천장으로부터 헤드까지의 수직거리
0.75m 미만	보의 하단보다 낮을 것	0.3m 이하 (천장 등의 불연재료로 되어 있는 경우에는 0.45m 이하)
0.75m 이상 1m 미만	0.1m 미만	
1m 이상 1.5m 미만	0.15m 미만	
1.5m 이상	0.3m 미만	

■ 헤드의 설치기준·방법

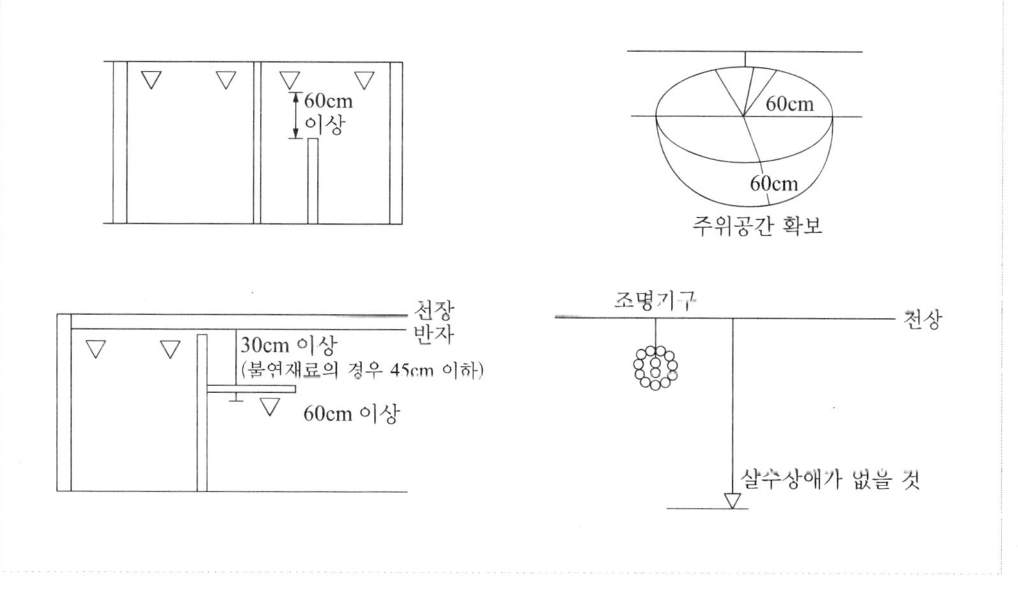

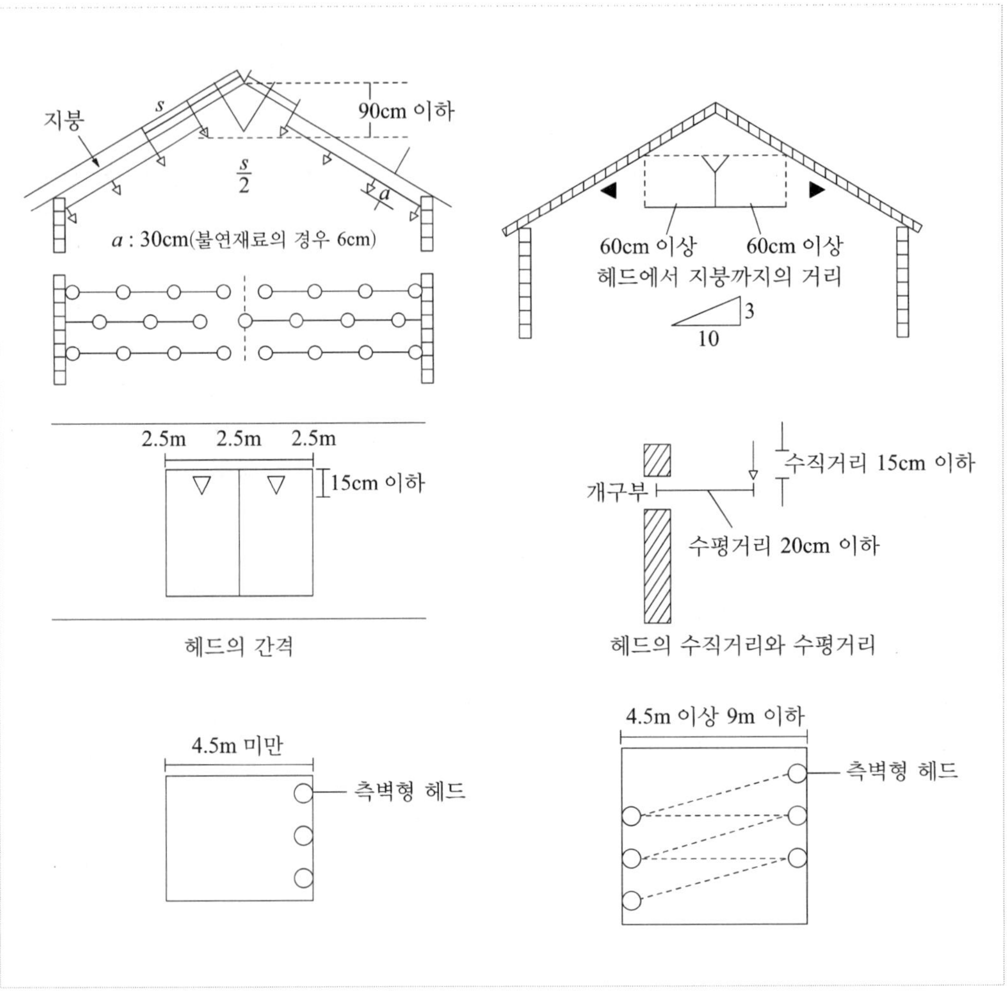

② 자동경보장치

자동경보장치는 당해 소방대상물에 설치되어 있는 폐쇄형 헤드에서의 감지와 자동화재탐지설비의 감지기의 감지와 동시에 경보밸브가 작동하여 벨이 울려서 화재발생을 알리는 장치이다.

알람체크밸브의 기능

알람체크밸브를 자동경보밸브라고도 하며, 이 자동경보밸브의 기능은 유수현상을 검지하여 수신부에 경보를 전달하는 경보기능을 갖고 있다. 또한, 1차측으로부터 유입된 물은 2차측으로만 흐르도록 하는 체크밸브의 기능도 함께 가지고 있다.

㉠ 구성

ⓐ 자동경보밸브(Alarm Check Valve)

ⓑ 리타팅챔버(Retarting Chamber)

ⓒ 압력스위치(Pressure Switch)

ⓓ 워터모터공(Water Motor Gong)

㉡ 경보장치의 설치기준

ⓐ 폐쇄형 스프링클러헤드를 사용하는 설비의 방호구역, 유수검지장치 및 일제개방밸브는 다음의 기준에 적합하여야 한다.

- 하나의 방호구역의 바닥면적은 3,000m²를 초과하지 아니하여야 한다.
- 하나의 방호구역에는 1개 이상의 유수검지장치를 설치하되, 화재발생시 접근이 쉽고 점검하기 편리한 장소에 설치하여야 한다.
- 하나의 방호구역은 2개층에 미치지 아니하도록 할 것. 다만, 1개층에 설치되는 스프링클러헤드의 수가 10개 이하인 경우와 복층형구조의 공동주택에는 3개층 이내로 할 수 있다.
- 유수검지장치 등은 실내에 설치하거나 보호용 철망 등으로 구획하여 바닥으로부터 0.8m 이상 1.5m 이하의 위치에 하되, 그 실 등에는 가로 0.5m 이상 세로 1m 이상의 출입문을 설치하고 그 출입문 상단에 '유수검지장치실'이라고 표시한 표지를 설치하여야 한다.
- 스프링클러헤드에 공급되는 물은 유수검지장치 등을 지나도록 하여야 한다. 다만, 송수구를 통하여 공급되는 물은 그러하지 아니하다.
- 자연낙차에 의한 압력수가 흐르는 배관상에 설치된 유수검지장치는 화재시 물의 흐름을 검지할 수 있는 최소한의 압력이 얻어질 수 있도록 수조의 하단으로부터 낙차를 두어 설치하여야 한다.
- 조기반응형 스프링클러헤드를 설치하는 경우에는 습식 유수검지장치를 설치하여야 한다.

ⓑ 개방형 스프링클러설비의 방수구역 및 일제개방밸브는 다음의 기준에 적합하여야 한다.

- 하나의 방수구역은 2개층에 미치지 아니할 것
- 방수구역마다 일제개방밸브를 설치할 것
- 하나의 방수구역을 담당하는 헤드의 개수는 50개 이하로 할 것. 다만, 2개 이상의 방수구역으로 나눌 경우에는 하나의 방수구역을 담당하는 헤드의 개수는 25개 이상으로 할 것

③ 스프링클러설비의 배관기준

㉠ 가지배관

ⓐ 가지배관의 배열은 토너먼트 방식이 아니어야 한다.

ⓑ 교차배관에서 분기되는 지점을 기점으로 한쪽 가지배관에 설치되는 헤드의 개수(반자 아래와 반자속 헤드를 하나의 가지배관상에 병설하는 경우에는 반자 아래의 헤드의 개수)는 8개 이하로 하여야 한다.

1. 스프링클러설비의 가지배관은 토너먼트 배관방식이 아니어야 하는 이유

배관의 마찰손실을 적게 하여 규격방수량과 규격방수압력을 유지하고 수격작용에 의한 배관의 충격을 적게 하여 배관의 파손을 방지하기 위함이다. 또한, 스프링클러헤드에 이물질의 침입 및 축적을 방지하기 위해서이다.

2. 토너먼트 배관방식

균등(배)배관방식이라고 하는데, 주로 분말소화설비의 배관설치방식으로 많이 사용된다. 분사헤드에서 일정한 방사압과 방사량을 유지하기 위한 배관방식이다.

㉡ 교차배관

ⓐ 교차배관은 가지배관과 수평으로 설치하거나 또는 가지배관 밑에 설치하고, 최소구경이 40mm 이상이 되도록 하여야 한다. 다만, 패들형 유수검지장치를 사용하는 경우에는 교차배관의 구경과 동일하게 설치할 수 있다.

ⓑ 청소구는 교차배관 끝에 개폐밸브를 설치하고, 호스접결이 가능한 나사식 또는 고정배수배관식으로 할 것. 이 경우 나사식의 개폐밸브는 옥내소화전 호스접결용의 것으로 하고, 나사보호형의 캡으로 마감하여야 한다.

ⓒ 하향식 헤드를 설치하는 경우에 가지배관으로부터 헤드에 이르는 헤드접속배관은 가지관 상부에서 분기하여야 한다.

스프링클러설비에 있어서 하향식 헤드를 설치할 경우 상부분기배관(회향식 배관, Return Bend)방식으로 하는 이유

헤드에 이물질이 모여 있으면 방사시에 지장을 초래하므로 헤드에 이물질의 침입 및 축적을 방지하기 위하여 하는 방식이다.

㉢ 기타 배관기준

ⓐ 수직배수배관의 구경은 50mm 이상으로 하여야 한다. 다만, 수직배관의 구경이 50mm 미만인 경우에는 수직배관과 동일한 구경으로 할 수 있다.

ⓑ 주차장의 스프링클러설비는 습식 이외의 방식으로 하여야 한다.

ⓒ 스프링클러설비 배관의 배수를 위한 기울기는 다음의 기준에 의한다.

㈎ 습식 스프링클러설비의 배관을 수평으로 할 것. 다만, 배관의 구조상 소화수가 남아 있는 곳에는 배수밸브를 설치하여야 한다.

㈏ 습식 스프링클러설비 외의 설비에는 헤드를 향하여 상향으로 수평주행배관의 기울기를 1/500 이상, 가지배관의 기울기를 1/250 이상으로 할 것. 다만, 배관의 구조상 기울기를 줄 수 없는 경우에는 배수를 원활하게 할 수 있도록 배수밸브를 설치하여야 한다.

④ 스프링클러설비의 가압송수장치

㉠ 종류

고가수조방식	고가수조에는 수위계, 배수관, 급수관, 오버플로우관 및 맨홀을 설치하여야 한다.
압력수조방식	압력수조에는 수위계, 배수관, 급수관, 급기관, 맨홀, 압력계, 안전장치 및 압력저하방지를 위한 자동식 공기압축기를 설치하여야 한다.
펌프방식 (송수펌프를 이용하는 경우)	스프링클러헤드에서 규정방수압력을 보존하기 위해 펌프를 설치하고 펌프에 의해 가압하는 방식으로서 통상적으로 가장 많이 이용하는 방식이다.
가압수조방식	가압수조에는 수위계, 급수관, 배수관, 급기관, 압력계, 안전장치 및 수조에 소화수와 압력을 보충할 수 있는 장치를 설치하여야 한다.

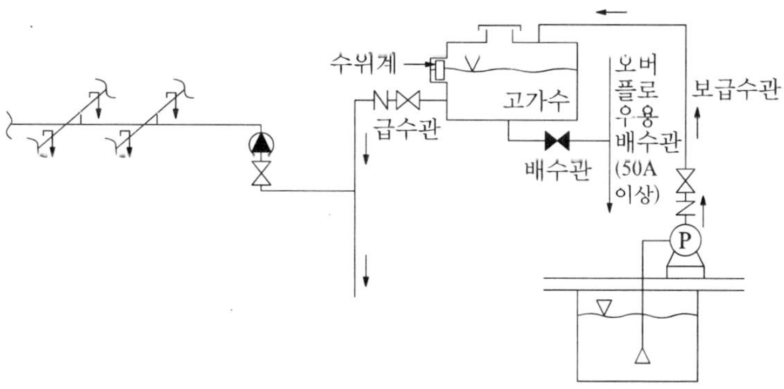

〈고가수조〉

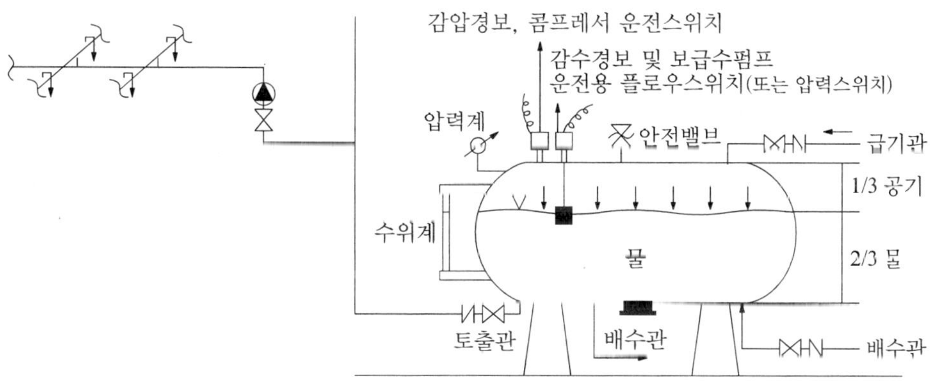

〈압력수조〉

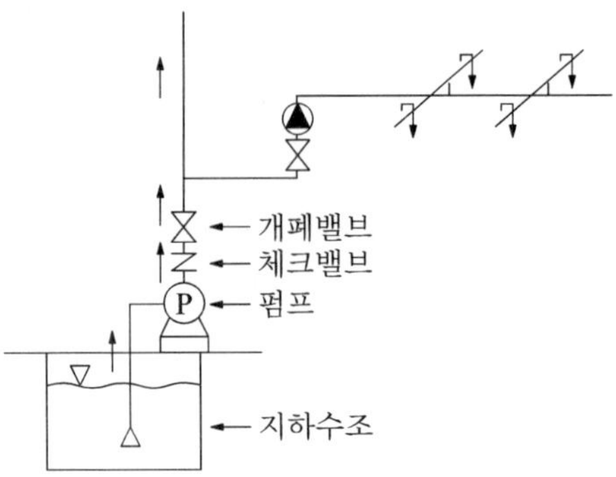

〈지하수조〉

㉡ 설치기준

가압송수장치의 정격토출압력은 하나의 헤드 선단에 1kgf/cm^2(0.1MPa) 이상 12kgf/cm^2 (1.2MPa) 이하의 방수압력이 될 수 있게 하는 크기로 하여야 하며, 송수량은 1kgf/cm^2(0.1 MPa)의 방수압력 기준으로 80ℓ/min 이상의 방수성능을 가진 기준개수의 모든 헤드로부터의 방수량을 충족시킬 수 있는 양 이상의 것으로 하여야 한다.

⑤ 스프링클러설비의 음향장치 설치기준

㉠ 음향장치는 유수검지장치 및 일제개방밸브 등의 담당구역마다 설치하되, 그 구역의 각 부분으로부터 하나의 음향장치까지의 수평거리는 25m 이하가 되도록 하여야 한다.

㉡ 5층(지하층을 제외) 이상으로서 연면적이 3,000m^{2}를 초과하는 소방대상물 또는 그 부분에 있어서는 2층 이상의 층에서 발화한 때에는 발화층 및 그 직상층에 한하여, 1층에서 발화한 때에는 발화층·그 직상층 및 지하층에 한하여, 지하층에 발화한 때에는 발화층·그 직상층 및 기타의 지하층에 한하여 경보를 발할 수 있도록 하여야 한다.

㉢ 층수가 30층 이상의 특정소방대상물은 다음에 따라 경보를 발할 수 있도록 하여야 한다.

ⓐ 2층 이상의 층에서 발화한 때에는 발화층 및 그 직상 4개층에 경보를 발할 것

ⓑ 1층에서 발화한 때에는 발화층, 그 직상 4개층 및 지하층에 경보를 발할 것

ⓒ 지하층에서 발화한 때에는 발화층, 그 직상층 및 기타의 지하층에 경보를 발할 것

㉣ 음향장치는 다음의 기준에 따른 구조 및 성능의 것으로 하여야 한다.

ⓐ 정격전압의 80% 전압에서 음향을 발할 수 있는 것으로 할 것

ⓑ 음량은 부착된 음향장치의 중심으로부터 1m 떨어진 위치에서 90dB 이상이 되는 것으로 할 것

⑥ 스프링클러설비의 송수구 설치기준

㉠ 송수구는 화재층으로부터 지면으로 떨어지는 유리창 등이 송수 및 그 밖의 소화작업에 지장을 주지 아니하는 장소에 설치하여야 한다.

〈송수구〉

㉡ 송수구로부터 스프링클러설비의 주배관에 이르는 연결배관에 개폐밸브를 설치한 때에는 그 개폐상태를 쉽게 확인 및 조작할 수 있는 옥외 또는 기계실 등의 장소에 설치하여야 한다.

㉢ 구경 65mm의 쌍구형으로 하여야 한다.

㉣ 송수구에는 그 가까운 곳의 보기 쉬운 곳에 송수압력 범위를 표시한 표지를 하여야 한다.

㉤ 폐쇄형 스프링클러헤드를 사용하는 스프링클러설비의 송수구는 하나의 층의 바닥면적이 3,000m^{2}를 넘을 때마다 1개 이상을 설치하여야 한다(5개를 넘을 경우에는 5개).

㉥ 지면으로부터 높이가 0.5m 이상 1m 이하의 위치에 설치하여야 한다.

㉦ 송수구의 가까운 부분에 자동배수밸브(또는 직경 5mm의 배수공) 및 체크밸브를 설치하여야 한다. 이 경우 자동배수밸브는 배관 안의 물이 잘 빠질 수 있는 위치에 설치하되, 배수로 인하여 다른 물건 또는 장소에 피해를 주지 아니하여야 한다.

㉧ 송수구에는 이물질을 막기 위한 마개를 씌워야 한다.

1. 스프링클러설비에서 송수구를 설치하는 목적

화재가 확대되어 자체의 수원으로 화재를 소화하기 곤란하게 되었을 때, 외부의 소방자동차 등으로부터 수원을 공급받기 위해서이며, 그리고 화재시 원활하고 신속한 소화활동을 하기 위해서이다.

2. 송수구와 체크밸브 사이에 자동배수장치(Auto Drip)를 설치하는 이유

겨울철 배관의 동파방지 및 관의 부식방지를 위해 배관 내의 물을 자동적으로 배수하기 위해서 설치된다.

⑦ 동력장치

스프링클러설비 펌프의 동력으로서는 전동기를 사용하는데, 전동기의 용량은 다음 식에 의해 산정되는 용량 이상으로 하여야 한다.

■ **전동기 용량(P)**

$$P(\mathrm{kW}) = \frac{\gamma \times Q \times H}{102 \times E} \times K \quad \text{또는} \quad P(\mathrm{kW}) = \frac{0.163 \times Q \times H}{E} \times K$$

※ γ : 물의 비중량(1,000kg/m^3)
Q : 방수량(m^3/s)
H : 펌프의 양정(m)
K : 전달계수(여유율)
E : 펌프의 효율

※ Q : 방수량(m^3/min)
H : 펌프의 양정(m)
K : 전달계수(여유율)
E : 펌프의 효율

※ 1kW = 102kgf·m/s , 1HP = 76kgf·m/s , 1PS = 75kgf·m/s

(4) 스프링클러설비의 수원의 양 산출기준

① 폐쇄형 스프링클러헤드를 사용하는 경우에는 다음 표의 스프링클러설비 설치장소별 스프링클러 헤드의 기준개수[스프링클러헤드의 설치개수가 가장 많은 층(아파트의 경우에는 설치개수가 가장 많은 세대)에 설치된 스프링클러헤드의 개수가 기준개수보다 적은 경우에는 그 설치개수를 말함]에 $1.6m^3$를 곱한 양 이상이 되도록 하여야 한다.

$$수원의\ 양 = 헤드의\ 기준개수 \times 1.6m^3$$

<table>
<tr><th colspan="3">스프링클러설비 설치장소</th><th>기준개수</th></tr>
<tr><td rowspan="6">지하층을 제외한 층수가 10층 이하인 소방대상물</td><td rowspan="2">공장 또는 창고
(랙크식 창고를 포함)</td><td>특수가연물을 저장·취급하는 것</td><td>30</td></tr>
<tr><td>그 밖의 것</td><td>20</td></tr>
<tr><td rowspan="2">근린생활시설·판매시설 및 운수시설 또는 복합건축물</td><td>판매시설 또는 복합건축물(판매시설이 설치된 복합건축물을 말함)</td><td>30</td></tr>
<tr><td>그 밖의 것</td><td>20</td></tr>
<tr><td rowspan="2">그 밖의 것</td><td>헤드의 부착높이가 8m 이상의 것</td><td>20</td></tr>
<tr><td>헤드의 부착높이가 8m 미만의 것</td><td>10</td></tr>
<tr><td colspan="3">아파트</td><td>10</td></tr>
<tr><td colspan="3">지하층을 제외한 층수가 11층 이상인 소방대상물(아파트를 제외한다)·지하가 또는 지하역사</td><td>30</td></tr>
</table>

참고 하나의 소방대상물이 2 이상의 '스프링클러헤드의 기준개수' 란에 해당하는 때에는 기준개수가 많은 란을 기준으로 한다. 다만, 각 기준개수에 해당하는 수원을 별도로 설치하는 경우에는 그러하지 아니하다.

② 개방형 스프링클러헤드를 사용하는 스프링클러설비의 수원은 최대 방수구역에 설치된 스프링클러헤드의 개수가 30개 이하일 경우에는 설치헤드수에 $1.6m^3$를 곱한 양 이상으로 하고, 30개를 초과하는 경우에는 스프링클러설비의 화재안전기준 제5조 제1항 제9호 및 제10호의 규정에 의하여 산출된 가압송수장치의 1분당 송수량에 20을 곱한 양 이상이 되도록 하여야 한다.

(5) 스프링클러설비의 특징

장 점	• 초기 진화에 특히 절대적인 효과가 있다. • 약제가 물이라서 값이 싸고 경제적이다. • 조작이 편리하다. • 오작동 및 오보가 없다. • 화재의 감지, 경보, 소화를 자동으로 수행한다. • 시설의 수명이 반영구적이다.

단 점	• 초기 시설비가 많이 든다. • 시공이 복잡하다. • 물에 의한 피해가 크다.

5. 물분무소화설비

(1) 개요

① 물분무소화설비는 물분무헤드를 통하여 물을 안개와 같은 입자로 방사하여 화재가 그 이상 확산되지 않도록 할 목적으로 사용되는 설비이다.

② 물분무헤드는 화재진압 및 화재가 퍼지지 않게 하는 데 이상적인 성능을 발휘한다.
물분무소화설비는 물을 미입자상태의 무상(안개)으로 방사시키는 시스템으로서 다음을 목적으로 사용되는 소화설비이다.

■ 물분무소화설비 계통도

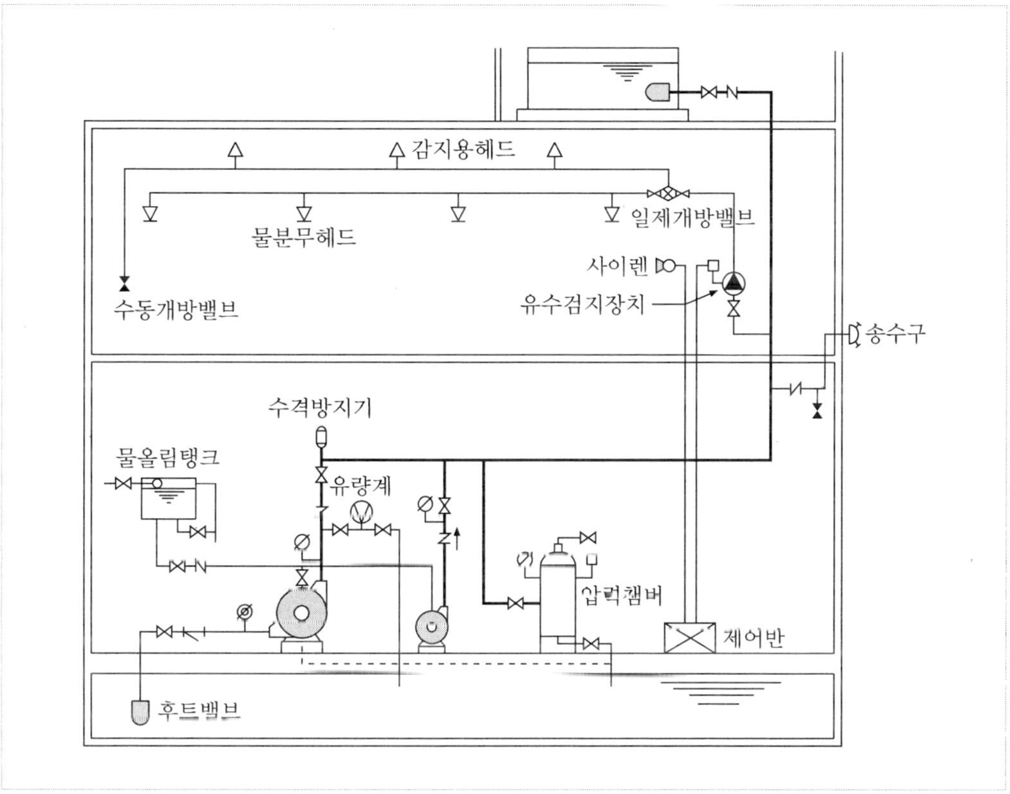

㉠ 물에 의한 냉각작용
㉡ 화재발생시 열에 의해 발생하는 수증기에 의한 질식작용
㉢ 유류 화재시 물이 기름표면에 방사되어 불연성의 유화층을 형성하여, 유면을 덮는 유화(에멀션)작용
㉣ 수용성의 희석작용 등에 의한 소화로 화재의 억제, 연소방지 등

(2) 물분무소화설비의 구성, 구조 및 기능

물분무소화설비는 수원, 가압송수장치, 개방밸브, 화재감지장치, 개방밸브시험장치, 물분무헤드 및 접속하는 배관 등으로 구성되어 있다. 그 외에도 가압송수장치에 펌프를 사용하는 장치가 필요하다.

① 수원

물분무소화설비의 수원은 그 저수량이 다음의 기준에 적합하여야 한다.

㉠ 특수가연물을 저장 또는 취급하는 소방대상물 또는 그 부분에 있어서는 그 바닥면적(최대방수구역의 바닥면적을 기준으로 하며, $50m^2$ 이하인 경우에는 $50m^2$) $1m^2$에 대하여 10ℓ/min로 20분간 방사할 수 있는 양 이상으로 할 것
㉡ 차고 또는 주차장에 있어서는 그 바닥면적(최대방수구역의 바닥면적을 기준으로 하며, $50m^2$ 이하인 경우에는 $50m^2$) $1m^2$에 대하여 20ℓ/min로 20분간 방사할 수 있는 양 이상으로 할 것
㉢ 절연유 봉입 변압기에 있어서는 바닥부분을 제외한 표면적을 합한 면적 $1m^2$에 대하여 10ℓ/min로 20분간 방수할 수 있는 양 이상으로 할 것
㉣ 케이블 트레이, 케이블 덕트 등에 있어서는 투영된 바닥면적 $1m^2$에 대하여 12ℓ/min로 20분간 방수할 수 있는 양 이상으로 할 것
㉤ 컨베이어 벨트 등에 있어서는 벨트부분의 바닥면적 $1m^2$에 대하여 10ℓ/min로 20분간 방수할 수 있는 양 이상으로 할 것

② 가압송수장치

펌프의 1분당 토출량은 다음의 기준에 의하여야 한다.

㉠ 특수가연물을 저장·취급하는 소방대상물 또는 그 부분에 있어서는 그 바닥면적 $1m^2$당(최대방수구역의 바닥면적을 기준으로 하며, $50m^2$ 이하인 경우에는 $50m^2$) 10ℓ를 곱한 양 이상이 되도록 할 것
㉡ 차고 또는 주차장에 있어서는 그 바닥면적 $1m^2$당(최대방수구역의 바닥면적을 기준으로 하며, $50m^2$ 이하인 경우에는 $50m^2$) 20ℓ를 곱한 양 이상이 되도록 할 것
㉢ 절연유 봉입 변압기에 있어서는 바닥면적을 제외한 표면적을 합한 면적 $1m^2$당 10ℓ를 곱한

양 이상이 되도록 할 것

㉣ 케이블 트레이, 덕트 등에 있어서 투영된 바닥면적 $1m^2$당 12ℓ를 곱한 양 이상이 되도록 할 것

㉤ 컨베이어 벨트 등에 있어서는 벨트부분의 바닥면적 $1m^2$당 10ℓ를 곱한 양 이상이 되도록 할 것

③ 물분무소화설비의 헤드

㉠ 물분무헤드는 표준방사량으로 당해 방호대상물의 화재를 유효하게 소화하는 데 필요한 수를 적정한 위치에 설치하여야 한다.

㉡ 고압의 전기기기가 있는 장소에 있어서는 전기의 절연을 위하여 전기기기와 물분무헤드 사이에 다음 표에 의한 거리를 두어야 한다.

전압(kV)	거리(cm)	전압(kV)	거리(cm)
66 이하	70 이상	154 초과 181 이하	180 이상
66 초과 77 이하	80 이상	181 초과 220 이하	210 이상
77 초과 110 이하	110 이상	220 초과 275 이하	260 이상
110 초과 154 이하	150 이상		

④ 물분무소화설비의 배수설비 설치기준

물분무소화설비를 설치하는 차고 또는 주차장에는 다음 기준에 의하여 배수설비를 하여야 한다.

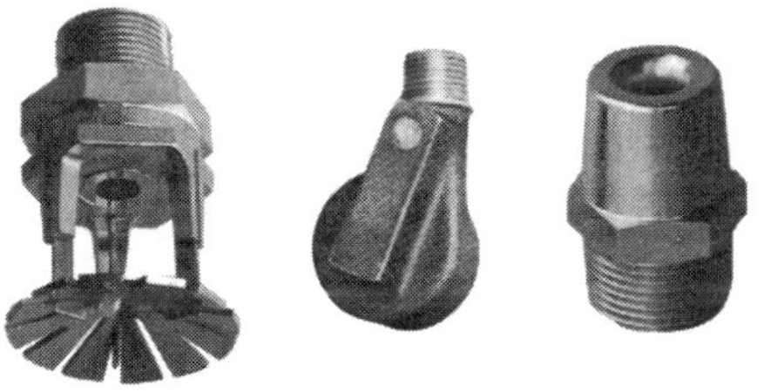

〈물분무헤드〉

㉠ 차량이 주차하는 장소의 적당한 곳에 높이 10cm 이상의 경계턱으로 배수구를 설치할 것

㉡ 배수구에는 새어나온 기름을 모아 소화할 수 있도록 길이 40m 이하마다 집수관, 소화피트 등 기름분리장치를 설치할 것

㉢ 차량이 주차하는 바닥은 배수구를 향하여 2/100 이상의 기울기를 유지할 것

㉣ 배수설비는 가압송수장치의 최대송수능력의 수량을 유효하게 배수할 수 있는 크기 및 기울기로 할 것

6. 포소화설비

(1) 개요

포소화설비(Air Foam System)는 인화성 및 가연성 액체를 저장하는 탱크(Tank)화재에 적용한다. 기름이나 물보다 밀도가 적은 견고하고 작은 기포가 인화성 또는 가연성 액체표면에 유동전개하여 덮어버리면 이 에어(Air)포가 공기와의 접촉을 방해하고 기포 속에 함유되어 있는 수분에 의하여 연소물질을 냉각소화한다. 포원액은 용적비 3～6%로 구분하고, 물(담수) 또는 해수와 혼합하여 포수용액 상태로 방출한다. 방출설비는 고정식 및 반고정식, 이동식의 3가지로 구분된다. 단백포를 기초로 한 시스템은 수성막포(AFFF)나 계면활성제포 시스템과도 거의 같다.

포소화설비의 특징

1. 위험물 탱크 등 유류화재에 적합하다.
2. 실외에서 옥외소화전보다 소화력이 좋다.
3. 화재의 확대 및 재연소방지를 하여 화재를 최소한으로 줄일 수 있다.
4. 유독성 가스의 발생이 없으므로 인체에 무해하다.
5. 포의 내화성이 커서 대규모 화재에 적합하다.

(2) 종류

방출방식에 따라 고정포 방출방식, 포헤드방식, 포소화전방식, 포호스릴방식으로 분류된다. 포소화설비의 종류는 포워터 스프링클러설비(포워터 스프링클러헤드를 사용하는 포소화설비를 말함)·포헤드 설비(포헤드를 사용하는 포소화설비를 말함)·고정포 방출설비(고정포 방출구를 사용하는 설비를 말함)·호스릴포 설비(호스릴포 방수구·호스릴 및 이동식 포노즐을 사용하는 설비를 말함) 또는 포소화전 설비(포소화전 방수구·호스 및 이동식 포노즐을 사용하는 설비를 말함) 등이 있으며, 소방대상물에 따라 적용하는 포소화설비는 다음과 같다.

소방대상물	포소화설비
특수가연물을 저장·취급하는 공장 또는 창고	포워터 스프링클러설비·포헤드 설비 또는 고정포 방출설비
차고 또는 주차장	포워터 스프링클러설비·포헤드 설비 또는 고정포 방출설비
항공기격납고	포워터 스프링클러설비·포헤드 설비·고정포 방출설비. 다만, 바닥면적의 합계가 1,000m^2 이상의 격납위치가 한정되어 있는 경우에는 그 한정된 장소 외의 부분에 대하여는 호스릴포 설비를 설치할 수 있다.

▪ 포소화설비 계통도

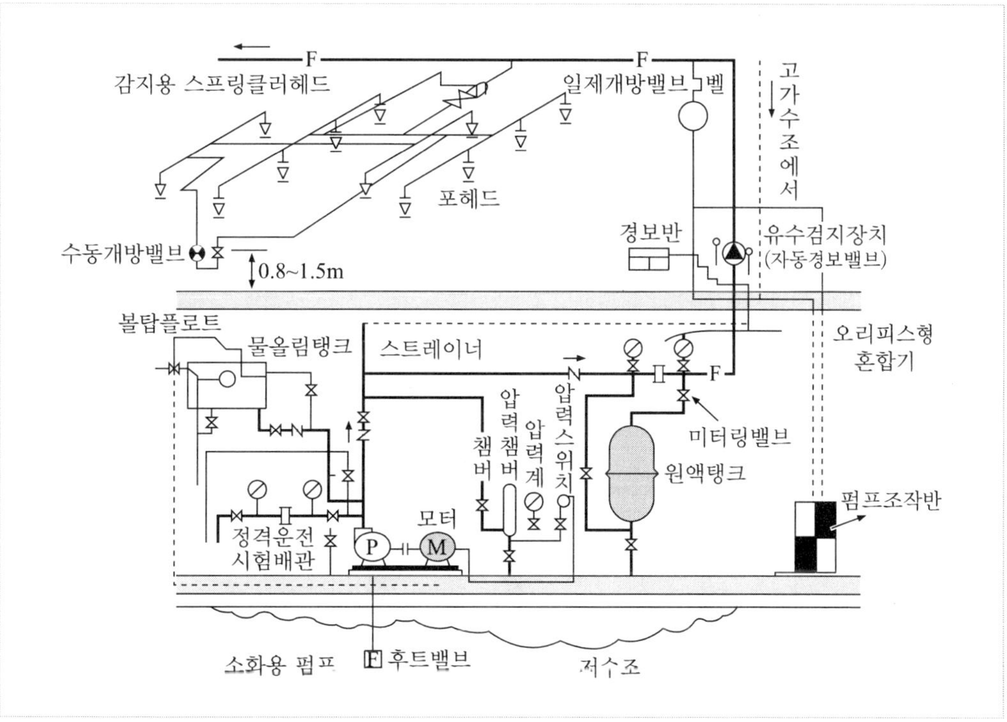

(3) 포소화설비의 구성

① 포소화설비의 가압송수장치

가압송수장치는 다음 표에 의한 표준방사량을 방사할 수 있도록 하여야 한다.

구 분	표준방사량
포워터 스프링클러헤드	75ℓ/분 이상
포헤드·고정포 방출구 또는 이동식 포노즐	각 포헤드·고정포 방출구 또는 이동식 포노즐의 설계압력에 의하여 방출되는 소화약제의 양

② 포소화설비의 배관

㉠ 송액관은 포의 방출 종료 후 배관 안의 액을 배출하기 위하여 적당한 기울기를 유지하도록 하고, 그 낮은 부분에 배액밸브를 설치하여야 한다.

㉡ 포워터 스프링클러 또는 포헤드 설비의 가지배관의 배열은 토너먼트 방식이 아니어야 하며, 교차배관에서 분기하는 지점을 기점으로 한쪽 가지배관에 설치하는 헤드의 수는 8개 이하로 한다.

③ 포 소화약제의 저장탱크

포 소화약제의 저장탱크(용기를 포함)는 다음 기준에 의하여 설치하고 혼합장치와 배관 등으로 연결하여 두어야 한다.

㉠ 가압송수장치 또는 포 소화약제 혼합장치의 기동에 의하여 압력이 가해지는 것 또는 상시 가압된 상태로 사용되는 것에 있어서는 압력계를 설치하여야 한다.

㉡ 포 소화약제 저장량의 확인이 쉽도록 액면계 또는 계량봉 등을 설치하여야 한다.

㉢ 가압식이 아닌 저장탱크는 글라스 게이지를 설치하여 액량을 측정할 수 있는 구조로 하여야 한다.

〈포 소화약제의 저장탱크〉

④ 포 소화약제의 혼합장치

포 소화약제의 혼합장치는 포 소화약제의 사용농도에 적합한 수용액으로 혼합할 수 있도록 다음에 해당하는 방식에 의하여야 한다.

펌프 프로포셔너 방식 (Pump Proportioner)	펌프의 토출량과 흡입관 사이의 배관 도중에 설치한 흡입기에 펌프에서 토출된 물의 일부를 보내고, 농도 조정밸브에서 조정된 포 소화약제의 필요량을 포 소화약제 탱크에서 펌프 흡입측으로 보내어 이를 혼합하는 방식
프레저 프로포셔너 방식 (Pressure Proportioner)	펌프와 발포기의 중간에 설치된 벤추리관의 벤추리작용과 펌프 가압수의 포 소화약제 저장탱크에 대한 압력에 의하여 포 소화약제를 흡입·혼합하는 방식
라인 프로포셔너 방식 (Line Proportioner)	펌프와 발포기의 중간에 설치된 벤추리관의 벤추리작용에 의하여 포 소화약제를 흡입·혼합하는 방식
프레저 사이드 프로포셔너 방식 (Pressure Side Proportioner)	펌프의 토출관에 압입기를 설치하여 포 소화약제 압입용 펌프로 포 소화약제를 압입시켜 혼합하는 방식

〈포 소화약제의 혼합장치〉

⑤ 포소화설비의 기동장치

㉠ 포소화설비의 수동식 기동장치는 다음의 기준에 따라 설치해야 한다.

ⓐ 기동장치의 조작부는 화재시 쉽게 접근할 수 있는 곳에 설치하되, 바닥으로부터 0.8m 이상 1.5m 이하의 위치에 설치하고, 유효한 보호장치를 설치한다.

ⓑ 차고 또는 주차장에 설치하는 포소화설비의 기동장치는 방사구역마다 1개 이상 설치한다.

ⓒ 항공기격납고에 설치하는 포소화설비의 수동식 기동장치는 각 방사구역마다 2개 이상을 설치하되, 그중 1개는 각 방사구역으로부터 가장 가까운 곳 또는 조작이 편리한 장소에 설치하고, 1개는 화재감지수신기를 설치한 감시실 등에 설치한다.

㉡ 포소화설비의 자동식 기동장치는 자동화재탐지설비의 감지기의 작동 또는 폐쇄형 스프링클러헤드의 개방과 연동하여 가압송수장치, 일제개방밸브 및 포 소화약제 혼합장치를 기동시킬 수 있도록 설치하여야 한다.

⑥ 포소화설비의 포헤드 및 고정포 방출구

㉠ 포헤드 및 고정포 방출구는 포의 팽창비율에 따라 다음 표에 의한 것으로 하여야 한다.

팽창비율에 의한 포의 종류	포 방출구의 종류
팽창비가 20 이하인 것(저발포)	포헤드
팽창비가 80 이상 1,000 미만인 것(고발포)	고발포용 고정포 방출구

㉡ 포헤드의 설치기준

ⓐ 포워터 스프링클러헤드는 소방대상물의 천장 또는 반자에 설치하되, 바닥면적 $8m^2$마다 1개 이상으로 하여 당해 방호대상물의 화재를 유효하게 소화할 수 있도록 할 것

ⓑ 포헤드는 소방대상물의 천장 또는 반자에 설치하되, 바닥면적 $9m^2$마다 1개 이상으로 하여 당해 방호대상물의 화재를 유효하게 소화할 수 있도록 할 것

ⓒ 포헤드는 소방대상물별로 그에 사용되는 포 소화약제에 따라 1분당 방사량이 다음 표에 의한 양 이상이 되도록 할 것

소방대상물	포 소화약제의 종류	바닥면적 $1m^2$당 방사량(이상)
차고·주차장 및 항공기격납고	단백포 소화약제	6.5ℓ
	합성계면활성제포 소화약제	8.0ℓ
	수성막포 소화약제	3.7ℓ
소방기본법시행령 [별표2]의 특수가연물을 저장·취급하는 소방대상물	단백포 소화약제	6.5ℓ
	합성계면활성제포 소화약제	6.5ℓ
	수성막포 소화약제	6.5ℓ

〈포헤드〉

〈고정포 방출구〉

㉢ 차고·주차장에 설치하는 호스릴포 설비·포 소화전의 설비기준

ⓐ 소방대상물의 어느 층에 있어서도 그 층에 설치된 호스릴포 방수구 또는 포소화전 방수구(호스릴포 방수구 또는 포소화전 방수구가 5개 이상 설치된 경우에는 5개)를 동시에 사용할 경우 각 이동식 포노즐 선단의 포수용액 방사압력이 $3.5kgf/cm^2$(0.35MPa) 이상이고 300ℓ/min 이상(1개 층의 바닥면적이 $200m^2$ 이하인 경우에는 230ℓ 이상)의 포수용액을 수평거리 15m 이상으로 방사할 수 있도록 하여야 한다.

ⓑ 저발포의 포 소화약제를 사용할 수 있는 것으로 하여야 한다.

ⓒ 호스릴 또는 호스를 호스릴포 방수구 또는 포소화전 방수구로부터 분리하여 비치하는 때에는 그로부터 3m 이내의 거리에 호스릴함 또는 호스함을 설치하여야 한다.

ⓓ 호스릴함 또는 호스함은 바닥으로부터 높이 1.5m 이하의 위치에 설치하고, 그 표면에는 '포호스릴함(또는 포소화전함)'이라고 표시한 표지와 적색의 위치표시등을 설치하여야 한다.

ⓔ 방호대상물의 각 부분으로부터 하나의 호스릴 포방수구까지의 수평거리는 15m 이하(포소화전 방수구의 경우에는 25m 이하)가 되도록 하고, 호스릴 또는 호스의 길이는 방호대상물의 각 부분에 포가 유효하게 뿌려질 수 있도록 하여야 한다.

7. 이산화탄소(CO_2) 소화설비

(1) 개요

① 의의

㉠ 이산화탄소소화설비는 스프링클러설비나 포소화설비 등 물에 의한 피해가 예상되는 장소나 전기화재, 유류화재 등에 사용된다.

㉡ 화학적으로 안정된 소화약제이므로 약제의 변질이 없고 한 번 설치하면 반영구적으로 사용이 가능하며, 복잡하고 입체적 구조물의 대상물이라도 침투성이 강해 심층부까지 파고들어 완전소화가 된다.

㉢ A급 화재(일반화재), B급 화재(유류화재), C급 화재(전기화재) 등 어느 것이라도 유효하며, 소화 후에도 잔유물이 남지 않는 것이 특징이다.

㉣ 탄산가스는 무색·무취의 기체로서 독성이 없으며, 공기보다 비중이 1.52배 무겁다. 액체는 액화탄산가스, 기체는 탄산가스, 고체는 드라이아이스(Dry Ice)라 한다.

② 이산화탄소의 특징

㉠ 오손, 부식, 손상의 우려가 없고 소화 후 흔적이 없으며 비전도성이므로 전기설비의 전도성이 있는 장소에 소화가 가능하다.

㉡ 자체압력으로도 소화가 가능하므로 가압할 필요가 없으며 증거보존이 양호하고 화재원인의 조사가 쉽다.

㉢ 그러나 소화시 산소의 농도를 저하시키므로 질식의 우려가 있고 방사시 액체상태로 영하로 저장하였다가 기화하므로 동상의 우려가 있다. 또한 자체압력으로 소화가 가능하므로 고압저장시 주의를 요하며 CO_2 방사시 소음이 크다. 이러한 단점 때문에 사용상 주의를 요하고 있다.

(2) 종류

이산화탄소소화설비는 방출방식에 따라 전역방출방식, 국소방출방식, 호스릴방식의 3종류로 구분된다.

전역방출방식	고정식 이산화탄소 공급장치에 배관 및 분사헤드를 고정설치하여 밀폐방호구역 내에 이산화탄소를 방출하는 설비를 말한다.
국소방출방식	고정식 이산화탄소 공급장치에 배관 및 분사헤드를 설치하여 직접 화점에 이산화탄소를 방출하는 설비로 화재발생부분에만 집중적으로 소화약제를 방출하도록 설치하는 방식을 말한다.
호스릴방식	분사헤드가 배관에 고정되어 있지 않고 소화약제 저장용기에 호스를 연결하여 사람이 직접 화점에 소화약제를 방출하는 이동식 소화설비를 말한다.

■ 이산화탄소소화설비 계통도

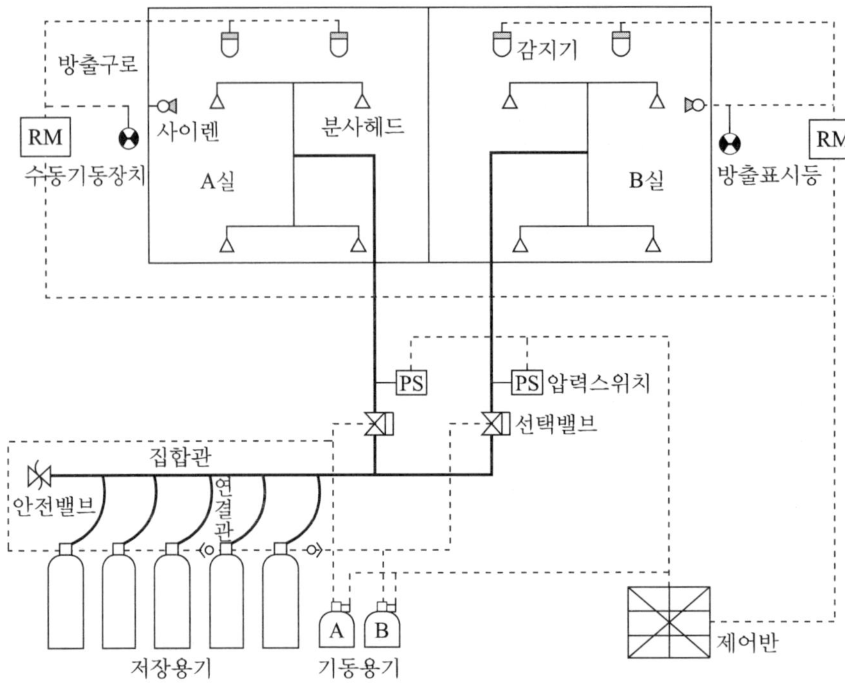

(3) 이산화탄소소화설비의 구성

① 이산화탄소소화설비의 기동장치

이산화탄소소화설비의 기동장치는 수동식 기동장치와 자동식 기동장치로 크게 분류되는데 각각의 기준에 대해 살펴보기로 하자.

㉠ 이산화탄소소화설비의 수동식 기동장치는 다음 기준에 의하여 설치하여야 한다.

ⓐ 전역방출방식에 있어서는 방호구역마다, 국소방출방식에 있어서는 방호대상물마다 설치할 것

ⓑ 기동장치의 조작부는 바닥으로부터 높이 0.8m 이상 1.5m 이하의 위치에 설치하고, 보호판 등에 의한 보호장치를 설치할 것

㉡ 이산화탄소소화설비의 자동식 기동장치는 자동화재탐지설비의 감지기의 작동과 연동하는 것으로서 전기식, 가스압력식, 기계식이 있다.

② 이산화탄소소화설비의 저장용기

■ 이산화탄소 소화약제의 저장용기의 설치장소

1. 방호구역 외의 장소에 설치할 것. 다만, 방호구역 내에 설치할 경우에는 피난 및 조작이 용이하도록 피난구 부근에 설치하여야 한다.
2. 온도가 섭씨 40℃ 이하이고, 온도변화가 작은 곳에 설치할 것
3. 직사광선 및 빗물이 침투할 우려가 없는 곳에 설치할 것
4. 방화문으로 구획된 실에 설치할 것
5. 용기의 설치장소에는 당해 용기가 설치된 곳임을 표시하는 표지를 할 것
6. 용기 간의 간격은 점검에 지장이 없도록 3cm 이상의 간격을 유지할 것
7. 저장용기와 집합관을 연결하는 연결배관에는 체크밸브를 설치할 것. 다만, 저장용기가 하나의 방호구역만을 담당하는 경우에는 그러하지 아니하다.

③ 이산화탄소소화설비의 배관시공

■ 배관의 구경은 이산화탄소의 소요량이 다음의 기준에 의한 시간 이내에 방사될 수 있는 것으로 할 것

1. 전역방출방식에 있어서 가연성 액체 또는 가연성 가스 등 표면화재 방호대상물의 경우에는 1분
2. 전역방출방식에 있어서 종이, 목재, 석탄, 섬유류, 합성수지류 등 심부화재 방호대상물의 경우에는 7분(이 경우 설계농도가 2분 이내에 30%에 도달하여야 함)
3. 국소방출방식의 경우에는 30초

④ 이산화탄소소화설비의 선택밸브

하나의 소방대상물 또는 그 부분에 2 이상의 방호구역 또는 방호대상물에 있어 이산화탄소 저장용기를 공용하는 경우에는 다음 기준에 의하여 선택밸브를 설치하여야 한다.

㉠ 방호구역 또는 방호대상물마다 설치할 것

㉡ 각 선택밸브에는 그 담당방호구역 또는 방호대상물을 표시할 것

⑤ 이산화탄소소화설비의 분사헤드

㉠ 전역방출방식 이산화탄소소화설비의 분사헤드의 설치기준

ⓐ 방사된 소화약제가 방호구역의 전역에 균일하게 신속히 확산할 수 있도록 할 것

ⓑ 분사헤드의 방사압력이 21kg/cm^2(2.1MPa)[(저압식의 것에 있어서는 10.5kg/cm^2(1.05 MPa)] 이상의 것으로 할 것

ⓒ 소방대상물 또는 그 부분에 설치된 이산화탄소소화설비의 소화약제의 저장량은 표면화재 대상물은 1분, 심부화재 대상물은 7분 이내에 방사할 수 있는 것으로 할 것

> 1. **심부화재** : 목재 또는 섬유류와 같은 고체가연물에서 발생하는 화재형태로서 가연물 내부에서 연소하는 화재를 말한다.
> 2. **표면화재** : 가연성 물질의 표면에서 연소하는 화재를 말한다.

㉡ 국소방출방식의 이산화탄소소화설비의 분사헤드의 설치기준

ⓐ 소화약제의 방사에 의하여 가연물이 비산하지 아니하는 장소에 설치할 것

ⓑ 이산화탄소 소화약제의 저장량은 30초 이내에 방사할 수 있는 것으로 할 것

㉢ 호스릴 이산화탄소소화설비의 설치기준

ⓐ 방호대상물의 각 부분으로부터 하나의 호스접결구까지의 수평거리가 15m 이하가 되도록 할 것

ⓑ 노즐은 섭씨 20℃에서 하나의 노즐마다 60kg/min 이상의 소화약제를 방사할 수 있는 것으로 할 것

ⓒ 소화약제 저장용기는 호스릴을 설치하는 장소마다 설치할 것

ⓓ 소화약제 저장용기의 개방밸브는 호스의 설치장소에서 수동으로 개폐할 수 있는 것으로 할 것

ⓔ 소화약제 저장용기의 가장 가까운 보기 쉬운 곳에 표시등을 설치하고, 호스릴 이산화탄소소화설비가 있다는 뜻을 표시한 표지를 할 것

ⓕ 호스릴의 이산화탄소소화설비에 있어서는 하나의 노즐에 대하여 90kg 이상으로 하여야 한다.

㉣ 이산화탄소소화설비의 분사헤드 설치제외장소

ⓐ 방재실·제어실 등 사람이 상시 근무하는 장소

ⓑ 나이트로셀룰로오스·셀룰로이드 제품 등 자기연소성 물질을 저장·취급하는 장소

ⓒ 나트륨·칼륨 등 활성 금속물질을 저장·취급하는 장소

ⓓ 전시장 등의 관람을 위하여 다수인이 출입·통행하는 통로 및 전시실

⑥ 이산화탄소소화설비의 화재감지기

화재감지기의 회로는 교차회로방식(하나의 방호구역 내에 2 이상의 화재감지기 회로를 설치하고 인접한 2 이상의 화재감지기가 동시에 감지되는 때에 이산화탄소소화설비가 작동하여 소화약제가 방출되는 방식을 말함)으로 설치하여야 한다.

> **이산화탄소소화설비에서 사용되는 화재감지기 교차회로방식**
>
> 감지기의 오동작으로 이산화탄소 소화약제의 방출을 방지하기 위한 것으로 하나의 방호구역 내에 2 이상의 화재감지기 회로를 설치하고 인접한 2 이상의 화재감지기가 동시에 감지되는 때에 이산화탄소소화설비가 작동하여 소화약제가 방출되는 방식이다.

⑦ 이산화탄소소화설비의 음향경보장치

㉠ 수동식 기동장치를 설치한 것에 있어서는 그 기동장치의 조작과정에서, 자동식 기동장치를 설치한 것에 있어서는 화재감지기와 연동하여 자동으로 경보를 발하는 것으로 할 것

㉡ 소화약제의 방사개시 후 1분 이상까지 경보를 계속할 수 있는 것으로 할 것

㉢ 방호구역 또는 방호대상물이 있는 구획의 각 부분으로부터 하나의 확성기까지의 수평거리는 25m 이하가 되도록 할 것

⑧ 이산화탄소소화설비의 자동폐쇄장치

이산화탄소소화설비를 설치한 소방대상물 또는 그 부분에 대하여는 다음 기준에 의하여 자동폐쇄장치를 설치하여야 한다.

㉠ 환기장치를 설치한 것에 있어서는 이산화탄소가 방사되기 전에 당해 환기장치가 정지할 수 있도록 할 것

㉡ 개구부가 있거나 천장으로부터 1m 이상의 아랫부분 또는 바닥으로부터 당해 층의 높이의 2/3 이내의 부분에 통기구가 있어 이산화탄소의 유출에 의하여 소화효과를 감소시킬 우려가 있는 것에 있어서는 이산화탄소가 방사되기 전에 당해 개구부 및 통기구를 폐쇄할 수 있도록 할 것

㉢ 자동폐쇄장치는 방호구역 또는 방호대상물이 있는 구획의 밖에서 복구할 수 있는 구조로 하고, 그 위치를 표시하는 표지를 할 것

⑨ 이산화탄소소화설비의 비상전원

이산화탄소소화설비(호스릴 이산화탄소소화설비를 제외한다)의 비상전원은 자가발전설비 또는 축전지설비(제어반에 내장하는 경우를 포함한다)로서 다음의 기준에 따라 설치하여야 한다.

㉠ 점검에 편리하고 화재 및 침수 등의 재해로 인한 피해를 받을 우려가 없는 곳에 설치할 것

㉡ 이산화탄소소화설비를 유효하게 20분 이상 작동할 수 있어야 할 것

㉢ 상용전원으로부터 전력의 공급이 중단된 때에는 자동으로 비상전원으로부터 전력을 공급받을 수 있도록 할 것

㉣ 비상전원의 설치장소는 다른 장소와 방화구획할 것. 이 경우 그 장소에는 비상전원의 공급에 필요한 기구나 설비 외의 것(열병합발전설비에 필요한 기구나 설비는 제외한다)을 두어서는 아니 된다.

㉤ 비상전원을 실내에 설치하는 때에는 그 실내에 비상조명등을 설치할 것

⑩ 이산화탄소소화설비의 배출설비

지하층, 무창층 및 밀폐된 거실 등에 이산화탄소소화설비를 설치한 경우에는 소화약제의 농도를 희석시키기 위한 배출설비를 갖추어야 한다.

⑪ 이산화탄소소화설비의 과압배출구

이산화탄소소화설비의 방호구역에 소화약제가 방출시 과압으로 인하여 구조물 등에 손상이 생길 우려가 있는 장소에는 과압배출구를 설치하여야 한다.

(4) 이산화탄소 소화약제의 저장량

이산화탄소 소화약제의 저장량은 다음 기준에 의한 양으로 한다. 이 경우 동일한 소방대상물 또는 그 부분에 2 이상의 방호구역이나 방호대상물이 있는 경우에는 각 방호구역 또는 방호대상물에 대하여 산출한 저장량 중 최대의 것에 의할 수 있다.

① 전역방출방식에 있어서 가연성 액체 또는 가연성 가스 등 표면화재 방호대상물의 경우에는 다음 기준에 의한다.

㉠ 방호구역의 체적(불연재료나 내열성의 재료로 밀폐된 구조물이 있는 경우에는 그 체적을 감한 체적) $1m^3$에 대하여 다음 표에 의한 양. 다만, 다음 표에 의하여 산출한 양이 동표에 의한 저장량의 최저한도의 양 미만이 될 경우에는 그 최저한도의 양으로 한다.

방호구역 체적	방호구역의 체적 $1m^3$에 대한 소화약제의 양	소화약제 저장량의 최저한도의 양
$45m^3$ 미만	1.00kg	45kg
$45m^3$ 이상 $150m^3$ 미만	0.90kg	
$150m^3$ 이상 $1,450m^3$ 미만	0.80kg	135kg
$1,450m^3$ 이상	0.75kg	1,125kg

㉡ 방호구역의 개구부에 자동폐쇄장치를 설치하지 아니한 경우에는 ㉠의 기준에 의하여 산출한 양에 개구부면적 $1m^2$당 5kg을 가산하여야 한다.

② 전역방출방식에 있어서 종이, 목재, 석탄, 섬유류, 합성수지류 등 심부화재 방호대상물의 경우에는 다음 기준에 의한다.

㉠ 방호구역의 체적(불연재료나 내열성의 재료로 밀폐된 구조물이 있는 경우에는 그 체적을 감한 체적) $1m^3$에 대하여 다음 표에 의한 양 이상으로 하여야 한다.

방호대상물	방호구역의 체적 $1m^3$에 대한 소화약제의 양	설계농도 (%)
유압기기를 제외한 전기설비, 케이블실	1.3kg	50
체적 $55m^3$ 미만의 전기설비	1.6kg	50
서고, 전자제품창고, 목재가공품창고, 박물관	2.0kg	65
고무류, 면화류창고, 모피창고, 석탄창고, 집진설비	2.7kg	75

㉡ 방호구역의 개구부에 자동폐쇄장치를 설치하지 아니한 경우에는 ㉠의 기준에 의하여 산출한 양에 개구부면적 $1m^2$당 10kg을 가산하여야 한다. 이 경우 개구부의 면적은 방호구역 전체 표면적의 3% 이하로 하여야 한다.

> 소화약제 저장량(kg) = 방호구역 체적(m^3) × 방호구역 체적당 소화약제의 양(kg/m^3)
> + 개구부 면적(m^2) × 개구부면적당 소화약제의 양(kg/m^2)

③ 국소방출방식에 있어서는 다음의 기준에 의하여 산출량에 고압식의 것에 있어서는 1.4, 저압식의 것에 있어서는 1.1을 각각 곱하여 얻은 양 이상으로 한다.

㉠ 윗면이 개방된 용기에 저장하는 경우와 화재시 연소면이 1면에 한정되고 가연물이 비산할 우려가 없는 경우에는 방호대상물의 표면적 $1m^2$에 대하여 13kg

㉡ ㉠ 외의 경우에는 방호공간(방호대상물의 각 부분으로부터 0.6m의 거리에 의하여 둘러싸인 공간을 말한다)의 체적 $1m^3$에 대하여 다음의 식에 의하여 산출한 양

$$Q = 8 - 6a/A$$

※ Q : 방호공간 $1m^3$에 대한 이산화탄소 소화약제의 양(kg/m^3)
a : 방호대상물 주위에 설치된 벽의 면적의 합계(m^2)
A : 방호공간의 벽면적(벽이 없는 경우에는 벽이 있는 것으로 가정한 당해 부분의 면적)의 합계(m^2)

8. 할론소화설비

(1) 개요

할론 1301 소화설비는 21세기의 화학소화시스템이라고 불릴 정도로 우수한 소화설비이다. 이 시스템은 할론 1301을 압축액화하여 고압가스용기에 충전하고 다시 질소로 가압된 상태로 저장하며, 설비의 구성요소로서는 할론실린더, 기동용기, 집합관, 밸브헤더(Valve Header), 선택변, 분사헤드 등으로 구성되어 있고, 자동 또는 수동조작으로 용기밸브를 개방함과 동시에 경보와 표시를 하도록 한 설비이다.

할론소화설비에서 할로겐 소화약제를 저장할 경우 질소가스를 할론 소화약제와 함께 저장하는 이유

할론 소화약제는 자체 증기압(할론 1301의 경우는 $14kgf/cm^2$)만으로는 스스로 방출이 어려우므로 질소(N_2)가스와 같은 압력원(방사원)을 충전(축압)하여 저장용기 내에 저장되어 있는 할론 소화약제 전량을 방출하기 위해서이다.

■ 할론 1301 소화설비 계통도

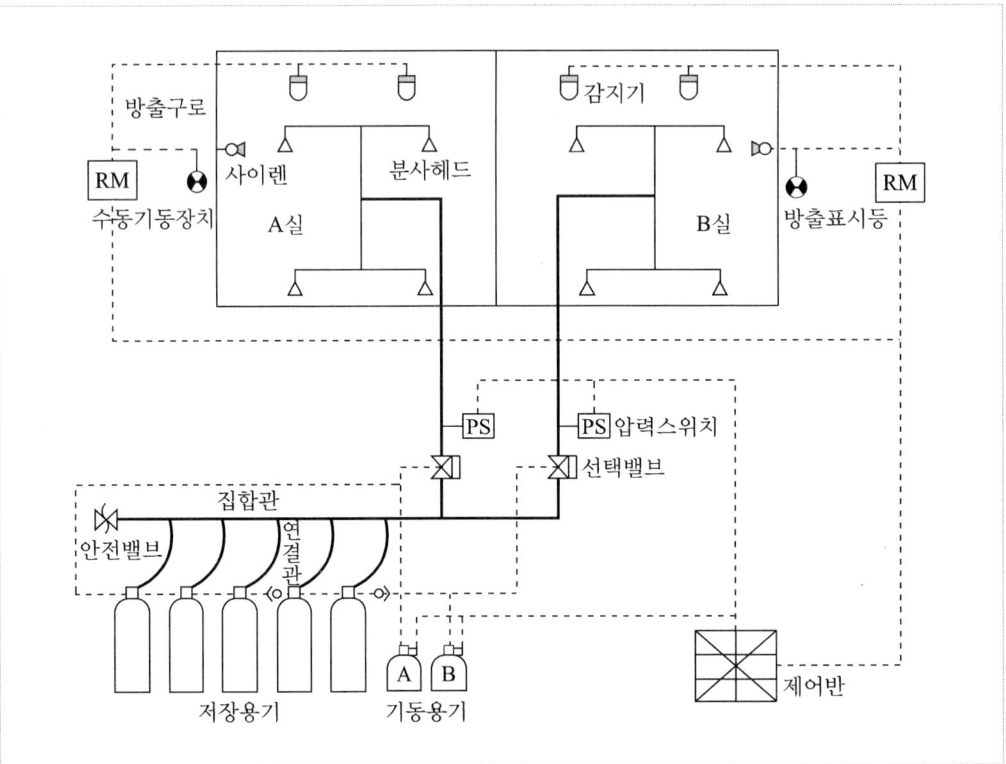

(2) **종류**(소화약제 방출방식)

전역방출방식	고정식 할론 공급장치에 배관 및 분사헤드를 고정설치하여 밀폐 방호구역 내에 할론을 방출하는 설비를 말한다.
국소방출방식	고정식 할론 공급장치에 배관 및 분사헤드를 설치하여 직접 화점에 할론을 방출하는 설비로 화재발생부분에만 집중적으로 소화약제를 방출하도록 설치하는 방식을 말한다.
호스릴방식	분사헤드가 배관에 고정되어 있지 않고 소화약제 저장용기에 호스를 연결하여 사람이 직접 화점에 소화약제를 방출하는 이동식 소화설비를 말한다.

할론 1301 소화설비에서 전역방출방식과 국소방출방식의 개념차이

1. **전역방출방식** : 방호구역 내 전역을 대상으로 소화약제를 헤드로부터 방사하여 방호하기 위한 설비방식이다.
2. **국소방출방식** : 방호구역 내에 방호하여야 할 일국소의 방호대상물만을 방호하기 위한 것으로 대상물마다 헤드를 설치하며 전역방출방식이 곤란할 경우에 사용되는 방식이다.

(3) 구성·구조 및 기능

① 할론소화설비의 저장용기

㉠ 설치장소 : 이산화탄소소화설비와 동일하다.

㉡ 가압식 저장용기에는 20kg/cm²(2.0MPa) 이하의 압력으로 조정할 수 있는 압력조정장치를 설치하여야 한다.

㉢ 하나의 구역을 담당하는 소화약제 저장용기의 소화약제량의 체적합계보다 그 소화약제 방출시 방출경로가 되는 배관(집합관 포함)의 내용적이 1.5배 이상일 경우에는 당해 방호구역에 대한 설비는 별도 독립방식으로 하여야 한다.

② 할론소화설비의 배관

㉠ 전용으로 할 것

㉡ 강관을 사용하는 경우의 배관은 압력배관용 탄소강관(KSD 3562) 중 스케줄 40 이상의 것 또는 이와 동등 이상의 강도를 가진 것으로서 아연도금 등에 의하여 방식처리된 것을 사용할 것

㉢ 동관을 사용하는 경우에는 이음이 없는 동 및 동합금관(KSD 5301)의 것으로서 고압식은 165kg/cm²(16.5MPa) 이상, 저압식은 37.5kg/cm²(3.75MPa) 이상의 압력에 견딜 수 있는 것을 사용할 것

㉣ 배관부속 및 밸브류는 강관 또는 동관과 동등 이상의 강도 및 내식성이 있는 것으로 할 것

③ 할론소화설비의 분사헤드

㉠ 전역방출방식의 할론소화설비의 분사헤드 설치기준

ⓐ 분사헤드의 방사압력은 할론 2402를 방사하는 것에 있어서는 1kg/cm²(0.1MPa) 이상, 할론 1211을 방사하는 것에 있어서는 2kg/cm²(0.2MPa) 이상, 할론 1301을 방사하는 것에 있어서는 9kg/cm²(0.9MPa) 이상으로 할 것

ⓑ 기준저장량의 소화약제를 10초 이내에 방사할 수 있는 것으로 할 것

㉡ 국소방출방식의 할론소화설비의 분사헤드 설치기준

ⓐ 분사헤드의 방사압력은 할론 2402를 방사하는 것에 있어서는 1kg/cm²(0.1MPa) 이상, 할론 1211을 방사하는 것에 있어서는 2kg/cm²(0.2MPa) 이상, 할론 1301을 방사하는 것에 있어서는 9kg/cm²(0.9MPa) 이상으로 할 것

ⓑ 기준저장량의 소화약제를 10초 이내에 방사할 수 있는 것으로 할 것

㉢ 화재시 현저하게 연기가 찰 우려가 없는 장소로서 호스릴 할론소화설비를 설치할 수 있는 장소로는 호스릴 이산화탄소소화설비와 동일하다.

㉣ 호스릴 할론소화설비의 설치기준

ⓐ 방호대상물의 각 부분으로부터 하나의 호스접결구까지의 수평거리가 20m 이하가 되도록 할 것

ⓑ 소화약제의 저장용기의 개방밸브는 호스릴의 설치장소에서 수동으로 개폐할 수 있는 것으로 할 것

ⓒ 소화약제의 저장용기는 호스릴을 설치하는 장소마다 설치할 것

ⓓ 노즐은 섭씨 20℃에서 하나의 노즐마다 1분당 다음 표에 의한 소화약제를 방사할 수 있는 것으로 할 것

소화약제의 종별	1분당 방사하는 소화약제의 양
할론 2402	45kg
할론 1211	40kg
할론 1301	35kg

ⓔ 소화약제 저장용기의 가까운 곳의 보기 쉬운 곳에 적색의 표시등을 설치하고, 호스릴 할론소화설비가 있다는 뜻을 표시한 표지를 할 것

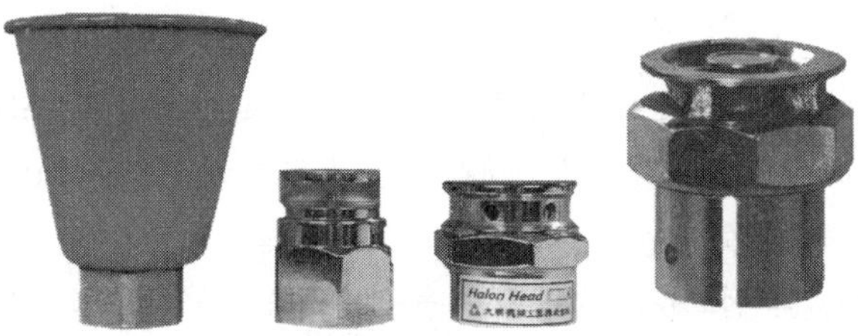

〈할로겐화합물소화설비 분사헤드〉

(4) 할론 소화약제의 저장량

할론 소화약제의 저장량은 다음 기준에 의하여야 한다. 이 경우 동일한 소방대상물 또는 그 부분에 2 이상의 방호구역 또는 방호대상물이 있는 경우에는 각 방호구역 또는 방호대상물에 대하여 다음의 기준에 의하여 산출한 저장량 중 최대의 것에 의할 수 있다.

① 전역방출방식에 있어서는 다음의 기준에 의하여 산출한 양 이상으로 할 것

㉠ 방호구역의 체적(불연재료나 내열성의 재료로 밀폐된 구조물이 있는 경우에는 그 체적을 제외한다) $1m^3$에 대하여는 다음 표에 의한 양

<table>
<tr><th colspan="2">소방대상물 또는 그 부분</th><th>소화약제의 종별</th><th>방호구역의 1m³당 소화약제의 양</th></tr>
<tr><td colspan="2">차고·주차장·전기실·통신기기실·전산실 기타 이와 유사한 전기설비가 설치되어 있는 부분</td><td>할론 1301</td><td>0.32kg 이상 0.64kg 이하</td></tr>
<tr><td rowspan="3">특수가연물을 저장·취급하는 소방대상물 또는 그 부분</td><td>가연성 고체류·가연성 액체류</td><td>할론 2402
할론 1211
할론 1301</td><td>0.40kg 이상 1.1kg 이하
0.36kg 이상 0.71kg 이하
0.32kg 이상 0.64kg 이하</td></tr>
<tr><td>면화류·나무껍질 및 대팻밥·넝마 및 종이부스러기·사류·볏짚류·목재가공품 및 나무부스러기를 저장·취급하는 것</td><td>할론 1211
할론 1301</td><td>0.60kg 이상 0.71kg 이하
0.52kg 이상 0.64kg 이하</td></tr>
<tr><td>합성수지류를 저장·취급하는 것</td><td>할론 1211
할론 1301</td><td>0.36kg 이상 0.71kg 이하
0.32kg 이상 0.64kg 이하</td></tr>
</table>

㉡ 방호구역의 개구부에 자동폐쇄장치를 설치하지 아니한 경우에는 '㉠'에 의하여 산출한 양에 다음 표에 의하여 산출한 양을 가산한 양

<table>
<tr><th colspan="2">소방대상물 또는 그 부분</th><th>소화약제의 종별</th><th>가산량(개구부의 면적 1m²당 소화약제의 양)</th></tr>
<tr><td colspan="2">차고·주차장·전기실·통신기기실·전산실 기타 이와 유사한 전기설비가 설치되어 있는 부분</td><td>할론 1301</td><td>2.4kg</td></tr>
<tr><td rowspan="3">특수가연물을 저장·취급하는 소방대상물 또는 그 부분</td><td>가연성 고체류·가연성 액체류</td><td>할론 2402
할론 1211
할론 1301</td><td>3.0kg
2.7kg
2.4kg</td></tr>
<tr><td>면화류·나무껍질 및 대팻밥·넝마 및 종이부스러기·사류·볏짚류·목재가공품 및 나무부스러기를 저장·취급하는 것</td><td>할론 1211
할론 1301</td><td>4.5kg
3.9kg</td></tr>
<tr><td>합성수지류를 저장·취급하는 것</td><td>할론 1211
할론 1301</td><td>2.7kg
2.4kg</td></tr>
</table>

> 소화약제 저장량(kg)
> = 방호구역 체적(m^3) × 방호구역 체적당 소화약제의 양(kg/m^3)
> + 개구부 면적(m^2) × 개구부면적당 소화약제의 양(kg/m^2)

② 국소방출방식에 있어서는 다음의 기준에 의하여 산출한 양에 할론 2402에 있어서는 1.1을, 할론 1211 또는 할론 1301에 있어서는 1.25를 각각 곱하여 얻은 양 이상으로 할 것

㉠ 윗면이 개방된 용기에 저장하는 경우와 화재시 연소면이 한 면에 한정되고 가연물이 비산

할 우려가 없는 경우에는 다음 표에 의한 양

소화약제의 종별	방호대상물의 표면적 $1m^2$에 대한 소화약제의 양
할론 2402	8.8kg
할론 1211	7.6kg
할론 1301	6.8kg

㉡ ㉠ 외의 경우에는 방호공간의 체적 $1m^3$에 대하여 다음 식에 의하여 산출한 양

$$Q = X - Ya/A$$

※ Q : 방호공간 $1m^3$에 대한 할로겐화합물 소화약제의 양(kg/m^3)
a : 방호대상물의 주위에 설치된 벽의 면적의 합계(m^2)
A : 방호공간의 벽면적(벽이 없는 경우는 벽이 있는 것으로 가정한 당해 부분)의 면적의 합계(m^2)
X 및 Y : 다음 표의 수치

소화약제의 종별	X의 수치	Y의 수치
할론 2402	5.2	3.9
할론 1211	4.4	3.3
할론 1301	4.0	3.0

9. 할로겐화합물 및 불활성기체 소화설비

(1) 개요

불소, 염소, 브롬 또는 요오드 중 하나 이상의 원소를 포함하고 있는 유기화합물을 기본성분으로 하는 할로겐화합물 소화약제 및 헬륨, 네온, 아르곤 또는 질소가스 중 하나 이상의 원소를 기본성분으로 하는 불활성기체 소화약제로 전기적으로 비전도성이며 휘발성이 있거나 증발 후 잔여물을 남기지 않는 특징의 소화약제를 이용한 소화설비를 말한다.

(2) 종류

소 화 약 제	화 학 식
퍼플루오로부탄(이하 'FC-3-1-10'이라 함)	C_4F_{10}
하이드로클로로플루오로카본혼화제(이하 'HCFC BLEND A'라 함)	HCFC-123($CHCl_2CF_3$) : 4.75% HCFC-22($CHClF_2$) : 82% HCFC-124($CHClFCF_3$) : 9.5% $C_{10}H_{16}$: 3.75%
클로로테트라플루오르에탄(이하 'HCFC-124'라 함)	$CHClFCF_3$
펜타플루오로에탄(이하 'HFC-125'라 함)	CHF_2CF_3
헵타플루오로프로판(이하 'HFC-227ea'라 함)	CF_3CHFCF_3
트라이플루오로메탄(이하 'HFC-23'라 함)	CHF_3
헥사플루오로프로판(이하 'HFC-236fa'라 함)	$CF_3CH_2CF_3$
트라이플루오로이오다이드(이하 'FIC-13I1'라 함)	CF_3I
불연성·불활성 기체 혼합가스(이하 'IG-01'이라 함)	Ar
불연성·불활성 기체 혼합가스(이하 'IG-100'이라 함)	N_2
불연성·불활성 기체 혼합가스(이하 'IG-541'이라 함)	N_2 : 52% Ar : 40% CO_2 : 8%
불연성·불활성 기체 혼합가스(이하 'IG-55'이라 함)	N_2 : 50% Ar : 50%
도데카플루오로-2-메틸펜탄-3-원(FK-5-1-12)	$CF_3CF_2C(O)CF_8(CF_3)_2$

할로겐화합물 및 불활성기체 소화약제의 정의

할로겐화합물 및 불활성기체 소화약제	할로겐화합물(할론 1301, 할론 2402, 할론 1211 제외) 및 불활성 기체로서 전기적으로 비전도성이며 휘발성이 있거나 증발 후 잔여물을 남기지 않는 소화약제를 말한다.
할로겐화합물 소화약제	불소, 염소, 브롬 또는 요오드 중 하나 이상의 원소를 포함하고 있는 유기화합물을 기본성분으로 하는 소화약제를 말한다.
불활성기체 소화약제	헬륨, 네온, 아르곤 또는 질소가스 중 하나 이상의 원소를 기본성분으로 하는 소화약제를 말한다.

(3) 할로겐화합물 및 불활성기체 소화설비의 구성 및 기능

① 저장용기

■ 저장용기의 설치장소

1. 방호구역 외의 장소에 설치할 것. 다만, 방호구역 내에 설치할 경우에는 피난 및 조작이 용이하도록 피난구 부근에 설치하여야 한다.
2. 온도가 55℃ 이하이고 온도의 변화가 작은 곳에 설치할 것
3. 직사광선 및 빗물이 침투할 우려가 없는 곳에 설치할 것
4. 저장용기를 방호구역 외에 설치한 경우에는 방화문으로 구획된 실에 설치할 것
5. 용기의 설치장소에는 당해 용기가 설치된 곳임을 표시하는 표지를 할 것
6. 용기 간의 간격은 점검에 지장이 없도록 3cm 이상의 간격을 유지할 것
7. 저장용기와 집합관을 연결하는 연결배관에는 체크밸브를 설치할 것. 다만, 저장용기가 하나의 방호구역만을 담당하는 경우에는 그러하지 아니하다.

② 기동장치

㉠ 수동식 기동장치의 설치기준

ⓐ 방호구역마다 설치

ⓑ 기동장치의 조작부는 바닥으로부터 0.8m 이상 1.5m 이하의 위치에 설치하고, 보호판 등에 따른 보호장치를 설치할 것

ⓒ 5kg 이하의 힘을 가하여 기동할 수 있는 구조로 설치할 것 : 이 경우 수동식 기동장치의 부근에는 소화약제의 방출을 지연시킬 수 있는 비상스위치(자동복귀형 스위치로서 수동식 기동장치의 타이머를 순간 정지시키는 기능의 스위치를 말한다)를 설치하여야 한다.

㉡ 자동식 기동장치(자동화재탐지설비의 감지기의 작동과 연동)의 설치기준 : 기계식, 전기식 또는 가스압력식에 따른 방법으로 기동하는 구조로 설치할 것

㉢ 할로겐화합물 및 불활성기체 소화설비가 설치된 구역의 출입구에는 소화약제가 방출되고 있음을 나타내는 표시등을 설치하여야 한다.

③ 배관

배관의 구경은 당해 방호구역에 할로겐화합물 및 불활성기체 소화약제가 10초(불활성기체 소화약제는 A·C급 화재 2분, B급 화재 1분) 이내에 방호구역 각 부분에 최소설계농도의 95% 이상에 해당하는 약제량이 방출되도록 하여야 한다.

④ 분사헤드

분사헤드의 설치높이는 방호구역의 바닥으로부터 최소 0.2m 이상 최대 3.7m 이하로 하여야 하며, 천장높이가 3.7m를 초과할 경우에는 추가로 다른 열의 분사헤드를 설치하여야 한다.

⑤ 선택밸브

하나의 소방대상물 또는 그 부분에 2 이상의 방호구역이 있어 소화약제의 저장용기를 공용하는 경우에 있어서 방호구역마다 선택밸브를 설치하고, 선택밸브에는 각각의 방호구역을 표시하여야 한다.

10. 분말소화설비

(1) 개요

연소확대위험이 특히 많거나 또는 열과 연기가 충만하여 소화기구로는 소화할 수 없는 특수한 대상물에 설치하여 수동 또는 자동조작에 의하여 작동시켜 불연성 가스(주로 질소가스)의 압력으로 소화분말을 배관 내에 압송시켜 고정된 헤드 또는 노즐로 하여금 방호대상물 또는 방호구역에 분말소화제를 방출하는 설비이다.

▪ 분말소화설비 시스템

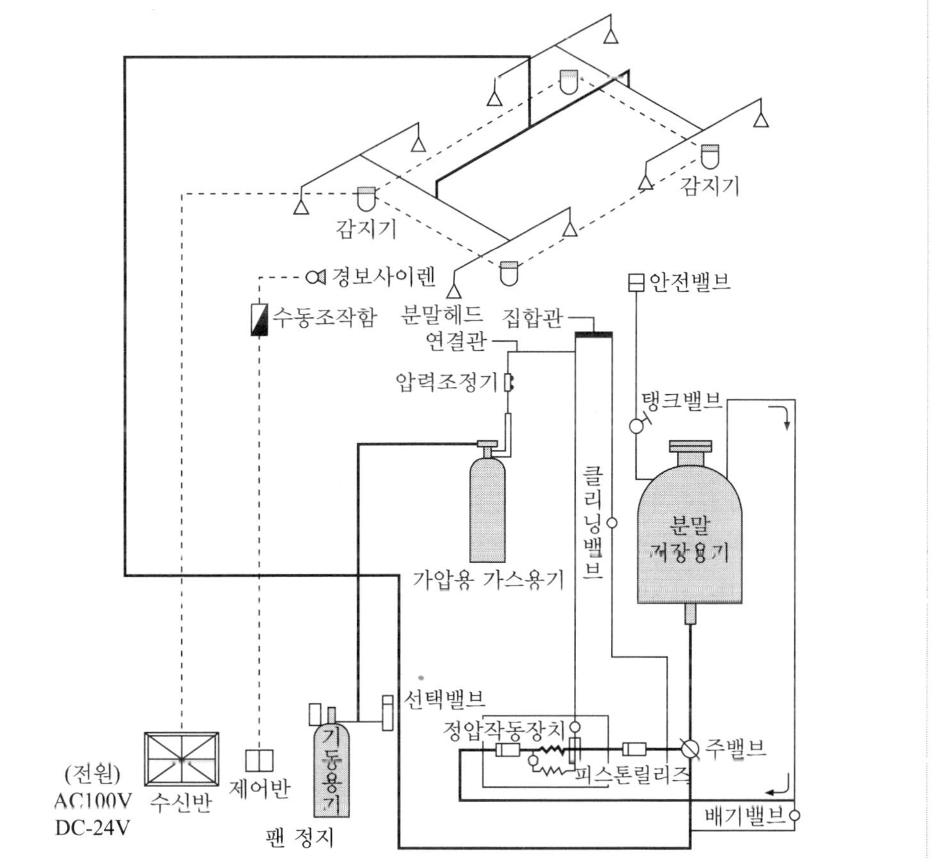

(2) 종류

분말소화설비는 그 방출방식에 의하여 전역방출방식, 국소방출방식, 호스릴식(이동식)의 3종류로 구분된다.

전역방출방식	고정식 분말공급장치에 배관 및 분사헤드를 고정설치하여 밀폐방호구역 내에 분말을 방출하는 설비를 말한다.
국소방출방식	고정식 분말공급장치에 배관 및 분사헤드를 설치하여 직접 화점에 분말을 방출하는 설비로 화재발생부분에만 집중적으로 소화약제를 방출하도록 설치하는 방식을 말한다.
호스릴방식	분사헤드가 배관에 고정되어 있지 않고 소화약제 저장용기에 호스를 연결하여 사람이 직접 화점에 소화약제를 방출하는 이동식 소화설비를 말한다.

(3) 분말소화설비의 구성 및 기능

① 분말소화설비의 저장용기

㉠ 설치장소 : 이산화탄소소화설비와 동일하다.

㉡ 설치기준

ⓐ 저장용기의 내용적은 다음 표에 의하여야 한다.

■ 분말 소화약제의 충전비

소화약제의 종별	소화약제의 1kg당 저장용기의 내용적
탄산수소나트륨을 주성분으로 한 분말(제1종 분말)	0.80ℓ
탄산수소칼륨을 주성분으로 한 분말(제2종 분말)	1.00ℓ
인산염을 주성분으로 한 분말(제3종 분말)	1.00ℓ
탄산수소칼륨과 요소가 화합된 분말(제4종 분말)	1.25ℓ

ⓑ 저장용기의 충전비는 0.8 이상으로 하여야 한다.

ⓒ 저장용기 및 배관에는 잔류 소화약제를 처리할 수 있는 청소장치를 설치하여야 한다.

ⓓ 저장용기의 가압식의 것에 있어서는 최고사용압력의 1.8배 이하, 축압식의 것에 있어서는 용기의 내압시험압력의 0.8배 이하의 압력에서 작동하는 안전밸브를 설치하여야 한다.

ⓔ 저장용기에는 저장용기의 내부압력이 설정압력이 되었을 때 주밸브를 개방하는 정압작동장치를 설치하여야 한다.

1. 분말소화설비에서 소화약제 방출 후 배관의 청소를 해주어야 하는 이유

분말소화설비는 약제방출을 하게 되면 배관에 소화약제가 남게 되므로 이것을 방치해 두면 습기를 흡수하여 굳어져 화재시 작동이 되지 않고 또한 배관 전부를 분해하여 청소해야 하므로 분말소화약제 방출 후에는 반드시 소화약제 저장용기의 잔압을 배출하고 배관 내에 잔존하는 분말약제를 배출하여야 한다.

2. 정압작동장치의 설치목적

가압용 가스용기에는 150kg/cm^2 정도의 압력으로 질소(N_2)가스가 충전되어 있고 이 압력을 압력조정기에서 25kg/cm^{2}으로 감압된 후 저장용기 내부로 들어가면 저장용기의 내부압력이 적정압력(15~20kg/cm^2)에 도달하면 주밸브를 개방시키는 데 사용하게 되는데 이것을 정압작동장치라고 한다. 이 정압작동장치는 저장용기의 압력이 낮을 때에는 개방하여 가스를 보내고, 적정압력에 도달하면 정지시키는 구조로 되어 있다.

3. 주밸브 개방방식(정압작동장치 작동방식)

기계적 방식	정압작동밸브에 의해서 주밸브를 작동시킨다.
시한릴레이방식	타이머에 의해 전자밸브가 작동하여 주밸브를 개방시킨다.
압력스위치방식	압력스위치에 의해 전자밸브가 작동하여 주밸브를 개방시킨다.

4. 압력조정기의 사용목적

가압용의 질소가스는 용기에 150kg/cm^{2}의 압력으로 충전되어 있으므로 이것을 15~20kg/cm^{2}의 압력으로 감압하여 소화약제 저장용기로 보내기 위하여 사용하는 것이다.

5. 저장용기 유니트에 설치되는 밸브

배기밸브, 안전밸브, 세척밸브(Cleaning)

② 분말소화설비의 가압용 가스용기

분말 소화약제의 가압용 가스용기는 분말 소화약제의 저장용기에 접속하여 설치하여야 한다.

③ 분말소화설비의 배관

▪ 설치기준

㉠ 저장용기 등으로부터 배관의 굴절부까지의 거리는 배관구경의 20배 이상으로 하는 것이 좋다.
㉡ 분사헤드의 균일한 방사압력과 방사량을 위해서 배관은 토너먼트 배관방식으로 설치한다.
㉢ 방사구역이 2 이상이고, 소화약제 저장탱크를 공용하는 경우에는 하나의 방사구역마다 선택밸브를 설치한다.

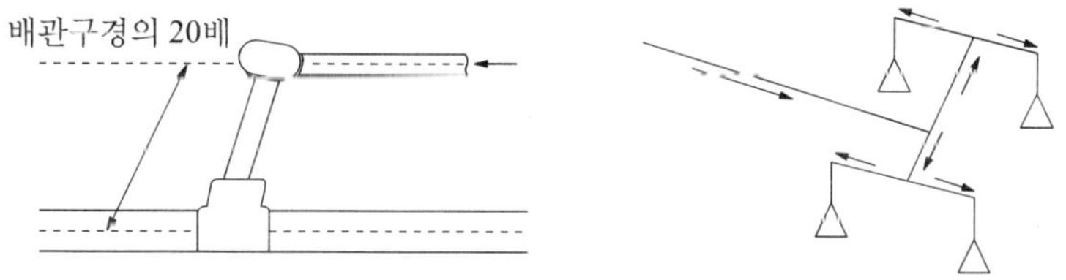

〈분말소화설비 배관〉

분말소화설비에서 저장용기 등으로부터 배관의 굴절부까지의 길이를 배관 내경의 20배 이상으로 하여야 하는 이유

약제 저장용기에 저장되어 있는 분말 소화약제는 고체가루로서 스스로 방출하기가 어려우므로 질소(N_2)가스와 같은 압력원에 의해 함께 방출된다. 이와 같이 분말소화설비에서 저장용기 등으로부터 배관의 굴절부까지의 길이는 배관의 내경에 20배 이상으로 하여 분말 소화약제와 압력원(N_2)가스의 분리를 방지한다.

④ 분말소화설비의 분사헤드

㉠ 전역방출방식의 분말소화설비의 분사헤드는 다음 기준에 의하여 설치하여야 한다.

ⓐ 방사된 소화약제가 방호구역의 전역에 균일하고 신속하게 확산할 수 있도록 할 것

ⓑ 소화약제 저장량을 30초 이내에 방사할 수 있는 것으로 할 것

㉡ 국소방출방식의 분말소화설비의 분사헤드는 다음 기준에 의하여 설치하여야 한다.

ⓐ 소화약제의 방사에 의하여 가연물이 비산하지 아니하는 장소에 설치할 것

ⓑ 기준 저장량의 소화약제를 30초 이내에 방사할 수 있는 것으로 할 것

㉢ 호스릴 분말소화설비는 다음 기준에 의하여 설치하여야 한다.

ⓐ 방호대상물의 각 부분으로부터 하나의 호스접결구까지의 수평거리가 15m 이하가 되도록 할 것

ⓑ 소화약제의 저장용기의 개방밸브는 호스릴의 설치장소에서 수동으로 개폐할 수 있는 것으로 할 것

ⓒ 소화약제의 저장용기는 호스릴을 설치하는 장소마다 설치할 것

ⓓ 노즐은 하나의 노즐마다 1분당 다음 표에 의한 소화약제를 방사할 수 있는 것으로 할 것

소화약제의 종별	1분당 방사하는 소화약제의 양
제1종 분말	45kg
제2종 분말 또는 제3종 분말	27kg
제4종 분말	18kg

ⓔ 저장용기에는 그 가까운 곳의 보기 쉬운 곳에 적색의 표시등을 설치하고, 이동식 분말소화설비가 있다는 뜻을 표시한 표지를 할 것

호스릴 방식

호스릴 분말소화설비에 있어서는 하나의 노즐에 대하여 다음 표에 의한 양 이상으로 할 것

소화약제의 종별	소화약제의 양
제1종 분말	50kg
제2종 분말 또는 제3종 분말	30kg
제4종 분말	20kg

(4) 분말소화설비의 소화약제 저장량 산출

분말소화설비에 사용하는 소화약제는 제1종 분말, 제2종 분말, 제3종 분말 또는 제4종 분말로 하여야 한다. 다만, 차고, 주차장에 설치하는 분말소화설비의 소화약제는 제3종 분말로 하여야 한다. 분말 소화약제 저장량은 다음 기준에 의하되, 동일한 소방대상물 또는 그 부분에 2 이상의 방호구역 또는 방호대상물이 있는 경우에는 각 방호구역 또는 방호대상물에 대하여 다음 기준에 의하여 산출된 저장량 중 최대의 것에 의할 수 있다.

① 전역방출방식

전역방출방식에 있어서는 다음의 기준에 의하여 산출한 양 이상으로 할 것

㉠ 방호구역의 체적 $1m^3$에 대하여는 다음 표에 의한 양

소화약제의 종별	방호구역의 체적 $1m^3$에 대한 소화약제의 양
제1종 분말	0.60kg
제2종 분말 또는 제3종 분말	0.36kg
제4종 분말	0.24kg

㉡ 방호구역의 개구부에 자동폐쇄장치를 설치하지 아니한 경우에는 ㉠에 의하여 산출한 양에 다음 표에 의하여 산출한 양을 가산한 양

소화약제의 종별	가산량(개구부의 면적 $1m^2$에 대한 소화약제의 양)
제1종 분말	4.5kg
제2종 분말 또는 제3종 분말	2.7kg
제4종 분말	1.8kg

분말소화설비의 소화약제 저장량
= [방호구역체적(m^3) × 방호구역의 체적 $1m^3$에 대한 소화약제의 양]
+ [개구부면적(m^2) × 개구부의 면적 $1m^2$에 대한 소화약제의 양]

② 국소방출방식

국소방출방식에 있어서는 다음의 기준에 의하여 산출한 양에 1.1을 곱하여 얻은 양 이상으로 할 것

$$Q = X - Ya/A$$

※ Q : 방호공간 $1m^3$에 대한 분말 소화약제의 양(kg/m^3)
a : 방호대상물의 주변에 설치된 벽면적의 합계(m^2)
A : 방호공간의 벽면적(벽이 없는 경우에는 벽이 있는 것으로 가정한 당해 부분의 면적)의 합계(m^2)
X 및 Y : 다음 표의 수치

소화약제의 종별	X의 수치	Y의 수치
제1종 분말	5.2	3.9
제2종 분말 또는 제3종 분말	3.2	2.4
제4종 분말	2.0	1.5

Chapter 3 연습문제

01 다음 소화기의 공통적인 사항에 관한 설명으로 틀린 것은?

① 안전장치는 한 동작으로 용이하게 풀리는 것이어야 한다.
② 분말 소화기의 사용온도 범위는 섭씨 0℃ 이상 40℃ 이하이어야 한다.
③ 일반화재의 소화에 적합한 소화기의 용기에는 백색의 둥근 표지가 붙여져 있다.
④ 대형소화기로 A급 화재에 적응하는 것은 능력단위 10 이상이 되어야 한다.

02 대형소화기로 유류화재에 적응하는 것에 있어서는 소화능력단위가 얼마 이상이 되어야 하는가?

① 1단위　　② 10단위
③ 20단위　　④ 30단위

03 소화기의 설치 및 사용방법으로 적절하지 못한 것은?

① 바닥면에서 높이가 0.8～1.5m 이하가 되는 지점에 설치할 것
② 소화기는 적응화재에만 사용하여야 한다.
③ 바람을 등지고 바람이 부는 위쪽에서 바람이 불어가는 아래쪽으로 향해 소화기를 방사하여야 한다.
④ 소화기는 화재 초기에만 효과가 있다.

04 옥내소화전설비 수원의 설치기준에 대한 설명으로 타당하지 않은 것은?

① 고가수조, 지하수조, 압력수조, 가압수조가 있다.
② 옥내소화전 1개에 필요한 유효수량은 2.6m^{3}이다.
③ 유효수량 중 1/3 이상을 옥상수조에 설치하여야 한다.
④ 수조의 상단이 바닥보다 높은 때에는 이동식 사다리를 설치하여야 한다.

05 옥내소화선설비의 가압송수장치(펌프)에 대한 설치기준이다. 틀린 것은?

① 소화전의 노즐선단에서의 방수압력이 0.17MPa 이상으로 할 것
② 펌프의 토출측에는 연성계를, 흡입측에는 압력계를 설치할 것
③ 가압송수장치에는 체절운전시 수온의 상승을 방지하기 위한 순환배관을 설치할 것
④ 수원의 수위가 펌프보다 낮은 위치에 있는 가압송수장치에는 물올림장치를 설치할 것

06 옥외소화전설비의 구성 및 설치기준에 관한 설명으로 옳지 못한 것은?

① 옥외소화전 1개에 $3.5m^3$ 이상 수원의 양을 확보하여야 한다.
② 노즐선단에서의 방수압력이 0.25MPa 이상이어야 한다.
③ 소방대상물의 각 부분으로부터 하나의 호스접결구까지의 수평거리가 40m 이하가 되도록 설치하여야 한다.
④ 옥외소화전으로부터 5m 이내의 장소에 소화전함을 설치하여야 한다.

07 옥내소화전함의 구성 및 설치에 관련된 기준 중 옳지 못한 것은?

① 옥내소화전함의 재질이 강판일 경우 두께 1.5mm 이상으로 하여야 한다.
② 방수구는 소방대상물의 층마다 설치하여야 한다.
③ 함에는 구경 65mm의 소방용 호스를 비치하여야 한다.
④ 함의 상부에는 적색등으로 항시 점등되어 있는 위치표시등이 설치된다.

08 다음은 옥외소화전설비에 대한 것이다. 적절하지 못한 것은?

① 옥외소화전설비는 지하층에 대한 소화활동이 가능하도록 한 소화설비이다.
② 옥외소화전설비는 자위소방대뿐만 아니라 소방서의 소방대도 사용가능하도록 한 소화설비이다.
③ 옥외소화전설비는 초기 화재뿐만 아니라 본격 화재에도 적합하다.
④ 옥외소화전설비는 인접건물로의 연소방지를 위해서 건축물 외부로부터의 소화작업을 실시하기 위한 설비이다.

09 폐쇄형 스프링클러설비의 방호구역 및 자동경보장치 설치에 관한 기준과 관련이 적은 것은?

① 하나의 방호구역의 바닥면적은 $3,000m^2$를 초과하지 아니하여야 한다.
② 하나의 방호구역에는 1개 이상의 유수검지장치를 설치하여야 한다.
③ 하나의 방호구역은 2개층에 미치지 아니하도록 하여야 한다.
④ 유수검지장치 등은 바닥으로부터 1.5m 이하의 위치에 설치하여야 한다.

10 다음에 설명된 스프링클러설비의 종류는 무엇인가?

> 가압송수장치에서 폐쇄형 스프링클러헤드까지 배관 내에 항상 물이 가압되어 있다가 화재로 인한 열로 폐쇄형 스프링클러헤드가 개방되면 배관 내에 유수가 발생하여 습식 유수검지장치가 작동하게 되는 스프링클러설비를 말한다.

① 습식 스프링클러설비
② 건식 스프링클러설비
③ 준비작동식 스프링클러설비
④ 일제살수식 스프링클러설비

11 다음은 스프링클러설비의 배관에 대한 기준이다. 가장 타당한 것은?

① 펌프의 흡입측 배관은 공기고임이 생기지 아니하는 구조로 하고, 여과장치를 설치하지 아니할 수 있다.
② 가지배관의 배열은 토너먼트 방식으로 하여야 한다.
③ 교차배관 끝에 청소구를 설치하여야 한다.
④ 유수검지장치에서 가장 먼 교차배관의 끝에는 시험장치를 연결하여 설치하여야 한다.

12 주차장에 설치하는 스프링클러설비로 가장 적절하지 못한 것은?

① 습식 스프링클러설비　② 건식 스프링클러설비
③ 준비작동식 스프링클러설비　④ 일제살수식 스프링클러설비

13 5층 이상이며, 연면적이 3,000m^2를 초과하는 소방대상물의 1층에서 발화한 경우에 스프링클러설비 음향장치의 경보가 발하는 층은 어떻게 되는가?

① 발화층, 지하층　② 발화층, 직하층
③ 발화층, 직상층, 지하층　④ 발화층, 직상층, 직하층

14 나음은 스프링클러헤드에 대한 설치기준이다. 타당하지 않은 것은?

① 스프링클러헤드는 소방대상물의 천장·반자·천장과 반자 사이에 설치하여야 한다.
② 아파트의 천장으로부터 스프링클러헤드까지 수평거리는 3.2m 이하로 설치하여야 한다.
③ 무대부에 있어서는 폐쇄형 스프링클러헤드를 설치하여야 한다.
④ 공동주택에는 조기반응형 스프링클러헤드를 설치하여야 한다.

15 스프링클러설비 비상전원의 용량은 얼마 이상으로 하여야 하는가?

① 10분　② 20분
③ 30분　④ 40분

16 스프링클러헤드를 설치하여야 하는 소방대상물은?

① 계단실　② 통신기기실
③ 수영장 관람석　④ 냉장창고의 냉장실

17 연소할 우려가 있는 개구부에 드렌처설비를 설치한 경우에는 당해 개구부에 한하여 스프링클러헤드를 설치하지 아니할 수 있다. 이러한 것을 충족하기 위한 드렌처설비의 설치기준과 관련이 없는 것은?

① 드렌처헤드는 개구부 위측에 2.5m 이내마다 1개를 설치하여야 한다.

② 제어밸브는 바닥면으로부터 0.8m 이상 1.5m 이하의 위치에 설치하여야 한다.
③ 드렌처헤드 선단에서 방수압력이 0.1MPa 이상이 되어야 한다.
④ 드렌처헤드 선단에서 방수량이 65ℓ/min 이상이 되도록 하여야 한다.

18 간이스프링클러설비의 구성에 대한 설치기준으로 바르지 못한 것은?

① 상수도설비에 직접 연결하는 경우에는 수돗물을 수원으로 사용한다.
② 간이헤드 선단의 방수압력은 0.1MPa 이상이어야 한다.
③ 간이헤드에서 벽까지의 거리는 0.3m에서 1.8m 이내가 되도록 설치하여야 한다.
④ 송수구는 구경 65mm의 쌍구형으로 하여야 한다.

19 다음 화재조기진압용 스프링클러설비에 관한 설치기준으로 틀린 것은?

① 당해 층의 높이가 13.7m 이하인 곳에 설치하여야 한다.
② 화재조기진압용 스프링클러헤드는 특정 높은 장소의 화재위험에 대하여 조기에 진화할 수 있도록 설계된 스프링클러헤드를 말한다.
③ 화재조기진압용 스프링클러설비의 배관은 건식으로 하여야 한다.
④ 헤드 하나의 방호면적은 $6.0m^2$ 이상 $9.3m^2$ 이하로 하여야 한다.

20 화재조기진압용 스프링클러설비의 설치제외대상으로 타당한 것은?

① 제4류 위험물을 취급하는 장소
② 제2류 위험물을 취급하는 장소
③ 천장이 높은 구조의 대상물
④ 창고 내의 선반의 형태가 하부로 물이 침투되는 구조

21 다음은 이산화탄소소화설비의 소화약제 방출방식에 대한 종류이다. 관계가 먼 것은?

① 전역방출방식 ② 국소방출방식
③ 호스릴방식 ④ 소화전방식

22 다음의 포 혼합방식을 무엇이라 하는가?

> 펌프와 발포기의 중간에 설치된 벤추리관의 벤추리작용과 펌프가압수의 포 소화약제 저장탱크에 대한 압력에 따라 포 소화약제를 흡입·혼합하는 방식을 말한다.

① 펌프 프로포셔너 방식 ② 프레저 프로포셔너 방식
③ 라인 프로포셔너 방식 ④ 프레저 사이드 프로포셔너 방식

23 다음은 이산화탄소소화설비의 종류 중 무엇에 관해 설명한 것인가?

> 고정식 이산화탄소 공급장치에 배관 및 분사헤드를 설치하여 직접 화점에 이산화탄소를 방출하는 설비로 화재발생부분에만 집중적으로 소화약제를 방출하도록 설치하는 방식을 말한다.

① 전역방출방식 ② 국소방출방식
③ 고정방출방식 ④ 호스릴방식

24 이산화탄소소화설비의 구성장치와 관련이 없는 것은?

① 음향경보장치 ② 자동폐쇄장치
③ 청소장치 ④ 배출설비

25 심부화재대상물에 설치한 이산화탄소소화설비의 약제 방출시간은 최대 얼마 정도 되어야 하는가?

① 30초 ② 1분
③ 5분 ④ 7분

26 이산화탄소소화설비를 설치해서는 아니 되는 대상으로 옳은 것은?

① 자기반응성 물질을 저장하는 장소 ② 항공기격납고
③ 주차용 건축물 ④ 발전실 및 변전실과 같은 전기시설물

27 지하층, 무창층 및 밀폐된 거실 등에 이산화탄소소화설비를 설치한 경우에 소화약제의 농도를 희석시키기 위하여 설치하여야 하는 장치는 무엇인가?

① 자동폐쇄장치 ② 배출설비
③ 과압배출구 ④ 선택밸브

28 다음은 할론소화설비에 대한 특징이다. 관련이 적은 것은?

① 약제는 자체 증기압에 의해 방출이 가능하다.
② 약제는 오존층을 파괴하는 환경영향성 문제를 가지고 있다.
③ 설비의 종류는 전역방출방식, 국소방출방식, 호스릴방식이 있다.
④ 부촉매소화를 주로 하여 화재를 진압하는 소화설비이다.

29 할론소화설비의 분사헤드에서 약제저장량의 방사시간은 얼마인가?

① 10초 이내 ② 30초 이내
③ 60초 이내 ④ 90초 이내

30 호스릴 할론소화설비의 설치기준으로 가장 타당한 것은?

① 방호대상물의 각 부분으로부터 하나의 호스접결구까지의 보행거리가 20m 이하가 되도록 하여야 한다.
② 소화약제 저장용기의 개방밸브는 호스릴의 설치장소에서 자동으로 개폐할 수 있는 것으로 하여야 한다.
③ 소화약제의 저장용기는 호스릴과 구획하여 설치하여야 한다.
④ 호스릴 할론 1301 소화설비는 소화약제를 35kg/분을 방사할 수 있어야 한다.

31 할로겐화합물 및 불활성기체 소화설비의 구성장치에 대한 설치기준으로 적합하지 못한 것은?

① 저장용기는 온도가 55℃ 이하이고, 온도의 변화가 작은 곳에 설치하여야 한다.
② 수동식 기동장치는 방호구역마다 설치하여야 한다.
③ 불활성 가스 청정소화약제는 10초 이내에 방호구역 각 부분에 최소설계농도의 95% 이상에 해당하는 약제량이 방출되도록 하여야 한다.
④ 분사헤드의 설치높이는 방호구역의 바닥으로부터 최소 0.2m 이상 최대 3.7m 이하로 하여야 한다.

32 다음 중 분말소화설비의 구성장치와 관련이 없는 것은?

① 가압용 가스용기　② 청소장치
③ 정압작동장치　④ 기동용 수압개폐장치

33 분말소화설비의 구성장치에 대한 설치기준이다. 다음 중 적절하지 못한 것은?

① 저장용기의 충전비는 0.8 이상으로 하여야 한다.
② 가압용 가스용기에는 2.5MPa 이하의 압력에서 조정이 가능한 압력조정기를 설치하여야 한다.
③ 분사헤드의 균일한 방사압력과 방사량을 위해서 배관은 상부분기 배관방식으로 설치하여야 한다.
④ 분사헤드는 소화약제 저장량을 30초 이내에 방사할 수 있는 것으로 하여야 한다.

34 건물화재의 초기소화를 위한 설비계획이 아닌 것은?

① 옥내소화전설비　② 스프링클러설비
③ 연결송수관설비　④ 소화기류

35 화재가 발생했을 때 초기진화나 확대방지를 위한 대책이 아닌 것은?

① 스프링클러설비　② 연결송수관설비
③ 자동화재탐지설비　④ 갑종방화문설비

36 소화약제 방출수단에 대한 설명으로 가장 적당한 것은?

① 액체화학반응을 이용하여 발생되는 열로 방출한다.
② 기체의 압력으로 폭발, 기화작용 등을 이용하여 방출한다.
③ 외기의 온도, 습도, 기압 등을 이용하여 방출한다.
④ 가스압력, 동력, 사람의 손 등에 의하여 방출한다.

37 소화약제 충전량으로서 대형소화기로 분류되는 것은?

① 물 소화기 80ℓ ② 포말 소화기 60ℓ
③ 강화액 소화기 20ℓ ④ 할로겐화합물 소화기 10kg

38 분말 소화기의 사용온도 범위는?

① 0～40℃ ② 5～40℃
③ 10～40℃ ④ －20～40℃

39 4층의 소방대상물에 옥외소화전 3개가 설치되어 있다. 이곳에 설치하여야 할 수원의 양(m^3)은 얼마 이상이어야 하는가?

① $7m^3$ ② $14m^3$
③ $13m^3$ ④ $21m^3$

40 습식 스프링클러설비 외의 설비에 있어서 헤드와 수평주행배관의 기울기로서 옳은 것은?

① 수평주행배관은 헤드를 향하여 상향으로 1/500 이상의 기울기를 가질 것
② 수평주행배관은 헤드를 향하여 상향으로 2/200 이상의 기울기를 가질 것
③ 수평주행배관은 헤드를 향하여 상향으로 1/200 이상의 기울기를 가질 것
④ 수평주행배관은 헤드를 향하여 상향으로 1/250 이상의 기울기를 가질 것

41 압력챔버의 설치목적 중 맞는 것은?

① 배관 내의 압력을 알기 위해서 ② 헤드의 일정한 압력을 유지하기 위해서
③ 모터펌프를 가동시키기 위해서 ④ 유수를 알기 위해서

42 옥외소화전에 대한 설명 중 옳지 않은 것은?

① 옥외소화전설비의 수원은 옥외소화전 설치개수(2개 이상인 때는 2개) × $3.5m^3$ 이상
② 노즐선단의 방수압은 $2.5kgf/cm^2$(0.25MPa) 이상
③ 호스접결구는 각 소방대상물로부터 하나의 호스접결구까지 수평거리 40m 이하
④ 호스는 구경 65mm의 것으로 하여야 한다.

43 옥내소화전설비에 관한 설명으로서 옳지 못한 것은?

① 수원의 수량은 층의 설치개수(2개를 초과시는 2개로)에 $2.6m^3$를 곱하여 얻은 양 이상이어야 한다.

② 방수압력은 0.7MPa 이상이고, 방수량은 매분 130ℓ 이상이어야 한다.

③ 가압송수장치는 점검이 편리하고 화재 등의 피해우려가 없는 곳에 설치하여야 한다.

④ 펌프의 흡입측 배관은 공기고임이 생기지 않는 구조로 하고, 여과장치를 설치하여야 한다.

44 물분무소화설비의 제어밸브는 바닥으로부터 얼마의 위치에 설치하여야 하는가?

① 0.5～1.0m ② 0.8～1.5m

③ 1.0～1.5m ④ 1.5m 이하

45 스프링클러 소화설비 배관에 대한 내용 중 잘못된 것은?

① 습식설비의 청소용으로 교차배관 끝에 설치하는 개폐밸브는 40mm 이상으로 설치한다.

② 급수배관 중 가지배관의 배열은 토너먼트 방식이 아니어야 한다.

③ 수직배수배관은 100mm 이상으로 하여야 한다.

④ 습식설비에서 하향식 헤드를 설치할 경우 상부분기 배관으로 하여야 한다.

46 11층 이상의 건축물의 스프링클러설비 전용수원의 수량은 얼마 이상이어야 하는가?

① $16m^3$ ② $32m^3$

③ $48m^3$ ④ $64m^3$

47 특고압의 전기시설물을 방호하기 위한 물 소화설비로서는 물분무 설비가 가능하다. 그 이유로서 옳은 것은?

① 물분무 설비는 다른 물 소화설비에 비하여 신속한 소화를 보여주기 때문이다

② 물분무 설비는 다른 물 소화설비에 비하여 물의 소모량이 적기 때문이다.

③ 물분무 상태의 물은 전기적으로 비전도성을 보여 주기 때문이다.

④ 물분무 입자 역시 물이므로 전기전도성은 있으나 전기시설물을 젖게 하지는 않기 때문이다.

48 특수가연물을 저장하는 창고에 설치된 물분무소화설비의 수원은 그 바닥면적(최대 $50m^2$) $1m^2$에 대하여 1분당 몇 ℓ로 20분간 방사할 수 있는 양 이상이어야 하는가?

① 5ℓ ② 10ℓ

③ 15ℓ ④ 20ℓ

49 스프링클러설비의 고가수조에 설치하지 않는 것은?

① 수위계 ② 배수관
③ 오버플로관 ④ 압력계

50 물분무소화설비의 설치제외대상이 아닌 것은?

① 운전시 표면의 온도가 200℃ 이상으로 되는 등 직접 분무시 손상우려가 있는 기계장치 장소
② 고온의 물질 및 증류범위가 넓어 끓어 넘치는 위험이 있는 물질을 저장 또는 취급하는 장소
③ 물에 심하게 반응하는 물질을 저장 또는 취급하는 장소
④ 물과 반응하여 위험물질을 생성하는 물질을 저장 또는 취급하는 장소

51 스프링클러설비의 자동경보장치 중 오보를 방지하는 기능을 가진 것은?

① 배수밸브 ② 자동경보밸브
③ 작동시험밸브 ④ 리타팅챔버

52 기계포 소화약제의 사용시 소화의 작용(효과)과 관계가 먼 것은?

① 유류탱크의 화재시, 유면을 덮어 산소의 공급을 차단한다.
② 유동성이 있으나 접착력이 약해 일반화재에는 별 효과가 없다.
③ 질식·냉각효과를 나타내므로 일반·유류화재에 적합하다.
④ 고압에 의해서 방사되므로 포 팽창비가 커 유류탱크의 화재에 적합하다.

53 각 소화설비 방사시 방사압력이 가장 큰 것은?

① 스프링클러설비 ② 옥내소화전설비
③ 옥외소화전설비 ④ 포 소화전설비

54 이산화탄소소화설비의 기동방식에 대한 내용 중 잘못된 것은?

① 자동식 기동장치는 자동화재탐지설비의 감지기의 작동과 연동하여야 한다.
② 전역방출방식에 있어서 수동식 기동장치는 방호구역마다 설치한다.
③ 가스압력식 자동기동장치의 기동용 가스용기 용적은 0.6ℓ 이상이어야 한다.
④ 수동식 기동장치의 방출용 스위치는 음향경보장치와 연동하여 조작할 수 있는 것이어야 한다.

55 이산화탄소 소화약제의 저장용기에 관한 설치기준 중 틀린 것은?

① 저장용기의 충전비는 고압식과 저압식 모두 1.1 이상 1.4 이하로 해야 한다.
② 저압식 저장용기에는 내압시험 압력의 0.64배 내지 0.8배 압력에서 작동하는 안전밸브를 설치해야 한다.

③ 저압식 저장용기에는 액면계 및 압력계와 압력경보장치를 설치해야 한다.
④ 고압식 저장용기는 25MPa 이상의 내압시험에 합격한 것을 사용해야 한다.

56 다음 중 지하층, 무창층 또는 바닥면적 20m^2 미만의 사무실 및 거실에 설치할 수 있는 소화기는?

① 할론 1211 소화기 ② 할론 1301 소화기
③ 할론 2402 소화기 ④ 이산화탄소 소화기

57 호스릴 방식의 소화설비 중에서 방호대상물의 각 부분으로부터 하나의 호스접결구까지의 수평거리를 20m로 할 수 있는 것은?

① 포소화설비 ② 이산화탄소소화설비
③ 할론소화설비 ④ 분말소화설비

58 할론 1301의 소화약제 분자식은?

① CF_3Br ② $CFBr_3$
③ $C_2F_4Br_2$ ④ CF_2ClBr

59 분말소화설비의 충전용 가스로 사용할 수 있는 것은?

① 질소 ② 이산화질소
③ 일산화탄소 ④ 수소

60 다음 분말소화설비의 배관에 관한 기준으로 옳지 않은 것은?

① 배관은 전용으로 할 것
② 배관은 모두 스케줄 40 이상으로 할 것
③ 동관을 사용할 경우는 압력 또는 최고사용압력의 1.5배 이상의 압력에 견딜 수 있는 것으로 할 것
④ 밸브류는 개폐방향을 표시한 것으로 할 것

61 분말소화설비에 사용되는 소화약제가 아닌 것은?

① 중탄산나트륨 ② 제1인산암모늄
③ 중탄산칼륨 ④ 중탄산마그네슘

62 층수가 25층인 아파트인 경우에 자동식 소화기의 설치는?

① 전층
② 16층 이상의 전층
③ 홀수층 이상의 전층
④ 짝수층 이상의 전층

63 면적과 구조에 관계없이 물분무등소화설비를 설치하여야 되는 것은?

① 주차장
② 항공기격납고
③ 자동차 검사장
④ 차량의 정차장

64 옥내소화전설비를 설치하여야 하는 소방대상물은?

① 공장으로 연면적이 1,000m^{2}인 것
② 음식점으로 연면적이 1,000m^{2}인 것
③ 지하층에 있는 전시시설로서 연면적이 500m^{2}인 것
④ 여관으로 연면적이 1,500m^{2}인 것

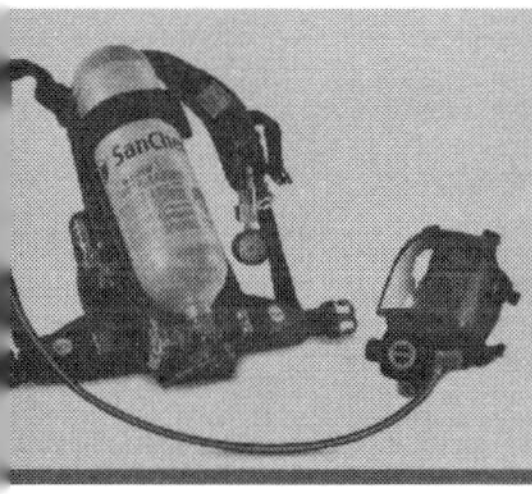

연습문제 해설 및 정답 | 부록

Part 1 소방행정이론

Chapter 1 소방의 의의 및 역사

01 ④ 소방력의 종합관리는 실질적 의미의 소방에 해당된다.

▶ ④

02 불이 지니고 있는 특성 중 소방이념으로 승화시키고 실천해야 할 사항

전의성	불이 물질을 태우는 것과 같이 인간의 마음속에 도사리고 있는 죄성·독성·악성과 시기·질투·미움 등 온갖 더러운 것들을 완전히 태워버려 선량하고 신성한 사회를 이룩하는 데 앞장서야 한다.
광명성	불이 물질을 녹이고 어둠을 비추는 것과 같이 차고 강박한 마음을 부드럽게 녹여서 어둡고 그늘진 곳에서 소외받으며 신음하는 사람들을 위하여 빛과 온정을 제공해 주어야 한다.
창의성	불이 열과 빛과 또 다른 물질을 만들어내는 것과 같이 신지식과 정보를 수시로 생성해내고 혼탁한 사회분위기를 정화시키며 서로의 지혜와 잠재력을 통합하여 바른 길로의 추진력을 키워나가야 한다.
화합성	불이 제련을 통하여 도구를 만드는 것과 같이 위의 이념을 제대로 추구하고 실천하려면 먼저 자신의 언행심사가 용광로 속의 쇠붙이처럼 강력한 연단과정을 슬기롭게 통과해야 한다.

▶ ③

03 태극이 지니고 있는 특성 중 소방이념으로 승화시키고 실천해야 할 사항

주인성	태극기의 중심부를 차지한 태극이 국민을 의미하고, 국민은 국가 구성요소 중 가장 핵심적인 요소이듯이 뚜렷한 국가관과 자랑스러운 국민성을 갖고 국민을 위한 진정한 봉사자가 되어야 한다.
자주성	태극을 국민에 비교한 깊은 이유에서 찾을 수 있듯이 능동적이요 자발적이며 국가형성의 모체가 되고 자율적인 권력과 의타심이 없이 자주적인 국민이 되어야 한다.

▶ ②

04 ③ 소방의 임무에는 기본적인 임무와 파생적인 임무가 있다.

1. 기본적인 임무
   - ㉠ 기본적으로 소방의 목적을 지키기 위한 것이다.
   - ㉡ 현대 정부기능 중에서 질서기능에 속하며 그 가운데서도 보안기능을 담당한다.
   - ㉢ 국민의 생명과 재산을 보호한다.
   - ㉣ 사회 공공의 안녕·질서 유지로 안전한 국민생활을 보호한다.
2. 파생적인 임무
   - ㉠ 소방의 기본적인 임무 이외에 또 다른 임무를 말한다.

ⓛ 정부기능 중에서 봉사기능에 속하며, 이 가운데서도 권력이 없는 직접 서비스기능을 말한다.
ⓒ 구조대 및 구급대의 운영이 해당된다.

➡ ③

05 ④ 소방기관은 형식적 의미의 소방을 말한다.

➡ ④

06 ④ 소방법상 명령 및 강제수단의 예

1. 화재예방조치명령
2. 소방특별조사 결과에 따른 조치명령
3. 소방특별조사를 위한 보고 및 자료제출명령
4. 위험물제조소 등의 감독명령
5. 무허가위험물시설의 조치명령
6. 위험물제조소 등의 예방규정 변경명령
7. 소방시설 및 방염에 관한 명령
8. 화재경계지구에 대한 명령
9. 소화종사명령
10. 피난명령
11. 화재조사를 위한 보고 및 자료제출명령

➡ ④

07 ① 구급대와 인명구조대의 운영은 소방의 파생적 임무에 속한다. ➡ ①

08 ② 소방행정수단의 근거는 직접적으로 소방법 등 소방관계법규이다. ➡ ②

09 ① 현행 소방법상 명령의 주체는 시·도지사, 소방본부장, 소방서장이다. ➡ ①

10 삼국시대의 소방행정

1. 병란 등으로 주민들은 인가를 인접하여 도성이나 읍성에 짓게 되어 화재가 사회적 재앙으로 등장하게 된 시기이다.
2. 왕이 직접 화재현장의 이재민을 위문, 구제함으로써 화재가 사회적 재앙으로 인식되었고 국가적으로 관심사였다.
3. 소방활동
   ㉠ 도성 : 성민들과 군사들이 협동하여 화재를 진압하였다.
   ㉡ 지방 : 부족적 성격에 의해 부락단위로 화재를 진압하였다.

➡ ①

11 고려시대의 소방행정

1. 별도의 소방조직(금화조직)은 없었으나, 금화제도는 시행되었다.
2. 각 관아에서는 화재예방을 위하여 대창(大倉 : 큰 창고)에는 금화를 담당하는 관리를 배치하고, 기와집을 짓도록 하였다.
3. 모든 창고에는 금화를 담당하는 관리를 배치하되 어사대로 하여금 수시로 점검하도록 하여 관리가 자리를 비운 때에는 관품의 고하를 막론하고 옥에 가두었다. 또한 삼사에 화재가 발생해 왕이 직접 관리들을 처벌하기도 했다.
4. 금화제도
   ㉠ 건축 및 시설개선 제도
   - 주택의 초가지붕을 기와지붕으로 개선하도록 하였으며, 연소확대 방지를 위하여 길을 따라 와옥을 짓도록 하였다
   - 화재를 대비하여 창고시설을 지하창고로 하였으며, 대창인 경우는 20만석 이상도 저장할 수 있었다.

• 화약제조 및 사용량이 증가함에 따라 화통도감을 신설하여 특별관리하였다.

㉡ 실화 및 방화자에 대한 처벌제도

• 실화 및 방화자가 관리인 경우에는 현임박탈을 하였다.
• 인가 및 재물을 연소한 경우에는 장 80대의 형을 주었다.
• 관부, 묘지 및 사가, 사택의 재물에 방화한 자는 소실 정도에 무관하게 징역 3년형을 주었다.

㉢ 금화관리자 배치제도

▶ ④

12 ④ 화재를 재앙으로 인식하기 시작했던 시기는 삼국시대이다.

▶ ④

13 일제시대의 소방제도

1. 소방조 소속 상비소방수(1900년대 무렵) 및 도 경무부 소속의 상비소방수(1910년 직후) 제도를 시행하였다.
2. 이전의 소방조직과는 달리 전문적인 소방력을 상비하여 화재 예방활동과 진압활동을 하는 기구인 소방관서를 주요 도시에 설치하기 시작하였다. 경성소방서(1925년), 부산 및 평양소방서(1939년)를 설치하고 그 후 청진(1941년), 인천·함흥·용산(1944년), 성동(1945년)소방서가 설치되었다.
3. 화재진압장비의 도입 및 설치가 되었으며, 파괴소방차·쇠갈고리·도끼 등과 같은 파괴장구, 구조대·구조막과 같은 구조장구를 비치하였다.
4. 고층건물의 화재진압을 위하여 사다리 소방차를 도입했으며, 119전화, 화재발생경보, 망루, 차고 등이 설치되었다.
5. 불조심 행사, 매년 2회 이상의 소방점검과 연습을 행하고 기구의 정비상황과 기율을 감독, 방화일(12월 1일)을 정하여 예방활동과 같은 행사를 하였다.

▶ ②

14 소방행정제도의 발전시기(1970～1992) : 성장기

1. 1972년 정부조직법이 개정됨으로써 소방이 경찰로부터 독립성을 확보하였으며, 서울과 부산은 지방자치소방체제로 전환하고, 기타 시·도는 국가소방체제를 유지하는 이원적 소방행정체제를 시행하였다.
2. 1975년 내무부 민방위본부가 신설 운영되면서 여러 면에서 소방의 획기적 발전을 가져왔다.
3. 소방공무원이 증가함에 따라 1978년 소방공무원법이 제정됨으로써 소방공무원의 신분을 보장받게 되었다.
4. 1978년 7월에는 소방학교직제가 제정·공포되면서 소방교육의 체계화를 이루게 되었다.
5. 국민의 생활 속에 소방안전문화가 정착되기 시작하였다.

▶ ③

15 소방행정제도의 성숙기(1992～현재)

1. 1992년 전국 시·도에 소방본부를 설치·운영하고 시·도의 소방책임을 특별시, 광역시, 도의 지방자치단체장에게 부여하는 광역자치소방체제로 전환되었다.
2. 대부분의 소방공무원은 지방공무원의 신분을 가지게 되었다.
3. 시·도에는 소방본부, 시·군에는 소방서가 있으며, 소방서의 하부조직으로 119안전센터 및 구조·구급대가 편성·운영되어 있다.
4. 2004년에는 정부조직법 개정으로 중앙에는 소방방재청을 신설하여 소방업무뿐만 아니라 민방위, 재난, 재해업무 등을 관할하는 재난통합관리체제를 만들었다.

▶ ①

16 ③ 조선시대 세종 19년에 지방에서는 도둑과 화재를 막기 위해서 자발적인 의용조직을 만들어 활동하였다.

▶ ③

17 ③ 1972년에 서울과 부산은 지방자치소방체제로 전환하고, 다른 시·도는 국가소방체제를 유지했다.

➡ ③

18 ④ 소방공무원 신분이 경찰공무원법의 적용을 받아 경찰의 신분을 지녔다.

➡ ④

19 소방업무에 대한 책임
1. 각 소방대상물은 그 대상물의 관계인이 책임을 가지고 관리 및 운영을 한다.
2. 각 지역에 대한 소방행정의 책임은 특별시장 및 광역시장과 도지사가 가진다.

➡ ②

20 19번 해설 참조 ➡ ①

Chapter 2 소방조직의 기능 및 업무

01 ② 소방작용법 관계에 있어서는 상대방의 사정에 의한 소방법령 적용의 차이는 없고 원칙적·획일적으로 적용된다.

➡ ②

02 ④ 형성적 행정행위에는 특허, 대리, 인가 등이 있으며, 허가는 명령적 행정행위이다. ➡ ④

03 ③ 소방대상물의 사용금지명령은 소방부작위하명에 해당된다. ➡ ③

04 ④ 화재예방상 위험하다고 인정되는 행위의 금지 또는 제한하는 명령은 소방부작위하명에 해당하는 행정행위이다.
① 화재경계지구의 지정에 대한 명령, ② 소방특별조사 결과에 따른 조치명령, ③ 위험물제조소 등의 예방규정 변경명령으로서 소방작위하명에 해당하는 행정행위이다.

➡ ④

05 ② 소방허가에는 특정인의 자격 등이 고려되어 허가되는 소방대인허가와, 대상물의 객관적인 사항이 고려되어 허가되는 소방대물허가가 있으며, 이 둘을 합한 혼합적 허가가 있다.

➡ ②

06 ② 직접강제 : 행정객체(의무자)가 의무준수사항의 불이행시에 행정객체(의무자)의 신체 또는 재산상에 힘을 가하여 행정상 필요한 상태로 만드는 행정행위를 말한다.
① 집행벌, ③ 대집행, ④ 강제징수에 대한 정의이다.

➡ ②

07 ① 소방용수시설의 불법사용 금지사항은 소방하명 중에서 소방부작위하명에 해당하는 성격의 행정행위이다.

➡ ①

08 ② 소방시설의 완비증명, 방화관리자 자격수첩 교부, 허가 또는 자격증의 교부, 화재증명원 발급 등은 준법률행위적 행정행위 중에서 공증행위에 해당된다.

➡ ②

09 ③ 소방작위하명 : 특정한 행위를 적극적으로 해야 할 의무를 명하는 행정행위이다.
1. 화재예방조치명령(소방기본법 제12조)
2. 화재경계지구의 지정에 대한 명령(소방기본법 제13조)
3. 소화활동 종사명령(소방기본법 제24조 제1항)
4. 피난명령(소방기본법 제26조 제1항)

5. 화재조사를 위한 보고 또는 자료제출명령(소방기본법 제30조 제1항)
6. 소방특별조사를 위한 보고 또는 자료제출명령(「화재예방, 소방시설 설치유지 및 안전관리에 관한 법률」 제4조 제1항)
7. 소방특별조사 결과에 따른 조치명령(「화재예방, 소방시설 설치유지 및 안전관리에 관한 법률」 제5조)
8. 특정소방대상물에 설치하는 소방시설 및 방염에 관한 명령(「화재예방, 소방시설 설치유지 및 안전관리에 관한 법률」 제9조 및 제12조 제2항)
9. 위험물제조소 등의 예방규정 변경명령(위험물안전관리법 제17조)
10. 위험물제조소 등의 감독 및 조치명령(위험물안전관리법 제22조 제1항)
11. 무허가위험물시설의 조치명령(위험물안전관리법 제24조)

▣ ③

10 ① 준법률행위적 행정행위 : 의사표시 이외의 정신작용인 판단, 인식, 관념 등을 표시함으로써 법령이 정하는 일종의 법적 효과를 발생하게 하는 행위를 말한다.

▣ ①

11 ④ 소화활동 종사명령(소방기본법 제24조 제1항)으로 특정한 행위를 적극적으로 해야 할 의무를 명하는 행정행위인 소방작위하명과 관할구역 안에 사는 자 또는 그 현장에 있는 자로 하여금 소방활동 등을 위한 노력을 제공해 줄 것을 명하는 것으로 소방급부하명에 해당하는 소방행정행위이다.

▣ ④

12 ④ 형성적 행정행위란 상대방(국민)에 대하여 특정한 권리, 능력 또는 포괄적 법률관계 기타 법률상의 힘을 발생(설정)·변경·소멸시키는 행정행위를 말한다. 이러한 행위에는 직접 상대방의 권리를 발생(특허행위)·박탈·변경하는 행위, 제3자의 법률적 행위를 보충하여 그 효력을 완성시키는 행위(인가행위), 제3자를 대신하는 행위(대리행위)로 나누어진다.

▣ ④

13 확인행위(판단표시행위)

1. 특정한 사실이나 법률관계의 존부 또는 정부에 관하여 의문이나 다툼이 있는 경우에 행정청이 이를 공권적으로 판단·확정하는 행위를 말한다.
2. 확인은 판단작용이므로 일정한 사실 또는 법률관계가 존재하거나 정당한 경우에는 반드시 확인하여야 하는 기속행위이다.
3. 확인은 일정한 방식을 갖추어야 하는 요식행위로 이루어진다.
4. 확인은 특정한 사실 또는 법률관계의 존재나 정당성을 공적으로 확정하는 효과를 발생하므로 확인을 할 경우 준사법적 행위로서의 성격을 가지므로 불가변력이 발생한다.

▣ ①

14 ④ 대집행 : 법률에 의하여 직접 명령되었거나 또는 법률에 의거한 행정청의 명령에 의한 행위로서 대체적 작위의무를 의무자가 이행하지 아니하는 경우 다른 수단으로써 그 이행을 확보하기 곤란하고 또는 그 불이행을 방치함이 심히 공익을 해할 것으로 인정될 때 당해 행정청이 스스로 의무자가 하여야 할 행위를 하거나 또는 제3자로 하여금 이를 하게 하여 그 비용을 의무자로부터 징수하는 것을 말한다.

▣ ④

15 집행벌

1. 일정한 행위를 하지 않아야 할 의무(부작위의 의무) 또는 비대체적 작위의무의 불이행시 그 이행을 간접적으로 강제하기 위하여 처하는 벌을 말한다.
2. 의무는 의무자 자신에 의하지 않으면 이행될 수 없으므로 의무자를 심리적으로 압박하여 자발적으로 이행하게 하는 것이다.
3. 피난, 방화 및 소화시설 등을 파손하지 않는 행위, 물건을 방치하지 않는 행위, 소화활동에 지장을 주지 않는 행위 등의 의무를 위반했을 경우에 징역이나 벌금에 처하는 것이 해당된다.

▣ ②

16 ④ 소방즉시강제 : 행정상 급박한 장애를 제거해야 할 필요성이 있는 경우에 미리 의무를 명할 시간적 여유가 없거나 그 성질상 의무를 명하여서는 목적달성이 곤란할 때에 직접 국민의 신체 또는 재산에 실력을 가하여 행정상 필요한 상태를 실현하는 것을 말한다.

▶ ④

17 소방행정구제에는 사전 행정구제와 사후 행정구제로 나눌 수 있다.

1. 사전 행정구제 : 행정절차법, 청원법, 옴부즈맨(Ombudsman)제도
2. 사후 행정구제 : 행정심판과 행정소송, 손해배상 및 손실보상

▶ ②

18 소방행정벌 : 행정상 의무사항을 위반하였을 경우 관련법에 의해 제재함으로써 처하는 벌을 의미하는데, 행정형벌과 행정질서벌로 구분된다.

1. 행정형벌 : 형법에 의한 형을 과하는 벌로서 사형, 징역, 금고, 벌금, 자격정지, 구류, 자격상실 등이 있다. 소방법에서는 징역, 금고, 벌금 등 3종류가 있다.
2. 행정질서벌 : 행정상 질서유지를 위하여 과태료 등과 같은 벌을 부과하는 것을 의미하며, 소방법에서도 질서유지를 위해서 과태료를 규정하고 있다.

▶ ④

19 소방행정권은 어느 정도 그 한계를 정하여야 하며, 그 한계를 위하여 적용하여야 할 적당한 원칙이 필요하다. 이러한 일정한 한계의 원칙을 소방행정권의 한계라 한다. 일반적으로 소방행정권의 한계에는 소방소극목적의 원칙, 소방공공의 원칙, 소방비례의 원칙 등이 있다.

▶ ①

20 ④ 시·도지사는 소방력 기준에 따라 관할구역 안의 소방력을 확충하기 위하여 필요한 계획을 수립하여 시행하여야 한다.

▶ ④

21 ③ '전보'란 소방공무원의 동일 직위 및 자격 내에서의 근무기관이나 부서를 달리하는 임용을 말한다.

▶ ③

22 ③ 소방간부후보생 선발시험의 실시기관은 소방청장이다.

▶ ①

23 ① 소방공무원의 신규채용시험 및 승진시험의 실시기관은 소방청장이다.

▶ ①

24 ① 소방령 이상의 소방공무원의 임용권자는 대통령이다.

▶ ①

25 경력직 공무원에는 일반직 공무원, 특정직 공무원, 기능직 공무원이 있다. 정무직 공무원은 특수경력직 공무원에 해당된다.

▶ ②

26 ③ 징계에 의하여 파면의 처분을 받은 때로부터 5년을 경과하지 아니한 자

▶ ③

27 공개경쟁채용시험으로 소방령, 소방사를 신규채용하고, 공개경쟁선발시험으로 소방간부후보생을 신규 선발한다.

▶ ②

28 ① 소방령의 계급정년은 14년이다.

▶ ①

29 ② 전직시험에 3회 이상 불합격한 자로 직무수행능력이 부족하다고 인정된 때에는 직권면직사유가 된다.

▶ ②

30 ③ 직무수행능력이 부족하거나 근무성적이 극히 불량한 경우는 직위해제사유가 된다.
소방공무원의 징계사유
1. 소방공무원법 및 국가·지방공무원법에 의한 명령에 위반한 때
2. 직무상의 의무(다른 법령에서 공무원의 신분으로 인하여 부과된 의무를 포함한다)에 위반하거나 직무를 태만히 한 때
3. 직무 내외를 불문하고 그 체면 또는 위신을 손상하는 행위를 한 때

➡ ③

31 국가공무원법상의 의무
1. 일반적 의무 : 선서의 의무, 성실의 의무
2. 직무상 의무 : 복종의 의무, 친절·공정의 의무, 법령준수의 의무, 직장이탈금지의 의무, 영리업무의 겸직금지의무
3. 신분상 의무 : 비밀엄수의 의무, 청렴의 의무, 품위유지의 의무, 영예 등의 제한, 정치운동의 금지, 집단행위의 금지

➡ ③

32 소방공무원법에서 직접강제하는 의무 및 금지사항
1. 복종의 의무
2. 직장이탈금지
3. 허위보고 등의 금지
4. 지휘권남용 등의 금지

➡ ①

33 중앙소방행정조직에는 소방청, 중앙소방학교, 중앙119구조본부, 국립소방연구원 등이 있다.
③ 소방본부는 광역시 및 도의 소방행정조직이므로 지방소방행정조직에 해당된다.

➡ ③

34 ④ 중앙119구조본부는 중앙소방행정조직에 해당한다.

➡ ④

35 배제징계

파 면	• 공무원관계로부터의 배제 • 퇴직급여액의 1/2 감액(재직기간이 5년 미만인 자는 1/4 감액) • 5년간 공무원 임용결격사유
해 임	• 공무원관계로부터의 배제 • 3년간 공무원 임용결격사유

➡ ①

36 감봉
1. 보수액의 1/3 감액
2. 각종 수당의 지급제한(정직 1월에 대하여 정근수당의 1/18 감액, 장기근속수당·가족수당·자녀학비보조수당의 1/3 감액, 모범공무원수당 지급중지)
3. 처분기간 및 처분집행의 종료일로부터 12개월간 승신 및 승급제한, 처분기간은 경력평정기간에서 제외

➡ ①

37 애드호크라시(Adhocracy)
1. 임시적·역동적·유기적인 조직으로 전문가집단이다.
2. 매트릭스조직이 대표적인 형태이다.
3. 일반적인 업무는 자기가 속한 기존의 기능부서에서 지휘 및 감독을 받고, 특별한 프로젝트와 같은 업무는 프로젝트 관리자의 지휘 및 감독을 받는다. 이와 같이 이중적 지휘체계를 갖는 것이 매트릭스조직의 가장 큰 특징이다.

➡ ③

38 명령계 통일의 원리 : 하나의 조직체가 한 사람의 상급자에게 명령을 받고 보고하는 원리로 지휘·명령의 혼선을 막는 데 목적이 있다.

▶ ②

39 소방행정조직

중앙소방행정조직	소방청, 중앙소방학교, 중앙119구조본부, 국립소방연구원
지방소방행정조직	시·도소방본부, 지방소방학교, 소방서, 119안전센터, 구조대, 소방정대, 119지역대, 서울종합방재센터

▶ ④

40 광역자치소방행정체제

장점	• 도 단위의 소방력을 총괄적으로 운영하여 대형화 추세로 가고 있는 소방업무를 효율적으로 대처 가능 • 인사에 대한 탄력적 운영으로 사기진작에 기여 • 지역주민의 소방수요에 대한 수혜(소방서 설치요구) • 재정의 자립도가 취약한 시·군의 소방업무를 인근소방서에서 담당하므로 시·군의 재정부담의 경감 • 소방응원체제와 소방서 간 업무조정 및 관할구역 조정을 통해 지역 간 소방의 균형적 발전에 기여
단점	• 도와 시·군 사이의 권한과 책임한계가 불분명 • 지역성격에 맞는 소방행정조직의 육성 및 발전을 저해할 우려가 있다. • 시·군은 자주소방력을 갖추지 않고 광역자치단체의 의지대로 행정을 수행함으로써 불균형적 소방서비스를 받게 될 염려가 있다. • 시장·군수는 소방업무를 도(소방기관 자체)의 업무로만 인식함으로써 소방행정에 대한 지원협조를 등한시할 우려가 있다. • 시·도의 재정부담의 가중

▶ ②

41 화재의 예방조치 : 소방본부장이나 소방서장은 화재의 예방상 위험하다고 인정되는 행위를 하는 사람이나 소화활동에 지장이 있다고 인정되는 물건의 소유자·관리자 또는 점유자에 대하여 다음의 명령을 할 수 있다.

1. 불장난, 모닥불, 흡연, 화기(火氣) 취급, 풍등 등 소형열기구 날리기, 그 밖에 화재예방상 위험하다고 인정되는 행위의 금지 또는 제한
2. 타고 남은 불 또는 화기(火氣)의 우려가 있는 재의 처리
3. 함부로 버려두거나 그냥 둔 위험물 그 밖에 불에 탈 수 있는 물건을 옮기거나 치우게 하는 등의 조치

▶ ②

42 불을 사용하는 설비 등의 관리 : 보일러, 난로, 건조설비, 가스·전기시설 그 밖에 화재발생의 우려가 있는 설비 또는 기구 등의 위치·구조 및 관리와 화재예방을 위하여 불의 사용에 있어서 지켜야 하는 사항은 대통령령으로 정한다.

▶ ①

43 ④ 펌프차가 진화한 후 소방서에 돌아올 때에는 사이렌을 사용하지 않는다. 소방자동차가 화재진압 및 구조·구급활동을 위하여 출동하거나 훈련을 위하여 필요한 때에는 사이렌을 사용할 수 있다.

▶ ④

44 소방용수시설의 저수조의 설치기준

1. 지면으로부터의 낙차가 4.5m 이하일 것
2. 흡수부분의 수심이 0.5m 이상일 것
3. 소방펌프자동차가 용이하게 접근할 수 있을 것
4. 흡수에 지장이 없도록 토사·쓰레기 등을 제거할 수 있는 설비를 할 것
5. 흡수관의 투입구가 사각형의 경우에는 한 변의 길이가 60cm 이상, 원형의 경우에는 지름이 60cm 이상일 것

▶ ①

45 ① 소방본부장이나 소방서장은 대통령령이 정하는 바에 따라 화재경계지구 안의 소방대상물의 위치·구조 및 설비 등에 대하여 소방특별조사를 하여야 한다.

➡ ①

46 소방자동차의 우선통행과 화재 등의 통지

1. 모든 차와 사람은 소방자동차(지휘를 위한 자동차 및 구조·구급차를 포함한다)가 화재진압 및 구조·구급활동을 위하여 출동을 하는 때에는 이를 방해하여서는 아니 된다.
2. 소방자동차의 우선통행에 관하여는 도로교통법이 정하는 바에 따른다.
3. 소방자동차가 화재진압 및 구조·구급활동을 위하여 출동하거나 훈련을 위하여 필요한 때에는 사이렌을 사용할 수 있다.
4. 화재현장 또는 구조·구급이 필요한 사고현장을 발견한 사람은 그 현장의 상황을 소방본부·소방서 또는 관계 행정기관에 지체 없이 알려야 한다.

➡ ②

47 의용소방대원의 근무

1. 의용소방대원은 비상근으로 한다.
2. 소방본부장이나 소방서장은 소방업무를 보조하게 하기 위하여 필요한 때에는 의용소방대원을 소집할 수 있다.
3. 의용소방대원이 소집된 때에는 소방본부장이나 소방서장의 지휘와 감독을 받아 소방업무를 보조한다.

➡ ②

48 화재위험에 관한 경보 : 소방본부장이나 소방서장은 이상기상(異常氣象)의 예보 또는 특보가 있는 때에는 화재에 관한 경보를 발하고 그에 따른 조치를 할 수 있다.

➡ ②

49 소방기본법의 목적 : 화재를 예방·경계하거나 진압하고 화재, 재난·재해 그 밖의 위급한 상황에서의 구조·구급활동 등을 통하여 국민의 생명·신체 및 재산을 보호함으로써 공공의 안녕·질서 유지와 복리증진에 이바지함을 목적으로 한다.

➡ ④

50 ③ 고층건축물 : 지상으로부터 높이가 31m 이상인 건축물 또는 지하층을 제외한 층수가 11층 이상인 건축물을 말한다.

소방대상물 : 건축물, 차량, 선박(선박법 제1조의2의 규정에 따른 선박으로서 항구 안에 매어둔 선박에 한한다), 선박건조구조물, 산림 그 밖의 인공구조물 또는 물건을 말한다.

➡ ③

51 ④ 소방대장은 화재, 재난·재해 그 밖의 위급한 상황이 발생한 현장에 소방활동구역을 정하여 소방활동에 필요한 자로서 대통령령이 정하는 자 외의 자에 대하여는 그 구역에의 출입을 제한할 수 있다.

➡ ④

52 특수가연물

품 명	수 량
면화류	200kg 이상
나무껍질 및 대팻밥	400kg 이상
넝마 및 종이부스러기	1,000kg 이상
사류(絲類)	1,000kg 이상
볏짚류	1,000kg 이상
가연성 고체류	3,000kg 이상
석탄·목탄류	10,000kg 이상
가연성 액체류	$2m^3$ 이상

목재가공품 및 나무부스러기류		$10m^3$ 이상
합성수지류	발포시킨 것	$20m^3$ 이상
	그 밖의 것	3,000kg 이상

➡ ④

53 ③ 소방기관이 소방업무를 수행하는 데에 필요한 인력과 장비 등[소방력(消防力)]에 관한 기준은 행정안전부령으로 정한다.

➡ ③

54 ① 소방본부장이나 소방서장은 이상기상(異常氣象)의 예보 또는 특보가 있는 때에는 화재에 관한 경보를 발하고 그에 따른 조치를 할 수 있다.

➡ ①

55 소방신호의 종류 및 방법

1. 경계신호 : 화재예방상 필요하다고 인정되거나 화재위험경보시 발령
2. 발화신호 : 화재가 발생한 때 발령
3. 해제신호 : 소화활동이 필요 없다고 인정되는 때 발령
4. 훈련신호 : 훈련상 필요하다고 인정되는 때 발령

➡ ①

56 의용소방대원의 처우 등

1. 의용소방대원이 소방업무 및 소방관련 교육·훈련을 수행한 때에는 시·도의 조례가 정하는 바에 따라 수당을 지급한다.
2. 의용소방대원이 소방업무 및 소방관련 교육·훈련으로 인하여 질병에 걸리거나 부상을 입거나 사망한 때에는 시·도의 조례가 정하는 바에 따라 보상금을 지급한다.

➡ ④

57 '관계인'이라 함은 소방대상물의 소유자·관리자 또는 점유자를 말한다.

1. 소유자 : 소방대상물의 소유권을 가진 사람을 말한다.
2. 관리자 : 소유자를 대신하여 관리하는 사람을 말한다.
3. 점유자 : 소유자·관리자가 아닌 사람으로 소방대상물을 직접적으로 관리 및 운영하는 사람, 즉 대상물의 세입자와 같은 사람을 의미한다.

➡ ④

58 협회의 정관

1. 협회의 정관에 기재하여야 하는 사항은 대통령령으로 정한다.
2. 협회가 정관을 변경하고자 하는 때에는 소방청장의 인가를 받아야 한다.

➡ ②

59 화재의 원인 및 피해 조사

1. 소방청장·소방본부장 또는 소방서장은 화재가 발생한 때에는 화재의 원인 및 피해 등에 대한 조사를 하여야 한다.
2. 화재조사의 방법 및 전담조사반의 운영과 화재조사자의 자격 등 화재조사에 관하여 필요한 사항은 행정안전부령으로 정한다.

➡ ②

60 한국소방안전원의 업무

1. 소방기술과 안전관리에 관한 교육 및 조사·연구
2. 소방기술과 안전관리에 관한 각종 간행물의 발간
3. 화재예방과 안전관리의식의 고취를 위한 대국민 홍보
4. 소방업무에 관하여 행정기관이 위탁하는 업무
5. 그 밖에 회원의 복리증진 등 정관이 정하는 사항

➡ ③

61 ② 화재조사의 방법 등 : 화재조사는 소방장비를 활용하여 소화활동과 동시에 실시되어야 한다.

➡ ②

62 ② 화재의 예방조치 등 : 소방본부장이나 소방서장은 화재의 예방상 위험하다고 인정되는 행위를 하는 사람이나 소화활동에 지장이 있다고 인정되는 물건의 소유자·관리자 또는 점유자에 대하여 다음의 명령을 할 수 있다.

1. 불장난, 모닥불, 흡연, 화기취급, 풍등 등 소형열기구 날리기, 그 밖에 화재예방상 위험하다고 인정되는 행위의 금지 또는 제한
2. 타고 남은 불 또는 화기의 우려가 있는 재의 처리
3. 함부로 버려두거나 그냥 둔 위험물 그 밖에 불에 탈 수 있는 물건을 옮기거나 치우게 하는 등의 조치

① 화재에 관한 위험경보 : 소방본부장이나 소방서장은 기상법 제13조 제1항의 규정에 따른 이상기상의 예보 또는 특보가 있는 때에는 화재에 관한 경보를 발하고 그에 따른 조치를 할 수 있다.

④ 소방활동구역의 설정 : 소방대장은 화재, 재난·재해 그 밖의 위급한 상황이 발생한 현장에 소방활동구역을 정하여 소방활동에 필요한 자로서 대통령령이 정하는 자 외의 자에 대하여는 그 구역에의 출입을 제한할 수 있다.

➡ ②

63 벌칙 : 화재조사를 하기 위하여 필요한 때에는 관계인에 대하여 필요한 보고 또는 자료제출을 명하거나 관계공무원으로 하여금 관계장소에 출입하여 화재의 원인과 피해의 상황을 조사하거나 관계인에게 질문하게 할 수 있는 규정에 따른 명령을 위반하여 보고 또는 자료제출을 하지 아니하거나 허위의 보고 또는 자료제출을 한 자 또는 정당한 사유 없이 관계공무원의 출입 또는 조사를 거부·방해 또는 기피한 자는 200만원 이하의 벌금에 처한다.

➡ ②

64 소방업무의 상호응원협정 : 시·도지사는 이웃하는 다른 시·도지사와 소방업무에 관하여 상호응원협정을 체결하고자 하는 때에는 다음의 사항이 포함되도록 하여야 한다.

1. 다음의 소방활동에 관한 사항
   - ㉠ 화재의 경계·진압활동
   - ㉡ 구조·구급업무의 지원
   - ㉢ 화재조사활동
2. 응원출동대상지역 및 규모
3. 다음의 소요경비의 부담에 관한 사항
   - ㉠ 출동대원의 수당·식사 및 피복의 수선
   - ㉡ 소방장비 및 기구의 정비와 연료의 보급
   - ㉢ 그 밖의 경비
4. 응원출동의 요청방법
5. 응원출동훈련 및 평가

➡ ①

65 관계인의 소방활동 : 관계인은 소방대상물에 화재, 재난·재해 그 밖의 위급한 상황이 발생한 경우에는 소방대가 현장에 도착할 때까지 경보를 울리거나 대피를 유도하는 등의 방법으로 사람을 구출하는 조치 또는 불을 끄거나 불이 번지지 아니하도록 필요한 조치를 하여야 한다.

➡ ②

66 ③ 정당한 사유 없이 화재예방조치명령에 따르지 아니하거나 이를 방해한 자는 200만원 이하의 벌금에 처한다.

➡ ③

67 ③ 감정 : 화재와 관계되는 물건의 형상, 구조, 재질, 성분, 성질 등 이와 관련된 모든 현상에 대하여 과학적 방법에 의한 필요한 실험을 행하고, 그 결과를 근거로 화재원인을 밝히는 자료를 얻는 것을 말한다.
① 조사 : 화재원인을 규명하고 화재로 인한 피해를 산정하기 위하여 자료의 수집, 관계자 등에 대한 질문, 현장확인, 감식, 감정 및 실험 등을 하는 일련의 행동을 말한다.
② 감식 : 화재원인의 판정을 위하여 전문적인 지식, 기술 및 경험을 활용하여 주로 시각에 의한 종합적인 판단으로 구체적인 사실관계를 명확하게 규명하는 것을 말한다.

➡ ③

68 ③ 조사관 : 화재조사업무를 수행하는 소방공무원을 말한다.
②, ④ 관계자 등 : 소방대상물의 관계인(소유자, 점유자, 관리자)과 화재의 발견자, 통보자, 초기소화자 및 기타 조사참고인을 말한다.

➡ ③

69 ② 운행 중인 차량, 선박 및 항공기에서 발생한 화재는 소화활동을 행한 장소를 관할하는 소방본부장 또는 소방서장이 조사하여야 한다.

➡ ②

70
1. 조사본부장
   ㉠ 조사본부장은 화재조사업무를 관장하는 과장으로 한다. 다만, 부득이한 경우에는 별도로 지정할 수 있다.
   ㉡ 조사본부장의 책임
      ⓐ 조사요원 등의 지휘·감독과 화재조사 집행
      ⓑ 현장보존, 정보관리 및 관계기관에서의 협조
      ⓒ 기타 조사본부 운영 및 총괄에 관한 사항처리
2. 조사관
   ㉠ 조사관은 소방본부 및 소방서의 화재조사업무를 담당한다.
   ㉡ 조사관의 책임
      ⓐ 조사자의 지휘·감독과 화재조사 집행
      ⓑ 조사기록 서류 등의 검토·분석 및 관리

➡ ①

71 발화일시의 결정 : 발화일시의 결정은 관계자의 화재발견상황 통보(각지)시간 및 화재발생 건물의 구조, 재질상태와 화기취급 등의 상황을 종합적으로 검토하여 결정한다. 다만, 각지시간은 소방관서에 최초로 신고된 시점을 말하며, 자체진화 등의 사후각지 화재로 그 결정이 곤란한 경우에는 발생시간을 추정할 수 있다.

➡ ①

72 ② 화재건수의 결정 : 1건의 화재란 1개의 발화점으로부터 확대된 것으로 발화부터 진화까지를 말한다.
1. 동일범이 아닌 각기 다른 사람에 의한 방화, 불장난은 동일 대상물에서 발화했더라도 각각 별건의 화재로 한다.
2. 동일 소방대상물의 발화점이 2개소 이상 있는 다음의 화재는 1건의 화재로 한다.
   ㉠ 누전점이 동일한 누전에 의한 화재
   ㉡ 지진, 낙뢰 등 자연현상에 의한 다발화재

➡ ②

73 ③ 화재피해액 산정기준
1. 회화(그림), 골동품, 미술공예품, 귀금속 및 보석류 : 전부손해의 경우 감정가격으로 하며, 전부손해가 아닌 경우 원상복구에 소요되는 비용으로 한다.
2. 차량, 동물, 식물 : 전부손해의 경우 시중매매가격으로 하며, 전부손해가 아닌 경우 수리비 및 치료

비로 한다.

▶ ③

74 ② 긴급상황보고

1. 조사활동 중 소방본부장 또는 소방서장이 소방청장에게 긴급상황을 보고하여야 할 화재는 다음과 같다.
   ㉠ 대형화재
   ⓐ 인명피해 : 사망 5명 이상이거나 사상자 10명 이상 발생화재
   ⓑ 재산피해 : 50억원 이상 추정되는 화재
   ㉡ 중요화재
   ⓐ 관공서, 학교, 정부미 도정공장, 문화재, 지하철, 지하구 등 공공건물 및 시설의 화재
   ⓑ 관광호텔, 고층건물, 지하상가, 시장, 백화점, 대량위험물을 제조·저장·취급하는 장소, 대형화재취약대상 및 화재경계지구
   ⓒ 이재민 100명 이상 발생화재
   ㉢ 특수화재
   ⓐ 철도, 항구에 매어둔 외항선, 항공기, 발전소 및 변전소의 화재
   ⓑ 특수사고, 방화 등 화재원인이 특이하다고 인정되는 화재
   ⓒ 외국공관 및 그 사택
   ⓓ 기타 대상이 특수하여 사회적 이목이 집중될 것으로 예상되는 화재
2. 화재상황보고는 최초보고, 중간보고, 최종보고로 구분하여 다음과 같은 요령으로 보고한다.
   ㉠ 최초보고는 선착대가 화재현장 도착 즉시 현장지휘관의 책임하에 화재의 규모, 인명피해 발생여부, 건물구조 개요 등을 보고한다.
   ㉡ 중간보고는 최초보고 후 화재상황의 진전에 따라 연소확대 여부, 인명구조활동상황, 진화활동상황, 재산피해내역 및 화재원인 등을 수시로 보고하여야 한다. 단, 규명되지 아니한 화재원인 및 피해내역은 추정보고할 수 있다.
   ㉢ 최종보고는 화재종료 직후 최초보고 및 중간보고를 취합하여 보고하여야 한다.

▶ ②

75 ① 조사의개시 : 조사자는 화재의 각지와 동시에 조사활동을 개시하여야 한다.

▶ ①

76 ④ 화재상황보고는 최초보고, 중간보고, 최종보고로 구분하여 다음과 같은 요령으로 보고한다.

1. 최초보고 : 선착대가 화재현장 도착 즉시 현장지휘관의 책임하에 화재의 규모, 인명피해 발생여부, 건물구조 개요 등을 보고한다.
2. 중간보고 : 최초보고 후 화재상황의 진전에 따라 연소확대 여부, 인명구조활동상황, 진화활동상황, 재산피해내역 및 화재원인 등을 수시로 보고하여야 한다. 단, 규명되지 아니한 화재원인 및 피해내역은 추정보고할 수 있다.
3. 최종보고 : 화재종료 직후 최초보고 및 중간보고를 취합하여 보고하여야 한다.

▶ ④

77 ③ 소방청장, 소방본부장 또는 소방서장은 화재조사를 하기 위하여 필요한 때에는 관계인에 대하여 필요한 보고 또는 자료의 제출을 명하거나 관계공무원으로 하여금 관계지역에 출입하여 화재의 원인과 피해의 상황을 조사하거나 질문하게 할 수 있다.

▶ ③

78 ③ 발화원인조사의 범위는 화재가 발생한 과정, 화재가 발생한 지점 및 불이 붙기 시작한 물질 등을 조사한다. 반면, 화재로 인한 폭발 등에 의한 피해조사는 화재피해조사의 종류 중 재산피해조사의 범위에 해당한다.

▶ ③

79 ② 기자재는 현장에 구조활동상 유효한 것이 있는 경우나 긴급을 요할 때에만 현장에서 조달하는 것을 원칙으로 한다.

➡ ②

80 ④ 요구조자가 청각장애인일 경우에는 정확하게 말을 해야 하며, 구조대원의 입 모양을 읽을 수 있도록 해야 한다.

➡ ④

81 ③ 구조활동에 있어서 우선순위는 구명 → 신체구출 → 고통경감 → 재산보호 순으로 이루어진다.

➡ ③

82 ④ 구조대원은 중앙(지방)소방학교, 시·도에 두는 소방교육대에서 4주 이상의 교육을 받아야 한다.

➡ ④

83 ③ 제연설비는 소화활동상 필요한 설비로 인명구조장구와는 관계가 없다.
소화활동설비에는 제연설비, 연결송수관설비, 연결살수설비, 비상콘센트설비, 무선통신보조설비, 연소방지설비가 있다.

➡ ③

84 ④ 사고현장에 경계구역을 설정함으로써 구조대원이 구조활동에 불필요한 제약을 받지 않고 구조활동 및 안전을 확보할 수 있으며, 2차적 재해를 방지할 수 있다.

➡ ④

85 ④ 구조용 로프에 기름을 바를 경우에는 사용시에 미끄럼현상이 발생하여 위험하다.

➡ ④

86 ④ 착암기는 파괴용 구조장비이다.

➡ ④

87 ② 구조현장에서 구조대원의 독단적인 판단은 금물이다. 구조대원들 간의 긴밀한 연계하에 협동하는 자세를 길러야 한다.

➡ ②

88 ① 유압스프레더는 동력을 이용하여 각종 장애물을 당기거나, 벌리거나, 들어올리거나, 굽히는 등의 작업을 할 수 있으며, 주로 교통사고시에 많이 사용된다.

➡ ①

89 ④ 구조장비의 고급 및 최근 기종의 사용은 장비의 선정기준과는 거리가 멀다.

➡ ④

90 ③ 청각장애인에게는 입 모양을 크고 정확하게 하고, 약간의 수화를 사용하면서 의사전달을 한다.

➡ ③

91 ② 누출방지백은 화학구조용 장비이다.

➡ ②

92 ② 구조대장의 연령은 50세 이하로 하고, 구조대원은 48세 이하로 한다.

➡ ②

93 개인안전휴대장구에 관한 기준 : 검색봉 1개, 카라비너 5개, 개인용 로프 1개, 안전벨트 1개, 8자하강기 1개, 방독면, 가죽장갑 1조, 손전등 1개, 공기호흡기 1조, 방호복 1착, 개인안전장구 보관용 배낭 1개, 안전헬멧 1개, 우의 1착, 만능도끼 1개, 방진마스크 1개, 다목적칼 1개, 안전용 경보기 1개, 보호안경 1개

➡ ①

94 ③ 구조대가 출동구역 밖으로 응원출동한 경우에는 당해 사고현장의 관할 소방본부장 또는 소방서장의 지휘통제를 받아야 한다.

➡ ③

95 ③ 공기호흡기세트는 호흡 및 신체보호용으로 분류된다.

➡ ③

96 ④ 도어오프너는 파괴용 장비로 분류되며, 절단용 장비에는 유압절단기, 가스절단기, 철선절단기, 콘크리트절단기, 페달카타기, 케이블절단기 등이 있다.

➡ ④

97 ① 등반기는 일반구조용 장비에 해당되며, 파괴용 장비에는 해머드릴, 도어오프너, 현관문파괴기, 에어건, 자동차유리파괴기, 유압창문전개기, 코아절단기, 만능도끼, 해머, 착암기 등이 있다.

➡ ①

98 의료기관 : 종합병원, 병원, 치과병원, 한방병원, 요양병원, 의원, 치과의원, 한의원, 조산원으로 정하고 있다.

➡ ③

99 의료인이라 함은 보건복지부장관의 면허를 받은 의사, 치과의사, 한의사, 조산사, 간호사를 말한다(응급구조사는 의료인에는 해당되지 않으며, 응급의료종사자에 해당된다).

➡ ④

100 ④ 가위는 구급용 기구로 분류한다. 구급차에 두는 검사용 장비에는 혈압계, 체온계, 손전등, 청진기, 혈당측성기, 검안라이트가 있다.

➡ ④

101 응급처치활동의 일반적인 순서

1. 구급대원 자신 및 요구조자의 안전을 우선적으로 확보하여야 한다.
2. 요구조자의 생명 및 안전을 위협하는 요소를 제거한다.
3. 기본 인명구조술(기도확보, 호흡유지, 순환유지)을 시행한다.
4. 응급처치가 끝나면 의료기관으로 이송한다.

➡ ③

102 응급처치의 일반적인 원칙

1. 긴급한 상황이라도 구조자 자신의 안전에 주의를 기울인다.
2. 신속, 침착하고 질서 있게 대처한다.
3. 긴급을 요하는 환자부터 우선하여 처치하고, 부상상태에 따라 의료기관에 연락한다.
4. 쇼크를 예방하는 처치를 한다.
5. 손상여부를 재차 확인한다.
6. 부상자를 옮길 때에는 적절한 운반법을 활용한다.

➡ ④

103 응급의료체계의 단계

1. 현장단계 : 사고현장에서 환자를 응급처치하는 단계를 말한다.
2. 이송단계 : 응급환자를 사고현장으로부터 의료기관까지 이송하는 단계를 말한다.
3. 병원단계 : 응급환자가 의료기관에 도착하여 전문적인 응급처치를 받는 단계를 말한다.

➡ ①

104 구급차 등의 운용자

1. 국가 또는 지방자치단체
2. 의료기관
3. 다른 법령에 의하여 구급차 등을 둘 수 있는 자
4. 응급환자이송업의 허가를 받은 자

5. 응급환자의 이송을 목적사업으로 하여 보건복지부장관의 설립허가를 받은 비영리법인

➡ ③

105 ④ 기도확보장치는 일반구급차에 비치하여야 할 의료장비이다.

➡ ④

106 ③ 환자를 구급대의 출동구역 밖으로 이송하여야 하는 경우에는 소방상황실에 이를 통보하고 이송한 후에 보고하여야 한다.

➡ ③

107 ④ 척추보호대는 특수구급차에 비치하여야 할 의료장비이다.
* 일반구급차에 비치하여야 할 의료장비
산소호흡기 및 흡입기, 외상처치에 필요한 기본장비, 기도확보장치

➡ ④

108 의료인 : 보건복지부장관의 면허를 받은 의사, 치과의사, 한의사, 조산사 및 간호사를 말한다(응급구조사는 의료인에 해당하지 않으나 응급의료종사자에는 해당된다).

➡ ④

109 국민의 권리와 의무
1. 응급의료를 받을 권리
모든 국민은 성별, 연령, 민족, 종교, 사회적 신분 또는 경제적 사정 등을 이유로 차별받지 아니하고 응급의료를 받을 권리를 가진다.
2. 응급의료에 관한 알권리
㉠ 모든 국민은 응급상황에서의 응급처치요령, 응급의료기관 등의 안내 등 기본적인 대응방법을 알 권리가 있다.
㉡ 국가 및 지방자치단체는 이를 위한 교육·홍보 등 필요한 조치를 강구하여야 한다.
㉢ 모든 국민은 응급의료에 대한 국가나 지방자치단체의 시책에 대하여 알 권리를 가진다.
3. 응급환자에 대한 신고 및 협조의무
㉠ 누구든지 응급환자를 발견한 때에는 즉시 이를 응급의료기관 등에 신고하여야 한다.
㉡ 응급의료종사자가 응급의료를 위하여 필요한 협조를 요청하는 경우에는 이에 적극 협조하여야 한다.

➡ ③

110 응급의료종사자 : 관계법령이 정하는 바에 의하여 취득한 면허 또는 자격의 범위 안에서 응급환자에 대한 응급의료를 제공하는 의료인과 응급구조사를 말한다.

➡ ④

111 구급차의 용도
1. 응급환자 이송
2. 응급의료를 위한 혈액, 진단용 검체 및 진료용 장비 등의 운반
3. 응급의료를 위한 응급의료종사자의 운송
4. 사고 등에 의하여 현장에서 사망하거나 진료를 받다가 사망한 자의 의료기관 등으로의 이송
5. 기타 보건복지부령이 정하는 용도

➡ ③

112 응급처치의 중요성(목적)
1. 환자의 생명을 구하고 유지한다.
2. 질병 등 병세의 악화를 방지한다.
3. 환자의 고통을 경감시킨다.
4. 환자의 치료 및 입원기간을 단축시킨다.
5. 불필요한 의료비의 지출 등을 절감시킬 수 있다.

➡ ②

Chapter 3 재난관리

01 UN에서는 정상적인 생활영위의 불가능성과 재난의 예측불가능성에 초점을 맞추어 “사회적 기본조직 및 정상기능을 와해시키는 갑작스런 사건이나 큰 재해의 영향을 받은 사회가 외부의 도움이 없이는 극복할 수 없고, 정상적인 능력으로 처리할 수 없는 재산, 사회간접시설, 생활수단의 피해를 일으키는 단일 또는 일련의 사건”으로 재난을 정의한다.

➡ ③

02

대분류	세분류	재해의 종류
자연재해	기후성 재해	태풍
	지진성 재해	지진, 화산폭발, 해일
인위재해	사고성 재해	- 교통사고(자동차, 철도, 항공, 선박사고) - 산업사고(건축물 붕괴) - 폭발사고(갱도, 가스, 화학, 폭발물) - 생물학적 재해(박테리아, 바이러스, 독혈증) - 화학적 재해(부식성 물질, 유독물질) - 화재사고 - 방사능 재해
	계획성 재해	테러, 폭동, 전쟁

➡ ②

03 인적재난은 직접적 피해를 받지 않은 사람에게도 영향을 주는 특성이 있다.

➡ ④

04 기술재난은 국소지역에서 재산피해와 사상자가 집중적으로 발생되는 특징을 가진다.

➡ ④

05 Anesth의 재해분류는 각국에서 주로 사용하고 있는 지역재난계획이며, 대기 및 수질오염 같이 장기간에 걸쳐 완만히 전개되고 인명피해를 발생시키지 않는 일반행정분야의 재해는 제외하고 있는 것이 특징이다.

➡ ④

06 재난관리의 특징 : 불확실성·상호작용성 복잡성

➡ ③

07 인적재난은 단기간에 걸쳐 급격히 진행되며, 통제불가능한 것으로 인식되고 있다.

➡ ④

08 재난 및 안전관리기본법 제3조에서는 재난을 “국민의 생명·신체 및 재산과 국가에 피해를 주거나 줄 수 있는 것으로써 태풍·홍수·호우·강풍·풍랑·해일·대설·한파·가뭄·폭염·지진·황사·적조·조수, 소행성, 유성체 등 자연우주물체의 추락·충돌 그 밖에 이에 준하는 자연현상으로 인하여 발생하는 재해와 화재·붕괴·폭발·교통사고, 화생방사고, 환경·오염사고 그 밖의 이와 유사한 사고로 대통령령이 정하는 규모 이상의 피해 및 에너지·통신·교통·금융·의료·수도 등 국가기반체계의 마비와 전염병·확산 등으로 인한 피해”라고 정의하고 있다.

➡ ③

09 Jones의 재해분류

<table>
<tr><th colspan="5">Disaster</th></tr>
<tr><th colspan="4">자연재해</th><th>준 자연재해</th><th>인적재난</th></tr>
<tr><td colspan="3">지구물리학적 재해</td><td>생물학적 재해</td><td rowspan="3">스모그 현상
온난화 현상
사막화 현상
염수화 현상
눈사태, 산성화 홍수,
토양침식 등</td><td rowspan="3">공해
광화학연무
폭등, 교통사고,
폭발사고, 태업,
전쟁 등</td></tr>
<tr><td>지질학적 재해</td><td>지형학적 재해</td><td>기사학적 재해</td><td rowspan="2">세균질병
유독식물
유독동물</td></tr>
<tr><td>지진 확산
쓰나미 등</td><td>산사태
염수토양 등</td><td>안개, 눈, 해일,
번개, 토네이도,
폭풍, 태풍, 이상
기온, 가뭄 등</td></tr>
</table>

➡ ①

10 Anesth의 재해분류

<table>
<tr><th>대분류</th><th>세분류</th><th>재해의 종류</th></tr>
<tr><td rowspan="2">자연재해</td><td>기후성 재해</td><td>태풍</td></tr>
<tr><td>지진성 재해</td><td>지진, 화산폭발, 해일</td></tr>
<tr><td rowspan="2">인위재해</td><td>사고성 재해</td><td>- 교통사고(자동차, 철도, 항공, 선박사고)
- 산업사고(건축물 붕괴)
- 폭발사고(갱도, 가스, 화학, 폭발물)
- 생물학적 재해(박테리아, 바이러스, 독혈증)
- 화학적 재해(부식성 물질, 유독물질)
- 화재사고
- 방사능 재해</td></tr>
<tr><td>계획성 재해</td><td>테러, 폭동, 전쟁</td></tr>
</table>

➡ ③

11 자연재난은 그 상황이 전개되는 시점에서 대응활동과 재난통제가 극히 제한적으로 진행되는 반면 기술재난은 재난 대응활동과 재난통제의 가능성이 상대적으로 넓다.

➡ ③

12 ① 산업재해 발생원리에 대한 최초의 것으로 하인리히의 저서 『산업재해방지론』에서 주장한 이른바 사고발생의 연쇄성을 강조한 도미노(Domino)이론(고전적 도미노이론)이다.

➡ ①

13 ③ 사고·재해를 방지하기 위해서는 불안전한 행동 및 불안전한 상태(인적 및 기계적 결함)의 두 개를 모두 없애지 않으면 안 된다.

➡ ③

14 ③ 하인리히는 재해구성 비율을 '1 : 29 : 300의 법칙'으로 설명하였다.

➡ ③

15 하인리히의 사고발생 도미노

사회적 환경 및 유전적 요소(생성)	→	개인적 결함 (인적 과실)	→	불안전한 행동 및 상태 (인적 및 기계적 결함)	→	사고	→	상해 (부상)
기초원인		2차 원인		1차 원인(직접원인)		사고		재해

➡ ②

16 ③ 고전적 도미노이론(하인리히 이론)에서는 직접원인만 제거하면 재해는 일어나지 않는다고 하였지만, 최신의 도미노이론에서는 반드시 기본원인을 제거하라고 주장한다.

➡ ③

17 Frank Bird의 재해연쇄이론

제어의 부족 (관리)	→	기본원인 (기원)	→	직접원인 (징후)	→	사고 (접촉)	→	재해손실 (손실)
(제1단계)		(제2단계)		(제3단계)		(제4단계)		(제5단계)

➡ ③

18 재해방지의 3기둥
1. 기술적 대책
2. 교육적 대책
3. 관리적 대책

➡ ④

19 사고예방대책의 기본원리 5단계
1. 1단계 : 안전조직(조직체계 확립)
2. 2단계 : 사실의 발견(현황파악)
3. 3단계 : 분석평가(원인규명)
4. 4단계 : 시정방법의 선정(대책선정)
5. 5단계 : 시정책의 적용(목표달성)

➡ ①

Part 2 연소 및 화재이론

Chapter 1 연소이론

01 완전연소의 조건
- 충분한 연료와 산소
- 연소반응이 시작되기 위한 충분한 온도
- 연소반응이 완결되기 위한 충분한 체류시간
- 가연물과 산소의 충분한 혼합

➡ ②

02 ① 연소란 화학반응의 일종으로 가연물이 산소 중에서 산화반응을 하여 열과 빛을 발산하는 현상이다. 이것은 반응열이 커서 그 열에 의해 피산화물에 발화하는 현상이라고도 한다. 이와 같이 연소가 되기 위해서는 가연물, 산소공급원, 점화원의 3조건이 만족되어야 하며, 이들을 연소의 3요소라고 한다.

➡ ①

03 불연성 물질의 조건
1. 주기율표의 0족 원소인 불활성 가스는 활성이 없으므로 다른 물질과 결합하지 못한다. 여기에는 헬륨(He), 아르곤(Ar), 네온(Ne), 제논(Xe), 라돈(Rn), 크립톤(Kr) 등이 속한다.
2. 산소와는 반응은 하나 발열반응이 아닌 흡열반응을 하는 물질로서 대표적인 물질은 질소 또는 질소산화물 등이다.
3. 산소와 이미 결합하여 더 이상 산소와 화학반응을 일으킬 수 없는 물질로서 이산화탄소(CO_2), 삼산화황(SO_3), 오산화인(P_2O_5), 규소토(SiO_2), 물(H_2O) 등이 있다.

➡ ②

04 산소공급원

1. 공기
2. 산화제(제1류 및 제6류 위험물)
3. 자기연소성 물질(제5류 위험물)

➡ ③

05 발화점(착화점)이 낮아지는 조건(위험도가 높아지는 조건)

1. 발열량이 높을 경우
2. 압력이 클 경우
3. 산소와 친화력이 클 경우
4. 화학적 활성도가 클 경우
5. 분자구조가 복잡할 경우
6. 열전도율이 낮을 경우
7. 습도가 낮을 경우
8. 산소의 농도가 클 경우
9. 활성화에너지가 작을 경우
10. 탄화수소계의 분자량이 클 경우

➡ ③

06 불꽃연소(확산·발염연소)는 기체연소의 대표적인 형태이다. 이것은 반드시 연쇄반응(폭발)을 수반하는 것으로 연소의 4요소를 기본요소로 하여 연소를 행한다.

1. 연소의 3요소 : 가연물(재료), 산소공급원(산소), 점화원(온도)
2. 연소의 4요소 : 가연물(재료), 산소공급원(산소), 점화원(온도), 연쇄반응

➡ ③

07 점화원을 형태별로 분류하면 다음과 같다.

1. 기계적 발화원 : 충격, 마찰, 단열압축 등
2. 전기적 발화원 : 전기불꽃, 정전기불꽃
3. 화학적 발화원 : 나화, 고온표면, 용융물, 용접불똥, 자연발화

여기서, 기화열은 연소과정에 발생되는 열로서 연소의 착화원과는 무관하다.

➡ ③

08 ③ 동일계열의 탄화수소의 발화온도는 분자량이 크거나 분자 내의 구조가 복잡할수록 발화온도가 낮아진다. 이것은 분자 내의 결합사슬이 크므로 공기 중의 산소와 접촉할 수 있는 면적이 증가된다고 볼 수 있기 때문이다. 즉, 위험성이 증가된다.

➡ ③

09 ② 아르곤(Ar)은 주기율표상의 0족 원소(불활성 기체)로 불연성 물질이다. 0족 원소에는 헬륨(He), 아르곤(Ar), 네온(Ne), 제논(Xe), 라돈(Rn), 크립톤(Kr) 등이 있다.

➡ ②

10 황화수소(H_2S)는 황을 포함하고 있는 유기화합물이 불완전연소로 인해 발생되며, 달걀 썩은 냄새가 나는 유독성 가스이다.

암모니아(NH_3)는 질소함유물이 연소할 때 발생되는 유독성 가스이다.

불소(②)는 불연성 가스이며, 염소(③)는 조연성 가스이다.

➡ ④

11 ② 질소(질소산화물)는 산소와는 반응하나 발열반응이 아닌 흡열반응을 하는 물질이기 때문에 불연성 물질로 취급한다.

$$N_2 + O_2 \rightarrow 2NO \ -43.2\text{kcal}$$

➡ ②

12 액체의 연소

1. 증발연소 : 액체 가연물이 연소할 때 액체 자체가 연소하는 것이 아니라 액체 표면에서 발생된 증기가 연소하는 형태
2. 분해연소 : 액체가 비휘발성인 경우에 열분해해서 그 분해가스가 공기와 혼합하여 연소하는 형태

➡ ②

13 기체의 연소(발염연소, 불꽃연소, 확산연소, 예혼합연소) : 불꽃은 있으나 불티가 없는 연소, 일정한 양의 가연성 기체에 산소를 접촉시켜 점화원을 주게 되면 산소와 접촉하고 있는 부분부터 불꽃을 내면서 연소한다. 기체연소의 가장 큰 특징은 폭발을 수반하는 것이 특징이다.

➡ ③

14 표면연소

1. 고체 가연물의 표면에서 산소와 반응하여 연소하는 현상으로 휘발성분이 없어 가연성 증기증발도 없고 열분해반응도 없기 때문에 불꽃이 없는 것이 특징이다.
2. 보통 직접 연소라고도 하며, 발염을 동반하지 않기 때문에 무염연소라고도 한다. 숯, 코크스, 목탄, 금속분(마그네슘 등) 등의 연소가 여기에 속한다.
3. 표면연소는 연소생성물의 상태에 따라 연소속도가 달라지는데 비교적 느린 편이다.

➡ ①

15 증발연소

1. 고체 가연물이 점화에너지를 공급받아 가연성 증기를 발생하여 발생한 증기와 공기의 혼합상태에서 연소하는 형태로서 불꽃이 없는 것이 특징이다.
2. 고체 가연물의 증발연소는 유황이나 나프탈렌과 같이 가열하면 열분해를 일으키지 않고 증발하여 증기가 공기와 혼합하여 연소하는 형태를 보인다.
3. 파라핀(양초), 유지 등은 가열하면 융해되어 액체로 변화하여 계속적인 가열로 기화되면서 증기가 되어 공기와 혼합하여 연소하는 형태를 보인다.

➡ ③

16 ③ 물질의 발화점과 인화점·연소점은 밀접한 관계가 없으나, 물질의 인화점과 연소점은 밀접한 관계가 있다. 즉, 연소점은 인화점보다 10℃ 정도 높은 온도를 나타낸다.

➡ ③

17 ② 발염연소 및 확산연소는 기체의 연소형태로 일정한 양의 가연성 기체에 산소를 접촉시켜 점화원을 주게 되면 산소와 접촉하고 있는 부분부터 불꽃을 내면서 연소하는 것을 말한다. 이것은 불꽃은 있으나 불티가 없는 특징을 가지는 연소형태이다.

➡ ②

18 ④ 표면연소란 고체 가연물의 표면에서 산소와 반응하여 연소하는 현상으로 휘발성분이 없어 가연성 증기증발도 없고 열분해반응도 없기 때문에 불꽃이 없는 것이 특징이다. 보통 직접연소라고도 하며, 발염을 동반하지 않기 때문에 무염연소라고도 한다.

➡ ④

19 가연성 물질의 위험도기준

1. 가연성 고체 : 착화점
2. 가연성 액체 : 인화점
3. 가연성 기체 : 연소범위

➡ ②

20 분해연소는 고체 가연물이 점화원에 의하여 에너지를 공급할 때 이 공급된 에너지에 의하여 복잡한 경로의 열분해반응을 일으켜 생성된 가연성 증기와 공기가 혼합하여 연소하는 형태이다. 분해연소형태를 가지는 물질은 목재, 석탄, 종이, 플라스틱 등이 있다. 반면, 가솔린, 알코올은 증발연소형태를 보이며, 도시가스(LPG, LNG)는 발염·확산연소형태를 보인다.

➡ ③

21 ③ 불꽃연소는 열에 의해 고체가 분해된 분해가스이거나 액체에서 증발된 가스·기체에 산소가 공급되어 연쇄반응을 발생시키는 현상이다.

➡ ③

22 불완전연소

1. 산소의 공급이 불충분한 상태에서 이루어지는 연소이다.
2. 탄화수소화합물인 경우 연소생성물은 일산화탄소, 수증기 등이다.

➡ ④

23 연소속도

1. 연소속도란 연소시 화염이 미연소 혼합가스에 대하여 수직으로 이동하는 속도(m/sec)이다.
2. 연소속도는 온도와 압력이 높을수록 빨라진다.
3. 연소속도는 불연성 물질의 농도가 증가하여 공기가 가연물에 공급되는 것을 저지하므로 연소속도가 저하된다.
4. 열이 증가하면 연소속도는 빨라진다.
5. 온도가 10℃ 증가하면 연소속도는 2~3배 정도 빨라진다.

➡ ③

24 플래시오버(Flash-Over)

1. 순발연소(혼합연소, 비정상연소)라고도 하며, 실내화재시 흔히 나타나는 양상이다.
2. 플래시오버에 이르는 시간(F·O·T)은 실의 형태에 의해서는 별로 영향을 받지 않으며, 환기 개구부의 크기에 따라 약간 달라지고, 점화원의 위치와 면적(크기), 가연물의 높이, 가연물의 체적과 밀도(Bulk Density) 그리고 실내마감재 등이 크게 영향을 미치는 변수로 나타난다.
3. 플래시오버(Flash-Over)에 영향을 미치는 요인
   ㉠ 화원의 크기
   ㉡ 가연물의 양 및 성질
   ㉢ 개구부의 크기(개구율)
   ㉣ 가연 내장재료
   ㉤ 실의 넓이와 모양
   ㉥ 화재실의 온도
4. 플래시오버(Flash-Over)현상을 촉진시킬 수 있는 조건
   ㉠ 열전도율이 작은 내장재를 사용한다.
   ㉡ 가연재를 사용하고 개구부를 크게 설치할 것
   ㉢ 두께가 얇은 내장재료를 사용한다.
   ㉣ 벽재보다 천장재가 크게 영향을 받는다.

➡ ③

25 건축물의 화재확대속도(연소속도)의 비는 내화구조를 1로 하면, 방화구조 3, 목조구조 5(6)의 속도로 확산한다.

➡ ②

26 ③ 폭굉에 있어서는 연소시의 정압에 충격파의 동압을 받아 파괴효과가 증가하게 된다.

➡ ③

27 폭굉시 수반되는 현상이다.

➡ ①

28
1. 기상폭발 : 가스폭발(혼합가스폭발), 분무폭발(Mist Explosion), 분진폭발, 가스의 분해폭발(가스의 폭발적인 분해) 등이 포함된다.
2. 응상폭발 : 수증기폭발, 증기폭발, 전선폭발 등이 포함된다.

➡ ④

29 가스폭발의 조건

1. 가연성이어야 한다.
2. 가스의 농도가 폭발범위 내에 존재하여야 한다.
3. 점화원이 있어야 한다.
4. 밀폐된 탱크에서 용이하게 발생된다.

➡ ④

30 ③ 분진 속에 존재하는 수분은 폭발성에 영향을 준다. 즉, 분진의 부유성을 억제한다. 단, 소수성(疎水性)의 분진에 있어서는 부유성에 그다지 영향을 받지 않으나 수분의 증발로서 점화에 필요한 에너지가 감소한다는 것과 증발한 수증기가 불활성 가스의 역할을 하는 것 및 대전성을 감소시키는 효과가 있다.

➡ ③

31 분진폭발에 영향을 미치는 인자

1. 입도와 입도분포 : 입자가 작고 밀도가 작을수록 표면적이 크고 폭발이 용이해진다.
2. 분진의 화학적 성분과 반응성 : 발열량이 클수록, 휘발성분이 많을수록 폭발하기가 쉽다.
3. 입자의 형상과 표면의 상태 : 분진의 형상에 따라 폭발성이 달라진다. 구형(球形)일수록 폭발성이 약하고 입자의 표면이 산소에 대해 활성을 가질수록 폭발성이 높다.
4. 분진 속의 수분 : 분진 속에 수분이 있으면 부유성 및 대전성을 억제·감소시켜 폭발의 위험을 둔감시킬 수 있다.
5. 분진의 부유성 : 부유성이 클수록 공기 중에 체류하는 시간이 긴 동시에 위험성도 커진다.

➡ ③

32 ③ 전기의 도체를 사용하여야 정전기를 방지할 수 있다.

➡ ③

33 가연성 물질의 연소불꽃은 온도에 따라 다음과 같이 색상이 변한다.

1. 암적색 : 700℃
2. 적색 : 850℃
3. 휘적색 : 950℃
4. 황적색 : 1,100℃
5. 백적색 : 1,300℃
6. 휘백색 : 1,500℃

➡ ②

34 폭발의 종류는 크게 응상폭발형태인 물리적 폭발과 기상폭발형태인 화학적 폭발로 나눌 수 있다. 물리적 폭발은 기계적 폭발을 말한다.

1. 물리적 폭발(응상폭발) : 용기 안에 높은 압력으로 채워진 증기·가스 또는 공기가 용기의 파열로 순식간에 밖으로 방출되는 것과 같은 형태의 폭발로 수증기폭발, 증기폭발, 도선폭발, 전이폭발이 있다. 응상이란 고상과 액상의 총칭이다.
2. 화학적 폭발(기상폭발) : 가스폭발(산화폭발, 혼합가스폭발), 중합폭발, 분해폭발, 분무폭발, 분진폭발

➡ ②

35 플래시오버(Flash-Over)는 다음과 같은 요인에 의해 영향을 받는다.

1. 화원의 크기
2. 가연물의 양 및 성질
3. 개구부의 크기(개구율)
4. 가연 내장재료
5. 실의 넓이와 모양
6. 화재실의 온도

➡ ④

36 ④ 블레비(BLEVE) 현상 : 가연성 액화가스의 탱크 주위에 화재시 기상부 탱크강판의 국부가 가열되어 그 부분의 강도가 약해져서 탱크가 파열되어 내부의 가열된 액화가스가 급속히 팽창하면서 폭발하는 현상을 말한다. 다시 말하면 과열상태의 탱크에서 내부의 액화가스가 분출되어 착화되었을 때 폭발하는 현상이다.

➡ ④

37 중합반응은 플라스틱원료 제조반응으로 상온에서 가스 및 액체형태의 모노마(단량체, 분자량이 적은 단순구조물질)에 촉매를 넣어 일정온도, 압력으로 유지하면 각 분사 간에서 반응이 실시되어 분자량이 큰 고체상태 폴리머(중합체)가 되는 반응을 말한다. 예를 들면 시안화수소(HCN)는 장기간 저장하면 분자가 중합폭발(반응)을 한다.

➡ ②

38 ① 역화(Back fire, Flash back) : 불꽃이 연소기 내로 전파되어 연소하는 현상으로 가스의 분출속도(공급속도)보다 연소속도가 클 때 발생된다. 역화의 원인은 다음과 같다.

1. 가스압력이 비정상적으로 낮거나 노즐 또는 콕 등이 막혀 가스량이 정상 때보다 적을 때
2. 혼합기체의 양이 너무 작을 때
3. 버너가 오래되어 노즐의 부식 등으로 분출구멍이 커지는 경우
4. 연소속도보다 가스의 분출속도(공급속도)가 작을 때
5. 버너부분이 고온으로 되어 그것을 통과하는 가스의 온도가 상승하여 연소속도가 빨라지는 경우

➡ ①

39 ③ 블로우오프(Blow Off)현상 : 가스의 분출속도가 크거나 공기의 유동이 너무 강하여 불꽃이 노즐에서 정착하지 않고 떨어지게 되어 꺼져버리는 현상을 말한다. 이것은 Lifting(선화)한 상태에서 다시 분출속도가 증가하면 결국 화염이 꺼지는 현상이다.

➡ ③

40 리프트(Lift) 또는 리프팅(Lifting) [선화] : 역화(Back Fire)의 반대현상으로 버너에서 연소기의 분출속도가 연소속도보다 커서 불꽃이 노즐에서 떨어져 노즐에 정착되지 않고 불꽃이 버너 상부에 떠서(Lift) 어떤 거리를 유지하면서 공간에서 연소하는 이상현상이다.

선화(Lifting)의 원인은 다음과 같다.

1. 가스압(가스량)의 과대로 가스가 지나치게 토출하는 경우
2. 1차 공기량이 너무 많아 혼합가스량이 많아지는 경우
3. 연소기의 노즐이 부식으로 인하여 노즐이 막혀 분출구멍의 면적이 적어져서 버너 내부의 압력이 증가하여 분출속도가 빨라지는 경우

➡ ④

41 비열(Specific Heat)

1. 비열은 1g(kg)의 물체를 1℃만큼 상승시키는 데 필요한 열량[cal(kcal)] 또는 1lb의 물체를 1℉만큼 상승시키는 데 필요한 열량(Btu)을 말한다. 단위로는 kcal/kg·℃, cal/g·℃, Btu/lb·℉이다.
2. 비열은 어떤 물질을 위험 및 안전한 온도로 올리거나 내리는 데 제거해야 할 열량을 나타내는 비교척도로 이용된다.
3. 물질마다 비열은 다르나 물 이외의 보통 비열이 1(kcal/kg·℃)보다 작다. 물이 소화약제로 사용되는 이유 중의 하나가 다른 물질에 비해 비열이 크기 때문이며 이러한 이유로 냉각효과가 뛰어나다.

➡ ④

42 열 또는 불에 의한 화상은 그 정도에 따라 통상적으로 1도, 2도, 3도, 4도로 분류된다.

1. 1도 화상 : 최외각의 피부가 손상되어 그 부위가 빨간 색깔을 띠고 심한 통증을 느끼는 상태로서 2도 및 3도 화상보다 중증은 아니다.
2. 2도 화상 : 보다 깊숙이 피하까지 손상을 입어 그 부위가 분홍색을 띠고 분비물이 피하에 모여 물집이 생기는 증세이다.
3. 3도 화상 : 피하의 지방질에까지 열이 깊숙이 침투된 것으로서 가장 중화상에 속하며, 말초신경까지 손상을 입어 그 기능이 죽은 상태여서, 1도나 2도 화상에 비해 통증은 거의 느끼지 못하는 증세이다.
4. 4도 화상 : 전기화재에서 입은 화상으로서 피부가 탄화되고 열이 뼈까지 도달되는 증세이다.

➡ ②

43 전도

1. 동일한 물질 상호간의 열의 이동이다.
2. 물질의 각 분자가 지니고 있는 운동에너지가 인접한 분자에 이동해 나가는 현상이다.

3. 고체의 열전달방법이다.
4. 물질의 분자들은 진동만 일어나며 이동은 수반하지 않는다.
5. 물질 내부에 온도차가 있을 때 온도가 높은 곳에서 낮은 곳으로 물질 내부를 이동하는 것을 말한다.

➡ ①

44 이원자분자(N_2, O_2, H_2 등)는 복사열을 흡수하지 않는다.

➡ ①

45 복사

1. 물질을 매개체로 하지 않는 열전달방법으로 서로 떨어져 있는 두 물체 사이에 열에너지가 전자파 형태로 물체에 복사되며 이것이 다른 물체에 전파되어 흡수되면 열로 변하는 현상을 말한다.
2. 화재시 열의 이동에 가장 크게 작용하는 열이동방식이다.
3. 태양이 지구를 따뜻하게 해주는 현상이다.
4. 전도, 대류와는 다르게 매개체가 없다.
5. 물체에 복사열이 접촉되면 관통하지 않고 흡수되어 그 물체를 따뜻하게 한다.
6. 진공상태에서는 손실이 없으며, 공기 중에서는 거의 손실이 없다.
7. 복사열은 일직선으로 이동을 한다.

➡ ③

46 ③ 비열 : 1g(kg)의 물체를 1℃만큼 상승시키는 데 필요한 열량[cal(kcal)] 또는 1lb의 물체를 1℉만큼 상승시키는 데 필요한 열량(Btu)을 말한다. 단위로는 kcal/kg·℃, cal/g·℃, Btu/lb·℉이다.

① 잠열 : 물질의 상의 변화는 있고 온도의 변화가 없을 경우 필요한 열량을 말한다(물의 기화잠열 : 539cal/g, 융해잠열 : 80cal/g).

② 복사열 : 서로 떨어져 있는 두 물체 사이에 열에너지가 전자파형태로 물체에 복사되며, 이것이 다른 물체에 전파되어 흡수되는 열을 말한다.

④ 현열 : 물질의 상의 변화는 없고 온도의 변화만 있을 때 필요한 열량을 말하며, 분자운동에너지의 증감으로도 나타난다.

➡ ③

47 ③ 증기-공기밀도란 어떤 온도에서 액체와 평형상태에 있는 증기와 공기의 혼합물의 증기밀도를 말한다.

$$\text{증기-공기밀도} = \frac{P_2 d}{P_1} + \frac{P_1 - P_2}{P_1}$$

- P_1 : 대기압
- P_2 : 주변온도에서의 증기압
- d : 증기밀도

➡ ③

48 ② 이산화탄소(CO_2)는 연소가스 중 가장 많은 양을 차지하고 있으며, 그 자체는 일산화탄소(CO)처럼 인체에 대해 생화학적 영향을 줄 정도의 유독성을 가진 것은 아니지만 화재시 대량으로 발생함으로써 공기 중의 산소부족에 따른 질식효과를 보여주기 때문에 인명을 죽음에 이르게 할 수가 있다.

➡ ②

49 ④ 폴리염화비닐(PVC)과 같이 염소가 함유된 수지류가 탈 때 주로 생성되는 가스는 염화수소(HCl), 이산화탄소(CO_2), 일산화탄소(CO) 등이다. 암모니아(NH_3)는 질소함유물(나무, 실크, 아크릴플라스틱, 페놀수지, 멜라민수지) 등이 연소하면 주로 생성되는 가스이다.

➡ ④

50 ① 화재발생시 여러 가지 유독성 가스가 발생되지만 의식불명 또는 질식 등을 가져오는 인체에 많은 영

향을 미치는 유해성분은 일산화탄소(CO)이다.

▶ ①

51 ③ 일산화탄소(CO)는 산소의 210~250배의 친화력에서 혈중에 헤모글로빈과 결합하고 산소헤모글로빈의 결합을 방해하기 때문에 생체조직에 대해서는 산소결핍이 되고, 결과적으로는 질식과 같은 상태가 된다. 또한 연기의 매개체와 자극물을 다량으로 흡입하고 기관, 기관지, 폐가 경련을 일으켜서 정상적으로 호흡을 방해하고 산소의 섭취를 원활하게 할 수 없게 한다.

▶ ③

52 ④ 사염화탄소(CCl_4)는 일반 고체가연성 물질의 연소시의 생성물질이 아니라 할로겐화합물 소화약제(할론 104)이다. 독성이 강하므로 현재 사용을 금하고 있다.

▶ ④

53 ① 황화수소(H_2S) : 고무, 동물의 털과 가죽 및 고기 등과 같은 물질에는 유황성분이 포함되어 있어, 화재시에는 이들의 불완전연소로 인해 황화수소가 발생한다. 황화수소는 썩은 달걀에서 나는 것과 같은 특유한 냄새가 있어 쉽게 감지할 수 있으나, 0.02% 이상의 농도에서는 후각이 바로 마비된다.

▶ ①

54 연소의 주요생성물질 : 연소가스, 불꽃, 열, 연기

▶ ①

55 ② 유황성분이 포함되어 있는 물질의 불완전연소에 의하여 발생하는 가스는 황화수소(H_2S)이며, 유황성분이 포함되어 있는 물질의 완전연소에 의하여 발생되는 가스는 아황산가스(SO_2)이다.

▶ ②

56 유류저장탱크의 연소시의 특성

1. 보일오버(Boil-Over) 현상 : 열류층은 화재의 진행과 더불어 점차 탱크 바닥으로 도달하게 되는데, 이때 탱크의 저부에 물 또는 에멀션이 존재하면 뜨거운 열류층의 온도에 의하여 물이 수증기로 변하면서 급작스러운 부피팽창(1,700배 이상)에 의하여 유류가 탱크 외부로 분출되는 현상이다.
2. 슬롭오버(Slop-Over) 현상 : 중질유와 같이 점성이 큰 유류에 화재가 발생하면 유류의 액표면 온도가 물의 비점 이상으로 올라가게 되는데, 이때 소화용수가 뜨거운 액표면에 유입되게 되면 물이 수증기로 변하면서 급작스러운 부피팽창에 의하여 유류가 탱크 외부로 분출되는 현상이다.
3. 프로스오버(Froth-Over) 현상 : 저장탱크 속의 물이 점성을 가진 뜨거운 기름의 표면 아래에서 끓을 때 화재를 수반하지 않고 기름이 넘쳐흐르는 현상이다.

▶ ②

57 ① 보일오버(Boil-Over)현상 : 유류저장탱크의 화재시 열류층(Heat Layer)을 형성하여 이 열류층은 화재의 진행과 더불어 점차 탱크 바닥으로 도달하게 되는데, 이때 탱크의 저부에 물 또는 물-기름 에멀션이 존재하면 뜨거운 열류층의 온도에 의하여 물이 수증기로 변하면서 급작스런 부피팽창(1,700배 이상)에 의하여 유류가 탱크 외부로 분출되게 되는데 이를 보일오버 현상이라 한다.

* 열류층(Heat Layer)현상 : 원유나 중질유와 같이 끓는점이 다른 성분을 가진 제품의 저장탱크에 화재가 발생하여 장시간 진행되면 유류 중 가벼운 성분이 먼저 유류표면층에서 증발하여 연소되고, 무거운 성분은 계속 축적되어 화염의 온도에 의하여 가열되어 상부에 층을 이루게 되는데 이를 열류층이라 한다.

▶ ①

58 ① 플래시오버(Flash-Over)현상은 순발연소로 실내화재시 흔히 나타나는 양상이다. 가연물의 연소에 의해 가연성 가스가 축적되어 그것이 폭발적으로 연소하므로 순식간에 화염이 모든 공간에 입체적으로 확대되는 현상이다.

* 유류저장탱크의 화재시 특성
1. 보일오버(Boil-Over) 현상 2. 슬롭오버(Slop-Over) 현상 3. 프로스오버(Froth-Over) 현상

➡ ①

59 ③ 보일오버(Boil-Over) 현상 : 유류저장탱크의 화재시 열류층(Heat Layer)을 형성하여 이 열류층은 화재의 진행과 더불어 점차 탱크 바닥으로 도달하게 되는데, 이때 탱크의 저부에 물 또는 물-기름 에멀션이 존재하면 뜨거운 열류층의 온도에 의하여 물이 수증기로 변하면서 급작스런 부피팽창(1,700배 이상)에 의하여 유류가 탱크 외부로 분출되게 되는데 이를 보일오버(Boil-Over) 현상이라 한다.

➡ ③

60 열에너지원은 화학열, 전기열, 기계열, 원자열로 분류할 수 있다.
1. 화학적 에너지 : 연소열, 자연발열, 분해열
2. 전기적 에너지 : 저항발열, 유도발열, 유전발열, 아크발열, 정전기가열, 낙뢰에 의한 발열
3. 기계적 에너지 : 마찰열, 마찰스파크, 압축열
4. 원자력 에너지

➡ ②

61 ② 연소열 : 연소물질이 완전연소시 발생하는 열
① 분해열 : 물질이 분해시 발생하는 열
③ 용해열 : 물질이 녹을 때 발생하는 열
④ 자연발열 : 어떤 가연물질이 외부로부터 열의 공급을 받지 아니하고도 온도가 상승하는 현상

➡ ②

62 ① 분해열 : 물질이 분해할 때 발생하는 열

➡ ①

63 ② 마찰스파크는 기계에너지원의 발생원인이다.
* 전기에너지원의 발생원인은 ①, ③, ④와 아크발열, 정전기가열, 낙뢰에 의한 발열 등이 있다.

➡ ②

64 ③ 유도발열(가열) : 도체의 주위에 자장의 변화가 있을 때 그 도체에는 전위차가 발생하여 이로 인하여 전류의 흐름이 일어난다. 이러한 전류에 대한 도체의 저항에 의하여 발생되는 열을 말한다.
① 저항발열(가열) : 도체에 전류가 흐르면 도체물질의 원자구조 특성에 따르는 전기저항 때문에 전기에너지가 열에너지로 전환되며, 열의 발생속도는 전류의 제곱 및 저항에 비례한다.
②, ④ 유전발열(가열) : 전기절연물이 절연불량으로 인하여 절연물질에도 매우 미약한 전류가 흐르는데 이러한 전류를 보통 누설전류라 부른다.

➡ ③

65 열에너지원으로는 화학열, 전기열, 기계열, 원자열로 분류할 수 있는데, ①, ③, ④는 화학열이고, ②는 기계열이다.
1. 화학열 : 연소열, 자연발열, 분해열
2. 전기열 : 저항발열, 유도발열, 유전발열, 아크발열, 정전기가열, 낙뢰에 의한 발열
3. 기계열 : 마찰열, 마찰스파크, 압축열
4. 원자열

➡ ②

Chapter 2 화재의 분류 및 성상

01 화재의 정의

1. 자연 또는 인위적인 원인에 의하여 불이 물체를 연소시키고, 인명과 재산의 손해를 주는 현상
2. 불이 그 사용목적을 넘어 다른 곳으로 연소하여 사람들의 예상치 않은 경제상의 손해를 발생하는 현상
3. 사람의 의도에 반하여 출화 또는 방화에 의하여 불이 발생하고 확대되는 현상
4. 불을 사용하는 사람의 부주의와 불안정한 상태에서 발생되는 것
5. 실화·방화로 발생하는 연소현상을 말하며, 사람에게 유익하지 못한 해로운 불. 단, 인간에게 이로운 불은 화재라 할 수 없다.

➡ ①

02 화재란 사람의 의도에 반하여 발생 또는 확대하고 혹은 방화에 의하여 발생하여 소화의 필요가 있는 연소현상으로 이를 소화할 때에는 소화시설 또는 이와 같은 정도의 효과 있는 것의 이용을 필요로 하는 것이다.

➡ ③

03 화재로 인한 피해를 감소시키기 위한 측면 : 화재의 예방, 화재의 발견, 화재의 진압

➡ ④

04 ④ 경제가 발전할수록 화재의 위험성이 많아지며 화재의 피해속도는 증가한다. 즉, 경제발전속도와 화재피해속도는 비례관계에 있다.

➡ ④

05 ③ 화재의 원인 중 자연적인 발생요인이다.

➡ ③

06 ④ 제3석유류 : 중유, 클레오소오드유 그 밖의 액체로서 인화점이 70℃ 이상 200℃ 미만인 것

➡ ④

07 제2석유류 : 등유, 경유 그 밖의 1기압에서 인화점이 21℃ 이상 70℃ 미만인 것

➡ ②

08 ① 전기로 인하여 주택에서 화재가 발생하면 이는 일반화재에 해당된다.

➡ ①

09 ② 화재의 종류를 급수로 구분할 수 있는 기준은 연소대상물(가연물)의 종류에 따라서 정해진다.

➡ ②

10 ④ 포 소화약제는 대부분 물로 구성되어 있으므로 금속화재시 사용하면 가연성 가스 등의 발생으로 위험성이 높아진다. 가장 적응성 좋은 소화제로는 건조사(마른 모래)이다.

➡ ④

11 가스를 취급상태에 따라서 분류하면 압축가스, 액화가스, 용해가스 등이 있다.

➡ ①

12 용해가스 : 고압가스 용기 속에 다공물질을 충진한 후 용제를 넣고 그 안에 가스를 고압으로 용해시켜 저장한 것을 말한다. 여기에 속하는 것이 아세틸렌인데, 아세틸렌을 압축시켜 저장하면 분해폭발위험이 있으므로 다공물질에 아세톤 또는 DMF(다이메틸 폼아미드) 등의 용제를 침윤시킨다. 그 아세톤에 아세틸렌을 용해시켜 저장한다.

➡ ④

13 액화가스

1. 도시가스 원료로 사용되는 액체연료로는 LPG와 LNG가 있는데 이들은 각각 물리적·화학적인 특성을 지니고 있으므로 사용, 저장, 취급시에는 주의를 하여야 한다. 즉, LPG(액화석유가스)란 프로판, 부탄 등이 주성분인 저급 탄화수소 화합물로서 천연가스에서 분리 제조하거나 석유정제 또는 석유화학공업에서 제조하는 가스를 말하며, LNG(액화천연가스)란 천연가스(NG)를 -162℃로 냉각 액화시킨 가스로서 메탄이 주성분인 Clean Energy이다.
2. LPG(액화석유가스)의 성질
   ㉠ 무색·무취이며 물에 불용, 유기용매에 용해된다.
   ㉡ 석유류, 동식물유류, 천연고무는 잘 녹인다.
   ㉢ 액체에서 기체로 될 때 체적은 약 250배로 된다.
   ㉣ 액체상태에서는 물보다 가볍고, 기체상태에서는 공기보다 무겁다.
   ㉤ 공기 중에서 쉽게 연소, 폭발한다.

▶ ④

14 ② 폭발범위는 가연성 가스와 공기가 혼합된 경우보다도 산소가 혼합되었을 경우 더 넓게 되며, 폭발위험성이 커지게 된다.

▶ ②

15 아세틸렌은 인화되기 쉬운 기체로 가압시 분해폭발하는 성질로 이것을 방지하기 위해서 아세톤, DMF와 같은 용제에 용해시켜 충전하여야 한다. 또한 아세틸렌은 매우 불안전한 화합물로 산화, 분해, 화합폭발을 일으키기 쉬운 매우 위험도가 큰 가스이며, 구리, 은, 수은 등의 금속과의 화합시에는 폭발성의 금속아세틸라이드(M_2C_2)를 생성하는 매우 위험한 가스이다.

▶ ③

16 가연성 가스의 폭발범위

1. 수소 : 4.0～75.0
2. 이황화탄소 : 1.2～44.0
3. 아세틸렌 : 2.5～81.0
4. 에테르 : 1.9～48.0
5. 암모니아 : 15.0～28.0
6. 일산화탄소 : 12.5～74.0
7. 메탄 : 5.0～15.0
8. 프로판 : 2.1～9.5

▶ ③

17 정전기 불꽃 방지대책

1. 접지를 한다.
2. 공기 중의 상대습도를 70% 이상으로 높인다.
3. 공기를 이온화한다.
4. 전기의 도체를 사용한다.

▶ ③

18 ② 연소한계는 어떤 연소체가 일정온도와 압력이 설정되고 산화제가 존재할 경우, 그러한 조건하에서 연소가 지속될 수 있는 농도의 최대치를 말한다.

▶ ②

19 ③ 겨울철에는 기상조건이 습도가 낮고 화기취급 빈도가 많기 때문에 화재발생률이 높다.

▶ ③

20 ③ 연소범위(연소한계, 폭발범위, 폭발한계)는 일반적으로 공기와 가연성 가스의 혼합물 중 가연성 가스의 용량(V)%로 표시된다.

▶ ③

21 LPG(액화석유가스)의 성질
  1. 액체에서 기체로 될 때 체적은 약 250배로 된다.
  2. 가스의 비중은 공기보다 약 1.5～2배 정도이다.
  3. 공기 중에서 쉽게 폭발한다(연소범위는 2.1～9.5V%이다).
  4. 용기 내에서는 액화프로판의 양이 감소함에 따라 압력은 변하지 않는다.

▣ ③

22 ③ 폭굉유도거리(DID) : 폭발성 혼합가스가 점화했을 시 최초의 완만한 연소가 격렬한 폭굉으로 발전하는 데 필요한 거리를 말한다.

▣ ③

23 ④ 암모니아의 폭발범위(연소범위)는 15.0～28.0(V%)이다.

▣ ④

24 이재정도에 의한 화재의 분류
  1. 전소 : 건물의 70% 이상이 소손된 것 또는 이것 미만에 있어서도 잔존부분에 보수를 하여도 재사용할 수 없는 것
  2. 반소 : 건물의 30% 이상 70% 미만이 소손된 것
  3. 부분소 : 건물의 30% 미만이 소손된 것, 전소 및 반소에 해당하지 않을 것
  4. 즉소 : 화재발생 즉시 소화된 화재로 인명피해가 없고 피해액이 경미한(동산·부동산을 포함하여 50만원 미만) 화재로 화재건수에 이를 포함한다.

▣ ①

25 ③ 부분소 : 건물의 30% 미만이 소손된 것으로 전소 및 반소에 해당하지 않을 것

▣ ③

26 즉소 : 화재발생 즉시 소화된 화재로 인명피해가 없고 피해액이 경미한(동산·부동산을 포함하여 50만원 미만) 화재로 화재건수에 이를 포함한다.

▣ ②

27 ② 건물의 천장이 높으면 높을수록 연소속도는 완만하게 되고, 낮으면 낮을수록 빠르고 횡방향으로 연소한다.

▣ ②

28 ② 항공기화재는 연소방향 및 연소속도가 풍위, 풍속 등 기상상황 및 지형에 영향을 받기 쉽다.

▣ ②

29 ① 여객선화재는 분무주수를 주로 하되 최소한도로 하고, 상황에 따라 고발포 주입이 효과적이다.

▣ ①

30 산림화재
  1. 산불화재의 소화활동요령
    ㉠ 방수에 의한 소화
    ㉡ 산세가 험하고 소화용수가 부족한 경우 두들김 또는 흙으로 덮는 소화를 한다.
    ㉢ 화세가 강하여 직접 소화가 어려운 경우에는 방화선을 만든다.
    ㉣ 계속적인 연소확대에 의해 다른 적당한 소화수단이 없는 경우 연소진행방향의 앞쪽에 맞불을 놓는다.
    ㉤ 소방헬리콥터를 이용한다.
  2. 산림화재의 특성
    ㉠ 비화와 같은 연소확대요인에 의해 연소속도가 빠르게 진행된다.
    ㉡ 연소면적이 상당히 넓기 때문에 소화하기가 어렵다.

ⓒ 연소가 급격하게 진행된다.
ⓓ 방화선 구축과 같은 화재확대방지방법의 사용이 어렵기 때문에 적정소화활동이 용이하지 않다.

➡ ④

31 위험물화재 : 석유는 인화성이 강하고 화재의 크기는 유류면적의 크기와 연소시간에 따라 결정되며, 인화점이 낮고 연소범위가 넓은 것일수록 위험하다. 연소는 유증기가 된 것이 표면연소하면서 서서히 타서 내려가지만, 휘발성이 높고 초유점이 낮을수록 연소속도는 빠르다.

➡ ②

32 ④ 지하공간과 지상공간이 연결되어 있는 구역은 피난을 위하여 제연경계벽 등으로 방화구획을 하는 것이 바람직하다.

➡ ④

33 ③ 목조건축물의 화재진행시간은 내화건축물보다 짧다. 화재진행시간은 약 30~40분 정도 소요된다. 짧은 시간에 최고온도에 도달하고 그 온도가 오랫동안 지속되지 못하고 빨리 식어버리는 고온단기형의 특징을 가진다.

➡ ③

34 ④ 최성기로 넘어가면 천장 및 대들보가 내려앉고 화염 및 검은 연기, 강한 불꽃 및 불가루를 유동시키는 복사열이 발생하는데, 상승하는 복사열에 의해 불가루가 상승하고 바람에 편승하여 주변 가연물에 옮겨 붙는 비화현상이 발생된다.

➡ ④

35 ③ 최고온도가 목조건축물에 비해 낮지만, 고온 유지시간이 길다.

➡ ③

36 플래시오버(Flash over)의 징후
1. 실내의 조건이 현저한 자연연소의 단계에 있는 경우
2. 열 때문에 대원이 낮은 자세를 유지할 수밖에 없는 경우
3. 실내에 과도한 열이 축적되어 있는 경우
4. 열기가 느껴지면서 두텁고, 뜨겁고, 진한 연기가 아래로 쌓이는 경우

➡ ③

37 역류(Backdraft)의 징후
1. 건물 외부에서 관찰할 경우
   ㉠ 연기가 균열된 틈이나 작은 구멍을 통하여 빠져 나오고 건물의 안으로 연기가 빨려 들어가는 현상이 발견된 경우
   ㉡ 화염은 보이지 않으나 창문이나 문이 뜨거운 경우
   ㉢ 유리창의 안쪽으로 타르와 유사한 기름성분의 물질이 흘러내리는 경우
   ㉣ 창문을 통해 보았을 때 건물 내에서 연기가 소용돌이치고 있는 경우
2. 건물 내부에서 관찰할 경우
   ㉠ 압력차이로 인해 공기가 내부로 빨려가는 듯한 특이한 소리(호각소리와 유사)가 들리는 경우
   ㉡ 연기가 건물 내부로 되돌아가거나 맴도는 경우
   ㉢ 연기가 아주 빠르게 소용돌이치는 경우
   ㉣ 훈소상태에 있는 뜨거운 경우
   ㉤ 산소공급의 감소로 약화된 불꽃이 관찰된 경우

➡ ③

38 ① 화재 최성기에는 천장 및 대들보가 내려앉고 화염 및 검은 연기, 강한 불꽃 및 불가루를 유동시키는 복사열이 발생한다.

➡ ①

39 ④ 내화구조건물의 화재현상은 저온장기형이고, 목조구조건물의 화재현상은 고온단기형이다.

➡ ④

40 ④ 내화건축물 화재시 성장기에서 최성기로 넘어가는 단계에서 플래시오버(Flash-Over) 현상이 발생되므로 플래시오버 발생 이후를 최성기로 본다.

➡ ④

41 발화에서 최성기까지의 소요시간 : 4～14분
최성기에서 연소낙하까지의 소요시간 : 6～19분
발화에서 연소낙하까지의 소요시간 : 13～24분

➡ ②

42 ② 내화건축물 화재시 성장기에는 실내온도의 상승으로 인한 공기의 열팽창 등으로 개구부가 파괴되고 개구부를 통하여 검은 연기 및 화염 등이 분출하게 되며, 실내 전체가 한순간에 화염으로 휩싸이는 플래시오버(Flash-Over) 현상이 발생된다.

➡ ②

43 건축물화재 진행과정 : 화원(초기) → 성장기 → 최성기 → 감퇴기(종기)

➡ ③

44 목조건축물의 화재시 플래시오버 도달시간(F · O · T) 및 최성기에 도달하는 시간이 내화건축물 화재보다 빠르게 나타난다. 화재 진행속도가 빠르고 온도가 높으며 단시간 고온을 유지한다.

➡ ④

45 직물류 화재의 성상

1. 식물성 섬유(면)의 주성분은 90% 이상이 연소성이 좋은 셀룰로오즈로 구성되어 있으며, 착화온도(발화온도)는 약 400℃ 정도이다.
2. 동물성 섬유(모)는 주성분이 단백질로 착화온도(발화온도)는 약 600℃ 정도이다.
3. 동물성 섬유는 발화하더라도 연속적으로 확대해가는 정도로 연소하지는 않는다.
4. 식물성 섬유(면)는 동물성 섬유(모)보다 착화 및 연소시키기가 쉽고 연소속도가 빠르다.
5. 동물성 섬유(모)는 식물성 섬유(면)에 비해 소화시키기가 쉽다.

➡ ③

46 플라스틱의 분류

열가소성 플라스틱	폴리에틸렌, 폴리스티렌, 폴리프로필렌, 아크릴로니트릴스티렌, 폴리염화비닐, 폴리염화비닐리덴, 폴리아미드, 폴리아세탈
열경화성 플라스틱	페놀수지, 우레아수지, 멜라민수지, 에폭시수지, 불포화폴리에스테르수지, 다이아릴프탈레이트수지

➡ ②

47 레이온은 합성섬유로서 화학적으로 식물성 섬유와 비슷하므로, 동물성 섬유에 비해 화재의 위험성이 크다.

➡ ②

48 ① 아세테이트는 용융하면서 연소하는 성질이 있으며 착화온도는 약 475℃이다.

➡ ①

49 ① 플라스틱은 열가소성과 열경화성 플라스틱으로 대별된다.

1. 열가소성 플라스틱 : 가열·용융해서 한 번 성형한 것을 분쇄해서 다시 가열·용융할 수 있는 성질의 것이다.
   예 폴리에틸렌, 폴리스틸렌, 폴리프로필렌, 폴리염화비닐(PVC), 폴리아미드

2. 열경화성 플라스틱 : 한 번 성형한 것은 다시 가열·용융할 수 없는 성질의 것이다.
   예 페놀수지, 멜라민수지, 우레아수지, 에폭시수지, 불포화폴리에스테르수지

➡ ①

50 자연발화의 형태 및 물질

1. 산화열 축적에 의한 발화 : 건성유(아마인유, 해바라기유, 들기름, 등유) 및 반건성유(채종유, 면실유, 대두유)가 적셔진 다공성 가연물과 석탄, 기름걸레, 원면, 고무조각, 금속분, 황철관, 테레핀유 등과 같이 산화반응에 의한 발열을 축적하여 자연발화하는 것
2. 분해열 축적에 의한 발화 : 나이트로셀룰로오스(질화면), 셀룰로이드, 나이트로글리세린, 산화에틸렌, 유기과산화물류 등과 같이 자연분해시 발생하는 분해열에 의해 자연발화하는 것
3. 흡착열 축적에 의한 발화 : 활성탄, 유연탄, 목탄분말, 가연성 물질＋촉매 등과 같이 물질이 주위의 기체를 흡착할 때 생기는 흡착열에 의해 자연발화하는 것
4. 미생물(발효열)에 의한 발화 : 퇴비, 먼지 등과 같이 미생물의 활동으로 발열·축적하여 자연발화하는 것
5. 중합열에 의한 발화 : 시안화수소, 산화에틸렌 등과 같이 중합반응에 의해 자연발화하는 것

➡ ②

51 자연발화에 영향을 주는 인자

1. 열의 축적 : 열 축적이 용이할수록 자연발화하기 쉽다.
2. 열의 전도율 : 열전도율이 작을수록 자연발화하기 쉽다.
3. 퇴적방법 : 열 축적이 용이하게 가연물이 적재되어 있으면 자연발화하기 쉽다.
4. 공기의 유통 : 공기의 유통이 안 될수록 열 축적이 용이하여 자연발화하기 쉽다.
5. 발열량 : 발열량이 큰 물질일 경우 자연발화하기 쉽다.
6. 수분 : 수분은 촉매작용을 할 수 있다.

➡ ①

52 혼합·혼촉 방지대상 물질

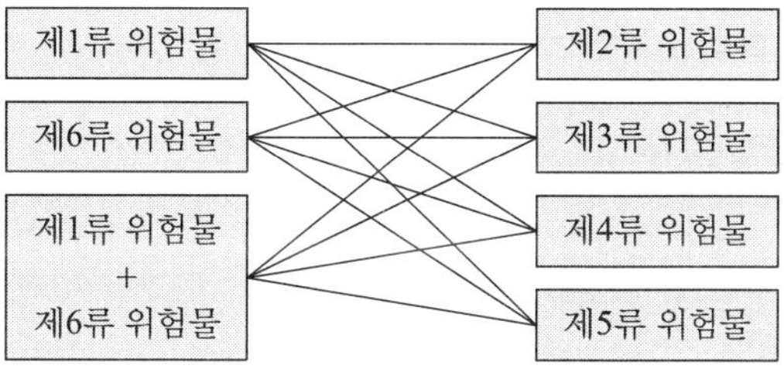

➡ ④

53 자연발화 방지법

1. 통풍을 잘 시켜 퇴적 및 수납시 열이 축적되지 않도록 한다.
   자연발화는 물질의 자연발열속도와 열의 확산속도 간의 평형이 깨져 열이 축적되어 생기는 것이기 때문에 통풍, 환기, 저장방법 등을 고려하여 열의 축적을 방지하여야 한다.
2. 습도가 높은 곳을 피한다.
   습도, 수분 등은 물질에 따라 촉매적 효과작용을 하므로 습도가 높은 곳에는 저장하지 않아야 한다.
3. 저장실의 온도는 낮춘다.
   반응속도가 온도에 크게 좌우되는 이상 반응계의 처음 온도가 중요한 문제가 되므로 반응물질이 놓여진 주위온도를 낮게 하여야 한다.
4. 황린은 발화점이 매우 낮기 때문에 공기와의 접촉을 방지하기 위하여 물속에 저장한다.

➡ ④

54 자연발화의 형태

1. 산화열 축적에 의한 발화
2. 분해열 축적에 의한 발화
3. 흡착열 축적에 의한 발화
4. 미생물(발효열)에 의한 발화
5. 중합열에 의한 발화

➡ ④

55 자연발화의 형태 및 물질

1. 산화열 축적에 의한 발화 : 건성유(아마인유, 해바라기유, 들기름, 등유) 및 반건성유(채종유, 면실유, 대두유)가 적셔진 다공성 가연물과 석탄, 기름걸레, 원면, 고무조각, 금속분, 황철관, 테레핀유 등과 같이 산화반응에 의한 발열을 축적하여 자연발화하는 것
2. 분해열 축적에 의한 발화 : 나이트로셀룰로오스(질화면), 셀룰로이드, 나이트로글리세린, 산화에틸렌, 유기과산화물류 등과 같이 자연분해시 발생하는 분해열에 의해 자연발화하는 것
3. 흡착열 축적에 의한 발화 : 활성탄, 유연탄, 목탄분말, 가연성 물질+촉매 등과 같이 물질이 주위의 기체를 흡착할 때 생기는 흡착열에 의해 자연발화하는 것
4. 미생물(발효열)에 의한 발화 : 퇴비, 먼지 등과 같이 미생물의 활동으로 발열·축적하여 자연발화하는 것
5. 중합열에 의한 발화 : 시안화수소, 산화에틸렌 등과 같이 중합반응에 의해 자연발화하는 것

➡ ①

56 자연발화의 조건

1. 열전도율이 작아야 한다.
2. 발열량이 커야 한다.
3. 주위의 온도가 높아야 한다.
4. 표면적이 넓어야 한다.
5. 습도가 높아야 한다.

➡ ②

57 자연발화 방지법

1. 통풍을 잘 시켜 퇴적 및 수납시 열이 축적되지 않도록 한다.
2. 습도가 높은 곳을 피한다.
3. 저장실의 온도는 낮춘다.

➡ ④

58 ② 황린은 자연발화성이므로 물속에 저장하여야 한다. 직사열광을 방지하고 온도의 상승 및 물의 산성화를 방지한다. 즉, 온도가 높아지면 황린의 용해도는 증가하여 산성화가 빨라지며 이 결과 용기의 액면과 닿고 있는 부분을 부식시킨다. 공기 중의 산소와 상온에서 화합하여 약 34℃에서 자연발화한다.

➡ ②

59 동식물유류의 산화열 축적에 의한 자연발화 : 건성유와 반건성유가 적셔진 다공성 가연물질은 자연발화한다.

1. 건성유
   ㉠ 요오드값 : 130 이상
   ㉡ 정어리유, 대구유, 상어유, 해바라기유, 등유, 아마인유, 들기름
   ㉢ 자연발화한다.
2. 반건성유
   ㉠ 요오드값 : 100 이상 130 미만
   ㉡ 청어유, 쌀겨기름, 면실유, 채종유, 옥수수기름, 참기름, 콩기름
   ㉢ 자연발화한다.
3. 불건성유
   ㉠ 요오드값 : 100 미만
   ㉡ 쇠기름, 돼지기름, 고래기름, 피마자유, 올리브유, 팜유, 땅콩기름, 야자유
   ㉢ 자연발화하지 않는다.

➡ ④

60 자연발화에 영향을 주는 인자

1. 열의 축적 : 열 축적이 용이할수록 자연발화하기 쉽다.
2. 열의 전도율 : 열전도율이 작을수록 자연발화하기 쉽다.
3. 퇴적방법 : 열 축적이 용이하게 가연물이 적재되어 있으면 자연발화하기 쉽다.
4. 공기의 유통 : 공기의 유통이 안 될수록 열 축적이 용이하여 자연발화하기 쉽다.
5. 발열량 : 발열량이 큰 물질일 경우 자연발화하기 쉽다.
6. 수분 : 수분은 촉매작용을 할 수 있다.

➡ ④

61 ② 제2류 위험물 : 비교적 낮은 온도에서 착화되기 쉬운 가연성 물질이고 대단히 연소속도가 빠른 고체이다.

① 제1류 위험물 : 대부분 무색결정의 백색분말로 강산화제이며, 자신은 불연성이나 타 물질을 산화시키는 조연성 물질이다.

③ 제3류 위험물 : 금수성이면서 가연성(환원성) 물질이다.

④ 제5류 위험물 : 가연성 물질이며 산소함유물질이므로 자기연소(내부연소)를 일으키기 쉬우며, 연소속도가 대단히 빨라서 폭발적이다. 자연발화하는 경우도 있다.

➡ ②

62 ① 산화성 고체(제1류 위험물)물질은 주수에 의한 냉각소화가 적당하다.

➡ ①

63

1. 제2류 위험물 : 대표적 성질은 가연성 고체(Combustible Solid)로서 비교적 낮은 온도에서 착화하기 쉬운 이연성·속연성 물질이다.
2. 제5류 위험물 : 대표적 성질은 자기반응성 물질(Self-Reactive Substances)이다. 즉, 외부로부터 산소의 공급 없이도 가열, 충격 등에 의해 연소폭발을 일으킬 수 있는 물질이다. 모두 가연성의 액체 또는 고체물질이고, 연소할 때에는 다량의 가스를 발생한다.

➡ ③

64 ② 제3류 위험물 : 대표적 성질은 자연발화성 물질 및 물과 반응하여 가연성 가스를 발생하는 금수성 물질로서 복합적 위험성을 가지고 있다.

➡ ②

65 ④ 질산염류 : 300kg　　① 아염소산염류 : 50kg

② 염소산염류 : 50kg　　③ 무기과산화물류 : 50kg

➡ ④

66 ③ 물에 대한 비중은 1보다 크며, 물에 녹는 것이 많다.

➡ ③

67 ② 제1류 위험물은 자신은 불연성 물질로서 환원성 물질 또는 가연성 물질에 대하여 강한 산화성을 가진다. 즉, 다른 가연물의 연소를 돕는 지연성(조연성) 물질이다. 조해성이 있는 것도 있으며 수용액 상태에서도 산화성이 있다.

➡ ②

68 ① 무기과산화물류는 물과 반응하여 산소와 열을 발생하므로 마른 모래(건조사)등을 질식소화가 유효하다.

➡ ①

69 ① 질산염류는 일반적으로 조해성(흡습성)이 있으며, 폭약의 원료로 쓰이는 것이 많다. 가열하면 분해하여 산소를 방출하고 아질산염을 생성한다.

➡ ①

70 ① 과망간산칼륨($KMnO_4$)은 제1류 위험물로서 강산화제이다.

➡ ①

71 ② 질산암모늄(제1류 위험물)은 무색·무취의 결정으로 물·알코올에 잘 녹으며, 조해성이 강하고 물에 녹을 때에는 흡열반응을 나타낸다. 단독으로 급격한 가열·충격으로 분해·폭발하는 수도 있다.

➡ ②

72 ④ '인화성 고체'라 함은 고형 알코올과 인화점이 섭씨 40℃ 미만인 고체인 것을 말한다.

* 제2류 위험물의 소방법상 한계
  1. '철분'이라 함은 53μm 표준체를 통과하는 것이 50wt% 미만인 것을 제외한다.
  2. 마그네슘 또는 마그네슘을 함유한 것 중 2mm의 체를 통과하지 아니하는 덩어리 및 직경 2mm 이상의 막대모양의 것은 비위험물로 한다.
  3. '금속분'이라 함은 알칼리금속, 알칼리토류금속, 철 및 마그네슘 이외의 금속의 분말을 말하며, 구리분, 니켈분 및 150μm의 체를 통과하는 것이 50wt% 미만인 것은 제외한다.
  4. '유황'은 순도가 60wt% 이상인 것을 말한다. 이 경우 순도측정에 있어서 불순물은 활석 등 불연성 물질과 수분에 한한다.

➡ ④

73 제2류 위험물 예방 및 소화대책

1. 가열하거나 화기를 피하며 불티, 불꽃, 고온체와의 접촉을 피한다.
2. 산화제(제1류, 제6류)와의 혼합·혼촉을 피한다.
3. 철분, 마그네슘, 금속분류는 물, 습기, 산과의 접촉을 피하여 저장한다.
4. 저장용기는 밀봉하고 용기의 파손과 누출에 주의한다.
5. 통풍이 잘 되는 냉암소에 보관·저장한다.
6. 금속분, 철분, 마그네슘, 황화린은 건조사, 건조분말 등으로 질식소화하며, 적린과 유황은 물에 의한 냉각소화가 적당하다.

➡ ③

74 ③ 제2류 위험물은 연소시 연소열이 크고 연소온도가 높다.

➡ ③

75 유황

1. 일반적인 성질 : 황은 공기 중에서 탈 때 푸른 불꽃을 내며, 아황산가스를 발생한다. 황은 전기의 부도체이며, 마찰에 의해서 대전한다. 가열, 충격, 마찰에 의하여 착화폭발을 일으키며, 황가루가 공기 중에 떠 있을 때에는 분진폭발의 위험성이 있다.
2. 저장 및 취급방법 : 산화제와 멀리해서 저장하고, 분진은 화기에 주의해야 한다. 정전기의 축적을 막도록 한다.
3. 소화방법 : 다량의 물에 의해서 소화한다. 황 단독의 화재시에는 냉각소화 외에도 질식소화도 효과가 있다. 특히, 화재발생시 아황산가스가 발생하므로 호흡기에 주의하지 않으면 안 된다.

➡ ①

76 ② 금속분 화재시 주수하면 수소가스가 발생하여 2차적 재해우려가 있다.

➡ ②

77 ④ 마그네슘은 제2류 위험물에 해당된다.

➡ ④

78 ② 황린의 지정수량은 20kg이다.

➡ ②

79 ③ 제3류 위험물은 황린을 제외한 대부분의 물질은 물에 대해 위험한 반응을 초래한다.

➡ ③

80 ① 제3류 위험물은 물과 반응하면 수소, 아세틸렌, 메탄 등 가연성 가스가 발생되며, 발열현상을 수반하기도 한다.

➡ ①

81 칼륨의 보호액 : 석유(파라핀, 경유, 등유) 속에 저장한다.

➡ ③

82 ④ 동소체는 같은 원소로 되어 있으면서 성질과 모양이 다른 단체로서 연소생성물로서 동소체임을 확인한다.

- 황린(P_4) + $5O_2$ → $2P_2O_5$(오산화인)
- 적린(P_4) + $5O_2$ → $2P_2O_5$(오산화인)

➡ ④

83 ① 제3류 위험물(금수성 물질 및 자연발화성 물질)의 소화는 화재 초기에는 마른 모래(건조사)에 의한 질식소화가 적당하며, 주수소화는 발화 또는 폭발을 일으키고 이산화탄소, 사염화탄소 등과는 심하게 반응한다.

➡ ①

84 칼륨(K), 나트륨(Na), 리튬(Li) : 금수성 물질
수분 또는 습기가 있는 공기와 접촉하면 수소를 발생하고, 발생한 수소는 공기와 함께 폭발성 혼합기체를 형성한다.

➡ ①

85 ① 황린은 자연발화성이므로 물속에 저장하여야 한다. 직사열광을 방지하고 온도의 상승 및 물의 산성화를 방지한다. 즉, 온도가 높아지면 황린의 용해도는 증가하여 산성화가 빨라지며, 이 결과 용기의 액면과 닿고 있는 부분을 부식시킨다. 공기 중의 산소와 상온에서 화합하여 약 34℃에서 자연발화한다.

➡ ①

86 ② 인화수소(PH_3)의 생성을 방지하기 위하여 보호액은 PH_9로 유지한다.

➡ ②

87 ④ 금속칼륨은 수분 또는 습기가 있는 공기와 접촉하면 수소를 발생하고, 발생한 수소는 공기와 함께 폭발성 혼합기체를 형성한다. 금속칼륨은 물보다 비중이 작으므로 물에 떠서 물과 반응하여 수소가스를 발생하고 발열한다. 습기나 물과의 접촉을 피하고 보호액(석유)으로부터 위험물이 노출되지 않도록 저장하여야 한다.

➡ ④

88 ④ 금속칼륨(K), 금속나트륨(Na)의 일반적인 성질

1. 은백색 광택이 있는 무른 금속으로 공기 중의 수분과 반응하여 수소를 발생한다.
2. 물과의 반응성은 대단히 강하여 수소와 열을 발생한다.
3. 수분 또는 습기가 있는 공기와 접촉하면 수소를 발생하고, 발생한 수소는 공기와 함께 폭발성 혼합기체를 형성한다.
4. 물보다 비중이 작으므로 물에 떠서 물과 반응하여 수소가스를 발생하고 발열한다.

➡ ④

89 황린의 일반적인 성질 및 취급방법

1. 공기 중의 산소와 상온에서 화합하여 약 34℃에서 자연발화한다.
2. 황린은 자연발화성이므로 물속에 저장하여야 한다.
3. 직사열광을 방지하고 온도의 상승 및 물의 산성화를 방지한다.

➡ ②

90 ③ 휘발유는 제1석유류에 해당되는 물질이다.

➡ ③

91 ① 제4석유류 : 기어유, 실린더유 그 밖에 1기압에서 인화점이 200℃ 이상 250℃ 미만인 것. 다만, 도료류 그 밖의 물품에 있어서는 가연성 액체량이 40W% 이하인 것은 제외한다.

➡ ①

92 ② 석유류를 제1석유류, 제2석유류, 제3석유류, 제4석유류로 구분하는 기준은 인화점이다.

➡ ②

93 ③ 제3석유류 : 중유, 클레오소트유 그 밖에 1기압에서 인화점이 70℃ 이상 200℃ 미만인 것. 다만, 도료류 그 밖의 물품에 있어서는 가연성 액체량이 40W% 이하인 것은 제외한다.

➡ ③

94 제4류 위험물의 일반적인 성질

1. 대단히 인화되기 쉽다.
2. 발화점이 낮다(특수인화물류).
3. 자연발화한다(불포화도가 높은 건성유, 반건성유).
4. 증기와 공기가 약간 혼합되어 있어도 연소한다.
5. 증기비중이 공기보다 무겁다.
6. 연소범위의 하한이 낮다.
7. 액 비중은 물보다 가볍고 물에 녹지 않는 것이 많다.
8. 폭발위험성이 공존한다.
9. 독특한 냄새가 난다.
10. 인화성 액체물질이다.
11. 액체가 연소하는 것이 아니라 발생된 증기가 연소한다(증발연소).

➡ ③

95 ① 제4류 위험물은 인화성 액체로서 화기 등 점화원으로부터 멀리하여 취급하여야 한다.

➡ ①

96 ③ 제4류 위험물 화재(유류화재)시 봉상의 물을 방사하면 오히려 화재면 및 연소면을 확대하는 경우가 발생하므로 적합하지 못하다.

➡ ③

97 제4류 위험물(인화성 액체)

1. 특수인화물류 : 50ℓ
2. 제1석유류 : 200ℓ(비수용성 액체), 400ℓ(수용성 액체)
3. 제2석유류 : 1,000ℓ(비수용성 액체), 2,000ℓ(수용성 액체)
4. 제3석유류 : 2,000ℓ(비수용성 액체), 4,000ℓ(수용성 액체)
5. 제4석유류 : 6,000ℓ
6. 동식물유류 : 10,000ℓ
7. 알코올류 : 400ℓ

➡ ④

98 제4류 위험물(인화성 액체) : 특수인화물류, 제1석유류, 제2석유류, 제3석유류, 제4석유류, 알코올류, 동식물유류

➡ ②

99 ① 이황화탄소(CS_2)는 무색·투명하며, 일광에 의해 황색으로 변한다.

➡ ①

100 제4류 위험물의 일반적인 성상

1. 인화되기 대단히 쉽다.
2. 발화점이 낮다.

3. 불포화도가 높은 건성유, 반건성유가 다공성 가연물에 스며들어 장기간 저장되어 있는 경우 공기와 자연산화하고 산화열이 축적되어 자연발화한다.
4. 연소범위의 하한이 낮다.
5. 증기비중이 공기보다 무겁다.
6. 폭발위험성이 공존한다.
7. 액 비중은 물보다 가볍고 물에 녹지 않는 것이 많다.
8. 비교적 발화점이 낮다.

➡ ①

101 ② 나이트로소화합물류의 지정수량은 200kg이다.

➡ ②

102 ④ 유기과산화물류, 질산에스테르류, 나이트로화합물류, 나이트로소화합물류는 외부의 산소공급 없이도 자기연소하며, 연소속도가 빠르고 폭발적이다.

➡ ④

103 제5류 위험물의 예방대책
1. 화염, 불꽃 등 점화원의 엄금, 가열, 충격, 마찰, 타격 등을 피한다.
2. 직사광선 차단, 습도에 주의하고 통풍이 양호한 찬 곳에 보관한다.
3. 강산화제, 강산류, 기타 물질이 혼입되지 않도록 한다.
4. 가급적 작게 나누어서 저장하고 용기파손 및 위험물의 누출을 방지한다.
5. 안정제(용제 등)가 함유되어 있는 것은 안정제의 증발을 막고, 증발되었을 때에는 즉시 보충한다.

➡ ③

104 제5류 위험물 소화대책
1. 자기연소성 물질이기 때문에 CO_2, 분말, 하론, 포 등에 의한 질식소화는 효과가 없으며, 다량의 물로 냉각소화하는 것이 적당하다.
2. 초기 화재 또는 소량 화재시에는 분말로 일시에 화염을 제거하여 소화할 수 있으나, 재발화가 염려되므로 최종적으로는 물로 냉각소화하여야 한다.

➡ ①

105 나이트로셀룰로오스(질화면)의 성상
1. 질화도[보통 전량에 대한 질소량(%)]의 정도에 따라 차이는 있으나 질화도가 높을수록 위험성이 크다. 보통 화약의 원료로 쓰인다.
2. 정제가 나빠서 산이 완전히 빠지지 않았을 때에는 그 남은 산이 햇빛의 직사나 가열 등에 의해서 자연발화하는 수도 있다.
3. 저장·수송할 때에는 물이나 알코올로 습면시킬 필요가 있다.

➡ ①

106 ④ 자체 내 산소를 함유하고 있어 외부로부터 산소의 공급 없이도 가열, 충격 등에 의해 연소폭발을 일으킬 수 있는 물질을 자기연소성 물질이라 한다. 제5류 위험물은 자기연소성 물질들이다. 질산에스테르류는 제5류 위험물이다.

➡ ④

107 ① 질화면(나이트로셀룰로오스)은 질화도(질소의 함유율)가 클수록 폭발의 위험성이 크며, 무연화약으로 사용된다. 자연발화온도는 약 180℃이다.

➡ ①

108 트라이나이트로톨루엔(TNT)은 담황갈색의 주상결정으로 강력한 폭약이며 폭발력의 표준으로 사용된다. 물에는 녹지 않는다. 피크린산은 트라이나이트로페놀의 별명이다.

➡ ①

109 ③ 유기과산화물은 제5류 위험물로서 가연성 물질이며 산소함유물질이다. 직사일광 등 모든 열원을 피하고 찬 곳에 저장해야 하며, 다른 약품과 같은 장소에 저장하는 것을 피하여야 한다. 환원제의 가까이에 저장하지 말아야 한다.

➡ ③

110 ② 질산은 그 비중이 1.49 이상인 것

➡ ②

111 제6류 위험물의 일반적인 성질

1. 대표적 성질은 산화성 액체이며 모두가 무기화합물로 물보다 무겁다.
2. 과산화수소를 제외하고 강산성 물질이며 물에 녹기 쉽다.
3. 모두 산소를 포함하고 있으며 다른 물질을 산화시킨다.
4. 불연성 물질이다.
5. 증기는 유독하며 피부와 접촉시 점막을 부식시킨다.

➡ ①

112 제6류 위험물의 예방대책

1. 화기엄금, 직사광선 차단, 강환원제, 유기물질, 가연성 위험물과의 접촉을 피한다.
2. 염기 및 물, 제1류 위험물과의 접촉을 피한다.
3. 용기의 밀전, 파손방지, 전도방지, 변형방지에 주의한다.
4. 가열에 의해 유독성 가스의 발생을 방지시킨다.

➡ ③

113 제6류 위험물은 화기엄금, 직사광선 차단, 강환원제, 유기물질, 가연성 위험물과의 접촉을 피한다.

➡ ①

114 ④ 과산화수소(H_2O_2)의 저장 및 취급방법은 일광의 직사를 피하고 되도록 냉암소에 저장한다. 용기는 밀전해서는 안 되고 통기하기 위하여 구멍이 뚫린 마개로 막는다.

➡ ④

115 제6류 위험물의 소화방법

1. 물과의 접촉에는 발열하므로 일반적으로 물을 사용하는 것은 적당하지 않다. 그러나 연소의 상황에 따라 안개모양(분무상)의 물을 주수했을 때에는 좋은 효과를 거둘 때도 있다.
2. 위급할 때에는 다량의 물로 희석시켜서 흘려버리게 하는 수도 있다.
3. 그 외에는 마른 모래나 탄산가스에 의한다.
4. 할로겐화합물 소화제 중 사염화탄소(할론 104 : CCl_4)는 산화되어 맹독한 포스겐($COCl_2$)이 발생하므로 사용하지 않도록 한다.

➡ ①

116 ④ 풍속은 화재확대 규모에 많은 영향이 있다. 풍속이 강할 때에는 바람방향의 연소속도가 빠르며, 연소면적이 확대된다.

➡ ④

117 바람

1. 풍속은 화재확대 규모에 많은 영향이 있다.
2. 풍속이 강할 때에는 바람방향의 연소속도가 빠르며, 연소면적이 확대된다.
3. 바람에 의해 연소면의 형태변화가 있다.
4. 바람이 거의 없을 때에는 연소면의 형태가 화원을 중심으로 하여 원형을 그리면서 연소가 확대된다.
5. 바람이 불 때에는 연소면의 형태가 계란형을 그리면서 연소가 확대된다.
6. 바람이 강하게 불면 타원형 형태를 그리면서 연소가 확대해간다.

➡ ①

Chapter 3 화재시 연기 특성

01 ④ 연기입자의 크기는 보통 0.01~10미크론 정도이다.

④

02 ① 눈으로 볼 수 있는 입자나 가스를 연기라 한다. 그러나 눈으로 식별되지 아니하는 기체라도 가연물의 연소시 발생되는 가스 등의 부유물도 연기라 할 수 있다.
② 연기의 유동속도는 수평(0.5~1m/sec)보다 수직(2~3m/sec)에서 빠르다.
③ 모든 연기는 유독성 기체라 할 수 없다(이산화탄소, 수증기 등).
④ 연기의 유동은 열적 에너지(부력)에 의해 수직상승하여 점차 확산된다.

①

03 ① 연기는 온도가 낮은 곳이나 공기가 희박한 곳에서 연소할 경우, 많은 입자가 생성되어 농도가 짙게 된다.

①

04 ③ 탄소 및 타르입자가 다량으로 포함된 연기는 농도가 짙으며 검게 보인다.

③

05 연기의 농도(감광계수)와 가시거리

감광계수	가시거리(m)	상 황
0.1	20~30	연기감지기가 작동할 정도
0.3	5	건물 내부에 익숙한 사람이 피난에 지장을 느낄 정도의 농도
0.5	3	어두침침한 것을 느낄 정도의 농도
1.0	1~2	거의 앞이 보이지 않을 정도
10	0.2~0.5	화재 최성기 때의 연기농도로 유도등이 보이지 않을 정도
30	-	출화실에서 연기가 분출될 때의 연기농도

①

06 연기농도 측정법
1. 중량농도법(mg/m^3) : 단위체적당 연기입자의 무게를 측정하는 방법
2. 입자농도법(개/m^3) : 단위체적당 연기입자의 개수를 측정하는 방법
3. 감광계수법(투과율법) : 연기 속을 투과하는 빛의 양을 재는 광학적 방법

①

07 패닉(Panic)현상은 화재시 화염이나 연기를 보고 놀라서 평소에는 잘 하지 않는 행동을 하거나 아니면 아무것도 하지 못하고 굳어버리는 현상을 말한다. 이러한 현상은 연기농도에 의한 시계제한, 외부와 단절되어 고립, 유독가스에 의한 호흡장애 등으로 발생된다.
④ 가연내장재는 패닉(Panic)에 도달하는 시간과 관련이 있다.

④

08 고층건물에서 연기유동을 일으키는 요인
1. 온도에 의한 가스의 팽창(화재에 의한 부력)
2. 굴뚝효과(연돌효과)
3. 외부 풍압의 영향(바람에 의한 압력차)
4. 건물 내에서의 강제적인 공기유동(공기조화설비에 의한 영향)
5. 중성대

③

09 ④ 건물의 규모는 고층건물에서 연기의 유동을 일으키는 요인이 아니다.

④

10 연기의 유동 및 속도

1. 연기의 속도는 일반적으로 수평방향으로는 0.5～1m/sec 정도로 인간의 보행속도(1.0～1.2m/sec)보다 늦다.
2. 연기의 속도는 계단실 등 수직방향은 화재초기의 연기라도 1.5m/sec, 농연에서는 3～4m/sec로서 인간의 보행속도보다 빠르다.
3. 지하가 등에 있어서 연기의 이동은 약 1.0m/sec 정도이지만, 제트팬이 설치된 긴 터널인 경우는 3～5m/sec에 달한다.

➡ ④

11 굴뚝효과에 의한 연기의 흐름

1. 건물 내부온도 > 건물 외부온도 : 위쪽으로 이동
2. 건물 내부온도 < 건물 외부온도 : 아래로 이동
3. 고층건물 화재시에는 내부온도가 높아지기 때문에 굴뚝효과에 의해 건물 내부가 거의 굴뚝과 같이 연기가 위로 이동한다.

➡ ③

12 중성대의 위치 : 건물구조, 화재가 발생한 층, 공기유입구의 위치에 따라 달라진다.

➡ ①

13 ② 중성대는 건물의 실내외의 압력이 일치하는 위치에 있다.

➡ ②

14 ① 층의 면적과 굴뚝효과는 아무런 관계가 없다.

* 굴뚝효과(연돌효과)에 영향을 주는 인자

1. 건물의 높이
2. 건물 내외의 온도차
3. 화재실의 온도
4. 외벽의 기밀도
5. 각층 간의 공기누설

➡ ①

15 ③ 연기 안에는 가연성 성분이 분명히 있어 경우에 따라서는 연기폭발을 일으키는 경우도 있을 수 있으며, 불꽃을 내지 않고 연소하는 물질, 예를 들면 담배나 쌀겨 등의 화재시에 더욱 그러한 점에 유의해야 한다.

➡ ③

16 ③ CO에 의한 중독은 CO가 혈액 중의 헤모글로빈(Hb)과 결합하는 능력이 산소보다 200배나 높기 때문에 폐에 흡수된 CO가 바로 HbCO로 되어 헤모글로빈에 의한 산소의 운반과 탄산가스의 배출작용이 방해받게 된다.

➡ ③

17 CO_2 중독현상

공기 중의 CO_2(%)	중독현상
2.5	수시간 호흡해도 일반장해는 없다.
3.0	무의식 중에 호흡수가 증가하고 호흡량이 많아진다.
4.0	국소적으로 지각증상이 생긴다. 머리의 압박감, 두통, 귀울림, 심계항진, 혈압증가, 홍분, 현기증, 두통
6.0	스스로 호흡량이 증가하는 것을 느낄 수 있게 된다.
8.0	고도의 호흡곤란증상이 생긴다.
10.0	급격히 의식불명이 되고 호흡이 정지된다. 그러나 심장박동은 계속한다.
20.0	10～20분 이내에 질식사

➡ ①

18 일산화탄소의 위험도

1. 0.01%(100ppm) : 그 분위기에 수시간 노출이 가능하다.
2. 0.04~0.05%(400~500ppm) : 한 시간 후에도 특별한 증세는 보이지 않는다.
3. 0.06~0.07%(600~700ppm) : 한 시간 경과하면 뚜렷한 중독증세가 나타나기 시작한다.
4. 0.1~0.12%(1,000~1,200ppm) : 한 시간 후에는 신체의 정상기능이 급격히 저하된다(두통, 메스꺼움).
5. 0.15~0.2%(1,500~2,000ppm) : 한 시간 동안의 호흡으로 위험한 상태에 이른다.
6. 0.4%(4,000ppm) : 한 시간 이내의 호흡으로 사망할 수 있다.

➡ ④

19 ② 배기 : 고층건물에서 배기를 효과적으로 하려면 연기의 유동로와 유동력이 필요하게 되며, 유동력은 압력차를 이용한다.

* 스모크 샤프트(Smoke Shaft)는 공기를 옥외로 배출시키는 통로의 하나로서 건물 밑에서 지붕 꼭대기까지 수직으로 관통되는 구조로 하며, 샤프트에는 각 층에 댐퍼를 두어 화재가 발생하기까지 폐쇄상태로 유지된다.

➡ ②

20 연기제어의 기본방법 : 희석, 배기, 차단

1. 희석 : 건물 내의 연기를 계속적으로 외부로 배출하거나 다량의 신선한 공기를 유입시킴으로써 연기나 연소생성물을 위험수준 이하로 희석하는 것이다.
2. 배기 : 고층건물에서 배기를 효과적으로 하려면 연기의 유동로와 유동력이 필요하게 되며, 유동력은 압력차를 이용한다.
3. 차단 : 일정한 장소 내로 연기가 들어오지 않도록 차단하는 것이다.

➡ ④

Chapter 4 화재의 예방

01 ② 급수관, 배전관 기타의 관이 방화구획으로 되어 있는 부분을 관통하는 경우에는 그 관과 방화구획과 틈을 시멘트모르터 기타 불연재료로 메울 것

➡ ②

02 방화지구 안의 건축물의 외벽에 설치하는 창문과 연소할 우려가 있는 부분에는 다음에 의한 방화설비를 하여야 한다.

1. 60+ 방화문 또는 60분 방화문
2. 창문 등에는 드렌처설비
3. 창문 등과 연소할 우려가 있는 다른 건축물의 부분을 차단하는 내화구조나 불연재료로 된 벽, 담장 그 밖의 이와 유사한 방화설비
4. 환기구멍에 설치하는 불연재료로 된 방화커버 또는 그물눈 2mm 이하인 금속망

➡ ③

03 거실 : 건축물 안에서 거주, 집무, 작업, 집회, 오락 기타 이와 유사한 용도로 사용되는 방을 말한다. 거실은 건축물 안에서 사람이 장시간 지속적으로 머무르게 되는 용도인 실로서 위생(채광·환기 및 방습 등), 방화 및 피난 등 관련법의 규제가 다른 실보다 강화된다. 좁은 의미로는 주거공간(침실, 거실, 부엌 등)에서부터 의료시설의 병원, 숙박시설의 객실, 교실, 판매공간 등 광범위하다.

* 사람이 장시간 머무르지 않는 복도, 계단, 현관, 변소, 욕실, 창고, 기계실 등은 거실이 아니다.

➡ ④

04 지붕·계단의 내화구조기준

지붕	• 철근콘크리트조 또는 철골철근콘크리트조 • 철재로 보강된 콘크리트블록조·벽돌조 또는 석조 • 철재로 보강된 유리블록 또는 망입유리로 된 것
계단	• 철근콘크리트조 또는 철골철근콘크리트조 • 무근콘크리트조·콘크리트블록조·벽돌조 또는 석조 • 철재로 보강된 콘크리트블록조·벽돌조 또는 석조 • 철골조
보	• 철근콘크리트조 또는 철골철근콘크리트조 • 철골을 두께 6cm(경량골재를 사용한 경우에는 5cm) 이상의 철망모르터 또는 두께 5cm 이상의 콘크리트로 덮은 것 • 철골조의 지붕틀(바닥으로부터 그 아랫부분까지의 높이가 4m 이상인 것에 한한다)로서 그 바로 아래에 반자가 없거나 불연재료로 된 반자가 있는 것

▶ ②

05 ① 방화벽의 구조는 내화구조로서 홀로 설 수 있는 구조로 해야 한다.

▶ ①

06 방화구획의 기준

1. 10층 이하의 층은 바닥면적 1,000m^2 이내마다 구획할 것
2. 매 층마다 구획할 것
3. 11층 이상의 층은 바닥면적 200m^2 이내마다 구획할 것
4. 내화구조로 된 바닥, 벽 및 방화문 또는 자동방화셔터로 구획할 것

▶ ①

07 건축물의 방화구조

1. 철망모르터 바르기로 바름두께가 2cm 이상인 것
2. 석면시멘트판 또는 석고판 위에 시멘트모르터 또는 회반죽을 바른 것으로 두께의 합계가 2.5cm 이상인 것
3. 시멘트모르터 위에 타일을 붙인 것으로서 그 두께의 합계가 2.5cm 이상인 것
4. 심벽에 흙으로 맞벽치기한 것

▶ ①

08 ① 내화구조의 벽의 기준에서 철근콘크리트조 또는 철골철근콘크리트조로서 두께가 10cm 이상이어야 한다.

▶ ①

09 주요구조부라 함은 내력벽, 기둥, 바닥, 보, 지붕틀 및 주계단을 말한다. 다만, 사잇벽, 사이기둥, 최하층 바닥, 작은 보, 차양, 옥외계단 그 밖의 이와 유사한 것으로 건축물의 구조상 중요하지 아니한 부분을 제외한다.

▶ ④

10 화재하중이란 일정구역 내에 있는 예상최대 가연물질의 양을 뜻하며 동일개념으로 화재심도라고 규정하기도 한다. 가연물질의 연소속도와 관계가 있으며, 건축물의 내화설계시 고려되어야 할 사항으로 가연물의 발열량의 총량을 구하여 건물구조의 내화설계를 하여야 한다.

▶ ④

11 ② 방화구조는 철망모르터로서 그 바름두께가 최소 2cm 이상이어야 한다.

▶ ②

12 ② 화재에 대한 내력이 없더라도 화재 초기에 다른 부분의 연소확대를 방지할 수 있는 정도의 간단한 구조를 방화구조라 한다.

➡ ②

13 방염성능의 측정기준

1. 잔염시간 : 착화 후에 버너를 제거한 때부터 불꽃을 올리며 연소하는 상태가 그칠 때까지의 경과시간
2. 잔진시간 : 착화 후에 버너를 제거한 때부터 불꽃을 올리지 아니하고 연소하는 상태가 그칠 때까지의 경과시간
3. 탄화면적 : 잔염시간 또는 잔진시간 내에 탄화하는 면적
4. 탄화길이 : 잔염시간 또는 잔진시간 내에 탄화하는 길이
5. 접염횟수 : 완전히 용융될 때까지 필요한 불꽃을 접하는 횟수
6. 연기최대밀도

➡ ④

14 ③ 화재하중이란 일정구역 내에 있는 예상최대 가연물질의 양을 뜻하며, 동일개념으로 화재심도라고 규정하기도 한다.

➡ ③

15 건축물의 평면계획

1. 화재에 의한 피해를 작은 범위로 한정하기 위한 것으로 방화구획을 작게 하며, 우선적으로 화재발생을 다른 구역으로 이동하는 것을 방지하는 것이다.
2. 이러한 것을 위해서는 화재차단성능을 지닌 방화벽, 방화문 등을 방화구획의 경계부분에 설치해야 하며, 구획 내에서 화재를 멈추게 하여 피해를 줄이는 것이다.
3. 방연구획과 제연계획이 포함되며, 화재시 소방활동상 소방대의 신입, 통로, 피난을 위한 명확한 2방향 이상의 피난동선을 확보해야 한다.

➡ ②

16 건축물의 방재계획

1. 부지선정 및 배치계획 : 건축물들의 이격거리가 적당해야 하며, 안전한 소화활동 및 구조활동을 위해서는 주변의 부지 내에 통로나 충분한 광장이 있어야 한다.
2. 평면계획 : 화재에 의한 피해를 작은 범위로 한정하기 위한 것으로 방화구획을 작게 하며, 우선적으로 화재발생을 다른 구역으로 이동하는 것을 방지하는 것이다.
3. 단면계획 : 상하층의 재해 전파를 제어하는 것으로 화염이 다른 층으로 이동하지 못하도록 구획하는 것이다.
4. 입면계획
   ㉠ 입면계획에 있어서 벽과 개구부가 가장 큰 요소가 되지만 단지 조형상의 구조물로서의 기능뿐만 아니라 다른 건축물 방재계획과 마찬가지로 화재예방, 소화, 구출, 피난, 연소방지 등의 계획을 수립하여야 한다.
   ㉡ 화재예방차원으로 이웃 건물과 접해 있는 개구부에 방화셔터, 방화문 등을 설치하며, 층간 연소방지는 내화재의 벽으로 층간을 구획한다.
   ㉡ 외부에서 건축물 내에 진입하기 위한 진입구를 마련하여 소화 및 구출활동을 원활하게 하며, 발코니나 옥외계단을 설치하여 피난에 원활성을 고려할 수 있다.
5. 재료계획 : 내장재, 외장재, 마감재 등은 화재예방 및 연소확대방지를 위해 사용재료의 불연성능, 내화성능을 고려하지 않으면 안 된다.

➡ ③

17 연소확대 방지 : 화재가 발생한 경우 한정된 범위로 억제하여 건물 내 다른 곳으로 확대되지 않도록 하기 위하여 내화성능을 가진 벽이나 바닥 등으로 수직·수평공간을 구획해야 할 필요가 있으며 또한 방

연구획을 병행하는 것이 바람직하다.

1. 수평구획 : 일정한 면적마다 방화구획을 함으로써 화재피해를 최소한으로 줄이는 것이다. 방화구획에는 방화문을 설치할 수 있다.
2. 수직구획 : 계단, 에스컬레이터, 엘리베이터 샤프트, 파이프 샤프트, 덕트(Duct) 등 건축설비의 종으로 관통하는 부분에 화염 및 연기의 전파를 방지하는 것이다.
3. 용도구획 : 용도상 면적구획을 할 수 없는 경우에는 불연재료를 사용해야 한다.

➡ ②

18 ③ 건축물의 건축구조에 내화 및 방화성능을 고려하여야 하는 이유는 건축물 내의 가연물의 양을 제한하여 화재하중을 적게 하기 위해서이다.

* 화재하중이란 화재구획에서 단위면적당 등가가연물의 양으로 표현된다.

➡ ③

19 Fool-Proof와 Fail-Safe의 원칙

1. Fool-Proof : 비상사태 대비책을 의미하는 것으로 화재발생시 사람의 심리상태는 긴장상태가 되어 인간의 행동특성에 따라 행동하는 것을 고려하여 피난설비는 원시적이고 간단명료하게 설치하고, 피난대책은 누구나 알기 쉬운 방법을 선택하는 것을 뜻한다. 피난 및 유도표시는 문자보다는 색과 형태를 이용하든가 피난방향으로 문을 열 수 있도록 하는 것이 이에 속한다.
2. Fail-Safe : 이중 안전장치를 의미하는 것으로 피난시 하나의 수단이 고장 등으로 사용이 불가능하더라도 다른 수단 및 방법에 의하여 피난할 수 있도록 하는 것을 말한다. 2방향 이상의 피난통로를 확보하는 피난대책이 이에 속한다.

➡ ③

20 ④ 수평방향의 피난시설계획 : 화재시 안전한 피난을 위한 1차적인 대피단계는 각 실에서 계단실까지의 수평방향으로의 이동이며, 따라서 수평방향의 이동에 있어서 가장 중요한 것은 복도라고 할 수 있다.

* 수직방향의 피난시설계획 : 고층건물에서 일상적인 수직동선은 Elevator이고 계단은 보조수단으로서 한·두층 간의 보행시에만 사용되지만, 피난계획시에는 Elevator의 사용이 불가능하므로 계단이 주된 수직적인 피난시설이다.

➡ ④

21 화재가 발생할 경우 피난경로로서는 복도, 계단전실, 계단을 거쳐 안전한 지상으로 탈출시키는 통로가 일반적이다. 각각 구획의 방화벽이나 방연벽으로 구획되어 있고 차례차례 피난해가면 안전도는 높게 된다. 다음의 구획으로 이동하는 곳에는 시간이 걸리는 이유 때문에 구획이 많은 만큼 안전도는 충분히 확보해두어야 한다. 연기에 관계되는 안전구획의 개념에서는 복도가 1차 안전구획, 계단전실이 2차 안전구획, 계단이 3차 안전구획이 된다. 안전구획 사이의 벽은 기밀성이 높은 벽으로 하고 출입문은 방화문으로 한다.

➡ ①

22 ③ 연기나 불로 인하여 한 피난로가 차단되더라도 다른 방향으로 피난할 수 있도록 2방향 이상의 피난로를 계획하여야 하고, 피난인들의 집중으로 인한 패닉(Panic)현상이 일어나지 않도록 상호 반대방향으로의 대칭인 형태로 위치하는 것이 이상적이다.

➡ ③

23 피난계단의 설치기준

1. 건축물의 5층 이상 또는 지하 2층 이하의 층으로부터 피난층 또는 지상으로 통하는 직통계단은 피난계단 또는 특별피난계단으로 설치하여야 한다.
2. 건축물의 11층 이상 또는 지하 3층 이하의 층으로부터 피난층 또는 지상으로 통하는 직통계단은 특별피난계단으로 설치하여야 한다.

3. 판매시설의 용도로 쓰이는 층으로부터의 직통계단은 그중 1개소 이상을 특별피난계단으로 설치하여야 한다.
4. 건축물의 5층 이상의 층으로 운동시설, 위락시설, 전시시설, 판매시설의 용도로 쓰이는 층에는 바닥면적이 2,000m^2가 넘을 경우 넘는 부분의 1개소에는 피난계단 또는 특별피난계단을 설치하여야 한다.

➡ ①

24 연기에 의한 시계제한, 유독가스에 의한 호흡장애, 외부와 단절되어 고립되면 공포감을 느끼는 패닉(Panic)현상이 발생될 수 있다.
④ 건물의 가연내장재와 패닉현상과는 거리가 멀다.

➡ ④

25 ③ 건물의 5층 이상 또는 지하 2층 이하의 층으로부터 피난층 또는 지상으로 통하는 직통계단은 피난계단 또는 특별피난계단으로 설치하여야 한다.

➡ ③

26 ② 제조소 등의 계측장치·제어장치 및 안전장치 등의 적정한 유지·관리

➡ ②

27 저장소
1. 옥내저장소 : 옥내에 저장하는 장소
2. 옥외탱크저장소 : 옥외에 있는 탱크에 위험물을 저장하는 장소
3. 옥내탱크저장소 : 옥내에 있는 탱크에 위험물을 저장하는 장소
4. 지하탱크저장소 : 지하에 매설한 탱크에 위험물을 저장하는 장소
5. 간이탱크저장소 : 간이탱크에 위험물을 저장하는 장소
6. 이동탱크저장소 : 차량에 고정된 탱크에 위험물을 저장하는 장소
7. 옥외저장소 : 옥외에 위험물을 저장하는 장소
8. 암반탱크저장소 : 암반 내의 공간을 이용한 탱크에 액체의 위험물을 저장하는 장소

➡ ③

28 취급소
1. 주유취급소 : 고정된 주유설비(항공기에 주유하는 경우에는 차량에 설치된 주유설비를 포함한다)에 의하여 자동차, 항공기 또는 선박 등의 연료탱크에 직접 주유하기 위하여 위험물을 취급하는 장소
2. 판매취급소 : 점포에서 위험물을 용기에 담아 판매하기 위하여 지정수량의 40배 이하의 위험물을 취급하는 장소
3. 이송취급소 : 배관 및 이에 부속된 설비에 의하여 위험물을 이송하는 장소
4. 일반취급소 : 1. 내지 3. 외의 장소

➡ ④

29 ③ 판매취급소 : 점포에서 위험물을 용기에 담아 판매하기 위하여 지정수량의 40배 이하의 위험물을 취급하는 장소

➡ ③

30 ① 위험물제조소 등에 설치하는 스프링클러설비의 설치기준 : 스프링클러헤드는 방호대상물의 천장 또는 건축물의 최상부 부근(반자가 설치되지 아니한 경우)에 설치하되, 방호대상물의 각 부분에서 하나의 스프링클러헤드까지의 수평거리가 1.7m 이하가 되도록 설치할 것

➡ ①

31 ① 옥외소화전은 방호대상물의 각 부분(건축물의 경우에는 당해 건축물의 1층 및 2층의 부분에 한한다)에서 하나의 호스접속구까지의 수평거리가 40m 이하가 되도록 설치하여야 한다.

➡ ①

32 옥내소화전설비의 설치기준

1. 옥내소화전은 제조소 등의 건축물의 층마다 당해 층의 각 부분에서 하나의 호스접속구까지의 수평거리가 25m 이하가 되도록 설치할 것. 이 경우 옥내소화전은 각 층의 출입구 부근에 1개 이상 설치하여야 한다.
2. 수원의 수량은 옥내소화전이 가장 많이 설치된 층의 옥내소화전 설치개수(설치개수가 5개 이상인 경우는 5개)에 $7.8m^3$를 곱한 양 이상이 되도록 설치할 것
3. 옥내소화전설비는 각 층을 기준으로 하여 당해 층의 모든 옥내소화전(설치개수가 5개 이상인 경우는 5개의 옥내소화전)을 동시에 사용할 경우에 각 노즐선단의 방수압력이 350kPa 이상이고 방수량이 1분당 260ℓ 이상의 성능이 되도록 할 것
4. 옥내소화전설비에는 비상전원을 설치할 것

➡ ②

33 ② 위험물의 제조소 등이라 함은 위험물의 제조소, 저장소 및 취급소를 말한다.

➡ ②

34 ② 주유취급소 : 고정된 주유설비(항공기에 주유하는 경우에는 차량에 설치된 주유설비를 포함)에 의하여 자동차·항공기 또는 선박 등의 연료탱크에 직접 주유하기 위하여 위험물(석유사업법 제26조의 규정에 의한 유사석유제품에 해당하는 물품을 제외)을 취급하는 장소

➡ ②

35 위험물제조소 등에 자동화재탐지설비를 설치하여야 할 대상물

1. 연면적 $500m^2$ 이상인 것
2. 옥내에서 지정수량의 100배 이상을 취급하는 것
3. 일반취급소로 사용되는 부분 외의 부분이 있는 건축물에 설치된 일반취급소
4. 지정수량의 100배 이상을 저장 또는 취급하는 옥내저장소
5. 저장창고의 연면적이 $150m^2$를 초과하는 옥내저장소
6. 처마높이가 6m 이상인 단층건물의 옥내저장소
7. 옥내저장소로 사용되는 부분 외의 부분이 있는 건축물에 설치된 옥내저장소
8. 옥내탱크저장소
9. 옥내주유취급소

➡ ②

36 위험물제조소 등에 설치하는 옥외소화전의 설치기준

1. 옥외소화전은 방호대상물의 각 부분(건축물의 경우에는 당해 건축물의 1층 및 2층의 부분에 한한다)에서 하나의 호스접속구까지의 수평거리가 40m 이하가 되도록 설치할 것. 이 경우 그 설치개수가 1개일 때에는 2개로 하여야 한다.
2. 수원의 수량은 옥외소화전의 설치개수(설치개수가 4개 이상인 경우는 4개의 옥외소화전)에 $13.5m^3$를 곱한 양 이상이 되도록 설치할 것
3. 옥외소화전설비는 모든 옥외소화전(설치개수가 4개 이상인 경우는 4개의 옥외소화전)을 동시에 사용할 경우에 각 노즐선단의 방수압력이 350kPa 이상이고, 방수량이 1분당 450ℓ 이상의 성능이 되도록 할 것
4. 옥외소화전설비에는 비상전원을 설치할 것

➡ ④

37 ④ 제2류 위험물은 산화제와의 접촉·혼합이나 불티·불꽃·고온체와의 접근 또는 과열을 피하는 한편, 철분·금속분·마그네슘 및 이를 함유한 것에 있어서는 물이나 산과의 접촉을 피하고 인화성 고체에 있

어서는 함부로 증기를 발생시키지 아니하여야 한다.

➡ ④

38 ② 제3류 위험물 중 자연발화성 물품에 있어서는 불티·불꽃 또는 고온체와의 접근·과열 또는 공기와의 접촉을 피하고, 금수성 물품에 있어서는 물과의 접촉을 피하여야 한다.

➡ ②

39 ② 옥내저장소에 있어서 위험물은 용기에 수납하여 저장하여야 한다(덩어리상태의 유황은 제외).

➡ ②

40 ④ 나이트로화합물은 제5류 위험물로 불티·불꽃·고온체와의 접근이나 과열·충격 또는 마찰을 피하여야 한다.

➡ ④

41 ③ 자동차 등에 주유할 때에는 고정주유설비 또는 고정주유설비에 접속된 탱크의 주입구로부터 4m 이내의 부분에, 이동저장탱크로부터 전용탱크에 위험물을 주입할 때에는 전용탱크의 주입구로부터 3m 이내의 부분 및 전용탱크 통기관의 선단으로부터 수평거리 1.5m 이내의 부분에 있어서는 다른 자동차 등의 주차를 금지하고 자동차 등의 점검정비 또는 세정을 하지 아니하여야 한다.

➡ ③

42 ③ 판매취급소에서의 위험물은 운반용기에 수납한 채로 판매하여야 한다.

➡ ③

43 ③ 고체위험물은 운반용기 내용적의 95% 이하의 수납률로 수납하여야 하고, 액체위험물은 운반용기 내용적의 98% 이하의 수납률로 수납하되, 55℃의 온도에서 누설되지 아니하도록 충분한 공간용적을 유지하도록 하여야 한다.

➡ ③

44 ④ 자연발화성 물질에 있어서는 불활성 기체를 봉입하여 밀봉하는 등 공기와 접하지 아니하도록 하여야 한다.

➡ ④

45 ② 제1류 위험물, 제3류 위험물 중 자연발화성 물질, 제4류 위험물 중 특수인화물, 제5류 위험물 또는 제6류 위험물은 차광성이 있는 피복으로 가려야 한다.
제1류 위험물 중 알칼리금속의 과산화물 또는 이를 함유한 것, 제2류 위험물 중 철분·금속분·마그네슘 또는 이들 중 어느 하나 이상을 함유한 것 또는 금수성 물질은 방수성이 있는 피복으로 덮어야 한다.

➡ ②

46 제1류 위험물 중 알칼리금속의 과산화물 또는 이를 함유한 것에 있어서는 '화기충격주의', '물기엄금' 및 '가연물접촉주의', 그 밖의 것에 있어서는 '화기충격주의' 및 '가연물접촉주의'를 표시하여 운반용기에 적재하여야 한다.

➡ ④

47 ③ 염소산염류는 제1류 위험물로서 '화기충격주의' 및 '가연물접촉주의' 등을 운반용기 외부에 표시하여야 한다.

➡ ③

48 ① 질산은 제6류 위험물로 '가연물접촉주의'라는 주의사항을 운반용기 외부에 표시하여야 한다.

➡ ①

49 ② 이동탱크저장소 표지판의 색깔 : 흑색바탕, 황색문자(반사도료)

➡ ②

50 ② 게시판의 바탕은 백색으로, 문자는 흑색으로 하여야 한다.

➡ ②

51 위험물의 운반은 그 용기·적재방법 및 운반방법에 관한 중요기준과 세부기준에 따라 행하여야 한다.

➡ ②

52 ④ 제6류 위험물은 '가연물접촉주의'로 표기한다.

➡ ④

53 위험물제조소의 표지판 및 게시판

1. 규격 : 한 변의 길이 0.3m 이상, 다른 한 변의 길이 0.6m 이상
2. 색깔 : 백색바탕, 흑색문자
3. 표지판에 기재할 사항 : 제조소 등의 명칭(제조소, 옥내저장시설 등)
4. 게시판에 기재할 사항
   ㉠ 위험물의 유별 및 품명
   ㉡ 저장 최대수량 및 취급 최대수량, 지정수량의 배수
   ㉢ 안전관리자의 성명 및 직명

➡ ②

54 위험물제조소의 주의사항 게시판 설치기준

1. 규격 : 한 변이 0.3m 이상, 다른 한 변이 0.6m 이상
2. 화기엄금 : 적색바탕, 백색문자
3. 화기주의 : 적색바탕, 백색문자
4. 물기엄금 : 청색바탕, 백색문자

➡ ③

55 ② 제1종 판매취급소 - 건축물의 1층에 설치할 것

➡ ②

56 옥외저장소의 보유공지

저장 또는 취급하는 위험물의 최대수량	공지의 너비
지정수량의 10배 이하	3m 이상
지정수량의 10배 초과 20배 이하	5m 이상
지정수량의 20배 초과 50배 이하	9m 이상
지정수량의 50배 초과 200배 이하	12m 이상
지정수량의 200배 초과	15m 이상

➡ ①

57 옥내저장소의 기준

1. 저장창고는 위험물의 저장을 전용으로 하는 독립된 건축물
2. 저장창고는 지면에서 처마까지의 높이가 6m 미만인 단층건물로 하고, 그 바닥을 지반면보다 높게 하여야 한다.

➡ ①

58 옥내저장소의 위치·구조 및 설비의 기준

* 하나의 저장창고의 바닥면적은 다음의 구분에 의한 면적 이하로 하여야 한다.

1. 다음의 위험물을 저장하는 창고 - 1,000m^2
   ㉠ 제1류 위험물 중 아염소산염류, 염소산염류, 과염소산염류, 무기과산화물 그 밖에 지정수량이 50kg인 위험물

ⓛ 제3류 위험물 중 칼륨, 나트륨, 알킬알루미늄, 알킬리튬 그 밖에 지정수량이 10kg인 위험물 및 황린
ⓒ 제4류 위험물 중 특수인화물, 제1석유류 및 알코올류
ⓓ 제5류 위험물 중 유기과산화물, 질산에스테르류 그 밖에 지정수량이 10kg인 위험물
ⓔ 제6류 위험물

2. 1.의 위험물 외의 위험물을 저장하는 창고 - 2,000m^2
3. 1.의 위험물과 2.의 위험물을 내화구조의 격벽으로 완전히 구획된 실에 각각 저장하는 창고 - 1,500m^2

➡ ①

59 위험물제조소의 배출설비 설치기준 : 가연성의 증기 또는 미분이 체류할 우려가 있는 건축물에는 그 증기 또는 미분을 옥외의 높은 곳으로 배출할 수 있도록 다음의 기준에 의하여 배출설비를 설치하여야 한다.

1. 배출설비 : 국소방식으로 하여야 한다. 다만, 다음에 해당하는 경우에는 전역방식으로 할 수 있다.
   ㉠ 위험물취급설비가 배관이음 등으로만 된 경우
   ㉡ 건축물의 구조·작업장소의 분포 등의 조건에 의하여 전역방식이 유효한 경우
2. 배출설비 : 배풍기·배출덕트·후드 등을 이용하여 강제적으로 배출하는 것으로 하여야 한다.
3. 배출능력 : 1시간당 배출장소 용적의 20배 이상인 것으로 하여야 한다. 다만, 전역방식의 경우에는 바닥면적 1m^{2}당 18m^3 이상으로 할 수 있다.
4. 배출설비의 급기구 및 배출구는 다음의 기준에 의하여야 한다.
   ㉠ 급기구 : 높은 곳에 설치하고, 가는 눈의 구리망 등으로 인화방지망을 설치할 것
   ㉡ 배출구 : 지상 2m 이상으로서 연소의 우려가 없는 장소에 설치하고, 배출덕트가 관통하는 벽부분의 바로 가까이에 화재시 자동으로 폐쇄되는 방화댐퍼를 설치할 것
5. 배풍기 : 강제배기방식으로 하고, 옥내덕트의 내압이 대기압 이상이 되지 아니하는 위치에 설치하여야 한다.

➡ ④

60 옥외저장소의 기준 : 옥외저장소에 선반을 설치하는 경우에는 다음의 기준에 의할 것

1. 선반은 불연재료로 만들고 견고한 지반면에 고정할 것
2. 선반은 당해 선반 및 그 부속설비의 자중·저장하는 위험물의 중량·풍하중·지진의 영향 등에 의하여 생기는 응력에 대하여 안전할 것
3. 선반의 높이 - 6m를 초과하지 아니할 것
4. 선반에는 위험물을 수납한 용기가 쉽게 낙하하지 아니하는 조치를 강구할 것

➡ ②

61 옥내저장소의 위치·구조 및 설비의 기준 : 하나의 저장창고의 바닥면적은 다음의 구분에 의한 면적 이하로 하여야 한다.

1. 다음의 위험물을 저장하는 창고 - 1,000m^2
   ㉠ 제1류 위험물 중 아염소산염류, 염소산염류, 과염소산염류, 무기과산화물류 그 밖에 지정수량이 50kg인 위험물
   ㉡ 제3류 위험물 중 칼륨, 나트륨, 알킬알루미늄, 알킬리튬 그 밖에 지정수량이 10kg인 위험물 및 황린
   ㉢ 제4류 위험물 중 특수인화물, 제1석유류 및 알코올류
   ㉣ 제5류 위험물 중 유기과산화물, 질산에스테르류 그 밖에 지정수량이 10kg인 위험물
   ㉤ 제6류 위험물
2. 1.의 위험물 외의 위험물을 저장하는 창고 - 2,000m^2
3. 1.의 위험물과 2.의 위험물을 내화구조의 격벽으로 완전히 구획된 실에 각각 저장하는 창고 -

1,500m^2(1.의 위험물을 저장하는 실의 면적은 500m^{2}를 초과할 수 없다)

➡ ④

62 고정주유설비 : 고정주유설비 또는 고정급유설비의 주유관의 길이는 5m 이내로 하고, 그 선단에는 축적된 정전기를 유효하게 제거할 수 있는 장치를 설치하여야 한다.

➡ ②

63 지하탱크저장소의 기준

1. 위험물을 저장 또는 취급하는 지하탱크는 지면하에 설치된 탱크전용실에 설치하여야 한다.
2. ㉠ 탱크전용실은 지하의 가장 가까운 벽·피트·가스관 등의 시설물 및 대지경계선과의 설치간격 : 0.1m 이상 떨어진 곳에 설치
   ㉡ 지하저장탱크와 탱크전용실의 안쪽과의 간격 및 설치 : 0.1m 이상의 간격을 유지하도록 하며, 당해 탱크의 주위에 마른 모래 또는 습기 등에 의하여 응고되지 아니하는 입자지름 5mm 이하의 마른 자갈분을 채워야 한다.
3. 지하저장탱크의 윗부분 : 지면으로부터 0.6m 이상 아래에 있어야 한다.
4. 지하저장탱크를 2 이상 인접해 설치하는 경우 : 상호간에 1m(당해 2 이상의 지하저장탱크의 용량의 합계가 지정수량의 100배 이하인 때에는 0.5m) 이상의 간격을 유지하여야 한다.

➡ ①

64 암반탱크저장소의 암반탱크 설치기준 : 암반탱크저장소의 암반탱크는 다음의 기준에 의하여 설치하여야 한다.

1. 암반탱크는 암반투수계수가 10^{-5}m/s 이하인 천연암반 내에 설치할 것
2. 암반탱크는 저장할 위험물의 증기압을 억제할 수 있는 지하수면하에 설치할 것
3. 암반탱크의 내벽 - 암반균열에 의한 낙반을 방지할 수 있도록 볼트·콘크리트 등으로 보강할 것

➡ ①

65 ① 옥외저장탱크의 펌프설비의 주위에는 너비 3m 이상의 공지를 보유하여야 한다.

➡ ①

66 위험물을 취급하는 건축물의 채광·조명 및 환기설비의 설치기준 : 위험물을 취급하는 건축물에는 다음의 기준에 의하여 위험물을 취급하는 데 필요한 채광·조명 및 환기의 설비를 설치하여야 한다.

1. 채광설비의 설치기준
   ㉠ 불연재료로 할 것
   ㉡ 연소의 우려가 없는 장소에 설치할 것
   ㉢ 채광면적을 최소로 할 것
2. 조명설비의 설치기준
   ㉠ 가연성 가스 등이 체류할 우려가 있는 장소의 조명등 : 방폭등
   ㉡ 전선 : 내화·내열전선으로 할 것
   ㉢ 점멸스위치 : 출입구 바깥부분에 설치할 것
3. 환기설비의 설치기준
   ㉠ 환기 : 자연배기방식으로 할 것
   ㉡ 급기구 : 당해 급기구가 설치된 실의 바닥면적 150m^{2}마다 1개 이상으로 하되, 급기구의 크기는 800cm^2 이상으로 할 것. 다만, 바닥면적이 150m^2 미만인 경우에는 다음의 크기로 하여야 한다.

바닥면적	급기구의 면적
$60m^2$ 미만	$150cm^2$ 이상
$60m^2$ 이상 $90m^2$ 미만	$300cm^2$ 이상
$90m^2$ 이상 $120m^2$ 미만	$450cm^2$ 이상
$120m^2$ 이상 $150m^2$ 미만	$600cm^2$ 이상

ⓒ 급기구 : 낮은 곳에 설치하고, 가는 눈의 구리망 등으로 인화방지망을 설치할 것
ⓔ 환기구 : 지붕 위 또는 지상 2m 이상의 높이에 회전식 고정벤티레이터 또는 루프팬방식으로 설치할 것

➡ ②

67 66번 해설 참조

➡ ③

68 주유취급소의 주유공지 및 급유공지

1. 주유취급소의 고정주유설비의 주위 : 주유를 받으려는 자동차 등이 출입할 수 있도록 너비 15m 이상, 길이 6m 이상의 콘크리트 등으로 포장한 공지(이하 '주유공지'라 한다)를 보유하여야 한다.
2. 고정급유설비를 설치하는 경우 : 고정급유설비의 호스기기의 주위에 필요한 공지(이하 '급유공지'라 한다)를 보유하여야 한다.
3. 공지의 바닥 : 주위의 지면보다 높게 하고, 그 표면을 적당하게 경사지게 하여 새어나온 기름 그 밖의 액체가 공지의 외부로 유출되지 아니하도록 배수구·집유설비 및 유분리장치를 하여야 한다.

➡ ④

69 주유취급소 내 건축물 등의 제한 : 주유취급소에 주유 또는 그에 부대하는 업무를 위하여 사용되는 건축물 또는 시설

1. 주유 또는 등유·경유를 옮겨 담기 위한 작업장
2. 주유취급소의 업무를 행하기 위한 사무소
3. 자동차 등의 점검 및 간이정비를 위한 작업장
4. 자동차 등의 세정을 위한 작업장
5. 주유취급소에 출입하는 사람을 대상으로 한 점포·휴게음식점 또는 전시장
6. 주유취급소의 관계자가 거주하는 주거시설
7. 그 밖의 주유취급에 관련된 용도로서 소방방재청이 정하여 고시하는 건축물 또는 시설

➡ ①

70 위험물을 배합하는 실

1. 바닥면적 : $6m^2$ 이상 $15m^2$ 이하
2. 내화구조 또는 불연재료로 된 벽으로 구획할 것
3. 바닥 : 위험물이 침투하지 아니하는 구조로 하여 적당한 경사를 두고 집유설비를 할 것
4. 출입구 : 수시로 열 수 있는 자동폐쇄식의 갑종방화문을 설치할 것
5. 출입구 문턱의 높이 : 바닥면으로부터 0.1m 이상
6. 내부에 체류한 가연성의 증기 또는 가연성의 미분을 지붕 위로 방출하는 설비를 할 것

➡ ④

71 위험물제조소 건축물의 구조 : 위험물을 취급하는 건축물의 구조는 다음의 기준에 의하여야 한다.

1. 지하층이 없도록 하여야 한다.
2. 벽·기둥·바닥·보·서까래 및 계단 : 불연재료
3. 연소(延燒)의 우려가 있는 외벽 : 개구부가 없는 내화구조의 벽
4. 지붕 : 폭발력이 위로 방출될 정도의 가벼운 불연재료. 다만, 위험물을 취급하는 건축물이 다음에 해당하는 경우에는 그 지붕을 내화구조로 할 수 있다.

㉠ 제2류 위험물(분상의 것과 인화성 고체를 제외한다), 제4류 위험물 중 제4석유류·동식물유류 또는 제6류 위험물을 취급하는 건축물인 경우
㉡ 다음의 기준에 적합한 밀폐형 구조의 건축물인 경우
- 발생할 수 있는 내부의 과압(過壓) 또는 부압(負壓)에 견딜 수 있는 철근콘크리트조일 것
- 외부화재에 90분 이상 견딜 수 있는 구조일 것

5. 출입구와 비상구 : 갑종방화문 또는 을종방화문을 설치할 것
6. 연소의 우려가 있는 외벽에 설치하는 출입구 : 수시로 열 수 있는 자동폐쇄식의 갑종방화문을 설치하여야 한다.
7. 위험물을 취급하는 건축물의 창 및 출입구의 유리 : 망입유리
8. 액체의 위험물을 취급하는 건축물의 바닥 : 위험물이 스며들지 못하는 재료를 사용하고, 적당한 경사를 두어 그 최저부에 집유설비를 설치할 것

정답 ①

72 ② 옥외저장탱크의 보유공지 : 옥외저장탱크(위험물을 이송하기 위한 배관 그 밖에 이에 준하는 공작물을 제외한다)의 주위에는 그 저장 또는 취급하는 위험물의 최대수량에 따라 옥외저장탱크의 측면으로부터 다음 표에 의한 너비의 공지를 보유하여야 한다.

저장 또는 취급하는 위험물의 최대수량	공지의 너비
지정수량의 500배 이하	3m 이상
지정수량의 500배 초과 1,000배 이하	5m 이상
지정수량의 1,000배 초과 2,000배 이하	9m 이상
지정수량의 2,000배 초과 3,000배 이하	12m 이상
지정수량의 3,000배 초과 4,000배 이하	15m 이상
지정수량의 4,000배 초과	당해 탱크의 수평단면의 최대지름(횡형인 경우에는 긴 변)과 높이 중 큰 것과 같은 거리 이상. 다만, 30m 초과의 경우에는 30m 이상으로 할 수 있고, 15m 미만의 경우에는 15m 이상으로 하여야 한다.

정답 ②

73 판매취급소의 기준 : 위험물을 배합하는 실은 다음에 의할 것
1. 바닥면적 : $6m^2$ 이상 $15m^2$ 이하
2. 내화구조 또는 불연재료로 된 벽으로 구획할 것
3. 바닥 : 위험물이 침투하지 아니하는 구조로 하여 적당한 경사를 두고 집유설비를 할 것
4. 출입구 : 수시로 열 수 있는 자동폐쇄식의 갑종방화문을 설치할 것
5. 출입구 문턱의 높이 : 바닥면으로부터 0.1m 이상
6. 내부에 체류한 가연성의 증기 또는 가연성의 미분을 지붕 위로 방출하는 설비를 할 것

정답 ①

74 위험물을 취급하는 건축물의 구조
1. 지하층이 없도록 하여야 한다.
2. 벽·기둥·바닥·보·서까래 및 계단은 불연재료로 하고, 연소의 우려가 있는 외벽은 내화구조로 하여야 한다.
3. 지붕(작업공정상 제조기계시설 등이 2층 이상에 연결되어 설치된 경우에는 최상층의 지붕)은 가벼운 금속판 또는 불연재료로 덮어야 한다.
4. 출입구와 비상구에는 갑종방화문 또는 을종방화문을 설치하여야 한다.
5. 액체의 위험물을 취급하는 건축물의 바닥은 위험물이 스며들지 못하는 재료를 사용하고, 적당한 경사를 두어 그 최저부에 저유설비를 설치하여야 한다.

6. 위험물을 취급하는 건축물의 창 및 출입구에 유리를 이용하는 경우에는 망입유리로 하여야 한다.

➡ ①

Part 3 소화이론

Chapter 1 소화원리

01 소화란 가연물질이 산화반응에 의해 열과 빛을 내는 연소현상, 즉 화재를 발화온도 이하로 감소시키거나 산소의 공급을 차단시켜서 산소농도를 희석시키거나 가연물질을 화재현장으로부터 제거하거나 연소의 연쇄반응을 차단·억제시키는 것을 말한다.
① 연소의 3요소 또는 4요소 중 1개 요소 또는 전부를 제거하면 연소가 중단된다.

➡ ①

02 소화방법
- 물리적 소화 : 냉각소화(화재를 발화온도 이하로 감소하는 것), 질식소화(산소농도를 희석시키는 것), 제거소화(강풍을 불어 가연물을 제거하는 것)
- 화학적 소화 : 부촉매소화(연쇄반응을 억제·차단시키는 것)

➡ ③

03 ① 냉각소화 : 액체 또는 고체 소화제를 이용하여 가연물을 냉각시키든지, 비열이 큰 냉각제로 냉각하든가, 기화열을 이용하여 인화점 및 발화점 이하로 낮추어 소화하는 방법으로 대표적인 소화약제는 물이다. 냉각소화는 물질의 비열, 기화 및 융해잠열 등에 의해 효율성이 결정되는데, 냉각소화에 물이 좋은 이유는 비열과 잠열이 크며 손쉽게 얻을 수 있기 때문이다.

➡ ①

04 ② 제거소화 : 가연물질을 다른 위치로 이동시킴으로써 연소를 방지하거나 제거하여 연소를 중단시키는 소화방법으로 가장 좋은 방법이 될 수도 있고 가장 원시적인 방법이라 할 수도 있다.
1. 고체 파라핀의 화염을 입김으로 불어 날려 보냄으로써 소화한다.
2. 유전화재시 발생하는 증기가 연소하므로 질소폭탄을 이용하여 순간적으로 폭풍을 일으켜 증기를 날려 보냄으로써 소화한다.
3. 전기화재의 경우, 전원을 차단하고 전기의 공급을 중지시킨다.
4. 산불화재시 진행방향의 나무를 잘라 제거한다.
5. 수용성의 가연물일 경우에는 물을 혼합하여 농도를 희석시켜 연소범위 하한계 이하로 내린다.
6. 가스화재시 밸브를 차단시켜 가스공급을 중단시킨다.

➡ ②

05 질식소화
1. 산소의 희석에 의한 소화로서 가연물이 연소하는 데 필요한 산소량을 조절하여 소화하는 방법이다.
2. 공기 중의 산소농도 21%를 15% 이하로 농도를 희석하면 연소 중인 가연물은 산소의 양이 부족하여 연소가 중단되게 된다.
3. 대부분의 액체연소에는 공기 중의 산소농도는 15% 이하, 고체는 60% 이하, 아세틸렌은 4% 이하가 되면 소화가 가능하다. 그러나 탄화수소의 기체는 산소 15% 이하에서는 연소하기 어렵다.
4. 질식이라는 것은 산소가 완전히 제거되었다는 뜻이 아니라, 혼합기 내의 산소농도가 어느 일정치 이하가 되면 연소가 계속될 수 없게 된다는 뜻이다.

➡ ④

06 ① 유화소화(Emulsion Effect : 에멀션효과) : 중유(제4류 위험물 중 제3석유류)화재시 무상(안개상)으로 주수하거나 유류 화재시 포 소화약제를 방사하는 경우 유류표면에 유화층이 형성되어 공기의 공급을 차단시키는 소화작용을 말한다.
유류표면에 형성된 엷은 막을 수막이라 하며, 이 수막(Water Film)은 물과 유류의 중간성질을 갖는다.

➡ ①

07 ① 유류 화재시 물에 의한 냉각효과, 질식효과, 유화(에멀션)효과로 소화한다. 이것은 물의 입자크기에 따라 기대할 수 있는 효과가 다르다. 입자크기를 작게(무상) 했을 경우에는 냉각효과 및 질식효과를, 입자크기를 크게 했을 경우에는 냉각효과 및 타격력의 증가 또는 파괴작용에 의해 에멀션효과를 기대할 수 있다. 또한 이러한 파괴작용에 의해서는 연소 중인 가연물에서 생성되는 가스의 발생을 방해, 격리시키며 연소면을 타격하여 유화 및 파괴시킨다.

➡ ①

08 ③ 가열원을 계속 공급한다는 것은 소화의 원리가 아니며, 지속적인 연소가 이루어진다.
① 산화제의 농도를 낮추어 연소가 지속될 수 없도록 하는 소화원리는 질식소화를 말한다.
② 가연성 물질을 발화점 이하로 냉각시키는 소화원리는 냉각소화이다.
④ 화학적인 방법으로 화재를 억제시키는 소화원리는 부촉매효과를 말한다.

➡ ③

Chapter 2 소화약제의 종류 및 특성

01 ① 물의 입자크기가 작게 되면 표면적이 증가해서 열을 흡수하여 기화가 용이하게 되므로 입경이 작을수록 냉각효과가 뛰어나다.

➡ ①

02 주수방법은 봉상, 적상, 무상의 3종류로 나누어지는데, 이런 주수법에 따라 소화특성에 차이가 있다.
1. 물 소화약제를 봉상 및 적상주수하게 되면 냉각효과를 기대할 수 있다.
2. 물 소화약제를 무상주수하게 되면 냉각효과뿐만 아니라 수증기의 급격한 팽창에 의한 산소농도를 감소시켜 질식효과를 기대할 수 있다.

➡ ③

03 무상주수
1. 물의 입자형태가 안개상으로 특수제작된 살수장치에 의해 고압으로 방사되기 때문에 물의 입자가 서로 이격되어 있다.
2. 무상주수는 봉상 및 적상주수에 비해 냉각소화가 좋으며, 제4류 위험물의 제3석유류인 중유 화재시 무상주수하면 유류표면에 엷은 수막층이 형성되어 공기 중의 산소공급을 차단하는 유화효과도 있다.
3. 옥내외소화전설비(분무노즐 사용), 물분무소화설비 등에 적용되는 주수방법이다.
4. 무상의 입자형태는 전기전도성이 없어(물의 입자가 서로 이격되어 있어 방전의 효과가 있다) 전기화재(C급 화재)에 적합하다.
5. 무상주수시 공기 중의 산소공급을 차단하는 질식소화효과가 있으므로 유류화재에도 적합하다.

➡ ③

04 ④ 주수방법은 봉상, 적상, 무상의 3종류로 나눌 수 있다.

➡ ④

05 ③ 물의 화학적 성질을 보면 수소원자 2개와 산소원자 1개가 강력하게 극성 공유결합하여 구성된 물질로서 물분자의 이런 성질 때문에 비등점, 표면장력 등이 높으며, 특히 다른 물질을 용해시킬 때 더욱 뚜

렷하게 나타난다.

▶ ③

06 ② 열 – 현열 : 물질의 상의 변화는 없고 온도의 변화만 있을 때 필요한 열량
– 잠열 : 물질의 상의 변화는 있고 온도의 변화가 없을 때 필요한 열량

- 현열(Q) = $m \cdot c \cdot \Delta t$ → m = 질량[kg]
→ c = 비열(물의 비열 = 1cal/g·℃)
→ Δt = 온도차[℃]
- 잠열(γ) = $m \cdot \gamma$ → m = 질량[kg]
→ γ = 기화잠열(물의 기화잠열 : 539cal/g)
융해잠열(물의 융해잠열 : 80cal/g)

여기에서, 문제와 같이 온도의 변화(0℃ → 100℃)가 있고 상의 변화[물(액체) → 수증기(기체)]도 있을 경우의 열량은 현열(Q)과 잠열(γ)을 합한 것이다. 그러므로 0℃의 물 1g이 100℃의 수증기가 될 때의 열량[cal]은 $Q_T = Q + \gamma = m \cdot c \cdot \Delta t + m \cdot \gamma$ = 1g×1cal/g·℃×(100℃ – 0℃) + 1g× 539cal/g = 639cal

▶ ②

07 화학포의 핵 : 이산화탄소, 공기포의 핵 : 공기

▶ ③

08 ④ 공기포(기계포) 소화약제는 포 소화약제 원액을 물에 희석혼합하여 발포기 또는 포헤드, 고정포 방출구에서 공기를 흡입하는 것에 의해 포를 발생시킨다. 이것은 발포기에 의해 기계적으로 포를 발생시키므로 기계포라고도 한다. 이렇게 발생된 포가 연소 중인 가연물을 덮어 냉각효과는 물론이고 공중의 공기공급을 차단시켜 질식소화시키는 질식작용이 있다.
①, ② 화학포 소화약제는 화학반응을 일으켜 발포하여 포를 발생시키는 것으로 A제인 중탄산나트륨(탄산수소나트륨 또는 중조) 수용액과 B제인 황산알루미늄(황산반토 또는 유산반토) 수용액을 혼합시켜 화학반응에 의해 발생하는 이산화탄소(CO_2)를 이용하여 포를 발생시킨다.

$$6NaHCO_3 + Al_2(SO_4)_3 \cdot 18H_2O \rightarrow 6CO_2 + 3Na_2SO_4 + 2Al(OH)_3 + 18H_2O$$

위의 화학반응으로 접착력이 있는 포가 생성되고, 이 포가 연소 중인 가연물에 부착되면 냉각과 질식작용에 의해 소화된다. 화학포의 핵은 공기가 아닌 이산화탄소이다.
③ 화학포에는 포안정제(젤라틴, 사포닝 등)를 첨가한다.

▶ ④

09 합성계면활성제포

1. 기제에 안정제를 첨가한 것으로 기제로는 고급 알코올 황산에스테르와 고급 알코올 황산염을 사용한다. 이 약제는 3%, 6%의 저발포형과 1%, 1.5%, 2%형의 고발포형이 있다. 합성계면활성제포 소화약제는 저발포형이면서 고발포형 소화약제이다.
2. 차고, 주차장 및 일반 유류화재에 적합하며, 고층건축물, 갱도의 지하가 등에도 사용가능하다.
3. 포의 팽창범위가 넓어 고체 및 기체화재 등 사용범위가 넓고 유동성이 좋다.

▶ ④

10 ① 일반적인 포 소화약제를 수용성 액체 가연물 등에 사용했을 경우, 물이 수용성 가연물에 용해되기 때문에 포가 소멸되어 소화기능을 발휘할 수가 없다. 그러므로 포의 소멸(소포성)을 방지하기 위하여 단백질의 기수분해물, 계면활성제에 금속비누 등을 첨가하여 유화분산시킨 것을 원제로 한 것으로서 물과 혼합하면 불용성이 된다. 이런 것을 보통 내알코올포 소화약제의 비누화 현상이라고 한다.

▶ ①

11 ④ 포는 연소 중인 가연물을 덮어 냉각효과는 물론이고, 공기공급을 차단시켜 질식소화시키는 질식작용이 있다.

④

12 ③ 수용성 유류는 극성 분자구조를 가지는 것으로 알코올류, 케톤류, 에스테르류 등을 말한다. 내알코올포 소화약제 이외의 포 소화약제를 방사하게 되면 포(거품)가 오래 지속되지 못하고 소포되기 때문에 수용성 유류에는 반드시 비누화 현상에 의한 소포성 방지를 위해서 내알코올포 소화약제를 사용하여야 한다.

③

13 ① 공기포 소화약제란 기계의 동력에 의해서 포를 형성시켜 방출하는 것으로서 포 핵이 공기이므로 유동성이 크며, 접착성이 우수하다. 또한 공기포 소화약제를 사용하는 포 방출구는 복잡하다.

①

14 ② 포 소화약제의 혼합방식에는 펌프 프로포셔너 방식, 라인 프로포셔너 방식, 프레저 프로포셔너 방식, 프레저 사이드 프로포셔너 방식이 있는데, 펌프의 토출관과 흡입관 사이에 바이패스(By-Pass)배관을 설치하여 그 바이패스배관의 도중에 설치한 흡입기로 펌프에 토출된 물의 일부를 보내고 농도조절밸브에서 조정된 포 소화약제의 필요량을 포 소화약제 탱크에서 펌프 흡입측으로 보내어 이를 혼합하는 것은 펌프 프로포셔너 방식이다.

②

15 Wet Water는 물의 표면적을 저하시켜 물의 침투력을 증가시키는 Wetting Agent(합성계면활성제)를 혼합시킨 수용액으로 다공질 표면에 열을 흡수하여 심부화재의 재연소 방지에 사용하면 적합하다. 그러나 재발화 방지에 있어서는 단백포에 뒤지고, 화재에 대한 급속소화율이 수성막포에는 훨씬 미치지 못하며, 유류에 대한 침투력은 불화단백포에도 떨어진다.

④

16 ③ 합성계면활성제포 소화약제는 저발포이면서 고발포 소화약제이다. 발포배율(팽창비)이 80~1,000배 미만인 것이 고발포형이며, 20배 이하는 저발포형 포 소화약제이다.

③

17 ③ 주수소화시 물의 표면장력에 의해 연소물에 침투속도를 향상시키기 위해 첨가제를 사용하는데 이 첨가제를 Wetting Agents라 한다. Wetting Agents는 계면활성제이다.

③

18 ③ 강화액 소화약제는 물의 소화성능을 증대시키기 위해 물에 연소억제작용이 있는 알칼리금속염의 탄산칼륨과 인산암모늄 등을 첨가한 수용액이다.

③

19 강화액 소화약제

1. 강화액 소화약제는 물의 소화성능을 증대시키기 위해 물에 연소억제작용이 있는 알칼리금속염의 탄산칼륨과 인산암모늄 등을 첨가한 수용액이다.
2. 강화액의 응고점이 -20℃ 이하로 되어 있으므로 기온의 변화에 의한 소화효과의 저하가 없고, 한랭지나 겨울철에 사용할 수 있는 약제이다.
3. 약제방사방법은 봉상과 무상방사가 있는데 봉상일 경우에는 냉각작용에 의한 일반(A급)화재에 적합하며, 무상방사했을 경우는 냉각 및 질식작용에 의해 일반(A급) 및 유류(B급), 전기(C급)화재에도 적응한다.
4. 강화액은 비중이 1.3~1.4 정도이며, 독성 및 부식성이 없다.

①

20 ② 산·알칼리 소화약제는 산(H_2SO_4)과 알칼리($NaHCO_3$)의 화학반응을 이용한 소화약제로 반응시 발생된 이산화탄소(CO_2)를 방사 압력원으로 하여 방사한다.

➡ ②

21 ② 화재시 기체로 방사되므로 구석구석까지 잘 침투하므로 소화효과가 좋으며, 자체 압력으로도 소화가 가능하므로 가압할 필요가 없다.

➡ ②

22 이산화탄소의 소화효과

1. 기화열을 이용한 냉각작용이 있다.
2. 이산화탄소를 공기 중에 방사하여 혼합시킴으로써 대기 중의 산소농도 21%를 15% 이하로 감소시켜 농도 저하를 이용한 질식작용이 있다.
3. 비중이 공기보다 약 1.52배 정도 무겁기 때문에 가연물질 및 화염 자체를 덮어버리는 피복작용이 있다.

➡ ③

23 이산화탄소 소화약제의 저장용기의 저장장소

1. 방호구역 외의 장소에 설치하여야 한다(다만, 방호구역 내에 설치할 경우 피난 및 조작이 용이하도록 피난구 부근에 설치한다).
2. 직사광선이나 빗물이 침투할 우려가 없는 곳에 설치해야 한다.
3. 온도가 40℃ 이하이고, 온도의 변화가 작은 곳에 설치해야 한다.
4. 당해 용기가 설치된 곳임을 표시하는 표지를 부착해야 한다.
5. 방화문으로 구획된 실에 설치해야 한다.
6. 용기 간의 간격은 점검에 지장이 없도록 3cm 이상의 간격을 유지해야 한다.
7. 저장용기와 집합관을 연결하는 연결배관에는 체크밸브를 설치해야 한다.

➡ ③

24 ① 이산화탄소 소화약제를 용기에 충전시 충전비는 1.5ℓ/kg 이상이다.

충전비$(G) = \frac{\text{용기의 내용적}[\ell]}{\text{약제 충전량}[\text{kg}]}$ 이므로, 보통 이산화탄소 소화약제의 충전량은 45kg, 용기의 내용적은 68ℓ짜리를 많이 사용한다. 그러므로 충전비$[\ell/\text{kg}] = \frac{68[\ell]}{45[\text{kg}]} = 1.5\ell/\text{kg}$

➡ ①

25 ③ 이산화탄소는 무색·무취의 기체로서 독성이 없다.

➡ ③

26 ① 이산화탄소는 소화 후에 흔적이 없으며, 증거보전이 양호하여 화재원인의 조사가 쉽다.

➡ ①

27 할론 소화약제

1. 차고주차장, 전기실 및 특수가연물을 저장취급하는 소방대상물에 설치된다.
2. 일반금속에 대하여 부식성이 적고 휘발성이 커야 한다.
3. 소화 후 대상물에 대하여 부식, 손상, 오염의 우려가 없다.
4. 보관저장시 변질, 분해 등이 없어 장기보존이 가능하다.
5. 할론 1301과 할론 1211 소화약제는 상온에서 기체상태이므로 취급에 주의를 요한다.

➡ ②

28 ① 할론 소화약제는 이산화탄소(CO_2) 소화약제보다 소화성능이 약 3배 정도 뛰어나다. 즉, 소화에 필요한 약제의 양(농도)이 1/3 정도이면 충분히 소화가 가능하다는 것이다.

➡ ①

29 ① 할론 1301 소화약제는 오존층 파괴 정도가 할로겐화합물 소화약제 중에서 가장 강하다.

➡ ①

30 ④ 할론 104(CCl_4)

1. 할론 104(사염화탄소) 소화약제는 메탄에서 염소 2분자와 치환된 것으로서 오래된 소화약제이다.
2. 증기는 공기보다 무거우며, 독성이 강하고 특유한 냄새가 난다. 사염화탄소는 열분해를 하게 되면 포스겐($COCl_2$)을 발생한다.
3. 사염화탄소는 공기, 수분, 이산화탄소 등과 반응하면 포스겐($COCl_2$) 가스를 발생하기 때문에 실내에서의 사용을 금하고 있으며, 법적으로 사용금지하고 있는 소화약제이다.

➡ ④

31 ③ 할론 소화약제는 액체로 저장되어 있다가 기체로 방사되기 때문에, 이때 발생되는 기화열에 의한 냉각소화가 있으며, 산소의 농도희석작용, 즉 대기 중의 산소농도(21%)를 15%로 감소시켜 소화시키는 질식소화작용이 있다. 그러나 할론 소화약제의 주된 소화작용은 가연물의 연소과정에서 발생되는 연쇄반응을 억제·차단시키는 부촉매소화효과이다.

➡ ③

32 ③ 할론 1301 소화약제는 독성이 가장 작은 물질로서 약제가 화학적으로 연쇄반응에 간섭하여 빠르게 소화를 행할 수 있는 우수한 소화약제로 용도상 가장 보편화되어 있는 약제이다.

➡ ③

33 ① 할론 소화약제의 화학적 특성은 약제 자체에 대한 변질 및 분해가 없으며, 전기절연성이 좋고 화학적 부촉매에 의한 연소 억제·차단효과가 있어 소화성능이 좋다. 그리고 금속에 대한 부식성이 적으며, 대상물에 대한 변질·오염이 없다. 특히, 할론 1301은 화학적 효과에 의해 불꽃연소에 강한 소화력을 나타내고 있다. 또한, 부촉매효과(화학적 효과, 억제효과)에 의해 일반화재(표면화재, 심부화재) 및 유류화재 등에 소화효과가 있으며, 전기절연성이 높고 증발잔유물이 없으므로 전기시설물 등의 전기화재에도 소화효과가 좋다.

➡ ①

34 오존파괴지수

1. 할론 1301 : 14
2. 할론 2402 : 6.6
3. 할론 1211 : 2.4
4. 이산화탄소 : 0.05

➡ ②

35 ③ 할론 1011 소화약제는 독성이 강하기 때문에 소화약제로 이용되기에는 적합하지 않다.

➡ ③

36 분말 소화약제

1. 고체의 미분말로 제조되어 압력원(질소나 이산화탄소)에 의해 흘려서 방출된다.
2. 분말 소화약제에는 열분해시 기화열에 의한 냉각효과와 열분해시 발생한 불연성 가스(NH_3, H_2O, CO_2)에 의한 질식효과, 나트륨염(Na^+)과 칼륨염(K^+)에 의한 부촉매효과 등의 소화효과를 가지고 있다.
3. 분말의 입자크기가 작을수록 비표면적이 커지므로 연쇄반응 억제·차단효과(부촉매효과)가 커지는 경향이 있다.

➡ ④

37
- 제1종 분말 소화약제 : 주방에서의 식용유화재에 적합한데 이것은 식용유 화재시 탄산수소나트륨($NaHCO_3$)을 방사하면 비누화 현상에 의해 거품을 생성하여 질식소화 및 재발방지에도 효과가 있다.
- 제3종 분말 소화약제 : 적응화재로는 A급(일반), B급(유류), C급(전기) 화재에 적합하다. 제3종 분말이 일반화재에 적합한 이유는 제일인산암모늄의 열분해시 생성된 메타인산(HPO_3)이 가연물의 표면

에 점착되어 가연물과 산소와의 접촉을 차단시켜주기 때문이다.

▶ ①

38 ③ 분말 소화약제는 발화시 외부의 공기공급 없이도 자기 자신이 산소공급기능을 갖고 있는 물질(자기연소성 물질)과 D급 화재에 속하는 금속류(칼륨, 나트륨, 마그네슘, 티타늄 등)에는 소화효과가 없다.

▶ ③

39 1. 제1종 분말 소화약제 : 탄산수소나트륨($NaHCO_3$) = 중탄산나트륨
2. 제2종 분말 소화약제 : 탄산수소칼륨($KHCO_3$)
3. 제3종 분말 소화약제 : 제1인산암모늄($NH_4H_2PO_4$)
4. 제4종 분말 소화약제 : 탄산수소칼륨 + 요소[$KHCO_3 + (NH_2)_2CO$]

▶ ③

40 제1종 분말 소화약제의 주성분인 중탄산나트륨(탄산수소나트륨, 중조)의 열분해반응을 보면 $2NaHCO_3$ + 열 → $Na_2CO_3 + H_2O + CO_2 - Q$ kcal이다. 여기서, 중탄산나트륨의 열분해반응시 생성되는 물질은 탄산나트륨(Na_2CO_3), 수증기(H_2O), 이산화탄소(CO_2) 등이다.

▶ ④

41 ② 중탄산나트륨(탄산수소나트륨 : $NaHCO_3$)을 주성분으로 하는 제1종 분말 소화약제는 스테아린산 아연 또는 스테아린산 마그네슘 등으로 방습처리되었으며 백색으로 착색되어 있다. 이 약제의 열분해반응식은 다음과 같다.
$2NaHCO_3$ + 열 → $Na_2CO_3 + H_2O + CO_2 - Q$[kcal]

▶ ②

42 1. 제1종 분말 소화약제 : 탄산수소나트륨($NaHCO_3$) – 중조 – 중탄산나트륨
2. 제2종 분말 소화약제 : 탄산수소칼륨($KHCO_3$) = 중탄산칼륨
3. 제3종 분말 소화약제 : 제일인산암모늄($NH_4H_2PO_4$)
4. 제4종 분말 소화약제 : 중탄산칼륨 + 요소[$KHCO_3 + (NH_2)_2CO$]

▶ ④

43 분말 소화약제 열분해반응식
1. 제1종 분말 소화약제 : $2NaHCO_3$ + 열 → $Na_2CO_3 + H_2O + CO_2 - Q$
2. 제2종 분말 소화약제 : $2KHCO_3$ + 열 → $K_2CO_3 + CO_2 + H_2O - Q$
3. 제3종 분말 소화약제 : $NH_4H_2PO_4$ + 열 → $NH_3 + HPO_3 + H_2O - Q$
4. 제4종 분말 소화약제 : $2KHCO_3 + (NH_2)_2CO$ + 열 → $K_2CO_3 + 2NH_3 + 2CO_2 - Q$

▶ ①

44 ③ 제3종 분말($NH_4H_2PO_4$: 제일인산암모늄) 약제가 A급(일반) 화재에 적합한 이유는 제1인산암모늄의 열분해시 생성된 메타인산(HPO_3)이 가연물의 표면에 점착되어 가연물과 산소와의 접촉을 차단시켜 주기 때문이다. 열분해시 생성된 메타인산(HPO_3)은 고체에 대한 부착력이 크며, 자체는 불연성 물질이고 방염성능을 가지고 있다.

▶ ③

45 ② 제1종 분말 소화약제는 주방에서의 식용유화재에 적합한데, 이것은 식용유 화재시 탄산수소나트륨을 방사하면 비누화 현상에 의해 거품을 생성하여 질식소화 및 재발방지에도 효과가 있다.
제2종 분말 소화약제의 소화효과가 제1종 분말 소화약제보다 우수한 이유는 칼륨염이 나트륨염에 비하여 흡습성이 강하고 고체화되기 쉽기 때문이다.

▶ ②

46 ③ 분말 약제가 최적의 소화효과를 나타내는 입자크기는 20∼25μ 정도일 때이다.

▶ ③

47 ② 분말 소화약제의 방습처리제로는 스테아린산염(마그네슘, 아연), 실리콘오일 등이 사용된다.

➡ ②

48 할로겐화합물 및 불활성기체 소화약제 : 오존층의 오존과 반응성이 미약하면서 취소가 함유되어 있지 않은 수소화염화불화탄소(HCFC)가 주체가 되는 할론 대체물질로서 오존파괴지수(ODP)와 지구온난화지수(GWP)가 0에 가깝고 전기적으로 비전도성이며, 휘발성이 있거나 증발 후 잔여물을 남기지 않는 소화약제를 말한다.

➡ ④

49 ③ 약제 방출시 자체 증기압력으로 신속하고 균일하게 방출되어야 한다.

➡ ③

50 할로겐화합물 및 불활성기체 소화약제의 사용장소와 사용금지 장소 및 물질

1. 사용가능 장소
   ㉠ 전기와 전자적 위험이 있는 소방대상물
   ㉡ 전기·전자통신설비가 설치된 소방대상물
   ㉢ 인화성, 가연성 액체 및 가연성 가스를 저장·취급하는 대상물
2. 사용금지 장소 및 물질
   ㉠ 사람이 상주하는 곳으로서 최대허용설계농도를 초과하는 장소
   ㉡ 제3류 위험물(자연발화성 및 금수성 물질)과 제5류 위험물(자기연소성 물질)을 사용하는 장소

➡ ④

51 할로겐화합물 및 불활성기체 소화약제의 적응화재 : 유류화재(B급 화재), 전기화재(C급 화재), 가스화재(E급 화재)에 적합하며, 전역방출방식으로 사용하는 경우에는 일반화재(A급 화재)에도 적응된다.

➡ ③

52 ① NOAEL : 농도를 증가시킬 때 신체에 나쁜 영향을 감지할 수 없는 최대농도
② LOAEL : 농도를 감소시킬 때 신체에 나쁜 영향을 감지할 수 있는 최소농도
③ ODP : 어떤 물질이 오존파괴에 기여하는 능력을 상대적으로 나타내는 지표
④ GWP : 어떤 물질이 지구온난화에 기여하는 능력을 상대적으로 나타내는 지표

➡ ①

53
- 직사광선이 없는 곳에 설치할 것
- 방화문으로 구획된 실에 설치할 것
- 온도가 55℃ 이하이고 온도의 변화가 작은 곳에 설치하여야 한다.

➡ ②

54 ② 알킬알루미늄 화재시 건조사로 주위를 막고 유출을 방지시킨 후에 분말 소화약제나 팽창질석 또는 팽창진주암을 살포하여 화세를 억제시킨다. 이 중에서도 팽창질석이나 팽창진주암이 가장 적합한 소화약제이다.

➡ ②

55
- 건조사 : 반드시 건조된 모래이어야 하며 가연물이 함유되어 있지 않아야 한다. 건조사는 연소 중인 가연물에 뿌렸을 경우 대기 중의 공기공급을 차단시키는 질식작용으로 일반(A급), 유류(B급), 전기(C급), 금속(D급)화재에 적응한다. 보통 건조사는 만능소화제라고 불리어지고 있다.
- 팽창질석 및 팽창진주암 : 질석을 고온(1,000~1,400℃)에서 팽창시킨 것으로 비중이 아주 적으며 금속알루미늄과 알킬기의 화합물로서 발화점이 낮은 알킬알루미늄화재에 아주 적합하다.

➡ ③

56 ③ 무상주수시에는 일반(A급)화재뿐만 아니라 물을 증발가열시켜 약 1,700배 정도로 부피가 팽창하여 산소농도를 희석시키는 질식효과와 기름의 표면에 불연성 유화층을 형성하여 기름의 연소를 상실시키는 유화효과에 의해 유류(B급)화재에 적응되며, 전기적인 절연성이 양호하여 감전, 접지의 우려가 없어 전기(C급)화재에도 이용이 가능하다.

➡ ③

57 ① 포 소화약제는 물로 인하여 화재를 확대시킨다든가 소화력이 적거나 소화가 불가능할 경우에 사용되는데, 연소표면을 포(거품)로 덮어 대기 중의 산소공급을 차단하는 질식효과와 포에 함유되어 있는 물의 기화열을 이용한 냉각작용으로 일반(A급)화재와 유류(B급)화재에 적응한다.

➡ ①

58 ③ 포 소화약제는 일반 및 유류화재에 적응성이 있다.

➡ ③

59 ③ 분말 소화약제는 유류(B급)화재, 전기(C급)화재에 적합하나, 제3종 분말 소화약제는 일반(A급)화재, 유류(B급)화재, 전기(C급)화재에 적응성이 높다.

➡ ③

60 ② 물 소화약제는 주수방법에 따라 소화작용 및 적응화재의 종류에 차이가 있다.
무상주수시에는 일반(A급)화재뿐만 아니라 물을 증발·가열시켜 약 1,700배 정도로 부피가 팽창하여 산소농도를 희석시키는 질식효과와 기름의 표면에 불연성 유화층을 형성하여 기름의 연소를 상실시키는 유화효과에 의해 유류(B급)화재에 적응되며 전기적인 절연성이 양호하여 감전, 접지의 우려가 없어 0.2m 이상의 일정한 간격을 확보하면 전기(C급)화재에도 이용이 가능하다.
① 봉상 및 적상주수시 가연물에 대한 충돌력에 의한 파괴작용과 수분류력에 의한 심부로 침투하는 것에 의한 냉각효과로서 발열량이 큰 고체 가연물의 화재인 일반(A급)화재에 대한 효과가 크다.

➡ ②

61 ④ 통신기기실과 같은 소방대상물에는 이산화탄소, 할로겐화합물과 같은 가스계 소화약제를 사용하는 소화설비와 분말 소화약제를 사용하는 소화설비가 적합하다. 그러나 분말 소화약제는 가스계 소화약제에 비해 피연소물질에 피해우려가 크므로 사용을 자제하고 있다. 즉, 가스계(이산화탄소, 할로겐화합물) 소화약제의 소화설비가 가장 적합하다.

➡ ④

62 고압전기가 흐르는 전기시설물화재(전기화재)시에는 이산화탄소, 할론 1301 소화약제에 의한 소화가 적합하며, 이외에도 분말, 강화액(무상), 산·알칼리(무상), 물(무상) 소화약제에 의해서도 소화가 가능하다. 그러나 포(거품) 소화약제, 물(봉상 및 적상) 소화약제는 오히려 화재를 확대시킬 우려가 있다.

➡ ③

63 소화약제들의 방출방법

1. 이산화탄소(CO_2) 소화약제는 자체 증기압이 크기 때문에 스스로 약제방출이 가능하다.
2. 물 또는 포 소화약제는 자체 증기압이 없기 때문에 펌프와 같은 동력을 이용하여 약제방출을 한다.
3. 할론, 분말 소화약제는 자체 증기압이 작거나 없기 때문에 외부의 가스압력(압력원, 방사원)을 이용하여 약제를 방출한다.
4. 소화기나 모든 소화약제들을 수동으로 방출해야 할 경우에는 사람이 직접 작동시켜 소화약제를 방출한다.

➡ ④

64 이산화탄소, 분말, 할론 소화약제는 전기화재에 적합하다.
② 물 소화약제는 무상주수하게 되면 전기화재에 적응성을 보인다.

➡ ②

Chapter 3 소화설비론

01 소화기의 사용온도 범위 : 소화기는 그 종류에 따라 다음에 정하는 온도범위에서 사용하였을 경우, 소화 및 방사의 기능을 유효하게 발휘할 수 있는 것이어야 한다.

1. 강화액 소화기 : 섭씨 −20℃ 이상 40℃ 이하
2. 분말 소화기 : 섭씨 −20℃ 이상 40℃ 이하
3. 기타 소화기 : 섭씨 0℃ 이상 40℃ 이하

▶ ②

02 ③ 대형소화기로 A급 화재에 적응하는 것에 있어서는 10 이상, B급 화재에 적응하는 것에 있어서는 20 이상이 아니면 안 된다.

▶ ③

03 ① 소화기는 바닥면에서 높이가 1.5m 이하가 되는 지점에 설치하여야 한다.

▶ ①

04 ④ 수조의 상단이 바닥보다 높은 때에는 수조의 외측에 고정식 사다리를 설치하여야 한다.

▶ ④

05 ② 펌프의 토출측에는 압력계를, 흡입측에는 연성계 또는 진공계를 설치할 것

▶ ②

06 ① 옥외소화전에 필요한 수원의 양

수원의 양(저수량) = 옥외소화전수×7m^3(350ℓ/min×20분)이므로 옥외소화전 1개에 7m^3 이상 수원의 양을 확보하여야 한다. [설치된 옥외소화전 개수가 2개 이상이면 2개로 한다.]

▶ ①

07 ③ 옥내소화전함에는 구경 40mm의 소방용 호스를 설치한다.

▶ ③

08 옥외소화전설비의 개요 : 옥외소화전설비는 건물의 아래층(1~2층)의 초기 화재뿐만 아니라 본격 화재에도 적합하며, 인접건물로의 연소방지를 위해서 건축물 외부로부터의 소화작업을 실시하기 위한 설비로 자위소방대가 사용하는 것은 물론이고, 소방서의 소방대도 사용가능하도록 한 소화설비이다. 옥외소화전설비의 구성은 수원, 가압송수장치, 옥외소화전, 배관 등으로 구성되며 옥내소화전설비와 거의 비슷하다. 단, 화재시나 인접건물의 연소에 대처하지 않으면 안 되기 때문에 옥내소화전설비에 비해 방수압력도 높고, 방수량도 많으며 소화성능을 확대한 것이다. 그리고 건축물 외부에 설치하는 것이 또한 다르다. 고층건축물이나 지하층에 대해서는 소화활동이 불가능하며, 주로 건축물의 1층 및 2층의 소화활동에 유효하다.

▶ ①

09 ④ 유수검지장치 등을 실내에 설치하거나 보호용 철망 등으로 구획하여 바닥으로부터 0.8m 이상 1.5m 이하의 위치에 설치하되, 그 실 등에는 가로 0.5m 이상 세로 1m 이상의 출입문을 설치하여야 한다.

▶ ④

10 스프링클러설비의 종류

습식 스프링클러설비	펌프 토출측에서부터 스프링클러헤드까지 항상 가압된 물이 충만되어 있는 상태이다.
건식 스프링클러설비	건식밸브의 클래퍼를 중심으로 1차측은 물, 2차측은 압축공기로 가득차 있다.
준비작동식 스프링클러설비	준비작동식 밸브의 1차측 배관 내에는 물이 가압되어 있고, 2차측 배관 내에는 대기압의 공기로 가압되어 있다.
일제살수식 스프링클러설비	여러 개의 개방형 스프링클러헤드로 구성되어 있는 방사구획에 일제 살수하는 소화설비이다.

➡ ①

11 ③ 청소구는 교차배관 끝에 개폐밸브를 설치할 것
① 펌프의 흡입측 배관은 공기고임이 생기지 아니하는 구조로 하고, 여과장치를 설치할 것
② 가지배관의 배열은 토너먼트(Tournament) 방식이 아닐 것
④ 유수검지장치에서 가장 먼 가지배관의 끝으로부터 유수검지장치를 시험할 수 있는 시험장치를 연결하여 설치할 것

➡ ③

12 ① 주차장의 스프링클러설비는 습식 외의 방식으로 하여야 한다.

➡ ①

13 5층(지하층을 제외한다) 이상으로서 연면적이 3,000m^{2}를 초과하는 소방대상물 또는 그 부분에 있어서는 2층 이상의 층에서 발화한 때에는 발화층 및 그 직상층에 한하여, 1층에서 발화한 때에는 발화층·그 직상층 및 지하층에 한하여, 지하층에서 발화한 때에는 발화층·그 직상층 및 기타의 지하층에 한하여 경보를 발할 수 있도록 하여야 한다.

➡ ③

14 ③ 무대부 또는 연소할 우려가 있는 개구부에 있어서는 개방형 스프링클러헤드를 설치하여야 한다.

➡ ③

15 스프링클러설비의 비상전원
1. 스프링클러설비에는 자가발전설비 또는 축전지설비에 따른 비상전원을 설치하여야 한다.
2. 비상전원 중 자가발전설비 또는 축전지설비의 설치기준
㉠ 점검에 편리하고 화재 및 침수 등의 재해로 인한 피해를 받을 우려가 없는 곳에 설치할 것
㉡ 스프링클러설비를 유효하게 20분 이상 작동할 수 있어야 할 것
㉢ 상용전원으로부터 전력의 공급이 중단된 때에는 자동으로 비상전원으로부터 전력을 공급받을 수 있도록 할 것
㉣ 비상전원의 설치장소는 다른 장소와 방화구획할 것
㉤ 비상전원을 실내에 설치하는 때에는 그 실내에 비상조명등을 설치할 것

➡ ②

16 스프링클러헤드 설치제외 대상물 : 계단실·경사로·승강기의 승강로·파이프덕트·목욕실·수영장(관람석부분을 제외한다)·화장실·직접 외기에 개방되어 있는 복도·기타 이와 유사한 장소에는 스프링클러헤드의 설치를 제외한다.

➡ ③

17 ④ 드렌처설비는 드렌처헤드가 가장 많이 설치된 제어밸브에 설치된 드렌처헤드를 동시에 사용하는 경우에 각각의 헤드선단에 방수압력이 0.1MPa(1kg/cm^2) 이상, 방수량이 80ℓ/min 이상이 되도록 하여야 한다.

➡ ④

18 ④ 간이스프링클러설비의 송수구는 구경 65mm의 단구형 또는 쌍구형으로 하여야 하며, 송수배관의 안지름은 40mm 이상으로 하여야 한다.

➡ ④

19 화재조기진압용 스프링클러설비의 배관기준
1. 화재조기진압용 스프링클러설비의 배관은 습식으로 하여야 한다.
2. 가지배관 사이의 거리는 2.4m 이상 3.7m 이하로 할 것. 다만, 천장의 높이가 9.1m 이상 13.7m 이하인 경우에는 2.4m 이상 3.1m 이하로 한다.

➡ ③

20 화재조기진압용 스프링클러설비의 설치제외대상
1. 제4류 위험물
2. 타이어, 두루마리 종이 및 섬유류, 섬유제품 등 연소시 화염의 속도가 빠르고 방사된 물이 하부까지 도달하지 못하는 것

➡ ①

21 이산화탄소소화설비의 약제방출방식
1. 전역방출방식
2. 국소방출방식
3. 호스릴방식

➡ ④

22 포 혼합방식

펌프 프로포셔너 방식	펌프의 토출관과 흡입관 사이의 배관 도중에 설치한 흡입기에 펌프에서 토출된 물의 일부를 보내고, 농도 조정밸브에서 조정된 포 소화약제의 필요량을 포 소화약제 탱크에서 펌프 흡입측으로 보내어 이를 혼합하는 방식을 말한다.
프레저 프로포셔너 방식	펌프와 발포기의 중간에 설치된 벤추리관의 벤추리작용과 펌프가압수의 포 소화약제 저장탱크에 대한 압력에 따라 포 소화약제를 흡입·혼합하는 방식을 말한다.
라인 프로포셔너 방식	펌프와 발포기의 중간에 설치된 벤추리관의 벤추리작용에 따라 포 소화약제를 흡입·혼합하는 방식을 말한다.
프레저 사이드 프로포셔너 방식	펌프의 토출관에 압입기를 설치하여 포 소화약제 압입용 펌프로 포 소화약제를 압입시켜 혼합하는 방식을 말한다.

➡ ②

23 이산화탄소소화설비의 약제방출방식에 의한 종류(구분)

전역방출방식	고정식 이산화탄소 공급장치에 배관 및 분사헤드를 고정설치하여 밀폐 방호구역 내에 이산화탄소를 방출하는 설비를 말한다.
국소방출방식	고정식 이산화탄소 공급장치에 배관 및 분사헤드를 설치하여 직접 화점에 이산화탄소를 방출하는 설비로 화재발생부분에만 집중적으로 소화약제를 방출하도록 설치하는 방식을 말한다.
호스릴방식	분사헤드가 배관에 고정되어 있지 않고 소화약제 저장용기에 호스를 연결하여 사람이 직접 화점에 소화약제를 방출하는 이동식 소화설비를 말한다.

➡ ②

24 ③ 청소장치는 분말소화설비의 구성장치로서 배관 내에 잔존하는 분말약제를 밖으로 배출하기 위한 장치이다.

➡ ③

25 배관의 구경은 이산화탄소의 소요량이 다음의 기준에 의한 시간 이내에 방사될 수 있는 것으로 할 것
1. 전역방출방식에 있어서 가연성 액체 또는 가연성 가스 등 표면화재 방호대상물의 경우에는 1분
2. 전역방출방식에 있어서 종이, 목재, 석탄, 섬유류, 합성수지류 등 심부화재 방호대상물의 경우에는 7분. 이 경우 설계농도가 2분 이내에 30%에 도달하여야 한다.
3. 국소방출방식의 경우에는 30초

➡ ④

26 이산화탄소소화설비의 분사헤드 설치제외장소
1. 방재실·제어실 등 사람이 상시 근무하는 장소
2. 나이트로셀룰로오스·셀룰로이드 제품 등 자기연소성 물질을 저장·취급하는 장소

3. 나트륨·칼륨 등 활성 금속물질을 저장·취급하는 장소
4. 전시장 등의 관람을 위하여 다수인이 출입·통행하는 통로 및 전시실

➡ ①

27 ② 지하층, 무창층 및 밀폐된 거실 등에 이산화탄소소화설비를 설치한 경우에는 소화약제의 농도를 희석시키기 위한 배출설비를 갖추어야 한다.

➡ ②

28 ① 할론 소화약제는 자체 증기압(할론 1301의 경우는 $14kgf/cm^2$)만으로 스스로 방출이 어려우므로 질소(N_2)가스와 같은 압력원(방사원)을 충전(축압)하여 저장용기 내에 저장되어 있는 할로겐화합물 소화약제 전량을 방출한다.

➡ ①

29 ① 할론소화설비의 분사헤드에서 소화약제 저장량을 10초 이내에 방사할 수 있어야 한다.

➡ ①

30 호스릴 할론소화설비의 설치기준

1. 방호대상물의 각 부분으로부터 하나의 호스접결구까지의 수평거리가 20m 이하가 되도록 할 것
2. 소화약제의 저장용기의 개방밸브는 호스릴의 설치장소에서 수동으로 개폐할 수 있는 것으로 할 것
3. 소화약제의 저장용기는 호스릴을 설치하는 장소마다 설치할 것
4. 노즐은 섭씨 20℃에서 하나의 노즐마다 1분당 다음 표에 의한 소화약제를 방사할 수 있는 것으로 할 것

소화약제의 종별	1분당 방사하는 소화약제의 양
할론 2402	45kg
할론 1211	40kg
할론 1301	35kg

5. 소화약제 저장용기의 가까운 곳의 보기 쉬운 곳에 적색의 표시등을 설치하고, 호스릴 할론소화설비가 있다는 뜻을 표시한 표지를 할 것

➡ ④

31 ③ 배관의 구경은 당해 방호구역에 할로겐화합물 및 불활성기체 소화약제가 10초(불활성기체 소화약제는 A·C급 화재 2분, B급 화재 1분) 이내에 방호구역 각 부분에 최소설계농도의 95% 이상에 해당하는 약제량이 방출되도록 하여야 한다.

➡ ③

32 ④ 기동용 수압개폐장치는 송수펌프를 자동적으로 기동시키는 장치로서 물을 사용하는 소화설비, 즉 옥내소화전설비, 옥외소화전설비, 스프링클러설비, 물분무소화설비, 포소화설비 등에 설치되는 장치이다.

➡ ④

33 분말소화설비의 배관 설치기준

1. 저장용기 등으로부터 배관의 굴절부까지의 거리는 배관구경의 20배 이상으로 하는 것이 좋다.
2. 분사헤드의 균일한 방사압력과 방사량을 위해서 배관은 토너먼트 배관방식으로 설치한다.
3. 방사구역이 2 이상이고, 소화약제 저장탱크를 공용하는 경우에는 하나의 방사구역마다 선택밸브를 설치한다.

➡ ③

34 ③ 연결송수관설비는 본격적인 소화를 위한 설비이다.
* 화재의 초기소화를 목적으로 하는 설비
- 소화기
- 옥내소화전설비
- 스프링클러설비
- 포소화설비
- 이산화탄소소화설비
- 할론소화설비
- 분말소화설비

➡ ③

35 ② 연결송수관설비는 본격적인 화재시 소화를 목적으로 하는 설비이다.

➡ ②

36 ④ 소화설비의 약제방출은 수동기동방식에 있어서는 사람의 손으로 직접 기동시켜 약제를 방출시키며, 자동기동방식은 동력이나 가스압력 등을 이용하여 약제를 방출시킨다. 옥내·외소화전설비, 스프링클러설비, 물분무소화설비, 포소화설비 등은 동력에 의해서, 이산화탄소, 할론, 분말소화설비 등은 가스압력(압력원)에 의해서 약제를 방출시킨다.

➡ ④

37 대형소화기에 충전하는 소화약제의 양
1. 물 소화기 및 포말 소화기(화학포 소화기) : 80ℓ 이상
2. 강화액 소화기 : 60ℓ 이상
3. 기계포 소화기 : 20ℓ 이상
4. 할론 소화기 : 30kg 이상
5. 이산화탄소 소화기 : 50kg 이상
6. 분말 소화기 : 20kg 이상

➡ ①

38 소화기의 종류에 따른 사용온도 범위
1. 강화액 소화기 : −20℃∼40℃
2. 분말 소화기 : −20℃∼40℃
3. 기타 소화기 : 0℃∼40℃

➡ ④

39 ② 옥외소화전설비시 필요한 수원의 양(m^3)
수원의 양(m^3) = N×350ℓ/분×20분
* N : 소방대상물의 당해 층에서 옥외소화전의 최대설치개수(2개 이상 설치되었을 경우 2개로 함)
∴ 수원의 양(m^3) = 2개×350ℓ/분×20분 = 14,000ℓ=14m^3 이상

➡ ②

40 ① 습식 스프링클러설비 외의 설비에는 헤드를 향하여 상향으로 수평주형배관은 1/500 이상의 기울기로 하여야 한다. 가지배관은 1/250 이상의 기울기로 하여야 한다.

➡ ①

41 ③ 기동용 수압개폐장치의 압력챔버 설치목적은 송수펌프를 자동적으로 기동시키기 위해서이며, 부수적으로 배관 내의 규정압력을 유지시키고, 수격작용을 방지하기 위해서 설치된다.

➡ ③

42 ① 옥외소화전설비의 수원의 양 = N×350ℓ/min×20min = N×7,000ℓ = N×7m^3
[N : 옥외소화전 설치개수(최대 2개 이상일 경우에는 2개로 한다.)]

➡ ①

43 ② 옥내소화전 설비의 규정 방수압력은 1.7kg/cm^2(0.17MPa) 이상이고, 규정 방수량은 130ℓ/min 이상이어야 한다.

➡ ②

44 ② 제어밸브는 바닥으로부터 0.8m 이상 1.5m 이하의 위치에 설치하여야 한다.

➡ ②

45 ③ 수직배수배관의 구경은 50mm 이상으로 하여야 한다.

➡ ③

46 스프링클러설비 수원의 양(m^3) = 헤드의 기준개수×80ℓ/min×20분
여기서 11층 이상의 건축물이므로 헤드의 기준개수는 30개이다.
∴ 수원의 양(m^3) = 30개×80ℓ/min×20분 = 48,000ℓ = 48m^3 이상

➡ ③

47 ③ 물분무소화설비의 방사되는 물의 입자가 무상이므로 전기적인 절연성이 높아 특고압의 전기시설물 화재인 전기화재에도 효과가 있다.

➡ ③

48 물분무소화설비의 펌프 1분당 토출량
1. 특수가연물을 저장·취급하는 곳 : 10ℓ/min·m^2 이상
2. 차고 또는 주차장 : 20ℓ/min·m^2 이상
3. 절연유 봉입 유압기 : 10ℓ/m^2 이상
4. 케이블 트레이, 덕트 : 12ℓ/m^2 이상
5. 콘베이어 벨트 : 10ℓ/m^2 이상

➡ ②

49 고가수조에는 수위계, 배수관, 급수관, 오버플로관 및 맨홀을 설치해야 한다.

➡ ④

50 물분무소화설비를 설치하지 아니할 수 있는 장소
1. 물에 심하게 반응하는 물질 또는 물과 반응하여 위험한 물질을 생성하는 물질을 저장 또는 취급하는 장소
2. 고온의 물질 및 증류범위가 넓어 끓어 넘치는 위험이 있는 물질을 저장 또는 취급하는 장소
3. 운전시에 표면의 온도가 섭씨 260℃ 이상으로 되는 등 직접 분무를 하는 경우 그 부분에 손상을 입힐 우려가 있는 기계장치 등이 있는 장소

➡ ①

51 ④ 스프링클러 배관에 여러 가지 충격이 가해져 수압변동이 생기면 폐쇄형 헤드가 감열 작동·방수하지 않았음에도 자동경보밸브가 오동작하게 된다. 이와 같이 오동작을 방지하기 위해 자동경보밸브와 압력스위치 사이에 일종의 저수용기(리타팅챔버)를 설치하며 약 15초간 통수를 지속하여 챔버가 만수하지 않으면 압력스위치가 작동하지 않도록 한 것이다.

➡ ④

52 ② 기계포 소화약제는 유동성 및 접착력(부착력)이 뛰어나므로 유류화재(B급 화재), 일반화재(A급 화재)에 적합하다.

➡ ②

53 ④ 포소화설비(포 소화전설비) : 3.5kgf/cm^2 (0.35MPa) 이상
① 스프링클러설비 : 1kgf/cm^2 (0.1MPa) 이상
② 옥내소화전설비 : 1.7kgf/cm^2 (0.17MPa) 이상
③ 옥외소화전설비 : 2.5kgf/cm^2 (0.25MPa) 이상

➡ ④

54 ③ 기동용 가스용기의 용적은 1ℓ 이상으로 하고, 당해 용기에 저장하는 이산화탄소의 양은 0.6kg 이상으로 하며, 충전비는 1.5 이상으로 하여야 한다.

➡ ③

55 ① 이산화탄소 소화약제 저장용기의 충전비는 저압식일 경우 1.1 이상 1.4 이하, 고압식일 경우 1.5 이상 1.9 이하로 하여야 한다.

▶ ①

56 ② 지하층, 무창층 또는 바닥면적 $20m^2$ 미만의 사무실 및 거실에는 할론 1301 소화기와 청정소화약제 소화기를 제외한 나머지의 할론 소화기와 이산화탄소 소화기는 설치하여서는 아니 된다.

▶ ②

57 ③ 할론소화설비 : 수평거리 20m 이하
① 포소화설비(호스릴 방식) : 수평거리 15m 이하
② 이산화탄소소화설비 : 수평거리 15m 이하
④ 분말소화설비 : 수평거리 15m 이하

▶ ③

58
- 할론 1301 : CF_3Br
- 할론 2402 : $C_2F_4Br_2$
- 할론 1211 : CF_2ClBr
- 할론 1011 : CH_2ClBr
- 할론 104 : CCl_4

▶ ①

59 ① 분말소화설비의 축압식 및 가압식의 충전용 가스로는 질소(N_2) 및 이산화탄소 가스를 주로 사용하고 있다.

▶ ①

60 ② 강관을 사용하는 경우의 배관은 아연도금에 의한 배관용 탄소강관(KSD 3507)이나 이와 동등 이상의 강도, 내식성 및 내열성을 가진 것으로 한다. 다만, 축압식 분말소화설비에 사용하는 것 중 섭씨 20℃에서 압력 2.5MPa 이상 4.2MPa 이하인 것에 있어서는 압력배관용 탄소강관(KSD 3562) 중 이음이 없는 스케줄 40 이상의 것 또는 이와 동등 이상의 강도를 가진 것으로서 아연도금으로 방식처리된 것을 사용하여야 한다.

▶ ②

61 분말소화설비에 사용되는 소화약제
1. 제1종 분말 소화약제 : 중탄산나트륨($NaHCO_3$)
2. 제2종 분말 소화약제 : 중탄산칼륨($KHCO_3$)
3. 제3종 분말 소화약제 : 제1인산암모늄($NH_4H_2PO_4$)
4. 제4종 분말 소화약제 : 중탄산칼륨 + 요소[$KHCO_3 + (NH_2)_2CO$]

▶ ④

62 ① 자동식 소화기를 설치해야 하는 것 : 아파트

▶ ①

63 물분무등소화설비의 설치대상물
1. 항공기 및 자동차 관련 시설 중 항공기격납고
2. 주차용 건축물(기계식 주차장도 포함)로서 연면적 $800m^2$ 이상인 것
3. 건축물 내부에 설치된 차고 또는 주차장으로서 차고 또는 주차의 용도로 사용되는 부분의 바닥면적이 $200m^2$ 이상인 것
4. 기계식 주차장으로서 20대 이상의 차량을 주차할 수 있는 것
5. 전기실, 발전실, 변전실(가연성 절연유를 사용하지 아니하는 변압기, 전류차단기 등의 전기기기와 가연성 피복을 사용하지 아니한 전선 및 케이블만을 설치한 전기실, 발전실 및 변전실을 제외), 축전지실, 통신기기실 및 전산실로서 바닥면적이 $300m^2$ 이상인 것(동일한 방화구획 내에 2 이상의 실이 설치되어 있는 경우에는 이를 1개의 실로 보아 바닥면적을 산정). 다만, 내화구조로 된 공정제어

실 내에 설치된 주조정실로서 양압시설이 설치되고 전기기기에 220V 이하인 저전압이 사용되며 종업원이 24시간 상주하는 것은 제외한다.

6. 소화수를 수지처리하는 설비가 설치되어 있지 아니한 중·저준위방사성폐기물의 저장시설. 다만, 이 경우에는 이산화탄소소화설비·할론소화설비 또는 할로겐화합물 및 불활성기체 소화설비를 설치하여야 한다.
7. 지하가 중 예상교통량·경사도 등 터널의 특성을 고려하여 행정안전부령으로 정하는 위험등급 이상에 해당하는 터널. 다만, 이 경우에는 물분무소화설비를 설치하여야 한다.
8. 지정문화재 중 소방청장이 문화재청장과 협의하여 정하는 것

➡ ②

64 옥내소화전설비를 설치하여야 할 특정소방대상물

1. 연면적 3,000m^2 이상이거나 지하층·무창층 또는 층수가 4층 이상인 층 중 바닥면적이 600m^2 이상인 층이 있는 것은 전층
2. '1'에 해당하지 아니하는 근린생활시설·판매시설, 운수시설, 의료시설, 노유자시설, 업무시설, 숙박시설, 위락시설, 공장, 창고시설, 항공기 및 자동차관련시설, 발전시설, 장례식장 및 복합건축물로서 연면적 1,500m^2 이상이거나 지하층·무창층 또는 층수가 4층 이상인 층 중 바닥면적이 300m^2 이상인 층이 있는 것은 전층
3. '1.' 및 '2.'에 해당하지 아니하는 공장 및 창고시설로서 지정수량의 750배 이상의 특수가연물을 저장·취급하는 것
4. 지하가 중 터널로서 길이가 1,000m 이상인 터널
5. 건축물의 옥상에 설치된 차고 또는 주차장으로서 차고 또는 주차의 용도로 사용되는 면적이 200m^2 이상인 것

➡ ④

찾아보기

ㅅ

ㅇ

ㅊ

ㅌ

ㅍ

ㅎ

기타

저자 : **정 경 문**

• 동의과학대학교 소방안전관리과

소방학개론 정가 28,000원

발 행 2025년 3월 10일 10판 1쇄
저 자 정경문
발행인 정우용
발행처 도서출판 **동 화 기 술**
경기도 파주시 광인사길 201(문발동, 파주출판도시)
Tel (031)955-4211~6 donghwapub@nate.com
Fax (031)955-4217 www.donghwapub.co.kr
(등록) 1977년 12월 19일/9-16호

Printed in Korea
ISBN 978-89-425-9654-6